工程建设标准宣贯培训系列丛书

建筑施工扣件式钢管脚手架安全技术手册

刘 群 主编

中国建筑工业出版社

图书在版编目（CIP）数据

建筑施工扣件式钢管脚手架安全技术手册／刘群主编.
北京：中国建筑工业出版社，2015.9（2022.3重印）
（工程建设标准宣贯培训系列丛书）
ISBN 978-7-112-18174-2

Ⅰ.①建…　Ⅱ.①刘…　Ⅲ.①脚手架-安全管理-技术
手册　Ⅳ.①TU731.2-62

中国版本图书馆 CIP 数据核字（2015）第 122022 号

本书依托《建筑施工扣件式钢管脚手架安全技术规范》编写，系统地讲解了扣件式钢管脚手架的相关内容，包括概述、基本组成、构配件质量标准、脚手架构配件试验及整体稳定试验、脚手架理论、荷载、设计计算、计算例题与工程实例、构造要求、施工、脚手架施工安全技术监测与预警、检查与验收、脚手架安全技术交底、脚手架专项方案实例共 14 章。
本书适合相关专业的施工设计人员使用，同时也适合大中专院校师生学习参考。

* * *

责任编辑：何玮珂　张　磊
责任设计：李志立
责任校对：张　颖　刘　钰

工程建设标准宣贯培训系列丛书
建筑施工扣件式钢管脚手架安全技术手册
刘　群　主编
*
中国建筑工业出版社出版、发行（北京西郊百万庄）
各地新华书店、建筑书店经销
北京红光制版公司制版
北京中科印刷有限公司印刷
*
开本：787×1092 毫米　1/16　印张：31¾　字数：788 千字
2015 年 11 月第一版　　2022 年 3 月第四次印刷
定价：**78.00** 元
ISBN 978-7-112-18174-2
（27393）

本 书 编 委 会

主　　编：刘　群

参编人员：温锁林　刘红波　陈志华

　　　　　刘　腾　陈云生　陈尚平

　　　　　陈建民　周　波　胡庆明

　　　　　谢良波　金　睿　杨　喆

　　　　　魏文博　李东秀　关玉波

主编单位：中国建筑科学研究院

　　　　　建研凯勃建设工程咨询有限公司

参编单位：上海隧道工程有限公司

　　　　　天津大学

　　　　　中国化学工程第三建设有限公司

　　　　　中太建设集团股份有限公司

　　　　　浙江省建工集团有限责任公司

　　　　　杭州市下城区建设工程质量安全监督站

　　　　　杭州二建建设有限公司

　　　　　西安景泰富房地产开发有限公司

　　　　　中国核工业第二二建设有限公司

前　　言

为了贯彻《中华人民共和国安全生产法》，防止脚手架事故发生，正确理解和执行《建筑施工扣件式钢管脚手架安全技术规范》JGJ 130—2011（本书均简称为《规范》）及有关规范、住房和城乡建设部文件，编写了《建筑施工扣件式钢管脚手架安全技术手册》。

本书围绕《规范》的内容，针对工程实际，根据脚手架整体稳定实验与理论研究，阐明了扣件式钢管脚手架（含支撑架）的设计计算原理与方法，列举大量扣件式脚手架工程实例；对扣件式脚手架构配件质量要求、荷载要求、设计要求、构造要求、施工要求、检查与验收要求、安全管理要求的规定，以验收表格形式和技术交底形式体现出来。突出《规范》重点内容，便于现场使用。

本书应用了《满堂扣件式钢管脚手架构造、计算的试验与理论研究》（住房和城乡建设部 2014 年科学技术项目）课题中试验与研究结论，对满堂脚手架应用于重载模板支架进行设计，使工程实际、试验、理论有机结合。

本手册各章的内容梗概如下：

第 1 章　概述：简述扣件式脚手架的特点，扣件式脚手架以其满足工程承载力要求、装拆灵活、经济实用的优点，被广泛应用于建筑工程、市政工程等，并可以用于快速架设简易桥梁、克服较深的泥泞路段、沼泽地和封堵遭敌破坏的隘口、水库、大堤的军事领域。

第 2 章　基本组成：详述与扣件式脚手架有关的术语，明确脚手架包含作业脚手架和支撑脚手架的概念。简述脚手架主要构件与作用。说明了单排、双排脚手架组成的基本要求；满堂脚手架组成基本要求；满堂支撑架组成基本要求；型钢悬挑脚手架组成基本要求。

第 3 章　构配件质量标准：阐述了脚手架用钢管、扣件的技术性能、执行标准、质量要求。说明了可调托撑是满堂支撑架直接传递荷载的主要构件，其抗压承载力设计值的规定，明确了其质量标准与要求。阐明了脚手板、悬挑脚手架用型钢、底座的质量标准与要求。

第 4 章　脚手架构配件试验及整体稳定试验：阐明了可调托撑承载力试验，列举了 5 个可调托撑承载力试验。介绍加载方式与试验方案，确定了可调托撑承载力。介绍了双排脚手架整架加荷实验与理论分析结果，以及影响其承载力因素。阐述了钢管扣件支撑架试验。说明了剪刀撑、支架高度、高宽比、横向约束、步距、立杆间距、立杆轴心受力与偏心受力，支撑架立杆伸出顶层横向水平杆中心线长度、扣件螺栓拧紧扭力矩对扣件式支撑架承载力的影响。

第 5 章　脚手架理论：阐明了脚手架节点理论、脚手架整架理论、满堂支承体系承载力理论分析内容。通过对满堂支撑架整体稳定实验与理论分析，采用实验确定的节点刚性（半刚性），建立了满堂扣件式钢管支撑架的有限元计算模型；进行大量有限元分析计算，得出各类不同工况情况下临界荷载，结合工程实际，给出工程常用搭设满堂支撑架结构的临界荷载。

第6章 荷载：阐明了脚手架荷载分类、荷载标准值、荷载效应组合有关内容，说明了用于钢结构、大型设备安装、混凝土预制构件等的支撑架（非模板支撑架）与模板支撑架的区别，以及荷载标准值取值区别。说明了防护脚手架、装修脚手架、混凝土与砌筑结构脚手架、轻型钢结构及空间网格结构脚手架、普通钢结构脚手架荷载标准的取值规定。确定了作用于脚手架上的水平风荷载计算方法，及风荷载体形系数的确定方法。

第7章 设计计算：阐明了基本设计规定、扣件式钢管脚手架空间结构受力特点、脚手架设计内容。说明脚手架工作条件的特点与不利点。阐述了单排与双排脚手架、纵向与横向水平杆计算、整体稳定计算、连墙件计算、满堂脚手架计算、满堂支撑架计算、脚手架地基承载力计算、型钢悬挑脚手架计算。

第8章 计算例题与工程实例：通过工程实例例题方式，由浅入深全面阐明了脚手架纵向水平杆、横向水平杆计算、立杆计算。分类阐述了单排与双排脚手架、满堂脚手架、满堂支撑架、钢结构支撑架、型钢悬挑脚手架、扣件钢管悬挑脚手架、落地式卸料平台扣件钢管支撑架的设计计算。介绍了超高层建筑（高 245.8m）顶部钢桅杆施工用脚手架设计校核、高大重载模板支撑架与钢结构支撑架设计计算。

第9章 构造要求：阐述了单、双排脚手架构造尺寸；立杆构造要求；纵向水平杆构造要求；横向水平杆构造要求；脚手板构造要求；连墙件构造要求；单、双排脚手架剪刀撑与横向斜撑构造要求；门洞架构造要求；斜道架构造要求；满堂脚手架构造要求；满堂支撑架构造要求；型钢悬挑脚手架构造要求。阐明了构造要求是脚手架整体稳定设计的前提。

第10章 施工：阐明了施工准备、脚手架地基处理与底座安装、扣件式钢管脚手架的搭设和安全技术要求、脚手架拆除的内容。根据脚手架事故总结，说明了脚手架安全技术交底或脚手架方案应考虑的要点。阐明了脚手架地基（含回填土地基）施工质量控制要点。阐明了脚手架拆除时保证脚手架整体稳定的要求。

第11章 脚手架施工安全技术监测与预警：阐述了脚手架施工安全技术监测与预警主要内容、支撑结构监测、脚手架地基与基础监测、脚手架地基与基础监测数据处理与信息反馈的主要内容。阐明了脚手架监测预警范围与标准。阐明脚手架地基周围有基坑及支护结构监测报警值、脚手架周围基坑周边环境监测报警值。

第12章 检查与验收：阐明了构配件检查与验收、脚手架搭设质量的检查与验收内容。以验收表格形式涵盖了规范要求，即：构配件的允许偏差表、构配件质量检查表、扣件拧紧抽样检查数目及质量判定标准、脚手架搭设的技术要求、允许偏差与检验方法、落地式脚手架验收表、脚手架搭设质量检查表、脚手架拆除质量检查表、型钢悬挑脚手架验收表、满堂脚手架验收表、满堂支撑架验收表。

第13章 脚手架安全技术交底：以安全技术交底记录（表）形式涵盖了规范安全技术要求，阐明了脚手架构配件（扣件、钢管、脚手板、可调托撑）安全技术交底记录；脚手架立杆与水平杆、连墙件、剪刀撑及横向斜撑、门洞、斜道搭设、脚手板铺设、扣件安装安、单排与双排脚手架设计尺寸、脚手架地基与基础、型钢悬挑脚手架、满堂脚手架、满堂支撑架、脚手架荷载、脚手架周边与架空线路的安全距离、脚手架接地与避雷措施、外电线路防护架搭拆作业、脚手架安全管理、脚手架监测与预警安全技术交底记录。

第14章 脚手架专项方案实例：阐述四例模板支架安全专项施工方案，阐明了模板支架安全专项施工方案应包含的全部内容，列举高大重载模板支撑架（混凝土厚度1.9m、2.7m、4.15m）成功应用工程实例，体现了脚手架实验、设计理论、工程实际相互统一，规范给出的扣件式脚手架设计计算方法安全、经济，符合工程实际。列举了架体顶部荷载通过水平杆、扣件节点传递给立杆，顶部立杆呈偏心受压状态，重载（混凝土厚度0.8m、3.35m）满堂扣件式钢管脚手架成功应用实例。

目　　录

第1章 概 述

1.1 扣件式脚手架特点

1.1.1 扣件式钢管脚手架的含义

扣件式钢管脚手架是指为建筑施工而搭设的、承受荷载的由扣件和钢管等构成的作业脚手架与支撑架。

1.1.2 扣件式钢管脚手架的优点

1）承载力较大：当脚手架的几何尺寸及构造符合规范的有关要求时，一般情况下，能满足工程实际使用要求。

2）装拆方便，搭设灵活：由于钢管搭设长度易于调整，扣件连接简便，因而可适应各种平面、立面的建筑物与构筑物用脚手架。

3）比较经济：与其他钢管脚手架相比，加工简单，一次投资费用较低；如果精心设计脚手架几何尺寸，注意提高钢管周转使用率，则材料用量也可取得较好的经济效果。

4）加固堤坝，封堵防洪决口：满堂脚手架与木桩形成钢木空间框架，在框架内抛投的袋装土石料，形成钢木土石组合坝。

5）军事用途：可以用于快速架设简易桥梁，克服较深的泥泞路段、沼泽地和封堵遭敌破坏的隘口、水库、大堤等。

1.1.3 扣件式钢管脚手架的缺点

1）扣件及配件容易丢失；

2）节点处的杆件为偏心连接，如果采用靠抗滑力传递荷载和内力方式时，则降低脚手架承载能力；

3）扣件节点的连接质量受扣件本身质量和工人操作的影响显著。

1.2 应 用 范 围

1.2.1 适用范围

扣件式脚手架在我国应用已有 50 多年，积累了较为丰富的使用经验，是应用最为普遍的一种钢管脚手架，根据其特点，其适用范围如下：

1）工业与民用房屋建筑，特别是多、高层房屋的施工用脚手架；

2）高耸构筑物，如井架、烟囱、水塔等施工脚手架；

3）模板、钢结构支撑架，其他支撑架；

4）上料平台、满堂脚手架；

5）封堵决口、栈桥、码头、高架公路等工程用脚手架；

6）搭设坡道、工棚、看台及其他临时构筑物；

7）做其他种类脚手架的辅助，加强杆件。

1.2.2　单排架使用条件的限制

单排扣件式脚手架的横向水平杆支搭在建筑物的外墙上，外墙需要具有一定的宽度和强度，因为单排架的整体刚度较差，承载能力较低，因而在下列条件下不应使用：

1）墙体厚度小于或等于 180mm；

2）空斗砖墙、加气块墙等轻质墙体；

3）砌筑砂浆强度等级小于或等于 M2.5 时的砖墙。

1.2.3　脚手架的搭设高度

根据国内外的使用经验及经济合理性，单管立杆的双排扣件式脚手架搭设高度不宜超过 50m，高度超过 50m 的脚手架，可采取双管立杆、分段悬挑或分段卸荷等措施。采用双管立杆搭设脚手架，一般可取双管高度为架高的 2/3。

单排脚手架搭设高度不应超过 24m。

满堂脚手架搭设高度不宜超过 36m；满堂脚手架施工层不得超过 1 层。

型钢悬挑脚手架一次悬挑脚手架高度不宜超过 20m。

满堂支撑架搭设高度不宜超过 30m。

1.3　编　写　依　据

本书主要编写依据：国家行业标准《建筑施工扣件式钢管脚手架安全技术规范》；国内对扣件式钢管脚手架所做的理论分析、试验研究成果；相关的国家标准：《建筑结构荷载规范》、《冷弯薄壁型钢结构技术规范》、《钢结构设计规范》、《钢管脚手架扣件》、《混凝土结构设计规范》等。

第2章 基 本 组 成

2.1 术 语 和 符 号

2.1.1 术语

1. 脚手架

由杆件或结构单元、配件通过可靠连接而组成，能承受相应荷载，具有安全防护功能，为建筑施工提供作业条件的结构架体，包括作业脚手架和支撑脚手架。

2. 作业脚手架

由杆件或结构单元、配件通过可靠连接而组成，支承于地面、建筑物上或附着于工程结构上，为建筑施工提供作业平台和安全防护的脚手架。包括以各类不同杆件（构件）和节点形式构成的落地作业脚手架、悬挑脚手架、附着式升降脚手架等。简称作业架。

3. 支撑脚手架

由杆件或结构单元、配件通过可靠连接而组成，支承于地面或结构上，可承受各种荷载，具有安全保护功能，为建筑施工提供支撑和作业平台的脚手架。包括以各类不同杆件（构件）和节点形式构成的结构安装支撑脚手架、混凝土施工用模板支撑脚手架等。简称支撑架。

4. 扣件式钢管脚手架

为建筑施工而搭设的、承受荷载的由扣件和钢管等构成的作业脚手架与支撑架，包含《规范》各类脚手架与支撑架，统称脚手架。

5. 单排扣件式钢管脚手架

只有一排立杆，横向水平杆的一端搁置固定在墙体上的脚手架，简称单排架。

6. 双排扣件式钢管脚手架

由内外两排立杆和水平杆等构成的脚手架，简称双排架。

7. 满堂扣件式钢管脚手架

在纵、横方向，由不少于三排立杆并与水平杆、水平剪刀撑、竖向剪刀撑、扣件等构成的脚手架。该架体顶部作业层施工荷载通过水平杆传递给立杆，顶部立杆呈偏心受压状态，简称满堂脚手架。

8. 满堂扣件式钢管支撑架

在纵、横方向，由不少于三排立杆并与水平杆、水平剪刀撑、竖向剪刀撑、扣件等构成的承力支架。该架体顶部的钢结构安装等（同类工程）施工荷载通过可调托撑轴心传力给立杆，顶部立杆呈轴心受压状态，简称满堂支撑架。

9. 型钢悬挑扣件式钢管脚手架（双排）

基础为型钢悬挑梁的双排扣件式钢管脚手架。

10. 扣件式钢管悬挑脚手架

以扣件钢管与主体结构形成稳定三角悬挑支撑结构搭设的脚手架为扣件式钢管悬挑脚手架。

11. 防护用脚手架

起防护作用，架面施工（搭设）荷载标准值不超过 $1kN/m^2$ 的脚手架。包括作业维护用墙式单排脚手架和通道防护棚等。

12. 特形脚手架

具有特殊平面和空间造型的脚手架，如用于烟囱、水塔、冷却塔以及其他平面为圆形、环形、"外方内圆"形、多边形和上扩、上缩等特殊形式的建筑施工脚手架。

13. 卸载设施

指将超过搭设限高的脚手架荷载部分卸给工程结构承受的措施。

14. 结构脚手架

用于砌筑和结构工程施工作业的脚手架。

15. 装修脚手架

用于装修工程施工作业的脚手架。

16. 敞开式脚手架

仅设有作业层栏杆和挡脚板，无其他遮挡设施的脚手架。

17. 敞开式满堂支撑架

无遮挡设施的满堂支撑架。

18. 半封闭脚手架

遮挡面积占 30％～70％ 的脚手架。

19. 封闭式作业脚手架

采用密目安全网或钢丝网等材料将外侧立面全部遮挡封闭的作业脚手架。

20. 开口型脚手架

沿建筑周边非交圈设置的脚手架为开口型脚手架，其中呈直线型的脚手架为一字型脚手架。

21. 封圈型脚手架

沿建筑周边交圈设置的脚手架。

22. 几何参数标准值

设计确定的几何参数公称值，或根据实测结果经统计概率分布确定的几何参数的平均值。

23. 架体构造

由架体杆件、结构单元、配件组成的脚手架结构形式、连接方式及其相互关系。

24. 脚手架结构试验

通过施加荷载的检验方法评定脚手架结构或主要构配件力学性能的试验。

25. 脚手架足尺结构试验

采用与实际使用脚手架典型结构单元尺寸大小及构造相同的原型样本所进行的脚手架

结构性能试验。

26. 脚手架单元结构试验

采用与工程所用的脚手架相同的材料、构配件按特定构造要求搭设的试验架体所进行的脚手架结构试验。

27. 综合安全系数

脚手架结构或主要构配件总的安全系数，为脚手架结构或构配件极限承载力与其设计承载力的比值。

28. 扣件

采用螺栓紧固的扣接连接件为扣件，包括直角扣件、旋转扣件、对接扣件。

29. 直角扣件

用于垂直交叉杆件间连接的扣件。

30. 旋转扣件

用于平行或斜交杆件间连接的扣件。

31. 对接扣件

用于杆件对接连接的扣件。

32. 防滑扣件

根据抗滑要求增设的非连接用途扣件。

33. 底座

设于立杆底部的垫座，包括固定底座、可调底座。

34. 固定底座

不能调节支垫高度的底座。

35. 可调底座

能够调节支垫高度的底座。

36. 垫板

设于底座下的支承板。

37. 可调托撑

插入立杆钢管顶部，可调节高度的顶撑。

38. 立杆

脚手架及支撑架中垂直于水平面的竖向杆件。

39. 外立杆

双排脚手架中离墙体远的一侧的立杆或单排架立杆。

40. 内立杆

双排脚手架中靠近墙体一侧的立杆。

41. 角杆

位于脚手架转角处的立杆。

42. 双管立杆

两根并列紧靠的立杆。

43. 主立杆

双管立杆中直接承受顶部荷载的立杆。

44. 副立杆

双管立杆中分担主立杆荷载的立杆

45. 水平杆

脚手架中的水平杆件。沿脚手架纵向设置的水平杆为纵向水平杆；沿脚手架横向设置的水平杆为横向水平杆。

46. 扫地杆

贴近楼地面设置，连接立杆根部的纵、横向水平杆件，包括纵向扫地杆、横向扫地杆。

47. 纵向扫地杆

沿脚手架或支撑架纵向设置的扫地杆。

48. 横向扫地杆

沿脚手架或支撑架横向设置的扫地杆。

49. 连墙件

将脚手架架体与建筑主体结构连接，能够传递拉力和压力的构件。

50. 刚性连墙件

采用钢管、扣件或预埋件组成的连墙件。

51. 柔性连墙件

采用钢筋做拉筋构成的连墙件。

52. 连墙件间距

脚手架相邻连墙件之间的距离，包括连墙件竖距、连墙件横距。

53. 连墙件竖距

上下相邻连墙件之间的垂直距离。

54. 连墙件横距

左右相邻连墙件之间的水平距离。

55. 横向斜撑

与双排脚手架内、外立杆或水平杆斜交呈之字形的斜杆。

56. 剪刀撑

在脚手架竖向或水平向成对设置的交叉斜杆。

57. 抛撑

用于脚手架侧面支撑，与脚手架外侧面斜交的杆件。

58. 脚手架高度

自立杆底座下皮至架顶栏杆上皮之间的垂直距离。

59. 脚手架长度

脚手架纵向两端立杆外皮间的水平距离。

60. 脚手架宽度

脚手架横向两端立杆外皮之间的水平距离，单排脚手架为外立杆外皮至墙面的距离。

61. 步距

上下水平杆轴线间的距离。

62. 立杆间距

脚手架或支撑架相邻立杆之间的轴线距离。

63. 立杆纵（跨）距

脚手架纵向相邻立杆之间的轴线距离。

64. 立杆横距

脚手架横向相邻立杆之间的轴线距离，单排脚手架为外立杆轴线至墙面的距离。

65. 主节点

立杆、纵向水平杆、横向水平杆三杆紧靠的扣接点。

66. 作业层

上人作业的脚手架铺板层。

67. 面板

直接接触新浇混凝土的承力板，包括拼装的板和肋楞带板。面板的种类有钢、木、胶合板、塑料板等。

68. 次梁

直接支承面板的小型楞梁，又称次楞或小梁。

69. 主梁

直接支承小楞的结构构件，又称主楞。一般采用钢、木梁或钢桁架。

70. 续燃

在规定的试验条件下，移开（点）火源后材料持续的有焰燃烧。

71. 续燃时间

在规定的试验条件下，移开（点）火源后材料持续有焰燃烧的时间。

72. 阴燃

当有焰燃烧终止后或如果为无焰燃烧者移开（点）火源后，材料持续的无焰燃烧。

73. 阴燃时间

在规定的试验条件下，当有焰燃烧终止后或移开（点）火源后，材料持续无焰燃烧的时间。

74. 安全网

用来防止人、物坠落或用来避免、减轻坠落及物击伤害的网具。安全网一般由网体、边绳、细绳等组成。按功能分为安全平网、安全立网及密目式安全立网。

75. 安全平网

安装平面不垂直于水平面，用来防止人、物坠落或用来避免、减轻坠落及物击伤害的安全网，简称为平网。

76. 安全立网

安装平面垂直于水平面，用来防止人、物坠落或用来避免、减轻坠落及物击伤害的安全网，简称为立网。

77. 密目式安全立网

网眼孔径不大于 12mm，垂直于平面安装，用于阻挡人员、视线、自然风、飞溅及失控小物体的网，简称为密目网。密目网一般由网体、开眼环扣、边绳和附加细绳组成。

78. 网目密度

密目网每百平方厘米面积所具有的网孔数量。

79. 节点转动刚度

支撑结构中的立杆与水平杆连接节点发生单位转角（弧度制）所需弯矩值。

80. 强度

构件截面材料或连接抵抗破坏的能力。强度计算是防止结构构件或连接因材料强度被超过而破坏的计算。

81. 承载能力

结构或构件不会因强度、稳定或疲劳等因素破坏所能承受的最大内力；塑性分析形成破坏机构时的最大内力；达到不适应于继续承载的变形时的内力。

82. 脆断

一般指钢结构在拉应力状态下没有出现警示性塑性变形而突然发生的脆性断裂。

83. 强度标准值

国家标准规定的钢材屈服点（屈服强度）或抗拉强度。

84. 强度设计值

钢材或连接的强度标准值除以相应抗力分项系数后的数值。

85. 抗力

建筑施工临时结构或构件承受作用效应的能力。

86. 建筑施工安全技术

消除或控制建筑施工过程中已知或潜在危险因素及其危害的工艺和方法。

87. 建筑施工安全技术监测

对建筑施工过程中现场安全信息、数据进行收集、汇总、分析和反馈的技术活动。

88. 建筑施工安全技术预警

在建筑施工中，通过仪器监测分析、数据计算等技术手段，针对可能引发生产安全事故的征兆所采取的预先报警和事前控制的技术措施。

89. 建筑施工应急救援预案

在建筑施工过程中，根据预测危险源、危险目标可能发生事故的类别、危害程度，结合现有物质、人员及危险源的具体条件，事先制定对生产安全事故发生时进行紧急救援的组织、程序、措施、责任以及协调等方面的方案和计划。

90. 安全技术交底

交底方向被交底方对预防和控制生产安全事故发生及减少其危害的技术措施、施工方法进行说明的技术活动，用于指导建筑施工行为。

91. 建筑施工临时结构

建筑施工现场使用的暂设性的、能承受作用并具有适当刚度，由连接部件有机组合而成的系统。

92. 危险源

可能导致职业伤害或疾病、财产损失、工作环境破坏或这些情况组合的根源或状态。

93. 危险源辨识

识别危险源的存在、根源、状态，并确定其特性的过程。

94. 隐患

未被事先识别或未采取必要的风险控制措施,可能直接或间接导致事故的危险源。

95. 风险

某一特定危险情况发生的可能性和后果组合。

96. 危险性较大的分部分项工程

在施工过程中存在的、可能导致作业人员群死群伤、重大财产损失或造成重大不良社会影响的分部分项工程。

97. 检验

对被检验项目的特征、性能进行量测、检查、试验等,并将结果与标准规定的要求进行比较,以确定项目每项性能是否合格的活动。

98. 进场检验

对进入施工现场的建筑材料、构配件、设备及器具,按相关标准的要求进行检验,并对其质量、规格及型号等是否符合要求作出确认的活动。

99. 见证检验

施工单位在工程监理单位或建设单位的见证下,按照有关规定从施工现场随机抽取试样、送至具备相应资质的检测机构进行检验的活动。

100. 复验

建筑材料、设备等进入施工现场后,在外观质量检查和质量证明文件核查符合要求的基础上,按照有关规定从施工现场抽取试样送至试验室进行检验的活动。

101. 混凝土结构

以混凝土为主制成的结构,包括素混凝土结构、钢筋混凝土结构和预应力混凝土结构,按施工方法可分为现浇混凝土结构和装配式混凝土结构。

102. 现浇混凝土结构

在现场原位支模并整体浇筑而成的混凝土结构,简称现浇结构。

103. 装配式混凝土结构

由预制混凝土构件或部件装配、连接而成的混凝土结构,简称装配式结构。

104. 泵送混凝土

可通过泵压作用沿输送管道强制流动到目的地并进行浇筑的混凝土。

105. 高层建筑

10 层及 10 层以上或房屋高度大于 28m 的住宅建筑和房屋高度大于 24m 的其他高层民用建筑。

106. 永久荷载

在结构使用期间,其值不随时间变化,或其变化与平均值相比可以忽略不计,或其变化是单调的并能趋于限值的荷载。

107. 可变荷载

在结构使用期间,其值随时间变化,其变化与平均值相比不可以忽略不计的荷载。

108. 偶然荷载

在结构设计使用年限内不一定出现,而一旦出现其量值很大,且持续时间很短的荷载。

109. 荷载代表值

设计中用以验算极限状态所采用的荷载量值，例如标准值、组合值、频遇值和准永久值。

110. 荷载标准值

荷载的基本代表值，为设计基准期内最大荷载统计分布的特征值（例如均值、从值、中值或某个分位置）。

111. 荷载设计值

荷载代表值与荷载分项系数的乘积。

112. 荷载效应

由荷载引起结构或结构构件的反应，例如内力、变形和裂缝等。

113. 荷载组合

按极限状态设计时，为保证结构的可靠性而对同时出现的各种荷载设计值的规定。

114. 基本组合

承载能力极限状态计算时，永久荷载和可变荷载的组合。

115. 标准组合

正常使用极限状态计算时，采用标准值或组合值为荷载代表值组合。

116. 动力系数

承受动力荷载的结构或构件，当按静力设计时采用的等效系数，其值为结构或构件的最大动力效应与相应的静力效应的比值。

117. 基本风压

风荷载的基准压力，一般按当地空旷平坦地面上 10m 高度处 10min 平均的风速观测数据，经概率统计得出 50 年一遇最大值确定的风速，再考虑相应的空气密度，按伯努利（Bernoulli）公式（$w_0 = 0.5\rho v_0^2$）确定的风压。

118. 地面粗糙度

风在到达结构物以前吹越过 2km 范围内的地面时，描述该地面上不规则障碍物分布状况的等级。

主要术语所述脚手架各杆件的位置见图 2.1.1-1。

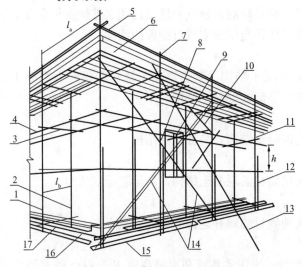

图 2.1.1-1 双排扣件式钢管脚手架各杆件位置

1—外立杆；2—内立杆；3—横向水平杆；4—纵向水平杆；5—栏杆；6—挡脚板；7—直角扣件；8—旋转扣件；9—连墙杆；10—横向斜撑；11—主立杆；12—副立杆；13—抛撑；14—剪刀撑；15—垫板；16—纵向扫地杆；17—横向扫地杆；l_a—立杆纵距；h—步距；l_b—立杆横距

2.1.2 符号

1. 荷载和荷载效应

g_k——立杆承受的每米结构自重标准值；

M_{Gk}——脚手板自重产生的弯矩标准值；

M_{Qk}——施工荷载产生的弯矩标准值；

M_{wk}——风荷载产生的弯矩标准值；

N_{G1k}——脚手架立杆承受的结构自重产生的轴向力标准值；

N_{G2k}——脚手架构配件自重产生的轴向力标准值；

$\sum N_{Gk}$——永久荷载对立杆产生的轴向力标准值总和；

$\sum N_{Qk}$——可变荷载对立杆产生的轴向力标准值总和；

N_k——上部结构传至基础顶面的立杆轴向力标准值；

P_k——立杆基础底面处的平均压力标准值；

w_k——风荷载标准值；

w_0——基本风压值；

M——弯矩设计值；

M_w——风荷载产生的弯矩设计值；

N——轴向力设计值；

N_l——连墙件轴向力设计值；

N_{lw}——风荷载产生的连墙件轴向力设计值；

R——纵向或横向水平杆传给立杆的竖向作用力设计值；

v——挠度；

σ——弯曲正应力。

2. 材料性能和抗力

E——钢材的弹性模量；

f——钢材的抗拉、抗压、抗弯强度设计值；

f_g——地基承载力特征值；

R_c——扣件抗滑承载力设计值；

$[v]$——容许挠度；

$[\lambda]$——容许长细比。

3. 几何参数

A——钢管或构件的截面面积，基础底面面积；

A_n——挡风面积；

A_w——迎风面积；

$[H]$——脚手架允许搭设高度；

h——步距；

i——截面回转半径；

l——长度，跨度，搭接长度；

l_a——立杆纵距；

l_b——立杆横距；

l_0——立杆计算长度，纵、横向水平杆计算跨度；

s——杆件间距；

t——杆件壁厚；

W——截面模量；

λ——长细比；

ϕ——杆件直径。

4. 计算系数

k——立杆计算长度附加系数；

μ——考虑脚手架整体稳定因素的单杆计算长度系数；

μ_s——脚手架风荷载体型系数；

μ_{stw}——按桁架确定的脚手架结构的风荷载体型系数；

μ_z——风压高度变化系数；

φ——轴心受压构件的稳定系数，挡风系数。

2.2　主要组成构件及作用

扣件式脚手架的主要组成构件及作用见表 2.2。

扣件式脚手架的主要组成构件及作用 表 2.2

项次	名　称	作　用
1	立杆（立柱、站杆、冲天）	平行于建筑物并垂直于地面的杆件，是传递脚手架结构自重、施工荷载与风荷载的主要受力杆件
2	纵向水平杆（大横杆、大横担、牵杠、顺水杆）	平行于建筑物，在纵向连接各立柱的通长水平杆，是承受并传递施工荷载给立杆的主要受力杆件
3	横向水平杆（小横杆、六尺杆、横楞、搁栅）	垂直于建筑物，在横向连接脚手架内、外排立杆的水平杆件（单排脚手架时，一端连接立杆，另一端搭在建筑物的外墙上），是承受并传递施工荷载给立杆的主要受力杆件
4	扣件	是组成脚手架结构的连接件
	直角扣件	连接两根直交钢管的扣件，是依靠扣件与钢管表面的摩擦力传递施工荷载、风荷载的受力配件
	对接扣件	钢管对接接长用的扣件，也是传递荷载的受力配件
	旋转扣件	连接两根任意角度相交的钢管的扣件，用于斜杆与立杆、斜杆与水平杆、斜杆与斜杆的连接
5	防滑扣件	与顶紧扣件共同承受荷载，提高抗滑承载力
6	脚手板	提供施工操作条件承受、传递施工荷载给纵、横向水平杆的板件
7	剪刀撑（十字撑、十字盖）	设在单、双脚手架外侧面，与墙面平行的十字交叉斜杆，可增强脚手架的纵向刚度，保证脚手架具有必要的承载能力；支撑架与满堂脚手架沿纵、横向每隔一定间距（不超过 8m）设置竖向剪刀撑，在垂直方向每隔一定间距（不超过 8m）设置水平剪刀撑，可提高承载力

项次	名 称	作 用
8	抛撑	防止脚手架倾覆，在脚手架外侧面设置的斜支撑，可临时代替连墙杆的设置，补充连墙杆设置不足时设置
9	横向支撑（横向斜拉杆、之字撑）	设在脚手架内、外排立杆平面的，呈之字形的斜杆，可增强脚手架的横向刚度，提高脚手的承载力
10	连墙件（连墙点、连墙杆）	连接脚手架与建筑物的部件，是脚手架中既要承受、传递风荷载，又要防止脚手架在横向失稳或倾覆的重要受力部件
11	纵向扫地杆	连接立杆下端，距底座下皮200mm处的纵向水平杆，可约束立杆底端在纵向发生位移
12	横向扫地杆	设在立杆下端，承受并传递立杆荷载给地基的配件
13	底座或垫板	设在立杆下端，承受并传递立杆荷载给地基的配件或板件
14	可调托撑	通过调节顶撑可调节支撑面板标高。荷载通过可调托撑可使荷载轴心传入立杆

2.3 脚手架组成的基本要求

2.3.1 广义定义扣件式钢管脚手架

脚手架有单排、双排、满堂脚手架（3排以上），按立杆轴心受力与偏心受力划分为满堂脚手架与满堂支撑架。所以，广义定义扣件式钢管脚手架，即：为建筑施工搭设的、承受荷载的由扣件和钢管等构成的作业脚手架与支撑架。

2.3.2 扣件式钢管脚手架组成基本要求

为使扣件式钢管脚手架能够安全可靠地承受和传递各种荷载作用，其组成应满足以下基本要求：

1）脚手架是由立杆、纵向与横向水平杆共同组成的"空间框架结构"，即在脚手架的中心节点处，必须同时设置立杆、纵向与横向水平杆；

2）扣件螺栓拧紧扭力矩应在40~65N·m之间，以保证"空间框架结构"的节点具有足够刚性和传递荷载的能力；

3）脚手架立柱的地基与基础必须坚实，应具有足够承载能力，并防止不均匀的沉降或过大的沉降。

以上为扣件式钢管脚手中各类脚手架的共同基本要求。针对单排、双排、满堂脚手架与满堂支撑架各自特性，其基本要求不同。

2.3.3 单排、双排脚手架基本要求

1）在脚手架和建筑物之间，必须按设计要求设置足够数量、分布均匀的连墙件，以

便在脚手架的侧向（垂直于建筑物墙面方向）提供约束，防止脚手架横向失稳或倾覆，并可靠地传递风荷载。

2）应设置纵向支撑（剪刀撑）和横向支撑，以使脚手架具有足够的纵向和横向整体刚度。

2.3.4 满堂脚手架基本要求

1）为保证满堂脚手架形成整体稳定结构，应在架体外侧四周及内部纵、横向每 6～8m 由底至顶设置连续竖向剪刀撑。当架体搭设高度在 8m 以下时，应在架顶部设置连续水平剪刀撑；当架体搭设高度在 8m 及以上时，在架体底部、顶部及竖向间隔不超过 8m 分别设置连续水平剪刀撑。水平剪刀撑宜在竖向剪刀撑斜杆相交平面设置。剪刀撑宽度 6～8m。

2）为保证满堂脚手架有足够承载力，满堂脚手架的高宽比不宜大于 3，当高宽比大于 2 时，应在架体的外侧四周和内部水平间隔 6～9m，竖向间隔 4～6m 设置连墙件与建筑结构拉结，当无法设置连墙件时，应采取设置钢丝绳张拉固定等措施。

2.3.5 满堂支撑架基本要求

1）为保证满堂支撑架形成整体稳定结构，在架体外侧周边及内部纵、横向每隔一定间距（3～8m），应由底至顶设置连续竖向剪刀撑。

在竖直方向，每隔一定间距（6～8m），在竖向剪刀撑顶部交点平面设置连续水平剪刀撑。高大支撑架、重载支撑架扫地杆的设置层应设置水平剪刀撑。

2）为保证满堂支撑架有足够承载力，满堂支撑架高宽比不应大于 2（或 2.5），高宽比不满足要求时，满堂支撑架应在支架的四周与中部与结构柱进行刚性连接，连墙件水平间距 6～9m，竖向间距 2～3m。在无结构柱部位采取预埋钢管等措施与建筑结构进行刚性连接，在有空间部位，满堂支撑架宜超出顶部加载区投影范围向外延伸布置 2～3 跨。支撑架高宽比不宜大于 3。

3）可调托撑是满堂支撑架直接传递荷载的主要构件，荷载通过可调托撑传递到立杆。为保证可调托撑不发生局部破坏，要求可调托撑抗压承载力设计值不应小于 40kN，支托板厚不应小于 5mm。立杆伸出顶层水平杆中心线至支撑点的长度 a 不应超过 0.5m。

2.3.6 型钢悬挑脚手架基本要求

1）型钢悬挑梁宜采用双轴对称截面的型钢，钢梁截面高度不应小于 160mm。悬挑梁尾端应在两处及以上固定于钢筋混凝土梁板结构上。锚固型钢悬挑梁的 U 型钢筋拉环或锚固螺栓直径不宜小于 16mm。

2）悬挑钢梁固定段长度不应小于悬挑段长度的 1.25 倍。型钢悬挑梁固定端应采用 2 个（对）及以上 U 型钢筋拉环或锚固螺栓与建筑结构梁板固定。

3）每个型钢悬挑梁外端宜设置钢丝绳或钢拉杆与上一层建筑结构斜拉结。钢丝绳与建筑结构拉结的吊环应使用 HPB235 级钢筋，其直径不宜小于 20mm。

本 章 参 考 文 献

[1] 《建筑施工扣件式钢管脚手架安全技术规范》JGJ 130—2011. 北京：中国建筑工业出版社 . 2011

[2] 《安全网》GB 5725—2009 . 北京：中国建筑工业出版社 . 2009

[3] 《建筑施工临时支撑结构技术规范》JGJ 300—2013. 北京：中国建筑工业出版社 . 2013

[4] 《钢结构设计规范》GB 50017—2003. 北京：中国建筑工业出版社 . 2003

[5] 《建筑施工安全技术统一规范》GB 50870—2013. 北京：中国计划出版社 . 2013

[6] 《建筑施工企业安全生产管理规范》GB 50656—2011. 北京：中国计划出版社 . 2012

[7] 《建筑基坑工程监测技术规范》GB 50497—2009. 北京：中国建筑工业出版社 . 2009

[8] 《建筑结构荷载规范》GB 50009—2012. 北京：中国建筑工业出版社 . 2012

第3章　构配件质量标准

3.1　钢　　管

3.1.1　脚手架钢管采用的国家标准

脚手架钢管应采用现行国家标准《直缝电焊钢管》GB/T 13793 或《低压流体输送用焊接钢管》GB/T 3091 中规定的 Q235 普通钢管。

钢管质量应符合现行国家标准《碳素结构钢》GB/T 700 中 Q235 级钢的规定。

1）现行国家标准《碳素结构钢》规定：钢的牌号和化学成分（熔炼分析）应符合表表 3.1.1-1 的规定：

表 3.1.1-1

钢的牌号和化学成分（熔炼分析）

牌号	统一数字代号a	等级	厚度（或直径）(mm)	脱氧方法	化学成分（质量分数）%，不大于				
					C	Si	Mn	P	S
Q195	U11952	—	—	F、Z	0.12	0.3	0.50	0.035	0.040
Q215	U12152	A	—	F、Z	0.15	0.35	1.20	0.045	0.050
	U12155	B							0.045
Q235	U12352	A		F、Z	0.22	0.35	1.40	0.045	0.050
	U12355	B			0.20^b				0.045
	U12358	C		Z	0.17			0.040	0.040
	U12359	D		TZ				0.035	0.035
Q275	U12752	A	—	F、Z	0.24	0.35	1.50	0.045	0.050
	U12755	B	≤40	Z	0.21			0.045	0.045
			>40		0.22				
	U12758	C	—	Z	0.2			0.040	0.040
	U12759	D		TZ				0.035	0.035

注：a. 表中为镇静钢、特殊镇静钢牌号的统一数字，沸腾钢牌号的统一数字代号如下：

　　　Q195F——U11950；

　　　Q215AF——U12150，Q215BF——U12153；

　　　Q235AF——U12350，Q235BF——U12353；

　　　Q275AF——U12750。

　　b. 经需方同意，Q235B的碳含量可不大于 0.22%。

2）现行国家标准《碳素结构钢》规定：钢材的拉伸和冲击试验结果应符合表3.1.1-2 表的规定：

钢材的拉伸和冲击试验结果　　　　　　　　　　　　**表 3.1.1-2**

牌号	等级	屈服强度[a] R（N/mm²），不小于						抗拉强度[b] R_m（N/mm²）	断后伸长率 A（%）不小于					冲击试验（V 型缺口）	
		厚度（或直径）（mm）							厚度（或直径）（mm）					温度（℃）	冲击吸收功（纵向）（J）不小于
		≤16	>16~40	>40~60	>60~100	>100~150	>150~200		≤40	>40~60	>60~100	>100~150	>150~200		
Q195	—	195	185	—	—	—	—	315~430	33					—	—
Q215	A	215	205	195	185	175	165	335~450	31	30	29	27	26	—	—
	B													+20	27
Q235	A	235	225	215	215	195	185	370~500	26	25	24	22	21	—	—
	B													+20	27[c]
	C													0	
	D													−20	
Q275	A	275	265	255	245	225	215	410~540	22	21	20	18	17	—	—
	B													+20	27
	C													0	
	D													−20	

注：a. Q195 的屈服强度值仅供参考，不作交货条件。

　　b. 厚度不大于 100mm 的钢材，抗拉强度下限允许降低 20N/mm²。宽带钢（包括剪切钢板）抗拉强度上限不作交货条件。

　　c. 厚度小于 25mm 的 Q235B 级钢材，如供方能保证冲击吸收功值合格，经需方同意，可不作检验。

3）现行国家标准《碳素结构钢》规定：弯曲试验结果应符合表 3.1.1-3 的规定：

弯曲试验结果　　　　　　　　　　　　**表 3.1.1-3**

牌号	试 样 方 向	冷弯试验 180° $B=2a$[a]	
		厚度（或直径）[b]（mm）	
		≤60	>60~100
		弯心直径 d	
Q195	纵	0	—
	横	0.5a	
Q215	纵	0.5a	1.5a
	横	a	2a
Q235	纵	a	2a
	横	1.5a	2.5a
Q275	纵	1.5a	2.5a
	横	2a	3a

注：a. B 为试样宽度，a 为试样厚度（或直径）。

　　b. 钢材厚度（或直径）大于 100mm 时，弯曲试验由双方协商确定。

3.1.2 脚手架钢管尺寸

脚手架钢管宜采用 $\phi48.3\times3.6$ 钢管。钢管长度应便于工人装、拆和运输，不能太长或过短，国内常采用的杆件长度列于表 3.1.2，每根钢管的最大质量不应大于 25.8kg。

脚手架钢管尺寸（mm） 表 3.1.2

钢管类别	截面尺寸		最大长度	
低压流体输送用焊接钢管	外径 ϕ	壁厚 t	双排架横向水平杆	其他杆
直缝电焊钢管	48.3	3.6	2200	6500

3.1.3 普通焊接钢管单位长度理论重量

普通焊接钢管和精密焊接钢管单位长度理论重量按式（3.1.3）计算（钢的密度取 7.85kg/dm³）：

$$W=0.0246615\ (D-S)\ S \qquad (3.1.3)$$

式中 W——单位长度重量，kg/m；

D——钢管的公称外径，mm；

S——钢管的公称壁厚，mm。

单位长度理论重量计算值的修约规则应符合《数值修约规则与极限数值的表示和判定》GB/T 8170 的规定：当计算值小于 1.00kg/m 时，单位长度理论重量计算结果修约到接近的 0.001kg/m；当计算值不小于 1.00kg/m 时，单位长度理论重量计算结果修约到接近的 0.01kg/m。

3.1.4 钢管截面特性

钢管截面特性见表 3.1.4。

钢管截面特性 表 3.1.4

外径 ϕ	壁厚 t	管截面积 A	惯性矩 I	截面模量 W	回转半径 i	每米长质量
(mm)		(cm²)	(cm⁴)	(cm³)	(cm)	(kg/m)
48.3	3.6	5.06	12.71	5.26	1.59	3.97
48.3	3.5	4.93	12.43	5.15	1.59	3.87
48.3	3.4	4.80	12.16	5.03	1.59	3.76
48.3	3.3	4.67	11.87	4.92	1.60	3.66
48.3	3.24	4.59	11.70	4.85	1.60	3.60
48.3	3.2	4.53	11.58	4.8	1.60	3.56
48.3	3.1	4.40	11.29	4.68	1.60	3.46
48.3	3.0	4.27	10.99	4.55	1.61	3.35
48	3.5	4.89	12.19	5.08	1.58	3.84
48	3.1	4.37	11.07	4.61	1.59	3.43
48	3.0	4.24	10.78	4.49	1.60	3.33

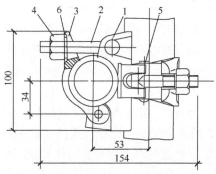

计算说明：公称外径 D，壁厚 t，内径 d，管截面积 A

$$A=（D^2-d^2）\pi/4；I=\pi（D^4-d^4）/64；$$
$$W=\pi（D^3-d^4/D）/32；i=（D^2+d^2)^{1/2}/4$$

① 说明：钢管外径习惯用 ϕ 表示外径，如：$\phi48\times3.5$ 规范一般这样表示
② 计算公式内，一般 D 表示外径，d 内径如：$A=（D^2-d^2）\pi/4$

3.2　扣　　件

3.2.1　扣件材质与应用范围

根据现行国家标准《钢管脚手架扣件》GB 15831 规定：扣件铸件的材料采用可锻铸铁或铸钢。其适用于建筑工程中钢管公称外径为 48.3mm 的脚手架、井架、模板支撑等使用的由可锻铸铁或铸钢制造的扣件，也适用于市政、水利、化工、冶金、煤炭和船舶等工程使用的扣件。

采用其他材料制作的扣件，应经试验证明其质量符合《钢管脚手架扣件》及相关标准的规定后方可使用。

3.2.2　目前我国的可锻铸铁扣件的基本形式

1）直角扣件：用于两根呈垂直交叉钢管的连接（图 3.2.2-1）。

2）旋转扣件：用于两根呈任意角度交叉钢管的连接（图 3.2.2-2）。

3）对接扣件：用于两根钢管对接连接（图 3.2.2-3）。

图 3.2.2-1　直角扣件
1—直角座；2—螺栓；3—盖板；
4—螺母；5—铆钉；6—垫圈

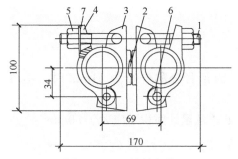

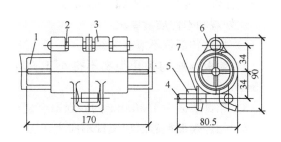

图 3.2.2-2　旋转扣件
1—螺栓；2—铆钉；3—旋转座；4—盖板；
5—螺母；6—铆钉；7—垫圈

图 3.2.2-3　对接扣件
1—杆芯；2—铆钉；3—对接座；4—螺栓；
5—螺母；6—对接盖；7—垫圈

3.2.3　技术要求

1）扣件应按规定程序批准的图样进行产生。

2) 扣件铸件的材料应采用《可锻铸铁件》GB/T 9440 中所规定的力学性能不低于 KTH330-08 牌号的可锻铸铁或《一般工程用铸造碳钢件》GB/T 11352 中 ZG230—450 铸钢。

3) 扣件在主要部位不得有缩松、夹渣、气孔等铸造缺陷。扣件应严格整形，与钢管的贴和面应紧密接触，应保证扣件抗滑、抗拉性能。

4) 扣件与底座的力学性能应符合表 3.2.3 的要求。

扣件力学性能 表 3.2.3

性能名称	扣件形式	性 能 要 求
抗滑	直角	$P=7.0$kN 时，$\Delta_1 \leqslant 7.00$mm；$P=10.0$kN 时，$\Delta_2 \leqslant 0.50$mm
	旋转	$P=7.0$kN 时，$\Delta_1 \leqslant 7.00$mm；$P=10.0$kN 时，$\Delta_2 \leqslant 0.50$mm
抗破坏	直角	$P=25.0$kN 时，各部位不应破坏
	旋转	$P=17.0$kN 时，各部位不应破坏
扭转刚度	直角	扭力矩为 900N·m 时，$f \leqslant 70.0$mm
抗拉	对接	$P=4.0$kN 时，$\Delta \leqslant 2.00$mm
抗压	底座	$P=50.0$kN 时，各部位不应破坏

5) 扣件（除底座外）应经过 65N·m 扭力矩试压，扣件各部位不应有裂纹。

6) 扣件用脚手架钢管应采用《低压流体输送用焊接钢管》GB/T 3091 中公称外径为 48.3mm 的普通钢管，其公称外径、壁厚的允许偏差及力学性能应符合《低压流体输送用焊接钢管》GB/T 3091 的规定。

7) 扣件用 T 型螺栓、螺母、垫圈、铆钉采用的材料应符合《碳素结构钢》GB/T 700 的有关规定。螺栓与螺母连接的螺纹均应符合《普通螺纹　基本尺寸》GB/T 196 的规定，垫圈的厚度应符合《平垫圈　C 级》GB/T 95 的规定，铆钉应符合《半圆头铆钉》GB/T 867 的规定。T 型螺栓 M12，其总长应为（72±0.5）mm，螺母对边宽度为（22±0.5）mm，厚度应为（14±0.5）mm；铆钉直径应为（8±0.5）mm，铆接头应大于铆孔直径 1mm；旋转扣件中心铆钉直径应为（14±0.5）mm。

8) 扣件试验时，紧固螺栓的扭力矩应为 40N·m。

9) 外观和附件质量要求：

(1) 扣件各部位不应有裂纹。

(2) 盖板与座的张开距离不得小于 50mm；当钢管公称外径为 51mm 时，不得小于 55mm。

(3) 扣件表面大于 10mm² 的砂眼不应超过 3 处，且累计面积不应大于 50mm²。

(4) 扣件表面粘砂面积累计不应大于 150mm²。

(5) 错箱不应大于 1mm。

(6) 扣件表面凸（或凹）的高（或深）值不应大于 1mm。

(7) 扣件与钢管接触部位不应有氧化皮，其他部位氧化皮面积累计不应大于 150mm。

(8) 铆接处应牢固，不应有裂纹。

(9) T 型螺栓和螺母应符合《紧固件机械性能》GB/T 3098.1、GB/T 3098.2 的规定。

(10) 活动部位应灵活转动，旋转扣件两旋转面间隙应小于 1mm。

（11）产品的型号、商标、生产年号应在醒目处铸出，字迹、图案应清晰完整。

（12）扣件表面应进行防锈处理（不应采用沥青漆），油漆应均匀美观，不应有堆漆或露铁。

3.2.4 扣件验收规定

扣件验收应符合下列规定：

1）扣件应有生产许可证、法定检测单位的测试报告和产品质量合格证。当对扣件质量有怀疑时，应按现行国家标准《钢管脚手架扣件》GB 15831 的规定抽样检测。

2）新、旧扣件均应进行防锈处理。

3）扣件的技术要求应符合现行国家标准《钢管脚手架扣件》GB 15831 第 5 节的规定。

4）扣件进入施工现场应检查产品合格证，并应进行抽样复试，技术性能应符合现行国家标准《钢管脚手架扣件》GB 15831 的规定。扣件在使用前应逐个挑选，有裂缝、变形、螺栓出现滑丝的严禁使用。

3.2.5 扣件螺栓拧紧扭力矩检查

安装后的扣件螺栓拧紧扭力矩应采用扭力扳手检查，抽样方法应按随机分布原则进行。抽样检查数目与质量判定标准，应按表 12.1.3 的规定确定。不合格的必须重新拧紧，直至合格为止。

3.3 脚 手 板

3.3.1 脚手板一般要求

脚手板有冲压式钢脚手板、木脚手板、竹串片及竹笆脚手板等，可根据工程所在地区就地取材使用。脚手板一般要求如下：

1）为便于工人操作，不论哪种脚手板，单块质量不宜大于 30kg。

2）冲压钢脚手板的材质应符合现行国家标准《碳素结构钢》GB/T 700 中 Q235 级钢的规定。

3）木脚手板材质应符合现行国家标准《木结构设计规范》GB 50005 中 II$_a$ 级材质的规定。木脚手板的宽度不宜小于 200mm，厚度不应小于 50mm，两端宜各设置直径不小于 4mm 的镀锌钢丝箍两道。

4）竹脚手板宜采用由毛竹或楠竹制作的竹串片板、竹笆板；竹串片、竹笆板脚手板应符合《建筑施工竹脚手架安全技术规范》JGJ 254—2011 的规定。

3.3.2 脚手板检查规定

脚手板的检查应符合下列规定：

1. 冲压钢脚手板

1）新脚手板应有产品质量合格证；

2）尺寸偏差应符合规范规定，且不得有裂纹、开焊与硬弯；

3）新、旧脚手板均应涂防锈漆；

4）应有防滑措施。

2. 木脚手板、竹脚手板

1）木脚手板宽度、厚度允许偏差应符合表 12.1.2 的规定。扭曲变形、劈裂、腐朽的脚手板不得使用；

2）竹笆脚手板、竹串片脚手板应符合《建筑施工竹脚手架安全技术规范》JGJ 254—2011 规定：

竹笆板应采用平放的竹片纵横编织而成。纵片不得少于 5 道且第一道用双片，横片应一反一正，四边端纵横片交点应用钢丝穿过钻孔每道扎牢。竹片厚度不得小于 10mm，宽度应为 30mm。每块竹笆脚手板应沿纵向用钢丝扎两道宽 40mm 双面夹筋，夹筋不得用圆钉固定。竹笆脚手板长可为 1.5～2.5m，宽可为 0.8～1.2m（图 3.3.2-1）。

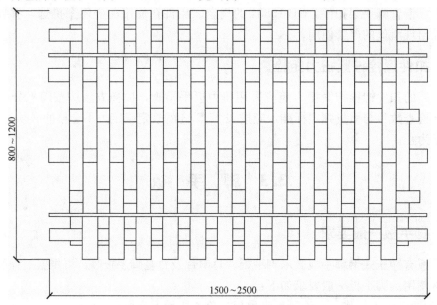

图 3.3.2-1 竹笆脚手板

竹串片脚手板应采用螺栓穿过并列的竹片拧紧而成。螺栓直径可为 8～10mm，间距应为 500～600mm，螺栓孔直径不得大于 10mm。板的厚度不得小于 50mm，宽度应为 250～300mm，长度应为 2～3.5m（图 3.3.2-2）。

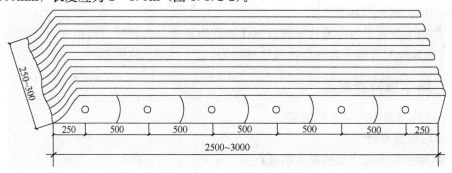

图 3.3.2-2 竹串片脚手板

3.4　可　调　托　撑

可调托撑质量要求如下：

可调托撑是满堂支撑架直接传递荷载的主要构件，大量可调托撑试验证明：可调托撑支托板截面尺寸、支托板弯曲变形程度、螺杆与支托板焊接质量、螺杆外径等影响可调托撑的临界荷载，最终影响满堂支撑架临界荷载。对可调托撑质量要求如下：

1）可调托撑螺杆外径不得小于 36mm，直径与螺距应符合现行国家标准《梯形螺纹》GB/T 5796.2、GB/T 5796.3 的规定。

2）可调托撑的螺杆与支托板焊接要牢固，焊缝高度不小于 6mm；可调托撑螺杆与螺母旋合长度不得少于 5 扣，螺母厚度不小于 30mm。

3）可调托撑抗压承载力设计值不应小于 40kN，支托板厚不应小于 5mm。

4）可调托撑的检查应符合下列规定：

（1）应有产品质量合格证。

（2）应有质量检验报告，可调托撑抗压承载力应符合规定。

（3）可调托撑支托板厚不小于 5mm，变形不大于 1mm，且宜加肋板。

（4）支托板、螺母有裂缝的严禁使用。

（5）可调托座的表面宜浸漆或冷镀锌，涂层应均匀、牢固。

3.5　悬挑脚手架用型钢

3.5.1　型钢悬挑脚手架用型钢一般要求

型钢悬挑脚手架用型钢（悬挑梁）宜采用双轴对称截面的型钢。一般使用工字钢，工字钢梁较其他型钢选购、设计和施工方便，工字钢结构性能可靠，具有截面对称性、受力稳定性好、传力路线明确。工字钢梁除少量附件焊接外，无需其他加工，与其他结构比消除了加工环节的质量风险。

3.5.2　悬挑脚手架用型钢采用的国家标准

悬挑脚手架用型钢的材质应符合现行国家标准《碳素结构钢》GB/T 700 或《低合金高强度结构钢》GB/T 1591 的规定。

3.5.3　悬挑梁固定于钢筋混凝土梁板结构上的要求

悬挑梁尾端应在两处及以上固定于钢筋混凝土梁板结构上。用于固定型钢悬挑梁的 U 型钢筋拉环或锚固螺栓材质应符合现行国家标准《钢筋混凝土用钢第 1 部分：热轧光圆钢筋》GB 1499.1 中 HPB235 级钢筋的规定，直径不宜小于 16mm。

3.5.4　悬挑脚手架用型钢的质量检查规定

1）钢的牌号、化学成分（熔炼分析）以及型钢的力学性能应符合《碳素结构钢》

GB/T 700 或《低合金高强度结构钢》GB/T 1591 的有关规定。

2）型钢表面不应有裂缝、折叠、结疤、分层和夹杂。

3）当钢材表面有锈蚀、麻点或划痕等缺陷时，其深度不得大于该钢材厚度负允许偏差值的 1/2。

4）型钢表面缺陷允许清除，清除处应圆滑无棱角，但不应进行横向清除，清除宽度不应小于清除深度的 5 倍，清除后的型钢尺寸不应超出尺寸的允许偏差。

5）型钢不应有大于 5mm 的毛刺。

6）其他项目应符合现行国家标准《钢结构工程施工质量验收规范》GB 50205 的有关规定。

3.6　底　　　座

3.6.1　扣件式钢管脚手架底座材质要求

扣件式钢管脚手架的底座可用可锻铸铁制造（图 3.6.1-1），亦可用厚 8mm、边长 150mm 的钢板作底板，外径 60mm，壁厚 3.5mm，长 150mm 的钢管作套筒焊接而成（图 3.6.1-2）。

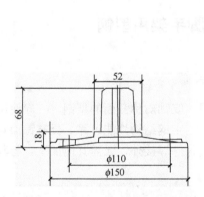
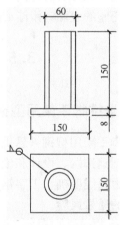

图 3.6.1-1　可锻铸铁标准底座　　　　　　图 3.6.1-2　焊接底座

3.6.2　底座抗压承载力要求

扣件式钢管脚手架的底座用于承受脚手架立杆传递下来的荷载，要求底座抗压承载力设计值不应小于 40kN。

3.6.3　底座抗压性能试验

以 1.0kN/s 的速度匀速加荷。当 F 为 50kN 时，底座不得破坏。

本 章 参 考 文 献

[1]《建筑施工扣件式钢管脚手架安全技术规范》JGJ 130—2011. 北京：中国建筑工业出版社.2011

［2］ 《低压流体输送用焊接钢管》GB/T 3091—2008 北京：中国建筑工业出版社．2013

［3］ 《直缝电焊钢管》GB/T 13793—2008．北京：中国建筑工业出版社．2008

［4］ 《钢管脚手架扣件》GB 15831—2006．北京：中国建筑工业出版社．2006

［5］ 《木结构工程施工质量验收规范》GB 50206—2005．北京：中国建筑工业出版社．2005

［6］ 《碳素结构钢》GB/T 700—2006．北京：中国建筑工业出版社．2006

［7］ 《建筑施工竹脚手架安全技术规范》JGJ 254—2011．北京：中国建筑工业出版社．2011

第4章　脚手架构配件试验及整体稳定试验

4.1　脚手架构配件试验

脚手架是由杆件与扣件等组成的空间框架结构，钢管冷弯成型，扣件节点偏心传递荷载，且变异性较大。为保证脚手架实际应用中安全可靠，需要给出符合实际的脚手架设计理论，这样需要进行脚手架构配件、节点、脚手架整体稳定等试验，对脚手架整体稳定实验与理论分析，找出影响脚手架整体稳定各种因素，确定脚手架承载力。

4.1.1　可调托撑承载力试验

1. 试验目的

验证支撑架可调托撑能够承受实验荷载，即：在支撑架达到临界荷载时，可调托撑不发生破坏。

支撑架可调托撑实验是后续支撑架实验的一个预备实验，目的是验证可调托撑能够承受实验荷载。

实验方案，通过压力实验机对支托进行压缩实验，验证可调托撑能够承不小于5t的荷载。

2. 加载方式与试验方案

1）加载方式

压力机以匀速加荷，对可调托撑进行加载试验（图4.1.1-1～图4.1.1-3）。

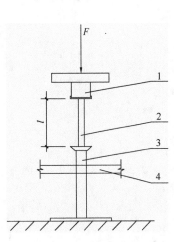 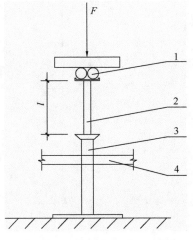 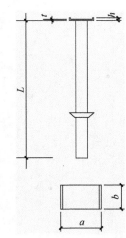

图4.1.1-1　可调托撑试验简图　　图4.1.1-2　可调托撑试验简图　　图4.1.1-3　可调托撑构造图
1—主梁（木方）；2—可调托撑；　　1—主梁（双钢管或木方等）；2—可调　　t—支托板厚度；h—支托板
3—钢管制底座；4—钢管　　托撑；3—钢管制底座；4—钢管　　侧翼高；a—支托板侧翼外
　　　　　　　　　　　　　　　　　　　　　　　　　　　　皮距离；b—支托板长

2）试验方案

方案一 表 4.1.1-1

支托板厚度 t	外径 D	支托板长 b	支托板侧翼外皮距离 a	支托侧高 h	支托杆长度 L	螺杆伸出长度 l	主梁为双钢管	备注
5.00mm	32.40mm	11.3cm	7.0cm	1.3cm	55cm	30cm		

方案二 表 4.1.1-2

支托板厚度 t	外径 D	支托板长 b	支托板侧翼外皮距离 a	支托侧高 h	支托杆长度 L	螺杆伸出长度 l	主梁为双钢管	备注
5.00mm	34.35mm	13cm	10cm	4cm	55cm	30cm		

方案三 表 4.1.1-3

支托板厚度 t	外径 D	支托板长 b	支托板侧翼外皮距离 a	支托侧高 h	支托杆长度 L	螺杆伸出长度 l	主梁为双钢管	备注
5.00mm	33.30mm	11.5cm	9cm	2cm	50cm	30cm		

方案四 表 4.1.1-4

支托板厚度 t	外径 D	支托板长 b	支托板侧翼外皮距离 a	支托侧高 h	支托杆长度 L	螺杆伸出长度 l	主梁为木方	备注
5.00mm	33.30mm	11.5cm	9.0cm	2.0cm	50cm	30cm		

方案五 表 4.1.1-5

支托板厚度 t	外径 D	支托板长 b	支托板侧翼外皮距离 a	支托侧高 h	支托杆长度 L	螺杆伸出长度 l	主梁为木方	备注
5.00mm	32.0mm	11.0cm	8.0cm	1.3cm	55cm	30cm		

3. 试验结果分析

1）可调拖撑破坏变形

方案一：

支托板与螺杆相交处有缺陷（10mm 圆弧裂缝），压力机 40kN 时发生破坏，支托有明显变形（8mm）。变形示意图如图 4.1.1-4 所示：

方案二：

55kN 时没有完全破坏，支托有明显变形（15mm），变形示意图见图 4.1.1-5：

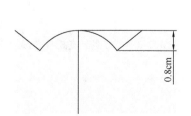

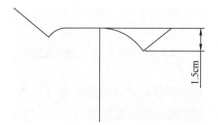

图4.1.1-4 方案一支托板变形示意图　　图4.1.1-5 方案二支托板变形示意图

支托上垫放的脚手架管外径 48.60mm，内径 41.25mm，实验后发生明显变形，长轴长 53.10mm，短轴长 43.00mm，截面呈扁圆形。

方案三：

55kN 时没有完全破坏，支托有明显变形（8mm），变形示意图见图 4.1.1-6：

支托上垫放的脚手架管外径 47.50mm，内径 40.75mm，实验后发生明显变形，长轴长 58.90mm，短轴长 40.00mm，截面呈扁圆形。

方案四：

55kN 时没有完全破坏，支托有明显变形（8mm），变形示意图见图 4.1.1-7：

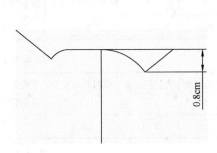 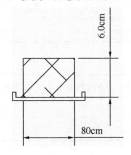

图 4.1.1-6　方案三支托板变形示意图　　　图 4.1.1-7　方案四支托板与木方示意图

35kN 时木头开裂，发出声响，55kN 时支托有明显变形（10mm），65kN 时仍未完全破坏。

支托变形示意图如图 4.1.1-8 所示：

方案五：

此次采用木方放在压力机与支托之间。木垫块放置与 4 号试件相同。

30kN 时木方块发出声响，发生第一次开裂，40kN 时有明显裂纹，50kN 时支托明显变形，60kN 时仍未完全破坏（最后变形 15mm）。

支托变形如图 4.1.1-9 所示。

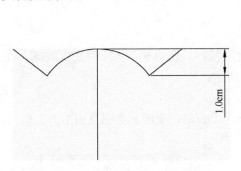 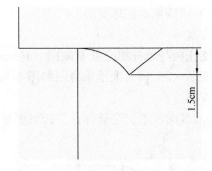

图 4.1.1-8　方案四支托板变形示意图　　　图 4.1.1-9　方案五支托板变形示意图

2）可调托撑破坏试验结果汇总（见表 4.1.1-6）

4. 分析可调托座试验结论

1）支托板厚度 t 为 5.0mm 承载力（抗压）试验 50kN 不破坏，承载力符合要求（50kN 除以系数 1.25 为 40kN。定为可调托撑抗压承载力设计值，保证可调托撑不发生破坏)。

其他条件相同，支托板厚度 t 为 4.0mm，承载力最多下降 19%，支托板厚度 t 为 3.0mm，承载力最多下降 56.5%，最终导致支架临界荷载下降。

可调托撑破坏试验结果汇总（支托板厚度 5mm）　　　　表 4.1.1-6

试件编号	支托板厚度 t（mm）	b a h（cm）	螺杆伸出长度（cm）	外径 D（mm）	支托厚度垂直变形（mm）	可调托撑破坏荷载（kN）	备　　注
1 号	5.00	11.3 7.0 1.3	30	32.40	8	40	支托板相交处与螺杆处有缺陷，10mm 圆弧裂缝
2 号	5.00	13 10 4	30	34.35	15	55	支托厚度上放 $\phi 48$ 双钢管，40kN 时开始明显变形，实验后，截面呈扁圆形
3 号	5.00	11.5 9 2	30	33.30	8	55	支托厚度上放 $\phi 48$ 双钢管，40kN 时开始明显变形，实验后，截面呈扁圆形
4 号	5.00	11.5 9 2	30	33.30	10	55	支托厚度上放置木方，35kN 时木头开裂，发出声响
5 号	5.00	11.0 8 1.3	30	32.0	15	50	支托厚度上放置木方，30kN 时木方开裂，发出声响

注：1. 支托板侧翼高 h；

2. 支托板侧翼外皮距离 a；

3. 支托板长 b。

2）支托板变形引起支托板受力不均，可导致承载力下降；支托板与螺杆连接处存在缺陷（裂缝），导致承载力下降；螺杆过细，螺杆与钢管间间隙过大，螺杆受力后，螺杆偏斜，引起支托板受力不均，可导致承载力下降，同时引起立杆偏心受力。最终导致支架临界荷载下降。

3）要求：

（1）可调托座尺寸：

t 不小于 5mm，h 不小于 20mm，a 不小于 120mm，b 不小于 90mm，L 不小于 580mm。

（2）支托板弯曲变形不超过 1mm。

（3）螺杆与支托板焊接要牢固，焊缝高度不小于 6mm，托板与丝杠应采用环焊。

（4）可调托座螺杆与螺母搭合长度不得少于 5 扣，插入立杆内的长度不得小于 150mm。

可调托座，其螺杆外径不得小于 36mm，伸出长度不得超过 300mm。

（5）可调托座抗压承载力应同于底座。

（6）可调托撑宜采用加肋板（图 4.1.1-10）。

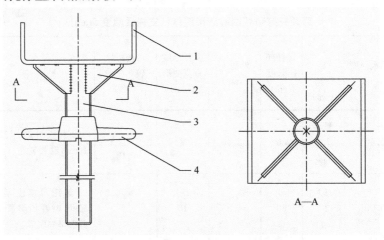

图 4.1.1-10　可调托撑示意图
1—托板；2—肋板；3—螺杆；4—螺母扳手

4.2　钢管扣件支撑架试验

4.2.1　试验目的

1）实测支撑架的荷载-变形形态、失稳模态、临界荷载和部分杆件应力。

2）分析支撑架结构工作状态的内力、变形及位移等特征；确定各参数对支撑架临界荷载的影响。

3）确定支撑架结构尺寸与临界荷载的对应关系。

4）验证节点刚度和强度性能并分析其对支撑架临界荷载的影响。

4.2.2　试验步骤

1. 试验方案

步距 $h=0.9$m，扫地杆高 0.4m，立杆间距 0.6m×0.63m（东西），在加载区内，无水平剪刀撑，有竖向剪刀撑，架高 8.19m

高宽比：8.19÷（5×0.6）＝2.7

支撑架立杆伸出顶层横向水平杆中心线长度 $a=0.56$m

加载区范围：每隔 4 排立杆，（5×0.6m）×（5×0.63m）

加载面积：5×0.6×5×0.63＝9.45m²

受力立杆根数：36

2. 试验设备

加载设备：液压千斤顶、分配梁、电动油泵、反力架等。

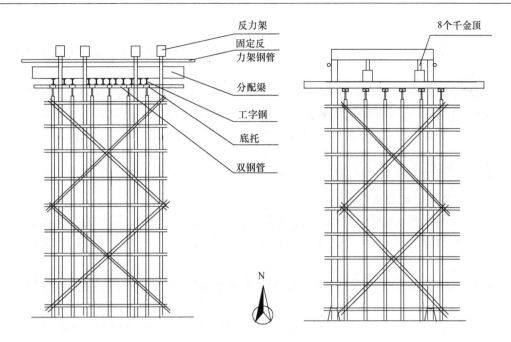

图 4.2.2 试验方案简图

测试设备：电子位移计、智能静态应变仪、油压表、计算机系统、电阻应变计、直尺、卷尺等。

3. 场地准备及试验加载装置

反力架和分配梁的强度和刚度是通过计算满足试验要求的。采用两道分配梁使千斤顶的荷载均匀地传递给试验脚手架加载区域。第一道分配梁由两根加工后 H 型钢构成，第二道分配梁由多根 20a 工字钢构成。

4. 试验

1）根据设计确定支撑架搭设尺寸，根据试验现场布置反力架位置，根据反力架构造搭设支撑架，满足试验要求。

2）确定测点位置，在试验支撑架搭设结束后，对杆件测点表面打磨及丙酮擦拭处理后，将应变片贴到测点位置。

3）所有仪器及加载设备均布置于远离试验支撑架处，所有操作设备均由导线与各测点相连，安装后及时把仪表号、测点号、位置和各个应变片所处的通道号一并计入记录列表中。

4）试验前，对试验应用的加载设备和测量仪表进行检查、调整和率定，以保证达到试验使用要求。

5）根据构配件试验，选择构配件（可调托座、托座上木梁、托座上双钢管等），保证不首先发生局部失稳。

5. 加载制度

测试要求获得稳定承载力临界值，因此荷载分级比较细，加载到 1t/根后按 0.25t/根或 0.125t/根进行加载，直到试验支撑架整体失稳时停止加载。每级荷载均持荷 10min。

注意：根据变形判断下一级可能失稳，荷载分级要更细，保证临界荷载值准确。

6. 测量方案

1）试验加载阶段：每级荷载加载完毕后，采集各个测点稳定应变值及各个位移计测点位移量。

2）试验卸载阶段：卸载完毕后，待架体稳定变形恢复稳定后，采集各个测点残余应变值及各个位移计测点的残余位移量。

3）架体破坏，待变形稳定后，测量各个杆件东西方向及南北方向的位移。

4.2.3 试验结果

1. 支撑架临界荷载确定

第一级荷载180kN（0.5t/根），无明显变化，4（东下）位移计读数最大值0.19mm。

第二级荷载360kN（1.0t/根），仍无明显变化，3（东中）位移计读数最大值0.42mm。

第十五级荷载1170kN（3.25t/根），支架稳定，3（东中）位移计读数最大值9.03mm。

第十六级荷载1215kN（3.375t/根），有响声出现，当准备加到1270kN（3.5t/根）时，开始出现连续响声，荷载到开始掉载，变形不断发展，直到最后出现了明显的弯曲变形。

分配梁自重：42.16kN（42.16÷36＝1.17kN/根），临界荷载1.17＋33.75＝34.92kN/根。

2. 钢管扣件支撑架试验实际测点布置图（图4.2.3-1）

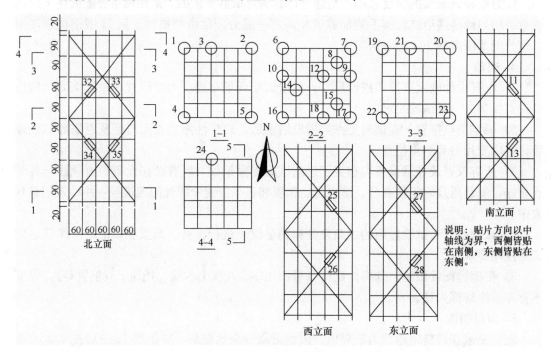

图4.2.3-1 应变测点布置图

3. 立杆荷载-应变曲线（图4.2.3-2）

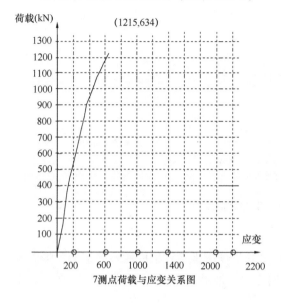

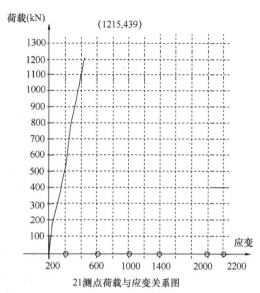

图 4.2.3-2 立杆荷载-应变曲线图

4. 结论

1）临界荷载前荷载与应变基本为正比例关系，基本保持弹性状态。

2）临界荷载为 1215kN ＋ 分配梁自重 42.16kN ＝ 1257.16kN，单根临界荷载 1257.16kN/36＝34.92kN/根。

3）21 测点在支架边部立杆上部，受力最大，7 号测点在角部立杆中部、10 号测点在中部立杆中部、12 号测点在边部立杆中部，受力较大。33 号测点在中上部剪刀撑上，受力较大。

立杆中上部受力较大，剪刀撑垂直失稳方向上部受力较大。

4）测点大部分在受压区。

5）有剪刀撑的支架，支架达到临界荷载时，以上下剪刀撑交点（或剪刀撑与水平杆有较多交点）水平面为分界线，上部大波鼓曲，下部变形不大。所以波长均与剪刀撑设置、水平约束间距有关。

6）垂直失稳方向的剪刀撑受力大，上部剪刀撑比下部剪刀撑受力大，剪刀撑上面为受压区。

7）伸出支架自由端 a 处，应力不大。说明不会发生局部失稳。

8）支架中部立杆临界荷载前。随荷载增大应变增大，卸载时随荷载减少应变减少，卸载完成应变基本为 0，变形全部减小（回弹）。

5. 3(东中)表测点，立杆荷载-位移曲线(图4.2.3-3)

结论：

1）荷载小于 630kN，处于弹性变形阶段。

2）荷载处于 630～1215kN，处于弹塑性变形阶段。

3）荷载大于 1215kN，处于塑性变形阶段。

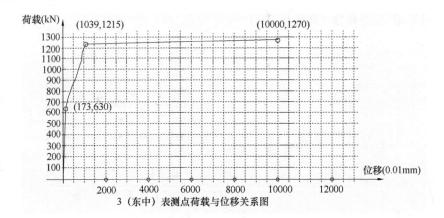

图 4.2.3-3 立杆荷载-位移曲线图

6. 支撑架失稳模态

整体失稳破坏时，满堂支撑架呈现出纵横立杆与纵横水平杆组成的空间框架，沿刚度

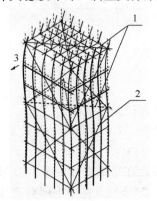

图 4.2.3-4 满堂支撑架整体失稳
1—水平剪刀撑；2—竖向剪刀撑；
3—失稳方向

较弱方向大波鼓曲现象，无剪刀撑的支架，支架达到临界荷载时，整架大波鼓曲。有剪刀撑的支架，支架达到临界荷载时，以上下竖向剪刀撑交点（或剪刀撑与水平杆有较多交点）水平面为分界面，上部大波鼓曲（图 4.2.3-4），下部变形小于上部变形。所以波长均与剪刀撑设置、水平约束间距有关。

4.2.4 支撑架整体稳定试验结论

扣件式钢管脚手架实验分析，影响模板支架与满堂脚手架整体稳定的因素如下：

1）剪刀撑：其他条件相同，在支撑架四边与中间每隔四排立杆（或 5 跨）设置一道纵向剪刀撑，支架临界荷载有较大提高。设置剪刀撑比不设置临界荷载提高 26%～64%（不同工况）。

高度大于 4m 的支撑架，其两端与中间每隔 4 排立杆从顶层开始向下每隔 2 步设置一道水平剪刀撑，支架临界荷载有较大提高。设置水平剪刀撑比不设水平剪刀撑单根立杆临界荷载提高 33%。

2）支架高度：其他条件不变，随支架高度提高，支架临界荷载降低。

3）高宽比：其他条件不变，随支架高宽比增大，支架临界荷载降低。

高宽比由 2 增大为 3 临界荷载下降约 20%～25%。支架高度不变，高宽比由 3 增大为 4，临界荷载降低约 15%～25%。

4）横向约束：增加支架横向约束，支架临界荷载提高。

在支架 5 跨×5 跨内，设置两处水平约束，支架临界荷载至少提高 10% 以上。

5）步距：其他条件相同，仅步距变化，模板支架临界荷载随步距减小而提高。步距减小 0.3m，其余条件相同，临界荷载提高约 10%。

6）立杆间距：其他条件相同，模板支架临界荷载随立杆间距减小而提高。

立杆间距一个方向减小 0.3m，其余条件相同，临界荷载提高 5%～10%。

7）在加载区外一侧减少一跨，临界荷载下降 10%；多次重复使用钢管（5 次以上，含 5 次），临界荷载下降 10%。

8）荷载由可调托座传入立杆（轴心受力）比荷载由水平横杆传入立杆（偏心受力，偏心距 53mm）承载力提高 15～35%。

9）满堂脚手架步距、纵横间距：满堂脚手架步距、纵横间距增大，临界荷载降低。

10）其余条件基本不变，支撑架立杆伸出顶层横向水平杆中心线长度 a 增大，支架临界荷载降低。

a 由 0.5m 增大 0.8m，支架临界荷载降低 15.0%。

11）扣件螺栓拧紧扭力矩：

（1）扣件的拧紧程度对扣件转动刚度有很大影响。拧紧程度高，承载能力加强，而且在相同力矩作用下，转角位移相对较小，即刚性越大。

（2）扣件的拧紧力矩为 40N·m、50N·m 时，直角扣件节点与刚性节点刚度比值为 21.86%、33.21%。

4.3 双排扣件式钢管脚手架试验

双排扣件式钢管脚手架试验内容见《建筑施工扣件式钢管脚手架构造与计算》第七章钢管扣件脚手架部分实验说明，三、双排扣件式钢管脚手架整体稳定实验与理论分析。

4.3.1 双排脚手架整架加荷实验与理论分析结果

双排脚手架整架加荷实验与理论分析结果见表 4.3.1。

脚手架整架加荷实验与理论分析结果　　　　　　　　表 4.3.1

| 方案序号 | 方案代号 | 临界荷载电算值（kN） | | | 临界荷载实验值 P'_{cr}（kN） | 误差 $(P_{cr}-P'_{cr})$ $/P_{er}×100%$ |
		按刚性节点计算 P_{ctl}	扣件半刚性修正系数 K	经修正后结果 P'_{cr}		
1	I 12·12·15·36a	54.77	1.4	39.16	40.25	+2.71
2	I 12·12·15·36ab	63.91	1.4	45.70	46.50	+1.72
3	II 12·12·15·36a	58.89	1.4	42.11	46.25	+8.95
4	II 12·12·18·36a	57.95	1.4	41.39	46.25	+10.51
5	II 15·12·18·36a	52.15	1.4	37.25	41.00	+9.15
6	I 12·18·15·36a	35.83	1.3	27.55	29.75	+7.39
7	I 12·18·15·72	25.57	1.3	19.67	19.75	+0.40
8	II 12·18·18·36a	37.45	1.3	28.80	35.75	+19.44
9	II 12·18·18·36a	36.86	1.3	28.35	43.25	+34.45

方案序号	方案代号	临界荷载电算值（kN）			临界荷载实验值 P'_{cr}（kN）	误差 $(P_{cr}-P'_{cr})$ $/P_{er}\times100\%$
		按刚性节点计算 P_{ctl}	扣件半刚性修正系数 K	经修正后结果 P'_{cr}		
10	II 15・18・18・36a	34.60	1.3	26.62	25.75	−3.38
11	II 12・18・15・36a	—	—	—	33.75	

注：1. 方案代号 I 12・12・15・36ab 含义：I—第一批试验架；第一个 12—立杆横距 1.2m；第二个 12—步距 1.2m；15—立杆纵距 1.5m；36—连墙点竖向间距 3.6m；a—设有纵向支撑；b—设有横向支撑；其余方案代号类推；

　　2. 所有方案连墙点的水平间距均为三跨长；

　　3. 第 9 号方案由于纵向支撑过强，实验值偏高；

　　4. 第 11 方案加偏心荷载。

4.3.2　影响双排脚手架稳定性的各种因素

根据表 4.3.1 分析结果，将各种因素对脚手架稳定的影响分析比较如下：

1）步距：其他条件相同，仅步距变化时，脚手架临界荷载将随步距加大而降低。当步距由 1.2m 增加到 1.8m 时，临界荷载将下降 26.1%（实验值）及 29.6%（计算值）。

2）连墙点间距：其他条件相同，当连墙点的竖向间距由 3.6m 增加到 7.2m 时，临界荷载将降低 33.88%（实验值）及 28.6%（计算值）。实验及计算结果表明，在常遇的连墙点水平间距范围内（如 8m 内），临界荷载随水平间距的增大而降低，但降低幅度不大。

3）扣件紧固扭矩：由图 4.3.3 的扣件连接基本单元节点处的 $P\text{-}\Delta$ 曲线可知，当扣件紧固扭矩采用较低值的 30N・m 时，其抗侧移刚度明显低于紧固扭矩为 50N・m 及 70N・m 的情况，紧固扭矩为 30N・m 的脚手架的临界荷载比紧固扭矩 50N・m 的低 20% 左右。图 4.3.3 所示的紧固扭矩 50N・m 与 70N・m 的基本单元 $P\text{-}\Delta$ 曲线十分接近，这说明当紧固扭矩达到一定数值（50N・m）后，增加紧固扭矩对脚手架的稳定性影响不大。

4）横向支撑：设置横向支撑可提高临界荷载，提高幅度将达 15% 以上。

5）立杆横距：脚手架的临界荷载随立杆横距加大而降低。当由 1.2m 加大到 1.5m 时，临界荷载降低 11.35%（实验值）及 10%（计算值）。

6）纵向支撑：加设纵向支撑比不设纵向支撑临界荷载可提高 12.49%。纵向支撑可增强框架的空间刚度，起到提高脚手架稳定性的作用。

7）连墙点花排与并排：电算结果表明，花排比并排临界荷载可提高 10.6%。

8）立杆纵距及水平支撑：实验及电算结果表明，在常遇的立杆纵距范围内，立杆纵距变化对脚手架临界荷载虽有影响，但幅度很小。根据电算结果，加设水平支撑对脚手架临界荷载的提高不明显，一般在 5% 以下。

9）偏心加荷：当施工荷载偏心作用在脚手架上时，脚手架的临界荷载降低 5.6%（实验值）。

上述各种因素对脚手架稳定性的影响，在定性方面，计算与实验结果完全一致；在定量方面，除个别情况外两者也符合的较好。但应指出，各种因素对脚手架临界荷载的影响量值是与脚手架的搭设参数等条件有关的。如果改变脚手架的某方面条件，上述定量分析的量值也会有所变化。

4.3.3 结论（图4.3.3）

1）实验与理论分析均表明，双排扣件脚手架的主要破坏形式为整体横向失稳破坏，失稳首先发生在横向刚度较差的部位。计算与实验具有十分相近的失稳模态。由失稳模态说明，一般情况下（脚手架的荷载与搭设尺寸比较均匀），脚手架立杆局部稳定的临界荷载（指立杆在步距范围内压屈失稳的临界荷载，失稳曲线半波长度等于步距）高于整体稳定的临界荷载，也即脚手架的稳定承载能力由其整体稳定条件控制。因此确定脚手架的实用计算方法是应充分考虑到脚手架的

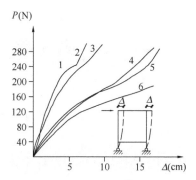

图 4.3.3　扣件连接点的抗侧移 P-Δ 实验曲线

注：1、2、3 代表步距 1.2m，扣件紧固扭矩为 70N・m、50N・m、30N・m 时；4、5、6 代表步距 1.8m，扣件紧固扭矩为 70N・m、50N・m、30N・m。

这一工作性能。为防止脚手架的整体失稳破坏，必须对脚手架的整体稳定进行计算，计算方法的表达式也应确切地反映脚手架的整体稳定概念。

2）增强脚手架横向刚度是提高脚手架稳定承载能力的有效措施。可通过减小步距或减小连墙点间距（特别是竖向间距）增强脚手架的横向刚度。加设横向支撑或采用连墙点花排布置也可显著提高脚手架临界荷载，但由于不便施工，这种措施的采用将受到一定限制。

3）扣件的拧紧程度影响脚手架的稳定性。实验结果表明：当扣件的紧固扭矩达到 50N・m 时，脚手架的横向抗侧移性能才能比较稳定，因此扣件紧固扭矩的最低值宜由过去的 30N・m 提高到 40N・m。

4）连墙点的设置和构造可靠性对保证脚手架的稳定至关重要。脚手架与主体结构是否可靠连接决定其稳定性。连墙点一旦失效，脚手架的失稳模态曲线波长将加大1倍以上，从而大幅度地降低承载能力，甚至导致脚手架塌毁的严重后果。

5）实验与计算表明，纵向支撑对提高脚手架稳定性起一定作用。纵向支撑设置主要是增强脚手架的纵向刚度和整体空间刚度。由于一般情况下脚手架的纵向跨数很多，纵向刚度远大于横向，所以只要按构造要求设置纵向支撑，脚手架沿纵向的整体稳定即可保证。

本 章 参 考 文 献

[1]　刘群 .《建筑施工扣件式钢管脚手架构造与计算》. 北京：中国物价出版社 .2004
[2]　高秋利 .《碗扣式钢管脚手架施工现场实用手册》. 北京：中国建筑工业出版社 .2012

第5章　脚　手　架　理　论

5.1　脚手架节点理论

在传统的钢框架分析和设计中，通常都假定：连接或为完全刚性（除能传递梁端剪力外，还能传递梁端截面的弯矩）或为理想铰接（只能传递梁端的剪力，而不能传递梁端弯矩或只能传递很少量的弯矩）。试验结果已经证明，所有实际连接既非完全刚接，也非理想铰接，而是介于这两种极端情况之间，即连接都具有有限的刚性。根据梁对柱的约束刚度（转动刚度），将梁柱连接大致分为三类：铰接连接、半刚性连接、刚性连接。

与转动变形相比，轴向变形和剪切变形很小，因此从实用的目的，只需考虑连接的转动变形。转动变形通常用连接的弯矩的函数来表达，即连接的 $M—\theta$ 关系（M 为连接所承受的弯矩，θ 为连接所产生的相对转角）。当需要考虑连接变形对结构的影响时，世界各国设计规范均要求将连接的弯矩—转角（$M—\theta$）曲线作为设计依据。

5.1.1　半刚性连接特性

如图 5.1.1 所示各种常用的半刚性连接的无量纲化后弯矩—转角（$M—\theta$）特性。由该图可以观察到下列几点：

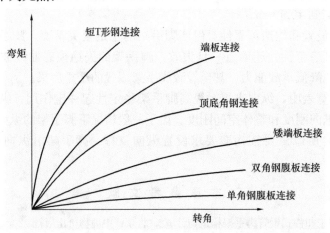

图 5.1.1　常用半刚性连接无量纲化后的弯矩-转角关系曲线

1）所有连接所展示的 $M—\theta$ 特性，均处在理想铰接条件（水平轴）和全刚性条件（垂直轴）之间。

2）连接所能传递的最大弯矩（此处称为极限弯矩承载力），在较为柔性的连接中要降低。

3）弯矩相同时，连接的柔性愈大，θ 值愈大。反之，对于指定的 θ 值，柔性大的连接在相邻杆之间传递的弯矩就要少些。

4）半刚性连接的 M—θ 关系在全部实际加载范围内一般是非线性的。

5.1.2 半刚性连接刚性临界值判断标准

1. 半刚性连接刚性临界值

传统上，当梁与柱的连接截面为梁的全截面时，就是刚性连接，而当两者的连接截面减小，连接部分的惯性矩也逐渐减小，连接传递弯矩的能力也随之减小。基于这一理论，本节提出了一种通过将钢结构梁柱连接的无量纲化后的 M^*—θ^* 关系曲线分区，进而判断梁柱连接刚度性质的方法，并在无量纲化后的弯矩—转角关系平面内，提出了刚性连接、半刚性连接、铰接三者之间的临界数值。

梁端弯矩能够传到柱上的多少，与梁柱连接处的截面惯性矩密切相关。从全截面相接的刚性连接起步，逐渐减小两者连接截面的惯性矩，当减小到一定程度时，达到了刚性连接与半刚性连接两者的临界状态。本文通过对大量钢结构梁柱刚性连接资料做出统计，认为在无量纲化后的弯矩—转角关系平面内，刚性连接与半刚性连接两者的分界线是一条通过原点，并且和 θ^*（x 轴）轴夹角为 75°的直线。同理，继续减小梁柱连接处的截面惯性矩，找到半刚性连接与铰接的临界状态，也能够得到在无量纲化后的弯矩—转角（M^*—θ^*）平面内半刚性连接与铰接两者的界限，是一条通过原点，并且和 θ^*（x 轴）轴夹角为 15°的直线。三种连接的分界线如图 5.1.2 所示。图中 $M^* = M/M_P$，$\theta^* = \theta/(M_P L_b/EI_b)$，$M_P$ 为梁的全塑性弯矩，EI_b/L_b 为梁的线刚度。

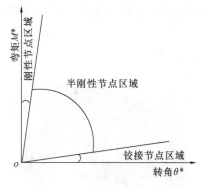

图 5.1.2　无量纲化后的弯矩-转角（M^*—θ^*）平面内划分的三种连接的区域

2. 梁柱连接刚度性质判断

当需要判断新型连接的刚度性质时，可以采用本节提出的方法。用此梁柱连接无量纲化后的弯矩—转角（M^*—θ^*）曲线与本节所提出的两条临界曲线进行比较。当其 M^*—θ^* 曲线落在弯矩—转角关系平面内与 θ^*（x 轴）轴夹角为 75°直线上方（即刚性连接区域）时，在计算中就可以认为此梁柱连接属于刚性连接。同理，当其 M^*—θ^* 曲线落在弯矩—转角关系平面内与 θ^*（x 轴）轴夹角为 15°直线下方（即铰接区域）时，在计算中就可以认为此梁柱连接属于铰接。而落在两直线之间区域内的，认为此梁柱连接为半刚性连接。这样就能够将刚性连接、半刚性连接、铰接区分开。在实际工程中，一旦具备了所研究新型连接的弯矩—转角（M^*—θ^*）曲线，通过用上述方法得出的各种连接的判定依据，就可以直接判定出此连接的性质。编者将此方法应用于天津某公司厂房托梁拔柱改造工程中，对改造工程中形成的新型连接刚度进行了判定，并进行了相应的有限元分析及缩尺试验研究，均证明了本节提出的梁柱连接刚度性质判断标准的正确性及可行性。

直角扣件式钢管满堂支承体系是一种由纵、横向水平杆及立杆用直角扣件连接而成的空间框架体系。它的整体稳定极限承载力受许多参数的影响，其中扣件的刚度是一个重要因素。因此，作为杆件"节点"的直角扣件，其刚度性能对保证理论分析的准确性十分重要。可以借鉴钢结构框架理论中对梁柱连接刚度的研究方法，对直角扣件的转动刚度进行有限元分析和试验研究，得到直角扣件弯矩—转角曲线后，应用本节提出的对连接刚度性质的判定准则，即可对直角扣件的连接性质进行判别。

5.1.3 直角扣件转动刚度试验方案有限元分析

1. 模型建立

用有限元软件 ABAQUS 建立直角扣件的三维实体模型，横管、竖管长度分别为 2100mm、1000mm，钢管外径 48mm，壁厚 3.5mm。参照钢管材料性能试验数据，将钢材的弹性模量取为 $2.06×10^5 N/mm^2$，密度 $7.8×10^{-6} kg/mm^3$，泊松比 0.3，钢管与扣件间的摩擦系数取经验值 0.3。采用逐级加载的方式，分别求出在各级荷载作用下直角扣件的位移值，代入公式（5.1.3），可得到直角扣件弯矩—转角曲线。扣件的有限元模型如图 5.1.3-1 所示。

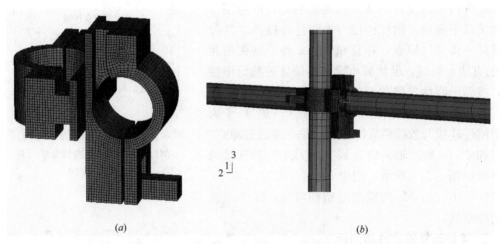

(a)　　　　　　　　　　　　　　(b)

图 5.1.3-1　直角扣件有限元模型

(a) 直角扣件模型图；(b) 整体模型图

图 5.1.3-2 为直角扣件的 Mises 应力图，从图中可以看到应力较大的地方为直角扣件的盖板、底座及盖板与底座之间连接处。整体模型沿竖向的位移如图 5.1.3-3 所示。

2. 有限元计算结果及分析

把有限元分析中得出的 b、c 这两点的位移值 f_b 和 f_c 代入公式（5.1.3）计算出两点的相对转角即可：

$$\theta= \arctan (f_c - f_b) /200 \tag{5.1.3}$$

有限元中所得到的 b，c 两点位移值以及按照本章提出考虑杆件变形的直角扣件转动刚度测量方法中的公式（5.1.3）求出的扣件转角见表 5.1.3。

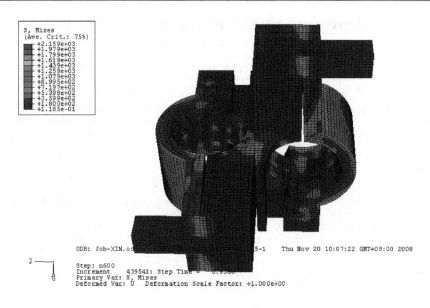

图 5.1.3-2 直角扣件 Mises 应力图

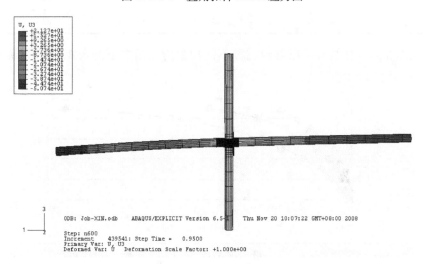

图 5.1.3-3 整体模型位移图

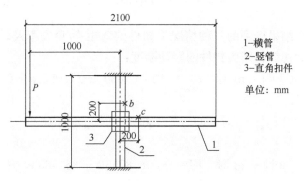

图 5.1.3-4 考虑杆件变形的扣件转动刚度测量方案示意图

按照考虑杆件变形的直角扣件转动刚度测量方法中公式 (5.1.3)
计算的扣件弯矩、转角　　　　　　　　　　　　　　表 5.1.3

扣件拧紧力矩为 30N·m				扣件拧紧力矩为 40N·m				扣件拧紧力矩为 50N·m			
弯矩 (kN·m)	f_b (mm)	f_c (mm)	转角 (rad)	弯矩 (kN·m)	f_b (mm)	f_c (mm)	转角 (rad)	弯矩 (kN·m)	f_b (mm)	f_c (mm)	转角 (rad)
0.02	0.5983	1.3463	0.0037	0.02	0.4709	0.8729	0.00201	0.02	0.2027	0.2847	0.0004
0.1	0.7978	2.1558	0.0068	0.1	0.6269	1.2769	0.00325	0.1	0.3057	0.4457	0.0007
0.2	0.9967	3.6487	0.0133	0.2	0.7962	2.1582	0.00681	0.2	0.3697	0.8517	0.0024
0.3	1.1206	5.4106	0.0215	0.3	0.9804	2.8664	0.00943	0.3	0.3809	0.8629	0.0049
0.4	1.3409	7.9929	0.0333	0.4	1.1162	4.0302	0.01457	0.4	0.4211	1.9451	0.0076
0.5	1.4960	10.8540	0.0468	0.5	1.3407	6.0747	0.02367	0.5	0.4808	2.7628	0.0114
0.6	1.6233	13.5993	0.0599	0.6	1.4529	7.9129	0.03230	0.6	0.5011	3.8651	0.0168
0.7	1.7956	17.7736	0.0799	0.7	1.6358	10.4138	0.04389	0.7	0.7202	6.2882	0.0278
0.8	1.9266	25.9006	0.1199	0.8	1.8034	14.2294	0.06213	0.8	0.7707	7.9527	0.0359
0.9	2.2256	40.1456	0.1896	0.9	2.0035	20.9955	0.09496	0.9	0.8157	10.4057	0.0480

由表 5.1.3 的计算结果可以得到三种不同拧紧力矩情况下的弯矩-转角关系曲线对比如图 5.1.3-5 所示。

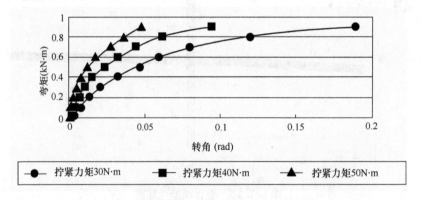

图 5.1.3-5　三种情况下直角扣件的弯矩-转角关系曲线对比

由有限元的计算结果得到的三种情况下扣件的弯矩-转角方程及转动刚度如下，取弯矩—转角曲线的初始切线斜率为扣件的转动刚度：

（1）拧紧力矩为 30N·m 时，$M = -35.0183\theta^2 + 11.0529\theta + 0.0421$，转动刚度为 11.0529kN·m/rad。

（2）拧紧力矩为 40N·m 时，$M = -126.4952\theta^2 + 20.6169\theta + 0.0600$，转动刚度为 20.6169kN·m/rad。

（3）拧紧力矩为 50N·m 时，$M = -408.8765\theta^2 + 35.4853\theta + 0.0977$，转动刚度为 35.4853kN·m/rad。

由有限元分析结果得到，直角扣件的扭转刚度与扣件螺栓的拧紧力矩有关，拧紧程度越大，则扣件表现出的刚性越强，其承载能力也就越高。从图 5.1.3-5 中可以看出，三种情况下扣件的弯矩—转角曲线都落入半刚性连接的区域内，由此可以判定，直角扣件属于半刚性连接。

5.1.4 试验结果与有限元计算结果对比

三种不同拧紧力矩下，采用考虑杆件变形的扣件转动刚度测量方法得到的试验与有限元计算之间的对比结果如表 5.1.4 所示：

直角扣件转动刚度试验与有限元结果对比　　　　　　　　　　表 5.1.4

试　　验						有　限　元　计　算					
拧紧力矩 30N·m		拧紧力矩 40 N·m		拧紧力矩 50 N·m		拧紧力矩 30 N·m		拧紧力矩 40 N·m		拧紧力矩 50 N·m	
弯矩 (kN·m)	转角 (rad)	弯矩 (kN·m)	转角 (rad)	弯矩 (kN·m)	转角 (rad)	弯矩 (kN·m)	转角 (rad)	弯矩 (kN·m)	转角 (rad)	弯矩 (kN·m)	转角 (rad)
0.2	0.0270	0.2	0.0252	0.2	0.0161	0.02	0.0037	0.02	0.0020	0.02	0.0004
0.4	0.0482	0.4	0.0373	0.4	0.0199	0.1	0.0068	0.1	0.0033	0.1	0.0007
0.5	0.0581	0.5	0.0403	0.5	0.0225	0.2	0.0133	0.2	0.0068	0.2	0.0024
0.6	0.0680	0.6	0.0496	0.6	0.0268	0.3	0.0215	0.3	0.0094	0.3	0.0049
0.7	0.0804	0.7	0.0613	0.7	0.0335	0.4	0.0333	0.4	0.0146	0.4	0.0076
0.8	变形过大	0.8	0.0682	0.8	0.0401	0.5	0.0468	0.5	0.0237	0.5	0.0114
		0.9	0.0755	0.9	0.0502	0.6	0.0599	0.6	0.0323	0.6	0.0168
		1.0	0.0857	1.0	0.0611	0.7	0.0799	0.7	0.0439	0.7	0.0278
				1.1	0.0700	0.8	0.1199	0.8	0.0621	0.8	0.0359
				1.2	0.0799	0.9	0.1896	0.9	0.0950	0.9	0.0480
转动刚度	10.5958 kN·m /rad	转动刚度	19.8674 kN·m /rad	转动刚度	30.1870 kN·m /rad	转动刚度	11.0529 kN·m /rad	转动刚度	20.6169 kN·m /rad	转动刚度	35.4853 kN·m /rad

由表 5.1.4 中看出，有限元计算所得到的直角扣件转动刚度大于试验结果，原因在于，实际工程中，扣件经过多次反复的使用，表面产生部分磨损及锈蚀，使其刚度降低。这里引入一个扣件刚度调整系数 μ 来描述这种由于重复使用及磨损等多种不利因素对扣件刚度产生的影响。实际中，扣件的拧紧力矩一般都在 40~50N·m 之间，所以这里选取当拧紧力矩为 40N·m 时，试验和有限元计算结果的比值，作为刚度降低系数 μ 的取值参考。

令 $\mu_1 = 19.8674/20.6169 = 0.963$

可以偏于安全地将刚度降低系数取为 $\mu = 0.9$。在今后的理论计算中，可以将扣件的理论刚度乘以扣件刚度调整系数 0.9 加以修正，以考虑实际中由于多种因素造成的扣件刚度降低的现象。

5.2　脚手架整架理论

扣件式钢管满堂支承体系是由纵、横向水平杆及立杆用直角扣件连接而成的空间框架体系，作为杆件"节点"的直角扣件，其半刚性性质对满堂支承体系的稳定性具有重要影响。本章在充分考虑直角扣件半刚性的基础上，对不同搭设参数下的满堂支承体系承载力进行了非线性有限元分析。

5.2.1 无剪刀撑满堂支撑架承载力分析

为了研究在无剪刀撑设置情况下满堂支撑架的承载力及承载力随步距、立杆间距等参数的变化规律，建立了不同搭设参数下的满堂支撑架整体模型，如图 5.2.1-1～图 5.2.1-3 所示。

按照工程上常用的搭设规格，这里所研究的满堂支撑架，立杆间距在 1.2～0.4m 之间变化，相应步距分别为 1.8m、1.5m、1.2m、0.9m、0.6m，计算所得到的承载力见表 5.2.1-1 所示。

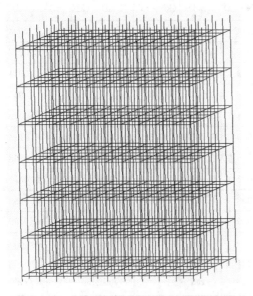

图 5.2.1-1　无剪刀撑满堂支撑架整体结构图

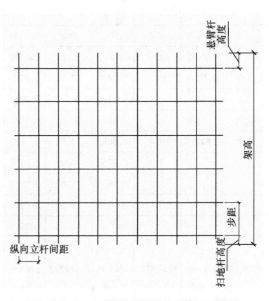

图 5.2.1-2　无剪刀撑满堂支撑架正视图

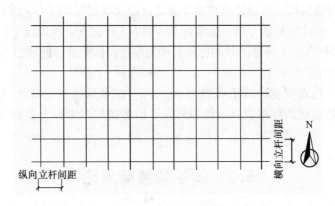

图 5.2.1-3　无剪刀撑满堂支撑架俯视图

不同搭设参数下无剪刀撑满堂支撑架的承载力（单位：kN）　　　　**表 5.2.1-1**

立杆间距(m)／步距(m)	1.2×1.2 高宽比<1.45	1.0×1.0 高宽比<1.45	0.9×0.9 高宽比=1.45	0.9×0.6 (0.75×0.75) 高宽比=1.45	0.6×0.6 高宽比=2.7	0.4×0.4 高宽比=3	0.4×0.4 高宽比=4
1.8	17.25	18.01	19.64	20.59	18.52	17.38	15.82
1.5	18.32	21.30	22.43	22.13	18.89	18.47	16.00
1.2	21.51	22.35	24.47	25.27	20.08	18.69	17.81
0.9	21.46	22.08	24.67	26.49	21.13	19.88	18.69
0.6	22.65	23.18	25.32	28.98	23.29	20.61	19.00

由表 5.2.1-1 的计算结果，可以看出，在其他参数不变的条件下，步距每减少 0.3m，无剪刀撑满堂支撑架的承载力将增加 5%~11%，立杆间距每减少 0.2m×0.2m，其承载力将提高 4%~10%。满堂支撑架承载力随步距、立杆间距等参数的变化规律如下：

1）步距不变，承载力随立杆间距变化曲线如图 5.2.1-4 所示。

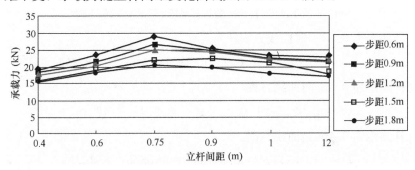

图 5.2.1-4　无剪刀撑满堂支撑架承载力随立杆间距变化曲线

（1）步距为 1.8m 时曲线方程：
$$y = -0.1805x^3 + 1.3343x^2 - 1.8695x + 17.757$$

（2）步距为 1.5m 时曲线方程：
$$y = 0.0789x^3 - 1.7012x^2 + 8.1228x + 11.35$$

（3）步距为 1.2m 时曲线方程：
$$y = 0.3071x^5 - 5.2225x^4 + 32.891x^3 - 94.842x^2 + 123.95x - 35.57$$

（4）步距为 0.9m 时曲线方程：
$$y = 0.2675x^4 - 3.8791x^3 + 18.413x^2 - 31.958x + 38.697$$

（5）步距为 0.6m 时曲线方程：
$$y = 0.2832x^5 - 4.6967x^4 + 28.546x^3 - 78.538x^2 + 97.996x - 20.94$$

2）立杆间距不变，承载力随步距变化曲线如图 5.2.1-5 所示。

（1）立杆间距为 1.2m 时曲线方程：
$$y = -0.1417x^3 + 1.09x^2 - 0.7983x + 16.936$$

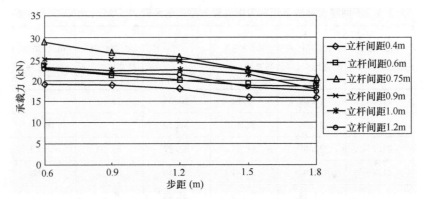

图 5.2.1-5　无剪刀撑满堂支撑架承载力随步距变化曲线

（2）立杆间距为 1.0m 时曲线方程：

$$y = 0.36x^3 - 3.7486x^2 + 12.801x + 7.872$$

（3）立杆间距为 0.9m 时曲线方程：

$$y = 0.1x^3 - 1.0343x^2 + 4.5257x + 16.182$$

（4）立杆间距为 0.75m 时曲线方程：

$$y = -0.0275x^3 + 0.2461x^2 + 1.4736x + 18.802$$

（5）立杆间距为 0.6m 时曲线方程：

$$y = 0.0242x^3 + 0.0282x^2 + 0.274x + 18.162$$

（6）立杆间距为 0.4m 时曲线方程：

$$y = -0.0517x^3 + 0.6429x^2 - 1.0655x + 16.23$$

3）无剪刀撑满堂支撑架失稳模态分析：

由有限元的计算结果可以得到无剪刀撑满堂支撑架的失稳模态，如图 5.2.1-6 所示。从图中可以看出，无剪刀撑满堂支撑架失稳时，均发生大波鼓曲整体屈曲破坏。

4）最小搭设跨数对无剪刀撑满堂支撑架承载力的影响：

满堂支撑架搭设的高宽比及最小搭设跨数都是影响其承载能力的重要因素。为此分别进行了最小搭设跨数为 6、5、4 跨时满堂支撑架承载力的有限元分析。步距变化范围为 1.5～0.6m，立杆间距从 0.9m×0.9m 变化到 0.6m×0.6m。最小搭设跨数的减小，采用两种方式实现：一种是保持高宽比不变，将整体搭设高度降低；另一种是保持整体搭设高度不变，从而当减小搭设跨数时，将使得高宽比增加。这样，就可以看出高宽比的变化对满堂支撑架承载力的影响。不同最小搭设跨数下满堂支撑架的承载力计算结果如表 5.2.1-2～表 5.2.1-4 所示。

最小搭设跨数为 6 时满堂支撑架的承载力　　　　　　　　表 5.2.1-2

步距（m）	立杆间距（m）	最少跨数	高宽比	承载力（kN）
1.5	0.9×0.9	6	1.45	22.43
1.2	0.9×0.9	6	1.45	24.47
0.9	0.9×0.9	6	1.45	24.67

图 5.2.1-6 有限元中无剪刀撑满堂支撑架失稳破坏模式

(a) 搭设参数：步距 1.5m 立杆间距 0.4m×0.4m；(b) 搭设参数：步距 0.6m 立杆间距 1.0m×1.0m；(c) 搭设参数：步距 1.2m 立杆间距 0.9m×0.9m；(d) 搭设参数：步距 0.9m 立杆间距 0.6m×0.6m

最小搭设跨数为 5 时满堂支撑架的承载力　　　　　　表 5.2.1-3

步距（m）	立杆间距（m）	最少跨数	高宽比	承载力（kN）
1.5	0.9×0.9	5	1.45（降低高度）	19.35
1.5	0.9×0.9	5	1.8（高度不变）	18.51
1.2	0.9×0.9	5	1.45（降低高度）	21.83
1.2	0.9×0.9	5	1.8（高度不变）	20.88
0.9	0.9×0.9	5	1.45（高度降低）	22.73
0.9	0.9×0.9	5	1.8（高度不变）	21.89
0.9	0.6×0.6	5	2.7	21.13
0.6	0.6×0.6	5	2.7	23.02

最小搭设跨数为 4 时满堂支撑架的承载力　　　　　　表 5.2.1-4

步距（m）	立杆间距（m）	最少跨数	高宽比	承载力（kN）
1.5	0.9×0.9	4	1.45（降低高度）	17.80
1.5	0.9×0.9	4	1.80（高度不变）	16.92

续表

步距（m）	立杆间距（m）	最少跨数	高宽比	承载力（kN）
1.2	0.9×0.9	4	1.45（高度降低）	19.50
1.2	0.9×0.9	4	1.80（高度不变）	18.47
0.9	0.9×0.9	4	1.45（高度降低）	20.70
0.9	0.9×0.9	4	1.80（高度不变）	19.82
0.9	0.6×0.6	4	2.70（高度降低）	18.56
0.9	0.6×0.6	4	3.40（高度不变）	18.02
0.6	0.6×0.6	4	2.70（高度降低）	20.42
0.6	0.6×0.6	4	3.40（高度不变）	20.35

最小搭设跨数及高宽比对满堂支撑架承载力的影响　　　　表 5.2.1-5

步距（m）	立杆间距（m）	最少跨数为6 高宽比	最少跨数为6 承载力（kN）	最少跨数为5 高宽比	最少跨数为5 承载力（kN）	最小跨数减小1跨，承载力变化	最少跨数4 高宽比	最少跨数4 承载力（kN）	最小跨数减小1跨，承载力变化
1.5	0.9×0.9	1.45	22.43	1.45 降低高度	19.35	↓ 13.73%	1.45 降低高度	17.80	↓ 8.01%
1.5	0.9×0.9			1.8 高度不变	18.51		1.8 高度不变	16.92	↓ 8.59%
1.2	0.9×0.9	1.45	24.47	1.45 降低高度	21.83	↓ 10.79%	1.45 高度降低	19.50	↓ 10.67%
1.2	0.9×0.9			1.8 高度不变	20.88		1.8 高度不变	18.47	↓ 11.54%
0.9	0.9×0.9	1.45	24.67	1.45 高度降低	22.73	↓ 7.86%	1.45 高度降低	20.70	↓ 8.93%
0.9	0.9×0.9			1.8 高度不变	21.89		1.8 高度不变	19.82	↓ 9.46%
0.9	0.6×0.6			2.7	21.13		2.7 高度降低	18.56	↓ 12.16%
0.9	0.6×0.6			3.4 高度不变	18.02				
0.6	0.6×0.6			2.7	23.02		2.7 高度降低	20.42	↓ 11.29%
0.6	0.6×0.6			3.4 高度不变	20.35				

　　表 5.2.1-5 对最小搭设跨数不同情况下，不同高宽比的满堂支撑架承载力进行了比较分析，从表中可以看出，在步距、立杆间距相同的条件下，高宽比增加，满堂支撑架的承载力将降低。在其余搭设条件相同的情况下，当保持高宽比不变时，最小搭设跨数每减小一跨，满堂支撑架的承载力将降低 10% 左右，当保持整体高度不变，最小搭设跨数每减小一跨，而使得高宽比增加时，满堂支撑架的承载力将降低 12% 左右。

　　5）立杆伸出顶层水平杆长度对满堂支撑架承载力的影响：

　　目前现场施工中，为调整立杆高度，经常使用顶托，将其插入立杆钢管顶部，其上部自带的托盘作为模板面板下大楞木的支座，形成轴心受压构件。本章以步距为 1.5m，立杆间距为 1.2m×1.2m 的满堂支撑架为研究对象，对立杆伸出顶层水平杆长度为 0.1～1.0m 情况下的满堂支撑架力学性能进行了非线性有限元分析。计算结果如表 5.2.1-6 所示。

立杆伸出顶层水平杆长度不同情况下的满堂支撑架有限元承载力　表 5.2.1-6

序号	步距 (m)	纵向立杆间距 ×横向立杆间距 (m)	架高 (m)	扫地杆 (m)	立杆伸出顶层 水平杆长度 (m)	承载力 (kN)
1	1.5	1.2×1.2	4.8	0.2	0.1	17.72
2	1.5	1.2×1.2	4.9	0.2	0.2	17.45
3	1.5	1.2×1.2	5.0	0.2	0.3	17.15
4	1.5	1.2×1.2	5.1	0.2	0.4	16.83
5	1.5	1.2×1.2	5.2	0.2	0.5	16.46
6	1.5	1.2×1.2	5.3	0.2	0.6	16.03
7	1.5	1.2×1.2	5.4	0.2	0.7	15.55
8	1.5	1.2×1.2	5.5	0.2	0.8	15.02
9	1.5	1.2×1.2	5.6	0.2	0.9	14.39
10	1.5	1.2×1.2	5.7	0.2	1.0	13.71

由表 5.2.1-6 的计算结果，可以得到如图 5.2.1-7 所示的满堂支撑架承载力随立杆伸出顶层水平杆长度的变化曲线。不同情况下满堂支撑架的失稳模式如图 5.2.1-8～图 5.2.1-9 所示。

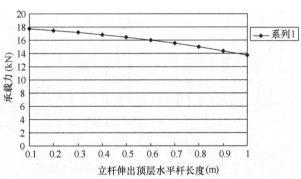

图 5.2.1-7　立杆伸出顶层水平杆长度对满堂支撑架整体承载力的影响曲线

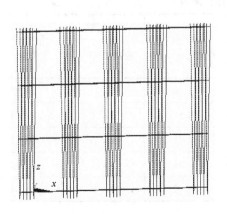 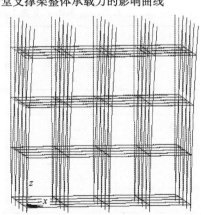

图 5.2.1-8　立杆伸出顶层水平杆长度为 0.1m 时 满堂支撑架的矢稳模态　　图 5.2.1-9　立杆伸出顶层水平杆长度为 1.0m 时 满堂支撑架的矢稳模态

从表 5.2.1-6 及图 5.2.1-8～图 5.2.1-9 中可以看出，满堂支撑架承载力随立杆伸出顶层水平杆长度的增加明显降低，并且此长度值对满堂支撑架的失稳模态有所影响。随着立杆伸出顶层水平杆长度的增加，满堂支撑架的失稳形态从出现较均匀的大波鼓曲逐渐变为顶部起主导作用的局部失稳。

5.2.2 有剪刀撑满堂支撑架承载力分析

为了研究设置剪刀撑后满堂支撑架的承载力及承载力随步距、立杆间距等参数的变化规律，按照上节的方法，对不同搭设参数下设置了剪刀撑的满堂支撑架进行了承载力的有限元分析。建立的满堂支撑架模型及相应的剪刀撑设置情况如图 5.2.2-1 所示。

按照工程上常用的搭设规格，立杆间距在 1.2～0.6m 之间变化，相应步距分别为 1.8m、1.5m、1.2m、0.9m、0.6m，在纵、横向每隔 5 跨设置竖向剪刀撑，并且斜杆与地面的倾角宜保持在 45°～60°之间，计算所得到的承载力见表 5.2.2-1 所示。

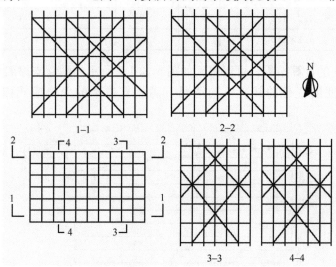

图 5.2.2-1 有剪刀撑满堂支撑架搭设示意图

不同搭设参数下有剪刀撑的满堂支撑架承载力（单位：kN）　　　表 5.2.2-1

步距（m） \ 立杆间距（m）	1.2×1.2 高宽比<1.45	1.0×1.0 高宽比<1.45	0.9×0.9 高宽比=1.45	0.9×0.6 高宽比=1.45	0.6×0.6 高宽比=2.7
1.8	22.27	24.03	24.46	26.92	26.55
1.5	24.46	27.01	28.53	30.12	29.63
1.2	28.08	28.69	29.18	32.53	30.71
0.9	28.82	31.14	31.26	34.81	33.93
0.6	30.79	33.09	34.62	36.99	34.64

从表 5.2.2-1 所得结果中，可以得到有剪刀撑的满堂支撑架承载力随步距、立杆间距等参数的变化规律如下：

1) 步距不变，承载力随立杆间距的变化曲线如图 5.2.2-2 所示。

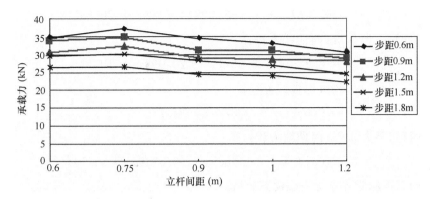

图 5.2.2-2 有剪刀撑的满堂支撑架承载力随立杆间距变化曲线

(1) 步距为 1.8m 时曲线方程：
$$y = -0.125x^3 + 0.9657x^2 - 0.8493x + 22.396$$

(2) 步距为 1.5m 时曲线方程：
$$y = -0.0875x^3 + 0.0725x^2 + 3.57x + 20.78$$

(3) 步距为 1.2m 时曲线方程：
$$y = -0.4588x^4 + 5.0842x^3 - 19.096x^2 + 29.191x + 13.36$$

(4) 步距为 0.9m 时曲线方程：
$$y = -0.1183x^3 + 0.9686x^2 - 0.6631x + 28.814$$

(5) 步距为 0.6m 时曲线方程：
$$y = -0.3292x^3 + 2.3582x^2 - 2.9826x + 31.846$$

2) 立杆间距不变，承载力随步距的变化曲线如图 5.2.2-3 所示。

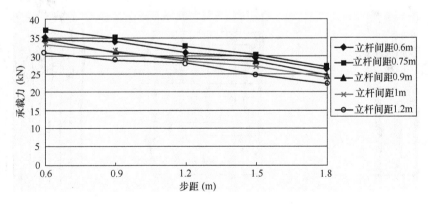

图 5.2.2-3 有剪刀撑的满堂支撑架承载力随步距变化曲线

(1) 立杆间距为 1.2m 时曲线方程：
$$y = -0.0167x^3 - 0.0871x^2 + 3.1695x + 19.084$$

（2）立杆间距为 1.0m 时曲线方程：

$$y = 0.0667x^3 - 0.6921x^2 + 4.3512x + 20.352$$

（3）立杆间距为 0.9m 时曲线方程：

$$y = 0.725x^3 - 6.6671x^2 + 20.068x + 10.52$$

（4）立杆间距为 0.75m 时曲线方程：

$$y = 0.0575x^3 - 0.6725x^2 + 4.77x + 22.774$$

（5）立杆间距为 0.6m 时曲线方程：

$$y = -0.1775x^3 + 1.3539x^2 - 0.5986x + 26.144$$

3）有剪刀撑满堂支撑架失稳模态分析：

由有限元计算结果可以得到有剪刀撑满堂支撑架的失稳模态，如图 5.2.2-4 所示。从图中可以看出，有剪刀撑满堂支撑架失稳时，以上下竖向剪刀撑交点（或剪刀撑与水平杆有较多交点）水平面为分界线，上部大波鼓曲，下部变形不大。波长均与剪刀撑设置、水平约束间距有关。有剪刀撑的满堂支撑架失稳模式示意图如图 5.2.2-5 所示。

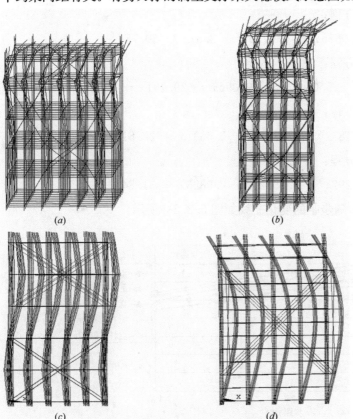

图 5.2.2-4　有限元中有剪刀撑满堂支撑架失稳破坏模式

（a）搭设参数：步距 1.5m 立杆间距 0.9m×0.9m；

（b）搭设参数：步距 0.9m 立杆间距 0.6m×0.6m；

（c）搭设参数：步距 1.5m 立杆间距 0.6m×0.6m；

（d）搭设参数：步距 0.6m 立杆间距 1.2m×1.2m

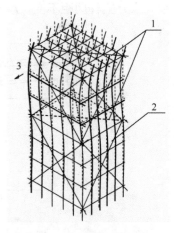

图 5.2.2-5　有剪刀撑满堂支撑架失稳破坏模式示意图

1—水平剪刀撑；2—竖向剪刀撑；3—失稳方向

4）剪刀撑的设置方式对满堂支撑架承载力的影响：

将表5.2.1-1与表5.2.2-1进行比较，可以看到剪刀撑设置与否对满堂支撑架承载力的影响，如表5.2.2-2所示。

不同搭设模数下无、有剪刀撑设置时满堂支撑架的承载力比较　　　表 5.2.2-2

立杆间距（m） 步距（m）	剪刀撑设置	1.2×1.2 高宽比<1.45	1.0×1.0 高宽比<1.45	0.9×0.9 高宽比=1.45	0.9×0.6 (0.75×0.75) 高宽比=1.45	0.6×0.6 高宽比=2.7
1.8	无	17.25	18.01	19.64	20.59	18.52
	有	22.27	24.03	24.46	26.92	26.55
1.5	无	18.32	21.30	22.43	22.13	18.89
	有	24.46	27.01	28.53	30.12	29.63
1.2	无	21.51	22.35	24.47	25.27	20.08
	有	28.08	28.69	29.18	32.53	30.71
0.9	无	21.46	22.08	24.67	26.49	21.13
	有	28.82	31.14	31.26	34.81	33.93
0.6	无	22.65	23.18	25.32	28.98	23.29
	有	30.79	33.09	34.62	36.99	34.64

从表5.2.2-2可以看出，当立杆间距为0.9m×0.9m，步距在0.9～1.5m之间变化时，若纵、横向每隔5跨设置竖向剪刀撑，满堂支撑架的承载力将提高26%～33%。当立杆间距为0.6m×0.6m，步距在0.6～0.9m之间变化时，若纵、横向每隔5跨设置竖向剪刀撑，满堂支撑架的承载力将提高50%～53%。

为了进一步认识竖向剪刀撑的搭设方式对满堂支撑架承载力的影响，以便预测各种竖向剪刀撑布置下满堂支撑架的承载能力和破坏形态，本章以步距0.9m，立杆间距0.6m×0.6m，架高7.9m，立杆伸出顶层水平杆长度0.50m情况下的满堂支撑架为研究对象，对不同竖向剪刀撑布置方式的满堂支撑架模型进行了非线性有限元对比分析。竖向剪刀撑布置分别为无支撑、四步五跨、四步三跨、三步三跨、两步两跨，如图5.2.2-6所示。

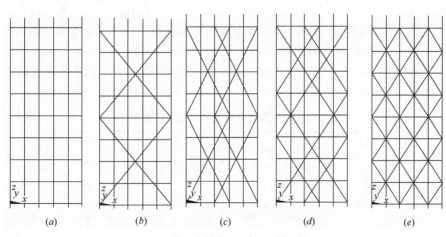

(a)　　　　　(b)　　　　　(c)　　　　　(d)　　　　　(e)

图 5.2.2-6　满堂支撑架不同竖向剪刀撑布置图
(a) 无剪刀撑；(b) 四步五跨；(c) 四步三跨；(d) 三步三跨；(e) 两步两跨

计算所得上述各模型的失稳模态如图 5.2.2-7 所示,承载力计算结果如表 5.2.2-3 所示。

竖向剪刀撑不同搭设情况下的满堂支撑架承载力对比 表 5.2.2-3

	无支撑	四步五跨	四步三跨	三步三跨	两步两跨
承载力 (kN)	21.13	33.93	41.3	52.2	85.1

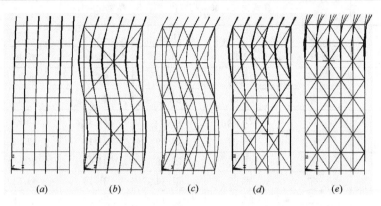

图 5.2.2-7 不同竖向剪刀撑布置情况下满堂支撑体系的失稳模态
(a) 无剪刀撑;(b) 四步五跨;(c) 四步三跨;(d) 三步三跨;(e) 两步两跨

由计算结果表 5.2.2-3 可知,随着竖向剪刀撑布置密度的增大,满堂支撑架的承载力显著提高,且横向变形逐渐减小。综合考虑承载力、变形以及经济性等因素,对比各种不同竖向剪刀撑布置情况下模型承载力的计算结果,给出理想的竖向剪刀撑布置为三步三跨。

5.2.3 满堂脚手架承载力有限元分析

1. 满堂脚手架承载力计算

满堂脚手架的受力形式为:荷载通过水平杆传递给立杆,顶部立杆呈偏心受压状态,对于这种受力形式的满堂支承体系应当研究在偏心竖向荷载作用下的整体稳定性。在有限元分析中,通过在水平杆上施加局部区域上的均布荷载以模拟满堂脚手架受偏心竖向荷载作用效果。按照工程上常用的搭设参数,这里分别对步距 1.8m、1.5m、1.2m、0.9m 时,立杆间距在 1.2m×1.2m~0.9m×0.9m 范围内变化时的满堂脚手架承载力进行分析,结果如表 5.2.3-1 所示。

不同搭设参数下满堂脚手架的承载力(单位:kN) 表 5.2.3-1

立杆间距(m) 步距(m)	1.2m×1.2m 高宽比 1.6	1.0m×1.0m 高宽比 1.6	0.9m×0.9m 高宽比 1.5
1.8	12.01	13.56	14.15
1.5	13.68	14.82	15.26
1.2	15.03	16.38	17.22
0.9	15.58	18.28	18.65

2. 满堂脚手架与满堂支撑架承载力的比较

将相同步距及立杆间距情况下的满堂支撑架和满堂脚手架的承载力进行比较，如表5.2.3-2 所示：

满堂支撑架与满堂脚手架承载力之间的比较 表 5.2.3-2

立杆间距(m) 步距（m）	1.2m×1.2m 高宽比1.6		满堂脚手架比满堂支撑架承载力降低	1.0m×1.0m 高宽比1.6		满堂脚手架比满堂支撑架承载力降低	0.9m×0.9m 高宽比1.5		满堂脚手架比满堂支撑架承载力降低
	满堂支撑架承载力（kN）	满堂脚手架承载力（kN）		满堂支撑架承载力（kN）	满堂脚手架承载力（kN）		满堂支撑架承载力（kN）	满堂脚手架承载力（kN）	
1.8	16.97	12.01	↓ 29.23%	17.5	13.56	↓ 22.51%	18.96	14.15	↓ 25.37%
1.5	15.7	13.68	↓ 12.87%	20.38	14.82	↓ 27.28%	21.26	15.26	↓ 28.22%
1.2	20.5	15.03	↓ 26.68%	22.01	16.38	↓ 25.58%	23.76	17.22	↓ 27.53%
0.9	21.01	15.58	↓ 25.84%	22.00	18.28	↓ 16.91%	23.87	18.65	↓ 21.87%

从表5.2.3-2 中可以看到，在步距及立杆间距相同的情况下，满堂脚手架的承载力比满堂支撑架的承载力低 30% 左右。

5.3 满堂支承体系承载力理论分析

以满堂支承体系为研究对象，以是否全部立杆顶端均受荷载将满堂支撑架受荷形式分成全载、偏载两种情况，并分别采用相关理论进行计算。但是，在以上理论中均没有考虑剪刀撑的有利作用，故在满堂支承体系计算中可以将剪刀撑的设置作为一种安全储备，这样将使得计算结果更加偏于安全。

5.3.1 全载作用下无剪刀撑满堂支撑架承载力理论分析

从满堂支撑架的有限元失稳模式及试验现象中可以看出，在没有设置剪刀撑的情况下，满堂支撑架的失稳模式为沿刚度较弱方向发生有侧移失稳。因此，当满堂支撑架所有立杆顶端全部受荷载作用时，计算无剪刀撑满堂支撑架的承载力，可以忽略横向各排支架间的相互作用，将满堂支撑架简化为二维框架结构，同时考虑扣件连接的半刚性特点，进而将其简化为二维半刚性连接的框架模型进行研究，两种模型分别如图5.3.1-1 和 5.3.1-2 所示。对照着所做的 15 个原型试验，选取其中 5 个全载作用下的模型（无增跨模型），对其简化后的二维半刚性连接框架承载力进行了有限元分析，并将其与相应的三维满堂支撑架承载力进行了比较，如表5.3.1-1 所示。从表5.3.1-1 可以看出，经过简化的二维半刚性连接框架与原始满堂支撑架的承载力基本相同。

满堂支撑架与二维半刚性连接框架承载力的比较 表 5.3.1-1

序 号（与试验编号对应）	步距(m)	立杆间距(m)	满堂支撑架承载(kN)	二维半刚性连接框架承载力(kN)	两者之间误差(%)
7	0.9	0.6×0.6	21.13	20.85	—1.33

序　号 （与试验编号对应）	步距 （m）	立杆间距 （m）	满堂支撑架承载 （kN）	二维半刚性连接框架承载力 （kN）	两者之间误差 （%）
9	0.6	0.4×0.4	20.58	20.55	0.00
10	1.5	1.2×1.2	15.70	15.70	0.00
13	1.5	1.2×1.2	15.30	15.30	0.00
14	1.5	1.2×1.2	17.86	17.84	−0.11

对于二维半刚性连接框架的承载力计算目前尚无相关的计算公式，还需要进一步选取简化模型进行计算，以下讲解基于有侧移半刚性连接框架理论简化方法：

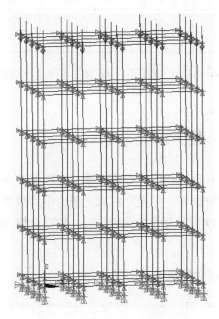
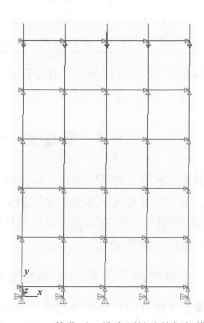

图 5.3.1-1　满堂支撑架模型　　　　图 5.3.1-2　简化后二维半刚性连接框架模型

1）有侧移半刚性连接框架理论中柱的计算长度

对于已经简化成二维半刚性连接框架的满堂支撑架，可以参考有侧移刚接框架柱稳定性理论对其立杆计算长度系数进行推导。在推导过程中，可以采用如图 5.1.3-1 所示的近似模型进行分析。其中包括立杆 c_2 以及与其上下相邻的两根约束杆 c_1，c_3，对立杆 c_2 起约束作用的四根水平杆 b_1、b_2、b_3、b_4。此处，在水平杆两端均设置弹簧约束以模拟直角扣件的半刚性性质。

2）基本假定

（1）水平杆所受到的轴力很小，可以忽略；

（2）在同一层中的各立杆同时发生失稳；

（3）各水平杆近端及远端的转角大小相等，且方向相同，即水平杆按双向曲率屈曲。

3）水平杆单元

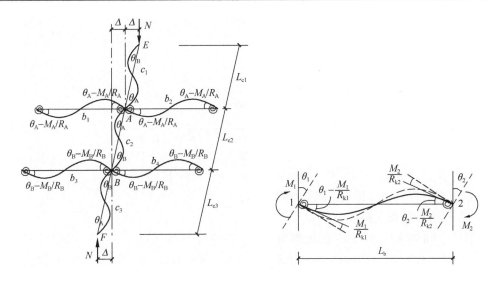

图 5.3.1-3 有侧移半刚性连接三层柱的框架模型　图 5.3.1-4 两端半刚性约束时的梁单元

如图 5.3.1-4 所示，两端半刚性约束的水平杆，长度为 L_b，θ_1、θ_2 分别为水平杆两端的转角，R_{k1}、R_{k2} 是水平杆两端弹簧刚度，即直角扣件的转动刚度。在端部弯矩 M_1、M_2 的作用下，水平杆左端、右端相对转角分别为 θ_1—M_1/R_{k1} 和 θ_2—M_2/R_{k2}。

当水平杆两端为半刚性连接时，其弯矩—转角方程为：

$$M_1 = \frac{EI_b}{L_b}\left[4\left(\theta_1 - \frac{M_1}{R_{k1}}\right) + 2\left(\theta_2 - \frac{M_2}{R_{k2}}\right)\right],\ M_2 = \frac{EI_b}{L_b}\left[2\left(\theta_1 - \frac{M_1}{R_{k1}}\right) + 4\left(\theta_2 - \frac{M_2}{R_{k2}}\right)\right]$$

$$(5.3.1\text{-}1)$$

令 $i_b = \dfrac{EI_b}{L_b}$，解方程（5.3.1-1）可以得到：

$$M_1 = \frac{i_b}{R^*}\left[\left(4 + \frac{12i_b}{R_{k2}}\right)\theta_1 + 2\theta_2\right],\ M_2 = \frac{i_b}{R^*}\left[2\theta_1 + \left(4 + \frac{12i_b}{R_{k1}}\right)\theta_2\right] \quad (5.3.1\text{-}2)$$

其中，

$$R^* = \left(1 + \frac{4i_b}{R_{k1}}\right)\left(1 + \frac{4i_b}{R_{k2}}\right) - \frac{4i_b^2}{R_{k1}R_{k2}} \quad\quad (5.3.1\text{-}3)$$

对于有侧移框架水平杆，当不计轴力的影响时，发生异向曲率变形，即 $\theta_1 = \theta_2$。此时，水平杆端部弯矩为：

$$M_1 = 6i_b\theta_1\left(1 + \frac{2i_b}{R_{k2}}\right)/R^* , \quad\quad M_2 = 6i_b\theta_1\left(1 + \frac{2i_b}{R_{k1}}\right)/R^* \quad (5.3.1\text{-}4)$$

由于直角扣件的转动刚度为定值，即 $R_{k1} = R_{k2}$。

令　　　　$\alpha_u = \left(1 + \dfrac{2i_b}{R_{k1}}\right)/R^*$　　　(5.3.1-5)

则 $M_1 = M_2 = 6i_b\alpha_u\theta_1$。

4）立杆单元

如图 5.3.1-5 所示，立杆长度为 L_c，两端承受轴力 N 和弯矩 M_A、M_B，两端相对侧移为 Δ，则梁柱弯矩—转角方程用稳定函数表示如下：

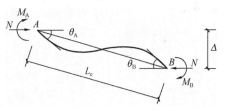

图 5.3.1-5 立杆单元

$$M_A = K\Big[C\theta_A + S\theta_B - (C+S)\frac{\Delta}{L_c})\Big] \, , \, M_B = K\Big[S\theta_A + C\theta_B - (C+S)\frac{\Delta}{L_c}\Big]$$

$$(5.3.1\text{-}6)$$

其中，$K = \dfrac{EI_c}{L_c}$ 为立杆的线刚度。

$$C = \frac{KL_c\sin(KL_c) - (KL_c)^2\cos(KL_c)}{2 - 2\cos(KL_c) - KL_c\sin(KL_c)} \qquad (5.3.1\text{-}7)$$

$$S = \frac{(KL_c)^2 - KL_c\sin(KL_c)}{2 - 2\cos(KL_c) - KL_c\sin(KL_c)} \qquad (5.3.1\text{-}8)$$

分别为水平杆在 A、B 端的抗弯刚度系数。

5）立杆的计算长度系数

立杆 c_1 端部弯矩：假设 c_1 的远端为铰接，则立杆 c_1 中 $(M_B)_{c1} = 0$，得到下式：

$$\theta_B = -\frac{S}{C}\theta_A + \Big(1 + \frac{S}{C}\Big)\frac{\Delta}{L_{c1}} \qquad (5.3.1\text{-}9)$$

则
$$(M_A)_{c1} = K\Big(C - \frac{S^2}{C}\Big)\Big(\theta_A - \frac{\Delta}{L_{c1}}\Big) \qquad (5.3.1\text{-}10)$$

立杆 c_2 端部弯矩：
$$(M_A)_{c2} = K\Big[C\theta_A + S\theta_B - (C+S)\frac{\Delta}{L_{c2}}\Big] \qquad (5.3.1\text{-}11)$$

$$(M_B)_{c2} = K\Big[S\theta_A + C\theta_B - (C+S)\frac{\Delta}{L_{c2}}\Big] \qquad (5.3.1\text{-}12)$$

立杆 c_3 端部弯矩：假设 c_3 的远端为铰接，则立杆 c_3 中 $(M_A)_{c3} = 0$，得到下式：

$$\theta_A = -\frac{S}{C}\theta_B + \Big(1 + \frac{S}{C}\Big)\frac{\Delta}{L_{c3}} \qquad (5.3.1\text{-}13)$$

则
$$(M_B)_{c3} = K\Big(C - \frac{S^2}{C}\Big)\Big(\theta_B - \frac{\Delta}{L_{c3}}\Big) \qquad (5.3.1\text{-}14)$$

水平杆 b_1 端部弯矩：　　　　$(M_A)_{b1} = 6\,i_{b1}\,\alpha_u\,\theta_A \qquad (5.3.1\text{-}15)$

水平杆 b_2 端部弯矩：　　　　$(M_A)_{b2} = 6\,i_{b2}\,\alpha_u\,\theta_A \qquad (5.3.1\text{-}16)$

水平杆 b_3 端部弯矩：　　　　$(M_B)_{b3} = 6\,i_{b3}\,\alpha_u\,\theta_B \qquad (5.3.1\text{-}17)$

水平杆 b_4 端部弯矩：　　　　$(M_B)_{b4} = 6\,i_{b4}\,\alpha_u\,\theta_B \qquad (5.3.1\text{-}18)$

平衡方程：

（1）节点 A 处力矩平衡：

$$(M_A)_{c1} + (M_A)_{c2} + (M_A)_{b1} + (M_A)_{b2} = 0 \qquad (5.3.1\text{-}19)$$

（2）节点 B 处力矩平衡：

$$(M_B)_{c2} + (M_B)_{c3} + (M_B)_{b3} + (M_B)_{b4} = 0 \qquad (5.3.1\text{-}20)$$

（3）立杆平衡：

$$(M_A)_{c2} + (M_B)_{c2} + P\Delta = 0 \qquad (5.3.1\text{-}21)$$

其中，$P = k^2 EI_c$，立杆 c_2 的侧移角为：

$$\rho = \frac{\Delta}{L_{c2}} \qquad (5.3.1\text{-}22)$$

由于在满堂支撑架中，水平杆与立杆的 EI 均相等，所以设有侧移框架立杆上、下端约束系数 M_1 和 M_2（此处 $M_1 = M_2$）为：

$$M_1 = \frac{\sum\limits_A \alpha_u E I_b / L_b}{\sum\limits_A E I_c / h} = M_2 = \frac{\sum\limits_B \alpha_u E I_b / L_b}{\sum\limits_B E I_c / h} = M \qquad (5.3.1\text{-}23)$$

将公式（5.3.1-9）～（5.3.1-11）及（5.3.1-13）～（5.3.1-17）代入平衡方程（5.3.1-18）～（5.3.1-20）中，经过化简、整理，最终可以得到，当柱 c_1 和 c_3 远端为铰接时，有侧移框架柱计算长度系数 μ 的计算方程如下：

$$\pi \left[(6\mu^2 - 36\mu^2 M - 2\pi^2) \cos^2\left(\frac{\pi}{\mu}\right) + (\pi^2 - 12\mu^2 + 24\mu^2 M) \cos\left(\frac{\pi}{\mu}\right) \right.$$

$$\left. + (6\mu^2 + \pi^2 + 12\mu^2 M) \right] \sin\left(\frac{\pi}{\mu}\right)$$

$$+ \mu \left[(12\pi^2 M - 24\mu^2 M - 7\pi^2) \cos^2\left(\frac{\pi}{\mu}\right) + (9\pi^2 + 24\mu^2 M) \cos\left(\frac{\pi}{\mu}\right) \right.$$

$$\left. + (24\mu^2 M + 32\pi^2 - 12\pi^2 M) \right] \cos\left(\frac{\pi}{\mu}\right)$$

$$- \mu(5\pi^2 + 24\mu^2 M) = 0$$

$$(5.3.1\text{-}24)$$

$$P = \frac{\pi^2 E I}{(\mu l_0)^2} \qquad (5.3.1\text{-}25)$$

6）简化模型与有限元计算及试验结果的比较

由于在实际中，扣件的拧紧力矩一般都在 40～50N·m 之间，所以，将直角扣件转动刚度试验中当拧紧力矩为 40N·m 时，弯矩—转角曲线的初始切线刚度 19kN·m/rad 作为梁两端弹簧刚度 R_{ki} 的取值，并假设立杆 c_1 和 c_3 远端约束均为铰接。对于搭设参数一定的无剪刀撑满堂支撑架，分别按公式（5.3.1-3）和（5.3.1-5）计算出 R^*，α_u，将 α_u 的数值代入到公式（5.3.1-24）中，得到修正后的有侧移框架立杆上、下端约束系数，由公式（5.3.1-24）可以得到立杆的计算长度系数 μ。

立杆的计算长度为 $l_0 = \mu h$，承载力计算如公式（5.3.1-25）所示。理论分析结果与试验及有限元计算结果相比较，如表 5.3.1-2 所示。

利用基于有侧移半刚性框架理论简化方法计算结果与有限元结果之间的比较

表 5.3.1-2

步距（m）	立杆间距（m）	有限元（kN）	理论结果（kN）	误差（%）
1.5	1.2×1.2	18.32	21.40	16.81
1.5	1.0×1.0	21.30	21.64	1.6
1.5	0.9×0.9	22.43	22.12	−1.38
1.2	1.2×1.2	21.51	24.14	12.23
1.2	1.0×1.0	22.35	24.61	10.11
1.2	0.9×0.9	24.47	24.85	1.55
0.9	1.2×1.2	21.46	22.47	4.71
0.9	1.0×1.0	22.08	22.71	2.85
0.9	0.9×0.9	24.67	22.71	−7.95
0.6	1.2×1.2	22.65	24.85	9.71
0.6	1.0×1.0	23.18	24.85	7.20
0.6	0.9×0.9	25.32	25.09	−0.91

从表中可以看出，三种结果所反映出的无剪刀撑满堂支撑架承载力的规律是一致的，并且两者吻合较好，证明了采用基于有侧移半刚性连接框架理论简化方法来计算无剪刀撑满堂支撑架的适用性、可行性及准确性。应用此种简化方法时，考虑了相邻的其他杆件以及直角扣件的半刚性对中间立杆承载力的影响，更加符合实际情况，且更加合理。

5.3.2 偏载作用下无剪刀撑满堂支撑架承载力理论分析

当无剪刀撑满堂支撑架并非所有立杆顶端均受荷载作用时，可以参考全载作用下无剪刀撑式满堂支撑架承载力的简化计算方法，忽略立杆受力情况相同的横向各排支架间的相互作用，同时考虑扣件连接的半刚性特点，进而将偏载作用下的三维满堂支撑架结构简化为二维半刚性连接的框架模型进行研究。对不同搭设情况时偏载作用下的试验模型（有增跨模型）简化后的二维半刚性连接框架结构承载力进行了有限元分析，并将其与相应的三维满堂支撑架承载力进行了比较，结果如表5.3.2-1所示。从表5.3.2-1可以看出，经过简化的偏载作用下的二维半刚性连接框架与原始三维满堂支撑架的承载力基本相同。对于各个方向增跨数量不同的三维满堂支撑架，可以先判断出整体模型刚度较弱的方向，再进行从三维到二维的简化，简化过程如图5.3.2-1～图5.3.2-4所示。

满堂支撑架与二维半刚性连接框架承载力的比较　　　　　　表 5.3.2-1

步距（m）	立杆间距（m）	架高（m）	加载跨数	增跨数量	满堂支撑架承载力（kN）	二维半刚性连接框架承载力（kN）	两者之间误差（%）
1.5	1.0×1.0	8.2	1	5	32.05	32.10	0.16
1.5	0.9×0.9	8.2	6	1	12.71	12.75	0.31
1.2	0.9×0.9	8.2	1	5	38.42	38.61	0.49
1.2	0.6×0.6	8.2	1	5	39.25	39.47	0.56

 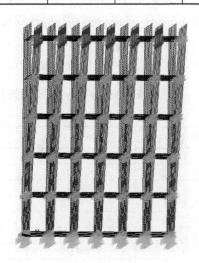

图 5.3.2-1　偏载作用下满堂支撑架模型　　　　图 5.3.2-2　满堂支撑架沿刚度较弱方向失稳

对于偏载作用下的二维半刚性连接框架的整体失稳临界荷载计算目前也没有相关的计算公式，同样需要进一步选取简化模型进行计算。这里，可以在受荷载作用立杆的顶端加以侧向的弹簧约束，以模拟增跨（顶端不受荷载的立杆）对其侧向的支撑作用，进而将偏载作用下的二维半刚性连接框架简化成有部分侧移的多点转动约束单杆模型，下面采用部分侧移两点转动约束单杆模型进行详细分析计算。

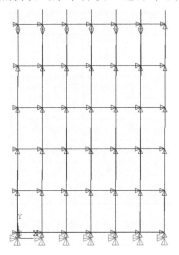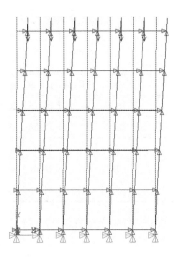

图 5.3.2-3　简化后二维半刚性连接框架结构　图 5.3.2-4　二维半刚性连接框架结构失稳情况

1. 基于部分侧移两点转动约束单杆稳定理论简化方法

1）计算模型及基本假定

对于偏载作用下的满堂支撑架，在顶端施加侧向弹簧约束的基础上，考虑直角扣件的半刚性性质，同样需要分别在顶端、底端采用扭转弹簧约束，基于部分侧移两点转动约束单杆稳定理论简化方法计算模型示意图如图 5.3.2-5 所示。

基本假定：

（1）对于顶端受荷载作用的各列立杆，同时发生有部分侧移的失稳。

（2）在发生失稳的各列立杆中，位于同一层的各水平杆，当发生失稳时，其转角大小均相等，而同一水平杆两端的转角方向相反。

（3）在发生失稳的各列立杆之间的水平杆只受弯矩作用，没有轴力。

（4）增跨（不受荷载的立杆）对受荷载的立杆提供侧向支撑作用，在满堂支撑架各杆件截面、材料相同的条件下，此侧向支撑作用的大小与增跨数量、立杆长度及其间的水平杆长度有关，与二维多层半刚性连接框架的层数无关。

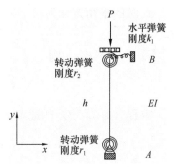

图 5.3.2-5　基于部分侧移两点转动约束单杆稳定理论简化方法计算模型简图

2）简化模型中各参数的计算

侧向支撑弹簧的刚度 k 为二维单层半刚性连接排架结构中令所考察的单杆顶端发生单位位移时所需加的载荷数值，其大小与不受荷载的立杆列数及水平杆的长度有关，表5.3.2-2 中给出了不同水平杆长度及增跨（不受荷载的立杆）情况下立杆顶端侧向弹簧刚

度 k 的有限元计算数值。

步距、立杆间距及增跨数量不同时二维半刚性连接排架结构的侧向弹簧刚度 k（kN/m）

表 5. 3. 2-2

立杆间距(m)	步距1.5（m）			步距1.2（m）			步距0.9（m）			步距0.6（m）		
	1.2	1.0	0.9	1.2	1.0	0.9	1.2	1.0	0.9	1.2	1.0	0.9
增跨数量（列）												
4	11.82	11.48	11.19	15.08	14.84	14.67	20.27	20.11	20.01	30.30	30.21	30.16
5	16.14	15.64	15.26	20.62	20.30	20.05	27.69	27.54	27.42	41.24	41.25	41.25
6	18.16	17.71	17.38	23.04	22.74	22.52	30.81	30.63	30.51	45.75	45.71	45.68
7	21.33	20.84	20.47	27.00	26.68	26.44	36.04	35.86	35.74	53.29	53.31	53.32
8	23.93	23.44	23.07	30.20	28.74	29.63	40.21	40.02	39.90	59.25	59.29	59.31
9	26.78	26.27	25.90	33.83	33.39	33.15	44.80	44.63	44.51	65.75	65.86	65.92

扭转弹簧刚度的计算方法与 5.1.2 节基于有侧移多点转动约束单杆稳定理论简化方法中的计算相同。

$$C = \frac{6EI_b C_1}{6EI_b + L_b C_1}$$

其中，EI_b 为水平杆的抗弯刚度，L_b 为水平杆的长度，C_1 为直角扣件的转动刚度。

3）计算长度系数方程推导过程

立杆 AB，设上、下两端扭转弹簧约束转动刚度分别为 r_1 和 r_2。顶端的水平向弹簧刚度为 k_1，当立杆 AB 发生屈曲时，顶端的侧移为 Δ_1，两根弹簧的转动角度分别为 θ_1，θ_2，此时的平衡方程为：

$$-EI y''_1(x) + r_1 \theta_1 + k_1 \Delta_1 x = P y_1 \qquad (5.3.2-1)$$

设 $P = k^2 EI$，则

$$y''_1(x) + k^2 y_1(x) - \frac{k_1 \Delta_1 x}{EI} - \frac{r_1 \theta_1}{EI} = 0 \qquad (5.3.2-2)$$

方程（5.3.2-2）的通解为：

$$y_1(x) = \sin(kx) C_2 + \cos(kx) C_1 + \frac{k_1 \Delta_1 x + r_1 \theta_1}{k^2 EI} \qquad (5.3.2-3)$$

通过引入以下边界条件，可以得到积分常数 C_2 和 C_1 的数值。

（1）A 点的水平位移：

$$y_1(0) = 0 \qquad (5.3.2-4)$$

（2）B 点处水平力平衡：

$$Q(h) = -(EI_c y'''_1(h) + P y'_1(h)) = -k_1 \Delta_1 \qquad (5.3.2-5)$$

解得：

$$y_1(x) = \frac{-\sin(kx) k_1 \Delta_1 + \sin(kx) k^2 EI \theta_2 - k r_1 \theta_1 \cos(kx - kh) + \cos(kh) k k_1 \Delta_1 x + \cos(kh) k r_1 \theta_1}{\cos(kh) k^3 EI}$$

$$(5.3.2-6)$$

（1）在 $x = h$ 处，弯矩平衡：

$$M(h) = r_2\,\theta_2 \tag{5.3.2-7}$$

（2）在 $x = 0$ 处，水平力平衡：

$$Q(0) = -k_1\,\Delta_1 \tag{5.3.2-8}$$

（3）在 $x = h$ 处，位移如下：

$$y_1(h) = \Delta_1 \tag{5.3.2-9}$$

设 $kh = \dfrac{\pi}{\mu}$，将公式（5.3.2-7）～（5.3.2-9）联立，经整理并化简得到：

$$
\begin{aligned}
&(-\pi EI\,\mu^4\,h^4\,k_1\,r_2 + \pi\,\mu^4\,h^5\,k_1\,r_1\,r_2 - \pi^3\,EI^2\,\mu^2\,h^3\,k_1 - \pi EI\,\mu^4\,h^4\,k_1\,r_1 \\
&- \pi^3\,EI\,\mu^2\,h^2\,r_1\,r_2 + \pi^5\,EI^3)\sin\!\left(\frac{\pi}{\mu}\right) + (2\,\mu^5\,h^5\,k_1\,r_1\,r_2 + \pi^2\,EI\,\mu^3\,h^4\,k_1\,r_1 \\
&- \pi^4\,EI^2\,\mu h r_1 + \pi^2\,EI\,\mu^3\,h^4\,k_1 r_2 - \pi^4\,EI^2\,\mu h\,r_2)\cos\!\left(\frac{\pi}{\mu}\right) - 2\,\mu^5\,h^5\,k_1\,r_1\,r_2 = 0
\end{aligned}
$$

$$\tag{5.3.2-10}$$

设 $K_1 = \dfrac{k_1\,h^3}{EI}$，$C_c = \dfrac{EI}{h}$，$Z_1 = \dfrac{C_c}{C_c + r_1}$，$Z_2 = \dfrac{C_c}{C_c + r_2}$，则

$$
\begin{aligned}
&(-2\pi\,\mu^3\,K_1\,Z_1 + 3\pi\,\mu^4\,K_1\,Z_1\,Z_2 + \pi\,\mu^4\,K_1 - 2\pi\,\mu^4\,K_1\,Z_2 - \pi^3\,\mu^2\,K_1\,Z_1\,Z_2 - \pi^3\,\mu^2 \\
&+ \pi^3\,\mu^2\,Z_2 + \pi^3\,\mu^2\,Z_1 - \pi^3\,\mu^2\,Z_1\,Z_2 + \pi^5\,Z_1\,Z_2)\sin\!\left(\frac{\pi}{\mu}\right) + (-2\,\pi^2\,\mu^3\,K_1\,Z_1\,Z_2 + \mu^3\,\pi^2\,K_1\,Z_2 \\
&- \pi^4\,\mu\,Z_1 - \pi^4\,\mu\,Z_2 + 2\,\pi^4\,\mu\,Z_1\,Z_2 + \pi^2\,\mu^3\,K_1\,Z_1 + 2\,\mu^5\,K_1 - 2\,\mu^5\,K_1\,Z_2 - 2\,\mu^5\,K_1\,Z_1 \\
&+ 2\,\mu^5\,K_1\,Z_1\,Z_2)\cos\!\left(\frac{\pi}{\mu}\right) + (-2\,\mu^5\,K_1\,Z_1\,Z_2 + 2\,\mu^5\,K_1\,Z_1 - 2\,\mu^5\,K_1 + 2\,\mu^5\,K_1\,Z_2) = 0
\end{aligned}
$$

$$\tag{5.3.2-11}$$

此处，由于 $r_1 = r_2 = C$，所以设 $Z_1 = Z_2 = Z$，最终，可以得到计算长度系数方程如下所示：

$$
\begin{aligned}
&(-4\pi\,\mu^4\,K_1 Z + 3\pi\,\mu^4\,K_1\,Z^2 + \pi\,\mu^4\,K_1 - \pi^3\,\mu^2\,K_1\,Z^2 - \pi^3\,\mu^2 + 2\,\pi^3\,\mu^2 Z - \pi^3\,\mu^2\,Z^2 \\
&+ \pi^5\,Z^2)\sin\!\left(\frac{\pi}{\mu}\right) + (-2\,\pi^2\,\mu^3\,K_1\,Z^2 + 2\,\pi^2\,\mu^3\,K_1 Z - 2\,\pi^4\,\mu Z + 2\,\pi^4\,\mu Z^2 + 2\,\mu^5\,K_1 \\
&- 4\,\mu^5\,K_1 Z + 2\,\mu^5\,K_1\,Z^2)\cos\!\left(\frac{\pi}{\mu}\right) + (-2\,\mu^5\,K_1\,Z^2 + 4\,\mu^5\,K_1 Z - 2\,\mu^5\,K_1) = 0
\end{aligned}
$$

$$\tag{5.3.2-12}$$

求解方程（5.3.2-12）可得立杆 AB 的计算长度系数 μ，并按照第 4 章中对满堂支撑架立杆稳定性验算部位的要求，计算得到立杆 AB 的承载力，进而求得整个结构的承载力。

2. 基于部分侧移多点转动约束单杆稳定理论简化方法结果分析

基于部分侧移两点转动约束单杆稳定理论简化方法的计算长度系数方程如公式（5.3.2-12）所示，利用公式可以得到理论模型中立杆的计算长度系数，并按照第四章中对满堂支撑架立杆稳定性验算部位的要求计算出立杆承载力，进而得到了偏载作用下二维半刚性连接框架结构的临界荷载，即得到了偏载作用下满堂支撑架的理论承载力数值。采用此种简化方法计算所得承载力如表 5.3.2-3 所示。

利用基于部分侧移两点转动约束单杆稳定理论简化方法计算所得满堂支撑架承载力

表 5.3.2-3

步距（m）	立杆间距（m）	加载跨数	增跨数量	有限元 （kN）	部分侧移单杆 稳定（kN）	误差 （%）
1.5	1.2×1.2	2	4	22.411	18.818	−16.032
			5	23.022	18.825	−18.230
			6	23.643	18.829	−20.361
1.5	1.0×1.0	2	4	23.532	19.176	−18.511
			5	24.050	19.181	−20.245
			6	24.361	19.184	−21.251
1.5	0.9×0.9	2	4	24.692	19.358	−21.602
			5	25.064	19.365	−22.738
			6	25.635	19.368	−24.447
1.2	1.2×1.2	2	4	26.233	24.234	−7.620
			5	26.881	24.241	−9.821
			6	27.225	24.243	−10.953
1.2	1.0×1.0	2	4	27.664	24.708	−10.685
			5	28.024	24.716	−11.804
			6	28.426	24.718	−13.044
1.2	0.9×0.9	2	4	29.011	24.954	−13.984
			5	29.429	24.959	−15.189
			6	29.846	24.963	−16.361
0.9	1.2×1.2	2	4	34.895	33.310	−4.542
			5	35.262	33.316	−5.519
			6	35.679	33.318	−6.617
0.9	1.0×1.0	2	4	36.059	33.984	−5.754
			5	36.581	33.991	−7.080
			6	36.988	33.995	−8.092
0.9	0.9×0.9	2	4	37.510	34.333	−8.470
			5	37.982	34.340	−9.589
			6	38.423	34.342	−10.621

表 5.3.2-3 中给出了有增跨搭设情况下利用简化方法以及有限元两种计算方法所得满堂支撑架承载力结果之间的比较。

从表 5.3.2-3 中可以看出，基于部分侧移两点转动约束单杆稳定理论简化方法计算所得结果与有限元计算结果吻合较好，两者的误差在 −5.52% ～ −24.45% 范围内，这也验证了此种简化方法在计算无剪刀撑满堂支撑架承载力方面的准确性。

本 章 参 考 文 献

[1] 《建筑施工扣件式钢管脚手架安全技术规范》JGJ 130—2011. 北京：中国建筑工业出版社 . 2011
[2] 《钢结构设计规范》GB 50017—2003. 北京：中国建筑工业出版社 . 2003

第6章 荷 载

6.1 荷载分类

6.1.1 作用于扣件式钢管脚手架上的荷载

根据现行国家标准《建筑结构荷载规范》GB 50009 的规定,将作用于扣件式钢管脚手架上的荷载作用区分为永久荷载(恒荷载)和可变荷载(活荷载)。

永久荷载(恒荷载)是在结构使用期间,其值不随时间变化或其变化与平均值相比可以忽略不计的荷载。例如结构自重、土压力、预应力等。自重是指材料自身重量产生的荷载(重力)。

可变荷载(活荷载)是在结构使用期间,其值随时间变化,且其变化值与平均值相比不可忽略的荷载。例如楼面活荷载、屋面活荷载和积灰荷载、吊车荷载、风荷载、雪荷载等。

偶然荷载是在结构使用期间不一定出现,一旦出现,其值很大且持续时间很短的荷载。例如爆炸力、撞击力等。

在进行脚手架设计时,应根据施工要求,在施工组织设计文件中明确规定构配件的设置数量,且在施工过程中不能随意增加。脚手板粘积的建筑砂浆等引起的增重是安全隐患,已在脚手架的设计安全度中统一考虑。

对于满堂支撑架的构、配件自重包括可调托撑上主梁、次梁、主次梁上支撑板等自重,根据施工荷载情况,主梁、次梁有木质的,也有型钢的,支撑板有木质的或钢材的。在钢结构安装过程中,如果存在大型钢构件,就要通过承载力较大的分配梁将荷载传递到满堂支撑架上,所以这类构、配件自重应按实际计算。

用于钢结构安装的满堂支撑架顶部施工层可能有大型钢构件,产生的施工荷载较大,应根据实际情况确定;在施工中,由于施工行为产生的偶然增大的荷载效应,也应根据实际情况考虑确定。

6.1.2 脚手架永久荷载包含内容

1. 单排架、双排架与满堂脚手架

1) 架体结构自重包括立杆、纵向水平杆、横向水平杆、剪刀撑、扣件等的自重;

2) 构、配件自重包括脚手板、栏杆、挡脚板、安全网等防护设施的自重。

2. 支撑架(用于钢结构、大型设备安装、混凝土预制构件等非模板支撑架)

1) 架体结构自重包括立杆、纵向水平杆、横向水平杆、剪刀撑、可调托撑、扣件等的自重;

2）构、配件及可调托撑上主梁、次梁、支撑板等的自重。

3. 模板支撑架

1）模板自重包括模板、模板支撑梁的自重；

2）架体结构自重包括立杆、纵向水平杆、横向水平杆、剪刀撑、可调托撑、扣件等的自重；

3）作用在支架结构顶部的新浇筑混凝土、钢筋自重。

6.1.3 脚手架可变荷载包含内容

1. 单排架、双排架与满堂脚手架

1）施工荷载包括作业层上的人员、器具和材料等的自重；

2）风荷载。

2. 支撑架（用于钢结构、大型设备安装、混凝土预制构件等非模板支撑架）

1）作业层上的人员、设备等的自重；

2）结构构件、施工材料等的自重；

3）风荷载。

3. 模板支撑架

1）施工荷载，包括施工人员、材料、施工设备荷载、浇筑及振捣混凝土时产生的荷载；

2）风荷载；

3）其他可变荷载。

6.2 荷 载 标 准 值

6.2.1 单、双排脚手架立杆承受的每米结构自重标准值

立杆承受的每米结构自重标准值的计算过程如下：

1. 钢管与扣件自重取值

每个扣件自重是按抽样 408 个的平均值加两倍标准差求得：

直角扣件：按每个主节点处二个，每个自重：13.2N/个；

旋转扣件：按剪刀撑每个扣接点一个，每个自重：14.6N/个；

对接扣件：按每 6.5m 长的钢管一个，每个自重：18.4N/个；

横向水平杆每个主节点一根，取 2.2m 长；

钢管尺寸：$\phi 48.3 \times 3.6$mm，每米自重：39.7N/m。

2. 计算图形

计算图形见图 6.2.1：

3. 计算公式

1）脚手架立面单位轮廓面积上主框架的重量，按下列公式计算：

单排脚手架：

$$G_D = \frac{(l_a + h + 2.2)q + 2q_1 + (l_a + h)q_2/6.5}{l_a h} \qquad (6.2.1\text{-}1)$$

双排脚手架：

$$G_S = \frac{[2(l_a + h) + 2.2]q + 2[2q_1 + (l_a + h)q_2/6.5]}{l_a h} \qquad (6.2.1\text{-}2)$$

式中　　　　　l_a——力杆纵距，m；

　　　　　　　h——步距，m；

　　　　　　　q——$\phi 48.3 \times 3.6$mm 钢管每米重量，$q = 39.7$N/m；

　　　　　　　q_1——直角扣件每个重量，$q_1 = 13.2$N/个；

　　　　　　　q_2——对接扣件每个重量，$q_2 = 18.4$N/个；

2.2（单位：m）——每根横向水平杆的长度；

6.5（单位：m）——每根 6.5m 长的钢管上计算一个对接扣件。

2）脚手架立面单位轮廓面积上剪刀撑的自量：

剪刀撑按设在脚手架外侧，满堂红铺设，用对接扣件连接时材料用量计算：

设两个 13 m 杆交叉组成计算单元，用长杆（6.5m）4 根，对接扣件 4 个，剪刀撑斜杆与立杆交叉处均有旋旋转扣件，钢管与扣件用量按公式（6.2.1-3）计算。

$$G_J = \frac{4(6.5q + q_2) + q_3 \cdot 2 \times 13\cos\alpha / l_a}{13\cos\alpha \cdot 13\sin\alpha}$$

$$(6.2.1\text{-}3)$$

式中　q_3——旋转扣件每个重量，$q_3 = 14.6$N/个；

　　　α——剪刀撑斜杆与地面夹角；

　　　l_a——立杆纵距，m。

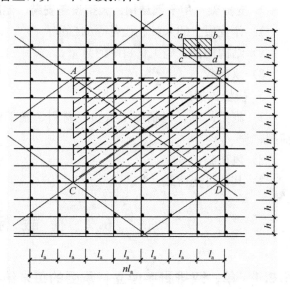

图 6.2.1　立杆承受的每米结构自重标准值计算图

3）简化计算：①双排脚手架每米立杆承受的结构自重标准值是采用内、外立杆的平均值。②由于单排脚手架立杆的构造与双排的外立杆相同，故每米立杆承受结构自重标准值可按双排的外立杆等值采用。

设双排脚手架立面每平方米轮廓面积自重为 G，则 $G = G_S + G_J$

双排脚手架外立杆每米承受的结构自重标准值（单排脚手架每米立杆承受结构自重标准值）：

$$G_W = (G_S/2 + G_J)l_a \qquad (6.2.1\text{-}4)$$

取 $\alpha = 60°$，并代入钢管、扣件自重值得

$$G_W = [(42.5308(l_a + h) + 70.07) \div h + 15.1109l_a + 2.5937] \times 10^{-3}\text{kN/m}$$

双排脚手架内立杆每米承受的结构自重标准值

$$G_{\mathrm{N}} = l_{\mathrm{a}} G_{\mathrm{S}}/2$$

双排脚手架每米立杆承受的结构自重标准值

$$g_{\mathrm{K}} = (G_{\mathrm{W}} + G_{\mathrm{N}})/2 = l_{\mathrm{a}}(G_{\mathrm{S}}/2 + G_{\mathrm{J}} + G_{\mathrm{S}}/2)/2 = l_{\mathrm{a}}(G_{\mathrm{S}} + G_{\mathrm{J}})/2 \quad (6.2.1\text{-}5)$$

取 $\alpha = 60°$，并代入钢管、扣件自重值得：

$$g_{\mathrm{K}} = \left[(42.5308(l_{\mathrm{a}} + h) + 70.07) \div h + 7.5554 l_{\mathrm{a}} + 1.2968 \right] \times 10^{-3} \mathrm{kN/m}$$

4. 单、双排脚手架立杆承受的每米结构自重标准值（表 6.2.1）

单、双排脚手架立杆承受的每米结构自重标准值 g_{k}（kN/m）　　　表 6.2.1

步距（m）	脚手架类型	纵距（m）				
		1.2	1.5	1.8	2.0	2.1
1.20	单排	0.1642	0.1793	0.1945	0.2046	0.2097
	双排	0.1538	0.1667	0.1796	0.1882	0.1925
1.35	单排	0.1530	0.1670	0.1809	0.1903	0.1949
	双排	0.1426	0.1543	0.1660	0.1739	0.1778
1.50	单排	0.1440	0.1570	0.1701	0.1788	0.1831
	双排	0.1336	0.1444	0.1552	0.1624	0.1660
1.80	单排	0.1305	0.1422	0.1538	0.1615	0.1654
	双排	0.1202	0.1295	0.1389	0.1451	0.1482
2.00	单排	0.1238	0.1347	0.1456	0.1529	0.1565
	双排	0.1134	0.1221	0.1307	0.1365	0.1394

注：由钢管外径或壁厚偏差引起钢管截面尺寸小于 $\phi48.3 \times 3.6\mathrm{mm}$，脚手架立杆承受的每米结构自重标准值，也可按表 6.2.1 取值计算，计算结果偏安全，步距、纵距中间值可按线性插入计算。

6.2.2 满堂脚手架立杆承受的每米结构自重标准值、满堂支撑架立杆承受的每米结构自重标准值

1）满堂脚手架与满堂支撑架纵向剪刀撑，按间隔 3~8m 设置；水平剪刀撑，按间隔 8m 设置。计入纵向剪刀撑、水平剪刀撑。见图 6.2.2-1。

2）满堂脚手架立杆承受的每米结构自重标准值，宜按表 6.2.2-1 取用。

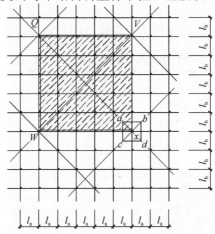

图 6.2.2-1　立杆承受的每米结构自重标准值计算图（平面图）

满堂脚手架立杆承受的每米结构自重标准值 g_k （kN/m）　　　　表6.2.2-1

步距 h (m)	横距 l_b (m)	纵距 l_a (m)						
		0.6	0.9	1.0	1.2	1.3	1.35	1.5
0.6	0.4	0.1820	0.2086	0.2176	0.2353	0.2443	0.2487	0.2620
	0.6	0.2002	0.2273	0.2362	0.2543	0.2633	0.2678	0.2813
0.90	0.6	0.1563	0.1759	0.1825	0.1955	0.2020	0.2053	0.2151
	0.9	0.1762	0.1961	0.2027	0.2160	0.2226	0.2260	0.2359
	1.0	0.1828	0.2028	0.2095	0.2226	0.2295	0.2328	0.2429
	1.2	0.1960	0.2162	0.2230	0.2365	0.2432	0.2466	0.2567
1.05	0.9	0.1615	0.1792	0.1851	0.1970	0.2029	0.2059	0.2148
1.20	0.6	0.1344	0.1503	0.1556	0.1662	0.1715	0.1742	0.1821
	0.9	0.1505	0.1666	0.1719	0.1827	0.1882	0.1908	0.1988
	1.0	0.1558	0.1720	0.1775	0.1883	0.1937	0.1964	0.2045
	1.2	0.1665	0.1829	0.1883	0.1993	0.2048	0.2075	0.2156
	1.3	0.1719	0.1883	0.1939	0.2049	0.2103	0.2130	0.2213
1.35	0.9	0.1419	0.1568	0.1617	0.1717	0.1766	0.1791	0.1865
1.50	0.9	0.1350	0.1489	0.1535	0.1628	0.1674	0.1697	0.1766
	1.0	0.1396	0.1536	0.1583	0.1675	0.1721	0.1745	0.1815
	1.2	0.1488	0.1629	0.1676	0.1770	0.1817	0.1840	0.1911
	1.3	0.1535	0.1676	0.1723	0.1817	0.1864	0.1887	0.1958
1.6	0.9	0.1312	0.1445	0.1489	0.1578	0.1622	0.1645	0.1711
	1.0	0.1356	0.1489	0.1534	0.1623	0.1668	0.1690	0.1757
	1.2	0.1445	0.1580	0.1624	0.1714	0.1759	0.1782	0.1849
1.80	0.9	0.1248	0.1371	0.1413	0.1495	0.1536	0.1556	0.1618
	1.0	0.1288	0.1413	0.1454	0.1537	0.1579	0.1599	0.1661
	1.2	0.1371	0.1496	0.1538	0.1621	0.1663	0.1683	0.1747

注：同表6.2.1注。

3）满堂支撑架立杆承受的每米结构自重标准值，宜按表6.2.2-2取用。

满堂支撑架立杆承受的每米结构自重标准值 g_k （kN/m）　　　　表6.2.2-2

步距 h (m)	横距 l_b (m)	纵距 l_a (m)							
		0.4	0.6	0.75	0.9	1.0	1.2	1.35	1.5
0.60	0.4	0.1691	0.1875	0.2012	0.2149	0.2241	0.2424	0.2562	0.2699
	0.6	0.1877	0.2062	0.2201	0.2341	0.2433	0.2619	0.2758	0.2897
	0.75	0.2016	0.2203	0.2344	0.2484	0.2577	0.2765	0.2905	0.3045
	0.9	0.2155	0.2344	0.2486	0.2627	0.2722	0.2910	0.3052	0.3194
	1.0	0.2248	0.2438	0.2580	0.2723	0.2818	0.3008	0.3150	0.3292
	1.2	0.2434	0.2626	0.2770	0.2914	0.3010	0.3202	0.3346	0.3490

续表

步距 h（m）	横距 l_b（m）	纵距 l_a（m）							
		0.4	0.6	0.75	0.9	1.0	1.2	1.35	1.5
0.75	0.6	0.1636	0.1791	0.1907	0.2024	0.2101	0.2256	0.2372	0.2488
0.90	0.4	0.1341	0.1474	0.1574	0.1674	0.1740	0.1874	0.1973	0.2073
	0.6	0.1476	0.1610	0.1711	0.1812	0.1880	0.2014	0.2115	0.2216
	0.75	0.1577	0.1712	0.1814	0.1916	0.1984	0.2120	0.2221	0.2323
	0.9	0.1678	0.1815	0.1917	0.2020	0.2088	0.2225	0.2328	0.2430
	1.0	0.1745	0.1883	0.1986	0.2089	0.2158	0.2295	0.2398	0.2502
	1.2	0.1880	0.2019	0.2123	0.2227	0.2297	0.2436	0.2540	0.2644
1.05	0.9	0.1541	0.1663	0.1755	0.1846	0.1907	0.2029	0.2121	0.2212
1.20	0.4	0.1166	0.1274	0.1355	0.1436	0.1490	0.1598	0.1679	0.1760
	0.6	0.1275	0.1384	0.1466	0.1548	0.1603	0.1712	0.1794	0.1876
	0.75	0.1357	0.1467	0.1550	0.1632	0.1687	0.1797	0.1880	0.1962
	0.9	0.1439	0.1550	0.1633	0.1716	0.1771	0.1882	0.1965	0.2048
	1.0	0.1494	0.1605	0.1689	0.1772	0.1828	0.1939	0.2023	0.2106
	1.2	0.1603	0.1715	0.1800	0.1884	0.1940	0.2053	0.2137	0.2221
1.35	0.9	0.1359	0.1462	0.1538	0.1615	0.1666	0.1768	0.1845	0.1921
1.50	0.4	0.1061	0.1154	0.1224	0.1293	0.1340	0.1433	0.1503	0.1572
	0.6	0.1155	0.1249	0.1319	0.1390	0.1436	0.1530	0.1601	0.1671
	0.75	0.1225	0.1320	0.1391	0.1462	0.1509	0.1604	0.1674	0.1745
	0.9	0.1296	0.1391	0.1462	0.1534	0.1581	0.1677	0.1748	0.1819
	1.0	0.1343	0.1438	0.1510	0.1582	0.1630	0.1725	0.1797	0.1869
	1.2	0.1437	0.1533	0.1606	0.1678	0.1726	0.1823	0.1895	0.1968
	1.35	0.1507	0.1604	0.1677	0.1750	0.1799	0.1896	0.1969	0.2042
1.80	0.4	0.0991	0.1074	0.1136	0.1198	0.1240	0.1323	0.1385	0.1447
	0.6	0.1075	0.1158	0.1221	0.1284	0.1326	0.1409	0.1472	0.1535
	0.75	0.1137	0.1222	0.1285	0.1348	0.1390	0.1475	0.1538	0.1601
	0.9	0.1200	0.1285	0.1349	0.1412	0.1455	0.1540	0.1603	0.1667
	1.0	0.1242	0.1327	0.1391	0.1455	0.1498	0.1583	0.1647	0.1711
	1.2	0.1326	0.1412	0.1476	0.1541	0.1584	0.1670	0.1734	0.1799
	1.35	0.1389	0.1475	0.1540	0.1605	0.1648	0.1735	0.1800	0.1864
	1.5	0.1452	0.1539	0.1604	0.1669	0.1713	0.1800	0.1865	0.1930

注：同表 6.2.1 注。

4）冲压钢脚手板、木脚手板、竹串片脚手板与竹芭脚手板自重标准值：
脚手板的自重，按分别抽样 12～50 块的平均值加两倍标准差求得。

5）栏杆与挡脚板自重标准值：
栏杆与挡脚板构造见图 6.2.2-2。

脚手板自重标准值 表6.2.2-3

类别	标准值（kN/m²）	类别	标准值（kN/m²）
冲压钢脚手板	0.30	木脚手板	0.35
竹串片脚手板	0.35	竹芭脚手板	0.10

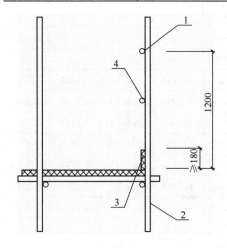

图6.2.2-2 栏杆与挡脚板构造
1—上栏杆；2—外立杆；3—挡脚板；4—中栏杆

每米栏杆含两根短管，直角扣件按2个计，挡脚板挡板高按0.18m计。栏杆、挡脚板自重标准值：

栏杆、冲压钢脚手板挡板：$0.3 \times 0.18 + 0.0397 \times 1 \times 2 + 0.0132 \times 2 = 0.1598$ kN/m $= 0.16$ kN/m

栏杆、竹串片脚手板挡板：$0.35 \times 0.18 + 0.0397 \times 1 \times 2 + 0.0132 \times 2 = 0.1688$ kN/m $= 0.17$ kN/m

栏杆、木脚手板挡板：$0.35 \times 0.18 + 0.0397 \times 1 \times 2 + 0.0132 \times 2 = 0.1688$ kN/m $= 0.17$ kN/m

如果每米栏杆与挡脚板与以上计算条件不同，按实际计算。

栏杆、挡脚板自重标准值见表6.2.2-4：

6）脚手架上吊挂的安全设施自重标准值：

脚手架上吊挂的安全设施（安全网）的自重标准值应按实际情况采用，密目式安全立网自重标准值不应低于0.01kN/m²。

栏杆、挡脚板自重标准值 表6.2.2-4

类别	标准值（kN/m）
栏杆、冲压钢脚手板挡板	0.16
栏杆、竹串片脚手板挡板	0.17
栏杆、木脚手板挡板	0.17

7）支撑架（用于钢结构、大型设备安装、混凝土预制构件等非模板支撑架）上可调托撑上主梁、次梁、支撑板等自重：

支撑架上可调托撑上主梁、次梁、支撑板等自重，是考虑最不利荷载情况下的主梁、次梁及支撑板的实际布置进行计算。木质主梁根据立杆间距不同按截面100mm×100mm～160mm×160mm考虑，木质次梁按截面50mm×100mm～100mm×100mm考虑，间距按200mm计。支撑板按木脚手板荷载计。分别按不同立杆间距计算取较大值。型钢主梁按H100×100×6×8考虑，型钢次梁按10号工字钢考虑。木脚手板自重标准值取0.35 kN/m²。计算结果见表6.2.2-5。

8）模板支撑架：

（1）模板自重标准值（G_{1k}）：对有梁楼板及无梁楼板的模板及其支撑架的自重标准值可按表6.2.2-6采用。

主梁、次梁及支撑板自重标准值（kN/m²）　　　　　　　表 6.2.2-5

类别	立杆间距（m）	
	＞0.75×0.75	≤0.75×0.75
木质主梁（含 Φ48.3×3.6 双钢管）、次梁，木支撑板	0.6	0.85
型钢主梁、次梁，木支撑板	1.0	1.2

注：1. 普通木质主梁（含 φ48.3×3.6 双钢管）、次梁，木支撑板；

　　2. 型钢次梁自重不超过 10 号工字钢自重，型钢主梁自重不超过 H100×100×6×8 型钢自重，支撑板自重不超过木脚手板自重；

　　3. 型钢主梁、次梁及支撑板自重，超过以上值时，按实际计算，如大型钢构件的分配梁。

楼板模板自重标准值 G_{1k}（kN/m²）　　　　　　　　　表 6.2.2-6

项目名称	木模板	定型组合钢模板
无梁楼板的模板及小楞	0.30	0.50
有梁楼板模板（包含梁模板）	0.50	0.75
楼板模板及其支架（楼层高度为 4m 以下）	0.75	1.10

（2）新浇筑混凝土自重标准值 G_{2k} 可根据混凝土实际重力密度确定，对普通混凝土重力密度可取 24kN/m³。

（3）钢筋自重标准值 G_{3k} 应根据施工图纸确定。对一般梁板结构，楼板的钢筋自重可取 1.1kN/m³，梁的钢筋自重可取 1.5kN/m³。

9）单、双排与满堂脚手架作业层上的施工荷载标准值：

单、双排与满堂脚手架作业层上的施工荷载标准值应根据实际情况确定，且不应低于表 6.2.2-7 的规定。

施工均布荷载标准值　　　　　　　　　　　　　　表 6.2.2-7

类别	标准值（kN/m²）
防护脚手架	1.0
装修脚手架	2.0
混凝土、砌筑结构脚手架	3.0
轻型钢结构及空间网格结构脚手架	2.0
普通钢结构脚手架	3.0

注：1. 斜道上的施工均布荷载标准值不应低于 2.0 kN/m²。

　　2. 脚手架设计时，综合安全系数不低于 2。

10）当在双排脚手架上同时有 2 个及以上操作层作业时，在同一个跨距内各操作层的施工均布荷载标准值总和不得超过 5.0kN/m²。

11）满堂支撑架（用于钢结构、大型设备安装、混凝土预制构件等非模板支撑架）上可变荷载标准值取值：

钢结构施工一般情况下，施工均布活荷载标准值不超过 3kN/m²，恒载与施工活荷载标准值之和不大于 4.2kN/m²。对于有大型钢构件（或大型混凝土构件）、大型设备的荷载，或产生较大集中荷载的情况，施工均布活荷载标准值超过 3kN/m²，恒载与施工活荷载标准值之和大于 4.2kN/m² 的情况，满堂支撑架上荷载必须按实际计算。

满堂支撑架上荷载标准值取值应符合下列要求：

（1）永久荷载与可变荷载（不含风荷载）标准值总和不大于 $4.2kN/m^2$ 时，施工均布荷载标准值应按表 6.2.2-7 采用。

（2）永久荷载与可变荷载（不含风荷载）标准值总和大于 $4.2kN/m^2$ 时，应符合下列要求：作业层上的人员及设备荷载标准值取 $1.0kN/m^2$；大型设备、结构构件等可变荷载按实际计算；即：满堂支撑架上活荷载＝作业层上的人员及设备荷载＋结构构件（含大型钢构件、混凝土构件等）、大型设备的荷载。

12）模板支撑架：

（1）作用在模板及其支架上的施工荷载标准值 Q_{1k} 可按实际情况计算，一般情况下可取 $3.0kN/m^2$（施工人员及设备荷载标准值 $1kN/m^2$＋振捣混凝土产生荷载标准值 $2kN/m^2$＝$3kN/m^2$）。

（2）考虑施工中的泵送混凝土、倾倒混凝土等未预见因素产生的水平荷载标准值 Q_{2k}，可取模板上混凝土和钢筋重量的 2% 作为标准值，并以线荷载形式作用在模板支架的上边缘水平方向上（计算值不大）。

13）风荷载：

（1）作用于脚手架上的水平风荷载标准值 Q_{3k}：

脚手架使用期较短，一般为 2～5 年，遇到强劲风的概率相对要小得多，所以基本风压 w_0 值，按《建筑结构荷载规范》GB 50009 附表 E.5 取重现期 $R=10$ 年对应的风压。

作用于脚手架上的水平风荷载标准值，应按下式计算：

$$w_k = \mu_z \cdot \mu_s \cdot w_0 \tag{6.2.2-1}$$

式中　w_k——风荷载标准值，kN/m^2；

μ_z——风压高度变化系数，应按表 6.2.2-8 采用；

μ_s——脚手架风荷载体型系数，应按表 6.2.2-10 采用；

w_0——基本风压值，kN/m^2，应按现行国家标准《建筑结构荷载规范》GB 50009—2012 附表 E.5 的规定采用，取重现期 $R=10$ 对应的风压值。

按《建筑结构荷载规范》要求，对于平坦或稍有起伏的地形，风压高度变化系数应根据地面粗糙度类别按表 6.2.2-8 确定。

地面粗糙度可分为 A、B、C、D 四类：

A 类——指近海海面和海岛、海岸、湖岸及沙漠地区；

B 类——指田野、乡村、丛林、丘陵以及房屋比较稀疏的乡镇；

C 类——指有密集建筑群的城市市区；

D 类——指有密集建筑群且房屋较高的城市市区。

风压高度变化系数 μ_z　　　　　　　　表 6.2.2-8

离地面或海平面高度（m）	地面粗糙度类别			
	A	B	C	D
5	1.09	1.00	0.65	0.51
10	1.28	1.00	0.65	0.51
15	1.42	1.13	0.65	0.51
20	1.52	1.23	0.74	0.51
30	1.67	1.39	0.88	0.51

续表

离地面或海平面	地面粗糙度类别			
高度(m)	A	B	C	D
40	1.79	1.52	1.00	0.6
50	1.89	1.62	1.10	0.69
60	1.97	1.71	1.20	0.77
70	2.05	1.79	1.28	0.84
80	2.12	1.87	1.36	0.91
90	2.18	1.93	1.43	0.98
100	2.23	2.00	1.50	1.04
150	2.46	2.25	1.79	1.33
200	2.64	2.46	2.03	1.58
250	2.78	2.63	2.24	1.81
300	2.91	2.77	2.43	2.02
350	20.91	2.91	2.60	2.22
400	2.91	2.91	2.76	2.40
450	2.91	2.91	2.91	2.58
500	2.91	2.91	2.91	2.74
≥550	2.91	2.91	2.91	2.91

全国主要城市基本风压按表6.2.2-9给出50年一遇的风压采用。

全国部分主要城市的风压   表 6.2.2-9

城市名		海拔高度（m）	风压（kN/m^2）		
			$R=10$	$R=50$	$R=100$
北京		54.0	0.3	0.45	0.50
天津	天津市	3.3	0.30	0.50	0.60
	塘沽	3.2	0.40	0.55	0.65
上海		2.8	0.40	0.55	0.60
重庆		259.1	0.25	0.40	0.45
石家庄市		80.5	0.25	0.35	0.40
秦皇岛市		2.1	0.35	0.45	0.50
太原市		778.3	0.30	0.40	0.45
呼和浩特市		1063.0	0.35	0.55	0.60
沈阳市		42.8	0.40	0.55	0.60
长春市		236.8	0.45	0.65	0.75
哈尔滨市		142.3	0.35	0.55	0.70
济南市		51.6	0.30	0.45	0.50
青岛市		76	0.45	0.60	0.70
南京市		8.9	0.25	0.40	0.45
杭州市		41.7	0.3	0.45	0.5
合肥市		27.9	0.25	0.35	0.40
南昌市		46.7	0.30	0.45	0.55

续表

城市名	海拔高度 (m)	风压 (kN/m²)		
		$R=10$	$R=50$	$R=100$
福州市	83.8	0.40	0.70	0.85
厦门市	139.4	0.50	0.80	0.95
西安市	397.5	0.25	0.35	0.40
兰州市	1517.2	0.20	0.30	0.35
银川市	1111.4	0.40	0.65	0.75
西宁市	2261.2	0.25	0.35	0.40
乌鲁木齐市	917.9	0.40	0.60	0.70
郑州市	110.4	0.30	0.45	0.50
武汉市	23.3	0.25	0.35	0.40
长沙市	44.9	0.25	0.35	0.40
广州市	6.6	0.30	0.50	0.60
南宁市	73.1	0.25	0.35	0.40
海口市	14.1	0.45	0.75	0.90
三亚市	5.5	0.5	0.85	1.05
成都市	506.1	0.20	0.30	0.35
贵阳市	1074.3	0.20	0.30	0.35
昆明市	1891.4	0.20	0.30	0.35
拉萨市	3658.0	0.20	0.30	0.35

（2）脚手架的风荷载体形系数 μ_s：

脚手架的风荷载体型系数，应按表 6.2.2-10 的规定采用。

脚手架的风荷载体型系数 μ_s　　　　　　表 6.2.2-10

背靠建筑物的状况		全封闭墙	敞开、框架和开洞墙
脚手架状况	全封闭、半封闭	1.0φ	1.3φ
	敞开	μ_{stw}	

注：1. μ_{stw} 值可将脚手架视为桁架，按现行国家标准《建筑结构荷载规范》GB 50009—2012 表 7.3.1 第 33 项和第 37 项的规定计算；

　　2. φ 为挡风系数，$\varphi=1.2A_n/A_w$，其中：A_n 为挡风面积；A_w 为迎风面积（轮廓面积）。敞开式脚手架的 φ 值可按《规范》附录 A 表 A.0.5 采用。

脚手架的风荷载体形系数：

$$\mu_S = 1.2\varphi(1-\eta^n)/(1-\eta) = 1.2\varphi(1+\eta+\eta^2+\eta^3+\cdots\cdots+\eta^{n-1})$$

敞开式双排脚手架 $\mu_s=\mu_{stw}=1.2\varphi\ (1+\eta)$

敞开式单排脚手架 $\mu_s=1.2\varphi$

η 系数按表 6.2.2-11 采用。

（3）单排、双排、满堂扣件式钢管脚手架与支撑架的挡风系数：

敞开式单排、双排、满堂扣件式钢管脚手架与支撑架的挡风系数是由下式计算确定：

系数 η 表   表 6.2.2-11

φ	$l_b/H \leqslant 1$
$\leqslant 0.1$	1.00
0.2	0.85
0.3	0.66

注：l_b脚手架立杆横距或宽度；H—脚手架高度。

φ为挡风系数，$\varphi=1.2A_n/A_w$，其中 A_n 为挡风面积；A_w 为迎风面积（轮廓面积）。

$$\varphi = \frac{1.2A_n}{l_a \cdot h}$$

式中　1.2——节点面积增大系数；

A_n——一步一纵距（跨）内钢管的总挡风面积 $A_n=(l_a+h+0.325l_ah)d$；

l_a——立杆纵距，m；

h——步距，m；

0.325——脚手架立面每平方米内剪刀撑的平均长度；

d——钢管外径，m。

① 敞开式单排、双排、满堂脚手架与满堂支撑架的挡风系数 φ 值，可按表 6.2.2-12 取用。

敞开式单排、双排、满堂脚手架与满堂支撑架的挡风系数 φ 值　　表 6.2.2-12

步距（m）	纵距（m）										
	0.4	0.6	0.75	0.9	1.0	1.2	1.3	1.35	1.5	1.8	2.0
0.6	0.260	0.212	0.193	0.180	0.173	0.164	0.160	0.158	0.154	0.148	0.144
0.75	0.241	0.192	0.173	0.161	0.154	0.144	0.141	0.139	0.135	0.128	0.125
0.90	0.228	0.180	0.161	0.148	0.141	0.132	0.128	0.126	0.122	0.115	0.112
1.05	0.219	0.171	0.151	0.138	0.132	0.122	0.119	0.117	0.113	0.106	0.103
1.20	0.212	0.164	0.144	0.132	0.125	0.115	0.112	0.110	0.106	0.099	0.096
1.35	0.207	0.158	0.139	0.126	0.120	0.110	0.106	0.105	0.100	0.094	0.091
1.50	0.202	0.154	0.135	0.122	0.115	0.106	0.102	0.100	0.096	0.090	0.086
1.6	0.200	0.152	0.132	0.119	0.113	0.103	0.100	0.098	0.094	0.087	0.084
1.80	0.1959	0.148	0.128	0.115	0.109	0.099	0.096	0.094	0.090	0.083	0.080
2.0	0.1927	0.144	0.125	0.112	0.106	0.096	0.092	0.091	0.086	0.080	0.077

注：ϕ48.3×3.6 钢管。

② 密目式安全立网全封闭脚手架挡风系数：

密目式安全立网全封闭脚手架挡风系数 φ 不宜小于 0.8，是根据密目式安全立网网目密度不小于 2000 目/100cm^2 计算而得。

说明：

密目式安全立网全封闭挡风系数计算：

a. 国家标准《安全网》GB 5725—2009 3.4 条规定："密目式安全立网：网眼孔径不大于 12mm，垂直于平面安装，用于阻挡人员、视线、自然风、飞溅及失控小物体的网，简称为密目网。"

立网应该使用密目式安全网，其标准：每 $10cm \times 10cm = 100cm^2$ 的面积上，有 2000 个以上网目。

根据以上规定，设 $100cm^2$ 密目式安全立网的网目目数为 $n > 2000$ 目每目孔隙面积为 $A_0 cm^2$

则密目式安全立网挡风系数为：

$$\varphi_l = \frac{1.2A_{n1}}{A_{w1}} = \frac{1.2(100 - nA_0)}{100}$$

A_{n1} 为密目式安全立网在 $100cm^2$ 内的挡风面积。

A_{w1} 为密目式安全立网在 $100cm^2$ 内的迎风面积。

b. 敞开式扣件钢管脚手架的挡风系数为：

$$\varphi_2 = \frac{1.2A_{n2}}{l_a h}$$

A_{n2} 为一步一纵距（跨）内钢管的总挡风面积。

c. 密目式安全立网全封闭脚手架挡风系数：

$$\varphi = \frac{1.2A_n}{A_w} = \frac{1.2\left(\dfrac{A_{n1}}{A_{w1}} l_a h - \dfrac{A_{n1}}{A_{w1}} A_{n2} + A_{n2}\right)}{l_{ah}} = \frac{1.2A_{n1}}{A_{w1}} - \frac{1.2A_{n1}}{A_{w1}} \cdot \frac{A_{n2}}{l_a h} + \frac{1.2A_{n2}}{l_a h}$$

$$= \varphi_1 + \varphi_2 - \varphi_2 \cdot \varphi_2 / 1.2$$

此公式计算挡风面积考虑扣除密目式安全网在一步一跨内与脚手架钢管重叠的面积，如果不考虑这一点，密目式安全网封闭脚手架挡风系数近似等于：$\varphi \approx \varphi_1 + \varphi_2$

密目式安全立网每目孔隙面积 A_0 在购货时，应向该安全网生产厂家咨询。

6.3 荷 载 效 应 组 合

6.3.1 脚手架（不含模板支架）

设计脚手架的承重构件时，应根据使用过程中可能出现的荷载取其最不利组合进行计算，荷载效应组合宜按表 6.3.1 采用。

荷载效应组合 表 6.3.1

计算项目	荷载效应组合
纵向、横向水平杆强度与变形	永久荷载＋施工荷载
脚手架立杆地基承载力	①永久荷载＋施工荷载
型钢悬挑梁的强度、稳定与变形	②永久荷载＋0.9（施工荷载＋风荷载）
立杆稳定	①永久荷载＋可变荷载（不含风荷载）
	②永久荷载＋0.9（可不荷载＋风荷载）
连墙件强度与稳定	单排架，风荷载＋2.0kN
	双排架，风荷载＋3.0kN

说明：

可变荷载组合系数原规范为 0.85，《规范》根据《建筑结构荷载规范》GB 50009—

2001（2006 年版）第 3.2.4 条第 1 款的规定改为 0.9。主要原因如下：

脚手架立杆稳定性计算部位一般取底层，立杆自重产生的轴压应力虽脚手架增高而增大，较高的单、双脚手架立杆的稳定性由永久荷载（主要是脚手架自重）效应控制，根据《建筑结构荷载规范》GB 50009—2001（2006 年版）第 3.2.4 条第 2 款的规定，由永久荷载效应控制的组合：

$S = \gamma_G S_{Gk} + \sum \gamma_{Qi} \psi_{Ci} S_{Qik}$，永久荷载的分项系数应取 1.35。

为简化计算，基本组合采用由可变荷载效应控制的组合：

$S = \gamma_G S_{Gk} + 0.9 \sum \gamma_{Qi} S_{Qik}$，永久荷载的分项系数应取 1.2，但原规范的考虑脚手架工作条件的结构抗力调整系数值不变（1.333），可变荷载组合系数由 0.85 改为 0.9 后与原规范比偏安全。

本条明确规定了脚手架的荷载效应组合，但未考虑偶然荷载，这是由于在《规范》第 9 章中，已规定不容许撞击力等作用于架体，故本条不考虑爆炸力、撞击力等偶然荷载。

6.3.2 模板支架

1）模板支撑架应根据施工过程中最不利荷载进行组合，参与模板及其支架的荷载效应组合各项荷载应符合表 6.3.2-1 的规定。

参与模板及支撑系统荷载效应组合的各项荷载　　　　　表 6.3.2-1

模板结构类别	参与组合的荷载项	
	计算承载力	验算挠度
混凝土水平构件的底模板及支撑系统	$\gamma_G (G_{1k} + G_{2k} + G_{3k}) + \gamma_Q Q_{1k}$	$G_{1k} + G_{2k} + G_{3k}$
模板支架	$1.2 (G_{1k} + G_{2k} + G_{3k}) + 0.9 \times 1.4 (Q_{1k} + Q_{3k})$ $1.35 (G_{1k} + G_{2k} + G_{3k}) + 0.7 \times 1.4 (Q_{1k} + Q_{3k})$ 二者计算取较大值	$G_{1k} + G_{2k} + G_{3k}$

2）模板支架各项荷载分项系数可按表 6.3.2-2 取值。

荷载分项系数　　　　　表 6.3.2-2

荷载类别		分项系数
模板及其支架自重（G_{1k}）	γ_G	1.2 1.35
新浇混凝土自重（G_{2k}）		
钢筋自重（G_{3k}）		
新浇混凝土对模板侧面产生的压力（G_{4k}）		
施工荷载（Q_{1k}）	γ_Q	1.4
泵送及倾倒混凝土等未预见因素产生的水平荷载（Q_{2k}）		
风荷载产生的水平荷载（Q_{3k}）		

G_{1k}——模板自重标准值；

G_{2k}——新浇筑混凝土自重标准值；

G_{3k}——钢筋自重标准值；

Q_{1k}——作用在模板及其支架上的施工荷载标准值；

Q_{2k}——考虑施工中的泵送混凝土、倾倒混凝土等未预见因素产生的水平荷载标准值；

Q_{3k}——风荷载标准值。

本 章 参 考 文 献

[1]　《建筑施工扣件式钢管脚手架安全技术规范》JGJ 130—2011. 北京：中国建筑工业出版社. 2011

[2]　《安全网》GB 5725—2009. 北京：中国建筑工业出版社. 2009

[3]　《建筑结构荷载规范》GB 50009—2012. 北京：中国建筑工业出版社. 2012

[4]　《建筑施工模板安全技术规范》JGJ 162—2008. 北京：中国建筑工业出版社. 2008

第7章 设 计 计 算

7.1 扣件式钢管脚手架受力分析

7.1.1 扣件式钢管脚手架的荷载传递路线

作用于操作脚手架上荷载可归纳为两大类：竖向荷载和水平荷载，它们的传递路线如下（图 7.1.1-1）：

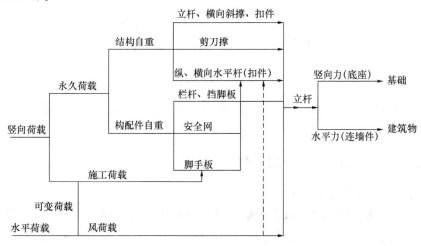

图 7.1.1-1 操作脚手架竖向荷载传递路线图

作用于模板支撑架上荷载传递路线如下（图 7.1.1-2）：

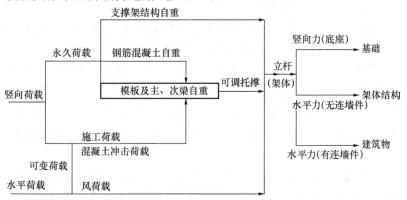

图 7.1.1-2 模板支撑架上荷载传递路线

作用于支撑架上荷载传递路线如下（图 7.1.1-3）：

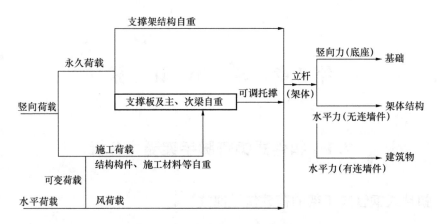

图 7.1.1-3　支撑架上荷载传递路线

由上面的荷载传递路线可知:

1. 作用于脚手架上的全部竖向荷载和水平荷载最终都是通过立杆传递的;由竖向和水平荷载产生的竖向力由立杆传给基础;水平力则由立杆通过连墙件传给施工中的建筑物。对于没有设置连墙件的满堂脚手架或满堂支撑架,水平力则首先由架体结构承受。

2. 分清组成脚手架的各构件各自传递哪些荷载,从而明确哪些构件是主要传力构件? 各属于何种受力构件? 以便按力学、结构知识对它们进行计算。

7.1.2　组成扣件式钢管脚手架的杆件受力分析

由荷载传递路线的途径可见:

1. 立杆是传递全部竖向和水平荷载的最重要构件,它主要承受压力,计算忽略扣件连接偏心以及施工荷载作用产生的弯矩。当不组合风荷载时,简化为轴心受压杆件以便于计算。当组合风荷载时则为压弯构件。

2. 操作脚手架,纵向、横向水平杆是受弯构件;模板支撑架与钢结构支撑架,模板(或支撑板)、主梁、次梁是受弯构件。

3. 连墙件也是最终将脚手架水平力传给建筑物的最重要构件,一般为偏心受压(刚性连墙件)构件,因偏心不大,《规范》简化为按轴心受压构件计算。

4. 操作脚手架,架体作业层施工荷载、脚手板自重通过水平杆、扣件传递给立杆,立杆呈偏心受压状态 (图 7.1.2-1)。

当连墙件采用扣件连接时,要靠扣件连接将脚手架的水平力由立杆传递到建筑物上。扣件连接是以扣件与钢管之间的摩擦力传递竖向力或水平力的,因此要对扣件进行抗滑计算。

5. 模板支撑架或钢结构支撑架:架体顶部的施工荷载通过可调托撑轴心传力给立杆,顶部立杆呈轴心受压状态 (图 7.1.2-2)。要求可调托撑抗压承载力设计值不应小于 40kN,支托板厚不应小于 5mm。立杆伸出顶层水平杆中心线至支撑点的长度 a 不宜超过 0.5m。保证支撑架顶部局部稳定。

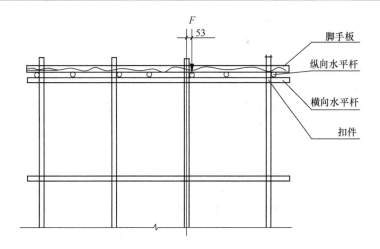

图 7.1.2-1 满堂扣件脚手架荷载传递示意图

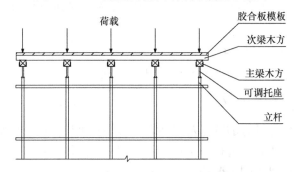

图 7.1.2-2 满堂支撑架荷载传递示意图

7.2 脚手架工作条件

7.2.1 脚手架与一般结构相比，其工作条件具有的特点及不利点

1. 所受荷载变异性较大。

2. 扣件连接节点属于半刚性，且节点刚性大小与扣件质量、安装质量有关，节点性能存在较大变异。

3. 脚手架结构、构件存在初始缺陷，如杆件的初弯曲、锈蚀，搭设尺寸误差、受荷偏心等均较大。

4. 与墙的连接点，对脚手架的约束性变异较大。

5. 使用不合格的钢管、扣件。

6. 单、双排脚手架连墙件没有随脚手架逐层拆除，先将连墙件整层或数层拆除后再拆脚手架；分段拆除高差大于两步。

7. 装修脚手架连墙件设置过少，或随意拆除。

8. 支撑架使用不合格可调托座（钢板壁薄、螺杆外径不合格），丝杆的工作长度 >300mm。

9. 支撑架在最不利位置开始施工、加载，违反正确施工顺序。

10. 架体搭设尺寸过大，荷载较大，搭设尺寸与承载力不对应。

11. 立杆伸出长度 $a > 0.5m$，而且过大。

12. 横杆漏设、未按设计规定要求连通或在节点处单向设置，未设扫地杆。

13. 未设水平、竖向剪刀撑（斜杆）或设置不符合要求。

14. 过多集中设备和人员作业，泵送混凝土冲击荷载作用于支架。

15. 高支撑架，或超高支撑架（超高 30m）承载力下降，构造要求没有加强，甚至削弱。

16. 脚手架基础没有硬化，雨季施工未对基础加固处理，产生明显的不均匀沉降。

17. 在遭受强力自然力（风、雨、雪、地震等）之后未做检查、调整和加固。

18. 有关单位安全管理不到位，没有专项方案，或有方案不执行，或编制方案存在严重错误。

19. 没有进行安全技术交底。不对现场的脚手架及扣件进行检查与验收，脚手架搭设有可能存在隐患。

20. 现场发现安全隐患没有要求施工单位整改；或要求施工单位整改，但整改不彻底仍存在安全隐患；或施工单位以抢工期为理由，拒绝整改。

7.2.2　准确确定脚手架承载力

针对脚手架工作条件具有的特点及不利点，仅靠脚手架理论分析给出承载力往往是不准确的，必须结合工程实际，进行一定量的足尺脚手架整体稳定试验，进行脚手架整体稳定实验与理论分析，给出不同工况条件下的支架临界荷载（或不同工况条件下的计算长度系数 μ 值）。保证脚手架结构承载力极限状态的可靠指标，或综合安全系数不小于 2。为此，在编制规范过程中进行多项真型（足尺）脚手架整体稳定试验及主要受力构件承载力试验，其中单双排脚手架完成真型（足尺）试验 20 多项，满堂支撑架与满堂脚手架完成真型（足尺）试验 50 多项。

7.3　《冷弯薄壁型钢结构技术规范》基本构件
计算与其在《规范》中应用

《规范》所规定的设计方法，均与现行国家标准《冷弯薄壁型钢结构技术规范》GB 50018、《钢结构设计规范》GB 50017 一致。荷载分项系数根据《建筑结构荷载规范》GB 50009 规定采用。

7.3.1　轴心受力构件

1）承载能力极限状态的计算。

① 轴心受拉、受压构件的强度计算：

$$\sigma = \frac{N}{A_n} \leqslant f \text{（受拉）} \tag{7.3.1-1}$$

② 轴心受压构件的稳定性计算：　　$\dfrac{N}{\varphi A_{en}} \leqslant f$ 　　　　　(7.3.1-2)

式中 N——轴心压力或拉力；

A_{en}、A_n、A_e——构件的有效净截面积、净截面面积、有效截面面积；

   f——钢材的抗拉、抗压和抗弯强度设计值；

   φ——轴心受压构件的稳定系数，据 λ_{max} 查表得到；

  λ_{max}——λ_x、λ_y 的较大者；

 λ_x、λ_y——构件对截面主轴 x、y 的长细比；$\lambda_x = \dfrac{l_{0x}}{i_x}$；$\lambda_y = \dfrac{l_{0y}}{i_y}$；

 i_x、i_y——构件毛截面对其主轴 x 轴和 y 轴的回转半径；

l_{0x}、l_{0y}——构件在垂直于截面主轴 x 轴和 y 轴的平面内的计算长度，$l_0 = \mu l$；

   l——构件的几何长度；

   μ——受压构件的计算长度系数，其值与受压构件两端约束情况有关。

2）正常使用极限状态的计算。

$$\lambda \leqslant [\lambda]$$

式中 $[\lambda]$——容许长细比，对主要受压构件 $[\lambda] \leqslant 150$；对其他受压构件如支撑等 $[\lambda] \leqslant 200$；对受拉构件 $[\lambda] \leqslant 350$。

脚手架受压立杆长细比根据真型（足尺）整体稳定试验确定。

7.3.2 受弯构件

（只介绍荷载通过截面弯心，并与主轴平行的受弯构件，即单向、纯弯曲不受扭的构件）

1）承载能力极限状态计算。

强度计算：

$$\sigma_x = \frac{M_{max}}{W_{enx}} \leqslant f \tag{7.3.2-1}$$

$$\tau \leqslant f_v \tag{7.3.2-2}$$

稳定性计算：

$$\frac{M_{max}}{\varphi_{bx} W_{ex}} \leqslant f \tag{7.3.2-3}$$

式中 M_{max}——跨间对主轴 x 轴的最大弯矩；

 W_{enx}——对主轴 x 轴的较小有效截面模量；

 W_{ex}——对截面主轴 x 轴的受压边缘的有效截面模量；

  τ——构件截面的剪应力；

 f、f_v——钢材的抗弯、抗剪设计强度；

 φ_{bx}——受弯构件的使用稳定系数。

脚手架水平杆不会整体失稳破坏，钢管抗剪承载力很大，只要求计算抗弯强度。

2）正常使用极限状态计算。

$$v \leqslant [v]$$

式中 v——受弯构件的挠度；

 $[v]$——受弯构件的容许挠度。

7.3.3 压弯构件

1）稳定计算：在弯矩作用平面内

$$\frac{N}{\varphi A_{e}}+\frac{\beta_{m}M}{\left(1-\dfrac{N}{N_{E}'}\varphi\right)W_{e}}\leqslant f \tag{7.3.3}$$

式中：β_{m}——等效弯矩系数；

W_{e}——对最大受压边缘的有效截面模量；

N_{E}——系数，$N_{E}=\dfrac{\pi^{2}EA}{1.165\lambda^{2}}$。

在脚手架中，组合风荷时立杆为压弯构件，因杆截面为圆管，一般 φ 较小且 $\varphi_{x}=\varphi_{y}$，为方便计算，只要求对立杆式 7.3.3 计算，且取 $\beta_{m}=1.0$，$1-\dfrac{N}{N_{E}'\varphi}=1.0$。

2）正常使用极限状态计算，与轴心受压构件要求相同。

7.4 基 本 设 计 规 定

7.4.1 脚手架承重结构按承载能力极限状态和正常使用极限状态进行设计

脚手架承重结构应按承载能力极限状态和正常使用极限状态进行设计，并应符合下列规定：

1. 当脚手架出现下列状态之一时，应认为超过了承载能力极限状态：

1）结构件或连接因超过材料强度而破坏，或因连接节点产生滑移而失效，或因过度变形而不适于继续承载；

2）整个脚手架结构或其一部分失去平衡；

3）脚手架结构转变为机动体系；

4）脚手架结构整体或局部杆件丧失稳定；

5）地基丧失承载能力。

2. 当脚手架出现下列状态之一时，应认为超过了正常使用极限状态；

1）影响正常使用的变形；

2）影响正常使用的其他特定状态。

7.4.2 脚手架计算内容

在脚手架设计时，应根据架体构造、搭设部位、使用功能、荷载等因素确定计算内容；对于落地作业脚手架和支承脚手架一般应包括下列计算内容：

1. 落地作业脚手架

1）水平杆件的抗弯强度、挠度，节点连接强度；

2）立杆稳定承载力；

3）地基承载力；

4）连墙件强度、稳定承载力、连接强度；

5）满堂作业脚手架抗倾覆能力。

2. 型钢悬挑脚手架

型钢悬挑梁的抗弯强度、整体稳定性计算，其锚固件及其锚固连接的强度计算。

3. 支承脚手架

1）水平杆件抗弯强度、挠度，节点连接强度；

2）立杆稳定承载力；

3）架体抗倾覆能力；

4）地基承载力。

4. 当脚手架搭设在建筑结构上时，应对建筑结构承载能力进行验算。

7.4.3 脚手架计算单元的选取

在脚手架设计时，应首先对脚手架结构进行受力分析，明确荷载传递路径，选择具有代表性的最不利杆件或构配件作为计算单元。计算单元的选取应符合下列规定：

1. 选择受力最大的杆件、构配件；

2. 选择跨距、间距增大部位的杆件、构配件；

3. 选择架体构造变化处或薄弱处的杆件、构配件；

4. 当脚手架上有集中荷载作用时，尚应计算集中荷载作用范围内受力最大的杆件、构配件。

7.4.4 计算条件

1. 计算构件的强度、稳定性与连接强度时，应采用荷载效应基本组合的设计值。永久荷载分项系数应取 1.2，可变荷载分项系数应取 1.4。

2. 脚手架中的受弯构件，尚应根据正常使用极限状态的要求验算变形。验算构件变形时，应采用荷载效应的标准组合的设计值，各类荷载分项系数均应取 1.0。

3. 当纵向或横向水平杆的轴线对立杆轴线的偏心距不大于 55mm 时，立杆稳定性计算中可不考虑此偏心距的影响。

说明：

用扣件连接的钢管脚手架，其纵向或横向水平杆的轴线与立杆轴线在主节点上并不汇交在一点。当纵向或横向水平杆传荷载至立杆时，存在偏心距 53mm（图 7.4.4）。在一般情况下，此偏心产生的附加弯曲应力不大，为了简化计算，予以忽略。国外同类标准（如英、日、法等国）对此项偏心的影响也做了相同处理。由于忽略偏心而带来的不安全因素，在有关的调整系数中加以考虑。

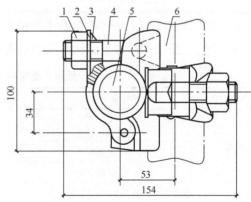

图 7.4.4　直角扣件
1—螺母；2—垫圈；3—盖板；
4—螺栓；5—纵向水平杆；6—立杆

7.5 脚 手 架 设 计

7.5.1 扣件式钢管脚手架设计指标

1. 钢材的强度设计值与弹性模量应按表 7.5.1-1 采用。

钢材的强度设计值与弹性模量（N/mm²）   表 7.5.1-1

Q235 钢抗拉、抗压和抗弯强度设计值 f	205
弹性模量 E	2.06×10^5

2. 扣件、底座、可调托撑的承载力设计值应按表 7.5.1-2 采用。

扣件、底座、可调托撑的承载力设计值（kN）   表 7.5.1-2

项 目	承载力设计值
对接扣件（抗滑）	3.20
直角扣件、旋转扣件（抗滑）	8.00
底座（抗压）、可调托撑（抗压）	40.00

3. 受弯构件的挠度不应超过表 7.5.1-3 中规定的容许值。

受弯构件的容许挠度   表 7.5.1-3

构件类别	容许挠度 [v]
脚手板，脚手架纵向、横向水平杆	$l/150$ 与 10mm
脚手架悬挑受弯杆件	$l/400$
型钢悬挑脚手架悬挑钢梁	$l/250$

注：l 为受弯构件的跨度，对悬挑杆件为其悬伸长度的 2 倍。

4. 受压、受拉构件的长细比不应超过表 7.5.1-4 中规定的容许值。

受压、受拉构件的容许长细比   表 7.5.1-4

构件类别		容许长细比 [λ]
立杆	双排架 满堂支撑架	210
	单排架	230
	满堂脚手架	250
横向斜撑、剪刀撑中的压杆		250
拉杆		350

7.5.2 单、双排脚手架纵向、横向水平杆计算

1. 纵向、横向水平杆计算

（1）当采用冲压钢脚手板、木脚手板、竹串片脚手板时，脚手板一般铺在横向水平杆

上，施工荷载的传递路线是：由脚手板→横向水平杆→纵向水平杆→纵向水平杆与立柱连接的扣件→立杆。这是我国北方地区的常用作法。对应这种传递路线的横向、纵向水平杆的计算简图示于图 7.5.2-1。

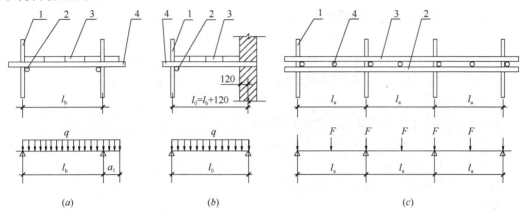

图 7.5.2-1 横向、纵向水平杆的计算简图一
(a) 双排架的横向水平杆；(b) 单排架的横向水平杆；(c) 纵向水平杆
1—立杆；2—纵向水平杆；3—脚手板；4—横向水平杆

(2) 当采用竹笆脚手板时，竹笆板一般铺在纵向水平杆上，这是我国南方地区的通常作法。施工荷载的传递路线是：由竹笆板→纵向水平杆→横向水平杆→横向水平杆与立杆的连接扣件→立杆。对应这种传递路线的纵、横向水平杆的计算简图示于图 7.5.2-2。

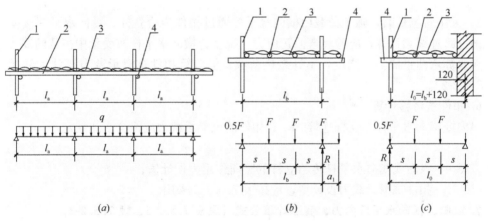

图 7.5.2-2 横向、纵向水平杆的计算简图二
(a) 纵向水平杆；(b) 双排架的横向水平杆；(c) 单排架的横向水平杆
1—立杆；2—纵向水平杆；3—竹笆脚手板；4—横向水平杆

2. 抗弯强度计算
纵向、横向水平杆的抗弯强度应按下式计算：

$$\sigma = \frac{M}{W} \leqslant f \qquad (7.5.2-1)$$

式中：σ——弯曲正应力；

M——弯矩设计值（N・mm）；

W——截面模量（mm³），应按表 3.1.4 采用；

f——钢材的抗弯强度设计值（N/mm²），应按表 7.5.1-1 采用。

3. 纵向、横向水平杆弯矩设计值计算

$$M = 1.2M_{Gk} + 1.4\sum M_{Qk} \tag{7.5.2-2}$$

式中：M_{Gk}——脚手板自重产生的弯矩标准值（kN・m）；

M_{Qk}——施工荷载产生的弯矩标准值（kN・m）。

4. 挠度计算

纵向、横向水平杆的挠度应符合下式规定：

$$\upsilon \leqslant [\upsilon] \tag{7.5.2-3}$$

式中 υ——挠度（mm）；

$[\upsilon]$——容许挠度，应按表 7.5.1-3 采用。

5. 内力计算

计算纵向、横向水平杆的内力与挠度时，纵向水平杆宜按三跨连续梁计算，计算跨度取立杆纵距 l_a；横向水平杆宜按简支梁计算，双排架计算跨度为横距 $l_0 = l_b$。

单排架计算跨度 $l_0 = l_b + 120\text{mm}$

1）采用钢脚手板时，施工荷载由纵向水平杆通过扣件传给立杆。横向水平杆按受均布荷载的简支梁计算，验算弯曲正应力和挠度，不应计入悬挑部分的荷载作用；纵向水平杆按受集中荷载作用的三跨连续梁计算，应验算弯曲正应力、挠度和扣件抗滑承载力（图 7.5.2-1）。

2）采用竹笆板时，施工荷载由横向水平杆通过扣件传给立杆。纵向水平杆按受均布荷载的三跨连续梁计算，应验算弯曲正应力、挠度；横向水平杆按受集中荷载的简支梁计算，应验算弯曲正应力、挠度，不计悬挑荷载，但验算扣件抗滑承载力要计入悬挑荷载（图 7.5.2-2）。

6. 扣件抗滑移计算

纵向或横向水平杆与立杆连接时，其扣件的抗滑承载力应符合下式规定：

$$R \leqslant R_C \tag{7.5.2-4}$$

式中 R——纵向或横向水平杆传给立杆的竖向作用力设计值；

R_C——扣件抗滑承载力设计值，应按表 7.5.1-2 采用。

7. 纵向、横向水平杆内力、变形计算公式（见表 7.5.2-1、表 7.5.2-2）

8. 对受弯构件计算规定的说明：

（1）关于计算跨度取值，纵向水平杆取立杆纵距，横向水平杆取立杆横距，便于计算也偏于安全。

（2）内力计算不考虑扣件的弹性嵌固作用，将扣件在节点处抗转动约束的有利作用作为安全储备。这是因为，影响扣件抗转动约束的因素比较复杂，如扣件螺栓拧紧扭力矩大小、杆件的线刚度等。根据目前所做的一些实验结果，提出作为计算定量的数据尚有困难。

（3）纵向、横向水平杆自重与脚手板自重相比甚小，可忽略不计。

（4）为保证安全可靠，纵、横向水平杆的内力（弯矩、支座反力）应按不利荷载组合计算。有关纵、横向水平杆在不利荷载组合下的内力计算方法可在建筑结构静力计算手册中直接查到。

（5）一般情况下，横向水平杆外伸长度不超过 300mm，符合我国施工工地的实际情况；一些工程要求外伸长度延长，需另行设计计算，并应采取加固措施后使用。在脚手架专项方案中也应考虑此内容。

纵向、横向水平杆内力、变形计算公式（一） 表 7.5.2-1

使用冲压钢脚手板、木脚手板、竹串片脚手板时，纵向水平杆为横向水平杆的支座，用直角扣件固定在立杆上，施工荷载由纵向水平杆传至立杆。（图 7.5.2-1）

序号	项目		内力、变形计算公式
1	横向水平杆	弯矩	单排脚手架：$M=ql_0^2/8$ 双排脚手架：$M=ql_b^2/8\left[1-(a_1/l_b)^2\right]$ 式中：q——作用于横向水平杆的线荷载设计值： $$q=(1.2Q_p+1.4Q_k)S_1$$ Q_p——脚手板自重，按表 6.2.2-3 采用； Q_k——施工均布荷载标准值，按表 6.2.2-7 采用； S_1——施工层横向水平杆间距，$S_1\leqslant l_a/2$ l_b——横距，l_a纵距； a_1——横向水平杆外伸长度，不宜大于 300mm； l_0——单排架计算跨度=l_b+120mm。
		挠度	双排架挠度应按下式计算： $$\nu=\frac{5q_kl_b^4}{384EI}$$ 式中：q_k——作用于横向水平杆的线荷载标准值： $$q_k=(Q_p+Q_k)S_1$$ E——钢材的弹性模量，按表 7.5.1-1 采用； I——钢管的截面惯性矩，按表 3.1.4 采用； 单排架 $$v=\frac{5q_kl_0^4}{384EI}$$
	纵向水平杆	弯矩	$$M=0.175Fl_a$$ 式中：F——由横向水平杆传给纵向水平杆的集中力设计值双排架时，$F=0.5ql_b\left(1+\frac{a_1}{l_b}\right)^2$，单排架时，$F=0.5ql_0$
		挠度	挠度 $$v=\frac{1.146F_Kl_a^3}{100EI}$$ 式中：F_K——由横向水平杆传给纵向水平杆的集中力标准值 双排架时，$F_K=0.5q_Kl_b\left(1+\frac{a_1}{l_b}\right)^2$，单排架时，$F_K=0.5q_kl_0$
		扣件抗滑移竖向力	$$R=2.15F$$

纵向、横向水平杆内力、变形计算公式（二）　　　　表 7.5.2-2

使用竹笆脚手板时，纵向水平杆应采用直角扣件固定在横向水平杆上，并应等间距设置，间距不应大于 400mm。双排脚手架的横向水平杆的两端，应用直角扣件固定在立杆上。施工荷载由横向水平杆传至立杆。

序号	项目		内力、变形计算公式
1	纵向水平杆	弯矩 图 7.5.2-2（a）	$M=0.1q_1l_a^2+0.117q_2l_a^2$ 式中：q_1——脚手板作用于纵向水平杆的线荷载设计值； q_2——施工荷载作用于纵向水平杆的线荷载设计值； $q_1=1.2Q_pS$　$q_2=1.4Q_kS$ S——施工层纵向水平杆间距
		挠度 图 7.5.2-2（a）	抗弯强度应按下式计算： $v=\dfrac{l_a^4}{100EI}(0.677q_{k1}+0.99q_{k2})$ 式中：q_{k1}——脚手板作用于纵向水平杆的线荷载标准值； q_{k2}——施工荷载作用于纵向水平杆的线荷载标准值； $q_{k1}=Q_pS$　$q_{k2}=Q_kS$
2	横向水平杆	弯矩	$M=Fl_b/3$ 式中：F——由纵向水平杆传给横向水平杆的集中力设计值。 $F=1.1q_1l_a+1.2q_2l_a$
		挠度 当立杆横距 $l_b\leqslant1.2$m 时，$S=l_b/3$ $\leqslant0.4$m	$v=\dfrac{23F_kl_b^3}{648EI}$ 式中 F_k——由纵向水平杆传给横向水平杆的集中力标准值。 $F_k=1.1q_{k1}l_a+1.2q_{k2}l_a$
		扣件抗滑移竖向力	单排架：$R=1.5F$ 双排架：$R=1.5F+F'$ $(1+a_1/l_b)$ $F'=(1.32Q_p+1.68Q_k)$ l_aa_1
		弯矩	$M=Fl_b/2$ 式中：F——由纵向水平杆传给横向水平杆的集中力设计值。 $F=1.1q_1l_a+1.2q_2l_a$
		挠度 当立杆横距 1.2m$<l_b\leqslant1.55$m 时，$S=l_b/4\leqslant0.4$m	$v=\dfrac{19F_kl_b^3}{384EI}$ 式中 F_k——由纵向水平杆传给横向水平杆的集中力标准值。 $F=1.1q_{k1}l_a+1.2q_{k2}l_a$
		扣件抗滑移竖向力	单排架：$R=2F$ 双排架：$R=2F+F'$ $(1+a_1/l_b)$ $F'=(1.32Q_p+1.68Q_k)$ l_aa_4

未列抗剪强度计算，是因为钢管抗剪强度不起控制作用。如 $\phi 48.3 \times 3.6$ 的 Q235A 级钢管，其抗剪承载力为：

$$[f_v] = \frac{Af_v}{K_1} = \frac{506\text{mm}^2 \times 120\text{N/mm}^2}{2.0} = 30.36\text{kN}$$

上式中 K_1 为截面形状系数。一般横向、纵向水平杆上的荷载由一只扣件传递，一只扣件的抗滑承载力设计值只有 8.0kN，远小于 $[f_v]$，故只要满足扣件的抗滑力计算条件，杆件抗剪力也肯定满足。

（6）脚手板荷载和施工荷载是由横向水平杆（南方做法）或纵向水平杆（北方做法）通过扣件传给立杆。当所传递的荷载超过扣件的抗滑承载能力时，扣件将沿立杆下滑，为此必须计算扣件的抗滑承载力。立杆扣件所承受的最大荷载，应按其荷载传递方式经计算（或查《建筑结构静力计算手册》）确定。

（7）纵向、横向水平杆受力比较简单明确，对其计算可直接采用《冷弯薄壁型钢结构技术规范》的受弯构件计算公式，其可靠度满足单一系数中 $K = 1.5$ 的要求。

7.5.3　单、双排脚手架立杆稳定计算

1. 脚手架的整体稳定

脚手架有两种可能的失稳形式：整体失稳和局部失稳。

整体失稳破坏时，脚手架呈现出内、外立杆与横向水平杆组成的横向框架，沿垂直主体结构方向大波鼓曲现象，波长均大于步距，并与连墙件的竖向间距有关。整体失稳破坏始于无连墙件的、横向刚度较差或初弯曲较大的横向框架（图 7.5.3-1）。一般情况下，整体失稳是脚手架的主要破坏形式。

局部失稳破坏时，立杆在步距之间发生小波鼓曲，波长与步距相近，内、外立杆变形方向可能一致，也可能不一致。

当脚手架以相等步距、纵距搭设，连墙件设置均匀时，在均布施工荷载作用下，立杆局部稳定的临界荷载高于整体稳定的临界荷载，脚手架破坏形式为整体失稳。当脚手架以不等步距、纵距搭设，或连墙件设置不均匀，或立杆负荷不均匀时，两种形式的失稳破坏均有可能。

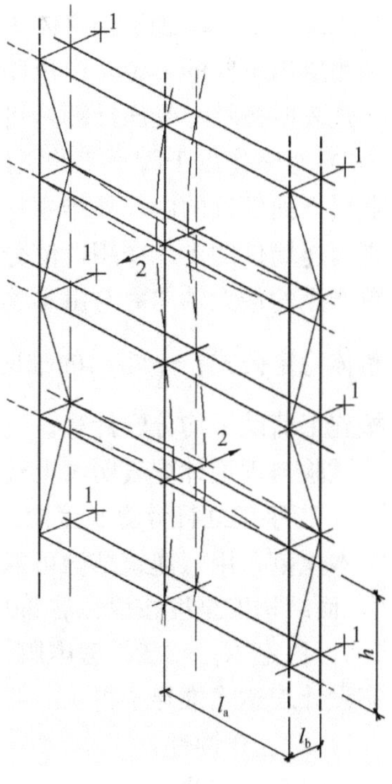

2. 影响脚手架（单、双排架）整体稳定承载力的因素

根据国内近年来对扣件式脚手架所进行的理论与试验研究结果表明，影响整体稳定承载力的主要因素有：

图 7.5.3-1　双排脚手架的
整体稳定失稳
1—连墙件；2—失稳方向

1）脚手架的几何尺寸，包括脚手架的步距、纵距、横距、连墙件的竖向及水平间距，其中以步距、横距和连墙件的竖向间距影响最为明显。减小步距、横距和连墙件的竖向间距时，脚手架在垂直于建筑物墙面方向的框架横向刚度可得到增强，从而使脚手架的整体

稳定承载力可得到提高。

2）扣件螺栓的拧紧扭力矩。在一定扭力矩范围内（≤50N·m），扭力矩愈大则脚手架节点刚性愈强，承载能力也可相应得到提高，试验证明，扣件螺栓拧紧扭力矩达 40～50N·m 时，脚手架节点才具有必要的和稳定的抗转动刚度。

3）支撑设置。纵向剪刀撑、横向水平支撑的设置均可增强脚手架的整体刚度，对脚手架稳定起到有利作用，其中，由于横向支撑的设置对脚手架横向整体刚度的提高幅度最大，因而对脚手架整体稳定承载力的提高也很明显。

3. 立柱稳定计算的简化

脚手架立柱稳定计算问题，实际上是一个节点为半刚性的空间框架稳定计算问题，为便于应用，对这一问题必须寻求既简便又符合脚手架的实际破坏特点的实用计算方法，为此做如下简化：

1）把脚手架的整体稳定计算简化为对立柱稳定的计算。具体方法是将立柱步距乘以大于 1.0 的 μ 系数作为立柱稳定的计算长度，称 μ 这个系数为立柱计算长度系数，μ 根据脚手架的整体稳定试验结果确定。是反映脚手架各杆件对立杆的约束作用。综合了影响脚手架整体失稳的各种因素，当然也包含了立杆偏心受荷（初偏心 $e=53mm$，图 7.4.4）的实际工况。反映了脚手架整体失稳的实质，另一方面又可区别不同步距、横距、连墙件竖向间距给出不同的 μ 值，以反映主要因素对脚手架整体稳定承载力的影响。

这表明按轴心受压计算是可靠的、简便的。

2）忽略作用于脚手架的竖向荷载偏心作用。施工荷载一般是偏心地作用于脚手架上，作业层下面邻近的内、外排立杆所分担的施工荷载并不相同，而远离作业层的内、外排立杆则因连墙件的支承作用，使分担的施工荷载趋于均匀。由于在一般情况下，脚手架结构自重产生的最大轴向力与由不均匀分配施工荷载产生的最大轴向力不会同时相遇，因此立杆整体稳定公式 $\left(\dfrac{N}{\varphi A}\leqslant f\right)$ 的轴向力 N 值计算可以忽略施工荷载的偏心作用，内、外立杆可按施工荷载平均分配计算。

试验与理论计算表明，上述简化是可行的。

4. 脚手架立杆计算长度附加系数 k 的确定

本规范采用《建筑结构可靠度设计统一标准》GB 50068 规定的"概率极限状态设计法"，而结构安全度按以往容许应力法中采用的经验安全系数 K 校准。K 值为：强度 $K_1\geqslant 1.5$，稳定 $K_2\geqslant 2.0$。考虑脚手架工作条件的结构抗力调整系数值，可按承载能力极限状态设计表达式推导求得：

1）对受弯构件：

不组合风荷载

$$1.2S_{GK}+1.4S_{QK}\leqslant\frac{f_k W}{0.9r_m r'_R}=\frac{fW}{0.9r'_R} \tag{7.5.3-1}$$

组合风荷载

$$1.2S_{Gk}+1.4\times 0.9(S_{Qk}+S_{Wk})\leqslant\frac{f_k W}{0.9r_m r'_{Rw}}=\frac{fW}{0.9r'_{Rw}} \tag{7.5.3-2}$$

2）对轴心受压构件：

不组合风荷载

$$1.2S_{Gk} + 1.4S_{Qk} \leqslant \frac{\varphi f_k A}{0.9 r_m r'_R} = \frac{\varphi f A}{0.9 r'_R} \tag{7.5.3-3}$$

组合风荷载

$$1.2S_{Gk} + 1.4 \times 0.9(S_{Qk} + S_{Wk}) \leqslant \frac{\varphi f_k A}{0.9 r_m r'_{Rw}} = \frac{\varphi f A}{0.9 r'_{Rw}} \tag{7.5.3-4}$$

式中　　S_{Gk}、S_{Qk}——永久荷载与可变荷载的标准值分别产生的内力和。对受弯构件内力为弯矩、剪力，对轴心受压构件为轴力；

S_{Wk}——风荷载标准值产生的内力；

f——钢材强度设计值；

f_k——钢材强度的标准值；

W——杆件的截面模量；

φ——轴心受压杆的稳定系数；

A——杆件的截面面积；

0.9，1.2，1.4，0.9——分别为结构重要性系数，恒荷载分项系数，活荷载分项系数，荷载效应组合系数；

γ_m——材料强度分项系数，钢材为1.165；

γ'_R、γ'_{Rw}——分别为不组合和组合风荷载时的结构抗力调整系数。

根据使新老规范安全度水平相同的原则，并假设新老规范（按单一安全系数法计算安全度进行校核的）采用的荷载和材料强度标准值相同，结构抗力调整系数可按下列公式计算：

1）对受弯构件

不组合风荷载

$$\gamma'_R = \frac{1.5}{0.9 \times 1.2 \times 1.165} \times \frac{S_{Gk} + S_{Qk}}{S_{Gk} + \frac{1.4}{1.2}S_{Qk}} = 1.19 \frac{1+\eta}{1+1.17\eta}$$

组合风荷载

$$\gamma'_{Rw} = \frac{1.5}{0.9 \times 1.2 \times 1.165} \times \frac{S_{Gk} + 0.9(S_{Qk} + S_{Wk})}{S_{Gk} + (S_{Qk} + S_{Wk})\frac{0.9 \times 1.4}{1.2}} = 1.19 \frac{1 + 0.9(\eta + \xi)}{1 + 1.05(\eta + \xi)}$$

2）对轴心受压杆件

不组合风荷载

$$\gamma'_R = \frac{2.0}{0.9 \times 1.2 \times 1.165} \times \frac{S_{Ck} + S_{Qk}}{S_{Ck} + \frac{1.4}{1.2}S_{Qk}} = 1.59 \frac{(1+\eta)}{1+1.17\eta}$$

组合风荷载

$$\gamma'_{Rw} = \frac{2.0}{0.9 \times 1.2 \times 1.165} \times \frac{S_{Ck} + 0.9(S_{Qk} + S_{wk})}{S_{Ck} + (S_{Qk} + S_{wk})\frac{0.9 + 1.4}{1.2}} = 1.59 \frac{1 + 0.9(\eta + \xi)}{1 + 1.05(\eta + \xi)}$$

上列式中：

$$\eta = \frac{S_{Qk}}{S_{Gk}}$$

$$\xi = \frac{S_{Wk}}{S_{Gk}}$$

对于受弯构件，$0.9\gamma'_R$ 及 $0.9\gamma'_{Rw}$ 可近似取 1.00；对受压杆件，$0.9\gamma'_R$ 及 $0.9\gamma'_{Rw}$ 可近似取 1.333，然后将此系数的作用转化为立杆计算长度附加系数 $k=1.155$ 予以考虑。

5. 立杆稳定计算部位

单、双排脚手架立杆稳定性计算部位的确定应符合下列规定：

(1) 当脚手架采用相同的步距、立杆纵距、立杆横距和连墙件间距时，应计算底层立杆段。

(2) 当脚手架的步距、立杆纵距、立杆横距和连墙件间距有变化时，除计算底层立杆段外，还必须对出现最大步距或最大立杆纵距、立杆横距、连墙件间距等部位的立杆段进行验算。

(3) 几何尺寸不规则时荷载负担最大，几何尺寸最大的立杆段。

(4) 双管立杆变截面处的单管立杆段，双管底部立杆段。

6. 立杆稳定计算公式

(1) 立杆的稳定性应按下列公式计算：

不组合风荷载时：
$$\frac{N}{\varphi A} \leqslant f \qquad\qquad (7.5.3\text{-}5)$$

组合风荷载时：
$$\frac{N}{\varphi A} + \frac{M_W}{W} \leqslant f \qquad\qquad (7.5.3\text{-}6)$$

式中　N——计算立杆段的轴向力设计值（N），应按公式（7.5.3-7）、（7.5.3-8）计算；

φ——轴心受压构件的稳定系数，应根据长细比 λ 由表 7.5.3-1 取值；

λ——长细比，$\lambda = \dfrac{l_0}{i}$；

l_0——计算长度（mm），应按公式（7.5.3-9）的要求计算；

i——截面回转半径（mm），可按表 3.1.4 采用；

A——立杆的截面面积（mm²），可按表 3.1.4 要求采用；

M_W——计算立杆段由风荷载设计值产生的弯矩（N·mm），可按公式（7.5.3-10）计算；

f——钢材的抗压强度设计值（N/mm²），应按表 7.5.1-1 采用。

轴心受压构件的稳定系数 φ（Q235 钢）　　　　　　表 7.5.3-1

λ	0	1	2	3	4	5	6	7	8	9
0	1.000	0.997	0.995	0.992	0.989	0.987	0.984	0.981	0.979	0.976
10	0.974	0.971	0.968	0.966	0.963	0.960	0.958	0.955	0.952	0.949
20	0.947	0.944	0.941	0.938	0.936	0.933	0.930	0.927	0.924	0.921
30	0.918	0.915	0.912	0.909	0.906	0.903	0.899	0.896	0.893	0.889
40	0.886	0.882	0.879	0.875	0.872	0.868	0.864	0.861	0.858	0.855
50	0.852	0.849	0.846	0.843	0.839	0.836	0.832	0.829	0.825	0.822
60	0.818	0.814	0.810	0.806	0.802	0.797	0.793	0.789	0.784	0.779
70	0.775	0.770	0.765	0.760	0.755	0.750	0.744	0.739	0.733	0.728

λ	0	1	2	3	4	5	6	7	8	9
80	0.722	0.716	0.710	0.704	0.698	0.692	0.686	0.680	0.673	0.667
90	0.661	0.654	0.648	0.641	0.634	0.626	0.618	0.611	0.603	0.595
100	0.588	0.580	0.573	0.566	0.558	0.551	0.544	0.537	0.530	0.523
110	0.516	0.509	0.502	0.496	0.489	0.483	0.476	0.470	0.464	0.458
120	0.452	0.446	0.440	0.434	0.428	0.423	0.417	0.412	0.406	0.401
130	0.396	0.391	0.386	0.381	0.376	0.371	0.367	0.362	0.357	0.353
140	0.349	0.344	0.340	0.336	0.332	0.328	0.324	0.320	0.316	0.312
150	0.308	0.305	0.301	0.298	0.294	0.291	0.287	0.284	0.281	0.277
160	0.274	0.271	0.268	0.265	0.262	0.259	0.256	0.253	0.251	0.248
170	0.245	0.243	0.240	0.237	0.235	0.232	0.230	0.227	0.225	0.223
180	0.220	0.218	0.216	0.214	0.211	0.209	0.207	0.205	0.203	0.201
190	0.199	0.197	0.195	0.193	0.191	0.189	0.188	0.186	0.184	0.182
200	0.180	0.179	0.177	0.175	0.174	0.172	0.171	0.169	0.167	0.166
210	0.164	0.163	0.161	0.160	0.159	0.157	0.156	0.154	0.153	0.152
220	0.150	0.149	0.148	0.146	0.145	0.144	0.143	0.141	0.140	0.139
230	0.138	0.137	0.136	0.135	0.133	0.132	0.131	0.130	0.129	0.128
240	0.127	0.126	0.125	0.124	0.123	0.122	0.121	0.120	0.119	0.118
250	0.117	—	—	—	—	—	—	—	—	—

注：当 $\lambda > 250$ 时，$\varphi = \dfrac{7320}{\lambda^2}$。

（2）计算立杆段的轴向力设计值 N，应按下列公式计算：

不组合风荷载时：

$$N = 1.2(N_{G1k} + N_{G2k}) + 1.4 \sum N_{Qk} \qquad (7.5.3-7)$$

组合风荷载时：

$$N = 1.2(N_{G1k} + N_{G2k}) + 0.9 \times 1.4 \sum N_{Qk} \qquad (7.5.3-8)$$

式中　N_{G1k}——脚手架结构自重产生的轴向力标准值；

　　　N_{G2k}——构配件自重产生的轴向力标准值；

　　　$\sum N_{Qk}$——施工荷载产生的轴向力标准值总和，内、外立杆各按一纵距内施工荷载总和的 1/2 取值。

（3）立杆计算长度 l_0 应按下式计算：

$$l_0 = k\mu h \qquad (7.5.3-9)$$

式中　k——立杆计算长度附加系数，其值取 1.155，当验算立杆允许长细比时，取 $k=1$；

　　　μ——考虑单、双排脚手架整体稳定因素的单杆计算长度系数，应按表 7.5.3-2 采用；

　　　h——步距。

类 别	立杆横距 (m)	连墙件布置	
		二步三跨	三步三跨
双排架	1.05	1.50	1.70
	1.30	1.55	1.75
	1.55	1.60	1.80
单排架	≤1.50	1.80	2.00

单、双排脚手架立杆的计算长度系数 μ 表 7.5.3-2

（4）由风荷载产生的立杆段弯矩设计值 M_w，可按下式计算：

$$M_w = 0.9 \times 1.4 M_{wk} = \frac{0.9 \times 1.4 w_k l_a h^2}{10} \qquad (7.5.3\text{-}10)$$

式中 M_{wk}——风荷载产生的弯矩标准值（kN·m）；

       w_k——风荷载标准值（kN/m²），应按公式（6.2.2-1）计算；

       l_a——立杆纵距（m）。

（5）单、双排脚手架允许搭设高度 $[H]$ 应按下列公式计算，并应取较小值。

不组合风荷载时：

$$[H] = \frac{\varphi A f - (1.2 N_{G2k} + 1.4 \sum N_{Qk})}{1.2 g_k} \qquad (7.5.3\text{-}11)$$

组合风荷载时：

$$[H] = \frac{\varphi A f - \left[1.2 N_{G2k} + 0.9 \times 1.4 \left(\sum N_{Qk} + \frac{M_{wk}}{W} \varphi A\right)\right]}{1.2 g_k} \qquad (7.5.3\text{-}12)$$

式中 $[H]$——脚手架允许搭设高度（m）；

       g_k——立杆承受的每米结构自重标准值（kN/m），可按表 6.2.1 采用。

7.5.4 连墙件计算

国内外发生的单、双排脚手架倒塌事故，几乎都是由于连墙件设置不足或连墙件被拆掉而未及时补救引起的。为此，把连墙件计算作为脚手架计算的重要部分。

1. 连墙件杆件的强度及稳定应满足下列公式的要求：

强度：

$$\sigma = \frac{N_l}{A_c} \leqslant 0.85 f \qquad (7.5.4\text{-}1)$$

稳定：

$$\frac{N_l}{\varphi A} \leqslant 0.85 f \qquad (7.5.4\text{-}2)$$

$$N_l = N_{lw} + N_0 \qquad (7.5.4\text{-}3)$$

式中 σ——连墙件应力值（N/mm²）；

       A_c——连墙件的净截面面积（mm²）；

       A——连墙件的毛截面面积（mm²）；

       N_l——连墙件轴向力设计值（N）；

       N_{lw}——风荷载产生的连墙件轴向力设计值，应按公式（7.5.4-4）计算；

N_0——连墙件约束脚手架平面外变形所产生的轴向力。单排架取 2kN，双排架取 3kN；

φ——连墙件的稳定系数，应根据连墙件长细比按表 7.5.3-1 取值；

f——连墙件钢材的强度设计值（N/mm²），应按表 7.5.1-1 采用。

2. 由风荷载产生的连墙件的轴向力设计值，应按下式计算：

$$N_{lw} = 1.4 \cdot w_k \cdot A_w \qquad (7.5.4-4)$$

式中　A_w——单个连墙件所覆盖的脚手架外侧面的迎风面积，为连墙件水平间距 x 连墙件竖向间距。

3. 连墙件与脚手架、连墙件与建筑结构连接的连接强度应按下式计算：

$$N_l \leqslant N_v \qquad (7.5.4-5)$$

式中　N_v——连墙件与脚手架、连墙件与建筑结构连接的抗拉（压）承载力设计值，应根据相应规范规定计算。

4. 当采用钢管扣件做连墙件时，扣件抗滑承载力的验算，应满足下式要求：

$$N_l \leqslant R_c \qquad (7.5.4-6)$$

式中　R_c——扣件抗滑承载力设计值，一个直角扣件应取 8.0kN。

说明：

1）连墙件设置不足或连墙件随意拆除是单双排脚手架倒塌的主要原因。为此，规范把连墙件计算作为脚手架计算的重要部分。

2）式（7.5.4-1）、式（7.5.4-2）是将连墙件简化为轴心受力构件进行计算的表达式，由于实际上连墙件可能偏心受力，故在公式右端对强度设计值乘以 0.85 的折减系数，以考虑这一不利因素。

3）连墙件约束脚手架平面外变形所产生的轴向力 N_0 的取值，说明如下：

为起到对脚手架发生横向整体失稳的约束作用，连墙件应能承受脚手架平面外变形所产生的连墙件轴向力。此外，连墙件还要承受施工荷载偏心作用产生的水平力。

《钢结构设计规范》GB 50017—2003 第 5.1.7 条第二款、第三款规定：

用作减小轴心受压构件（柱）自由长度的支撑，当其轴线通过被撑构件截面剪心时，沿被撑构件屈曲方向的支撑力应按下列方法计算：

……

2　长度为 l 的单根柱设置 m 道间距（或间距不等但与平均间距相比相差不超过 20%）支撑时，各支承点的支撑力 F_{bm} 为：

$$F_{bm} = N/[30(m+1)]$$

3　被撑构件为多根柱组成的柱列，在柱高度中央附近设置一道支撑时，支撑力应按下式计算：

$$F_{bm} = \frac{\sum N_i}{60}\left(0.6 + \frac{0.4}{n}\right)$$

式中　n——柱列中被撑柱的根数；

$\sum N_i$——被撑柱同时存在的轴心压力设计值之和。

根据以上规定计算，考虑我国长期工程上使用经验，连墙件约束脚手架平面外变形所产生的轴向力 N_0（kN），由原规范规定的单排架 3kN 改为 2kN，双排架取 5kN 改为

3kN。双轴对称截面，剪心与形心重合，脚手架钢管为双轴对称截面。

4）采用扣件连接时，一个直角扣件连接承载力计算不满足要求，可采用双扣件连接的连墙件。当采用焊接或螺栓连接的连墙件时，应按《冷弯薄壁型钢结构技术规范》GB 50018 规定计算；还应注意，连墙件与混凝土中的预埋件连接时，预埋件尚应按《混凝土结构设计规范》GB 50010 的规定计算。

7.5.5 满堂脚手架计算

考虑工地现场实际工况条件，满堂脚手架整体稳定性的计算方法力求简单、正确、可靠。同单、双排脚手架立杆稳定计算一样，满堂脚手架的立杆稳定性计算公式，虽然在表达形式上是对单根立杆的稳定计算，但实质上是对脚手架结构的整体稳定计算。因为整体稳定计算公式中的计算长度系数 μ 值是根据满堂脚手架的整体稳定试验结果确定的。脚手架有单排、双排、满堂脚手架（3 排以上），按立杆轴心受力与偏心受力划分为，满堂脚手架与满堂支撑架。满堂脚手架是指荷载通过水平杆传入立杆，立杆偏心受力情况。满堂支撑架是指顶部荷载是通过轴心传力构件（可调托撑）传递给立杆的，立杆轴心受力情况。

满堂脚手架有两种可能的失稳形式：整体失稳和局部失稳。整体失稳破坏时，满堂脚手架呈现出纵横立杆与纵横水平杆组成的空间框架，沿刚度较弱方向大波鼓曲现象。一般情况下，整体失稳是满堂脚手架的主要破坏形式。故规定了对整体稳定进行计算。为了防止局部立杆段失稳，本书除对步距限制外，尚规定对可能出现的薄弱的立杆段进行稳定性计算，即：几何尺寸最大部位的立杆段，集中荷载作用范围内受力最大的立杆段。

1. 关于满堂脚手架整体稳定性计算公式中的计算长度系数 μ 的说明

影响满堂脚手架整体稳定因素的主要有竖向剪刀撑、水平剪刀撑、水平约束（连墙件）、支架高度、高宽比、立杆间距、步距、扣件紧固扭矩等。

满堂脚手架整体稳定试验结论，以上各因素对临界荷载的影响都不同，所以，必须给出不同工况条件下的满堂脚手架临界荷载（或不同工况条件下的计算长度系数 μ 值），才能保证施工现场安全搭设满堂脚手架，才能满足施工现场的需要。

通过对满堂脚手架整体稳定实验与理论分析，同时与满堂支撑架整体稳定实验对比分析，采用实验确定的节点刚性（半刚性），建立了满堂脚手架及满堂支撑架有限元计算模型；进行大量有限元分析计算，找出了满堂脚手架与满堂支撑架的临界荷载差异，得出满堂脚手架各类不同工况情况下临界荷载，结合工程实际，给出工程常用搭设满堂脚手架结构的临界荷载，进而根据临界荷载确定：考虑满堂脚手架整体稳定因素的单杆计算长度系数 μ。试验支架搭设是按施工现场条件搭设，并考虑可能出现的最不利情况，规范给出的 μ 值，能综合反应影响满堂脚手架整体失稳的各种因素。

2. 满堂脚手架立杆计算长度附加系数 k 的确定

满堂脚手架立杆计算长度附加系数 k 的确定同单、双排脚手架。

根据满堂脚手架与满堂支撑架整体稳定试验分析，随着满堂脚手架与满堂支撑架高度增加，支架临界荷载下降。

满堂脚手架高度大于 20m 时，考虑高度影响满堂脚手架，给出立杆计算长度附加系数表 7.5.5-1。可保证安全系数不小于 2.0。

3. 满堂脚手架高宽比

满堂脚手架高宽比＝计算架高÷计算架宽，计算架高：立杆垫板下皮至顶部脚手板下水平杆上皮垂直距离。计算架宽：脚手架横向两侧立杆轴线水平距离。

4. 满堂脚手架立杆稳定性计算部位

立杆稳定性计算部位的确定应符合下列规定：

(1) 当满堂脚手架采用相同的步距、立杆纵距、立杆横距时，应计算底层立杆段；

(2) 当架体的步距、立杆纵距、立杆横距有变化时，除计算底层立杆段外，还必须对出现最大步距、最大立杆纵距、立杆横距等部位的立杆段进行验算；

(3) 当架体上有集中荷载作用时，尚应计算集中荷载作用范围内受力最大的立杆段。

5. 满堂脚手架立杆的稳定性计算公式

(1) 立杆的稳定性应按下列公式计算：

不组合风荷载时：
$$\frac{N}{\varphi A} \leqslant f \qquad (7.5.5\text{-}1)$$

组合风荷载时：
$$\frac{N}{\varphi A} + \frac{M_w}{W} \leqslant f \qquad (7.5.5\text{-}2)$$

式中 N——计算立杆段的轴向力设计值（N），应按本章公式（7.5.5-4）、（7.5.5-5）计算；

φ——轴心受压构件的稳定系数，应根据长细比 λ 由表 7.5.3-1 取值；

λ——长细比，$\lambda = \dfrac{l_0}{i}$；

l_0——计算长度（mm），应按 7.5.5-6 计算；

i——截面回转半径（mm），可按表 3.1.4 采用；

A——立杆的截面面积（mm²），可按表 3.1.4 要求采用；

M_w——计算立杆段由风荷载设计值产生的弯矩（N·mm），可按公式（7.5.5-3）公式计算；

f——钢材的抗压强度设计值（N/mm²），应按本章表 7.5.1-1 采用。

(2) 由风荷载产生的立杆段弯矩设计值 M_w，可按下式计算：

$$M_w = 0.9 \times 1.4 M_{wk} = \frac{0.9 \times 1.4 w_k l_a h^2}{10} \qquad (7.5.5\text{-}3)$$

式中 M_{wk}——风荷载产生的弯矩标准值（kN·m）；

w_k——风荷载标准值（kN/m²），应按公式（6.2.2-1）计算；

l_a——立杆纵距（m）。

(3) 计算立杆段的轴向力设计值 N，应按下列公式计算：

不组合风荷载时：
$$N = 1.2(N_{G1k} + N_{G2k}) + 1.4 \sum N_{Qk} \qquad (7.5.5\text{-}4)$$

组合风荷载时：
$$N = 1.2(N_{G1k} + N_{G2k}) + 0.9 \times 1.4 \sum N_{Qk} \qquad (7.5.5\text{-}5)$$

式中 N_{G1k}——脚手架结构自重产生的轴向力标准值；

N_{G2k}——构配件自重产生的轴向力标准值；

$\sum N_{Qk}$——施工荷载产生的轴向力标准值总和，可按所选取计算部位立杆负荷面积计算。按一纵距、横距为计算单元。

（4）满堂脚手架立杆的计算长度应按下式计算：

$$l_o = k\mu h \tag{7.5.5-6}$$

式中 k——满堂脚手架立杆计算长度附加系数，应按表7.5.5-1采用；

h——步距；

μ——考虑满堂脚手架整体稳定因素的单杆计算长度系数，应按表7.5.5-2采用。

满堂脚手架计算长度附加系数　　　　　　　表 7.5.5-1

高度 H（m）	$H \leqslant 20$	$20 < H \leqslant 30$	$30 < H \leqslant 36$
k	1.155	1.191	1.204

注：当验算立杆允许长细比时，取 $k=1$

满堂脚手架立杆计算长度系数 μ　　　　　　　表 7.5.5-2

步距 （m）	立杆间距（m）			
	1.3×1.3	1.2×1.2	1.0×1.0	0.9×0.9
	高宽比不大于2	高宽比不大于2	高宽比不大于2	高宽比不大于2
	最少跨数 4	最少跨数 4	最少跨数 4	最少跨数 5
1.8	—	2.176	2.079	2.017
1.5	2.569	2.505	2.377	2.335
1.2	3.011	2.971	2.825	2.758
0.9	—	—	3.571	3.482

注：1. 步距两级之间计算长度系数按线性插入值；

2. 立杆间距两级之间，纵向间距与横向间距不同时，计算长度系数按较大间距对应的计算长度系数取值。立杆间距两级之间值，计算长度系数取两级对应的较大的 μ 值。要求高宽比相同；

3. 2≤高宽比≤3时，应在架体的外侧四周和内部水平间隔6～9m，竖向间隔4～6m设置连墙件与建筑结构拉结，当无法设置连墙件时，应采取设置钢丝绳张拉固定等措施。

6. 满堂脚手架与双排脚手架相同处

（1）满堂脚手架纵、横水平杆与双排脚手架纵向水平杆受力基本相同。所以。满堂脚手架纵、横水平杆计算应符合本章双排架的纵横水平杆计算的有关要求。

（2）满堂脚手架连墙件布置能基本满足双排脚手架连墙件的布置要求，可按双排脚手架要求设计计算。建筑物形状为"凹"形，在"凹"形内搭设外墙施工脚手架会出现2跨或3跨的满堂脚手架。这类脚手架可以按双排架布置连墙件。

当满堂脚手架立杆间距不大于1.5m×1.5m，架体四周及中间与建筑物结构进行刚性连接，并且刚性连接点的水平间距不大于4.5m，竖向间距不大于3.6m时，可按本章有关双排脚手架的要求进行计算。立杆稳定计算按双排架规定计算。计算长度系数按双排脚手架立杆的计算长度系数取值。

7.5.6　满堂支撑架计算

满堂支撑架整体稳定性的计算方法力求简单、正确、可靠。同单、双排脚手架立杆稳定计算一样，满堂支撑架的立杆稳定性计算公式，虽然在表达形式上是对单根立杆的稳定计算，但实质上是对满堂支撑架结构的整体稳定计算。因为整体稳定计算公式中的 μ_1、μ_2 值（表 7.5.6-3～表 7.5.6-6）是根据脚手架的整体稳定试验结果确定的。本章所提满堂支撑架是指顶部荷载通过轴心传力构件（可调托撑）传递给立杆的，立杆轴心受力情况，可用于钢结构工程施工安装、混凝土结构施工及其他同类工程施工的承重支架。

1. 满堂支撑架的整体稳定

满堂支撑架有两种可能的失稳形式：整体失稳和局部失稳。

整体失稳破坏时，满堂支撑架呈现出纵横立杆与纵横水平杆组成的空间框架，沿刚度较弱方向大波鼓曲现象，无剪刀撑的支架，支架达到临界荷载时，整架大波鼓曲。有剪刀撑的支架，支架达到临界荷载时，以上下竖向剪刀撑交点（或剪刀撑与水平杆有较多交点）水平面为分界面，上部大波鼓曲（图 7.5.6-1），下部变形小于上部变形。所以波长均与剪刀撑设置、水平约束间距有关。

一般情况下，整体失稳是满堂支撑架的主要破坏形式。

局部失稳破坏时，立杆在步距之间发生小波鼓曲，波长与步距相近，变形方向与支架整体变形可能一致，也可能不一致。

当满堂支撑架以相等步距、立杆间距搭设，在均布荷载作用下，立杆局部稳定的临界荷载高于整体稳定的临界荷载，满堂支撑架破坏形式为

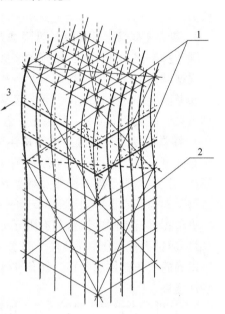

图 7.5.6-1　满堂支撑架整体失稳
1—水平剪刀撑；2—竖向剪刀撑；3—失稳方向

整体失稳。当满堂支撑架以不等步距、立杆横距搭设，或立杆负荷不均匀时，两种形式的失稳破坏均有可能。

由于整体失稳是满堂支撑架的主要破坏形式，故按整体稳定公式计算。为了防止局部立杆段失稳，要求满堂支撑架步距不大于 1.8m，并要求对可能出现的薄弱的立杆段（最大步距、立杆纵距、立杆横距部位、集中荷载作用范围内受力最大的立杆段等部位）进行稳定性计算。

2. 关于满堂支撑架整体稳定性计算公式中的计算长度系数 μ 的说明

影响满堂支撑架整体稳定的因素主要有竖向剪刀撑、水平剪刀撑、水平约束（连墙件）、支架高度、高宽比、立杆间距、步距、扣件紧固扭矩、立杆上传力构件、立杆伸出顶层水平杆中心线长度（a）等。

满堂支撑架整体稳定试验结论，以上各因素对临界荷载的影响都不同，所以，必须给出不同工况条件下的支架临界荷载（或不同工况条件下的计算长度系数 μ 值），才能保证施工现场安全搭设满堂支撑架。才能满足施工现场的需要。

通过多项真型满堂扣件式钢管脚手架与满堂支撑架（高支撑）试验、多项满堂支撑架主要传力构件"可调托撑"破坏试验，多组扣件节点半刚性试验，得出了满堂支撑架在不同工况下的临界荷载。由此，对满堂支撑架整体稳定实验与理论分析，采用实验确定的节

点刚性（半刚性），建立了满堂扣件式钢管支撑架的有限元计算模型；进行大量有限元分析计算，得出各类不同工况情况下临界荷载，结合工程实际，给出工程常用搭设满堂支撑架结构的临界荷载，进而根据临界荷载确定：考虑满堂支撑架整体稳定因素的单杆计算长度系数 μ_1、μ_2。试验支架搭设是按施工现场条件搭设，并考虑可能出现的最不利情况，规范给出的 μ_1、μ_2 值，能综合反映影响满堂支撑架整体失稳的各种因素。

实验证明剪刀撑设置不同，临界荷载不同，所以给出普通型与加强型构造的满堂支撑架。

3. 满堂支撑架立杆计算长度附加系数 k 的确定

同"脚手架立杆计算长度附加系数 k"解释。

根据满堂支撑架整体稳定试验分析，随着满堂支撑架高度增加，支撑体系临界荷载下降，参考国内外同类标准，引入高度调整系数调降强度设计值，给出满堂支撑架计算长度附加系数取值表 7.5.6-2。可保证安全系数不小于 2.0。

4. 满堂脚手架与满堂支撑架扣件节点半刚性论证

扣件节点属半刚性，但半刚性到什么程度，半刚性节点满堂脚手架和满堂支撑架承载力与纯刚性满堂脚手架和满堂支撑架承载力差多少？要准确回答这个问题，必须通过真型满堂脚手架与满堂支撑架实验与理论分析。

直角扣件转动刚度试验与有限元分析，得出如下结论：

1）通过无量纲化后的 $M^* - \theta^*$ 关系曲线分区判断梁柱连接节点刚度性质的方法。试验中得到的直角扣件的弯矩—转角曲线，处于半刚性节点的区域之中，说明直角扣件属于半刚性连接。

2）扣件的拧紧程度对扣件转动刚度有很大影响。拧紧程度高，承载能力加强，而且在相同力矩作用下，转角位移相对较小，即刚性越大。

3）扣件的拧紧力矩为 40N·m、50N·m 时，直角扣件节点与刚性节点刚度比值为 21.86%、33.21%。

真型试验中直角扣件刚度试验：

在 7 组整体满堂脚手架与满堂支撑架的真型试验中，对直角扣件的半刚性进行了测量，取多次测量结果的平均值，得到直角扣件的刚度为刚性节点刚度的 20.43%。

半刚性节点整体模型与刚性节点整体模型的比较分析：

按照所做的 15 个真形试验的搭设参数，在有限元软件中，分别建立了半刚性节点整体模型及刚性节点整体模型，得出两种模型的承载力。由于直角扣件的半刚性，其承载能力比刚性节点的整体模型承载力降低很多，在不同工况条件下，满堂脚手架与满堂支撑架刚性节点整体模型的承载力为相应半刚性节点整体模型承载力的 1.35 倍以上。15 个整架实验方案的理论计算结果与实验值相比最大误差为 8.05%。

所以，扣件式满堂脚手架与满堂支撑架不能盲目使用刚性节点整体模型（刚性节点支架）临界荷载推论所得参数。

5. 满堂支撑架高宽比

满堂支撑架高宽比＝计算架高÷计算架宽，计算架高：立杆垫板下皮至顶部可调托撑支托板下皮垂直距离。计算架宽：满堂支撑架横向两侧立杆轴线水平距离。

当满堂支撑架高宽比大于 2 时，满堂支撑架应在支架的四周和中部与主体结构进行刚性连接,支撑架高宽比不应大于3。

6. 立杆稳定性计算部位

立杆稳定性计算部位的确定应符合下列规定:

1)当满堂支撑架采用相同的步距、立杆纵距、立杆横距时,应计算底层与顶层立杆段;

2)当架体的步距、立杆纵距、立杆横距有变化时,除计算底层立杆段外,还必须对出现最大步距、最大立杆纵距、立杆横距等部位的立杆段进行验算;

3)当架体上有集中荷载作用时,尚应计算集中荷载作用范围内受力最大的立杆段。

7. 满堂支撑架构造类型

满堂支撑架根据剪刀撑的设置不同分为普通型构造与加强型构造。

普通型:在架体外侧周边及内部纵、横向每5m~8m,应由底至顶设置连续竖向剪刀撑,水平剪刀撑至架体底平面距离与水平剪刀撑间距不宜超过8m。

加强型:在架体外侧周边及内部纵、横向每3m~5m,应由底至顶设置连续竖向剪刀撑,水平剪刀撑至架体底平面距离与水平剪刀撑间距不宜超过6m。

其构造设置应符合9.11.4节要求。两种类型满堂支撑架立杆的计算长度应按本章公式(7.5.6-12)、(7.5.6-11)计算。

8. 立杆稳定计算公式

(1)立杆的稳定性应按下列公式计算:

不组合风荷载时:
$$\frac{N}{\varphi A} \leqslant f \tag{7.5.6-1}$$

组合风荷载时:
$$\frac{N}{\varphi A} + \frac{M_w}{W} \leqslant f \tag{7.5.6-2}$$

式中 N——计算立杆段的轴向力设计值(N),应按本章(7.5.6-4)、(7.5.6-5)计算;

φ——轴心受压构件的稳定系数,应根据长细比λ由表7.5.3-1取值;

λ——长细比,$\lambda = \frac{l_0}{i}$;

l_0——计算长度(mm),应按公式7.5.6-12、7.5.6-11计算;

i——截面回转半径(mm),可按表3.1.4采用;

A——立杆的截面面积(mm²),可按表3.1.4采用;

M_w——计算立杆段由风荷载设计值产生的弯矩(N·mm),可按公式(7.5.6-3)计算;

f——钢材的抗压强度设计值(N/mm²),应按表7.5.1-1采用。

(2)由风荷载产生的立杆段弯矩设计值M_w,可按式7.5.6-3计算:

$$M_w = \psi_W \times 1.4 M_{wk} = \frac{\psi_w \times 1.4 w_k l_a h^2}{10} \tag{7.5.6-3}$$

式中 M_{wk}——风荷载产生的弯矩标准值(kN·m);

ψ_w——风荷载组合值系数,应按现行国家标准《建筑结构荷载规范》GB 50009的规定取值(一般取0.6,为简化计算取0.7);

w_k——风荷载标准值（kN/m²），应按公式（6.2.2-1）计算；

l_a——立杆纵距（m）。

（3）计算立杆段的轴向力设计值 N，应符合下列规定

① 用于钢结构、大型设备安装、混凝土预制构件等的非模板支撑架，计算立杆段的轴向力设计值 N，应按下列规定公式计算：

不组合风荷载时： $N = 1.2\sum N_{Gk} + 1.4\sum N_{Qk}$ （7.5.6-4）

组合风荷载时： $N = 1.2\sum N_{Gk} + 0.9 \times 1.4(\sum N_{Qk} + N_{Wfk})$ （7.5.6-5）

式中 $\sum N_{Gk}$——永久荷载对立杆产生的轴向力标准值总和（kN）；包括满堂支撑架结构自重、构配件自重等；

$\sum N_{Qk}$——可变荷载对立杆产生的轴向力标准值总和（kN），包括作业层上的人员及设备（含大型设备）均布活荷载、结构构件（含大型构件）自重等。可按每一个纵距、横距为计算单元；

N_{Wfk}——支撑脚手架立杆由风荷载产生的最大附加轴向力标准值，应按式7.5.6-10计算。

② 用于混凝土施工的模板支架，计算立杆段的轴向力设计值 N，应按下列规定公式计算：

由永久荷载控制的组合：

$$N = 1.35\sum N_{Gk} + 1.4\varphi_c(\sum N_{Qk} + N_{Wfk})$$ （7.5.6-6）

式中 $\sum N_{Gk}$——永久荷载对立杆产生的轴向力标准值总和（kN）；包括新浇钢筋混凝土、模板及支架自重标准值；

$\sum N_{Qk}$——可变荷载对立杆产生的轴向力标准值总和（kN），包括施工人员及设备荷载、混凝土冲击（振捣）荷载标准值。

φ_c——可变荷载组合值系数，应按现行国家标准《建筑结构荷载规范》GB 50009 的规定取值。一般取值为 0.7～0.9。

③ 混凝土模板支撑脚手架在立杆轴向力设计值计算时，可不计入由风荷载产生的立杆附加轴向力；室外搭设的其他支撑脚手架在立杆轴向力设计值计算时，应计入由风荷载产生的立杆附加轴向力，但当同时满足表 7.5.6-1 某一序号所列的条件时，可不计入由风荷载产生的立杆附加轴向力：

支撑脚手架可不计算由风荷载产生的立杆附加轴向力条件　　　表 7.5.6-1

序号	基本风压值 w_0（kN/m²）	架体高宽比（H/B）	作业层上竖向封闭栏杆（模板）高度（m）
1	≤0.2	≤2.5	≤1.2
2	≤0.3	≤2.0	≤1.2
3	≤0.4	≤1.7	≤1.2
4	≤0.5	≤1.5	≤1.2
5	≤0.6	≤1.3	≤1.2
6	≤0.7	≤1.15	≤1.2
7	≤0.8	≤1.0	≤1.2
8	按构造要求设置了连墙件或采取了其他防倾覆措施。		

④ 风荷载作用在支撑脚手架上的倾覆力矩计算（图 7.5.6-2），可取支撑脚手架的一列横向（取短边方向）立杆作为计算单元，作用于计算单元架体的倾覆力矩宜按下列公式计算：

$$M_{\text{Ok}} = \frac{1}{2} H^2 q_{\text{Wk}} + HF_{\text{Wk}} \tag{7.5.6-7}$$

$$q_{\text{Wk}} = l_a w_{\text{fk}} \tag{7.5.6-8}$$

$$F_{\text{Wk}} = l_a H_m w_{\text{mk}} \tag{7.5.6-9}$$

式中　M_{Ok}——支撑脚手架计算单元在风荷载作用下的倾覆力矩标准值；

　　H、H_m——支撑脚手架高度、作业层竖向封闭栏杆（模板）高度；

　　q_{Wk}——风线荷载标准值；

　　F_{Wk}——风荷载作用在作业层栏杆（模板）上产生的水平力标准值；

　　l_a——立杆纵距；

　　w_{fk}——支撑脚手架风荷载标准值，应以多榀桁架整体风荷载体型系数 μ_{stw} 按式（6.2.2-1）计算；

　　w_{mk}——竖向封闭栏杆（模板）的风荷载标准值，应按式（6.2.2-1）计算。封闭栏杆（含安全网）μ_s 宜取 1.0；模板 μ_s 应取 1.3。

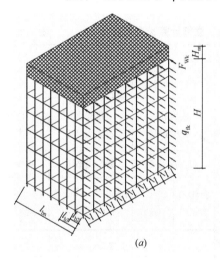 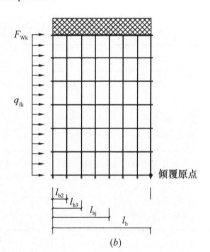

图 7.5.6-2　风荷载作用示意图

（a）风荷载整体作用；（b）计算单元风荷载作用

⑤ 支撑脚手架在风荷载作用下，计算单元立杆产生的附加轴向力可近似按线性分布确定，并可按式 7.5.6-10 计算立杆最大附加轴向力（图 7.5.6-3）：

$$N_{\text{Wfk}} = \frac{6n}{(n+1)(n+2)} \times \frac{M_{\text{ok}}}{B} \tag{7.5.6-10}$$

式中　N_{Wfk}——支撑脚手架立杆在风荷载作用下的最大附加轴向力标准值；

　　n——计算单元跨数；

　　B——支撑脚手架横向宽度。

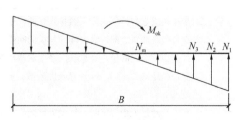

图 7.5.6-3　风荷载作用立杆附加轴向力分布示意图

（4）满堂支撑架立杆的计算长度应按下式计算，取整体稳定计算结果最不利值：

顶部立杆段：
$$l_0 = k\mu_1(h + 2a) \tag{7.5.6-11}$$

非顶部立杆段：
$$l_0 = k\mu_2 h \tag{7.5.6-12}$$

式中　k——满堂支撑架计算长度附加系数，应按表 7.5.6-2 采用；

h——步距；

a——立杆伸出顶层水平杆中心线至支撑点的长度；应不大于 0.5m，当 0.2m$<a<$ 0.5m 时，承载力可按线性插入值；

μ_1、μ_2——考虑满堂支撑架整体稳定因素的单杆计算长度系数，普通型构造应按表 7.5.6-3、表 7.5.6-5 采用；加强型构造应按表 7.5.6-4、表 7.5.6-6 采用。

满堂支撑架计算长度附加系数取值　　　　　　表 7.5.6-2

高度 H（m）	$H \leqslant 8$	$8 < H \leqslant 10$	$10 < H \leqslant 20$	$20 < H \leqslant 30$
k	1.155	1.185	1.217	1.291

注：当验算立杆允许长细比时，取 $k=1$。

满堂支撑架（剪刀撑设置普通型）立杆计算长度系数 μ_1　　　　　表 7.5.6-3

步距（m）	立杆间距（m）											
	1.2×1.2		1.0×1.0		0.9×0.9		0.75×0.75		0.6×0.6		0.4×0.4	
	高宽比不大于 2		高宽比不大于 2		高宽比不大于 2		高宽比不大于 2		高宽比不大于 2.5		高宽比不大于 2.5	
	最少跨数 4		最少跨数 4		最少跨数 5		最少跨数 5		最少跨数 5		最少跨数 8	
	$a=0.5$（m）	$a=0.2$（m）	$a=0.5$（m）	$a=0.2$（m）	$a=0.5$（m）	$a=0.2$（m）	$a=0.5$（m）	$a=0.2$（m）	$a=0.5$（m）	$a=0.2$（m）	$a=0.5$（m）	$a=0.2$（m）
1.8	—	—	1.165	1.432	1.131	1.388	—	—	—	—	—	—
1.5	1.298	1.649	1.241	1.574	1.215	1.540	—	—	—	—	—	—
1.2	1.403	1.869	1.352	1.799	1.301	1.719	1.257	1.669	—	—	—	—
0.9	—	—	1.532	2.153	1.473	2.066	1.422	2.005	1.599	2.251	—	—
0.6	—	—	—	—	1.699	2.622	1.629	2.526	1.839	2.846	1.839	2.846

注：1. 步距两级之间计算长度系数按线性插入值；

2. 立杆间距两级之间，纵向间距与横向间距不同时，计算长度系数按较大间距对应的计算长度系数取值。立杆间距两级之间值，计算长度系数取两级对应的较大的 μ 值。要求高宽比相同；

3. 立杆间距 0.9m×0.6m 计算长度系数，同立杆间距 0.75m×0.75m 计算长度系数，高宽比不变，最小宽度 4.2m；

4. 高宽比超过表中规定时，满堂支撑架应在支架的四周和中部与结构柱进行刚性连接，连墙件水平间距应为 6～9m，竖向间距应为 2～3m。在无结构柱部位应采取预埋钢管等措施与建筑结构进行刚性连接，在有空间部位，满堂支撑架宜超出顶部加载区投影范围向外延伸布置 2～3 跨。支撑架高宽比不应大于 3。

满堂支撑架(剪刀撑设置加强型)立杆计算长度系数 μ_1 表 7.5.6-4

步距 (m)	立杆间距(m)											
	1.2×1.2		1.0×1.0		0.9×0.9		0.75×0.75		0.6×0.6		0.4×0.4	
	高宽比不大于2		高宽比不大于2		高宽比不大于2		高宽比不大于2		高宽比不大于2.5		高宽比不大于2.5	
	最少跨数4		最少跨数4		最少跨数5		最少跨数5		最少跨数5		最少跨数8	
	$a=0.5$ (m)	$a=0.2$ (m)	$a=0.5$ (m)	$a=0.2$ (m)	$a=0.5$ (m)	$a=0.2$ (m)	$a=0.5$ (m)	$a=0.2$ (m)	$a=0.5$ (m)	$a=0.2$ (m)	$a=0.5$ (m)	$a=0.2$ (m)
1.8	1.099	1.355	1.059	1.305	1.031	1.269	—	—	—	—	—	—
1.5	1.174	1.494	1.123	1.427	1.091	1.386	—	—	—	—	—	—
1.2	1.269	1.685	1.233	1.636	1.204	1.596	1.168	1.546	—	—	—	—
0.9	—	—	1.377	1.940	1.352	1.903	1.285	1.806	1.294	1.818	—	—
0.6	—	—	—	—	1.556	2.395	1.477	2.284	1.497	2.300	1.497	2.300

注:同表7.5.6-3注。

满堂支撑架(剪刀撑设置普通型)立杆计算长度系数 μ_2 表 7.5.6-5

步距 (m)	立杆间距(m)					
	1.2×1.2	1.0×1.0	0.9×0.9	0.75×0.75	0.6×0.6	0.4×0.4
	高宽比不大于2	高宽比不大于2	高宽比不大于2	高宽比不大于2	高宽比不大于2.5	高宽比不大于2.5
	最少跨数4	最少跨数4	最少跨数5	最少跨数5	最少跨数5	最少跨数8
1.8	—	1.750	1.697	—	—	—
1.5	2.089	1.993	1.951	—	—	—
1.2	2.492	2.399	2.292	2.225	—	—
0.9	—	3.109	2.985	2.896	3.251	—
0.6	—	—	4.371	4.211	4.744	4.744

注:同表7.5.6-3注。

满堂支撑架(剪刀撑设置加强型)立杆计算长度系数 μ_2 表 7.5.6-6

步距 (m)	立杆间距(m)					
	1.2×1.2	1.0×1.0	0.9×0.9	0.75×0.75	0.6×0.6	0.4×0.4
	高宽比不大于2	高宽比不大于2	高宽比不大于2	高宽比不大于2	高宽比不大于2.5	高宽比不大于2.5
	最少跨数4	最少跨数4	最少跨数5	最少跨数5	最少跨数5	最少跨数8
1.8	1.656	1.595	1.551	—	—	—
1.5	1.893	1.808	1.755	—	—	—
1.2	2.247	2.181	2.128	2.062	—	—
0.9	—	2.802	2.749	2.608	2.626	—
0.6	—	—	3.991	3.806	3.833	3.833

注:同表7.5.6-3注。

(5)满堂支撑架整体稳定试验证明，在一定条件下，宽度方向跨数减小，影响支架临界荷载。所以对于小于 4 跨的满堂支撑架要求设置连墙件(设置连墙件可提高承载力)，如果不设置连墙件就应该对支撑架进行荷载、高度限制，保证支撑架整体稳定。

施工现场，少于 4 跨的支撑架多用于受荷较小部位。高度控制可有效减小支架高宽比，荷载限制可保证支架稳定。

所以，当满堂支撑架小于 4 跨时，宜设置连墙件将架体与建筑结构刚性连接。当架体未设置连墙件与建筑结构刚性连接，立杆计算长度系数 μ 按表 7.5.6-3～表 7.5.6-6 采用时，应符合如下规定：

① 支撑架高度不应超过一个建筑楼层高度，且不应超过 5.2m；

② 架体上永久荷载与可变荷载(不含风荷载)总和标准值不应大于 7.5kN/m²；

③ 架体上永久荷载与可变荷载(不含风荷载)总和的均布线荷载标准值不应大于 7kN/m。

说明：永久荷载与可变荷载(不含风荷载)总和标准值 7.5kN/m²，相当于 150mm 厚的混凝土楼板。计算如下：

楼板模板自重标准值为 0.3kN/m²，钢筋自重标准值，每立方混凝土 1.1kN，混凝土自重标准值24kN/m³；施工人员及施工设备荷载标准值为 1.5kN/m²。振捣混凝土时产生的荷载标准值 2.0kN/m²。

永久荷载与可变荷载(不含风荷载)总和标准值：$0.3＋1.5＋2＋25.1×0.15＝7.6kN/m²$

均布线荷载大于 7kN/m 相当于 400×500(高)的混凝土梁。计算如下：

钢筋自重标准值，每立方混凝土 1.5kN，混凝土自重标准值24kN/m³；

均布线荷载标准值为：$0.3(2×0.5＋0.4)＋0.4(2＋1.5)＋25.5×0.4×0.5＝6.92kN/m$。

9. 支承脚手架受弯杆件的强度应按下式计算：

$$\sigma = \frac{M_S}{W} \leqslant f \tag{7.5.6-13}$$

式中　σ——弯曲正应力；

M_S——弯矩设计值（N·mm）；

W——截面模量（mm³），应按表 3.1.4 采用；

f——钢材的抗弯强度设计值（N/mm²），应按表 7.5.1-1 采用。

弯矩设计值应按下列公式计算，并应取较大值：

由可变荷载控制的组合：

$$M_S = 1.2 \sum M_{GSK} + 1.4 \sum M_{QSK} \tag{7.5.6-14}$$

由永久荷载控制的组合：

$$M_S = 1.35 \sum M_{GSK} + 0.7 \times 1.4 M_{QSK} \tag{7.5.6-15}$$

式中　M_S——支承脚手架受弯杆件弯矩设计值；

$\sum M_{GSK}$——支承脚手架受弯杆件由永久荷载产生的弯矩标准值总和；

$\sum M_{QSK}$——支承脚手架受弯杆件由施工荷载产生的弯矩标准值总和。

7.5.7 脚手架地基承载力计算

1. 立杆基础底面的平均压力应满足式 7.5.7-1 的要求：

$$P_k = \frac{N_k}{A} \leqslant f_g \qquad (7.5.7\text{-}1)$$

式中 P_k——立杆基础底面处的平均压力标准值（kPa）；

N_k——上部结构传至立杆基础顶面的轴向力标准值（kN）；

A——基础底面面积（m^2）；

f_g——地基承载力特征值（kPa），具体要求见下文。

2. 地基承载力特征值的取值应符合下列规定：

（1）当为天然地基时，应按地质勘察报告选用；当为回填土地基时，应对地质勘察报告提供的回填土地基承载力特征值乘以折减系数 0.4。

（2）由载荷试验或工程经验确定。

3. 立杆基础底面积（A）的计算应符合下列规定：

（1）当立杆下设底座时，立杆基础底面积（A）取底座面积；

（2）当在夯实整平的原状土或回填土上的立杆，其下铺设厚度为 50～60mm、宽度不小于 200mm 的木垫板或木脚手板时，立杆基础底面积可按式（7.5.7-2）计算：

$$A = ab \qquad (7.5.7\text{-}2)$$

式中 A——立杆基础底面积（mm^2），不宜超过 $0.3m^2$；

a——木垫板或木脚手板宽度（mm）；

b——沿木垫板或木脚手板铺设方向的相邻立杆间距（mm）。

4. 对搭设在楼面等建筑结构上的脚手架，应对支撑架体的建筑结构进行承载力验算，当不能满足承载力要求时应采取可靠的加固措施。

说明：

1）根据现行国家标准《建筑地基基础设计规范》GB 50007 第 5.2.1 条规定，给出立杆基础底面的平均压力公式。

2）脚手架系临时结构，故只规定对立杆进行地基承载力计算，不必进行地基变形验算。考虑到地基不均匀沉降将危及脚手架安全，因此，要求对脚手架沉降进行经常检测。

3）由于立杆基础（底座、垫板）通常置于地表面，地基承载力容易受外界因素的影响而下降，故立杆的地基计算应与永久建筑的地基计算有所不同。为此，对立杆地基计算作了一些特殊的规定，即采用调整系数对地基承载力予以折减，以保证脚手架安全。

4）现行国家标准《建筑地基基础设计规范》GB 50007 第 5.2.3 条规定：地基承载力特征值可由载荷试验或其他原位测试、公式计算、并结合工程实践经验等方法综合确定。

有条件可由载荷试验确定地基承载力，也可根据勘察报告及工程实践经验确定。以下为《北京地区建筑地基基础勘察设计规范》DBJ 11—501—2009、《河北省建筑地基承载力技术规程》DB13（J）/T 48—2005，关于确定地基土的承载力的有关规定。

《北京地区建筑地基基础勘察设计规范》DBJ 11—501—2009，7.3.4 条规定：

采用查表方法时，地基土的承载力标准值 f_{ak} 可按表 7.3.4-1～表 7.3.4-6 确定，其基础标准埋深为 1.0m，标准宽度为 1.0m（一般第四纪沉积土）和 1.5m（新近沉积土和人工填土）。

一般第四纪黏性土及粉土地基承载力标准值 f_{ak} 表 7.3.4-1

压缩模量 E_a（MPa）	4	6	8	10	12	14	16	18	20	22	24
轻型圆锥动力触探锤击数 N_{10}	10	17	22	29	39	50	60	70	80	90	100
比贯入阻力 p_s（MPa）	1.0	1.3	2.0	3.1	4.6	6.2	7.7	9.2	11.0	12.5	14.0
下沉 1cm 时的附加压力 $k_{0.08}$（kPa）	162	200	237	275	312	350	387	425	462	499	536
承载力标准值 f_{ka}（kPa）	120	160	190	210	230	250	270	290	310	330	350

注：1 对饱和软黏性土，不宜单一采用轻型圆锥动力触探锤击数 N_{10} 确定地基承载力标准值 f_{ka}，应和其他原位测试方法（如静力触探、旁压试验）综合确定；

　　2. 粉土指黏质粉土和塑性指数大于或等于 5 的砂质粉土。塑性指数小于 5 的砂质粉土按粉砂考虑；

　　3. p_s 为单桥静力触探比贯入阻力标准值；

　　4. $k_{0.08}$ 系压板面积为 50cm×50cm 的平板载荷试验，当沉降量为 1cm 时的附加压力（简称"下沉 1cm 时的附加压力"），单位为 kPa。

新近沉积黏性土及粉土地基承载力标准值 f_{ka} 表 7.3.4-2

压缩模量 E_a（MPa）	2	3	4	5	6	7	8	9	10	11
轻型圆锥动力触探锤击数 N_{10}	6	8	10	12	14	16	18	20	23	25
比贯入阻力 p_s（MPa）	0.4	0.6	0.9	1.2	1.5	1.8	2.1	2.5	2.9	3.3
下沉 1cm 时的附加压力 $k_{0.08}$（kPa）	57	71	85	98	112	125	139	153	166	180
承载力标准 f_{ka}（kPa）	50	80	100	110	120	130	150	160	180	190

注：同表 7.3.4-1 之注 1、2、3、4。

一般第四纪粉砂、细砂地基承载力标准值 f_{ka} 表 7.3.4-3

标准贯入试验锤击数校正值 N'	15	20	25	30	35	40
比贯入阻力 p_s（MPa）	12	15	18	21	24	27.5
下沉 1cm 时的附加压力 $k_{0.08}$（kPa）	378	471	565	658	752	845
承载力标准值 f_{ka}（kPa）	180	230	280	330	380	420

注：N' 系按《北京地区建筑地基基础勘察设计规范》7.3.5 条考虑有效覆盖压力后的校正值。

新近沉积粉砂、细砂地基承载力标准值 f_{ka} 表 7.3.4-4

标准贯入试验锤击数校正值 N'	4	6	9	11	14
比贯入阻力 p_s（MPa）	3.3	4.6	6.5	7.7	10
轻型圆锥动力触探锤击数 N_{10}	22	32	48	59	75
下沉 1cm 时的附加压力 $k_{0.08}$（kPa）	128	177	249	295	370
承载力标准值 f_{ka}（kPa）	90	110	140	160	180

注：同表 7.3.4-1 之注 3、4。

卵石、圆砾地基承载力标准 f_{ka}　　　　　　　　表 7.3.4-5

剪切波速 v_s（m/s）		250～300	300～400	400～500
密实度		稍　密	中　密	密　实
承载力标准值 f_{ka}（kPa）	卵石	300～400	400～600	600～800
	圆砾	200～300	300～400	400～600

注：本表适用于一般第四纪及新近沉积卵石和圆砾。

素填土和变质炉灰地基承载力标准值 f_{ka}　　　　　　表 7.3.4-6

压缩模量 E_a（MPa）		1.5	3.0	5.0	7.0	9.0	11.0
比贯入阻力 p_s（MPa）		0.5	0.9	1.4	2.0	2.6	3.1
轻型圆锥动力触探锤击数 N_{10}		5	9	14	20	26	31
下沉 1cm 时的附加压力 $k_{0.08}$（kPa）		74	94	122	149	177	205
承载力标准值 f_{ka}（kPa）	素填土	60～80	75～100	90～120	105～135	120～155	135～170
	变质炉灰	50～70	65～85	80～100	85～120	95～135	105～150

注：本表适用于自重固结完成后饱和度为 0.60～0.90 的均匀素填土和变质炉灰，饱和度高的取低值。

《河北省建筑地基承载力技术规程》DB13（J）/T 48—2005，第 6 章地基承载力特征值，第 6.0.2 条规定：根据室内物理、力学指标确定地基承载力特征值时，应先按附录 B（该规范规定）的规定计算指标标准值，然后查表 6.02-1～表 6.02-8。

素填土承载力特征值（kPa）　　　　　　　　表 6.0.2-8

压缩模量 Es_{1-2}（MPa）	7	6	5	4	3	2
f_{ak}（kPa）	160	145	130	105	80	60

注：本表只适用于堆填时间超过 10 年的黏性土，以及超过 5 年的粉土。

《河北省建筑地基承载力技术规程》DB13（J）/T 48—2005，第 6 章地基承载力特征值，6.0.3 条规定：按照标准贯入试验或触探试验等原位测试指标确定地基承载力特征值时，应先对试验数据进行处理，使用处理后的数据查表 6.0.3-3～表 6.0.3-19。

素填土承载力特征值　　　　　　　　　　表 6.0.3-6

N_{10}	10	20	30	40
f_{ak}（kPa）	85	115	135	160

注：1. 本表只适用于黏性土和粉土组成的素填土。

　　2. N_{10}——圆锥动力触探试验（轻型），穿心锤的质量 10kg，落距 50cm，探头直径 40mm，探头锥角 60°，探杆直径 25mm。试验时，使锤自由下落，将探头竖直打入土层中，打入土层（贯入）30cm 的锤击数即为 N_{10}。

7.5.8　型钢悬挑脚手架计算

1. 型钢悬挑脚手架计算内容

当采用型钢悬挑梁作为脚手架的支承结构时，应进行下列设计计算：

（1）型钢悬挑梁的抗弯强度、整体稳定性和挠度；

（2）型钢悬挑梁锚固件及其锚固连接的强度；

（3）型钢悬挑梁下建筑结构的承载能力验算。

2. 型钢悬挑脚手架计算公式及要求

（1）悬挑脚手架作用于型钢悬挑梁上立杆的轴向力设计值，应根据悬挑脚手架分段搭设高度按以下公式分别计算，并应取其较大者。

不组合风荷载时：

$$N = 1.2(N_{G1k} + N_{G2k}) + 1.4 \sum N_{Qk} \tag{7.5.8-1}$$

组合风荷载时：

$$N = 1.2(N_{G1k} + N_{G2k}) + 0.9 \times 1.4 \sum N_{Qk} \tag{7.5.8-2}$$

式中　N_{G1k}——脚手架结构自重产生的轴向力标准值；

　　　N_{G2k}——构配件自重产生的轴向力标准值；

　　　$\sum N_{Qk}$——施工荷载产生的轴向力标准值总和，内、外立杆各按一纵距内施工荷载总和的 1/2 取值。

（2）型钢悬挑梁的抗弯强度应按下式计算：

$$\sigma = \frac{M_{max}}{W_n} \leqslant f \tag{7.5.8-3}$$

式中　σ——型钢悬挑梁应力值；

　　M_{max}——型钢悬挑梁计算截面最大弯矩设计值；

　　　W_n——型钢悬挑梁净截面模量；

　　　f——钢材的抗弯强度设计值。

（3）型钢悬挑梁的整体稳定性应按下式验算：

$$\frac{M_{max}}{\varphi_b W} \leqslant f \tag{7.5.8-4}$$

式中　φ_b——型钢悬挑梁的整体稳定性系数，应按现行国家标准《钢结构设计规范》GB 50017 的规定采用；

　　　W——型钢悬挑梁毛截面模量。

（4）型钢悬挑梁的挠度（图 7.5.8-1）应符合下式规定：

$$\upsilon \leqslant [\upsilon] \tag{7.5.8-5}$$

式中　$[\upsilon]$——型钢悬挑梁挠度允许值，应按表 7.5.1-3 取值；

　　　υ——型钢悬挑梁最大挠度。

（5）将型钢悬挑梁锚固在主体结构上的 U 型钢筋拉环或螺栓的强度应按式 7.5.8-6 计算：

$$\sigma = \frac{N_m}{A_l} \leqslant f_l \tag{7.5.8-6}$$

式中　σ——U 型钢筋拉环或螺栓应力值；

　　　N_m——型钢悬挑梁锚固段压点 U 型钢筋拉环或螺栓拉力设计值（N）；

　　　A_l——U 型钢筋拉环净截面面积或螺栓的有

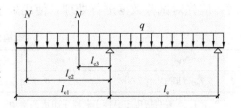

图 7.5.8-1　悬挑脚手架型钢悬挑梁计算示意图

N—悬挑脚手架立杆的轴向力设计值；l_c—型钢悬挑梁锚固点中心至建筑楼层板边支承点的距离；l_{c1}—型钢悬挑梁悬挑端面至建筑结构楼层板边支承点的距离；l_{c2}—脚手架外立杆至建筑结构楼层板边支承点的距离；l_{c3}—脚手架内杆至建筑结构楼层板边支承点的距离；q—型钢梁自重线荷载标准值

效截面面积（mm²），一个钢筋拉环或一对螺栓按两个截面计算；

f_l——U 型钢筋拉环或螺栓抗拉强度设计值，应按现行国家标准《混凝土结构设计规范》GB 50010 的规定取 $f_l=50N/mm^2$。

（6）当型钢悬挑梁锚固段压点处采用 2 个（对）及以上 U 型钢筋拉环或螺栓锚固连接时，其钢筋拉环或螺栓的承载能力应乘以 0.85 的折减系数。

（7）当型钢悬挑梁与建筑结构锚固的压点处楼板未设置上层受力钢筋时，应经计算在楼板内配置用于承受型钢梁锚固作用引起负弯矩的受力钢筋。

（8）对型钢悬挑梁下建筑结构的混凝土梁（板）应按现行国家标准《混凝土结构设计规范》GB 50010 的规定进行混凝土局部抗压承载力、结构承载力验算，当不满足要求时，应采取可靠的加固措施。

（9）悬挑脚手架的纵向水平杆、横向水平杆、立杆、连墙件计算应符合双排脚手架计算要求。

说明：

1）悬挑脚手架的悬挑支撑结构有多种形式，本规范只规定了施工现场常用的以型钢梁作为悬挑支撑结构的型钢悬挑梁及其锚固的设计计算。

2）型钢悬挑梁上脚手架轴向力设计值计算方法与一般落地式脚手架计算方法相同。

3）考虑到型钢悬挑梁在楼层边梁（板）上搁置的实际情况，根据工程实践经验总结，本规范确定出悬挑钢梁的计算方法。

4）悬挑钢梁挠度允许值为 $2l/250$。说明

a.《钢结构设计规范》GB 50017—2003 第 3.5.1 条规定："为了不影响结构或构件的正常使用和感观，设计时应对结构或构件的变形（挠度或侧移）规定相应的限值。一般情况下，结构或构件变形的容许值见本规范附录 A 的规定。当有实践经验或有特殊要求时，可根据不影响正常使用和感观的原则对附录 A 的规定进行适当地调整。"

《钢结构设计规范》GB 50017—2003 附录 A（结构或构件的变形容许值）项次 4 第（1）条规定：主梁或桁架（包括设有悬挂起重设备的梁和桁架）永久和可变荷载标准值产生的挠度（如有起拱应减去拱度）的容许值 $[v_r]$ 不宜超过 $l/400$；l 为受弯构件的宽度，对悬臂梁和伸臂梁为悬伸长度的 2 倍。

根据以上规定，扣件式钢管脚手架悬挑钢梁挠度允许值调整为 $2l/250$。

b. 型钢悬挑扣件式钢管脚手架为临时结构，一般不超过 5 年，正式钢结构设计使用年限不低于 25 年。因此，扣件式钢管脚手架悬挑钢梁挠度允许值，没有必要按正式钢结构主梁或桁架容许挠度（$2l/400$）控制。

c. 每纵距悬挑梁前端采用钢丝绳吊拉卸荷；钢丝绳不参与计算。但实际挠度很小（钢丝绳作用）。按 $2l/250$ 为控制值可满足正常使用和感观要求。

d. 16 号工字钢悬挑脚手架钢抗弯强度、稳定性、容许挠度计算见表 7.5.8，从表中看出，容许挠度取 $[v]=2l/400$，选用工字钢梁型号，完全由刚度条件决定，而材料的强度利用 50%左右，16 号工字钢只有挑架高度 10m，悬挑长度不大于 1.45m 条件下符合要求。这与工程实际应用不符，会造成材料的浪费。

容许挠度取 $[v]=2l/250$，则表 7.5.8 中大部分使用条件下的 16 号工字钢，符合要求。也满足不影响正常使用和感观的原则。

表 7.5.8

16 号工字钢悬挑脚手架钢梁计算表

连墙布置	高度 (m)	步距 (m)	立杆纵距 (m)	立杆横距 (m)	施工荷载标准值 (kN/m²)	木脚手板自重标准值 (kN/m²)	钢筋拉环直径 (mm)	内排架距离墙距离 (m)	工字钢型号	悬挑段长度 l (m)	钢梁抗弯计算强度 σ (N/mm²)	稳定性计算强度 σ (N/mm²)	最大挠度 (mm)	容许挠度 2l/400 (mm)	容许挠度 2l/250=14 (mm)	备注
	20	1.5	1.5	1.05	2+3	0.35	14	0.5	16号	1.75	173<215	196<215	17.6	3500/400 8.75(不符合)	3500/250=14 (不符合要求)	
	20	1.5	1.5	1.05	2+3	0.35	14	0.3	16号	1.55	139<215	157<215	11.1	7.75(不符合)	12.4(符合要求)	
	20	1.5	1.5	1.05	2+3	0.35	14	0.2	16号	1.45	117<215	132<215	8.2	7.25(不符合)	11.6(符合要求)	
	15	1.5	1.5	1.05	2+3	0.35	14	0.5	16号	1.75	160<215	181<215	16.1	8.75(不符合)	14(不符合要求)	
	15	1.5	1.5	1.05	2+3	0.35	14	0.3	16号	1.55	129<215	145<215	10.2	7.75(不符合)	12.4(符合要求)	
	15	1.5	1.5	1.05	2+3	0.35	14	0.2	16号	1.45	107<215	121<215	7.5	7.25(不符合)	11.6(符合要求)	
	10	1.5	1.5	1.05	2+3	0.35	14	0.5	16号	1.75	147<215	166<215	14.7	8.75(不符合)	14(基本符合)	
	10	1.5	1.5	1.05	2+3	0.35	14	0.3	16号	1.55	118<215	133<215	9.3	7.75(不符合)	12.4(符合要求)	
3步 3跨	10	1.5	1.5	1.05	2+3	0.35	14	0.2	16号	1.45	98<215	111<215	6.8	7.25	11.6(符合要求)	

5）型钢悬挑梁固定段与楼板连接的压点处是指对楼板产生上拔力的锚固点处。采用U型钢筋拉环或螺栓连接固定时，考虑到多个钢筋拉环（或多对螺栓）受力不均的影响，对其承载力乘以 0.85 的系数进行折减。

6）用于型钢悬挑梁锚固的U型钢筋或螺栓，对建筑结构混凝土楼板有一个上拔力，在上拔力作用下，楼板产生负弯矩，此负弯矩可能会使未配置负弯矩筋的楼板上部开裂。因此，本规范提出经计算并在楼板上表面配置受力钢筋。

7）在施工时，应按《混凝土结构设计规范》GB 50010 的规定对型钢梁下混凝土结构进行局部抗压承载力、抗弯承载力验算。由于混凝土养护龄期不足等原因，在计算时，要注意取结构混凝土的实际强度值进行验算。

本 章 参 考 文 献

[1]　《建筑施工扣件式钢管脚手架安全技术规范》JGJ 130—2011. 北京：中国建筑工业出版社 . 2011
[2]　《建筑施工脚手架安全技术统一标准》报批稿
[3]　《钢结构设计规范》GB 50017—2003. 北京：中国建筑工业出版社 . 2003
[4]　《冷弯薄壁型钢结构技术规范》GB 50018—2002
[5]　《混凝土结构设计规范》GB 50010—2011
[6]　《北京地区建筑地基基础勘察设计规范》DBJ 11—501—2009. 北京：中国计划出版社 . 2011
[7]　《河北省建筑地基承载力技术规程》DB 13(J)/T 48—2005. 石家庄 . 2005
[8]　《建筑施工模板安全技术规范》JGJ 162—2008. 北京：中国建筑工业出版社 . 2008

第8章 计算例题与工程实例

8.1 单、双排脚手架纵向水平杆、横向水平杆计算

8.1.1 单、双排脚手架纵向水平杆、横向水平杆受力计算简图要求

单、双排脚手架纵向水平杆、横向水平杆受力计算简图应符合如下要求：

1. 《规范》构造要求 6.2.2 条第 2 款规定：

"当使用冲压钢脚手板、木脚手板、竹串片脚手板时，双排脚手架的横向水平杆上两端均应采用直角扣件固定在纵向水平杆上；单排脚手架的横向水平杆的一端，应用直角扣件固定在纵向水平杆上，另一端应插入墙内，插入长度不应小于 180mm"。

《规范》6.2.1 条第 3 款规定：

"当使用冲压钢脚手板、木脚手板、竹串片脚手板时，纵向水平杆应作为横向水平杆的支座，用直角扣件固定在立杆上"。

施工荷载传递线是：脚手板→横向水平杆→纵向水平杆→纵向水平杆与立杆连接的扣件→立杆。

对应这种传递线的横向、纵向水平杆的计算简图见图 8.1.1-1。

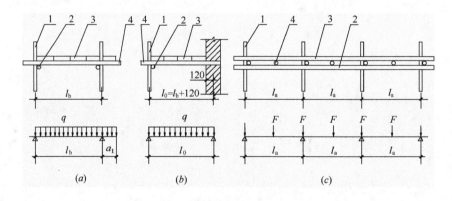

图 8.1.1-1 横向、纵向水平杆的计算简图一
（a）双排架的横向水平杆 （b）单排架的横向水平杆 （c）纵向水平杆
1—立杆；2—纵向水平杆；3—脚手板；4—横向水平杆

2. 《规范》构造要求 6.2.1 条第 3 款规定：

当使用竹笆脚手板时，纵向水平杆应采用直角扣件固定在横向水平杆上，并应等间距设置，间距不应大于 400mm。见图 8.1.1-2。

《规范》6.2.2 条第 3 款规定：

"当使用竹笆脚手板时，双排脚手架的横向水平杆两端，应用直角扣件固定在立杆上，单排脚手架的横向水平杆的一端，应用直角扣件固定在立杆上；另一端应插入墙内，插入长度亦不应小于 180mm。"

施工载荷的传递路线是：竹笆脚手板→纵向水平杆→横向水平杆→横向水平杆与立杆的连接扣件→立杆。

对应这种传递路线的纵、横向水平杆的计算简图见图 8.1.1-3。

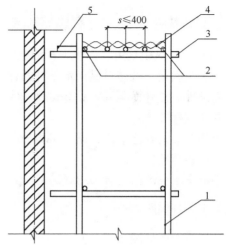

图 8.1.1-2　铺竹笆脚手板时纵向水平杆的构造
1—立杆；2—纵向水平杆；3—横向水平杆；
4—竹笆脚手板；5—其他脚手板

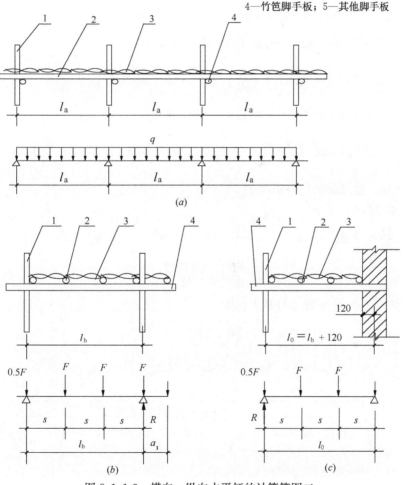

图 8.1.1-3　横向、纵向水平杆的计算简图二
（a）纵向水平杆；（b）双排架的横向水平杆；（c）单排架的横向水平杆
1—立杆；2—纵向水平杆；3—竹笆脚手板；4—横向水平杆

8.1.2　双排脚手架最大立杆纵距确定

【例1】立杆纵距是由纵向水平杆的强度、变形及扣件的抗滑移三个条件控制。因此，最大立杆纵距确定，就是对纵向水平杆的计算。

已知条件：立杆横距 $l_b = 1.3\text{m}$，外伸长 $a_1 = 0.3\text{m}$

可变荷载标准值：

施工均布活荷载标准值：$Q_k = 3\text{kN/m}^2$

永久荷载标准值：

脚手板自重标准值 $Q_P = 0.3\text{kN/m}^2$

横向水平杆间距：$S = \dfrac{l_a}{2}$

解： 计算简图见图 8.1.1-1

作用横向水平杆线荷载标准值：$q_k = (Q_P + Q_k)\dfrac{l_a}{2}$

作用横向水平杆线荷载设计值：$q = (1.2Q_P + 1.4Q_k)\dfrac{l_a}{2}$

由横向水平杆传给纵向水平杆的集中力标准值为；

$$F_k = 0.5q_k l_b \left(1 + \frac{a_1}{l_b}\right)^2 = \frac{1}{4}(Q_p + Q_k)l_a l_b \left(1 + \frac{a_1}{l_b}\right)^2 \tag{8.1.2-1}$$

由横向水平杆传给纵向水平杆的集中力设计值为；

$$F = 0.5q l_b \left(1 + \frac{a_1}{l_b}\right)^2 = \frac{1}{4}(1.2Q_p + 1.4Q_k)l_a l_b \left(1 + \frac{a_1}{l_b}\right)^2 \tag{8.1.2-2}$$

① 由抗弯强度求最大立杆纵距 l_{max}^{σ}

最大弯矩 $M = 0.175Fl_a$

由 $\sigma = \dfrac{M}{W} \leqslant f$ 令

$$\sigma = \frac{M}{W} = \frac{0.175Fl_a}{W} = f \tag{8.1.2-3}$$

由式（2）、（3）化简得立杆最大纵距

$$l_{max}^{\sigma} = l_a = \sqrt{\frac{4Wf}{0.175(1.2Q_P + 1.4Q_k)l_b \left(1 + \dfrac{a_1}{l_b}\right)^2}}$$

$$= \sqrt{\frac{4 \times 5.26 \times 10^3 \times 205}{0.175(1.2 \times 0.3 \times 10^{-3} + 1.4 \times 3 \times 10^{-3}) \times 1300\left(1 + \dfrac{300}{1300}\right)^2}}$$

$$= 1657\text{mm} = 1.66\text{m}$$

② 由容许挠度求立杆最大纵距

令挠度

$$\nu = 1.146 \frac{F_k l_a^3}{100EI} = \frac{l_a}{150} \text{ 及 } 10mm \tag{8.1.2-4}$$

由式（8.1.2-1）、（8.1.2-4）分别化简得立杆最大纵距

$$l_{max}^v = l_a = \sqrt[3]{\frac{2.327EI}{(Q_k + Q_P)\left(1 + \frac{a_1}{l_b}\right)^2 l_b}}$$

$$= \sqrt[3]{\frac{2.327 \times 2.06 \times 10^5 \times 12.71 \times 10^4}{(0.3 + 3) \times 10^{-3}\left(1 + \frac{300}{1300}\right)^2 \times 1300}}$$

$$= 2108mm = 2.1m$$

$$l_{max}^v = l_a = \sqrt[4]{\frac{4000EI}{1.146(Q_P + Q_k)\left(1 + \frac{a_1}{l_b}\right)^2 l_b}}$$

$$= \sqrt[4]{\frac{4000 \times 2.06 \times 10^5 \times 12.71 \times 10^4}{1.146(0.3 + 3) \times 10^{-3}\left(1 + \frac{300}{1300}\right)^2 \times 1300}}$$

$$= 1936mm = 1.9m$$

取 $l_{max}^v = 1.9m$

③由扣件的抗滑移承载力求最大立杆纵距，令作用于立杆的最大竖向力设计值

$$R = 2.15F = R_c \tag{8.1.2-5}$$

由（8.1.2-2）（8.1.2-5）式化简得立杆最大纵距

$$l_{max}^R = l_a = \frac{4R_c}{2.15(1.2Q_P + 1.4Q_k)l_b\left(1 + \frac{a_1}{l_b}\right)^2}$$

$$= \frac{4 \times 8 \times 10^3}{2.15(1.2 \times 0.3 + 1.4 \times 3) \times 10^{-3} \times 1300\left(1 + \frac{300}{1300}\right)^2}$$

$$= 1657mm = 1.66m$$

综合上述结果，即：$l_{max}^\sigma = 1.66m$ $l_{max}^v = 1.9m$ $l_{max}^R = l_a = 1.66m$

在施工荷载为 $3kN/m^2$ 时，立杆最大纵距取值为 1.5m。

说明：双排架纵向水平杆（纵向水平杆为横向水平杆的支座，北方做法）按三跨（每跨中部）均有集中活荷载分别计算（荷载分布见图 8.1.1-1c），其原因如下：

① 横向水平杆传给纵向水平杆集中力以按最不利考虑计算。

② 由脚手架纵向水平杆试验可知，纵向水平杆按三跨连续梁计算是偏于安全的，按以上荷载分布进行计算可以满足要求。

③ 按以上荷载分布计算后取值与我国工程上长期使用经验值相符。

双排脚手架最大立杆纵距计算见表 8.1.2。

双排脚手架最大立杆纵距确定

表 8.1.2

施工均布活荷载标准值 Q_k (kN/m²)	脚手架自重标准值 (kN/m²)	立杆横距 l_b (m)	按抗弯强度确定立杆最大纵距 $l_{\max}^g = \sqrt{\dfrac{4Wf}{0.175(1.2Q_p+1.4Q_k)l_b\left(1+\frac{a_1}{l_b}\right)^2}}$ (m)	按容许挠度确定立杆最大纵距 (m) $l_{\max}^v = \sqrt[3]{\dfrac{2.327EI}{(Q_k+Q_p)\left(1+\frac{a_1}{l_b}\right)^2}l_b}$; $l_{\max}^v = \sqrt[4]{\dfrac{4000EI}{1.146(Q_p+Q_k)\left(1+\frac{a_1}{l_b}\right)^2}l_b}$	按抗滑承载力求立杆最大纵距 $l_{\max}^R = \dfrac{4R_c}{2.15(1.2Q_p+1.4Q_k)l_b\left(1+\frac{a_1}{l_b}\right)^2}$	取值 (m)
2	0.35 (0.3)	1.05	$\sqrt{\dfrac{4\times5.26\times10^3\times205}{0.175(1.2\times0.35+1.4\times2)\times10^{-3}\times1050\left(1+\frac{300}{1050}\right)^2}}=2100mm=2.1m$ (2.12)	$\sqrt[3]{\dfrac{2.327\times2.06\times10^5\times12.71\times10^4}{(0.35+2)\times10^{-3}\times\left(1+\frac{300}{1050}\right)^2}\times1050}=2463mm=2.5m$; $\sqrt[4]{\dfrac{4000\times2.06\times10^5\times12.71\times10^4}{1.146\times(0.35+2)\times10^{-3}\times\left(1+\frac{300}{1050}\right)^2}\times1050}=2176mm=2.2m$	$\dfrac{4\times8\times10^3}{2.15(1.2\times0.35+1.4\times2)\times10^{-3}\times1050\left(1+\frac{300}{1050}\right)^2}=2663mm=2.66m$	2.0, 1.8 或 1.5
2	0.35 (0.3)	1.30	1.97 (1.99)	2.36m ; 2.12m	2.35m	1.8 或 1.5
2	0.35 (0.3)	1.55	1.86m (1.88)	2.27m ; 2.02m	2.09m	1.8 或 1.5
3	0.35 (0.3)	1.05	1.75m (1.76)	2.19m ; 1.99m	1.86m	1.5
3	0.35 (0.3)	1.30	1.65m (1.66)	2.13m ; 1.93m	1.64m	1.5 或 1.2
3	0.35 (0.3)	1.55	1.55m (1.57)	2.02m ; 1.88m	1.5m	1.5 或 1.2

8.1.3　单排脚手架最大立杆纵距确定

【例2】　已知条件：立杆横距 $l_b=1.4\text{m}$，计算跨度 $l_0=1.4+0.12=1.52\text{m}$

可变荷载标准值：

施工均布活荷载标准值 $Q_k=3\text{kN/m}^2$

永久荷载标准值：

脚手板均布荷载标准值 $Q_p=0.35\text{N/m}^2$

横向水平杆间距：$S=\dfrac{l_a}{2}$

解： 计算简图见图 8.1.1-1，但纵向水平杆计算需考虑活荷载最不利分布。

作用横向水平杆线荷载标准值 $q_k=(Q_p+Q_k)\dfrac{l_a}{2}$

作用横向水平杆线荷载设计值 $q=(1.2Q_p+1.4Q_k)\dfrac{l_a}{2}$

由横向水平杆传给纵向水平杆的集中力标准值为：

$$F_k=0.5q_k l_0=\frac{1}{4}(Q_p+Q_k)l_a l_0 \tag{8.1.3-1}$$

由横向水平杆传给纵向水平杆的集中力设计值为：

$$F=0.5q l_0=\frac{1}{4}(1.2Q_p+1.4Q_k)l_a l_0 \tag{8.1.3-2}$$

① 由抗弯强度求最大立杆纵距 l_{max}^σ

由 $\sigma=\dfrac{M}{W}\leqslant f$，令 $\sigma=\dfrac{M}{W}=\dfrac{0.213F l_a}{W}=f$ $\tag{8.1.3-3}$

由 (8.1.3-2)、(8.1.3-3) 式化简得立杆最大纵距

$$l_{max}^\sigma=l_a=\sqrt{\frac{4Wf}{0.213 l_0(1.2Q_p+1.4Q_k)}}$$

$$=\sqrt{\frac{4\times5.26\times10^3\times205}{0.213\times1520(1.2\times0.35+1.4\times3)\times10^{-3}}}=1698\text{mm}=1.7\text{m}$$

② 由容许挠度求立杆最大纵距

令挠度 $\qquad\qquad \nu=1.615\dfrac{F_k l_a^3}{100EI}=\dfrac{l_a}{150}$ 及 10mm $\tag{8.1.3-4}$

由 (8.1.3-1)、(8.1.3-4) 式分别化简得立杆最大纵距

$$l_{max}^v=l_a=\sqrt[3]{\frac{1.651EI}{(Q_p+Q_k)l_0}}$$

$$=\sqrt[3]{\frac{1.651\times2.06\times10^5\times12.71\times10^4}{(0.35+3)\times1520\times10^{-3}}}=2040\text{mm}=2.04\text{m}$$

$$l_{max}^v=l_a=\sqrt[4]{\frac{4000EI}{1.615(Q_p+Q_k)l_0}}$$

$$=\sqrt[4]{\frac{4000\times2.06\times10^5\times12.71\times10^4}{1.615(0.35+3)\times1520\times10^{-3}}}=1889\text{mm}=1.9\text{m}$$

取 1.9m

③ 由抗滑移承载力求最大立杆纵距

令作用于立杆的最大竖向力

$$R=2.3F=R_c \tag{8.1.3-5}$$

单排脚手架最大立杆纵距计算

表 8.1.3

施工均布活荷载标准值 Q_k (kN/m²)	脚手板自重标准值 Q_p (kN/m²)	立杆横距 l_b, $l_0 = l_b + 0.12$ (m)	按抗弯强度确定立杆最大纵距 (m) $l_{max}^f = \sqrt{\dfrac{4Wf}{0.213 l_0(1.2Q_p+1.4Q_k)}}$	按容许挠度确定立杆最大纵距 (m) $l_{max}^v = \sqrt[3]{\dfrac{1.651EI}{(Q_p+Q_k)l_0}}$ $l_{max}^v = \sqrt[4]{\dfrac{4000EI}{1.615(Q_p+Q_k)l_0}}$	按抗滑承载力求立杆最大纵距 (m) $l_{max}^R = \dfrac{4R_c}{2.3(1.2Q_p+1.4Q_k)l_0}$	取值 (m)	备注
2	0.35	1.2 $l_0=1.32$	$\sqrt{\dfrac{4\times5.26\times10^3\times205}{0.213\times1320(1.2\times0.35+1.4\times2)\times10^{-3}}}$ $=2183mm=2.18m$	$\sqrt[3]{\dfrac{1.651\times2.06\times10^5\times12.71\times10^4}{(0.35+2)\times10^{-3}\times1320}}$ $=2406mm=2.4m$ $\sqrt[4]{\dfrac{4000\times2.06\times10^5\times12.71\times10^4}{1.615\times(0.35+2)\times1320\times10^{-3}}}$ $=2138(mm)=2.1m$	$\dfrac{4\times8\times10^3_c}{2.3(1.2\times0.35+1.4\times2)\times1320\times10^{-3}}$ $=3273(mm)=3.3m$	2.0	
2	0.35	1.05 $l_0=1.17$	2.34m	2.54m 2.22m	3.7m	2.0	
2	0.35	1.4 $l_0=1.52$	2.04m	2.33m 2.02m	2.8m	1.8	
3	0.35	1.2 $l_0=1.32$	1.83m	2.13m 1.95m	2.3m	1.8	
3	0.35	1.4 $l_0=1.52$	1.73m	2.03m 1.92m	2.0	1.5	

由（8.1.3-2）、（8.1.3-5）式化简得立杆最大纵距

$$l_{max}^R = l_a = \frac{4R_c}{2.3(1.2Q_p + 1.4Q_k)l_0}$$

$$= \frac{4 \times 8 \times 10^3}{2.3(1.2 \times 0.35 + 1.4 \times 3) \times 1520 \times 10^{-3}} = 1981mm = 1.98m$$

综合上述结果，即 $l_{max}^\sigma = 1.7m$，$l_{max}^v = 1.9m$，$l_{max}^R = 1.98m$

在施工荷载为 $3kN/m^2$ 时，立杆最大纵距取值为 1.5m。

单排脚手架最大立杆纵距计算见表 8.1.3。

8.1.4 双排脚手（南方做法）纵向水平杆、横向水平杆计算

为满足《规范》6.2.1 条第 3 款规定（当使用竹笆脚手板时，纵向水平杆应采用直角扣件固定在横向水平杆上，并应等间距设置，间距不应大于 400mm）要求。当立杆横距 $l_b \leq 1.2m$ 时，纵向水平杆间距 $S = \frac{l_b}{3} \leq 0.4m$，计算简图见图 8.1.4-1。

当 $1.2m < l_b \leq 1.55m$ 时，$S = \frac{l_b}{4} < 0.4m$，横向水平杆计算简图见图 8.1.4-2。

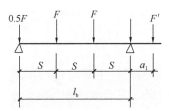
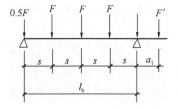

图 8.1.4-1 横向水平杆计算简图　　　　图 8.1.4-2 横向水平杆计算简图

1. 纵向水平杆抗弯强度及变形计算。

【例3】设立杆纵距 $l_a = 1.5m$，立杆横距 $l_b = 1.05m$ 纵向水平杆等间距设置，间距

$S = \frac{l_b}{3} = \frac{1.05}{3} = 0.35m$，施工均布活荷载标准值 $Q_k = 3kN/m^2$，竹笆脚手板自重标准值为

$Q_p = 0.1kN/m^2$

1) 抗弯强度验算：

作用纵向水平杆永久线荷载标准值

$$q_{k1} = 0.1 \times 0.35 = 0.035kN/m$$

作用纵向水平杆可变线荷载标准值

$$q_{k2} = 3 \times 0.35 = 1.05kN/m$$

作用纵向水平杆永久线荷载设计值

$$q_1 = 1.2q_{k1} = 1.2 \times 0.035 = 0.042kN/m$$

作用纵向水平杆可变线荷载设计值

$$q_2 = 1.4q_{k2} = 1.4 \times 1.05 = 1.47 \text{kN/m}$$

最大弯矩

$$M_{max} = 0.1q_1 l_a^2 + 0.117q_2 l_a^2 = 0.1 \times 0.042 \times 1.5^2 + 0.117 \times 1.47 \times 1.5^2 = 0.4 \text{kN} \cdot \text{m}$$

抗弯强度

$$\sigma = \frac{M_{max}}{W} = \frac{0.4 \times 10^6}{5.26 \times 10^3} = 76.05 \text{N/mm}^2 < 205 \text{N/mm}^2 = f$$

满足要求。

2）挠度验算：

挠度

$$v = \frac{l_a^4}{100EI}(0.677q_{k1} + 0.99q_{k2})$$

$$= \frac{1500^4}{100 \times 2.06 \times 10^5 \times 12.71 \times 10^4}(0.677 \times 0.035 + 0.99 \times 1.05)$$

$$= 2.1 \text{mm} < \frac{l_a}{150} = 10 \text{mm} \text{ 满足要求。}$$

2. 横向水平杆及扣件抗滑承载力计算。

影响横向水平杆强度、变形及扣件抗滑承载力的因素，主要有施工荷载、脚手板自重、立杆横距、立杆纵距。为准确、迅速确定以上数据，下面推出验算横向水平杆及扣件抗滑承载力的计算公式。

【例 4】 设立杆横距 l_b，立杆纵距为 l_a，计算外伸长度为 a_1，纵向水平杆间距为 S，施工均布活荷载标准值为 Q_k，竹笆脚手板均布荷载标准值为 Q_p。

则：作用纵向水平杆永久线荷载标准值 $q_{k1} = Q_p S$

作用纵向水平杆可变线荷载标准值 $q_{k2} = Q_k S$

作用纵向水平杆永久线荷载设计值 $q_1 = 1.2q_{k1} = 1.2Q_p S$

作用纵向水平杆可变线荷载设计值 $q_2 = 1.4q_{k2} = 1.4Q_p S$

由纵向水平杆传给横向水平杆的集中力标准值：

$$F_k = 1.1q_{k1}l_a + 1.2q_{k2}l_a = 1.1Q_p S l_a + 1.2Q_k S l_a = S l_a(1.1Q_p + 1.2Q_k)$$

$$(8.1.4-1)$$

由纵向水平杆传给横向水平杆的集中力设计值：

$$F = 1.1q_1 l_a + 1.2q_2 l_a = 1.1 \times 1.2Q_p S l_a + 1.2 \times 1.4Q_k S l_a$$

$$= S l_a(1.1 \times 1.2Q_p + 1.2 \times 1.4Q_k)$$

$$(8.1.4-2)$$

（1）抗弯强度计算：

对图 8.1.4-1：$l_b \leqslant 1.2 \text{m}$，$S = \dfrac{l_b}{3}$

最大弯矩

$$M = \frac{Fl_b}{3} = \frac{l_b}{3} \cdot \frac{l_b}{3} l_a (1.1 \times 1.2Q_p + 1.2 \times 1.4Q_k) = \frac{l_b{}^2}{9} l_a (1.1 \times 1.2Q_p + 1.2 \times 1.4Q_k)$$

抗弯强度

$$\sigma = \frac{M}{W} = \frac{l_b{}^2}{9W} l_a (1.1 \times 1.2Q_p + 1.2 \times 1.4Q_k)$$

对图 8.1.4-2, $1.2\text{m} < l_b \leqslant 1.55\text{m}$, $S = \dfrac{l_b}{4}$

最大弯矩 $\quad M = \dfrac{Fl_b}{2} = \dfrac{l_b}{2} \cdot \dfrac{l_b}{4} l_a (1.1 \times 1.2Q_p + 1.2 \times 1.4Q_k) = \dfrac{l_b{}^2}{8} l_a (1.1 \times 1.2Q_p + 1.2$

$\times 1.4Q_k)$

抗弯强度 $\qquad \sigma = \dfrac{M}{W} = \dfrac{l_b{}^2}{8W} l_a (1.1 \times 1.2Q_p + 1.2 \times 1.4Q_k)$

（说明：验算弯曲正应力、挠度，不计悬挑荷载，但验算扣件抗滑承载力要计入悬挑荷载）

（2）挠度计算：

对图 8.1.4-1：$l_b \leqslant 1.2\text{m}$, $S = \dfrac{l_b}{3}$

$$v = \frac{23F_k l_b^3}{648EI} = \frac{23 \cdot \dfrac{l_b}{3} l_a (1.1Q_p + 1.2Q_k) l_b^3}{648EI} = \frac{23 l_a (1.1Q_p + 1.2Q_k) l_b^4}{1944EI}$$

对图 8.1.4-2：$1.2\text{m} < l_b \leqslant 1.55\text{m}$, $S = \dfrac{l_b}{4}$

$$v = \frac{19F_k l_b^3}{384EI} = \frac{19 \cdot \dfrac{l_b}{4} \cdot l_a (1.1Q_p + 1.2Q_k) l_b^3}{384EI} = \frac{19 l_a (1.1Q_p + 1.2Q_k) l_b^4}{1536EI}$$

（3）扣件抗滑承载力计算：

横向水平杆外伸端处纵向水平杆传给横向水平杆的集中力设计值：

$$F' = 1.1q_1' l_a + 1.2q_2' l_a = 1.1 \times 1.2Q_p \cdot a_1 \cdot l_a + 1.2 \times 1.4Q_k \cdot a_1 \cdot l_a = a_1 l_a (1.1 \times 1.2Q_p$$

$+ 1.2 \times 1.4Q_k)$

（说明：注意伸出端 a_1 上荷载计入 F'，伸出端一侧支座荷载按 $0.5F$ 计，图 8.1.4-3）

由横向水平杆通过扣件传给立杆的最大竖向力设计值（图 8.1.4-3，$l_b \leqslant 1.2\text{m}$，$S = \dfrac{l_b}{3}$）

$$R = R_{\rm B} = 1.5F + F\left(1 + \frac{a_1}{l_{\rm b}}\right)$$

$$= \frac{1.5l_{\rm b}}{3}l_{\rm a}(1.1 \times 1.2Q_{\rm p} + 1.2 \times 1.4Q_{\rm k}) + a_1 l_{\rm a}(1.1 \times 1.2Q_{\rm p} + 1.2 \times 1.4Q_{\rm k}) \cdot \left(1 + \frac{a_1}{l_{\rm b}}\right)$$

$$= l_{\rm a}(1.1 \times 1.2Q_{\rm p} + 1.2 \times 1.4Q_{\rm k}) \cdot \left(0.5l_{\rm b} + \frac{0.09}{l_{\rm b}} + 0.3\right)(\text{取 } a_1 = 0.3\text{m})$$

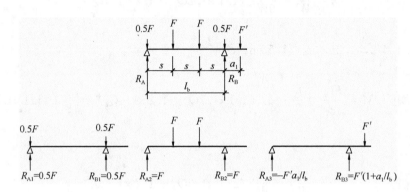

图 8.1.4-3

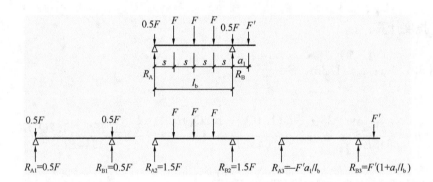

图 8.1.4-4

对图 8.1.4-4：$1.2\text{m} < l_{\rm b} \leqslant 1.55\text{m}$，$S = \dfrac{l_{\rm b}}{4}$

横向水平杆传给立杆竖向力设计值：

$$R = R_{\rm B} = R_{\rm B1} + R_{\rm B2} + R_{\rm B3} = 0.5F + 1.5F + F'(1 + a_1/l_{\rm b}) = 2F + F'(1 + a_1/l_{\rm b})$$

$$= 2l_{\rm b}l_{\rm a}/4(1.1 \times 1.2Q_{\rm p} + 1.2 \times 1.4Q_{\rm k}) + a_1 l_{\rm a}(1.1 \times 1.2Q_{\rm p} + 1.2 \times 1.4Q_{\rm k})(1 + a_1/l_{\rm b})$$

$$= l_{\rm a}(1.1 \times 1.2Q_{\rm p} + 1.2 \times 1.4Q_{\rm k})(0.5l_{\rm b} + 0.09/l_b + 0.3)$$

双排脚手架（南方做法）横向水平杆及扣件抗滑承载力计算见表 8.1.4-1，最大纵距计算见表 8.1.4-2。

表 8.1.4-1

双排脚手架（南方做法）横向水平杆及扣件抗滑承载力计算

计算简图	施工均布活荷载标准值 Q_k (kN/m²)	脚手板自重标准值 Q_p (kN/m²)	立杆纵距 l_a (m)	立杆横距 l_b (m)	抗弯强度计算	挠度计算	扣件抗滑承载力计算	取值
					抗弯强度计算： $\sigma=\dfrac{M}{W}=\dfrac{l_b^2}{9W}l_a(1.1\times1.2Q_p+1.2\times1.4Q_k)\le f$ （图 8.1.4-1） $\sigma=\dfrac{M}{W}=\dfrac{l_b^2}{8W}l_a(1.1\times1.2Q_p+1.2\times1.4Q_k)\le f$ （图 8.1.4-2）(N/mm²)	挠度计算： $v=\dfrac{23l_a(1.1Q_p+1.2Q_k)l_b^4}{1944EI}\le\dfrac{l_b}{150}$ 及 10mm（图 8.1.4-1） $v=\dfrac{19l_a(1.1Q_p+1.2Q_k)l_b^4}{1536EI}\le\dfrac{l_b}{150}$ 及 10mm（图 8.1.4-2）(mm)	扣件抗滑承载力计算： $R=l_a(1.1\times1.2Q_p+1.2\times1.4Q_k)\cdot\left(\dfrac{l_b}{2}+\dfrac{0.09}{l_b}+0.3\right)\le R_c$（图 8.1.4-1） $R=l_a(1.1\times1.2Q_p+1.2\times1.4Q_k)\cdot\left(\dfrac{l_b}{2}+\dfrac{0.09}{l_b}+0.3\right)\le R_c$（图 8.1.4-2）(kN)	
图 8.1.4-1 $l_b\le1.2$m， $S=l_b/3$	2	0.1	2	1.05	$\dfrac{1050^2}{9\times5.26\times10^3}$ $\times2(1.1\times1.2\times0.1+1.2\times1.4$ $\times2)=163<f$	$\dfrac{23\times2(1.1\times0.1+1.2\times2)1050^4}{1944\times2.06\times10^5\times12.71\times10^4}$ $=2.8<1050/150=7$	$2\times(1.1\times1.2\times0.1+1.2\times1.4\times2)$ $\left(0.5\times1.05+\dfrac{0.09}{1.05}+0.3\right)=$ $6.36<R_c=8$kN	$Q_k=2$kN/m² $Q_p=0.1$kN/m² $l_a=2$m $l_b=1.05$m
	3	0.1	1.5	1.05	$\sigma=181<f$	$v=3.1<1050/150=7$	$R=7.1<R_c$	$Q_k=3$kN/m² $Q_p=0.1$kN/m² $l_a=1.5$m $l_b=1.05$m
图 8.1.4-2 $1.2<l_b$ ≤1.55m $S=l_b/4$	2	0.1	1.5	1.3	$\sigma=210\approx f$	$v=5.1<1300/150=9$	$R=5.34<R_c$	$Q_k=2$kN/m² $Q_p=0.1$kN/m² $l_a=1.5$m $l_b=1.3$m
	3	0.1	1.0	1.3	$\sigma=207\approx f$	$v=5.0<1300/150=9$	$R=5.27<R_c$	$Q_k=3$kN/m² $Q_p=0.1$kN/m² $l_a=1.0$m $l_b=1.3$m

双排脚手架(南方做法)最大纵距计算

表8.1.4-2

计算简图	施工均布活荷载标准值 Q_k (kN/m²)	脚手板自重标准值 Q_p (kN/m²)	立杆纵距 l_a (m)	立杆横距 l_b (m)	抗弯强度计算	挠度计算	扣件抗滑承载力计算	取值
					$l_a = 9wf/[(1.1×1.2Q_p+1.2×1.4Q_k)l_b^2]$ (图8.1.4-1) $l_a = 8wf/[(1.1×1.2Q_p+1.2×1.4Q_k)l_b^2]$(图8.1.4-2)	$l_a = 1944EI/[150×23(1.1Q_p+1.2Q_k)l_b^3]$ (图8.1.4-1) $l_a = 1536EI/[150×19(1.1Q_p+1.2Q_k)l_b^3]$ (图8.1.4-2)	$l_a = Rc÷[(1.1×1.2Q_p+1.2×1.4Q_k)·(\frac{l_b}{2}+\frac{0.09}{l_b}+0.3)]$ (图8.1.4-1, 图8.1.4-2)	
图8.1.4-1 $l_b≤1.2m$, $S=l_b/3$	2	0.1		1.05	$9×5.26×10^3×205÷[(1.1×1.2×0.1+1.2×1.4×2)×10^{-3}×1050^2]$ = 2521mm = 2.52m	$1944×2.06×10^5×12.71×10^4÷[150×23(1.1×0.1+1.2×2)×10^{-3}×1050^3]$ = 5077m = 5.08m	$8÷[(1.1×1.2×0.1+1.2×1.4×2)(0.5×1.05+\frac{0.09}{1.05}+0.3)]$ = 2.516m	1.8m
	3	0.1		1.05	1.70m	3.43m	1.67m	1.5m
	2	0.1		1.3	1.46m	2.56m	2.25m	1.5m
	3	0.1		1.3	0.99m	1.73m	1.52m	1m
图8.1.4-2 $1.2<l_b$ $≤1.55m$, $S=l_b/4$	2	0.1		1.55	1.03m	1.51m	2.02m	1.0m
	3	0.1		1.55	0.69m	1.02m	1.37m	0.7m

8.1.5 单排脚手架纵向水平杆、横向水平杆计算（南方做法）

【例5】单排脚手架纵向水平杆、横向水平杆计算公式（南方做法）

1. 施工载荷的传递路线是：竹笆脚手板→纵向水平杆→横向水平杆→横向水平杆与立杆的连接扣件→立杆。

对应这种传递路线的纵、横向水平杆的计算简图见图 8.1.5-1。

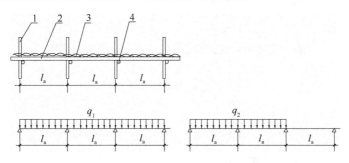

图 8.1.5-1　纵向水平杆的计算简图（弯矩、剪力最大）

1—立杆；2—纵向水平杆；3—竹笆脚手板；4—横向水平杆

当立杆横距 $l_b \leqslant 1.2\text{m}$ 时，纵向水平杆间距 $S = \dfrac{l_b}{3} \leqslant 0.4\text{m}$，计算简图见图 8.1.5-2；

当 $1.2\text{m} < l_b \leqslant 1.4\text{m}$ 时，$S = \dfrac{l_b}{4} < 0.4\text{m}$，横向水平杆计算简图见图 8.1.5-3；

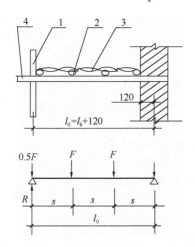

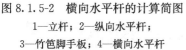

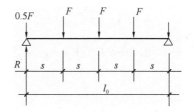

图 8.1.5-2　横向水平杆的计算简图

1—立杆；2—纵向水平杆；

3—竹笆脚手板；4—横向水平杆

图 8.1.5-3　横向水平杆计算简图

2. 设立杆横距 l_b，立杆纵距为 l_a，单位：m；纵向水平杆间距为 S，单位：m；施工均布活荷载标准值为 Q_k，单位：kN/m²；竹笆脚手板均布荷载标准值为 Q_p，单位：kN/m²；

则：作用纵向水平杆永久线荷载标准值 $q_{k1} = Q_p S$

作用纵向水平杆可变线荷载标准值 $q_{k2} = Q_k S$

作用纵向水平杆永久线荷载设计值 $q_1 = 1.2q_{k1} = 1.2Q_pS$

作用纵向水平杆可变线荷载设计值 $q_2 = 1.4q_{k2} = 1.4Q_pS$

3. 纵向水平杆抗弯强度计算公式：

最大弯矩

$$M_{max} = 0.1q_1 l_a^2 + 0.117q_2 l_a^2 = 0.1 \times 1.2Q_p S l_a^2 + 0.117 \times 1.4Q_p S l_a^2$$

$$= 0.12Q_p S l_a^2 + 0.164Q_p S l_a^2$$

抗弯强度

$$\sigma = \frac{M_{max}}{W} = (0.12Q_p S l_a^2 + 0.164Q_p S l_a^2)/W$$

挠度计算：

挠度

$$v = \frac{l_a^4}{100EI}(0.677q_{k1} + 0.99q_{k2}) = \frac{l_a^4}{100EI}(0.677Q_p S + 0.99Q_k S)$$

4. 横向水平杆抗弯强度计算公式：

由纵向水平杆传给横向水平杆的集中力标准值（考虑活荷载不利布置）：

$$F_k = 1.1q_{k1}l_a + 1.2q_{k2}l_a = 1.1Q_p S l_a + 1.2Q_k S l_a = S l_a(1.1Q_p + 1.2Q_k) \qquad ①$$

由纵向水平杆传给横向水平杆的集中力设计值：

$$F = 1.1q_1 l_a + 1.2q_2 l_a = 1.1 \times 1.2Q_p S l_a + 1.2 \times 1.4Q_k S l_a = S l_a(1.1 \times 1.2Q_p + 1.2 \times 1.4Q_k)$$

$$②$$

对图 8.1.5-2：$l_b \leqslant 1.2\text{m}$，取 $S = \dfrac{l_0}{3}$，$l_0 = l_b + 120\text{mm}$

最大弯矩

$$M = \frac{Fl_0}{3} = \frac{l_0}{3} \cdot \frac{l_0}{3} l_a(1.1 \times 1.2Q_p + 1.2 \times 1.4Q_k) = \frac{l_0^2}{9}l_a(1.1 \times 1.2Q_p + 1.2 \times 1.4Q_k)$$

抗弯强度

$$\sigma = \frac{M}{W} = \frac{l_0^2}{9W}l_a(1.1 \times 1.2Q_p + 1.2 \times 1.4Q_k)$$

对图 8.1.5-3，$1.2\text{m} < l_b \leqslant 1.4\text{m}$，取 $S = \dfrac{l_0}{4}$，$l_0 = l_b + 120\text{mm}$

最大弯矩

$$M = \frac{Fl_0}{2} = \frac{l_0}{2} \cdot \frac{l_0}{4} l_a(1.1 \times 1.2Q_p + 1.2 \times 1.4Q_k) = \frac{l_0^2}{8}l_a(1.1 \times 1.2Q_p + 1.2 \times 1.4Q_k)$$

抗弯强度 $\qquad \sigma = \dfrac{M}{W} = \dfrac{l_0^2}{8W}l_a(1.1 \times 1.2Q_p + 1.2 \times 1.4Q_k)$

挠度计算：

对图 8.1.5-2：$l_b \leqslant 1.2\text{m}$，取 $S = \dfrac{l_0}{3}$，$l_0 = l_b + 120\text{mm}$

$$v = \frac{23F_k l_0^3}{648EI} = \frac{23 \cdot \dfrac{l_0}{3} l_a(1.1Q_p + 1.2Q_k)l_0^3}{648EI} = \frac{23l_a(1.1Q_p + 1.2Q_k)l_0^4}{1944EI}$$

对图 8.1.5-3，$1.2m < l_b \leqslant 1.4m$，取 $S = \dfrac{l_0}{4}$　$l_0 = l_b + 120mm$

$$v = \frac{19F_k l_0^3}{384EI} = \frac{19 \cdot \dfrac{l_0}{4} \cdot l_a (1.1Q_p + 1.2Q_k) l_0^3}{384EI} = \frac{19 l_a (1.1Q_p + 1.2Q_k) l_0^4}{1536EI}$$

5. 扣件抗滑承载力计算公式：

对图 8.1.5-2：$l_b \leqslant 1.2m$，取 $S = \dfrac{l_0}{3}$　$l_0 = l_b + 120mm$

横向水平杆通过扣件传给立杆最大竖向力设计值（见图 8.1.5-4）

$$R = R_{A1} + R_{A2} = 0.5F + F = 1.5F$$

$$= 1.5 \times \frac{l_0}{3} l_a (1.1 \times 1.2Q_p + 1.2 \times 1.4Q_k) = \frac{l_0}{2} l_a (1.1 \times 1.2Q_p + 1.2 \times 1.4Q_k)$$

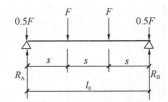

 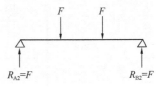

图 8.1.5-4

对图 8.1.5-3，$1.2m < l_b \leqslant 1.4m$，取 $S = \dfrac{l_0}{4}$　$l_0 = l_b + 120mm$

横向水平杆通过扣件传给立杆最大竖向力设计值（图 8.1.5-5）

$$R = R_{A1} + R_{A2} = 0.5F + 1.5F = 2F$$

$$= 2 \times \frac{l_0}{4} l_a (1.1 \times 1.2Q_p + 1.2 \times 1.4Q_k) = \frac{l_0}{2} l_a (1.1 \times 1.2Q_p + 1.2 \times 1.4Q_k)$$

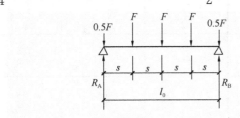

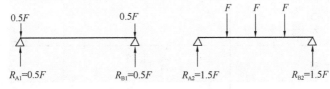

图 8.1.5-5

表 8.1.5

单排脚手架(南方做法)横向水平杆及扣件抗滑承载力计算

计算简图	施工均布活荷载标准值 Q_k (kN/m²)	脚手板自重标准值 Q_p (kN/m²)	立杆纵距 l_a (m)	立杆横距 l_b (m) $l_0=l_b+120mm$	抗弯强度计算	挠度计算	扣件抗滑承载力计算	取值
					抗弯强度计算: $\sigma=\dfrac{M}{W}=\dfrac{l_0^2}{9W}l_a(1.1\times1.2Q_p+1.2\times1.4Q_k)\leq f$ (图 8.1.5-2) $\dfrac{M}{W}=\dfrac{l_0^2}{8W}l_a(1.1\times1.2Q_p+1.2\times1.4Q_k)\leq f$ (N/mm²) (图 8.1.5-3)	挠度计算: $v=\dfrac{23l_a(1.1Q_p+1.2Q_k)l_0^4}{1944EI}\leq\dfrac{l_0}{150}$ 及 10mm(图 8.1.5-2) $v=\dfrac{19l_a(1.1Q_p+1.2Q_k)l_0^4}{1536EI}\leq\dfrac{l_0}{150}$ 及 10mm(mm)(图 8.1.5-3)	扣件抗滑承载力计算: $R=\dfrac{l_0}{2}l_a(1.1\times1.2Q_p+1.2\times1.4Q_k)\leq R_c$ (kN) $1.4Q_k)\leq R_c$ (kN) (图 8.1.5-4,图 8.1.5-5)	
图 8.1.5-2, $l_b\leq1.2m$, $S=l_0/3$	2	0.1	1.6	1.2+0.12 =1.32	$\dfrac{1320^2}{9\times5.26\times10^3}\times1.6(1.1\times1.2\times0.1+1.2\times1.4\times2)=205=f$	$\dfrac{23\times1.6(1.1\times0.1+1.2\times2)1320^4}{1944\times2.06\times10^5\times12.71\times10^4}=5.5<1320/150=9$	$1.32\times1.6\times0.5(1.1\times1.2\times0.1+1.2\times1.4\times2)=3.7<R_c=8kN$	$Q_k=2kN/m^2$ $Q_p=0.1kN/m^2$ $l_a=1.5m$(取值) $l_b=1.2m$
	3	0.1	1.07	1.2+0.12 =1.32	$\sigma=204<f$	$v=5.4<1320/150=9$	$R=3.7<R_c$	$Q_k=3kN/m^2$ $Q_p=0.1kN/m^2$ $l_a=1.0m$(取值) $l_b=1.2m$
图 8.1.5-3 $1.2<l_b$ $\leq1.4m$ $S=l_0/4$	2	0.1	1.07	1.4+0.12 =1.52	$\sigma=205=f$	$v=7<1520/150=10$	$R=2.8<R_c$	$Q_k=2kN/m^2$ $Q_p=0.1kN/m^2$ $l_a=1.0m$(取值) $l_b=1.4m$
	3	0.1	0.72	1.4+0.12 =1.52	$\sigma=204<f$	$v=6.7<1520/150=10$	$R=2.8<R_c$	$Q_k=3kN/m^2$ $Q_p=0.1kN/m^2$ $l_a=0.5m$(取值) $l_b=1.4m$

8.2 单、双排脚手架立杆计算

8.2.1 密目式安全立网全封闭双排脚手架搭设高度计算

【例6】脚手架立杆纵距 $l_a=1.2\text{m}$，立杆横距 $l_b=1.05\text{m}$，步距 $h=1.8\text{m}$，计算外伸长度 $a_1=0.3\text{m}$

3步3跨连墙布置，施工均布荷载标准值（二层）$\sum Q_k=3+2\text{kN/m}^2$，冲压钢脚手板挡板自重标准值 $\sum Q_{p1}=2\times0.3\text{kN/m}^2$（二层），栏杆、冲压钢脚手板挡板自重标准值 $\sum Q_{p2}=2\times0.16\text{kN/m}^2$，建筑结构形式为框架结构，用密目式安全立网全封闭脚手架，其挡风系数 $\varphi=0.8$，密目式安全立网自重标准值 $Q_{p3}=0.01\text{kN/m}^2$，施工地区在基本风压为 0.5kN/m^2 乡镇，地面粗糙度B类。

（1）验算长细比：

由《规范》公式5.2.8式得 $\lambda=\dfrac{l_0}{i}=\dfrac{k\mu h}{i}=\dfrac{1.7\times180}{1.59}=192<210$

（$k=1.0$，μ 查《规范》表5.2.8$\mu=1.7$）

满足要求

（2）确定轴心受压构件稳定系数 φ：

$$k=1.155,\ \lambda=\frac{k\mu h}{i}=\frac{1.155\times1.7\times180}{1.59}=222$$

查《规范》附录A表A.0.6得 $\varphi=0.148$，查《规范》附录A表A.0.1，$g_k=0.1202\text{kN/m}^2$

（3）确定构配件自重标准值产生的轴心力 N_{G2k}

$N_{G2k}=0.5(L_b+a_1)L_a\sum Q_{p1}+L_a\sum Q_{p2}+H_S Q_{p3}L_a$

$=0.5(1.05+0.3)\times1.2\times2\times0.3+1.2\times0.16\times2+50\times1.2\times0.01=1.47\text{kN}$

（H_S 脚手架搭设高度限值，取最大50m）

（4）求施工荷载标准产生的轴向力总和 $\sum N_{Qk}$：

$\sum N_{Qk}=0.5(L_b+a_1)L_a\sum Q_k=0.5(1.05+0.3)\times1.2(3+2)=4.05\text{kN}$

（5）求风荷载标准值产生的弯矩：

由《规范》公式4.2.5、5.2.9式得

$$M_{wk}=\frac{w_k l_a h^2}{10}=\frac{\mu_z\mu_s w_0 l_a h^2}{10}$$

建筑物为框架结构，风荷载体型系数 $\mu_s=1.3\varphi=1.3\times0.8=1.04$

乡镇，地面粗糙度为B类，立杆计算段取底部，风压高度变化系数 $\mu_z=1.0$

$$M_{wk}=\frac{1.0\times1.04\times0.5\times1.2\times1.8^2}{10}=0.2\text{kN}\cdot\text{m}$$

（6）确定按稳定计算的搭设高度 H_s

组合风荷载时由《规范》公式（5.2.11-2）计算，即：

$$H_s = \frac{\varphi Af - \left\{ 1.2N_{G2k} + 0.9 \times 1.4\left[\sum N_{Qk} + \frac{M_{wk}}{W}\varphi A\right]\right\}}{1.2g_k}$$

$$= \frac{0.148 \times 506 \times 205 \times 10^{-3} - \left\{ 1.2 \times 1.47 + 0.9 \times 1.4\left[4.05 + \frac{0.2}{5.26} \times 0.148 \times 506\right]\right\}}{1.2 \times 0.1202}$$

$$= 33\text{m}$$

不组合风荷载时由《规范》公式 5.2.11-1 式计算，即：

$$H_s = \frac{\varphi Af - (1.2N_{G2k} + 1.4\sum N_{Qk})}{1.2g_k}$$

$$= \frac{0.148 \times 506 \times 205 \times 10^{-3} - (1.2 \times 1.47 + 1.4 \times 4.05)}{1.2 \times 0.1202} = 54\text{m}$$

确定脚手架搭设高度限值为 33m。

8.2.2 密目式安全立网全封闭双排双管立杆脚手架稳定性验算

【例7】采用 ϕ48.3×3.6 钢管搭设双排双管立杆脚手架（内、外排立杆为双管立杆），脚手架搭设高度限值 [H]＝55m，副立杆高 38m，立杆横距 l_b＝1.05m，立杆纵距 l_a＝1.5m，立杆步距 h＝1.5m，二步三跨连墙布置，建筑物为全混凝土结构（开窗洞），密目式安全立网全封闭脚手架，密目式安全立网自重标准值 Q_{p3}＝0.01kN/m²，结构施工，施工均布荷载标准值 Q_k＝（3+2）kN/m²，冲压钢脚手板满铺 2 层，其自重标准值 $\sum Q_{p1}$＝2×0.3kN/m²，栏杆、冲压钢脚手板挡板自重标准值 Q_{p2}＝2×0.16kN/m²。施工地区为基本风压 0.35kN/m² 市区。验算脚手架稳定性。

（1）计算方法：

① 验算脚手架整体稳定性部位为脚手架双管立杆底部与脚手架单立杆底部（双管立杆以上第一步）。

② 确定主、副立杆荷载分配。

a. 副立杆每步与纵向水平杆扣接，扣接节点靠近主节点，与脚手架形成整体框架。副立杆应承担自身脚手架结构自重与部分上部传下的荷载；同理，主立杆也应承担自身脚手架结构自重与部分上部传下的荷载。

b. 双立杆荷载试验结果，即：主立杆承担上部传下荷载的 65％，副立杆分担 35％。根据以上分析，双管立杆底部验算，按分担 65％上部荷载，验算主立杆稳定性。

脚手架主立杆结构自重与单立杆脚手架立杆结构自重基本一致，g_k＝0.1444kN/m。

（2）验算长细比。

$k=1$，$\mu=1.5$（查《规范》表 5.2.8），$\lambda = \dfrac{l_0}{i} = \dfrac{k\mu h}{i} = \dfrac{1.5 \times 150}{1.59}$

$=142<[\lambda]=210$ 满足要求

$$k = 1.155, \quad \lambda = \frac{1.155 \times 1.5 \times 150}{1.59} = 163, \quad \varphi = 0.265$$

（3）计算立杆段轴向力设计值。

构配件自重标准值产生的轴向力

$$N_{G2k} = 0.5(l_b + a_1)l_a \sum Q_{p1} + Q_{p2}l_a + l_a[H]Q_{p3} = 0.5(1.05 + 0.3)$$
$$\times 1.5 \times 2 \times 0.3 + 0.16 \times 1.5 \times 2 + 1.5 \times 55 \times 0.01 = 1.91kN$$

施工荷载标准值产生的轴向力总和

$$\sum N_{QK} = 0.5(l_b + a_1)l_a Q_K = 0.5(1.05 + 0.3) \times 1.5 \times (2 + 3) = 5.06kN$$

组合风荷载时

$$N = 1.2(N_{G1k} + N_{G2k}) + 0.9 \times 1.4 \sum N_{Qk} = 1.2(55 \times 0.1444 + 1.91)$$
$$+ 0.9 \times 1.4 \times 5.06 = 18.2kN$$

（4）计算立杆段风荷载设计值产生的弯矩 M_W：

$$M_W = \frac{0.9 \times 1.4\omega_k l_a h^2}{10} = \frac{0.9 \times 1.4\mu_Z\mu_S\omega_0 l_a h^2}{10}$$

38m 高度处

密目式安全立网全封闭脚手架挡风系数 $\varphi = 0.8$，城市市区地面粗糙度为 C 类，风压高度变化系数 $\mu_z = 1.0$，建筑物为全混凝土结构（开窗洞），风荷载体型系数 $\mu_s = 1.3\varphi = 1.3 \times 0.8 = 1.04$

立杆段风荷载设计值产生的弯矩

$$M_W = \frac{0.9 \times 1.4 \times 1.0 \times 1.04 \times 0.35 \times 1.5 \times 1.5^2}{10}$$
$$= 0.15kN \cdot m$$

脚手架底部

风压高度变化系数 $\mu_z = 0.65$

立杆段风荷载设计值产生的弯矩

$$M_W = \frac{0.9 \times 1.4 \times 0.65 \times 1.04 \times 0.35 \times 1.5 \times 1.5^2}{10}$$
$$= 0.1kN \cdot m$$

（5）验算脚手架底部主立杆稳定性。

按《规范》公式 5.2.6-2 验算，即

$$\frac{N}{\varphi A} + \frac{M_W}{W} = \frac{18.2 \times 10^3}{0.265 \times 506} + \frac{0.1 \times 10^6}{5.26 \times 10^3}$$
$$= 154.74N/mm^2 < f = 205N/mm^2$$

说明：双管立杆脚手架主立杆承担上部传下全部荷载，验算通过。

按分担 65% 上部荷载，验算主立杆稳定性必通过。

（6）38m 高以上脚手架立杆（单立杆部分）验算稳定性：

说明：单立杆第一步下主节点高为 $1.5 \times 25 + 0.2$（扫地杆高）$= 37.7m$，计算时约取 38m。

构配件自重标准值产生的轴向力 0.1444kN/m。

$$N_{G2k} = 0.5(l_b + a_1)l_a \sum Q_{p1} + Q_{p2}l_a + l_a([H] - 38)Q_{p3}$$
$$= 0.5(1.05 + 0.3) \times 1.5 \times 0.3 \times 2 + 0.16 \times 1.5 \times 2 + 1.5(55 - 38) \times 0.01$$
$$= 1.34kN$$

脚手架结构自重标准值产生的轴向力

$$N_{G1k} = ([H] - 38) g_k = (55 - 38) \times 0.1444 = 2.45 \text{kN}$$

组合风荷载时

立杆段轴向力设计值

$$N = 1.2(N_{G1k} + N_{G2k}) + 0.9 \times 1.4 \sum N_{Qk}$$
$$= 1.2(2.45 + 1.34) + 0.9 \times 1.4 \times 5.06 = 10.92 \text{kN}$$

立杆稳定性验算

$$\frac{N}{\varphi A} + \frac{M_w}{W} = \frac{10.92 \times 10^3}{0.265 \times 506} + \frac{0.15 \times 10^6}{5.26 \times 10^3}$$
$$= 109.95 \text{N/mm}^2 < f = 205 \text{N/mm}^2$$

满足要求。

说明：高度超过 50m 的双管立杆脚手架设计及验算，应根据施工现场实际工况条件、以往成功搭设经验及设计计算综合考虑。并应严格执行规范。构造上可在每步主副立杆上扣接两个旋转扣件（均匀布置）。副立杆高度的最低限值也应根据以往成功搭设经验确定，并保证有足够的安全度。

8.3　脚手架计算实例

8.3.1　单、双排脚手架计算例题

【例 8】单排脚手架搭设高度 10m，采用 ϕ48.3×3.6 钢管，密目式安全立网全封闭，自重为 0.010kN/m²，立杆的纵距 1.50m，立杆的横距 1.20m，立杆的步距 1.80m，连墙件采用 2 步 3 跨，砌筑结构脚手架，施工层 1 层，铺木脚手板，施工均布荷载为 3.0kN/m²。施工地区为基本风压 0.3kN/m² 的市区。建筑物结构为框架结构。验算脚手架立杆稳定与连墙件。

（1）脚手架荷载标准值：

作用于脚手架的荷载包括恒荷载、活荷载和风荷载。

恒荷载标准值：

① 脚手架结构自重产生的轴向力标准值：

脚手架立杆承受的每米结构自重标准值：查《规范》附录 A，表 A.0.1，$g_k = 0.1422 \text{kN/m}$

$$N_{G1k} = H \times g_k q = 10 \times 0.1422 = 1.422 \text{kN}$$

② 脚手板自重标准值产生的轴向力

木脚手板自重标准值，标准值为 0.35kN/m²

$$N_{G2} = 0.35 \times 1 \times 1.500 \times 1.2/2 = 0.315 \text{kN}$$

③ 栏杆与挡脚手板自重标准值产生的轴向力

栏杆、木脚手板挡脚板自重标准值为 0.17kN/m

$$N_{G3} = 0.17 \times 1.5 \times 1 = 0.255 \text{kN}$$

④ 密目式安全立网自重标准值产生的轴向力

密目式安全立网自重标准值为 $0.010kN/m^2$

$$N_{G4}=0.01×1.5×10=0.15kN$$

经计算得到：

构配件自重产生的轴向力标准值

$$N_{G2k}=N_{G2}+N_{G3}+N_{G4}=0.315+0.255+0.15=0.72kN。$$

⑤ 施工荷载产生的轴向力标准值总和

$$\sum N_{Qk}=(3×1×1.5×1.2)/2=2.70kN$$

⑥ 计算风荷载产生的立杆段弯矩设计值 M_w

立杆稳定验算部位，取脚手架立杆底部作用于脚手架上的水平风荷载标准值：

$$w_k=\mu_z·\mu_s·w_0$$

根据《建筑结构荷载规范》，大城市市区，地面粗糙度为 C 类

风压高度变化系数 $\mu_z=0.65$

密目式安全立网全封闭脚手架后，其挡风系数 $\varphi=0.8$

建筑物结构型式为框架结构，脚手架风荷载体型系数 $\mu_s=1.3\varphi=1.3×0.8=1.04$

根据现行国家标准《建筑结构荷载规范》GB 50009—2012 附表 E.5 的规定，重现期 $n=10$ 对应的风压值，即：基本风压值 $w_0=0.3kN/m^2$

$$w_k=\mu_z·\mu_s·w_0=0.65×1.04×0.3=0.2kN/m^2$$

风荷载产生的立杆段弯矩设计值 M_w 得：

$$M_w=0.9×1.4M_{wk}=\frac{0.9×1.4w_kl_ah^2}{10}$$

$$=0.9×1.4×0.2×1.5×1.8^2÷10=0.12kN·m$$

（2）计算立杆段的轴向力设计值 N

不组合风荷载时：

$N=1.2(N_{G1k}+N_{G2k})+1.4\sum N_{Qk}=1.2(1.422+0.72)+1.4×2.7=6.35kN$

组合风荷载时：

$$N=1.2(N_{G1k}+N_{G2k})+0.9×1.4\sum N_{Qk}$$

$$=1.2(1.422+0.72)+0.9×1.4×2.7=5.97kN$$

（3）立杆的稳定性计算：

① 验算长细比：

查《规范》表 5.2.8 得脚手架立杆的计算长度系数 $\mu=1.8$

长细比 $\lambda=l_0/i=k\mu h/i$；$k=1$ 时，$\lambda=1.8×180/1.59=204<[\lambda]=230$，满足要求！

$k=1.155$ 时，$\lambda=1.155×1.8×180/1.59=235$

查《规范》附录 A，表 A.0.6 得轴心受压构件的稳定系数 $\varphi=0.132$

② 稳定性计算：

不组合风荷载时：

$$\frac{N}{\varphi A}=6.35×10^3/(0.132×506)=95.07N/mm^2<f=205.0N/mm^2$$

组合风荷载时：

$$\frac{N}{\varphi A} + \frac{M_w}{W} = 5.97 \times 10^3/(0.132 \times 506) + 0.12 \times 10^6/5260$$
$$= 112.2\text{N/mm}^2 < f = 205.0\text{N/mm}^2$$

满足要求！

【例 9】 双排脚手架搭设高度 30m，采用 $\phi 48.3 \times 3.6$ 钢管，密目式安全立网全封闭，自重为 0.010kN/m^2，结构施工脚手架，施工层 2 层，施工荷载为 $3+2\text{kN/m}^2$，铺竹笆脚手板，脚手板自重标准值 0.10kN/m^2。施工地区为基本风压 0.35kN/m^2 的市区。建筑物结构型式为框架结构。地基土为砂、石填土，分层夯实，地基承载力特征值 240kN/m^2 (kPa)，编制扣件式钢管脚手架专项方案计算书。

1. 根据《规范》表 6.1.1-1 常用密目式安全立网全封闭式双排脚手架的设计尺寸，选用搭设尺寸如下：

立杆的纵距 1.50m，立杆的横距 1.05m，立杆的步距 1.80m，横向杆计算外伸长度为 0.30m。连墙件采用 2 步 3 跨，竖向间距 3.6m，水平间距 4.50m，采用扣件连接。

2. 纵向水平杆计算：

使用竹笆脚手板时，纵向水平杆采用直角扣件固定在横向水平杆上，并应等间距设置，间距 1050/3=350<400mm。双排脚手架的横向水平杆的两端，应用直角扣件固定在立杆上。施工荷载由横向水平杆传至立杆。

纵向水平杆按照三跨连续梁进行强度和挠度计算。按照纵向水平杆上面的脚手板和活荷载作为均布荷载计算纵向水平杆的最大弯矩和变形。计算简图如图 8.3.1-1、图 8.3.1-2：

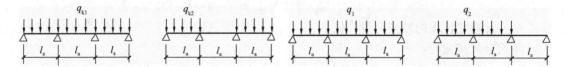

图 8.3.1-1 纵向水平杆计算荷载组合　　　　图 8.3.1-2 纵向水平杆计算荷载组合
　　简图（跨中最大挠度）　　　　　　　　　　简图（支座最大弯矩）

① 均布荷载值计算

脚手板的荷载标准值 $q_{k1} = 0.10 \times 1.05/3 = 0.035\text{kN/m}$

活荷载标准值 $q_{k2} = 3 \times 1.050/3 = 1.050\text{kN/m}$

恒荷载的设计值 $q_1 = 1.2 \times 0.035 = 0.042\text{kN/m}$

活荷载的设计值 $q_2 = 1.4 \times 1.050 = 1.47\text{kN/m}$

② 抗弯强度计算

最大弯矩：

$$M = 0.1q_1 l_a^2 + 0.117q_2 l_a^2$$
$$= (0.10 \times 0.042 + 0.117 \times 1.470) \times 1.5^2 = 0.4\text{kN} \cdot \text{m}$$
$$\sigma = M/W = 0.4 \times 10^6/5260 = 76.05\text{N/mm} < f = 205.0\text{N/mm}^2$$

纵向水平杆的计算抗弯强度小于抗弯强度设计值，满足要求！

③ 挠度计算

最大挠度:

$$v = \frac{l_a^4}{100EI}(0.677q_{k1} + 0.99q_{k2})$$

$$V = (0.677 \times 0.035 + 0.990 \times 1.050) \times 1500^4/(100 \times 2.06 \times 10^5 \times 127100)$$

$$= 2.06mm < l_a/150 = 10mm$$

纵向水平杆最大挠度小于1500/150与10mm,满足要求!

3. 横向水平杆计算:

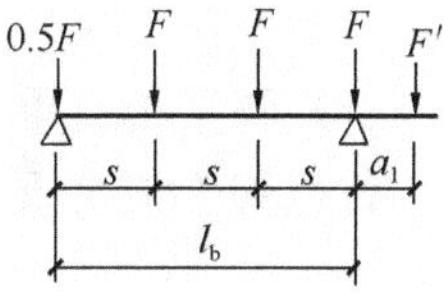

小横杆按照简支梁进行强度和挠度计算,纵向水平杆应采用直角扣件固定在横向水平杆上,横向水平杆为纵向水平杆的支座。

用大横杆支座的最大反力计算值,在最不利荷载布置下计算横向水平杆的最大弯矩和变形。计算简图见图8.3.1-3:

图 8.3.1-3 横向水平杆计算简图

$$S = l_b/3 \leqslant 0.4m$$

① 抗弯强度计算

由纵向水平杆传给横向水平杆集中力设计值

$$F = 1.1q_1l_a + 1.2q_2l_a = 1.1 \times 0.042 \times 1.5 + 1.2 \times 1.47 \times 1.5 = 2.72kN$$

最大弯矩

$$M = Fl_b/3 = 2.72 \times 1.05/3 = 0.95kN \cdot m$$

$$\sigma = M/W = 0.95 \times 10^6/5260 = 180.61N/mm < f = 205.0N/mm^2$$

纵向水平杆的计算抗弯强度小于抗弯强度设计值,满足要求!

② 挠度计算

由纵向水平杆传给横向水平杆的集中力标准值

$$F_k = 1.1q_{k1}l_a + 1.2q_{k2}l_a = 1.1 \times 0.035 \times 1.5 + 1.2 \times 1.05 \times 1.5 = 1.95kN$$

挠度 $v = \dfrac{23F_kl_b^3}{648EI} =$

$$v = 23 \times 1.95 \times 1050^3 \times 10^3/(648 \times 2.06 \times 10^5 \times 127100)$$

$$= 3.06mm < l_a/150 = 10mm$$

纵向水平杆最大挠度小于1500/150与10mm,满足要求!

4. 扣件抗滑力的计算:

由横向水平杆传给立杆竖向力

$$R = 1.5F + F'(1 + a_1/l_b)$$

脚手板自重标准值 $Q_p = 0.35kN/m^2$,上层施工荷载标准值 $Q_k = 3kN/m^2$

悬挑部分纵向水平杆传给横向水平杆集中力

$$F' = 1.1 \times 1.2Q_pa_1l_a + 1.2 \times 1.4Q_ka_1l_a$$

$$= 1.2 \times 1.1 \times 0.35 \times 0.3 \times 1.5 + 1.4 \times 1.2 \times 3 \times 0.3 \times 1.5$$

$$= 2.48kN$$

$$R = 1.5F + F'(1 + a_1/l_b) = 1.5 \times 2.72 + 2.48(1 + 0.3/1.05)$$

$$= 7.27kN \leqslant R_c = 8kN$$

单扣件抗滑承载力的设计计算,满足要求!

5. 验算脚手架立杆稳定

1）脚手架荷载标准值：

作用于脚手架的荷载包括恒荷载、活荷载和风荷载。

恒荷载标准：

（1）脚手架结构自重产生的轴向力标准值：

脚手架立杆承受的每米结构自重标准值：查《规范》附录 A，表 A.0.1 得 $g_k = 0.1295 \mathrm{kN/m}$

$$N_{G1k} = H \times g_k = 30 \times 0.1295 = 3.89 \mathrm{kN}$$

（2）脚手板自重标准值产生的轴向力

竹笆脚手板自重标准值为 $0.10 \mathrm{kN/m^2}$

$$N_{G2} = 0.1 \times 2 \times 1.5 \times (1.05 + 0.3)/2 = 0.203 \mathrm{kN}$$

（3）栏杆与挡脚手板自重标准值产生的轴向力

采用栏杆、木脚手板挡板，标准值为 $0.17 \mathrm{kN/m}$

$$N_{G3} = 0.170 \times 1.500 \times 2 = 0.510 \mathrm{kN}$$

（4）密目式安全立网自重标准值产生的轴向力

密目式安全立网自重标准值为 $0.01 \mathrm{kN/m^2}$

$$N_{G4} = 0.01 \times 1.5 \times 30 = 0.45 \mathrm{kN}$$

经计算得到：

构配件自重产生的轴向力标准值

$$N_{G2k} = N_{G2} + N_{G3} + N_{G4} = 0.203 + 0.51 + 0.45 = 1.163 \mathrm{kN}。$$

（5）施工荷载产生的轴向力标准值总和

$$\sum N_{Qk} = (3 + 2) \times 1.5(1.05 + 0.3)/2 = 5.06 \mathrm{kN}$$

（6）计算风荷载产生的立杆段弯矩设计值 M_w

立杆稳定验算部位，取脚手架立杆底部

作用于脚手架上的水平风荷载标准值

$$w_k = \mu_z \cdot \mu_s \cdot w_0$$

根据《建筑结构荷载规范》，大城市市区，地面粗糙度为 C 类

风压高度变化系数 $\mu_z = 0.65$

密目式安全立网全封闭脚手架后，其挡风系数 $\varphi = 0.8$

建筑物结构形式为框架结构，脚手架风荷载体型系数 $\mu_s = 1.3\varphi = 1.3 \times 0.8 = 1.04$

根据现行国家标准《建筑结构荷载规范》GB 50009—2012 附表 E.5 的规定，重现期 $n = 10$ 对应的风压值，即：基本风压值 $w_0 = 0.35 \mathrm{kN/m^2}$

$$w_k = \mu_z \cdot \mu_s \cdot w_0 = 0.65 \times 1.04 \times 0.35 = 0.24 \mathrm{kN/m^2}$$

风荷载产生的立杆段弯矩设计值 M_w 得：

$$M_w = 0.9 \times 1.4 M_{wk} = \frac{0.9 \times 1.4 w_k l_a h^2}{10}$$

$$= 0.9 \times 1.4 \times 0.24 \times 1.5 \times 1.8^2 \div 10 = 0.15 \mathrm{kN \cdot m}$$

2）计算立杆段的轴向力设计值 N 与标准值 N_k

不组合风荷载时：

轴向力设计值

$$N = 1.2(N_{G1k} + N_{G2k}) + 1.4 \sum N_{Qk} = 1.2(3.89 + 1.163) + 1.4 \times 5.06 = 13.15\text{kN}$$

轴向力标准值

$$N_k = (N_{G1k} + N_{G2k}) + \sum N_{Qk} = (3.89 + 1.163) + 5.06 = 10.11\text{kN}$$

组合风荷载时：

轴向力设计值

$$N = 1.2(N_{G1k} + N_{G2k}) + 0.9 \times 1.4 \sum N_{Qk}$$
$$= 1.2(3.89 + 1.163) + 0.9 \times 1.4 \times 5.06 = 12.44\text{kN}$$

轴向力标准值

$$N_k = (N_{G1k} + N_{G2k}) + 0.9 \sum N_{Qk} = (3.89 + 1.163) + 0.9 \times 5.06 = 9.61\text{kN}$$

3）立杆的稳定性计算：

（1）验算长细比：

查《规范》表 5.2.8 得脚手架立杆的计算长度系数 $\mu = 1.5$

长细比 $\lambda = l_0/i = k\mu h/i$；$k = 1$ 时，$\lambda = 1.5 \times 180/1.59 = 170 < [\lambda] = 210$，

满足要求！

$k = 1.155$ 时，$\lambda = 1.155 \times 1.5 \times 180/1.59 = 196$

查《规范》附录 A，表 A.0.6，得轴心受压构件的稳定系数 $\varphi = 0.188$

（2）稳定性计算：

不组合风荷载时：

$$\frac{N}{\varphi A} = 13.15 \times 10^3/(0.188 \times 506) = 138.23\text{N/mm}^2 < f = 205.0\text{N/mm}^2$$

组合风荷载时：

$$\frac{N}{\varphi A} + \frac{M_W}{W} = 12.44 \times 10^3/(0.188 \times 506) + 0.15 \times 10^6/5260$$
$$= 159.29\text{N/mm}^2 < f = 205.0\text{N/mm}^2$$

满足要求！

6. 连墙件计算：

1）扣件连接抗滑承载力验算：

（1）作用于脚手架上的水平风荷载标准值 w_k

连墙件均匀布置，受风荷载作用最大的连墙件应在脚手架的最高部位，计算按 30m 考虑，施工地区为基本风压 0.35kN/m² 大城市市区。

风压高度变化系数 $\mu_z = 0.88$

建筑物结构型式为框架结构，脚手架背靠建筑物的状况为框架，根据《规范》表 4.2.6。脚手架风荷载体型系数 $\mu_s = 1.3\varphi$

根据《规范》4.2.7 条，密目式安全立网全封闭脚手架挡风系数 φ 不宜小于 0.8，所以，取 $\varphi = 0.8$

$$\mu_s = 1.3\varphi = 1.3 \times 0.8 = 1.04$$

作用于脚手架上的水平风荷载标准值：

$$w_k = \mu_z \cdot \mu_s \cdot w_0 = 0.88 \times 1.04 \times 0.35 = 0.32\text{kN/m}^2$$

（2）连墙件的轴向力设计值 N_l：

双排脚手架连墙件约束脚手架平面外变形所产生的轴向力，

$$N_0 = 3kN$$

由风荷载产生的连墙件的轴向力设计值，

$$N_{lw} = 1.4 \cdot w_k A_w = 1.4 \times 0.32 \times 2 \times 1.8 \times 3 \times 1.5 = 7.26kN$$

说明：每个连墙件的覆盖面积内脚手架外侧面的迎风面积（A_w）为连墙件水平间距×连墙件竖向间距。

连墙件的轴向力设计值

$$N_l = N_{lw} + N_0 = 7.26 + 3 = 10.26kN$$

（3）扣件连接抗滑移验算：

查《规范》表 5.1.7 得一个直角扣件抗滑承载力设计值

$$R_c = 8kN$$

$$N_l = 10.26kN > R_c = 8kN$$

连墙件使用一个扣件不满足要求。

连墙件采用双扣件：即连墙杆采用直角扣件与脚手架的内、外排立杆连接，连墙杆与建筑物连接时，应在建筑物的内、外墙面附加短管处各加两只直角扣件扣牢。即可满足要求。

$$N_l = 10.26kN < 12kN$$

双扣件抗滑承载力按 12kN 考虑。连墙件使用双扣件满足要求。

2）连墙件杆件的强度验算：

强度：

$$\sigma = \frac{N_l}{A_c} \leqslant 0.85f$$

$$\sigma = \frac{N_l}{A_c} = 10.26 \times 10^3 / 506 = 20.28N/mm^2$$

$$\leqslant 0.85f = 0.85 \times 205 = 174.25N/mm^2$$

满足要求！

3）连墙杆稳定承载力验算。

连墙杆采用 $\phi48 \times 3.6$ 钢管时，杆件两端均采用直角扣件分别连于脚手架及附加的墙内、外侧短钢管上，因此连墙杆的计算长度可取脚手架距墙距离，即 $l_0 = 30cm$，

长细比：$\lambda = l_0/i = 30/1.59 = 19 < [\lambda] = 150$（查《冷弯薄壁型钢结构技术规范》）

满足要求！

轴心受压立杆的稳定系数，由长细比 λ 查表得到 $\varphi = 0.949$；

$$Nl/\varphi A = 10.26 \times 10^3 / (0.949 \times 506) = 21.37N/mm^2$$

连墙件稳定承载力 $< 0.85[f] = 174.25$，连墙件稳定承载力计算满足要求！

7. 脚手架地基承载力计算：

立杆基础底面的平均压力应满足下式的要求

立杆基础底面处的平均压力标准值

$$P_k = \frac{N_k}{A} \leqslant f_g$$

上部结构传至立杆基础顶面的轴向力标准值 $N_k = 10.11kN$；

垫板应采用长度不少于 2 跨、厚度不小于 50mm、宽度不小 200mm 的木垫板，基础底面积按 $0.2m^2$ 计。

$$P_k = \frac{N_k}{A} = 10.11 \div 0.2 = 50.55kN/m^2$$

地基承载力特征值 f_g （kPa）：

$$f_g = 240 \times 0.4 = 96kN/m^2$$

$$P_k \leqslant f_g$$

地基承载力的计算满足要求！

8. 专项方案计算书要求

（1）荷载要求：施工荷载 $3+2kN/m^2$，铺竹笆脚手板，脚手板自重标准值 $0.10kN/m^2$，不应超载。施工地区为基本风压 $0.35kN/m^2$ 大城市市区。

（2）脚手架搭设尺寸：杆的纵距 1.50m，立杆的横距 1.05m，立杆的步距 1.80m，横向杆计算外伸长度为 0.30m。连墙件采用 2 步 3 跨，竖向间距 3.6m，水平间距 4.50m。

脚手架高度 30m。

（3）扣件连墙件要求：连墙件使用双扣件，即连墙杆采用直角扣件与脚手架的内、外排立杆连接，连墙件与建筑物连接时在建筑物的内、外墙面附加短管处各加两只直角扣件扣牢。

（4）脚手架基础（垫板）要求：基础底面积不小于 $0.2m^2$，垫板应采用长度不少于 2 跨、厚度不小于 50mm、宽度不小 200mm 的木垫板。

（5）以上计算结果编入脚手架安全技术交底。

（6）工程实际与计算结论相符。

（7）脚手架构造要求与搭设符合第 9 章（构造要求）有关要求。

8.3.2 超高层建筑顶部钢桅杆施工用脚手架设计校核

【例 10】某工程建设大厦顶层屋面上部为钢桅杆，杆顶相对标高 244.7m，地面到钢桅杆顶高 245.8m，桅杆长 49.2m，施工脚手架从钢筋混凝土结构顶（相对标高 179.8m）处搭设，搭设高度 66m，为保证安全施工必须对脚手架搭设设计进行校核。

（1）脚手架钢管采用 $\phi48 \times 3.5Q235\text{-}A$ 焊接钢管及可锻铸铁扣件。脚手架中下部设构件转运层，下部立杆纵距 0.7m，上部立杆步距除第一步为 1.8m 外，其余按 1.2m 控制，搭设设计方案见图 8.3.2-1、图 8.3.2-2。

（2）设计校核原则：

以承载能力极限状态和正常使用极限状态设计方法校核，以分项系数设计表达式进行计算，且综合

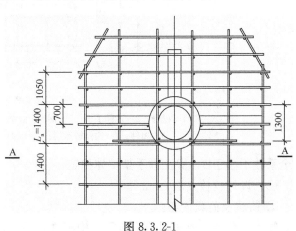

图 8.3.2-1

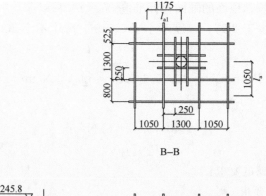

B–B

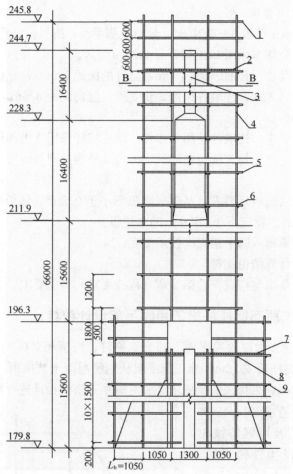

图 8.3.2-2

1—栏杆；2—木脚手板；3—钢桄杆；4—立杆；5—横向水平杆；

6—扣件；7—构件转运层；8—纵向水平杆；9—连墙杆

安全系数不小于 2，保证脚手架整体稳定。

（3）设计校核方法：

① 荷载及荷载传递：

脚手架荷载主要包括结构自重、构配件自重、施工荷载、风荷载。荷载传递顺序为：

荷载→木脚手板→横向水平杆→扣件→纵向水平杆→扣件→立杆→基础。

② 计算内容：

a. 构件转运层横向水平杆按两跨连续梁计算，其余水平杆按连续梁或简支梁计算，其强度、刚度均应满足要求。

b. 纵向水平杆与立杆连接的扣件抗滑承载力必须满足要求。

c. 脚手架立杆计算根据《建筑施工扣件式钢管脚手架安全技术规范》，把脚手架的整体稳定计算简化为立杆的计算，即将立杆的步距乘以大于 1.0 长度系数（μ）作为计算长度，μ 由脚手架整体稳定试验确定。不同的连墙件竖向间距、立杆步距、立杆横距给出不同 μ 值，反映主要因素对脚手架整体稳定承载力的影响。结合本工程脚手架搭设实例，取 $\mu=1.5$，计算部位取脚手架步距最大（$h=1.8$m）处及底部。立杆的稳定性按式 8.3.2-1 计算：

$$\frac{N}{\varphi A}+\frac{M_{\mathrm{w}}}{W} \leqslant f \tag{8.3.2-1}$$

式中　N——计算立杆段的轴向力设计值；

立杆段风荷载设计值产生的弯矩

$$M_{\mathrm{w}}=0.9 \times 1.4 w_{\mathrm{k}} l_{a} h^{2} / 10;$$

　　　　w_{k}——风荷载标准值；

　　　　l_{a}——立杆纵距（本例按计算单元范围取）；

　　　　h——立杆步距；

　　　　μ——轴心受压构件的稳定系数；

　　　　A——钢管截面积；

　　　　W——截面模量；

　　　　f——钢材的抗压强度设计值，$f=205\mathrm{N/mm^2}$。

d. 连墙件计算应验算连墙杆的强度、稳定性及扣件抗滑承载力，其轴向力设计值按式 8.3.2-2 计算：

$$N_{l}=N_{l\mathrm{w}}+3\mathrm{kN} \tag{8.3.2-2}$$

式中　N_{l}——连墙件轴向力设计值（kN）；

　　　　$N_{l\mathrm{w}}$——风荷载产生的连墙轴向力设计值 $N_{l\mathrm{w}}=1.4 w_{\mathrm{k}} A_{\mathrm{w}}$；

A_{w} 每个连墙件的覆盖面积内脚手架外侧面的迎风面积，为连墙件水平间距×连墙件竖向间距。

（4）主要杆件设计校核：

① 脚手架和构配件自重及施工荷载。

构件转运层以上和以下钢管脚手架立杆每米自重标准值分别为 $g_{\mathrm{k1}}=0.1429\mathrm{kN/m}$、$g_{\mathrm{k2}}=0.112\mathrm{kN/m}$，木脚手板自重标准值 $0.35\mathrm{kN/m^2}$，栏杆、木脚手挡板线荷载标准值 $0.17\mathrm{kN/m}$，构件转运层和施工层均布活荷载标准值分别为 $5\mathrm{kN/m^2}$ 和 $2\mathrm{kN/m^2}$。

② 风荷载。

作用于脚手架上的水平风荷载标准值按式 8.3.2-3 计算

$$w_{\mathrm{k}}=\mu_{z}\mu_{s}w_{0} \tag{8.3.2-3}$$

式中风压高度变化系数 μ_z、基本风压 w_0、脚手架风荷载体型系数 μ_s 均按《建筑结构荷载规范》规定取值或取值计算。

工程地点为某城市海边，为 A 类地区，$w_0=0.45\text{kN/m}^2$，高度 250m 处 $\mu_{z1}=2.78$，高度 200m 处，$\mu_{z2}=2.64$；

敞开式脚手架，$\mu_s=1.2\varphi(1+1)$，挡风系数 $\varphi=\dfrac{1.2A_n}{l_a h}$，$A_n$ 为计算单元内钢管的总挡风面积，$A_n=(l_a+h+0.325l_a h)d$

全封闭脚手架 $\mu_s=1.3\varphi$

在最高处脚手架外侧面，取风荷载对连墙件产生的轴力大的一面计算连墙件。

连墙件迎风面积包括三部分

a. 最上部栏杆步高 $h=0.6\text{m}$，敞开脚手架，宽度取 $(1.05+1.3/2)$，迎风面积 $A_1=0.6\times(1.05+1.3/2)=1.02\text{m}^2$。

施工层栏杆步高 $h=0.6\text{m}$，$l_{a1}=1.175\text{m}$，$\varphi=0.164$，$\mu_s=1.2\times0.164(1+1)=0.394$，$w_{k1}=2.78\times0.394\times0.45=0.49\text{kN/m}^2$。

b. 施工层脚手架围栏 1.2m 高度范围内用密目式安全立网（挡风系数为 0.8）封闭。

$$\mu_s=1.3\varphi=1.3\times0.8=1.04$$
$$w_{k2}=2.78\times1.04\times0.45=1.3\text{kN/m}^2$$

封闭脚手架，宽度取 $(1.05+1.3/2)$，迎风面积 $A_2=1.2\times(1.05+1.3/2)=2.04\text{m}^2$。

c. 最顶部施工层下为敞开式脚手架。

当 $l_a=1.05\text{m}$ 时 $h=1.2\text{m}$，$\varphi=0.1216$，$\mu_s=1.2\times0.1216(1+1)=0.29$

$$w_{k3}=2.78\times0.29\times0.45=0.36\text{kN/m}^2$$

当 $l_{a1}=1.175\text{m}$ 时 $h=1.2\text{m}$，$\varphi=0.1157$，$\mu_{s1}=1.2\times0.1157(1+1)=0.28$

$$w_{k4}=2.78\times0.28\times0.45=0.35\text{kN/m}^2$$

说明 w_{k4} 略小于 w_{k3}，但在其作用的脚手架外侧面，风荷载对连墙件产生的轴力大。计算时，取 $w_{k4}=0.35\text{kN/m}^2$

施工层下脚手架步距 1.2m，取 0.6m 高计算到施工层上连墙件迎风面积内，宽度取 $(1.05+1.3/2)$，迎风面积 $A_4=0.6\times(1.05+1.3/2)=1.02\text{m}^2$。

构件运转层处 $h=1.8\text{m}$，$l_a=1.175\text{m}$，$\varphi=0.10$

$$\mu_s=1.2\times0.10(1+1)=0.24$$
$$w_{k5}=2.64\times0.24\times0.45=0.29\text{kN/m}^2$$

脚手架底部，$h=1.5\text{m}$，$L_a=0.7\text{m}$，$\varphi=0.139$

$$\mu_s=1.2\times0.139(1+1)=0.33$$
$$w_{k6}=2.64\times0.33\times0.45=0.39\text{kN/m}^2$$

③ 构件转运层横向水平杆计算。

计算图见图 8.3.2-3。

作用于横向水平杆线荷载（恒载）标准值：$q_k=0.35\times0.7=0.245\text{kN/m}$

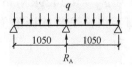

图 8.3.2-3

作用于横向水平杆线荷载（活载）标准值：$q_Q=5\times0.7=3.5\text{kN/m}$

作用于横向水平杆线荷载设计值：

$$q=1.2q_k+1.4q_Q=1.2\times0.245+1.4\times3.5=5.194\text{kN/m}$$

抗弯强度：

$$\sigma=\frac{M_{max}}{W}=\frac{0.125ql_b^2}{W}=\frac{0.125\times5.194\times1050^2}{5.08\times10^3}$$
$$=141\text{N/mm}^2<f=205\text{N/mm}^2$$

最大挠度：

$$f_{max}=(0.521q_k+0.912q_Q)\frac{l_b^4}{100EI}$$

$$=(0.521\times0.245+0.912\times3.5)\times\frac{1050^4}{100\times2.06\times10^5\times12.19\times10^4}$$

$$=1.6\text{mm}<\frac{l_b}{150}=7\text{mm}$$

验算结果：满足要求。

横向水平杆通过纵向水平杆传给立杆竖向力设计值

$R_A=1.25ql_b=1.25\times5.194\times1.05=6.82\text{kN}<R_c=8\text{kN}(R_c$ 为扣件抗滑承载力设计值)，满足要求。

横向水平杆通过纵向水平杆传给立杆竖向力(恒载)标准值：

$$R_{Ak}=1.25q_kl_b=1.25\times0.245\times1.05=0.322\text{kN}$$

横向水平杆通过纵向水平杆传给立杆竖向力(活载)标准值：

$$R_{AQ}=1.25q_Ql_b=1.25\times3.5\times1.05=4.594\text{kN}$$

④ 立杆计算。

构件转运层以上脚手架高 50.8m，计算立杆段取步距 $h=1.8$m 处。

脚手架结构自重标准值产生的轴向力

$$N_{G1k}=0.1429\times50.8=7.259\text{kN}$$

脚手板、栏杆、挡脚板标准值产生的轴力

$N_{G2k}=0.35\times8(1.05+0.25)\times1.05/2+1.05\times0.17=2.09\text{kN}$(铺8层脚手板)

施工荷载标准值产生的轴向力

$$N_{Q1k}=0.5(1.05+0.25)\times1.05\times2=1.365\text{kN}$$

计算立杆段的轴心力设计值

$N=1.2(N_{G1k}+N_{G2k})+0.9\times1.4N_{G1k}=1.2(7.259+2.09)+0.9\times1.4\times1.365$
$=12.94\text{kN}$

计算立杆段由风荷载设计值产生的弯矩

$$M_w=\frac{0.9\times1.4W_{k5}l_{a1}h^2}{10}=\frac{0.9\times1.4\times0.29\times1.175\times1.8^2}{10}=0.14\text{kN}\cdot\text{m}$$

长细比 $\lambda=\frac{l_0}{i}=\frac{k\mu h}{i}$

$k=1,\lambda=\frac{1.5\times180}{1.58}=171[\lambda]=210$

$k=1.155,\lambda=\frac{1.155\times1.5\times180}{1.58}=197,\varphi=0.186$

立杆稳定性计算：

$$\frac{N}{\varphi A} = \frac{M_w}{W} = \frac{12.94 \times 10^3}{0.186 \times 489} + \frac{0.14 \times 10^6}{5.08 \times 10^3}$$

$$= 169.83 \text{N/mm}^2 < f = 205 \text{N/mm}^2$$

验算结果：满足要求。

整体脚手架高 66m，计算立杆段取脚手架底部，步距 $h = 1.5$m；脚手架结构自重标准值产生的轴向力

$$N_{Gk} = N_{G1k} + (66 - 50.8) \times 0.112 = 7.259 + 1.702 = 8.961 \text{kN}$$

施工活荷载产生的轴向力标准值总和：

$$\sum N_{Qk} = N_{Q1k} + R_{AQ} = 1.365 + 4.594 = 5.594 \text{kN}$$

组合风荷载时轴向力设计值：

$$N = 1.2(N_{Gk} + N_{G2k} + R_{AK}) + 0.9 \times 1.4 \sum N_{Qk}$$

$$= 1.2 \times (8.961 + 2.09 + 0.322) + 0.9 \times 1.4 \times 5.959 = 21.16 \text{kN}$$

长细比：$\lambda = \frac{k\mu h}{i}$，$\kappa = 1$ 时，$\lambda = \frac{1.5 \times 150}{1.58} = 142 < [\lambda] = 210$

$$K = 1.155 \text{ 时 } \lambda = \frac{1.155 \times 1.5 \times 150}{1.58} = 164, \varphi = 0.262$$

立杆稳定性验算：脚手架底部被钢屋面瓦遮盖，但封闭不严密，应考虑风荷载作用，风荷载设计值对计算立杆段产生的弯矩

$$M_w = \frac{0.9 \times 1.4 \omega_{k6} l_a h^2}{10}$$

$$= \frac{0.9 \times 1.4 \times 0.39 \times 0.7 \times 1.5^2}{10}$$

$$= 0.08 \text{kN} \cdot \text{m}$$

$$\frac{N}{\varphi A} + \frac{M\omega}{W} + \frac{21.16 \times 10^3}{0.262 \times 489} + \frac{0.08 \times 10^6}{5.08 \times 10^3} = 180.91 \text{N/mm}^2 < f = 205 \text{N/mm}^2$$

验算结果：满足要求。

⑤ 连墙件计算。

采用钢管扣件做连墙杆，扣件连接抗滑移验算：

脚手架连墙杆设置：脚手架下部二步三跨，脚手架上部一步一跨（三跨中两处与桅杆连接固定，每步与桅杆连接固定）。

连墙件轴向力设置值：

$$N_l = N_{lw} + N_0 = 1.4 \cdot w_k \cdot A_w + 3$$

$$= 1.4(w_{k1} A_1 + w_{k2} A_2 + w_{k4} A_4) + 3$$

$$= 1.4[0.49 \times 1.02 + 1.3 \times 2.04 + 0.35 \times 1.02] + 3$$

$$= 7.91 \text{kN} < R_c = 8 \text{kN}$$

满足要求

或要求连墙杆与脚手架杆件连接点处两侧分别增加一只扣件（沿受力方向设置双扣件）。

强度计算：

$$\sigma = \frac{N_l}{A_c} = 7.91 \times 10^3/489 = 16.18 \text{N/mm}^2 \leqslant 0.85f = 174.252 \text{N/mm}^2$$

满足要求

稳定性计算：

连墙杆计算长度 $l_H = 0.25\text{m}$，长细比 $\lambda = 25/1.58 = 16 < [\lambda] = 150$（查《冷弯薄壁型钢结构技术规范》），$\varphi = 0.958$。

$$\frac{N_l}{\varphi A} = \frac{7.91 \times 10^3}{0.958 \times 489} = 16.89 \text{N/mm}^2 < 0.85f = 174.252 \text{N/mm}^2$$

验算结果：满足要求。

⑥ 其他。

水平杆强度、刚度、立杆、地基基础承载力满足要求，计算略。

（5）脚手架搭设构造要求：

① 脚手架与钢桅杆的连接杆应放置钢桅杆爬梯上，与钢桅杆抱紧固定，不能留间隙。

② 构件运转层在桅杆基础两侧各设三排脚手架，以便在保证货物转运空间前提下增强脚手架整体稳定性。

③ 脚手架设剪刀撑，扣件拧紧扭力矩不应小于 40N·m，不大于 65N·m。

④ 施工操作层施工荷载不超过 2kN/m²。

⑤ 搭接偏差，钢管、扣件质量等项均应满足有关规范要求。

⑥ 在条件允许的情况下，可用缆风绳可靠固定钢桅杆。

（6）脚手架搭设设计方案还需考虑的问题。

超高层建筑顶部钢桅杆可以视为一个悬臂受压柱，当受到水平方向力（如风荷载）作用时将产生水平侧移，由于侧移引起竖向荷载的偏心又将产生附加弯矩。《高层民用建筑钢结构技术规程》规定："结构在风荷载作用下，顶点质心位置的侧移不宜超过建筑高度的 1/500；质心层间侧移不宜超过建筑高度的 1/400。"

本例中在钢桅杆高度范围内，脚手架每步与钢桅杆连接，且脚手架与钢桅杆的连接杆放置在爬梯上。脚手架与钢桅杆形成整体，脚手架部分自重荷载通过钢桅杆传给钢桅杆底座。在风荷载作用下，脚手架与钢桅杆整体将发生水平位移。必将产生附加弯矩，需验算其整体（脚手架与钢桅杆的整体）稳定性。

为解决此问题，在施工中应用缆风绳可靠固定钢桅杆，使钢桅杆在风荷载作用下不发生水平位移，钢桅杆与脚手架整体将不产生附加弯矩。则按本书对脚手架进行整体稳定性验算。在无法使用缆风绳固定钢桅杆时，应与设计方（或由设计方）对钢桅杆与脚手架整体进行整体稳定验算，同时，还应按本书要求对脚手架进行设计计算。验算符合要求，方可施工。

本例中，设计方已全面考虑了屋顶钢结构在施工中可能出现的问题。在施工中，设计方代表经常到现场核查，解决施工与设计不协调的问题。在施工中，钢桅杆安装过程中，在条件允许的情况下，用缆风绳可靠固定钢桅杆。通过施工实践证明，该脚手架搭设设计方案安全可靠。

8.3.3 满堂脚手架计算例题

【例 11】敞开式扣件满堂脚手架搭设高度 15m，采用 φ48.3×3.6 钢管，轻型钢结构施工脚手架，施工层 1 层，施工荷载为 $2kN/m^2$，局部产生集中荷载为 $3kN/m^2$，施工层铺设木脚手板，脚手板自重标准值 $0.35kN/m^2$。施工地区为基本风压 $0.35kN/m^2$ 的市区。建筑物结构型式为框架结构。地基土为回填土，分层夯实，地基承载力特征值 $180kN/m^2$（kPa），编制扣件式钢管脚手架专项方案计算书。

根据《规范》表 6.8.1 常用敞开式满堂脚手架结构的设计尺寸，选用搭设尺寸如下：

立杆间距 $l_a \times l_b = 1.3 \times 1.3m$，立杆的步距 1.50m。

在产生集中荷载处立杆加密，立杆间距不大于 1.0×1.0，立杆的步距 1.50m。

高宽比不大于 2。局部高宽比大于 2，不大于 3，应在架体的外侧四周和内部水平间隔 6~9m，竖向间隔 4~6m 设置连墙件与建筑结构拉结。

满堂脚手架跨数不小于 4 跨。

1. 横向水平杆计算：

使用木脚手板，在纵向水平杆跨中设置一根横向水平杆，纵向水平杆为横向水平杆的支座，用直角扣件固定在立杆上，施工荷载由纵向水平杆传至立杆。横向水平杆在纵向水平杆上面。以横向水平杆上面的脚手板和活荷载作为均布荷载，考虑活荷载在横向杆上的最不利布置，按三跨连续梁计算横向水平杆强度和挠度。见图 8.3.3-1

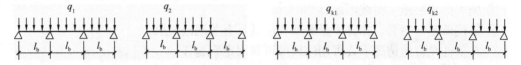

图 8.3.3-1　横向水平杆计算荷载组合简图　　　图 8.3.3-2　横向水平杆计算荷载
（支座最大弯矩、最大反力）　　　　　　　　组合简图（跨中最大挠度）

（1）均布荷载值计算

脚手板的荷载标准值　　　$q_{k1} = 0.35 \times 1.3/2 = 0.23kN/m$

活荷载标准值　　　$q_{k2} = 2 \times 1.3/2 = 1.3kN/m$

恒荷载的设计值　　　$q_1 = 1.2 \times 0.23 = 0.28kN/m$

活荷载的设计值　　　$q_2 = 1.4 \times 1.3 = 1.82kN/m$

（2）抗弯强度计算

最大弯矩：

$$M = 0.1q_1 l_b^2 + 0.117q_2 l_b^2$$

$$= (0.10 \times 0.28 + 0.117 \times 1.82) \times 1.3^2 = -0.41kN \cdot m$$

$$\sigma = M/W = 0.41 \times 10^6/5260 = 77.95N/mm < f = 205.0N/mm^2$$

横向水平杆的计算抗弯强度小于抗弯强度设计值，满足要求！

（3）挠度计算

最大挠度：

$$v = \frac{l_b^4}{100EI}(0.677q_{k1} + 0.99q_{k2})$$

$$v = (0.677 \times 0.23 + 0.990 \times 1.3) \times 1300^4/(100 \times 2.06 \times 10^5 \times 127100)$$

$$= 1.57mm < l_b/150 = 8.7mm$$

纵向水平杆最大挠度小于 1300/150 与 10mm，满足要求！

2. 纵向水平杆计算

纵向水平杆为横向水平杆的支座，用直角扣件固定在立杆上，施工荷载由纵向水平杆传至立杆。横向水平杆在纵向水平杆上面。以集中力形式作用在纵向水平杆上，考虑活荷载最不利布置，按三跨连续梁计算纵向水平杆强度和挠度。计算简图见图 8.3.3-3、图 8.3.3-4。

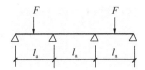
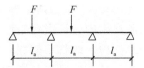

图 8.3.3-3　计算荷载组合简图
（跨中最大挠度、跨内最大弯矩）

图 8.3.3-4　计算荷载组合简图
（支座反力最大）

（1）由横向水平杆传给纵向水平杆的集中力

① 由横向杆传给纵向杆的集中力设计值

$$F = 1.1q_1l_b + 1.2q_2l_b = 1.1 \times 0.28 \times 1.3 + 1.2 \times 1.82 \times 1.3 = 3.24\text{kN}$$

② 由横向杆传给纵向杆的集中力标准值

$$F_k = 1.1q_{k1}l_b + 1.2q2q_{k2}l_b = 1.1 \times 0.23 \times 1.3 + 1.2 \times 1.3 \times 1.3 = 2.36\text{kN}$$

（2）抗弯强度计算

最大弯矩

$$M_{max} = 0.213Fl_a = 0.213 \times 3.24 \times 1.30 = 0.897\text{kN} \cdot \text{m}$$

$$\sigma = M_{max}/W = 0.897 \times 10^6/5260 = 170.53\text{N/mm}^2 < f = 205.0\text{N/mm}^2$$

纵向水平杆的计算抗弯强度小于抗弯强度设计值，满足要求！

（3）挠度计算

最大挠度为

$$v = 1.615F_k \cdot l_a^3/100EI = 1.615 \times 2.36 \times 10^3 \times 1300^3 / (100 \times 2.06 \times 10^5 \times 127100)$$
$$= 3.2\text{mm} < l_a/150 = 8.7\text{mm}$$

纵向水平杆最大挠度小于 1300/150 与 10mm，满足要求！

3. 扣件抗滑力的计算：

纵向水平杆通过扣件传给立杆的竖向力设计值：

$$R = F + 1.3F = 2.3F = 2.3 \times 3.24 = 7.45\text{kN} < R_c = 8\text{kN}$$

单扣件抗滑承载力的设计计算，满足要求！

4. 验算脚手架立杆稳定

（1）脚手架荷载标准值：

恒荷载标准：

① 脚手架结构自重产生的轴向力标准值：

脚手架立杆承受的每米结构自重标准值：查《规范》附录 A，表 A.0.2，$g_k = 0.1864\text{kN/m}$

$$N_{G1k} = H \times g_k = 15 \times 0.1864 = 2.796\text{kN}$$

②脚手板自重标准值产生的轴向力

木脚手板自重标准值为 $0.35kN/m^2$

$$N_{G2}=0.35\times1\times1.3\times1.3=0.592kN$$

构配件自重产生的轴向力标准值

$$N_{G2k}=N_{G2}=0.592kN。$$

③施工荷载产生的轴向力标准值总和

$$\sum N_{Qk}=2\times1.3\times1.3=3.38kN$$

④计算风荷载产生的立杆段弯矩设计值 M_w

立杆稳定验算部位，取脚手架立杆底部

作用于脚手架上的水平风荷载标准值

$$w_k=\mu_z\cdot\mu_s\cdot w_o$$

根据《建筑结构荷载规范》，大城市市区，地面粗糙度为 C 类

风压高度变化系数 $\mu_z=0.65$

查《规范》附录 A，表 A.0.5，敞开式满堂脚手架的挡风系数 $\varphi=0.102$

满堂脚手架风荷载体型系数

$$\mu_S=1.2\varphi(1-\eta^n)/(1-\eta)=1.2\varphi(1+\eta+\eta^2+\eta^3+\cdots\cdots+\eta^{n-1})$$

风荷载分别作用于每排立杆上，立杆计算按每一个纵距、横距为计算单元，根据满堂脚手架整体稳定试验，以 4 至 5 跨为一个受力稳定结构（本例最少跨为 4 跨），所以，考虑前后排立杆的影响，可取排数 $n=2\sim5$。偏安全考虑，本例取排数 $n=5$ 计算风荷载。

根据《建筑结构荷载规范》η 系数按表 8.3.3-1 采用。

系数 η 表　　　　　　　　　表 8.3.3-1

φ	$l_b/H\leqslant1$	$l_b/H\leqslant2$
$\leqslant0.1$	1.00	1.00
0.2	0.85	0.90
0.3	0.66	0.75

注：l_b—脚手架立杆横距或宽度；H—脚手架高度。

$$\eta=0.997$$
$$\mu_s=1.2\times0.102(1-0.997^5)/(1-0.997)=0.608$$

根据现行国家标准《建筑结构荷载规范》GB 50009 规定，重现期 $n=10$ 对应的风压值，即：计算脚手架风荷载的基本风压值，$w_o=0.35kN/m^2$。

作用于脚手架上的水平风荷载标准值：

$$w_k=\mu_z\cdot\mu_s\cdot w_o=0.65\times0.608\times0.35=0.14kN/m^2$$

风荷载产生的立杆段弯矩设计值 M_w 得：

$$M_w=0.9\times1.4M_{wk}=\frac{0.9\times1.4w_kl_ah^2}{10}$$
$$=0.9\times1.4\times0.14\times1.3\times1.5^2\div10=0.05kN\cdot m$$

（2）计算立杆段的轴向力设计值 N 与标准值 N_k

不组合风荷载时：

轴向力设计值

$$N=1.2(N_{G1k}+N_{G2k})+1.4\sum N_{Qk}=1.2(2.796+0.592)+1.4\times3.38=8.80\text{kN}$$

轴向力标准值

$$N_k=(N_{G1k}+N_{G2k})+\sum N_{Qk}=(2.796+0.592)+3.38=6.77\text{kN}$$

组合风荷载时：

轴向力设计值

$$N=1.2(N_{G1k}+N_{G2k})+0.9\times1.4\sum N_{Qk}=1.2(2.796+0.592)+0.9\times1.4\times3.38=8.32\text{kN}$$

轴向力标准值

$$N_k=(N_{G1k}+N_{G2k})+0.9\sum N_{Qk}=(2.796+0.592)+0.9\times3.38=6.43\text{kN}$$

（3）立杆的稳定性计算：

①验算长细比：

查《规范》附录 C，表 C-1 得满堂脚手架立杆的计算长度系数 $\mu=2.569$

长细比 $\lambda=l_0/i=k\mu h/i$；$k=1$ 时，$\lambda=2.569\times150/1.59=242<[\lambda]=250$，满足要求！

满堂脚手架高度 $H=15\text{m}<20\text{m}$，$k=1.155$，$\lambda=1.155\times2.569\times150/1.59=280$

轴心受压构件的稳定系数 $\varphi=\dfrac{7320}{\lambda^2}=7320\div280^2=0.093$

②稳定性计算：

不组合风荷载时：

$$\frac{N}{\varphi A}=8.8\times10^3/(0.093\times506)=187\text{N/mm}^2<f=205.0\text{N/mm}^2$$

组合风荷载时：

$$\frac{N}{\varphi A}+\frac{M_W}{W}=8.32\times10^3/(0.093\times506)+0.05\times10^6/5260$$
$$=186.31\text{N/mm}^2<f=205\text{N/mm}^2$$

满足要求！

5. 脚手架地基承载力计算：

立杆基础底面的平均压力应满足下式的要求

立杆基础底面处的平均压力标准值

$$P_k=\frac{N_k}{A}\leqslant f_g$$

上部结构传至立杆基础顶面的轴向力标准值 $N_k=6.77$（kN）；

垫板应采用长度不少于 2 跨、厚度不小于 50mm、宽度不小 200mm 的木垫板，基础大面积按 0.15m² 计。

$$P_k=\frac{N_k}{A}=6.77\div0.15=45.13\text{kN/m}^2$$

地基承载力特征值 f_g（kPa）：

$$f_g=180\times0.4=72\text{kN/m}^2$$

$$P_k\leqslant f_g$$

地基承载力的计算满足要求！

6. 局部产生集中荷载为 3kN/m²，在产生集中荷载处立杆加密，立杆间距不小于 1.0 ×1.0m，立杆的步距 1.50m。满堂脚手架计算同上，计算通过，略。

7. 专项方案计算书要求

(1) 荷载要求：施工荷载 2kN/m²，立杆加密处施工荷载 3kN/m²，施工层为 1 层，脚手板自重标准值 0.35kN/m²，不应超载。施工地区为基本风压 0.35kN/m² 大城市市区。

(2) 满堂脚手架搭设尺寸：步距 1.50m，立杆间距 1.3m×1.3m，在产生集中荷载处立杆加密，立杆间距不大于 1.0×1.0 或原间距中部加立杆。

高宽比不大于 2。局部高宽比大于 2，不大于 3，应在架体的外侧四周和内部水平间隔 6～9m，竖向间隔 4～6m 设置连墙件与建筑结构拉结。

满堂脚手架跨数不小于 4 跨。

满堂脚手架高度 15m。

(3) 脚手架基础（垫板）要求：基础大面积不小于 0.15m²，垫板应采用长度不少于 2 跨、厚度不小于 50mm、宽度不小 200mm 的木垫板。

(4) 以上计算结果编入脚手架安全技术交底。

(5) 工程实际与计算条件相符。

(6) 脚手架构造要求与搭设符合本书构造要求。

8.3.4　满堂支撑架计算例题

1. 混凝土楼板支撑架计算

【例 12】　敞开式满堂支撑架搭设高度 10m，采用 ϕ48.3×3.6 钢管，混凝土楼板厚 0.45m，模板支撑架上可调托撑上主梁采用 100×100mm 木方，主梁上的次梁（或支撑模板的小梁）采用 50×100mm 木方，间距 300mm。混凝土模板用胶合板厚 15mm。采用布料机上料进行浇筑混凝土，施工地区为基本风压 0.35kN/m² 的市区。地基土为回填土，分层夯实，地基承载力特征值 180kN/m²（kPa），编制满堂模板支撑架专项方案计算书。

1）搭设尺寸选用

立杆间距 0.9×0.9，步距 1.2m，立杆伸出顶层水平杆中心线至支撑点的长度 a =0.5m

在模板支撑架上的布料机对架体产生荷载增大，此处立杆加密，立杆间距 0.6×0.6，或 0.45×0.45，在原立杆间距中部加一根，立杆的步距 1.2m。

高宽比不大于 2。局部高宽比大于 2，不大于 3，满堂支撑架应在支架的四周和中部与结构柱进行刚性连接，连墙件水平间距应为 6～9m，竖向间距应为 2～3m。

支撑架高度 10m，属于高大模板支撑架，剪刀撑的设置选用加强型构造，在架体外侧周边及内部纵、横向每 5 跨（且不大于 5m）应由底至顶设置连续竖向剪刀撑，剪刀撑宽度应为 5 跨（或 5m）（图 8.3.4-1、图 8.3.4-2）。

2）模板及支撑架应考虑的荷载

恒荷载：

(1) 模板自重，取 0.3kN/m²

(2) 模板支架自重

(3) 钢筋混凝土（楼板）自重，25.1kN/m³

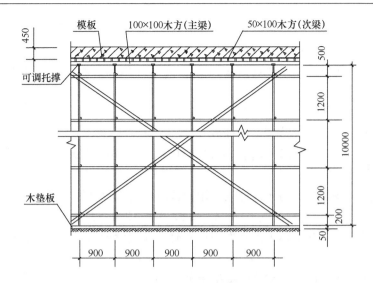

图 8.3.4-1 楼板支撑架立面图

活荷载：

（1）施工人员及设备荷载

计算模板和直接支撑模板的小梁时，均布荷载 2.5kN/m²，集中荷载 2.5kN；

计算直接支撑小梁的主梁时，均布荷载 1.5kN/m²；

计算支撑架立杆时，均布荷载 1.0kN/m²；

在模板支撑架上的布料机对架体产生荷载 4kN/m²。

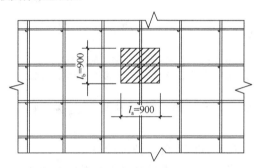

图 8.3.4-2 楼板支撑架立杆稳定性
计算单元图（平面图）

（2）振捣混凝土时产生的荷载标准值：2kN/m²

（3）风荷载，施工地区为市区，基本风压 0.35kN/m²。

3）模板面板计算

使用模板类型为：混凝土模板用胶合板。

面板为受弯结构，需要验算其抗弯强度和刚度。模板面板按照三跨连续梁计算。计算单元取：梁纵向立杆间距 900，梁横向模板长（三跨）。

强度验算考虑荷载：钢筋混凝土板自重，模板自重，施工人员及设备荷载；挠度验算考虑荷载：钢筋混凝土梁自重，模板自重。

（1）荷载分项系数的选用：

恒荷载标准值 $q_{1k}=25.1\times0.45\times0.9+0.3\times0.9=10.44kN/m$

活荷载标准值 $q_{2k}=2.5\times0.9=2.25kN/m$

按可变荷载效应控制的组合方式：

$$S=1.2q_{1k}+1.4q_{2k}=1.2\times10.44+1.4\times2.25=15.68kN/m$$

说明：结构重要系数取 1

按永久荷载效应控制的组合方式：

$$S=1.35q_{1k}+1.4\psi_C q_{2k}=1.35\times10.44+1.4\times2.25=17.24\text{kN/m}$$

说明：一个可变荷载，可变荷载组合值系数 ψ_C 取 1。

根据以上两者比较应取 $S=17.24\text{kN/m}$ 作为设计依据，即：取按永久荷载效应控制的组合方式。

（2）恒荷载设计值：

钢筋混凝土自重、模板的自重设计值（kN/m）：

$$q_1=1.35q_{1k}=1.35\times10.44=14.09\text{kN/m}$$

（3）活荷载设计值：

施工人员及设备荷载按均布线荷载作用模板时，荷载设计值（kN/m）：

$$q_2=1.4q_{2k}=1.4\times2.5\times0.9=3.15\text{kN/m}$$

施工人员及设备荷载按集中荷载作用模板时，荷载设计值（kN/m）：

$$P=1.4\times2.5=3.5\text{kN}$$

（4）面板的截面惯性矩 I 和截面抵抗矩 W 分别为：

$$W=bh^2/6=90\times1.5\times1.5/6=33.75\text{cm}^3；$$

$$I=bh^3/12=90\times1.5\times1.5\times1.5/12=25.31\text{cm}^4；$$

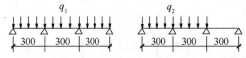

说明：模板厚 $h=15\text{mm}$，板宽取 $b=900\text{mm}$ 计算。

混凝土模板用胶合板强度容许值 $[f]=27\text{N/mm}^2$。混凝土模板用胶合板弹性模量为 3150N/mm^2。

图 8.3.4-3 计算荷载组合简图（支座最大弯矩）

（5）抗弯强度、挠度计算

①施工人员及设备荷载按均布荷载布置见图 8.3.4-3

最大弯矩

$$M=0.1q_1l^2+0.117q_2l^2=0.1\times14.09\times0.3^2+0.117\times3.15\times0.3^2=0.16\text{kN·m}$$

抗弯强度 $\sigma=M/W=0.16\times1000\times1000/33750=4.74\text{N/mm}^2/=[f]=27\text{N/mm}^2$

面板的抗弯强度验算 $f<[f]$，满足要求！

挠度计算（见图 8.3.4-4）

$$v=0.677q_{1k}l^4/100EI<[v]=l/250$$

面板最大挠度计算值 $v=0.677\times10.44\times300^4/(100\times3150\times253100)$

$$=0.7\text{mm}<[v]=l/250=1.2\text{mm}$$

模板容许变形取 $l/250$，面板的最大挠度小于 $l/250$，满足要求！

②施工人员及设备荷载按集中荷载布置见图 8.3.4-5

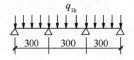

图 8.3.4-4 挠度计算简图

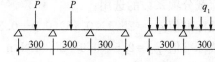

图 8.3.4-5 计算荷载组合简图（支座最大弯矩）

最大弯矩（支座）

$$M=0.1q_1l^2+0.175Pl=0.1\times14.09\times0.3^2+0.175\times3.5\times0.3=0.31\text{kN·m}$$

最大弯矩（跨内）

$M=0.08q_1l^2+0.213Pl=0.08\times14.09\times0.3^2+0.213\times3.5\times0.3=0.33\text{kN}\cdot\text{m}$

抗弯强度 $\sigma=M/W=0.33\times1000\times1000/33750=9.78\text{N/mm}^2<[f]=27\text{N/mm}^2$

面板的抗弯强度验算 $f<[f]$，满足要求！

4）次梁木方计算

按由永久荷载效应控制的组合考虑，永久荷载分项系数取 1.35。木方按三跨连续梁计算。

（1）荷载的计算

①恒荷载为钢筋混凝土板自重与模板的自重，恒荷载标准值：

$$q_{3k}=25.1\times0.45\times0.3+0.3\times0.3=3.48\text{kN/m}$$

次梁木方间距 0.3m

②活荷载标准值：

$$q_{4k}=2.5\times0.3=0.75\text{kN/m}$$

说明：施工人员及设备荷载取 2.5kN/m²

③恒荷载设计值：

$$q_3=1.35\times3.48=4.7\text{kN/m}$$

④活荷载设计值：

施工人员及设备荷载按均布线荷载作用小梁时，荷载设计值（kN/m）：

$$q_4=1.4\times0.75=1.05\text{kN/m}$$

施工人员及设备荷载按集中荷载作用小梁时，荷载设计值（kN/m）：

$$P=1.4\times2.5=3.5\text{kN}$$

（2）木方截面惯性矩 I 和截面抵抗矩 W 分别为：

$$W=5\times10\times10/6=83.33\text{cm}^3;$$
$$I=5\times10\times10\times10/12=416.67\text{cm}^4;$$

根据《木结构设计规范》，并考虑使用条件，设计使用年限，木材抗弯强度设计值 f_m $=13\text{N/mm}^2$，抗剪强度设计值 $f_v=1.5\text{N/mm}^2$，弹性模量 $E=9350\text{N/mm}^2$。

（3）木方抗弯强度计算

①施工人员及设备荷载按均布荷载布置见图 8.3.4-6。

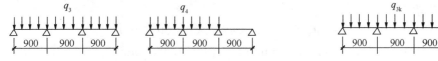

图 8.3.4-6 计算荷载组合简图（支座最大弯矩、最大剪力）　图 8.3.4-7 挠度计算简图

a. 木方抗弯强度计算

最大弯矩

$M=0.1q_3l^2+0.117q_4l^2=0.1\times4.7\times0.9^2+0.117\times1.05\times0.9^2=0.48\text{kN}\cdot\text{m}$

$\sigma=M/W=0.48\times1000\times1000/83330=5.76\text{N/mm}^2<[f_m]=13\text{N/mm}^2$

木方的抗弯计算强度小于 13.0N/mm²，满足要求！

b. 木方抗剪计算

最大剪力
$$Q=(0.6q_3+0.617q_4)l=(0.6\times4.7+0.617\times1.05)\times0.9=3.12\text{kN}$$

截面抗剪强度
$$T=3Q/2bh=3\times3120/(2\times50\times100)$$
$$=0.94\text{N/mm}^2<[f_v]=1.5\text{N/mm}^2$$

木方的抗剪强度计算满足要求！

c. 木方挠度计算

最大变形
$$v=0.677q_{3k}l^4/100EI$$
$$=0.677\times3.48\times900^4/(100\times9350\times4166700)$$
$$=0.4\text{mm}<[v]=l/250=3.6\text{mm}$$

木方的最大挠度小于 900/250，满足要求！

d. 计算直接支撑小梁的主梁时，均布荷载 1.5kN/m^2

活荷载设计值：$q_4'=1.4\times1.5\times0.3=0.63\text{kN/m}$

最大支座反力 $F=(1.1q_3+1.2q_4')l=(1.1\times4.7+1.2\times0.63)\times0.9=5.33\text{kN}$

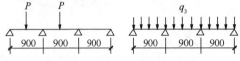

图 8.3.4-8 计算荷载组合简图
（支座最大弯矩、最大剪力）

②施工人员及设备荷载按集中荷载布置
见图 8.3.4-8

a. 木方抗弯强度计算

最大弯矩（支座）
$$M=0.1q_3l^2+0.175Pl=0.1\times4.7\times0.9^2$$
$$+0.175\times3.5\times0.9$$
$$=0.93\text{kN}\cdot\text{m}$$

最大弯矩（跨内）

$M=0.08q_3l^2+0.213Pl=0.08\times4.7\times0.9^2+0.213\times3.5\times0.9=0.98\text{kN}\cdot\text{m}$

抗弯强度 $\sigma=M/W=0.98\times1000\times1000/83330=11.76\text{N/mm}^2<[f_m]=13\text{N/mm}^2$

面板的抗弯强度验算 $f<[f_m]$，满足要求！

b. 木方抗剪计算

最大剪力
$$Q=0.6q_3l+0.675P=0.6\times4.7\times0.9+0.675\times3.5=4.9\text{kN}$$

截面抗剪强度
$$T=3Q/2bh=3\times4900/(2\times50\times100)$$
$$=1.47\text{N/mm}^2<[f_v]=1.5\text{N/mm}^2$$

木方的抗剪强度计算满足要求！

5）主梁木方计算

主梁按照集中荷载三跨连续梁计算，计算简图见图 8.3.4-9。

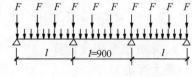

图 8.3.4-9 主梁计算简图

集中荷载取木方的支座反力 $F=5.33\text{kN}$

均布荷载取主梁的自重 $q_5=0.1\text{kN/m}$

截面惯性矩 I 和截面抵抗矩 W 分别为：
$$W=10\times10\times10/6=166.67\text{cm}^3$$

$$I=10\times10\times10\times10/12=833.33\text{cm}^4$$

（1）抗弯强度计算

最大弯矩 $M=0.1q_5l^2+0.267Fl=0.1\times0.1\times0.9^2+0.267\times5.33\times0.9=1.3\text{kN}\cdot\text{m}$

抗弯计算强度 $\sigma=M/W=1.3\times10^6/166670=7.8\text{N/mm}^2<[f_\text{m}]=13\text{N/mm}^2$

主梁的抗弯计算强度小于 13.0N/mm²，满足要求！

（2）主梁抗剪计算

最大剪力

$$Q=0.6q_5l+1.267F=0.6\times0.1\times0.9+1.267\times5.33=6.81\text{kN}。$$

截面抗剪强度必须满足：

$$T=3Q/2bh<[f_\text{v}]$$

截面抗剪强度计算值 $T=3\times6810/(2\times100\times100)$

$$=1.02\text{N/mm}^2<[f_\text{v}]=1.5\text{N/mm}^2$$

顶托梁的抗剪强度计算满足要求！

（3）主梁挠度计算

主梁挠度 $v=1.883Fl^3/100EI=1.883\times5.33\times10^3\times900^3/(100\times9350\times8333300)$
$=1\text{mm}<900/250=3.6\text{mm}$

主梁的最大挠度小于 900/250，满足要求！

6）验算模板支撑架立杆稳定

（1）模板支架荷载：

作用于模板支架的荷载包括恒荷载、活荷载和风荷载。

恒荷载标准值计算：

①模板支架自重标准值：顶部：$N_\text{Gk1}=(1.2+0.5)\times0.1716=0.2917\text{kN}$

底部：$N_\text{Gk1}=10\times0.1716=1.716\text{kN}$

（查《规范》附录 A，表 A.0.3，满堂支撑架立杆承受的每米结构自重标准值 $g_\text{k}=0.1716\text{kN/m}$）

②模板的自重标准值：$N_\text{Gk2}=0.9\times0.9\times0.3=0.24\text{kN}$

③钢筋混凝土楼板自重标准值：$N_\text{Gk3}=25.1\times0.9\times0.9\times0.45=9.15\text{kN}$

恒荷载对立杆产生的轴向力标准值总和：

顶部：$\sum N_\text{Gk}=N_\text{Gk1}+N_\text{Gk2}+N_\text{Gk3}=0.2917+0.24+9.15=9.68\text{kN}$

底部：$\sum N_\text{Gk}=N_\text{Gk1}+N_\text{Gk2}+N_\text{Gk3}=1.716+0.24+9.15=11.11\text{kN}$

活荷载标准值计算：

①施工人员及设备荷载产生的轴力标准值

$$N_\text{Qk1}=1\times0.9\times0.9=0.81\text{kN}$$

②振捣混凝土时产生的荷载标准值：

$$N_\text{Qk2}=2\times0.9\times0.9=1.62\text{kN}$$

③风荷载计算

风荷载，施工地区为基本风压 0.35kN/m² 的市区。

城市市区，地面粗糙度为 C 类，支撑架高度 10m，底部至顶部风压高度变化系数 μ_z 不变，即：$\mu_\text{z}=0.65$。基本风压 $w_\text{o}=0.35\text{kN/m}^2$

查《规范》附录 A，表 A.0.5，敞开式满堂支撑架的挡风系数 $\varphi=0.132$

根据《建筑结构荷载规范》风荷载体型系数 $\mu_s=\mu_{St}(1-\eta^n)/(1-\eta)=1.2\varphi(1+\eta+\eta^2+\eta^3+\cdots\cdots+\eta^{n-1})$

风荷载分别作用于每排立杆上，立杆计算按每一个纵距、横距为计算单元，根据满堂支撑架整体稳定试验，以 4 至 5 跨为一个受力稳定结构（本例最少跨为 5 跨），所以，考虑前后排立杆的影响，可取排数 $n=2\sim6$。偏安全考虑，本例取排数 $n=5$ 计算风荷载。

根据《建筑结构荷载规范》η 系数按表 8.3.4-1 采用。

系数 η 表   表 8.3.4-1

φ	$l_b/H\leqslant1$
$\leqslant0.1$	1.00
0.2	0.85
0.3	0.66

注：l_b 支架立杆横距；H—脚手架高度。

$$\eta=0.952$$
$$\mu_s=1.2\times0.132\times(1-0.952^5)/(1-0.952)=0.72$$

作用于脚手架上的水平风荷载标准值：

$$w_k=\mu_z\cdot\mu_s\cdot w_o=0.72\times0.65\times0.35=0.16kN/m^2 \quad \text{（顶部或底部）}$$

由风荷载产生的立杆段弯矩设计值 M_w：

$$M_w=0.7\times1.4M_{wk}=\frac{0.7\times1.4w_k l_a h^2}{10}$$
$$=0.7\times1.4\times0.16\times0.9\times1.2^2\div10=0.02kN\cdot m \text{（顶部或}$$
底部）

（2）计算立杆段的轴向力设计值 N 与标准值 N_k

顶部：$N=1.35\sum N_{Gk}+0.7\times1.4\sum N_{Qk}=1.35\times9.68+0.7\times1.4\times(0.81+1.62)=15.45kN$

底部：$N=1.35\sum N_{Gk}+0.7\times1.4\sum N_{Qk}=1.35\times11.11+0.7\times1.4\times(0.81+1.62)=17.38kN$

$N_k=\sum N_{Gk}+0.7\sum N_{Qk}=11.11+0.7\times2.43=12.81kN$

（3）立杆的稳定性计算

按下式验算立杆稳定

$$\frac{N}{\varphi A}+\frac{M_w}{W}\leqslant f$$

顶部立杆段：

长细比验算

查《规范》附录 C，表 C-3（剪刀撑设置加强型）立杆计算长度系数 $\mu_1=1.204$，查《规范》表 5.4.6 满堂支撑架立杆计算长度附加系数，支撑架高度 10m $k=1.185$

当 $k=1$ 时   立杆长细比 $\lambda=l_0/i=\mu_1 k(h+2a)/i$
$$=1.204\times(120+100)\div1.59=167<210$$

当 $k=1.185$ 时　立杆长细比 $\lambda=l_0/i=k\mu_1(h+2a)/i$

$$=1.204\times1.185\times(120+100)\div1.59=197$$

查《规范》附录 A，表 A.0.6，轴心受压构件的稳定系数 $\varphi=0.186$

钢管立杆抗压强度计算值：

$$\sigma=\frac{N}{\varphi A}+\frac{M_W}{W}$$

$$=15.45\times10^3\div(0.186\times506)+0.02\times10^6\div(5.26\times10^3)$$

$$=167.96\mathrm{N/mm^2}<205\mathrm{N/mm^2}$$

底部立杆段：

长细比验算

查《规范》附录 C，表 C-5（剪刀撑设置加强型）立杆计算长度系数 $\mu_2=2.128$

当 $k=1$ 时　立杆长细比 $\lambda=l_0/i=k\mu_2h/i=2.128\times120\div1.59=161<210$

当 $k=1.185$ 时　立杆长细比 $\lambda=l_0/i=k\mu_1h=2.128\times1.185\times120\div1.59=190$

轴心受压构件的稳定系数 $\varphi=0.199$

钢管立杆抗压强度计算值：

$$\sigma=\frac{N}{\varphi A}+\frac{M_W}{W}=17.38\times10^3\div(0.199\times506)+0.02\times10^6\div(5.26\times10^3)$$

$$=176.4\mathrm{N/mm^2}<205\mathrm{N/mm^2}$$

立杆的稳定性计算 $\sigma<[f]=205\mathrm{N/mm^2}$，满足要求！

7）脚手架地基承载力计算：

立杆基础底面的平均压力应满足下式的要求

立杆基础底面处的平均压力标准值

$$P_k=\frac{N_k}{A}\leqslant f_g$$

上部结构传至立杆基础顶面的轴向力标准值 $N_k=12.81\mathrm{kN}$；

垫板应采用长度不少于 2 跨、厚度不小于 50mm、宽度不小于 200mm 的木垫板，基础大面积按 $0.2\mathrm{m^2}$ 计。

$$P_k=\frac{N_k}{A}=12.8\div0.2=64\mathrm{kN/m^2}$$

地基承载力特征值 f_g（kPa）：

$$f_g=180\times0.4=72\mathrm{kN/m^2}$$

$$P_k\leqslant f_g$$

地基承载力的计算满足要求！

8）在模板支撑架上的布料机对架体产生集中荷载，此处立杆加密，立杆间距 0.6×0.6，或 0.45×0.45，在原立杆间距中部加一根，立杆的步距 1.2m。

模板支架计算同上，计算通过，略。

9）专项方案计算书要求

（1）荷载要求：在模板支撑架上的布料机对架体产生荷载按 $4\mathrm{kN/m^2}$，其余荷载应符合设计方案要求，不应超载。施工地区为基本风压 $0.35\mathrm{kN/m^2}$大城市市区。

（2）满堂脚手架搭设尺寸，步距 1.20m，立杆间距 0.9m×0.9m，在布料机处，架体立杆加密，立杆间距（0.45～0.6）×（0.45～0.6）。立杆伸出顶层水平杆中心线至支撑点的长度 $a=0.5$m

高宽比不大于 2。局部高宽比大于 2，不大于 3，满堂支撑架应在支架的四周和中部与结构柱进行刚性连接，连墙件水平间距应为 6～9m，竖向间距应为 2～3m。

支撑架高度 10m，属于高大模板支撑架，剪刀撑的设置选用加强型构造，在架体外侧周边及内部纵、横向每 5 跨（且不大于 5m），应由底至顶设置连续竖向剪刀撑，剪刀撑宽度应为 5 跨。

（3）脚手架基础（垫板）要求：基础大面积不小于 $0.2m^2$，垫板应采用长度不少于 2 跨、厚度不小于 50mm、宽度不小于 200mm 的木垫板。

（4）以上计算结果编入支撑架安全技术交底。

（5）工程实际与计算条件相符。

（6）支撑架构造要求与搭设符合《规范》。

【例 13】　现场采用钢管 $\phi48.3\times3.2$ 搭设模板支撑架（敞开式，无密目网封闭），模板支架搭设高度为 8m，钢管截面特性：截面积 $A=453mm^2$。截面模量 $W=4.8cm^3$，回转半径 $i=1.599$cm。架体立杆间距 0.6×0.9，步距 $h=1.2$ 米，立杆伸出顶层水平杆中心线至支撑点的长度 $a=0.5$m，高宽比不大于 2，剪刀撑设置加强型。混凝土楼板厚 500mm。验算支撑架整体稳定。

荷载条件：模板自重标准值：$0.3kN/m^2$

钢筋自重标准值：$1.1kN/m^3$

新浇混凝土自重标准值：$24kN/m^3$

施工人员及设备荷载标准值：$1.0kN/m^2$

振捣混凝土荷载标准值：$2kN/m^2$

混凝土楼板厚 500mm

风荷载：城市郊区，地面粗糙度为 B 类，基本风压 $w_o=0.4kN/m^2$

1）永久荷载计算：

（1）模板支架自重标准值：顶部：$N_{Gk1}=1.7\times0.1550=0.26$kN

底部：$N_{Gk1}=8\times0.1550=1.24$kN

（查《规范》附录　表 A.0.3　满堂支撑架立杆承受的每米结构自重标准值 $g_k=0.1550$kN/m）

（2）模板的自重标准值：$N_{Gk2}=0.6\times0.9\times0.3=0.16$kN

（3）钢筋混凝土楼板自重标准值（kN）：$N_{Gk3}=25.1\times0.6\times0.9\times0.5=6.78$kN

永久荷载对立杆产生的轴向力标准值总和：

顶部：$\sum N_{Gk}=N_{Gk1}+N_{Gk2}+N_{Gk3}=0.26+0.16+6.78=7.2$kN

底部：$\sum N_{Gk}=N_{Gk1}+N_{Gk2}+N_{Gk3}=1.24+0.16+6.78=8.18$kN

2）可变荷载计算：

（a）可变荷载对立杆产生的轴向力标准值总和：

$$\sum N_{Qk}=（1.0+2.0）\times0.6\times0.9=1.62\text{kN}$$

（b）风荷载计算：城市郊区，地面粗糙度为 B 类，风压高度变化系数 $\mu_z=1$（底部），

$\mu_z = 1.0$（顶部 8m）基本风压 $w_o = 0.4\text{kN/m}^2$

根据《荷载规范》风荷载体型系数 $\mu_s = \mu_{St}(1-\eta^n)/(1-\eta) = 1.2\psi(1+\eta+\eta^2+\eta^3+\cdots\cdots+\eta^{n-1})$

风荷载分别作用于每排立杆上，立杆计算按每一个纵距、横距为计算单元，根据满堂支撑架整体稳定试验，以 4 至 5 跨为一个受力稳定结构（本例最少跨为 5 跨），所以，考虑前后排立杆的影响，可取排数 $n=2\sim6$。偏安全考虑，本例取排数 $n=5$ 计算风荷载。

根据《建筑结构荷载规范》η 系数按表 8.3.4-2 采用。

系数 η 表 表 8.3.4-2

φ	$l_b/H \leqslant 1$
$\leqslant 0.1$	1.00
0.2	0.85
0.3	0.66

注：l_b—支架立杆横距；H—脚手架高度。

φ 为挡风系数，查《建筑施工扣件式钢管脚手架安全技术规范》附录 A 表 A.0.5，$\varphi = 0.132$

$\eta = 0.952$

$\mu_s = 1.2 \times 0.132 \times (1-0.952^5)/(1-0.952) = 0.72$

作用于脚手架上的水平风荷载标准值：

$$w_k = \mu_z \cdot \mu_s \cdot w_o = 1 \times 0.72 \times 0.4 = 0.29\text{kN/m}^2 \text{（底部、顶部）}$$

由风荷载产生的立杆段弯矩设计值 M_w：

底部：$M_w = 0.7 \times 1.4 M_{wk} = \dfrac{0.7 \times 1.4 w_k l_a h^2}{10} = 0.7 \times 1.4 \times 0.29 \times 0.9 \times 1.2^2 \div 10 = 0.037\text{kN} \cdot \text{m}$

顶部：$M_w = 0.037\text{kN} \cdot \text{m}$

3）立杆的轴向压力设计值：

顶部：$N = 1.35 \sum N_{Gk} + 0.7 \times 1.4 \sum N_{Qk} = 1.35 \times 7.2 + 0.7 \times 1.4 \times 1.62 = 11.31\text{kN}$（顶部）

底部：$N = 1.35 \sum N_{Gk} + 0.7 \times 1.4 \sum N_{Qk} = 1.35 \times 8.18 + 0.7 \times 1.4 \times 1.62 = 12.63\text{kN}$

4）立杆稳定性计算：

$$\frac{N}{\varphi A} + \frac{M_w}{W} \leqslant f$$

顶部立杆段：

当 $k=1$ 时 立杆长细比

$$\lambda = l_0/i = \mu_1 k(h+2a)/i$$
$$= 1.168 \times 1 \times (120+100) \div 1.599 = 161 < 210$$

（查《建筑施工扣件式钢管脚手架安全技术规范》附录 C 表 C-3 得 $\mu_1 = 1.168$）

当 $k=1.155$ 时 立杆长细比

$$\lambda = l_0/i = k\mu_1(h+2a)$$
$$= 1.155 \times 1.168 \times (120+100) \div 1.599 = 186$$

查《建筑施工扣件式钢管脚手架安全技术规范》附录 A 表 A. 0. 6 轴心受压构件的稳定系数 $\varphi = 0.207$

立杆稳定计算

$$\sigma = \frac{N}{\varphi A} + \frac{M_w}{W}$$
$$= 11.31 \times 10^3 \div (0.207 \times 453) + 0.037 \times 10^6 \div (4.8 \times 10^3)$$
$$= 128.32 \text{N/mm}^2 < 205 \text{N/mm}^2$$

底部立杆段：

当 $k = 1$ 时　立杆长细比

$$\lambda = l_0 / i = k\mu_2 h / i$$
$$= 2.062 \times 120 \div 1.599 = 155 < 210$$

（查《建筑施工扣件式钢管脚手架安全技术规范》附录 C　表 C-5 得 $\mu_2 = 2.062$）

当 $k = 1.155$ 时　立杆长细比

$$\lambda = l_0 / i = k\mu_2 h$$
$$= 1.155 \times 2.062 \times 120 \div 1.599 = 179$$

查《建筑施工扣件式钢管脚手架安全技术规范》附录 A　表 A. 0. 6 得轴心受压构件的稳定系数 $\varphi = 0.223$

钢管立杆受压应力计算值

$$\sigma = \frac{N}{\varphi A} + \frac{M_w}{W}$$

$$= 12.63 \times 10^3 \div (0.223 \times 453) + 0.037 \times 10^6 \div (4.8 \times 10^3) = 132.73 \text{N/mm}^2 < 205 \text{N/mm}^2$$

满足要求

2. 混凝土大梁支撑架计算例题

【例 14】 钢筋混凝土大梁截面尺寸：600mm×1600mm（图 8.3.4-10），采用 $\phi 48.3 \times 3.6$ 钢管搭设敞开式满堂模板支撑架，搭设高度 9.5m，施工地区为基本风压 0.35kN/m² 的乡镇。编制混凝土大梁满堂模板支撑架专项方案计算书。

1）搭设尺寸选用

（1）梁底模板及支架参数：

梁底模板：混凝土模板用胶合板，厚度 18mm，弹性模量 $E = 2800 \text{N/mm}^2$，板面抗弯强度设计值 $[f] = 24 \text{N/mm}^2$。

模板支撑架上可调托撑上主梁采用 100×100mm 木方，主梁上的次梁（或支撑模板的小梁）采用 100×100mm 木方，间距 150～200mm。根据《木结构设计规范》，并考虑使用条件设计使用年限，弹性模量 $E = 9350 \text{N/mm}^2$，抗弯强度设计值 $f_m = 13 \text{N/mm}^2$，抗剪强度设计值 $f_v = 1.5 \text{N/mm}^2$。

梁底支撑立杆的纵距（跨度方向）$l = 0.60 \text{m}$，梁底增加 3 道承重立杆（立杆间距 0.45m），立杆的步距 $h = 0.90 \text{m}$。立杆伸出顶层水平杆中心线至支撑点的长度 $a = 0.3 \text{m}$。高宽比不大于 2。支撑架高度 9.5m，属于高大模板支撑架，剪刀撑的设置选用加强型构造（图 8.3.4-1）。

（2）梁侧模板参数

梁侧模板：混凝土模板用合板，厚度 18mm。

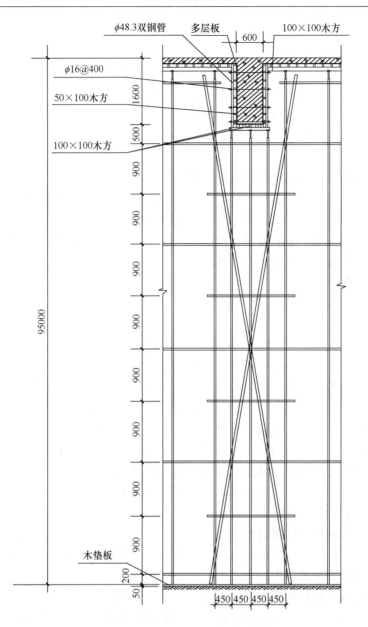

图 8.3.4-10 梁模板支撑架立面图

内龙骨采用 50×100 木方，布置 9 道，间距 200mm。

外龙骨水平间距 400mm，纵向间距 600mm。采用双钢管 $\phi 48.3 \times 3.6$，钢管截面特性，惯性矩 $I=12.71 \mathrm{cm}^4$，截面模量 $W=5.26 \mathrm{cm}^3$，截面积 $A=5.06 \mathrm{cm}^2$。

对拉螺栓沿梁高方向布置 4 道，间距 400mm，跨度方向间距 600mm，直径 16mm。

2）梁底模板支撑架应考虑的荷载

恒荷载：

（1）模板自重，$0.35 \mathrm{kN/m}^2$

（2）模板支架自重

（3）钢筋混凝土自重，$25.5 \mathrm{kN/m}^3$

活荷载：

（1）施工人员及设备荷载

计算模板和直接支撑模板的小梁时，均布荷载 2.5kN/m²，集中荷载 2.5kN。

计算直接支撑小梁的主梁时，均布荷载 1.5kN/m²。

计算支架立杆时，均布荷载 1.0kN/m²。

（2）风荷载，施工地区为基本风压 0.35kN/m² 的乡镇。

3）梁底模板面板计算

使用模板类型为：混凝土模板用胶合板。

面板为受弯结构，需要验算其抗弯强度和刚度。模板面板按照多跨连续梁计算。计算单元取：梁纵向立杆间距 600，梁横向底模板取四跨。

强度验算考虑荷载：钢筋混凝土梁自重，模板自重，施工人员及设备荷载；挠度验算考虑荷载：钢筋混凝土梁自重，模板自重。

结构重要系数取 1。

（1）荷载分项系数的选用：

①恒荷载标准值：

钢筋混凝土自重标准值（kN/m）：

$$q_{1k}＝25.5×1.6×0.6＝24.48kN/m$$

模板自重线荷载标准值（kN/m）：

$$q_{2k}＝0.35×（2×1.6＋0.6）＝1.33kN/m$$

钢筋混凝土、模板自重荷载标准值

$$q_k＝q_{1k}＋q_{2k}＝24.48＋1.33＝25.81kN/m$$

② 活荷载标准值：施工人员及设备荷载标准值（kN/m）：

$$q_{3k}＝2.5×0.6＝1.5kN/m$$

③荷载效应控制的组合方式

按可变荷载效应控制的组合方式：

$$S＝1.2（q_{1k}＋q_{2k}）＋1.4q_{3k}＝1.2×（24.48＋1.33）＋1.4×1.5＝33.07kN/m$$

说明：结构重要系数取 1

按永久荷载效应控制的组合方式：

$$S＝1.35（q_{1k}＋q_{2k}）＋1.4\psi_C q_{3k}＝1.35×（24.48＋1.33）＋1.4×1.5＝36.94kN/m$$

说明：一个可变荷载，可变荷载组合值系数 ψ_C 取 1。

根据以上两者比较应取 $S＝36.94kN/m$ 作为设计依据，即：取按永久荷载效应控制的组合方式。

（2）恒荷载设计值：

钢筋混凝土自重、模板的自重设计值（kN/m）：

$$q＝1.35（q_{1k}＋q_{2k}）＝1.35×（24.48＋1.33）＝34.84kN/m$$

（3）活荷载设计值：

施工人员及设备荷载按均布线荷载作用模板时，荷载设计值（kN/m）：

$$q_3＝1.4q_{3k}＝1.4×2.5×0.6＝2.1kN/m$$

施工人员及设备荷载按集中荷载作用模板时，荷载设计值（kN/m）：

$$P = 1.4 \times 2.5 = 3.5 \text{kN}$$

（4）面板的截面惯性矩 I 和截面抵抗矩 W 计算

截面抵抗矩 W 和截面惯性矩 I 分别为：

$$W = bh^2/6 = 60 \times 1.8 \times 1.80/6 = 32.40 \text{cm}^3 ;$$

$$I = bh^3/12 = 60 \times 1.80 \times 1.80 \times 1.80/12 = 29.16 \text{cm}^4 ;$$

说明：模板厚 $h = 18\text{mm}$，板宽取 $b = 600\text{mm}$ 计算。

（5）抗弯强度、挠度计算

①施工人员及设备荷载按均布荷载布置见图 8.3.4-11

抗弯强度计算（见图 8.3.4-12）

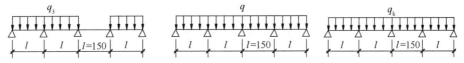

图 8.3.4-11　模板计算组合简图（支座最大弯矩）　　图 8.3.4-12　挠度计算简图

最大弯矩：

$$M = 0.107ql^2 + 0.121q_3l^2$$

$$= (0.107 \times 34.84 + 0.121 \times 2.1) \times 0.15^2 = 0.09 \text{kN} \cdot \text{m}$$

$$\sigma = M/W = 0.09 \times 10^6/32400 = 2.8 \text{N/mm}^2 < [f] = 24 \text{N/mm}^2$$

面板的抗弯强度验算 $f < [f]$，满足要求！

挠度计算

验算挠度时不考虑可变荷载值，仅考虑永久荷载标准值，

故采用均布线荷载标准值　　　　$q_k = 25.81 \text{kN/m}$

最大挠度：

$$v = 0.632q_kl^4/(100EI)$$

$$v = (0.632 \times 25.81) \times 150^4/(100 \times 2800 \times 291600) = 0.1 \text{mm}$$

面板最大挠度计算值 $v = 0.1\text{mm} < l/250 = 150/250 = 0.6\text{mm}$

面板的最大挠度小于 150/250，满足要求！

②施工人员及设备荷载按集中荷载布置见图 8.3.4-13

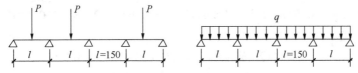

图 8.3.4-13　施工人员及设备荷载按集中荷载布置-模板计算组合简图（支座最大弯矩）

抗弯强度计算

最大弯矩：

$$M = 0.107ql^2 + 0.181pl$$

$$= 0.107 \times 34.84 \times 0.15^2 + 0.181 \times 3.5 \times 0.15 = 0.18 \text{kN} \cdot \text{m}$$

$$\sigma = M/W = 0.18 \times 10^6/32400 = 5.5 \text{N/mm}^2 < [f] = 24 \text{N/mm}^2$$

面板的抗弯强度验算 $f < [f]$，满足要求！

4) 次梁木方的计算

按由永久荷载效应控制的组合考虑，永久荷载分项系数取 1.35。木方按三跨连续梁计算。

（1）荷载的计算

①恒荷载为钢筋混凝土板自重与模板的自重，恒荷载标准值：

$$q_{4k}=25.5\times1.6\times0.15+0.35\times0.15=6.17\text{kN/m}$$

②活荷载标准值：

$$q_{5k}=2.5\times0.15=0.38\text{kN/m}$$

说明：施工人员及设备荷载取 2.5kN/m²

③恒荷载设计值：

$$q_4=1.35\times6.17=8.33\text{kN/m}$$

④活荷载设计值：

施工人员及设备荷载按均布线荷载作用小梁时，荷载设计值（kN/m）：

$$q_5=1.4\times0.38=0.53\text{kN/m}$$

施工人员及设备荷载按集中荷载作用小梁时，荷载设计值（kN/m）：

$$P=1.4\times2.5=3.5\text{kN}$$

（2）木方截面惯性矩 I 和截面抵抗矩 W 分别为：

$$W=10\times10\times10/6=166.67\text{cm}^3;$$
$$I=10\times10\times10\times10/12=833.33\text{cm}^4;$$

（3）抗弯强度、挠度计算

①施工人员及设备荷载按均布荷载布置见图 8.3.4-14

木方抗弯强度计算

最大弯矩

$$M=0.1q_4l^2+0.117q_5l^2=0.1\times8.33\times0.6^2+0.117\times0.53\times0.6^2=0.32\text{kN}\cdot\text{m}$$
$$\sigma=M/W=0.32\times1000\times1000/166.67\times10^3=1.92\text{N/mm}^2<[f_m]=13\text{N/mm}^2$$

木方的抗弯计算强度小于 13.0N/mm²，满足要求！

木方抗剪计算

最大剪力

$$Q=(0.6q_4+0.617q_5)\,l=(0.6\times8.33+0.617\times0.53)\times0.6=3.20\text{kN}$$

截面抗剪强度

$$T=3Q/2bh=3\times3200/(2\times100\times100)$$
$$=0.48\text{N/mm}^2<[f_v]=1.5\text{N/mm}^2$$

木方的抗剪强度计算满足要求！

木方挠度计算（见图 8.3.4-15）

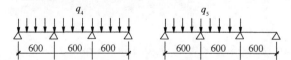

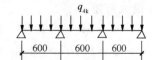

图 8.3.4-14　计算荷载组合简图（支座最大弯矩、最大剪力）　　图 8.3.4-15　挠度计算简图

最大变形 $v = 0.677 q_{4k} l^4 / 100EI$

$\qquad = 0.677 \times 6.17 \times 600^4 / (100 \times 9350 \times 833.33 \times 10^4)$

$\qquad = 0.1\text{mm} < [v] = l/250 = 2.4\text{mm}$

木方的最大挠度小于 600/250，满足要求！

计算直接支撑小梁的主梁时，均布荷载 1.5kN/m^2

$\qquad$ 活荷载设计值：$q_5' = 1.4 \times 1.5 \times 0.15 = 0.32\text{kN/m}$

最大支座反力 $F = (1.1q_4 + 1.2q_5')l = (1.1 \times 8.33 + 1.2 \times 0.32) \times 0.6 = 5.73\text{kN}$

②施工人员及设备荷载按集中荷载布置见图 8.3.4-16

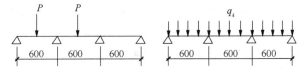

图 8.3.4-16 计算荷载组合简图（支座最大弯矩、最大剪力）

木方抗弯强度计算

最大弯矩

$\qquad M = 0.1q_4 l^2 + 0.175Pl = 0.1 \times 8.33 \times 0.6^2 + 0.175 \times 3.5 \times 0.6 = 0.67\text{kN.m}$

抗弯强度 $\sigma = M/W = 0.67 \times 10^6 / 166.67 \times 10^3 = 4.02\text{N/mm}^2 < [f_m] = 13\text{N/mm}^2$

面板的抗弯强度验算 $f < [f_m]$，满足要求！

木方抗剪计算

最大剪力

$\qquad Q = 0.6q_4 l + 0.675P = 0.6 \times 8.33 \times 0.6 + 0.617 \times 3.5 = 5.16\text{kN}$

截面抗剪强度

$$T = 3Q/2bh = 3 \times 5160 / (2 \times 100 \times 100)$$
$$= 0.77\text{N/mm}^2 < [f_v] = 1.5\text{N/mm}^2$$

木方的抗剪强度计算满足要求！

5）主梁的计算

（1）主梁（托梁）按照集中荷载两跨连续梁计算，如计算简图 8.3.4-17

次梁木方传给主梁（托梁）荷载 $N = F = 5.73\text{kN}$

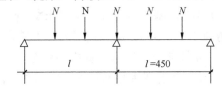

分解如下计算简图

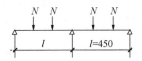 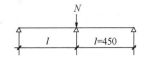

图 8.3.4-17 托梁计算简图

（2）托梁计算

托梁截面 100×100，截面抵抗矩 W 和截面惯性矩 I 分别为：

$$W = 10.00 \times 10.00 \times 10.00/6 = 166.67 \text{cm}^3;$$
$$I = 10.00 \times 10.00 \times 10.00 \times 10.00/12 = 833.33 \text{cm}^4;$$

最大弯矩 $M = 0.333Nl = 0.333 \times 5.73 \times 0.45 = 0.86 \text{kN} \cdot \text{m}$

最大剪力 $Q = 1.333N = 1.333 \times 5.73 = 7.64 \text{kN}$

最大支座力 $N = = 2.666N + N = 2.666 \times 5.73 + 5.73 = 21.01 \text{kN}$

①托梁方木抗弯强度计算

抗弯计算强度 $f = M/W = 0.86 \times 10^6/166.67 \times 10^3 = 5.16 \text{N/mm}^2 < [f_m] = 13 \text{N/mm}^2$

方木的抗弯计算强度小于 13N/mm^2，满足要求！

②托梁方木抗剪计算

截面抗剪强度必须满足：

$$T = 3Q/2bh < [f_v]$$

截面抗剪强度计算值 $T = 3 \times 7.64 \times 10^3/(2 \times 100 \times 100) = 1.15 \text{N/mm}^2 < f_v = 1.5 \text{N/mm}^2$

方木的抗剪计算强度小于 1.5N/mm^2，满足要求！

③托梁方木挠度计算

最大变形 $v = 1.466Nl^3/100EI = 1.466 \times 5.73 \times 10^3 \times 450^3/(100 \times 9350 \times 833.33 \times 10^4) = 0.1 \text{mm} < 450/250 = 1.8 \text{mm}$

方木的最大挠度小于 $450/250$，满足要求！

6）立杆的稳定性计算

荷载条件：模板自重标准值：0.35kN/m^2

　　　　　钢筋自重标准值：1.15kN/m^3

　　　　　新浇混凝土自重标准值：24kN/m^3

　　　　　施工人员及设备荷载标准值：1.0kN/m^2

　　　　　振捣混凝土荷载标准值：2kN/m^2

　　　　　混凝土大梁截面尺寸：$600 \text{mm} \times 1600 \text{mm}$

风荷载：乡镇，地面粗糙度为 B 类，基本风压 $w_o = 0.35 \text{kN/m}^2$

梁支撑立杆的纵距（跨度方向）$l = 0.60 \text{m}$，梁底增加 3 道承重立杆（立杆间距 0.45m），立杆的步距 $h = 0.90$ 米。立杆伸出顶层水平杆中心线至支撑点的长度 $a = 0.3 \text{m}$。高宽比不大于 2。支撑架高度 9.5m，属于高大模板支撑架，剪刀撑的设置选用加强型构造。

《规范》所给的满堂支撑架的立杆稳定性计算公式，是根据真型脚手架的整体稳定试验得出的。计算立杆稳定将支撑架上部荷载平均分配给立杆符合规范及整体稳定试验结论。

（1）永久荷载计算：

①模板支架自重标准值：顶部：$N_{Gk1} = 1.2 \times 0.1508 = 0.18 \text{kN}$

　　　　　　　　　　　　底部：$N_{Gk1} = 9.5 \times 0.1508 = 1.43 \text{kN}$

说明：查《规范》附录 A 表 A.0.3，插入计算得满堂支撑架立杆承受的每米结构自重标准值 $g_k = 0.1508kN/m$

②模板的自重标准值：$N_{Gk2} = 0.6 \times 0.45 \times 0.35 = 0.09kN$

③钢筋混凝土梁自重标准值（kN）：$N_{Gk3} = 25.5 \times 0.6 \times 0.45 \times 1.6 = 11.02kN$

永久荷载对立杆产生的轴向力标准值总和：

顶部：$\sum N_{Gk} = N_{Gk1} + N_{Gk2} + N_{Gk3} = 0.18 + 0.09 + 11.02 = 11.29kN$

底部：$\sum N_{Gk} = N_{Gk1} + N_{Gk2} + N_{Gk3} = 1.43 + 0.09 + 11.02 = 12.54kN$

（2）可变荷载计算：

①可变荷载对立杆产生的轴向力标准值总和：

$$\sum N_{Qk} = (1.0 + 2.0) \times 0.6 \times 0.45 = 0.81kN$$

②风荷载计算：乡镇，地面粗糙度为 B 类，风压高度变化系数 $\mu_z = 1$（底部），$\mu_z = 1.0$（顶部 9.5m）基本风压 $w_o = 0.35kN/m^2$

根据《建筑结构荷载规范》风荷载体型系数 $\mu_s = \mu_{St}(1 - \eta^n)/(1 - \eta) = 1.2\varphi(1 + \eta + \eta^2 + \eta^3 + \cdots + \eta^{n-1})$

风荷载分别作用于每排立杆上，立杆计算按每一个纵距、横距为计算单元，根据满堂支撑架整体稳定试验，以 4～5 跨为一个受力稳定结构，所以，考虑前后排立杆的影响，可取排数 $n = 2 \sim 6$。偏安全考虑，本例取排数 $n = 5$ 计算风荷载。

根据《建筑结构荷载规范》η 系数按表 8.3.4-3 采用。

系数 η 表	表 8.3.4-3
φ	$l_b/H \leqslant 1$
$\leqslant 0.1$	1.00
0.2	0.85
0.3	0.66

注：l_b—支架立杆横距；H—脚手架高度。

φ 为支撑架挡风系数，查《建筑施工扣件式钢管脚手架安全技术规范》附录 A 表 A.0.5，$\varphi = 0.18$

$$\eta = 0.88$$

$$\mu_s = 1.2 \times 0.18 \times (1 - 0.88^5)/(1 - 0.88) = 0.85$$

作用于脚手架上的水平风荷载标准值：

$$w_k = \mu_z \cdot \mu_s \cdot w_o = 1 \times 0.85 \times 0.35 = 0.3kN/m^2 \quad （底部、顶部）$$

由风荷载产生的立杆段弯矩设计值 M_w：

底部：$M_w = 0.7 \times 1.4 M_{wk} = \dfrac{0.7 \times 1.4 w_k l_a h^2}{10} = 0.7 \times 1.4 \times 0.3 \times 0.6 \times 0.9^2 \div 10 = 0.014kN \cdot m$

顶部：$M_w = 0.014kN \cdot m$

（3）立杆的轴向压力设计值：

顶部：$N = 1.35 \sum N_{Gk} + 0.7 \times 1.4 \sum N_{Qk} = 1.35 \times 11.29 + 0.7 \times 1.4 \times 0.81 = 16.04kN$（顶部）

底部：$N = 1.35 \sum N_{\mathrm{Gk}} + 0.7 \times 1.4 \sum N_{\mathrm{Qk}} = 1.35 \times 12.54 + 0.7 \times 1.4 \times 0.81 = 17.72\mathrm{kN}$

（立杆的轴向压力标准值：$N_{\mathrm{k}} = \sum N_{\mathrm{Gk}} + 0.7 \sum N_{\mathrm{Qk}} = 12.54 + 0.7 \times 0.81 = 13.11\mathrm{kN}$）

（4）立杆稳定性计算：

$$\frac{N}{\varphi A} + \frac{M_{\mathrm{w}}}{W} \leqslant f$$

顶部立杆段：

当 $k = 1$ 时　立杆长细比

$$\lambda = l_0 / i = \mu_1 k (h + 2a) / i$$
$$= 1.294 \times 1 \times (90 + 2 \times 50) \div 1.59 = 154 < 210$$

说明：查《规范》附录 C　表 C-3 得 $\mu_1 = 1.294$，a 按 50cm 计算。查《规范》表 5.4.6 满堂支撑架立杆计算长度附加系数，得高度 $H = 9.5\mathrm{m}$ 时，$k = 1.185$

当 $k = 1.185$ 时　立杆长细比

$$\lambda = l_0 / i = k\mu_1 (h + 2a)$$
$$= 1.185 \times 1.294 \times (90 + 2 \times 50) \div 1.59 = 183$$

说明：查《规范》附录 A 表 A.0.6 轴心受压构件的稳定系数 $\varphi = 0.214$

钢管立杆受压应力计算值

$$\sigma = \frac{N}{\varphi A} + \frac{M_{\mathrm{w}}}{W}$$
$$= 16.04 \times 10^3 \div (0.214 \times 506) + 0.014 \times 10^6 \div (5.26 \times 10^3)$$
$$= 150.79\mathrm{N/mm^2} < 205\mathrm{N/mm^2}$$

底部立杆段：

当 $k = 1$ 时　立杆长细比

$$\lambda = l_0 / i = k\mu_2 h / i$$
$$= 2.626 \times 90 \div 1.59 = 149 < 210$$

说明：查《规范》附录 C　表 C-5 得 $\mu_2 = 2.626$

当 $k = 1.185$ 时　立杆长细比

$$\lambda = l_0 / i = k\mu_2 h$$
$$= 1.185 \times 2.626 \times 90 \div 1.59 = 176$$

说明：查《规范》附录 A　表 A.0.6 得轴心受压构件的稳定系数 $\varphi = 0.23$

钢管立杆受压应力计算值

$$\sigma = \frac{N}{\varphi A} + \frac{M_{\mathrm{w}}}{W}$$
$$= 17.72 \times 10^3 \div (0.23 \times 506) + 0.014 \times 10^6 \div (5.26 \times 10^3)$$
$$= 154.92\mathrm{N/mm^2} < 205\mathrm{N/mm^2}$$

满足要求

说明：1. 考虑满堂支撑架整体稳定因素的单杆计算长度系数 μ_1、μ_2 确定：

通过对满堂支撑架整体稳定实验与理论分析，采用实验确定的节点刚性（半刚性），建立了满堂扣件式钢管支撑架的有限元计算模型；进行大量有限元分析计算，得出各类不同工况情况下临界荷载，结合工程实际，给出工程常用搭设满堂支撑架结构的临界荷载，进而根据临界荷载确定单杆计算长度系数 μ_1、μ_2。试验支架搭设是按施工现场条件搭设，并考虑可能出现的最不利情况，规范给出的 μ_1、μ_2 值，能综合反映了影响满堂支撑架整体失稳的各种因素。

2. 通过次梁、主梁荷载分配计算得，立杆轴力设计值＝最大支座力 $N=21.01\text{kN}$，按此轴力设计值验算支撑架整体稳定，支撑架整体稳定仍能满足要求。计算如下：

钢管立杆受压应力计算值

$$\sigma = \frac{N}{\varphi A} + \frac{M_w}{W}$$
$$= 21.01 \times 10^3 \div (0.23 \times 506) + 0.014 \times 10^6 \div (5.26 \times 10^3)$$
$$= 183.19\text{N/mm}^2 < 205\text{N/mm}^2$$

满足要求

3. 《混凝土结构工程施工规范》GB 50666—2011 附录 A.0.7 规定：

作用在模板及支架上的荷载标准值规定计算支架稳定：

泵送混凝土或不均匀堆载等因素产生的附加水平荷载（Q_3）的标准值，可取计算工况下竖向永久荷载标准值的 2%，并应作用在模板支架上端水平方向。

A.0.7 条文说明：以线荷载形式作用在模板支架的上边缘水平方向上；或直接以不小于 1.5kN/m 的线荷载作用在模板支架上边缘的水平方向上进行计算。

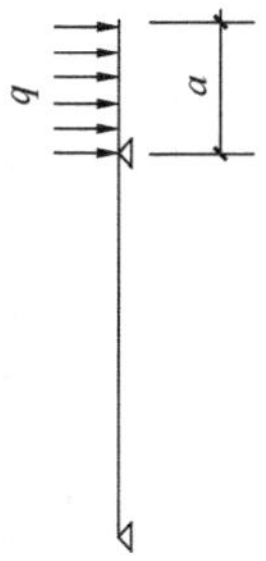

计算如图 8.3.4-18：

泵送混凝土或不均匀堆载等因素产生的附加水平荷载，以线荷载（q）形式作用在模板支架的上边缘水平方向上，即：$q=12.54 \times 2\% \div 0.3 = 0.84\text{kN/m}$（$a=0.3\text{m}$）

$$q=12.54 \times 2\% \div 0.5 = 0.5\text{kN/m} \quad (a=0.5\text{m})$$

竖向永久荷载标准值：$\sum N_{Gk}=12.54\text{kN}$

模板支架的上边缘最大弯矩（图 8.3.4-18）

$a=0.3\text{m}$ 时，$M=qa^2/2=0.84 \times 0.3^2/2=0.038\text{kN} \cdot \text{m}$

$a=0.5\text{m}$ 时，$M=qa^2/2=0.5 \times 0.5^2/2=0.0625\text{kN} \cdot \text{m}$

图 8.3.4-18
模板支架上边缘
受水平附加水平
荷载计算简图

模板支架的上边缘，立杆伸出顶层水平杆中心线至支撑点的长度：a 取 0.5m 时最大弯矩 $M=0.0625\text{kN} \cdot \text{m}$，产生弯曲压应力

$$\sigma = \frac{M}{W}$$
$$= 0.0625 \times 10^6 \div (5.26 \times 10^3)$$
$$= 11.88\text{N/mm}^2$$
$$\sigma/f = 11.88/205 = 5.8\%$$

泵送混凝土或不均匀堆载等因素产生的附加水平荷载（Q_3），产生的弯曲压应力为 5.8%，比较小，可以忽略不计。

7）脚手架地基承载力计算：

立杆基础底面的平均压力应满足下式的要求：

立杆基础底面处的平均压力标准值

$$P_k = \frac{N_k}{A} \leqslant f_g$$

上部结构传至立杆基础顶面的轴向力标准值 $N_k=13.11\text{kN}$；

垫板应采用长度不少于 2 跨、厚度不小于 50mm、宽度不小 200mm 的木垫板，基础底面积按 0.2m^2 计。

$$P_k=\frac{N_k}{A}=13.11\div 0.2=65.55\text{kN/m}^2$$

地基承载力特征值 f_g（kPa）：

$$f_g=180\times 0.4=72\text{kN/m}^2$$
$$P_k\leqslant f_g$$

地基承载力的计算满足要求！

8）梁侧模板基本参数

钢筋混凝土梁截面：宽度 600mm，高度 1600mm，两侧楼板高度 100mm。

模板面板采用混凝土模板用胶合板。

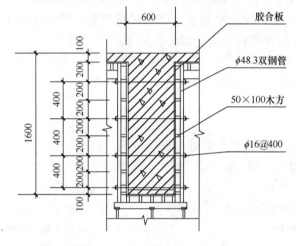

图 8.3.4-19　梁模板侧面示意图

内龙骨布置 9 道，内龙骨采用 50×100。

外龙骨间距 600mm，外龙骨采用双钢管 $\phi48.3\times3.6$。

对拉螺栓布置 4 道，在断面内间距 400mm，梁跨度方向间距 600mm，直径 16mm（图 8.3.4-19）。

9）梁侧模板荷载标准值计算

强度验算考虑新浇混凝土侧压力和倾倒混凝土时产生的荷载设计值；挠度验算考虑新浇混凝土侧压力产生荷载标准值。

依据《混凝土结构工程施工规范》GB 50666—2011，A.0.4，新浇混凝土侧压力计算公式为下式中的较小值：

$$F=0.28\gamma_c t_0\beta V^{1/2}\qquad(8.3.4\text{-}1)$$
$$F=\gamma_c H\qquad(8.3.4\text{-}2)$$

式中　γ_c——混凝土的重力密度，取 24kN/m^3；

t_0——新浇混凝土的初凝时间，取 5h；

说明：$t_0=200/(T+15)=200/(25+15)=5$

T——混凝土的入模温度，取 25℃；

V——混凝土的浇筑速度，取 1.5m/h；

H——混凝土侧压力计算位置处至新浇混凝土顶面总高度，取 1.6m；

β——混凝土坍落度影响修正系数，取 0.9。

新浇混凝土侧压力标准值

$$F=0.28\gamma_c t_0\beta V^{1/2}$$
$$=0.28\times 24\times 5\times 0.9\times 1.5^{1/2}=37.04\text{kN/m}^2$$
$$F=\gamma_c H=24\times 1.6=38.4\text{kN/m}^2,$$

取 $F = 37.04 \text{kN/m}^2$

倾倒混凝土时产生的荷载标准值 $F_2 = 6 \text{kN/m}^2$。

说明：F_2 按《建筑施工模板安全技术规范》第 4 章表 4.1.2（倾倒混凝土时产生的水平荷载标准值）取最大值，计算结果偏安全。

10）梁侧模板面板的计算

面板为受弯结构，需要验算其抗弯强度和刚度。模板面板按照三跨连续梁计算。计算简图见图 8.3.4-20、图 8.3.4-21 面板的计算宽度取 0.6m。

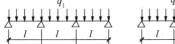  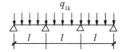

图 8.3.4-20　计算荷载组合简图（支座最大弯矩）　　图 8.3.4-21　挠度计算简图 $l = 200 \text{mm}$

恒荷载标准值
$$q_{1k} = 37.04 \times 0.6 = 22.22 \text{kN/m}$$

恒荷载设计值
$$q_1 = 1.35 \times 22.22 = 30 \text{kN/m}$$

活荷载设计值
$$q_2 = 6 \times 0.6 = 3.6 \text{kN/m}$$

面板的截面惯性矩 I 和截面抵抗矩 W 分别为：
$$W = 60 \times 1.80 \times 1.80 / 6 = 32.4 \text{cm}^3;$$
$$I = 60 \times 1.80 \times 1.80 \times 1.80 / 12 = 29.16 \text{cm}^4;$$

说明：模板厚 $h = 18 \text{mm}$，板宽取 $b = 600 \text{mm}$ 计算。

模板静曲强度设计值 $[f] = 24 \text{N/mm}^2$，弹性模量 2800N/mm^2

（1）抗弯强度计算

最大弯矩
$$M = 0.1 q_1 l^2 + 0.117 q_2 l^2 = 0.1 \times 30 \times 0.2^2 + 0.117 \times 3.6 \times 0.2^2 = 0.14 \text{kN} \cdot \text{m}$$

面板抗弯强度计算值 $f = M/W = 0.14 \times 1000 \times 1000 / 32400 = 4.3 \text{N/mm}^2 < [f] = 24 \text{N/mm}^2$

面板的抗弯强度验算 $f < [f]$，满足要求！

（2）挠度计算

面板最大挠度计算值

$v = 0.667 q_{1k} l^4 / (100 EI) = 0.667 \times 22.22 \times 200^4 / (100 \times 2800 \times 291600) = 0.3 \text{mm}$

面板的最大挠度小于 200/250 = 0.8，满足要求！

（3）最大支座反力
$$N = (1.1 q_1 + 1.2 q_2) l = (1.1 \times 30 + 1.2 \times 3.6) \times 0.2 = 7.46 \text{kN}$$

3. 梁侧模板内龙骨的计算

内龙骨直接承受模板传递的荷载，按照活荷载最不利布置，三跨连续梁计算，见图 8.3.4-22、图 8.3.4-23。

恒荷载标准值

$$q_{3k}=37.04\times0.2=7.41kN/m$$

恒荷载设计值

$$q_3=1.35\times7.41=10kN/m$$

活荷载设计值

$$q_4=6\times0.2=1.2kN/m$$

截面抵抗矩 W 和截面惯性矩 I 分别为：

$W=5.00\times10.00\times10.00/6=83.33cm^3$；

$I=5.00\times10.00\times10.00\times10.00/12=416.67cm^4$；

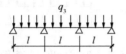 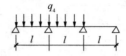 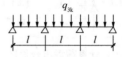

图 8.3.4-22　计算荷载组合简图　　　　图 8.3.4-23　挠度

（支座最大弯矩、最大剪力）$l=600mm$　　计算简图 $l=600mm$

（1）抗弯强度计算

最大弯矩

$$M=0.1q_3l^2+0.117q_4l^2=0.1\times10\times0.6^2+0.117\times1.2\times0.6^2=0.41kN\cdot m$$

抗弯强度 $f=M/W=0.41\times10^6/83.33\times10^3=4.92N/mm^2<f_m=13N/mm^2$

抗弯强度验算 $f<[f_m]$，满足要求！

（2）抗剪计算

最大剪力

$$Q=(0.6q_3+0.617q_4)l=(0.6\times10+0.617\times1.2)\times0.6=4.04kN$$

截面抗剪强度

$$T=3Q/2bh=3\times4040/(2\times50\times100)$$
$$=1.21N/mm^2<[f_v]=1.5N/mm^2$$

木方的抗剪强度计算满足要求！

最大支座反力 $P=(1.1q_3+1.2q_4)l=(1.1\times10+1.2\times1.2)\times0.6=7.46kN$

（3）挠度计算

最大挠度计算值

$v=0.667q_{3k}l^4/(100EI)=0.667\times7.41\times600^4/(100\times9350\times416.7\times10^4)=0.2mm$

最大挠度小于 $600/250=2.4$，满足要求！

4. 梁侧模板外龙骨的计算

外龙骨（双钢管）承受内龙骨传递的荷载，按照集中荷载下连续梁计算。图 8.3.4-24

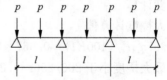

分解如下计算简图

集中荷载 P（$P=7.46kN$）取内龙骨传递荷载。

按照三跨连续梁计算

最大弯矩 $M=0.175pl=0.175\times7.46\times0.40=0.52kN\cdot m$

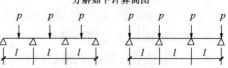

图 8.3.4-24　模板外龙骨计算简图　$l=400mm$

最大剪力 $Q=0.65p=0.65\times7.46=4.85kN$

最大支座力 $N=1.15P+P=2.15$ $P=2.15×7.46=16.04kN$

（1）抗弯强度计算

抗弯计算强度 $f=M/W=0.52×10^6/(2×5260)=49.43N/mm^2<f=250N/mm^2$

抗弯计算强度小于 $205N/mm^2$，满足要求！

（2）抗剪计算

截面抗剪强度必须满足：

$$T=2Q/A<[f_v]$$

截面抗剪强度计算值 $T=2×4850/(2×506)=9.58N/mm^2$

钢材抗剪强度设计值 $[f_v]=120N/mm^2$

抗剪强度计算满足要求！

（3）挠度计算

最大变形 $v=1.146Pl^3/(100EI)=1.146×7.46×10^3×400^3/(100×2.06×10^5×2×12.71×10^4)$

$=0.1mm<400/150=2.7mm$

最大挠度小于 $400/150$，满足要求！

5. 对拉螺栓的计算

计算公式见式 8.3.4-3：

$$N<[N]=\pi d_e^2 f/4 \qquad (8.3.4-3)$$

式中　N——对拉螺栓所受的拉力（最大支座力 $N=16.04kN$）；

对拉螺栓的直径（mm）：16

对拉螺栓有效直径（mm）：$d_e=13.8$

　　f——对拉螺栓的抗拉强度设计值，取 $170N/mm^2$；

螺栓承载力设计值

$$[N]=\pi d_e^2 f/4=3.14×13.8^2×170/4=25414N=25.414kN$$

$$N<[N]$$

对拉螺栓强度验算满足要求！

8.3.5 钢结构支撑架

【例15】　钢结构荷载通过 H300×300×15×15 型钢分配梁传递到支撑架，满堂支撑钢结构节点处（局部）荷载170kN，个别节点处（局部）220kN，采用 $\phi48.3×3.6$ 钢管，架高8m，基础为混凝土结构基础，或通过支撑架将荷载传递到混凝土结构基础。风荷载忽略不计。确定支撑架搭设尺寸，验算支撑架整体稳定。

1. 搭设尺寸选用

立杆间距 0.2×0.4，步距0.6m，立杆伸出顶层水平杆中心线至支撑点的长度 $a=0.2m$，满堂支撑钢结构节点处荷载170kN，采用两道 H 型钢进行荷载分配，见图8.3.5-1。

满堂支撑钢结构节点处荷载220kN，三道 H 型钢进行荷载分配。见图8.3.5-2。

高宽比不大于2.5。

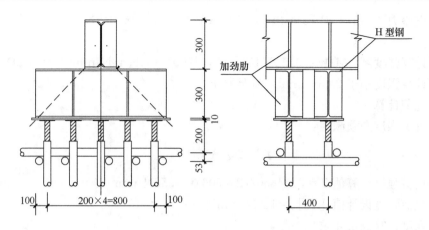

图 8.3.5-1　支撑架上部构造图

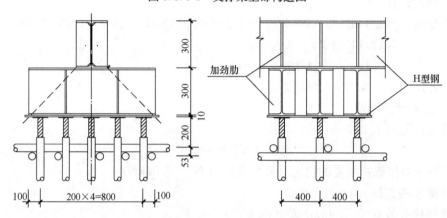

图 8.3.5-2　支撑架上部构造图

支撑架高度 8m，属于高大支撑架，剪刀撑的设置选用加强型构造，在架体外侧周边及内部纵、横向不大于 4m，应由底至顶设置连续竖向剪刀撑。

与主支撑相连的辅助满堂支撑架，立杆间距 1.4×1.4m，立杆步距 0.6m，将支撑架连接为整体。总长 20m，架宽 4m。

1）支撑架荷载：

作用于满堂支撑架的荷载包括恒荷载、活荷载和风荷载（忽略）。

（1）恒荷载标准值：

计算单元内满堂支撑架钢管的自重 N_{GK1}：

经计算，满堂支撑架每米立杆承受的结构自重标准值为：$g_k = 0.1506kN/m$

$$N_{GK1} = Hg_k = 8 \times 0.1506 = 1.205kN$$

每根立杆承受 300 高 H 型钢分配梁自重（kN）：

$$N_{GK2} = (1 \times 2 \times 106 + 2 \times 106) \div 10 = 42.4kg = 0.42kN$$

说明：300 高 H 型钢线自重为 106kg/m，下部 H 型钢按 2m 设置支撑节点。

经计算得到，恒荷载标准值

底部：$N_{GK} = N_{GK1} + N_{GK2} = 8 \times 0.1506 + 0.42 = 1.62kN$

顶部：$N_{GK} = N_{GK1} + N_{GK2} = 0.8 \times 0.1506 + 0.42 = 0.54kN$

（2）活荷载为：施工荷载，包括作业层上的人员、器具和材料的自重；

每根立杆承受 170kN/10＝17kN

活荷载标准值 N_{QK}＝17kN

2）计算立杆段的轴向力设计值 N

底部：$N＝1.2N_{GK}＋1.4N_{QK}＝1.2×1.62＋1.4×17＝25.74kN$

顶部：$N＝1.2N_{GK}＋1.4N_{QK}＝1.2×0.54＋1.4×17＝24.45kN$

3）立杆的稳定性计算

$$\frac{N}{\varphi A}\leqslant f$$

顶部立杆段：

查表说明：查《规范》附录 C　表 C-3 得 μ_1＝2.3，查《规范》表 5.4.6 满堂支撑架立杆计算长度附加系数，得高度 H＝8m 时，k＝1.155

当 k＝1 时　立杆长细比 $\lambda＝l_0/i＝\mu_1 k(h+2a)/i$
$$＝2.3×(60+40)÷1.59＝145<210$$

当 k＝1.155 时　立杆长细比 $\lambda＝l_0/i＝k\mu_1(h+2a)/i$
$$＝2.3×1.155×(60+40)÷1.59＝167$$

查《规范》附录 A　表 A.0.6 得轴心受压构件的稳定系数 φ＝0.253

钢管立杆抗压强度计算值：

$$\sigma＝\frac{N}{\varphi A}$$
$$＝24.45×10^3÷(0.253×506)＝191N/mm^2<205N/mm^2$$

底部立杆段：

查《规范》附录 C　表 C-5 得 μ_2＝3.833

当 k＝1 时　立杆长细比 $\lambda＝l_0/i＝k\mu_2 h/i＝3.833×60÷1.59＝145<210$

当 k＝1.155 时　立杆长细比 $\lambda＝l_0/i＝k\mu_1 h/i＝3.833×1.155×60÷1.59＝167$

查《规范》附录 A　表 A.0.6 得轴心受压构件的稳定系数 φ＝0.253

钢管立杆抗压强度计算值：

$$\sigma＝\frac{N}{\varphi A}＝25.74×10^3÷(0.253×506)＝201.07N/mm^2<205N/mm^2$$

立杆的稳定性计算 $\sigma<[f]＝205N/mm^2$，满足要求！

4）满堂支撑钢结构节点处荷载 220kN，三道 H 型钢进行荷载分配。见图 8.3.5-2。

（1）支撑架荷载：

恒荷载标准值

每根立杆承受 300 高 H 型钢分配梁自重（kN）：
$$N_{GK2}＝(1×3×106+2×106)÷15＝35kg＝0.35kN$$

经计算得到，恒荷载标准值

底部：$N_{GK}＝N_{GK1}＋N_{GK2}＝1.205＋0.35＝1.56kN$

顶部：$N_{GK}＝N_{GK1}＋N_{GK2}＝0.8×0.1506＋0.35＝0.47kN$

活荷载为：施工荷载，包括作业层上的人员、器具和材料的自重；

每根立杆承受 220kN/15＝14.67kN

活荷载标准值 $N_{QK}=14.67kN$

（2）计算立杆段的轴向力设计值 N

底部：$N=1.2N_{GK}+1.4N_{QK}=1.2\times1.56+1.4\times14.67=22.41kN$

顶部：$N=1.2N_{GK}+1.4N_{QK}=1.2\times0.47+1.4\times14.67=21.1kN$

（3）立杆的稳定性计算

顶部立杆段：

钢管立杆抗压强度计算值：

$$\sigma=\frac{N}{\varphi A}$$

$$=21.1\times10^3\div(0.253\times506)=164.82N/mm^2<205N/mm^2$$

底部立杆段：

钢管立杆抗压强度计算值：

$$\sigma=\frac{N}{\varphi A}$$

$$=22.41\times10^3\div(0.253\times506)=175.05N/mm^2<205N/mm^2$$

立杆的稳定性计算 $\sigma<[f]=205N/mm^2$，满足要求！

8.3.6 型钢悬挑脚手架计算

【例 16】 型钢悬挑双排脚手架，搭设高度为 20m，立杆的纵距 1.5m，立杆的横距 1.05m，立杆的步距 1.80m。内排架距离墙长度为 0.2m。结构施工两层，施工荷载为 3+ 2kN/m²，采用木脚手板，脚手板自重标准值 0.35kN/m²。栏杆与挡脚手板自重标准值 0.17kN/m²。密目式安全立网全封闭。自重为 0.01kN/m²，悬挑水平钢梁采用 18 号工字钢，悬挑前端有钢丝绳与建筑物拉结（钢丝绳不参与设计计算）。其中建筑物外悬挑段长度 1.4m（m——型钢悬挑梁悬挑端面至建筑结构楼层板边支承点的距离 1.4+0.1= 1.5m），建筑物内锚固段长度 1.9m。固定钢梁的钢筋拉环直径为 16mm。计算型钢悬挑脚手架。

1. 脚手架荷载标准值：

恒荷载标准值

（1）脚手架自重标准值产生的轴向力

$$N_{G1k}=H_s g_k=20\times0.1295=2.59kN$$

查《规范》附录 A，表 A.0.1，每米立杆承受的结构自重标准值 $g_k=0.1295kN/m$

（2）脚手板自重标准值产生的轴向力

$$N_{G2}=0.35\times2\times1.5\times(1.05+0.2)/2=0.66kN$$

（3）栏杆与挡脚手板自重标准值产生的轴向力

$$N_{G3}=1.5\times0.17\times2=0.51kN$$

（4）密目式安全立网自重标准值产生的轴向力

$$N_{G4}=0.01\times1.5\times20=0.3kN$$

构配件自重（脚手板、栏杆、挡脚板、安全网自重）：

$$N_{G2k}=N_{G2}+N_{G3}+N_{G4}=0.66+0.51+0.3=1.47kN。$$

活荷载标准值

（5）施工荷载标准值产生的轴向力

$$N_{Qk}=(3+2)\times1.5\times(1.05+0.2)/2=4.69kN$$

考虑风荷载时，立杆的轴向压力设计值

$$N=1.2(N_{G1k}+N_{G2k})+0.9\times1.4N_{Qk}$$

$$=1.2\times(2.59+1.47)+0.9\times1.4\times4.69=10.78kN$$

标准值：$N_k=(2.59+1.47)+0.9\times4.69=8.28kN$

不考虑风荷载时，立杆的轴向压力设计值

$$N=1.2(N_{G1k}+N_{G2k})+1.4N_{Qk}$$

$$=1.2\times(2.59+1.47)+1.4\times4.69=11.44kN$$

标准值：$N_k=(2.59+1.47)+4.69=8.75kN$

2. 悬挑梁的受力计算：

悬出端受脚手架荷载 N 的作用，里端 B 为与楼板的锚固点，A 为墙支点（图 8.3.6-1）。

$m=1500mm$，$l=1900mm$，$m_1=300mm$，$m_2=1350mm$；

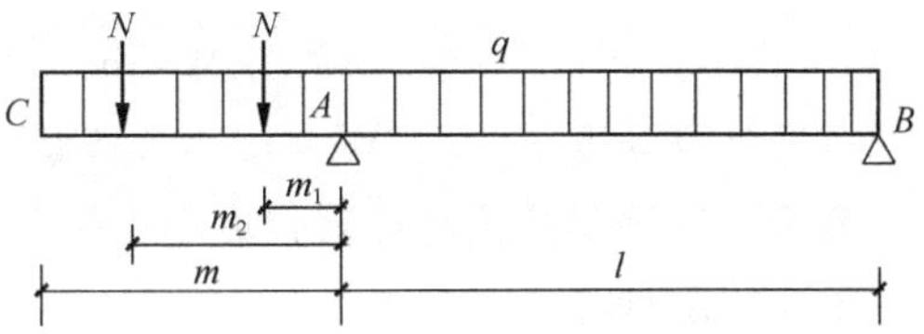

图 8.3.6-1　悬臂单跨梁计算简图

支座反力计算公式

$$R_A=N(2+k_2+k_1)+\frac{ql}{2}(1+k)^2$$

$$R_B=-N(k_2+k_1)+\frac{ql}{2}(1-k^2)$$

支座弯矩计算公式

$$M_A=-N(m_2+m_1)-\frac{qm^2}{2}$$

C 点最大挠度计算公式

$$v_{max}=\frac{N_km_2^2l}{3EI}(1+k_2)+\frac{N_km_1^2l}{3EI}(1+k_1)+\frac{ml}{3EI}\frac{ql^2}{8}(-1+4k^2+3k^3)$$

$$+\frac{N_km_1l}{6EI}(2+3k_1)(m-m_1)+\frac{N_km_2l}{6EI}(2+3k_2)(m-m_2)$$

其中 $k=m/l=1.50/1.9=0.79$

$k_1=m_1/l=0.30/1.9=0.16$

$k_2=m_2/l=1.35/1.9=0.71$

$m=1500mm$，$l=1900mm$，$m_1=300mm$，$m_2=1350mm$；

工字钢梁的截面惯性矩 $I=1660cm^4$，截面模量（抵抗矩）$W=185cm^3$。

弹性模量 $E=2.06\times10^5N/mm^2$

受脚手架作用集中力设计值 $N=11.44kN$。

工字钢梁自重标准值 $q=0.241kN/m$

工字钢梁自重设计值 $q=1.2\times24.1\times10^{-2}=0.29kN/m$

支座反力

$$R_A = N(2 + k_2 + k_1) + \frac{ql}{2}(1 + k)^2$$

$$= 11.44 \times (2 + 0.71 + 0.16) + 0.29 \times 1.9 \times 0.5(1 + 0.79)^2$$

$$= 33.72 \text{kN}$$

$$R_B = -N(k_2 + k_1) + \frac{ql}{2}(1 - k^2)$$

$$= -11.44 \times (0.71 + 0.16) + 0.29 \times 1.9 \times 0.5(1 - 0.79^2)$$

$$= -9.85 \text{kN}$$

最大弯矩

$$M_A = -N(m_2 + m_1) - \frac{qm^2}{2}$$

$$= -11.44 \times (1.35 + 0.3) - 0.29 \times 1.5^2 \times 0.5$$

$$= -19.2 \text{kN} \cdot \text{m}$$

抗弯计算强度 $\sigma = M_A/W = 19.2 \times 10^6 / \times 185000 = 103.78 \text{N/mm}^2$

悬挑工字钢梁的抗弯计算强度小于抗弯强度设计值 $f = 215.0 \text{N/mm}^2$，满足要求！

最大挠度计算

受脚手架作用集中力标准值 $N_k = 8.75 \text{kN}$

工字钢梁自重标准值 $q = 0.241 \text{kN/m}$

$$v_{max} = \frac{N_k m_2^2 l}{3EI}(1 + k_2) + \frac{N_k m_1^2 l}{3EI}(1 + k_1) + \frac{ml}{3EI}\frac{ql^2}{8}(-1 + 4k^2 + 3k^3)$$

$$+ \frac{N_k m_1 l}{6EI}(2 + 3k_1)(m - m_1) + \frac{N_k m_2 l}{6EI}(2 + 3k_2)(m - m_2)$$

$$= \frac{8.75 \times 10^3 \times 1350^2 \times 1900}{3 \times 2.06 \times 10^5 \times 1660 \times 10^4}(1 + 0.71)$$

$$+ \frac{8.75 \times 10^3 \times 300^2 \times 1900}{3 \times 2.06 \times 10^5 \times 1660 \times 10^4}(1 + 0.16)$$

$$+ \frac{1500 \times 1900 \times 0.241 \times 1900^2}{3 \times 2.06 \times 10^5 \times 1660 \times 10^4 \times 8}(-1 + 4 \times 0.79^2 + 3 \times 0.79^3)$$

$$+ \frac{8.75 \times 10^3 \times 300 \times 1900}{6 \times 2.06 \times 10^5 \times 1660 \times 10^4}(2 + 3 \times 0.16)(1500 - 300)$$

$$+ \frac{8.75 \times 10^3 \times 1350 \times 1900}{6 \times 2.06 \times 10^5 \times 1660 \times 10^4}(2 + 3 \times 0.71)(1500 - 1350)$$

$$= 6.6 \text{mm}$$

最大挠度　$v_{max} = 6.6 \text{mm} < 3000/250 = 12 \text{mm}$

满足要求

说明 1. 查《规范》表 5.1.8，型钢悬挑梁脚手架悬挑钢梁容许挠度为 $L/250$，L 为悬伸长度的 2 倍，即：$L/250 = 2\text{m}/250 = 3000/250 = 12 \text{mm}$

2. 根据《钢结构设计规范》GB 50017—2003 第 3.5.1 条及附录 A 结构变形规定，考虑工程实际工况条件及悬挑钢梁构造要求：水平支撑梁的最大挠度小于 $3000/250 = 12$，满足要求！

3.《建筑施工门式钢管脚手架安全技术规范》JGJ 128—2010，5.7.5 条规定：

型钢悬挑梁的挠度应按下列公式计算（图 8.3.6-2）：

$$v_{\max} \leqslant [v_{\mathrm{T}}] \tag{8.3.6-1}$$

$$v_{\max} = \frac{N_{\mathrm{k1}}}{12EI}(2l_{\mathrm{c1}}^3 + 2l_c l_{\mathrm{c1}}^2 + 2l_c l_{\mathrm{c1}} l_{\mathrm{c2}} + 3l_{\mathrm{c1}} l_{\mathrm{c2}}^2 - l_{\mathrm{c2}}^3) \tag{8.3.6-2}$$

式中　$[v_{\mathrm{T}}]$——型钢悬挑梁挠度允许值；

　　　$v_{\max}$——型钢悬挑梁最大挠度（mm）；

　　　l_c——型钢悬挑梁锚固点中心至建筑结构楼层板边支承点的距离（mm），可取型钢梁锚固点中心至板边距离减 100mm。

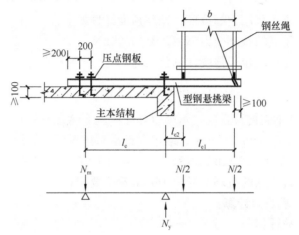

图 8.3.6-2　悬挑脚手架型钢悬挑梁构造与计算示意图

结合本例，使用以下公式计算型钢悬挑梁的挠度

$$v_{\max} = \frac{N_{\mathrm{k1}}}{12EI}(2l_{\mathrm{c1}}^3 + 2l_c l_{\mathrm{c1}}^2 + 2l_c l_{\mathrm{c1}} l_{\mathrm{c2}} + 3l_{\mathrm{c1}} l_{\mathrm{c2}}^2 - l_{\mathrm{c2}}^3)$$

取 $N_{\mathrm{k1}} = 2N_{\mathrm{k}} = 2 \times 8.75\mathrm{kN}$；

$l_{\mathrm{c1}} = m_2 = 1350\mathrm{mm}$；　$l_{\mathrm{c2}} = m_1 = 300\mathrm{mm}$；　$l_c = l = 1900\mathrm{mm}$；

最大挠度

$$\begin{aligned}
v_{\max} &= \frac{N_{\mathrm{k1}}}{12EI}(2l_{\mathrm{c1}}^3 + 2l_c l_{\mathrm{c1}}^2 + 2l_c l_{\mathrm{c1}} l_{\mathrm{c2}} + 3l_{\mathrm{c1}} l_{\mathrm{c2}}^2 - l_{\mathrm{c2}}^3) \\
&= \frac{2 \times 8.75 \times 10^3}{12 \times 2.06 \times 10^5 \times 1660 \times 10^4}(2 \times 1350^3 + 2 \times 1900 \times 1350^2 + 2 \\
&\quad \times 1900 \times 1350 \times 300 + 3 \times 1350 \times 300^2 - 300^3) \\
&= 5.7\mathrm{mm}
\end{aligned}$$

最大挠度小于 3000/250＝12，满足要求！

3. 悬挑梁的整体稳定性计算：

水平钢梁采用 18 号工字钢，计算公式如式 8.3.6-3

$$\sigma = \frac{M}{\varphi_{\mathrm{b}} W_{\mathrm{x}}} \leqslant [f] \tag{8.3.6-3}$$

式中　φ_{b}——梁的整体稳定性系数，根据《钢结构设计规范》（GB 50017）附录 B 取 φ_{b} ＝2.00

由于 φ_b 大于 0.6，

按照《钢结构设计规范》（GB 50017—2003）附录 B 得：

$$\phi b' = 1.07 - 0.282/2 = 1.07 - 0.282/2 = 0.929$$

$$M = M_A = 19.2\text{kN} \cdot \text{m}$$

经过计算得到强度 $\sigma = 19.2 \times 10^6 / (0.929 \times 185000) = 111.72\text{N/mm}^2$；

水平钢梁的稳定性计算 $\sigma < [f] = 215$，满足要求！

4. 锚固段与楼板连接的计算：

水平钢梁与楼板压点采用钢筋拉环，拉环强度计算如下：

水平钢梁与楼板压点的拉环受力 $N = RB = 9.85\text{kN}$

水平钢梁与楼板压点的拉环强度计算公式为

$$\sigma = \frac{N}{A} \leqslant [f]$$

其中 $[f]$ 为拉环钢筋抗拉强度，每个拉环按照两个截面计算，根据《混凝土结构设计规范》10.9.8 条，$[f] = 50\text{N/mm}^2$；取水平钢梁与楼板压点的拉环直径为 16mm。

$$\sigma = N/A = 9850 \div (2 \times 3.14 \times 16^2/4) = 24.51 < 0.85[f] = 42.5\text{N/mm}^2$$

取水平钢梁与楼板压点的拉环直径为 16mm 符合要求。

5. 楼板局部受压承载力计算：

楼板局部受压荷载计算公式

$$F_l \leqslant \omega \beta_l f_{cc} A_l$$

楼板局部压力设计值 $F_l = R_A = 33.72\text{kN}$

荷载分布的影响系数取 $\omega = 0.75$

混凝土局部受压时强度提高系数取 $\beta_l = 1$

C20 混凝土，素混凝土的轴心抗压强度设计值

$$f_{cc} = 0.85 f_c = 0.85 \times 9.6 = 8.16\text{N/mm}^2$$

局部受压面积取 $A_l = 100 \times 150 = 15000\text{mm}^2$（见图 8.3.6-3）

$$\omega \beta_l f_{cc} A_l = 0.75 \times 1 \times 8.16 \times 15000$$

$$= 91800\text{N} = 91.8\text{kN} \geqslant F_l = R_A = 33.72\text{kN}$$

楼板局部受压计算满足要求

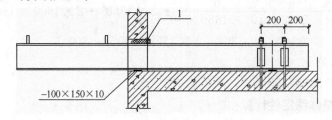

图 8.3.6-3

8.3.7 扣件钢管悬挑脚手架计算

钢管悬挑脚手架设计计算构造要求

1. 钢管悬挑脚手架的设计、施工及验收除应符合《建筑施工扣件式钢管脚手架安全技术规范》有关规定外，还应符合现行国家标准《冷弯薄壁型钢结构技术规范》（GB 50018）、《钢结构设计规范》（GB 50017）、《混凝土结构设计规范》（GB 50010）有关规定。

2. 钢管悬挑脚手架使用范围要求：

1）悬挑架搭设位置的高度不超过 50m。

2）不宜用于建筑物全过程的施工，用于建筑物临时代替工字钢使用。

3）用于脚手架刚性卸荷部位与局部加固处理部位。

3. 钢管式悬挑架体不得与模板支架进行连接。

4. 钢管式悬挑架斜撑杆必须靠近主节点设置，偏离主节点的距离不应大于 150mm，斜撑杆按每一纵距设置；斜杆必须与相交的立杆或水平杆用扣件连接牢固，斜杆上相邻两扣件节点之间的长度不应大于 1.8m。

5. 斜撑杆应为整根钢管，不得接长；斜撑杆的底部宜支撑在楼板上（或支撑于距预埋钢管与水平杆交点不大于 150mm 处），其与立杆的夹角不应大于 30°。

6. 水平挑杆应通过扣件与焊于楼面上的短管牢固连接或在尾端两处以上使用 HPB235 级直径 16mm 以上钢筋固定在钢筋混凝土结构上，钢管固定点间距宜为 0.8m 至 1m。水平挑杆出结构面处应垫实，与斜撑杆、内外立杆均应通过扣件连接牢固（图 8.3.7-1、图 8.3.7-2）。

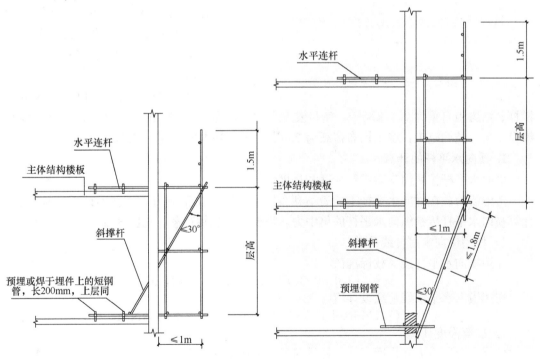

图 8.3.7-1 钢管悬挑架构造　　　　　图 8.3.7-2 钢管悬挑架构造

7. 锚固位置设置在楼板上时，楼板的厚度不得小于 120mm。

8. 悬挑式脚手架架体结构在平面转角处，应采用直径 14mm 以上钢丝绳进行吊拉卸荷，钢丝绳在脚手架吊拉位置应设置在内、外排的主节点上，脚手架端面设置横向斜撑。

9. 悬挑式脚手架架体的底部与悬挑构件应固定牢靠，不得滑动或窜动。

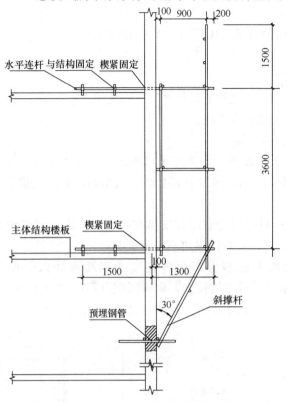

图 8.3.7-3　钢管悬挑架构造

10. 钢管悬挑脚手架一次悬挑高度不应超过一层（或 5.4m）；施工层为一层。外立杆距主体结构面的距离不应大于 1.0m。

11、锚固水平挑杆的主体结构混凝土必须达到设计要求的强度，且不得小于 C15。

【例 17】 某工程需要在 15m 高处搭设钢管悬挑脚手架，搭设高度为 $H=5.1m$，试设计钢管悬挑脚手架结构尺寸。

搭设尺寸，立杆的纵距 $l_a=1.50m$，立杆的横距 $l_b=0.90m$，在操作层 1/2 纵距设置一根横向水平杆，步距 $h=1.80m$。内排架距离墙长度为 0.10m。采用的钢管类型为 $\phi48.3\times3.6$。连墙件设置不超过 2 步 3 跨，采用扣件连接。悬挑水平钢管采用 $\phi48.3\times3.6$，其中建筑物外悬挑段长度 1.30m，建筑物内锚固段长度 1.50m。

荷载：

木脚手板自重标准值 $0.35kN/m^2$，栏杆、挡脚板自重为 $0.17kN/m$，密目安全立网自重为 $0.01kN/m^2$，施工 1 层，脚手板共铺设 1 层。结构施工，施工均布荷载为 $3.0kN/m^2$。基本风压 $w_0=0.25kN/m^2$

1. 横向水平杆的计算

横向水平杆按照简支梁进行强度和挠度计算。

考虑活荷载在横向水平杆上的最不利布置，验算弯曲正应力和挠度不计入悬挑荷载。计算横向水平杆传给纵向水平杆的集中力，需要考虑悬挑荷载。见图 8.3.7-4

1）作用横向水平杆线荷载

作用横向水平杆线荷载标准值

$$q_k=(3.0+0.35)\times1.50/2=2.51kN/m$$

作用横向水平杆线荷载设计值

$$q=(1.4\times3.0+1.2\times0.35)\times1.50/2=3.465kN/m$$

2）抗弯强度计算

验算弯曲正应力和挠度不计入悬挑荷载，见图 8.3.7-5

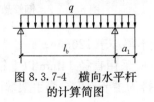

图 8.3.7-4　横向水平杆的计算简图

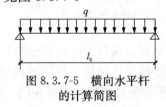

图 8.3.7-5　横向水平杆的计算简图

最大弯矩考虑为简支梁均布荷载作用下的弯矩

$$M_{max}=ql_b^2/8=3.465\times0.90^2/8=0.351\text{kN}\cdot\text{m}$$

$$\sigma=M_{max}/W=0.351\times10^6/5260=66.7\text{N/mm}^2$$

$$<f=205.0\text{N/mm}^2，满足要求！$$

3）挠度计算

最大挠度考虑为简支梁均布荷载作用下的挠度

$$V=5q_kl_b^4/384EI=5\times2.51\times900^4/（384\times2.06\times10^5\times12.71\times10^4）=0.82\text{mm}$$

$$<900/150=6\text{mm}，满足要求！$$

2. 纵向水平杆计算

纵向水平杆按照三跨连续梁进行强度和挠度计算，小横杆在纵向水平杆的上面。

计算横向水平杆传给纵向水平杆的集中力，需要考虑悬挑荷载。见图8.3.7-4

1）由横向水平杆传给纵向水平杆的集中力设计值

$$F=0.5ql_b（1+a_1/l_b）^2=0.5\times3.465\times0.9\times（1+0.1/0.9）^2=1.93\text{kN}$$

由横向水平杆传给纵向水平杆的集中力标准值

$$F_k=0.5q_kl_b（1+a_1/l_b）^2=0.5\times2.51\times0.9\times（1+0.1/0.9）^2=1.39\text{kN}$$

2）抗弯强度

计算简图（图8.3.7-6）

最大弯矩

$$M=0.213Fl_a=0.213\times1.93\times1.5=0.62\text{kN}\cdot\text{m}$$

$$\sigma=M/W=0.62\times10^6/5260=117.87\text{N/mm}^2<f=205.0\text{N/mm}^2，满足要求！$$

3）挠度计算

最大挠度

$$v=1.615\times F_kl_a^3/100EI=1.615\times1.39\times10^3\times1500^3/（100\times2.06\times10^5\times12.71\times10^4）$$

$$=2.9\text{mm}<1500/150=10\text{mm}，满足要求！$$

3. 扣件抗滑力的计算

纵向水平杆通过扣件传给立杆的竖向力计算简图，见图8.3.7-7

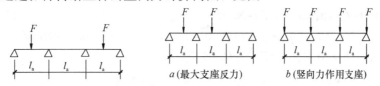

图8.3.7-6 纵向水平杆计算简图　　　图8.3.7-7 纵向水平
（跨中最大挠度、跨内最大弯矩）　　　　　　杆计算简图

a图、b图最大支座反力叠加，得纵向水平杆通过扣件传给立杆的竖向力设计值：

$$R=1.3F+F=2.3F=2.3\times1.93=4.44\text{kN}<R=8\text{kN}　满足要求！$$

4. 立杆稳定性验算

（1）脚手架荷载标准值：

作用于脚手架的荷载包括恒荷载、活荷载和风荷载。

恒荷载标准值包括以下内容：

①脚手架自重标准值产生的轴向力

每米立杆承受的结构自重标准值（kN/m）g_k：查《规范》附录 A 表 A.0.1 $g_k=0.1295$

$$N_{G1}=H \times g_k=5.1 \times 0.1295=0.66 \text{kN}$$

②脚手板自重标准值产生的轴向力

木脚手板的自重标准值 0.35（kN/m²）

$$N_{G2}=0.35 \times 1 \times 1.5 \times (0.9+0.1)/2=0.26 \text{kN}$$

③栏杆与挡脚手板自重标准值产生的轴向力

木栏杆与挡脚手板自重标准值 0.17（kN/m）

$$N_{G3}=0.17 \times 1.5 \times 1=0.255 \text{kN}$$

④密目式安全立网自重标准值产生的轴向力

密目式安全立网自重标准值为 0.01kN/m²

$$N_{G4}=0.01 \times 1.5 \times 5.1=0.077 \text{kN}$$

构配件自重产生的轴向力标准值

$$N_{G2K}=N_{G2}+N_{G3}+N_{G4}=0.26+0.255+0.077=0.59 \text{kN}。$$

⑤施工荷载产生的轴向力标准值总和

$$\sum N_{Qk}=3 \times 1 \times 1.5 \times (0.9+0.1) \times 0.5=2.25 \text{kN}$$

⑥计算风荷载产生的立杆段弯矩设计值 M_w

立杆稳定验算部位，取脚手架立杆底部

作用于脚手架上的水平风荷载标准值

$$w_k=\mu_z \cdot \mu_s \cdot w_0$$

根据《建筑结构荷载规范》，大城市市区地面粗糙度为 C 类

悬挑脚手架在 15m～20m 处搭设，风压高度变化系数 $\mu_z=0.74$

密目式安全立网全封闭脚手架后，其挡风系数 $\varphi=0.8$

建筑物结构型式为框架结构，脚手架风荷载体型系数 $\mu_s=1.3\ \varphi=1.3 \times 0.8=1.04$

根据现行国家标准《建筑结构荷载规范》GB 50009 规定，重现期 $n=10$ 对应的风压值，即：基本风压值 $w_0=0.25 \text{kN/m}^2$

$$w_k=\mu_z \cdot \mu_s \cdot w_0=0.74 \times 1.04 \times 0.25=0.19 \text{kN/m}^2$$

风荷载产生的立杆段弯矩设计值 M_w 得：

$$M_w=0.9 \times 1.4 M_{wk}=\frac{0.9 \times 1.4 w_k l_a h^2}{10}$$

$$=0.9 \times 1.4 \times 0.19 \times 1.5 \times 1.8^2 \div 10=0.12 \text{kN} \cdot \text{m}$$

（2）计算立杆段的轴向力设计值 N 与标准值 N_k

不组合风荷载时：

轴向力设计值

$$N=1.2(N_{G1k}+N_{G2k})+1.4 \sum N_{Qk}$$

$$=1.2(0.66+0.59)+1.4 \times 2.25=4.65 \text{kN}$$

组合风荷载时：

轴向力设计值

$$N = 1.2(N_{G1k} + N_{G2k}) + 0.9 \times 1.4 \sum N_{Qk}$$
$$= 1.2(0.66 + 0.59) + 0.9 \times 1.4 \times 2.25$$
$$= 4.34 \text{kN}$$

（3）立杆的稳定性计算：

①验算长细比：

查《规范》表 5.2.8 得双脚手架立杆的计算长度系数 $\mu = 1.5$

长细比 $\lambda = l_0 / i = k\mu h / i$；

$k = 1$ 时，$\lambda = 1.5 \times 180 / 1.59 = 170 < [\lambda] = 210$，

满足要求！

$k = 1.155$ 时，$\lambda = 1.155 \times 1.5 \times 180 / 1.59 = 196$

查《规范》附录 A 表 A.0.6 轴心受压构件的稳定系数 $\varphi = 0.188$

②稳定性计算：

不组合风荷载时：

$$\frac{N}{\varphi A} = 4.65 \times 10^3 / (0.188 \times 506) = 48.88 \text{N/mm}^2 < f = 205.0 \text{N/mm}^2$$

组合风荷载时：

$$\frac{N}{\varphi A} + \frac{M_w}{W} = 4.34 \times 10^3 / (0.188 \times 506) + 0.12 \times 10^6 / 5260$$
$$= 68.44 \text{N/mm}^2 < f = 205.0 \text{N/mm}^2$$

满足要求！

5. 连墙件的计算：

（1）连墙件的轴向力设计值计算：

$$N_l = N_{lw} + N_o$$

风荷载产生的连墙件轴向力设计值（kN）

$$N_{lw} = 1.4 \times w_k \times A_w$$

脚手架顶部取 $\mu_z = 0.74$

脚手架顶部风荷载标准值

$$w_k = \mu_z \cdot \mu_s \cdot w_0 = 0.74 \times 1.04 \times 0.25 = 0.19 \text{kN/m}^2$$

$$N_l = N_{lw} + N_o = 1.4 \times 0.19 \times 2 \times 1.8 \times 3 \times 1.50 + 3 = 7.31 \text{kN} < R_c = 8 \text{kN}$$

扣件连接抗滑承载力满足要求。

（2）连墙件的稳定承载力计算：

连墙件的计算长度 l_0 取脚手架到墙内固定点的距离，即：$l_0 = 200 \text{mm}$

长细比 $\lambda = l_0 / i = 20 / 1.59 = 13$

长细比 $\lambda = 13 < [\lambda] = 150$（查《冷弯薄壁型钢结构技术规范》），满足要求！

轴心受压立杆的稳定系数，查《规范》A 表 A.0.6 得 $\varphi = 0.966$；

$$N_l / \varphi A = 7.31 \times 10^3 / (0.966 \times 506) = 14.96 \text{N/mm}^2 < 0.85 f = 174.25$$

连墙件稳定承载力计算满足要求！

（3）强度：$\sigma = \dfrac{N_l}{A_c} \leqslant 0.85 f$

$$N_t/A_c=7.31\times10^3/（506）=14.45N/mm^2<0.85f=174.25N/mm^2$$

满足要求。

6. 悬挑梁的受力计算

根据工程实际，悬挑脚手架的水平钢管在离结构近端的固定点（A），一般为钢管预埋固定或楔紧固定，在水平、竖向均有约束，简化为铰支座，B节点为扣件节点，简化为铰支座。扣件式悬挑双排钢管脚手架计算简图见图8.3.7-8。

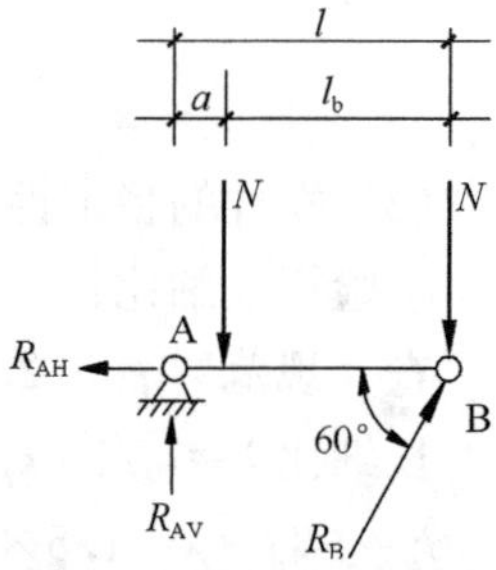

图8.3.7-8 扣件式悬挑双排钢管脚手架计算简图

脚手架排距为 $l_b=900mm$，内侧脚手架立杆距离墙体 $a_1=100mm$，距固定点距离设为 $a=200mm$，支拉斜杆的支点距离墙体 1000mm，距固定点距离设为 $l=1100mm$，锚固长度 $l_m=1500mm$。

水平支撑梁（钢管）的截面惯性矩 $I=12.71cm^4$，截面抵抗矩 $W=5.26cm^3$，截面积 $A=5.06cm^2$。

悬挑水平杆受脚手架立杆作用力 $N=4.65kN$

悬挑水平杆受最大弯矩
$$M_{max}=Nal_b/l=4.65\times0.9\times0.2/1.1=0.76kN\cdot m$$

悬挑水平钢管受水平轴拉力
$$R_{AH}=N（l+a）ctg60°/l=4.65\times（1.1+0.2）ctg60°/1.1=3.17kN$$

抗弯计算强度 $\sigma=M/W+R_{AH}/A$
$$=0.76\times10^6/5260+3.17\times10^3/506=150.75N/mm^2$$

水平支撑梁的抗弯计算强度小于 $205N/mm^2$，满足要求！

7. 悬挑水平钢管的挠度计算：

水平支撑钢管计算最大挠度

$$V=\frac{Na}{9EIl}\sqrt{\frac{(l_b^2+2l_ba)^3}{3}}$$

$$=\frac{4.65\times10^3\times200}{9\times2.06\times10^5\times12.71\times10^4\times1100}\sqrt{\frac{(900^2+2\times900\times200)^3}{3}}$$

$$=2.6mm<1100/150=7.33mm，满足要求！$$

8. 支杆的受力计算：

斜支杆受压轴力

$$R_B=\frac{N(l+a)}{l\sin60°}$$

$$=\frac{4.65(1.1+0.2)}{1.1\sin60°}=6.35kN$$

斜压支杆长细比
$$\lambda=(l/\cos60°)/i=(110/\cos60°)/1.59=138<150$$

查《规范》附录A表A.0.6得轴心受压斜杆的稳定系数 $\varphi=0.357$

受压斜杆受压强度计算值
$$\sigma=R_B/（\varphi A）=6.35\times10^3\div（0.357\times506）=35.15N/mm^2<f=205N/mm^2$$

受压斜杆的稳定性计算，满足要求！

9. 悬挑脚手架节点扣件抗滑计算：

（1）脚手架立杆与悬挑水平杆扣件连接，悬挑水平杆受脚手架立杆作用力 $N = 4.65kN < R_C = 8kN$

（2）固定水平钢管节点（B），水平方向受力

$$R_{AH} = 3.17kN < R_C = 8kN$$

固定水平钢管节点（A），竖直方向受力

$$R_{AV} = Nl_b/l = 4.65 \times 0.9/1.1 = 3.8kN < R_C = 8kN$$

（3）斜支杆受压轴力

$$R_B = 6.35kN < R_C = 8KN$$

斜支杆两端扣件节点抗滑均满足要求。

10. 斜撑杆的焊缝计算：

斜撑杆如果采用焊接方式与墙体预埋件连接，对接焊缝强度计算公式如下

$$R_B / (l_w t) \leq f_t^w 或 f_c^w$$

$$R_B / (l_w t) = 6.35 \times 10^3 /506 = 12.54N/mm^2 < 175N/mm^2$$

说明：1. 对接焊缝抗拉强度设计值 $f_t^w = 175N/mm^2$，对接焊缝抗压强度设计值 $f_c^w = 205N/mm^2$。

2. l_w 焊缝计算长度之和，t 连接构件中较薄板件的厚度。$l_w t$ 可以认为是钢管截面积 $506mm$。

对接焊缝的抗拉或抗压强度计算满足要求！

8.3.8 落地式物料平台架计算

1. 落地式物料平台架计算的构造要求

1）物料平台架作业层施工荷载不应超过 $2kN/m^2$。

2）作业层物料不宜超过栏杆上皮高度，应均布放置，并不应超过 15kN。物料平台应挂牌明示材料允许堆放数量及总重量。运放货物不应对物料平台架产生冲击荷载。

3）物料平台架中平行脚手架的最外排立杆不宜超过脚手架外立杆 2 个横距，横距不宜超过 1.2m，脚手架纵距不宜超过 1.5m，不宜超过 4 跨，步距不宜超过 1.5m。高度不应超过相邻的施工脚手架的高度。高度超过 30m 时，物料平台架立杆应为双立杆。

4）物料平台架应在纵向两端每层设置不少于 2 个连墙件，且从第一步开始设置。竖向间距不应大于 4m。

5）物料支架作业层栏杆上皮高度不应小于 1.5m，应设置中栏杆，并应用厚度不小于 10mm 胶合板（或相同强度的材料）封闭严密。

6）平台上荷载通过水平杆与立杆连接的扣件传至立杆时，立杆上应增设防滑扣件。

7）作业层上非主节点处的横向水平杆，宜根据支承脚手板的需要等间距设置，每个纵距内不应少于 2 根。

8）物料平台架外侧三面应从底到顶设置剪刀撑，剪刀撑设置应符合《规范》第 6.6.2 的规定。

9）搭设操作平台的钢管和扣件质量应符合《规范》要求。应有产品合格证。

10）物料平台架基础应符合《规范》第 5.5 节、第 7.2 节的规定。

11）物料平台的设计、施工及验收、应符合《建筑施工扣件式钢管脚手架安全技术规范》及相关规范要求。

2. 落地式卸料平台扣件钢管支撑架计算

【例 18】　某工程需搭设扣件式钢管落地式物料平台架，搭设高度 15m，试设计扣件式钢管落地式物料平台架结构尺寸。

搭设尺寸，立杆的横距 l_b＝1.2m，立杆的步距 1.5m，立杆的纵距 l_a＝1.50m，且不超过 4 跨。采用的钢管类型为 $\phi48.3\times3.6$。在纵向两端每层设置不少于 2 个连墙件，竖向间距不应大于 4m。物料平台架外侧三面应从底到顶设置剪刀撑。

荷载：

木脚手板自重标准值 0.35kN/m²，栏杆、挡脚板自重为 0.17kN/m²，密目安全立网自重为 0.01kN/m²。物料平台架作业层施工荷载不超过 2kN/m²。作业层物料不超 15kN。运放货物不应对物料平台架产生冲击荷载。施工 1 层，脚手板共铺设 1 层。基本风压 w_o＝0.35kN/m²。见图 8.3.8-1、图 8.3.8-2。

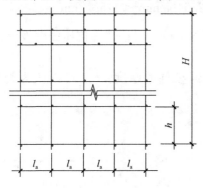 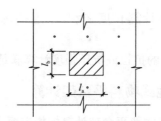

图 8.3.8-1　落地平台　　　　　　图 8.3.8-2　落地平台支撑架
支撑架立面简图　　　　　　　　　立杆稳定性荷载计算单元

1）横向杆的计算：

使用木脚手板，设纵向水平杆方向为平行建筑物方向，纵距跨中设置一根横向水平杆，纵向水平杆为横向水平杆的支座，用直角扣件固定在立杆上，施工荷载由纵向水平杆传至立杆。横向水平杆在纵向水平杆上面。横向水平杆上面的脚手板和活荷载为均布荷载，考虑活荷载在横向杆上的最不利布置，按三跨连续梁计算横向水平杆强度和挠度。计算简图见图 8.3.8-3、图 8.3.8-4。

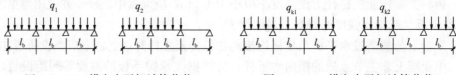

图 8.3.8-3　横向水平杆计算荷载　　　　图 8.3.8-4　横向水平杆计算荷载
组合简图（支座最大弯矩、最大反力）　　组合简图（跨中最大挠度）l_b＝1200

根据工程实际，建筑材料吊运时，堆放位置是不固定的，按活荷载考虑，即物料平台架作业层施工荷载不应超过 2kN/m²。

（1）均布荷载值计算

脚手板的荷载标准值 $q_{k1}=0.35\times1.5/2=0.26\text{kN/m}$

活荷载标准值 $q_{k2}=2\times1.5/2=1.5\text{kN/m}$

恒荷载的设计值 $q_1=1.2\times0.26=0.31\text{kN/m}$

活荷载的设计值 $q_2=1.4\times1.5=2.1\text{kN/m}$

（2）抗弯强度计算

最大弯矩：

$$M=0.1q_1l_b^2+0.117q_2l_b^2$$
$$=(0.1\times0.31+0.117\times2.1)\times1.2^2=0.4\text{kN}\cdot\text{m}$$
$$\sigma=M/W=0.4\times10^6/5260=76.05\text{N/mm}^2<f=205.0\text{N/mm}^2$$

横向水平杆的计算抗弯强度小于抗弯强度设计值，满足要求！

（3）挠度计算

最大挠度：

$$v=\frac{l_b^4}{100E1}(0.677q_{k1}+0.99q_{k2})$$
$$V=(0.677\times0.26+0.99\times1.5)\times1200^4/(100\times2.06\times10^5\times127100)$$
$$=1.3\text{mm}<l_b/150=1200/150=8\text{mm}$$

纵向水平杆最大挠度小于1500/150，满足要求！

2）纵向杆的计算：

纵向水平杆为横向水平杆的支座，用直角扣件固定在立杆上，施工荷载由纵向水平杆传至立杆。横向水平杆在纵向水平杆上面。以集中力形式作用在纵向水平杆上，考虑活荷载最不利布置，按三跨连续梁计算纵向水平杆强度和挠度。计算简图见图8.3.8-5、图8.3.8-6。

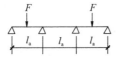

图8.3.8-5 计算荷载组合简图　　图8.3.8-6 计算荷载组合简图

（跨内最大弯矩、跨中最大挠度）　（支座反力最大）$l_a=1500$

（1）由横向水平杆传给纵向水平杆的集中力

①由横向杆传给纵向杆的集中力设计值

$$F=1.1q_1l_b+1.2q_2l_b=1.1\times0.31\times1.2+1.2\times2.1\times1.2=3.43\text{kN}$$

②由横向杆传给纵向杆的集中力标准值

$$F_k=1.1q_{k1}l_b+1.2q_{k2}l_b=1.1\times0.26\times1.2+1.2\times1.5\times1.2=2.5\text{kN}$$

（2）抗弯强度计算

最大弯矩

$$M_{max}=0.213Fl_a=0.213\times3.43\times1.5=1.096\text{kN}\cdot\text{m}$$
$$\sigma=M_{max}/W=1.096\times10^6/5260=208\text{N/mm}^2\approx f=205.0\text{N/mm}^2$$

满足要求！

说明：（208－205）/205＝1.4%，计算抗弯强度超过强度设计值1.4%，可满足工使用要求。

（3）挠度计算

最大挠度为

$$v = 1.615 F_k l_a^3 / 100 EI = 1.615 \times 2.5 \times 10^3 \times 1500^3 / (100 \times 2.06 \times 10^5 \times 127100)$$
$$= 5.2 \text{mm} < l_a / 150 = 1500 / 150 = 10 \text{mm}$$

纵向水平杆最大挠度小于 $l_a / 150$，满足要求！

3）扣件抗滑力的计算：

纵向水平杆通过扣件传给立杆的竖向力设计值：

$$R = 2.3 F = 2.3 \times 3.43 = 7.89 \text{kN} < R_c = 8 \text{kN}$$

单扣件抗滑承载力的设计计算，满足要求！

4）验算脚手架立杆稳定

（1）脚手架荷载标准值：

作用于脚手架的荷载包括恒荷载、活荷载和风荷载。

恒荷载标准：

①脚手架结构自重产生的轴向力标准值：

脚手架立杆承受的每米结构自重标准值：查《规范》附录 A 表 A.0.2 为 $g_k = 0.1911 \text{kN/m}$

$$N_{G1k} = H \times g_k = 15 \times 0.1911 = 2.87 \text{kN}$$

②脚手板自重标准值产生的轴向力

木脚手板自重标准值为 0.35kN/m^2

$$N_{G2} = 0.35 \times 1 \times 1.5 \times 1.2 = 0.63 \text{kN}$$

经计算得到：

构配件自重产生的轴向力标准值

$$N_{G2k} = N_{G2} = 0.63 \text{kN}。$$

③施工荷载产生的轴向力标准值总和

$$\sum N_{Qk} = 2 \times 1.2 \times 1.5 = 3.6 \text{kN}$$

④计算风荷载产生的立杆段弯矩设计值 M_w

立杆稳定验算部位，取脚手架立杆底部

作用于脚手架上的水平风荷载标准值

$$w_k = \mu_z \cdot \mu_s \cdot w_0$$

根据《建筑结构荷载规范》，大城市市区，地面粗糙度为 C 类

风压高度变化系数 $\mu_z = 0.65$

查《规范》附录 A 表 A.0.5 得　敞开式满堂脚手架的挡风系数，当步距 $h = 1.5 \text{m}$，纵距 $l_a = 1.5 \text{m}$ 时，$\varphi = 0.096$；

满堂脚手架风荷载体型系数：

$$\mu_S = 1.2\varphi(1-\eta^n)/(1-\eta) = 1.2\varphi(1+\eta+\eta^2+\eta^3+\cdots\cdots+\eta^{n-1})$$

风荷载分别作用于每排立杆上，立杆计算按每一个纵距、横距为计算单元，根据满堂脚手架整体稳定试验，以 4～5 跨为一个受力稳定结构（本例最少跨为 4 跨），所以，考虑前后排立杆的影响，可取排数 $n = 2 \sim 5$。偏安全考虑，本例取排数 $n = 5$ 计算风荷载。

根据《建筑结构荷载规范》η 系数按表 8.3.8 采用。

φ	$l_b/H \leqslant 1$	$l_b/H \leqslant 2$
$\leqslant 0.1$	1.00	1.00
0.2	0.85	0.90
0.3	0.66	0.75

注：l_b—脚手架立杆横距；H—脚手架高度。

$\varphi = 0.096$ 取 $\eta = 1$

$$\mu_s = 1.2 \times 0.096(1+4) = 0.576$$

根据现行国家标准《建筑结构荷载规范》GB 50009 的规定，重现期 $n = 10$ 对应的风压值为计算脚手架风荷载的基本风压值，$w_0 = 0.35 \text{kN/m}^2$。

作用于脚手架上的水平风荷载标准值：

$$w_k = \mu_z \cdot \mu_s \cdot w_0 = 0.65 \times 0.576 \times 0.35 = 0.13 \text{kN/m}^2$$

风荷载产生的立杆段弯矩设计值 M_w 得：

$$M_w = 0.9 \times 1.4 M_{wk} = \frac{0.9 \times 1.4 w_k l_a h^2}{10}$$
$$= 0.9 \times 1.4 \times 0.13 \times 1.5 \times 1.5^2 \div 10 = 0.06 \text{kN} \cdot \text{m}$$

（2）计算立杆段的轴向力设计值 N 与标准值 N_k

不组合风荷载时：

轴向力设计值

$N = 1.2(N_{G1k} + N_{G2k}) + 1.4 \sum N_{Qk} = 1.2(2.87 + 0.63) + 1.4 \times 3.6 = 9.24 \text{kN}$

轴向力标准值

$$N_k = (N_{G1k} + N_{G2k}) + \sum N_{Qk} = (2.87 + 0.63) + 3.6 = 7.1 \text{kN}$$

组合风荷载时：

轴向力设计值

$N = 1.2(N_{G1k} + N_{G2k}) + 0.9 \times 1.4 \sum N_{Qk} = 1.2(2.87 + 0.63) + 0.9 \times 1.4 \times 3.6$
$= 8.74 \text{kN}$

轴向力标准值

$$N_k = (N_{G1k} + N_{G2k}) + 0.9 \sum N_{Qk} = (2.87 + 0.63) + 0.9 \times 3.6 = 6.74 \text{kN}$$

（3）立杆的稳定性计算：

① 验算长细比：

本例计算条件，立杆的横距 1.2m，步距 1.5m，立杆的纵距 1.50m，且不超过 4 跨。在纵向两端每层设置不少于 2 个连墙件，竖向间距不应大于 4m。物料平台架外侧三面应从底到顶设置剪刀撑。

根据以上条件及满堂脚手架整体稳定试验结论分析，查《规范》附录 C 表 C-1，可参考步距 1.5m，立杆间距 1.3m×1.3m 的脚手架立杆的计算长度系数 μ 值，即：$\mu = 2.569$

长细比 $\lambda = l_0/i = k\mu h/i$，$k = 1$ 时，$\lambda = 2.569 \times 150/1.59 = 242 < [\lambda] = 250$，满足要求！

说明：《规范》表 5.1.9 受压、受拉构件的容许长细比，规定满堂脚手架容许长细比 $[\lambda]=250$

落地式物料平台架，搭设高度 $H=15\text{m}<20\text{m}$，查《规范》表 5.3.4 满堂脚手架立杆计算长度附加系数，$k=1.155$，$\lambda=1.155\times2.569\times150/1.59=280$

轴心受压构件的稳定系数 $\varphi=\dfrac{7320}{\lambda^2}=7320\div280^2=0.093$

② 稳定性计算：

不组合风荷载时：

$$\frac{N}{\varphi A}=9.24\times10^3/(0.093\times506)=196.35\text{N/mm}^2<f=205.0\text{N/mm}^2$$

组合风荷载时：

$$\frac{N}{\varphi A}+\frac{M_\text{w}}{W}=8.74\times10^3/(0.093\times506)+0.06\times10^6/5260$$

$$=197.14\text{N/mm}^2<f=205.0\text{N/mm}^2$$

满足要求！

5）脚手架地基承载力计算：

立杆基础底面的平均压力应满足下式的要求

立杆基础底面处的平均压力标准值

$$P_\text{k}=\frac{N_\text{k}}{A}\leqslant f_\text{g}$$

上部结构传至立杆基础顶面的轴向力标准值 $N_\text{k}=7.1\text{kN}$；

说明：不组合风荷载时，轴向力标准值 $N_\text{k}=7.1\text{kN}$

组合风荷载时，轴向力标准值 $N_\text{k}=6.74\text{kN}$，取大值。

垫板应采用长度不少于 2 跨、厚度不小于 50mm、宽度不小 200mm 的木垫板，基础底面积按 0.15m² 计。

$$P_\text{k}=\frac{N_\text{k}}{A}=7.1\div0.15=47.33\text{kN/m}^2$$

地基承载力特征值 f_g（kPa）：

$$f_\text{g}=180\times0.4=72\text{kN/m}^2$$

$$P_\text{k}\leqslant f_\text{g}$$

地基承载力的计算满足要求！

本 章 参 考 文 献

[1] 《建筑施工扣件式钢管脚手架安全技术规范》JGJ 130—2011. 北京：中国建筑工业出版社 . 2011

[2] 《建筑施工脚手架安全技术统一标准》报批稿

[3] 《建筑施工模板安全技术规范》JGJ 162—2008. 北京：中国建筑工业出版社 . 2008

[4] 《建筑结构荷载规范》GB 50009—2012. 北京：中国建筑工业出版社 . 2012

[5] 《混凝土结构工程施工规范》GB 50666—2011 . 北京：中国建筑工业出版社 . 2008

[6] 《模板及脚手架工程安全专项施工方案编制指南》. 北京：中国建筑工业出版社 . 2013

第9章 构 造 要 求

9.1 单、双排脚手架构造尺寸

9.1.1 确定构造尺寸应考虑的问题

单、双排脚手架构造尺寸包括步距、立杆纵距、立杆横距、连墙件的竖向间距及水平间距、脚手架的搭设高度 。

脚手架的构造尺寸应在满足使用要求、安全要求的条件下，尽量做到节省钢管、扣件等材料及人工费用，应考虑以下问题：

1. 使用要求。如脚手架的立杆横距、步距应满足和便于工人操作及施工材料的存放、供应等要求；

2. 安全要求。脚手架的构造尺寸是影响脚手架承载能力的主要因素，如横距、步距、纵距及连墙件间距均较小时，脚手架的承载能力将较高；

3. 经济要求。如当建筑物很高时，可对落地式脚手架、分段脚手架及双管立柱脚手架等方案进行全面比较；当脚手架的负荷较重时，可对不同的步距与纵距的组合进行方案比较，以确定经济，合理的脚手架方案。

9.1.2 常用单、双排脚手架设计尺寸

1. 常用密目式安全网全封闭单、双排脚手架结构的设计尺寸，可按表 9.1.2-1、表 9.1.2-2 采用。

常用密目式安全立网全封闭式双排脚手架的设计尺寸（m）　　　表 9.1.2-1

| 连墙件设置 | 立杆横距 l_b | 步距 h | 下列荷载时的立杆纵距 l_a（m） | | | | 脚手架允许搭设高度 $[H]$ |
			$2+0.35$ (kN/m^2)	$2+2+2×0.35$ (kN/m^2)	$3+0.35$ (kN/m^2)	$3+2+2×0.35$ (kN/m^2)	
二步三跨	1.05	1.5	2.0	1.5	1.5	1.5	50
		1.80	1.8	1.5	1.5	1.5	32
	1.30	1.5	1.8	1.5	1.5	1.5	50
		1.80	1.8	1.2	1.5	1.2	30
	1.55	1.5	1.8	1.5	1.5	1.5	38
		1.80	1.8	1.2	1.5	1.2	22

续表

连墙件设置	立杆横距 l_b	步距 h	下列荷载时的立杆纵距 l_a（m）				脚手架允许搭设高度 $[H]$
			$2+0.35$ (kN/m²)	$2+2+2×0.35$ (kN/m²)	$3+0.35$ (kN/m²)	$3+2+2×0.35$ (kN/m²)	
三步三跨	1.05	1.5	2.0	1.5	1.5	1.5	43
		1.80	1.8	1.2	1.5	1.2	24
	1.30	1.5	1.8	1.5	1.5	1.2	30
		1.80	1.8	1.2	1.5	1.2	17

注：1. 表中所示 $2+2+2×0.35$ (kN/m²)，包括下列荷载：$2+2$ (kN/m²) 为二层装修作业层施工荷载标准值；$2×0.35$ (kN/m²) 为二层作业层脚手板自重荷载标准值；

2. 作业层横向水平杆间距，应按不大于 $l_a/2$ 设置。

3. 地面粗糙度为 B 类，基本风压 $W_0=0.4$kN/m²。

常用密目式安全立网全封闭式单排脚手架的设计尺寸（m）　　表 9.1.2-2

连墙件设置	立杆横距 l_b	步距 h	下列荷载时的立杆纵距 l_a（m）		脚手架允许搭设高度 $[H]$
			$2+0.35$ (kN/m²)	$3+0.35$ (kN/m²)	
二步三跨	1.20	1.5	2.0	1.8	24
		1.80	1.5	1.2	24
	1.40	1.5	1.8	1.5	24
		1.80	1.5	1.2	24
三步三跨	1.20	1.5	2.0	1.8	24
		1.80	1.2	1.2	24
	1.40	1.5	1.8	1.5	24
		1.80	1.2	1.2	24

注：参见表 9.1.2-1。

2. 单排脚手架搭设高度不应超过 50m；双排脚手架搭设高度不宜超过 50m，高度超过 50m 的双排脚手架，可采用双管立杆、分段悬挑或分段卸荷等有效措施。采用双立杆搭设脚手架，一般可取双管高度为架高的 2/3。

9.2 立 杆 构 造 要 求

9.2.1 脚手架立杆的对接、搭接规定

1. 当立杆采用对接接长时，立杆的对接扣件应交错布置，两根相邻立杆的接头不应设置在同步内，同步内隔一根立杆的两个相隔接头在高度方向错开的距离不宜小于 500mm；各接头中心至主节点的距离不宜大于步距的 1/3；

2. 当立杆采用搭接接长（顶层顶步，栏杆立杆）时，搭接长度不应小于 1m，应采

用不少于 2 个旋转扣件固定。端部扣件盖板的边缘至杆端距离不应小于 100mm；

9.2.2 脚手架立杆顶栏杆高出女儿墙、檐口上端要求

脚手架立杆顶端栏杆宜高出女儿墙上端 1m，高出檐口上端 1.5m。

9.2.3 脚手架扫地杆要求

脚手架必须设置纵、横向扫地杆。纵向扫地杆宜采用直角扣件固定在距钢管底端不大于 200mm 处的立杆上。横向扫地杆宜采用直角扣件固定在紧靠纵向扫地杆下方的立杆上。

9.2.4 脚手架立杆基础不在同一高度做法要求

脚手架立杆基础不在同一高度上时，必须将高处的纵向扫地杆向低处延长两跨与立杆固定，高低差不宜大于 1m。靠边坡上方的立杆轴线到边坡的距离不应小于 500mm（图 9.2.4）。

图 9.2.4　纵、横向扫地杆构造

1—横向扫地杆；2—纵向扫地杆

9.2.5 在坡道、台阶、坑槽和凸台等部位的支撑结构底部要求

1. 支撑结构地基高差变化较大时，在高处扫地杆应与此处的纵横向水平杆拉通（图 9.2.5）；边坡应根据上部荷载采取加固措施。

2. 设置在坡面上的立杆底部应有可靠的固定措施。

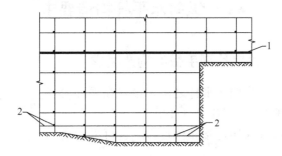

图 9.2.5　不同标高扫地杆布置图

1—拉通扫地杆；2—扫地杆

9.2.6 单、双排脚手架底层步距要求

单、双排脚手架底层步距不应大于 2m。

9.2.7 单排、双排与满堂脚手架立杆接长要求

单排、双排与满堂脚手架立杆接长除顶层顶步（顶层顶步，栏杆立杆）外，其余各层各步接头必须采用对接扣件连接。

9.2.8 脚手架立杆基础要求

每根立杆底部宜设置底座或垫板。当脚手架搭设在永久性建筑结构混凝土基面时，立杆下底座或垫板可根据情况不设置。

9.2.9 单、双立杆连接

高层建筑脚手架下部采用双立杆，上部为单立杆的连接形式有两种：（1），并杆，主立杆与副立杆间用旋转扣件连接，底部需采用双杆底座加工件，（图 9.2.9-1）；（2）不并杆，主立杆与副立杆中心距为 150～300mm，在搭接部位增设纵向平杆连接加强（图 9.2.9-2）。

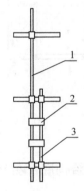

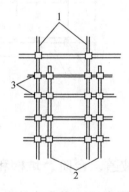

图 9.2.9-1 并杆的单、双立柱连接
1—主立柱；2—旋转扣件；3—副立杆

图 9.2.9-2 不并杆的单、双立柱连接
1—主立柱；2—副立杆；3—直角扣件

9.3 纵向水平杆构造要求

9.3.1 采用钢、木、竹串片脚手板时构造要求

1. 纵向水平杆设置于横向水平杆之下，设置在立杆内侧，用直角扣件与立杆扣紧。见图 9.3.1-1。

2. 纵向水平杆一般宜采用对接扣件连接，也可采用搭接。应符合以下要求：

1）两根相邻纵向水平杆的接头不宜设置在同步或同跨内；不同步或不同跨两个相邻接头在水平方向错开的距离

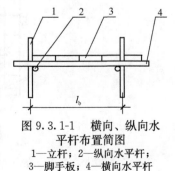

图 9.3.1-1 横向、纵向水平杆布置简图
1—立杆；2—纵向水平杆；3—脚手板；4—横向水平杆

不应小于500mm；各接头中心至最近主节点的距离不宜大于纵距的1/3（图9.3.1-2）；

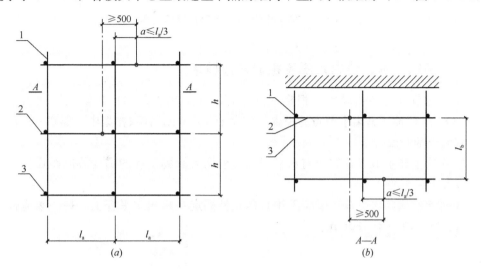

图9.3.1-2 纵向水平杆对接接头布置

(a) 接头不在同步内（立面）；(b) 接头不在同跨内（平面）

1—立杆；2—纵向水平杆；3—横向水平杆

2）搭接长度不应小于1m，应等间距设置3个旋转扣件固定；端部扣件盖板边缘至搭接纵向水平杆杆端的距离不应小于100mm。

9.3.2 采用竹笆脚手板时构造要求

1. 纵向水平杆设置在横向水平杆之上，并用直角扣件固定在横向水平杆上。

2. 纵向水平杆在操作层的间距不应大于400mm（图9.3.2）。

3. 纵向水平杆的接长要求同9.3.1节第2款。

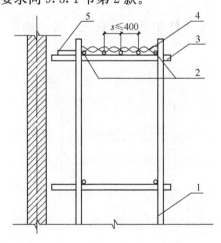

图9.3.2 铺竹笆脚手板时纵向水平杆的构造

1—立杆；2—纵向水平杆；3—横向水平杆；4—竹笆脚手板；5—其他脚手板

4. 纵向水平杆的长度一般不宜小于3跨，并不小于6m。

9.4 横向水平杆构造要求

9.4.1 采用钢、木、竹串片脚手板时构造要求

1. 每一主节点处必须设置一根横向水平杆，并采用直角扣件扣紧在纵向水平杆上（图9.4.1），该杆轴线偏离主节点的距离不应大于150mm，在双排架中，靠墙一侧的外伸长度不宜大于300mm。

2. 操作层上非主节点处的横向水平杆，宜根据支承脚手板的需要等间距设置，最大间距不应大于纵距的1/2。

3. 单排架的横向水平杆一端应采用直角扣件固定在纵向水平杆上，另一端应插入墙内，插入长度不应小于180mm。

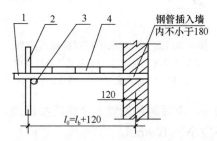

图9.4.1 单排架的横向、纵向水平杆布置简图
1—横向水平杆；2—立杆；3—纵向水平杆；4—脚手板

9.4.2 采用竹笆脚手板时的构造要求

双排脚手架的横向水平杆两端，应采用直角扣件固定在立杆上（图9.3.2）；单排架的横向水平杆一端，应用直角扣件扣紧在立柱上，另一端伸入墙内，伸入长度不小于180mm（图9.4.2）。

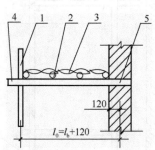

图9.4.2 单排架横向、纵向水平杆布置简图
1—立杆；2—纵向水平杆；3—竹笆脚手板；4—横向水平杆；
5—钢管入墙内不小于180mm

9.5　脚手板构造要求

9.5.1　采用冲压钢脚手板、木脚手板、竹串片脚手板工作要求

脚手板应设置在三根横向水平杆上。当脚手板长度小于 2m 时，可采用两根横向水平杆支承，但应将脚手板两端与横向水平杆可靠固定，严防倾翻。脚手板的铺设可采用对接平铺，亦可采用搭接铺设。脚手板对接平铺时，接头处必须设两根横向水平杆，脚手板外伸长度应取 130mm~150mm，两块脚手板外伸长度的和不应大于 300mm（图 9.5.1a）；脚手板搭接铺设时，接头必须支在横向水平杆上，搭接长度不应小于 200mm，其伸出横向水平杆的长度不应小于 100mm（图 9.5.1b）。

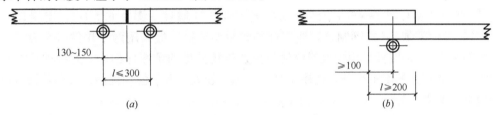

图 9.5.1　脚手板对接、搭接构造
(a) 脚手板对接；(b) 脚手板搭接

9.5.2　铺设竹笆脚手板要求

竹笆脚手板应按其主竹筋垂直于纵向水平杆方向铺设，且采用对接平铺，四个角应用直径不小于 1.2mm 的镀锌钢丝固定在纵向水平杆上。

9.5.3　作业层端部脚手板探头

作业层端部脚手板探头长度应取 150mm，其板的两端均应与支承杆可靠固定。

9.5.4　作业层脚手板与墙面距离封闭要求

作业层脚手板应铺满、铺稳，结构施工时脚手板离开模板外楞外皮距离应不大于 100mm，模板拆除后施工面上脚手板与墙面的距离应采取全封闭措施。

9.6　连墙件构造要求

国内外发生的单、双排脚手架倒塌事故，几乎都是由于连墙件设置不足或连墙件被拆掉而未及时补救引起的。脚手架实验与理论分析结论，连墙点的设置和构造可靠性对保证脚手架的稳定至关重要。脚手架与主体结构是否可靠连接决定其稳定性。连墙点一旦失效脚手架的失稳曲线波长将加大 1 倍以上，从而大幅度地降低承载力，甚至导致脚手架整体倒塌。连墙件的间距的大小，设置形式（菱形布置、方形与矩形布置）是影响承载力的主要因素。

9.6.1 构造形式

根据连墙件的传力性能、构造不同，可分为刚性连墙件与柔性连墙件。

1. 刚性连墙件

刚性连墙件由连墙杆、扣件或预埋件等组成的部件（图9.6.1-1），其连墙杆、扣件连接或预埋件焊接既能承受拉力又能承受压力，因此，具有较大的刚度，在荷载作用下变形很小。

1）钢管、扣件组合的连墙件（图9.6.1-1a、b、d、f、e），连墙件的连墙杆采用φ48.3×3.6钢管，连墙杆与脚手架、连墙件与建筑物的连接采用扣件。其特点是构造简单、施工方便；但由于一个扣件的抗滑移承载能力仅有8.0kN（设计值），因此在高架、风荷较大情况下，连墙件需设置加密或采用双扣件（连墙杆与建筑物连接时，应在建筑物的内、外墙面附加短管处各加两只直角扣件扣牢）。

2）钢管（或工具式钢杆）、螺栓或焊缝组合的连墙件（图9.6.1-1c）。连墙杆采用φ48.3×3.6钢管或工具式钢制杆，连墙杆与脚手架连接一般采用两个扣件（与内、外排立柱各扣一个），连墙件采用螺栓或焊接与由建筑物伸出的预埋件相连。此种构造方式可以承受、传递较大的水平荷载，适用于高架、风荷较大情况，但预埋件设置必须符合脚手架专项方案要求。

3）采用其他构造形式刚性连墙件，连墙件杆件的强度及稳定应满足有关规范要求。

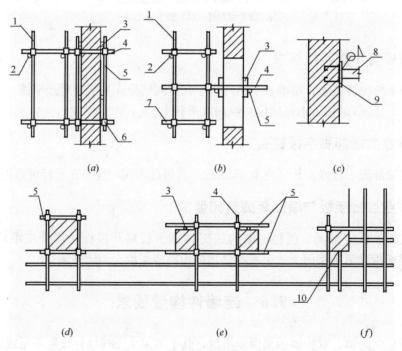

图9.6.1-1 刚性连墙件构造形式

1—立杆；2—纵向水平杆；3—垫木；4—连墙杆；5—短钢管或适长钢管；6—直角扣件；7—横向水平杆；8—连墙杆与钢板焊接；9—预埋件；10—钢管顶紧

4）图9.6.1-1 刚性连结件构造形式

（a）单根或双根小横杆穿过墙体，在墙体两侧用短钢管（长度≥0.6m，立放或平放）

塞以垫木（6cm×9cm 或 5cm×10cm 木方）固定；

（b）单根或双根小横杆通过门窗洞口，在洞口墙体两侧用适长的钢管（立放或平放）塞以垫木固定；

（c）与连墙杆焊接的钢板，可以通过预埋螺栓固定，也可直接与钢筋焊接一体预埋。在钢板上焊以适长的短钢管，钢管长度以能与立杆或大横杆可靠连接为度。拆除时需用气割从钢管焊接处割开；

（d）用适长的横向平杆和短钢管各 2 根抱紧柱子固定；

（e）在相邻柱间，小横杆通过柱间洞口，与柱两侧用适长的钢管塞以垫木固定；

（f）两根小横杆抱紧角柱，分别平行的小横杆顶紧角柱固定。

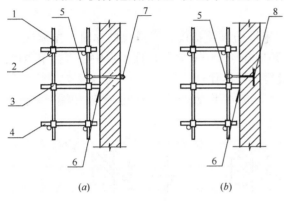

图 9.6.1-2 柔性连墙件

1—立杆；2—纵向水平杆；3—直角扣件；4—横向水平杆；
5—双股 8 号钢丝拉结；6—钢管顶紧；7—插入短管或短钢筋；
8—预埋件

2. 柔性连墙件

由拉筋（两根直径 4mm 以上的钢丝拧成一股的镀锌钢丝或 φ6 钢筋）顶撑、钢管、木楔等组成的部件（图 9.6.1-2），其拉筋只能承受拉力，压力由顶撑、钢管等传递。这种连墙件的刚度较差，故其应用受到限制，用在刚性连墙件无法设置处，也可在刚性连墙件间，补充加强刚性连墙件设置。

图 9.6.1-2（a）将脚手架的小横杆顶于外墙面（亦可根据外墙装修施工操作的需要，加适厚的垫板，抹灰时可撤去），同时设双股 8 号钢丝拉结，双股钢丝通过墙预留洞（或模板穿墙螺栓洞），在内墙插入短管或短钢筋固定。

图 9.6.1-2（b）将脚手架的小横杆顶于外墙面，同时设双股 8 号钢丝拉结，双股钢丝与预埋件连接固定。

9.6.2 构造要求

1. 脚手架连墙件设置的位置、数量应按专项施工方案确定，并应按确定的位置设置预埋件。单、双排脚手架连墙件间距应符合表 9.6.2 的规定；

连墙件布置最大间距 表 9.6.2

搭设方法	高度	竖向间距 (h)	水平间距 (l_a)	每根连墙件覆盖面积 (m²)
双排落地	≤50m	3h	3l_a	≤40
双排悬挑 双立杆双排架	>50m	2h	3l_a	≤27
单排	≤24m	3h	3l_a	≤40

注：1. h—步距；l_a—纵距。

2. 双排悬挑—指型钢悬挑脚手架。高度—指型钢悬挑脚手架顶部立杆上皮至地面总高度，不是指型钢悬挑脚手架悬挑高度。

2. 应均匀布置，宜优先采用菱形布置，也可采用方形、矩形布置；

3. 宜靠近主节点设置，偏离主节点的距离不应大于 300mm；

4. 连墙点的水平间距不得超过 3 跨，竖向间距不得超过 3 步，连墙点之上架体的悬臂高度不应超过 2 步；

5. 风荷载较大地区应根据连墙件设计加密设置连墙件，保证连墙件能承受当地最大风荷载作用，并且具有一定安全度或可靠度；

6. 连墙件应从底层第一步纵向水平杆处开始设置，当该处设置有困难时，应采用其他可靠措施固定；

7. 在架体的转角处、开口型作业脚手架端部必须增设连墙件，连墙件的垂直间距不应大于建筑物层高，且不应大于 4.0m；

8. 当脚手架下部暂不能设连墙件时应采取防倾覆措施。当搭设抛撑时，抛撑应采用通长杆件与脚手架可靠连接，与地面的倾角应在 45°~60°之间；连接点中心至主节点的距离不应大于 300mm。抛撑应在连墙件搭设后方可拆除；

9. 连墙件中的连墙杆应呈水平设置，当不能水平设置时，应向脚手架一端下斜连接，不应采用上斜连接（图 9.6.2）；

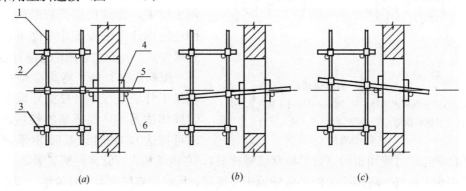

图 9.6.2 连墙构造
1—立杆；2—纵向水平杆；3—横向水平杆；4—垫木；5—连墙杆；6—短钢管或适长钢管

图 9.6.2 (a) 连墙杆水平设置，正确；

(b) 连墙杆向脚手架一端下斜设置，允许；

(c) 连墙杆向脚手架一端上斜（上翘）设置，不允许。

10. 连墙件必须采用可承受拉力和压力的构造。对高度 24m 以上的双排脚手架，应采用刚性连墙件与建筑物连接；

11. 架高超过 40m 且有风涡流作用时，应采取抗上升翻流作用的连墙措施。

9.6.3 连墙件设置不足导致操作脚手架倒塌事故

事故 1：2013 年某日凌晨，某大酒店装修外工程，外立面五层高脚手架被风（六到七级风）吹垮塌。脚手架的钢管像搭积木一样，包围在大厦四周，对大厦形成一个 U 字形的包围。事发现场还有不少电线杆被落下的建材砸中，电线、光缆歪歪扭扭地挂了下来。部分车道受到影响，临近立交桥引桥上，也掉落了不少钢管。倒塌的脚手架绵延了 80 多米长，有的还悬挂在半空中。无人员伤亡。

分析：酒店外立面的脚手架是近一个月搭建起来的。事故前一天下午听天气预报说会有大风，已经对脚手架进行加固。但是事故还是发生了，没有按当地最大风荷载设防。

事故原因：外墙脚手架与建筑结构拉结不符合规范要求。没有按最大风荷载设置连墙件。

事故 2：2011 年某日，傍晚刮起一阵强风，正在进行改装工程的某酒店两面外墙鹰架（门架）瞬间倒塌；重达 60 吨的鹰架将下部路整个埋不见了，下部交通要道、慢车道也遭

图 9.6.3 转角处没有设置连墙件

掩埋，正在等公交车的民众遇此情景纷纷尖叫逃窜，机动车驾驶员也紧急跳车逃生，但仍有 12 人被砸伤，其中 1 人命危，另有 22 辆车受损。

事故原因：

1. 门架与结构连接，原设计：门架连墙杆（3号钢筋）与结构预埋件焊接，另一端与鹰架连接。变更设计：门架连墙杆与结构用膨胀螺栓连接，另一端与鹰架连接（万向接头）。门架与结构连接变更设计没有按程序办理。连墙件设置也不符合要求。

2. 脚手架外侧挂细纱网，为美观加挂的帆布，帆布无孔隙，导致风荷载几乎全部传递给脚手架结构。

3. 大风产生的风洞效应（风荷载瞬间增大）。

4. 门架与主体结构拉结的水平间距、竖向间距（一个连墙件覆盖面积）不符合要求，过大。转角处没有设置连墙件（图 9.6.3）。

9.7 单、双排脚手架剪刀撑与横向斜撑构造要求

9.7.1 单、双排脚手架剪刀撑设置

根据脚手架实验和理论分析，单、双排脚手架的纵向刚度远比横向刚度强得多，一般不会发生纵向整体失稳破坏。设置了纵向剪刀撑后，可以加强脚手架结构整体刚度和空间工作，以保证脚手架的稳定。也是国内工程实践经验的总结。设置横向斜撑可以提高脚手架的横向刚度，并能显著提高脚手架的稳定承载力。开口型脚手架两端是薄弱环节。将其两端设置横向斜撑，并与主体结构加强连接，可对这类脚手架提供较强的整体刚度。静力模拟试验表明：对于一字型脚手架，两端有横向斜撑（之字形）外侧有剪刀撑时，脚手架的承载能力可比不设的提高约 20%。

所以要求。双排脚手架应设置剪刀撑与横向斜撑，单排脚手架应设置剪刀撑。

单、双排脚手架剪刀撑的设置要求

1）每道剪刀撑跨越立杆的根数宜在 5～7 根之间。每道剪刀撑宽度不应小于 4 跨，且不应小于 6m，斜杆与地面的倾角宜在 45°～60°之间（表 9.7.1）；

剪刀撑跨越立杆的最多根数　　　　　　　　　　　　**表 9.7.1**

剪刀撑斜杆与地面的倾角 a	45°	50°	60°
剪刀撑跨越立杆的最多根数 n	7	6	5

2）剪刀撑斜杆的接长宜采用搭接，搭接长度不应小于 1m，应采用不少于 2 个旋转扣件固定。端部扣件盖板的边缘至杆端距离不应小于 100mm；

3）剪刀撑斜杆应用旋转扣件固定在与之相交的横向水平杆的伸出端或立杆上，旋转扣件中心线至主节点的距离不宜大于 150mm。

9.7.2　高度在 24m 及以上的双排脚手架剪刀撑设置要求

高度在 24m 及以上的双排脚手架应在外侧全立面连续设置剪刀撑。

9.7.3　高度在 24m 以下的单、双排脚手架剪刀撑设置要求

高度在 24m 以下的单、双排脚手架，均必须在外侧两端、转角及中间间隔不超过 15m 的立面上，各设置一道剪刀撑，并应由底至顶连续设置（图 9.7.3）。

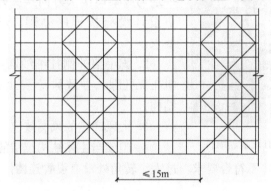

图 9.7.3　高度 24m 以下剪刀撑布置

9.7.4　双排脚手架横向斜撑的设置要求

1）横向斜撑应在同一节间，由底至顶层呈之字形连续布置，斜杆应采用旋转扣件固定在与之相交的立杆或横向水平杆的伸出端上。

2）高度在 24m 以下的封闭型双排脚手架可不设横向斜撑。

3）高度在 24m 以上的封闭型脚手架，除拐角应设置横向斜撑外，中间应每隔 6 跨距设置一道。

4）开口型双排脚手架的两端均必须设置横向斜撑。

9.8　门　　洞

9.8.1　单、双排脚手架上升斜杆、平行弦杆桁架结构门洞

1. 单、双排脚手架门洞宜采用上升斜杆、平行弦杆桁架结构型式（图 9.8.1-1）。门

洞桁架的型式宜按下列要求确定：

1）当步距（h）小于纵距（l_a）时，应采用 A 型；

2）当步距（h）大于纵距（l_a）时，应采用 B 型，并应符合下列规定：

（1）$h＝1.8m$ 时，纵距不应大于 1.5m；

（2）$h＝2.0m$ 时，纵距不应大于 1.2m。

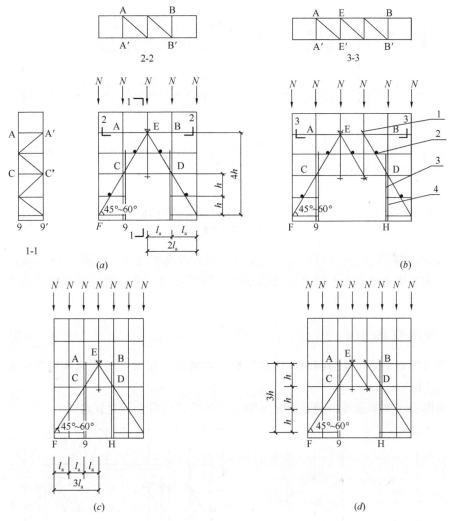

图 9.8.1-1 门洞处上升斜杆、平行弦杆桁架

（a）挑空一根立杆 A 型；（b）挑空二根立杆 A 型；（c）挑空一根立杆 B 型；（d）挑空二根立杆 B 型

1—防滑扣件；2—增设的横向水平杆；3—副立杆；4—主立杆

2. 单、双排脚手架门洞桁架的构造应符合下列要求：

1）单排脚手架门洞处，应在平面桁架（图 9.8.1-1 中 ABCD）的每一节间设置一根斜腹杆；双排脚手架门洞处的空间桁架，除下弦平面外，应在其余 5 个平面内的图示节间设置一根斜腹杆（图 9.8.1-1 中 1-1、2-2、3-3 剖面）；

2）斜腹杆宜采用旋转扣件固定在与之相交的横向水平杆的伸出端上，旋转扣件中心线至主节点的距离不宜大于 150mm。当斜腹杆在 1 跨内跨越 2 个步距（图 9.8.1-1A 型）

时，宜在相交的纵向水平杆处，增设一根横向水平杆，将斜腹杆固定在其伸出端上；

3）斜腹杆宜采用通长杆件，当必须接长使用时，宜采用对接扣件连接，也可采用搭接，搭接长度不应小于1m，应采用不少于2个旋转扣件固定。端部扣件盖板的边缘至杆端距离不应小于100mm。

3. 单排脚手架过窗洞时应增设立杆或增设一根纵向水平杆（图9.8.1-2）。

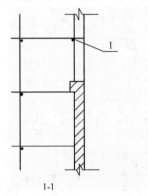
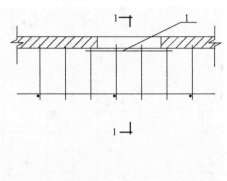

图 9.8.1-2　单排脚手架过窗洞构造

1—增设的纵向水平杆

4. 门洞桁架下的两侧立杆应为双管立杆，副立杆高度应高于门洞口1～2步。

5. 门洞桁架中伸出上下弦杆的杆件端头，均应增设一个防滑扣件（图9.8.1-1），该扣件宜紧靠主节点处的扣件。

9.8.2　专用横梁门洞

1. 当双排脚手架设置门洞时，应在门洞上部架设专用梁，门洞两侧立杆应加设斜杆（图9.8.2-1）。

2. 当模板支撑架设置门洞通道时（图9.8.2-2），应符合下列规定：

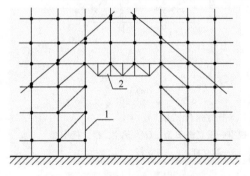
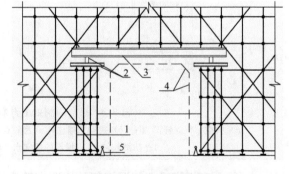

图 9.8.2-1　双排外脚手架门洞设置

1—双排脚手架；2—专用梁

图 9.8.2-2　门洞设置

1—加密立杆；2—纵横向型钢分配梁；3—转换横梁；4—门洞净空（仅车行通道有此要求）；5—警示设施及防撞设施（仅用于车行通道）

1）通道上部应架设转换横梁，横梁应经过设计计算确定；

2）当采用钢管立杆作为横梁支承结构时，横梁支座下部立杆应加密，并应与架体连接牢固，立杆不应少于 4 排，每排横距不宜大于 300mm；

3）转换横梁下部应设置纵横向型钢分配梁作为支座；

4）通道宽度不宜大于 4.8m，当宽度大于 4.8m 时，宜采取其他形式的跨越结构；

5）门洞顶部必须采用硬质材料全封闭；

6）通行机动车的洞口，必须设置防撞击设施。

3. 专用横梁与钢管柱门洞实例

实例：为满足车辆和行人通行，需设置门洞二个。单个门洞尺寸：净宽 6m，净高 4.2m。如图 9.8.2-3 所示：钢管柱采用 ϕ609，间距 2.4m，钢管桩上横向放置 45b 工字钢，横向工字钢上顺桥方向放置 45b 工字钢，该工字钢横向间距依照上部支撑脚手架立杆而定。

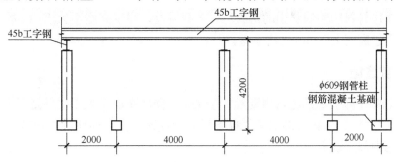

图 9.8.2-3　专用横梁与钢柱门洞

9.8.3　跨空支撑结构

跨空支撑结构是水平桁架的两端均支承在框架式或桁架式支撑结构上，且中间部位为跨空的支撑结构。见图 9.8.3。构造与设计见《建筑施工临时支撑结构技术规范》JGJ 300—2013 第 6 章 6.2 节规定。

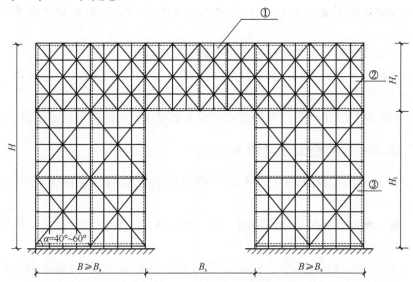

图 9.8.3　跨空支撑结构示意图（立面图）

①—跨空部分；②—平衡段；③—落地部分

B_s—跨空部分跨度；B—落地部分宽度；H—支撑结构高度；H_s—跨空部分高度；H_1—落地部分高度

213

9.9 斜 道

斜道结构由架体框架、平台与斜坡道组成。脚手架构成的斜道空间结构必须是整体稳定结构,所以要求按《规范》规定设置连墙件、剪刀撑与横向斜撑;由平台与斜坡道组成的人行并兼运输的斜道内部结构,应与架体框架结构可靠连接,保证结构必需稳定承载,同时能满足功能要求。

9.9.1 斜道形式

人行并兼作材料运输的斜道的形式:一字型斜道,用于高度不大于 6m 的脚手架;之字形斜道,用于高度大于 6m 的脚手架。

9.9.2 斜道连墙

斜道应附着外脚手架或建筑物设置,连墙点竖向间距取不大于楼层高度;水平间距不宜超过 3 跨。"之"字形斜道部位必须自下至上设置连墙件,连墙件应设置在斜道转向节点处或斜道的中部竖线上。

9.9.3 斜道的竖向剪刀撑及横向斜撑

架体外侧由底至顶设置连续竖向剪刀撑及横向斜撑,斜杆用旋转扣件固定在与之相交的水平杆或立杆上,旋转扣件中心线至主节点的距离不宜大于 150mm。

9.9.4 平台、斜坡道的构造要求

1. 运料斜道宽度不应小于 1.5m,坡度不应大于 1:6;人行斜道宽度不应小于 1m,坡度不应大于 1:3。

2. 拐弯处应设置平台,其宽度不应小于斜道宽度。

3. 斜道两侧及平台外围均应设置栏杆及挡脚板。栏杆高度应为 1.2m,挡脚板高度不应小于 180mm。

4. 运料斜道两端、平台外围和端部应根据方案要求,每两步加设水平斜杆。

9.9.5 斜道脚手板构造要求 (图 9.9.5)

1. 脚手板横铺时,应在横向水平杆下增设纵向支托杆,纵向支托杆间距不应大于 500mm。

2. 脚手板顺铺时,接头应采用搭接,下面的板头应压住上面的板头,板头的凸棱处应采用三角木填顺。

3. 人行斜道和运料斜道的脚手板上应每隔 250～300mm 设置一根防滑木条,木条厚度应为 20～30mm。

4. 脚手板的支承跨度,普通斜道为 0.75～1.0m;运料斜道为 0.5～0.75m;隔 250～300mm 设置防滑条一道。

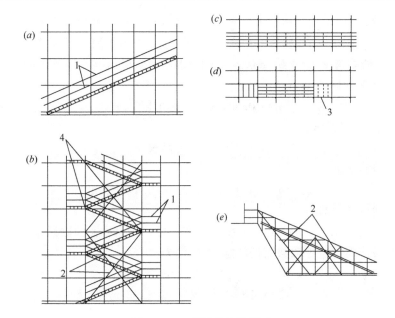

图 9.9.5　斜道的构造形式

(a) 脚手架"一"字形斜道立面；(b) 脚手架"之"字形斜道立面；(c) 脚手架"一"字形斜道平面；(d) 脚手架"之"字形斜道平面；(e) 基坑运料斜道立面

1—栏杆；2—剪刀撑；3—休息平台；4—连墙件

9.9.6　斜道脚手板计算

1. 脚手板顺铺时，纵向斜杆与立杆连接，横向水平杆固定在斜杆上，调整横向水平杆布置间距，可改变脚手板的支承跨度，一般脚手板的支承跨度，不大于1m；脚手板不需要计算。

2. 如果不设置纵向斜杆，横向水平杆固定在立杆上，脚手板的支承跨度为 $l_a/\cos\alpha$，l_a 为立杆纵距，支撑跨度增大，需要计算脚手板。计算简图见图 9.9.6。

1) 计算参数：运料斜道宽度 $l=1.5\text{m}$，斜道坡度 1∶3，立杆纵距 $l_a=1.0\text{m}$，木脚手板自重标准值 0.35kN/m²，斜道上施工均布活荷载标准值 2kN/m²。木脚手板厚度 50mm，宽度 200mm，木材强度等级 TC11（杉木），抗弯强度 $f_m=11\text{N/mm}^2$，顺纹抗剪强度 $f_V=1.4\text{N/mm}^2$，弹性模量 $E=9000\text{N/mm}^2$，脚手板露天环境使用，强度设计值调整系数：0.9，弹性模量调整系数0.85。斜道为临时结构，设计使用年限不超过 5 年，强度设计值调整系数：1.1，弹性模量调整系数 1.1。

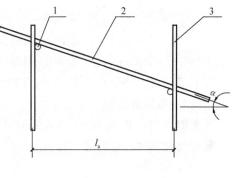

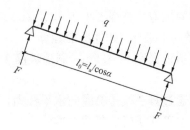

图 9.9.6　斜道脚手板计算简图

1—横向水平杆；2—脚手板；3—立杆

2）荷载计算

脚手板为受弯结构，需要验算其抗弯强度和刚度。脚手板简支梁计算，斜道坡度 1∶3，$\cos\alpha=0.9487$，计算跨度 $l_0=l_a/\cos\alpha=1.0/0.9487=1.05\text{m}$

脚手板自重线荷载（kN/m）：

$$q_1=0.35\times0.2=0.07\text{kN/m}$$

活荷载标准值（kN/m）：

$$q_2=2\times0.2=0.4\text{kN/m}$$

均布线荷载标准值为：

$$q_k=q_1+q_2=0.07+0.4=0.47\text{kN/m}$$

均布线荷载设计值为：

$$q=1.2q_1+1.4q_2=1.2\times0.07+1.4\times0.4=0.64\text{kN/m}$$

脚手板的截面惯性矩 I 和截面抵抗矩 W 分别为：

$$W=20\times5\times5/6=83.33\text{cm}^3;$$
$$I=20\times5\times5\times5/12=208.33\text{cm}^4;$$

3）脚手板抗弯强度计算

最大弯矩 $\quad M=ql_0^2/8=0.64\times1.05^2/8=0.09\text{kN}\cdot\text{m}$

$$\sigma=M/W=0.09\times10^6/83.33\times10^3$$
$$=1.08\ N/\text{mm}^2<0.9\times1.1\ f_m=11\text{N/mm}^2$$

脚手板的抗弯强度验算 $\sigma<0.9\times1.1f_m$，满足要求！

4）脚手板挠度计算

脚手板挠度应按下式计算：

$$\nu=\frac{5q_kl_0^4}{384EI}$$
$$=5\times0.47\times1050^4\div(384\times0.85\times1.1\times9000\times208.33\times10^4)$$
$$=0.4\text{mm}<[\nu]=l_0/150=1050/150=7\text{mm}$$

脚手板的最大挠度小于 $l_0/150$，满足要求！

5）脚手板抗剪验算

最大剪力 $Q=0.5q\,l_0=0.5\times0.64\times1.05=0.34\text{kN}$

截面抗剪强度必须满足：

$$\tau=3Q/2bh$$
$$=3\times340/(2\times200\times50)=0.05\text{N/mm}^2<0.9\times1.1f_v=1.4\text{N/mm}^2$$

方木的抗剪计算强度小于 1.4N/mm²，满足要求！

6）横向水平杆、扣件抗滑验算

运料斜道宽度 $l=1.5\text{m}$，斜道坡度 1∶3，立杆纵距 $l_a=1.0\text{m}$，脚手板计算跨度

$$l_0=l_a/\cos\alpha=1.0/0.9487=1.05\text{m}$$

荷载通过脚手板传给横向水平杆力，横向水平杆按简支梁受均布荷载作用计算。

横向水平杆所受恒荷载标准值

$$q_3=0.35\times1.05=0.37\text{kN/m}$$

横向水平杆所受活荷载标准值

$$q_4 = 2 \times 1.05 = 2.1 \text{kN/m}$$

均布线荷载标准值为：

$$q_{k1} = q_3 + q_4 = 0.37 + 2.1 = 2.47 \text{kN/m}$$

均布线荷载设计值为：

$$q_5 = 1.2 q_3 + 1.4 q_4 = 1.2 \times 0.37 + 1.4 \times 2.1 = 3.38 \text{kN/m}$$

（1）抗弯强度计算

最大弯矩　$M = q_5 l^2 / 8 = 3.38 \times 1.5^2 / 8 = 0.95 \text{kN} \cdot \text{m}$

$$\sigma = M/W = 0.95 \times 10^6 / 5.26 \times 10^3$$
$$= 180.6 \text{N/mm}^2 < f = 205 \text{N/mm}^2$$

横向水平杆抗弯强度验算 $\sigma < f = 205 \text{N/mm}^2$，满足要求！

（2）挠度计算

横向水平杆挠度应按下式计算：

$$\nu = \frac{5 q_{k1} l^4}{384 EI}$$
$$= 5 \times 2.47 \times 1500^4 \div (384 \times 2.06 \times 10^5 \times 12.71 \times 10^4)$$
$$= 6.2 \text{mm} < [\nu] = l/150 = 10 \text{mm}$$

横向水平杆的最大挠度小于 1500/150＝10mm，满足要求！

支座反力

$$F = 0.5 q_5 l = 0.5 \times 3.38 \times 1.5 = 2.54 \text{kN}$$

横向水平杆通过扣件传给立杆的竖向力

$$R = F / \cos\alpha = 2.54 \div 0.9487 = 2.68 \text{kN} < R_C = 8 \text{kN}$$

横向水平杆通过扣件传给立杆的竖向力小于扣件的抗滑承载力 $R_C = 8 \text{kN}$

满足要求！

9.9.7　其他施工用梯

人梯采用斜道供操作人员上下，固然安全可靠，但工料用量较多，因此，在一般中小建筑物上大多不用斜道而用人梯。根据建筑物和所用脚手架的情况，分别采用不同类型的梯子。

1. 高梯

高度不大的架子（10m 以内）可用高梯上下。梯子要坚实，不得有缺层，梯阶高度不大于 40cm，底端应支设稳固，上端用绳绑在架子上。

2. 短梯

当脚手架为多立杆式、框架式脚手架时，可在脚手架或支承架上设置短爬梯；在单层工业厂房上采用吊脚手架或挂脚手架时，也可以专门搭设一孔上人井架设置短爬梯。爬梯上端用挂钩挂在脚手架的横杆上，底部支在脚手架上，并保持 60°～80°的倾角。

爬梯一般长 2.5～2.8m，宽 40cm，阶距 30cm。可用 φ25×2.5 钢管作梯帮，φ14 钢筋作梯步焊接而成，并在上端焊 φ16 挂钩。

3. 踏步梯

用短钢管和花纹钢板焊成踏步板，用扣件将其扣结到斜放的钢管上，构成踏步梯，梯宽 700～800mm。供施工人员上下，相当方便（图 9.9.7）。

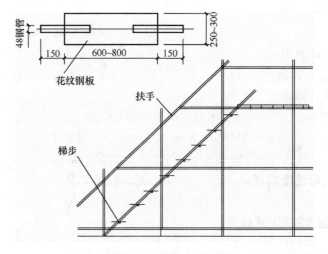

图 9.9.7　扣结式踏步梯

9.10　满堂脚手架

满堂扣件式钢管脚手架是指在纵、横方向，由不少于三排立杆并与水平杆、水平剪刀撑、竖向剪刀撑、扣件等构成的脚手架。该架体顶部作业层施工荷载通过水平杆传递给立杆，顶部立杆呈偏心受压状态，简称满堂脚手架。（见图 9.10-1）

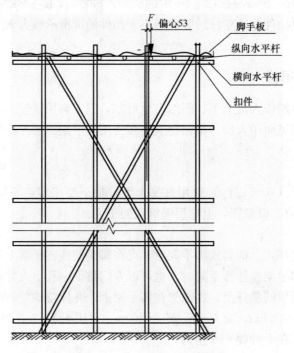

图 9.10-1　满堂脚手架示意图

9.10.1 常用满堂脚手架结构的设计尺寸

常用满堂脚手架结构的设计尺寸，可按表9.10.1采用。

常用敞开式满堂脚手架结构的设计尺寸 表 9.10.1

序号	步距 (m)	立杆间距 (m)	支架高宽比不大于	下列施工荷载时最大允许高度（m）	
				2（kN/m²）	3（kN/m²）
1		1.2×1.2	2	17	9
2	1.7～1.8	1.0×1.0	2	30	24
3		0.9×0.9	2	36	36
4		1.3×1.3	2	18	9
5	1.5	1.2×1.2	2	23	16
6		1.0×1.0	2	36	31
7		0.9×0.9	2	36	36
8		1.3×1.3	2	20	13
9	1.2	1.2×1.2	2	24	19
10		1.0×1.0	2	36	32
11		0.9×0.9	2	36	36
12	0.9	1.0×1.0	2	36	33
13		0.9×0.9	2	36	36

注：1. 最少跨数不应少于4跨，立杆间距0.9×0.9m，最少跨数不应少于5跨；

2. 脚手板自重标准值取 0.35 kN/m²；

3. 地面粗糙度为B类，基本风压 $w_0=0.35$kN/m²；

4. 立杆间距不小于 1.2m×1.2m，施工荷载标准值不小于 3kN/m² 时，立杆上应增设防滑扣件，防滑扣件应安装牢固，且顶紧立杆与水平杆连接的扣件。

9.10.2 满堂脚手架构造要求

1. 满堂脚手架搭设高度不宜超过 36m；满堂脚手架施工层不得超过 1 层。

2. 满堂脚手架立杆采用对接接长时，立杆的对接扣件应交错布置，两根相邻立杆的接头不应设置在同步内，同步内隔一根立杆的两个相隔接头在高度方向错开的距离不宜小于 500mm；各接头中心至主节点的距离不宜大于步距的 1/3 。

3. 顶层顶步，栏杆立杆需要采用搭接接长时，搭接长度不应小于 1m ，应采用不少于 2 个旋转扣件固定。端部扣件盖板的边缘至杆端距离不应小于 100mm。

4. 满堂脚手架必须设置纵、横向扫地杆。纵向扫地杆宜采用直角扣件固定在距钢管底端不大于 200mm 处的立杆上。横向扫地杆宜采用直角扣件固定在紧靠纵向扫地杆下方的立杆上。

5. 脚手架立杆基础不在同一高度上时，必须将高处的纵向扫地杆向低处延长两跨与立杆固定，高低差不宜大于 1m。靠边坡上方的立杆轴线到边坡的距离不应小于 500mm（图 9.2.4）。

6. 支撑结构地基高差变化较大时，在高处扫地杆应与此处的纵横向水平杆拉通（图 9.2.5）；设置在坡面上的立杆底部应有可靠的固定措施。边坡应根据上部荷载采取加固措施。

7. 水平杆长度不宜小于 3 跨。水平杆接长一般宜采用对接扣件连接，也可采用搭接。应符合以下要求：

1）两根相邻纵向水平杆的接头不宜设置在同步或同跨内；不同步或不同跨两个相邻接头在水平方向错开的距离不应小于 500mm；各接头中心至最近主节点的距离不宜大于纵距的 1/3（图 9.3.1-2）；

2）搭接长度不应小于 1m，应等间距设置 3 个旋转扣件固定；端部扣件盖板边缘至搭接纵向水平杆杆端的距离不应小于 100mm。

8. 满堂脚手架应在架体外侧四周及内部纵、横向每 6m 至 8m 由底至顶设置连续竖向剪刀撑。当架体搭设高度在 8m 以下时，应在架顶部设置连续水平剪刀撑；当架体搭设高度在 8m 及以上时，应在架体底部、顶部及竖向间隔不超过 8m 分别设置连续水平剪刀撑。水平剪刀撑宜在竖向剪刀撑斜杆相交平面设置。剪刀撑宽度应为 6m～8m。

9. 剪刀撑应用旋转扣件固定在与之相交的水平杆或立杆上，旋转扣件中心线至主节点的距离不宜大于 150mm。

10. 满堂脚手架的高宽比不宜大于 3，当高宽比大于 2 时，应在架体的外侧四周和内部水平间隔 6～9m，竖向间隔 4～6m 设置连墙件与建筑结构拉结，当无法设置连墙件时，应采取设置钢丝绳张拉固定等措施。

11. 最少跨数为 2、3 跨的满堂脚手架，宜按 9.6 节（连墙件构造要求）的要求设置连墙件。

12. 当满堂脚手架局部承受集中荷载时，应按实际荷载计算并应局部加固。

13. 满堂脚手架应设爬梯，爬梯踏步间距不得大于 300mm。

14. 满堂脚手架操作层支撑脚手板的水平杆间距不应大于 1/2 跨距；脚手板的铺设应符合 9.5 节（脚手板构造要求）的要求。

9.11 满 堂 支 撑 架

9.11.1 满堂支撑架含义

满堂支撑架是指在纵、横方向，由不少于三排立杆并与水平杆、水平剪刀撑、竖向剪刀撑、扣件等构成的承力支架。该架体顶部的钢结构安装等（同类工程）施工荷载通过可调托撑轴心传力给立杆，顶部立杆呈轴心受压状态，简称满堂支撑架（见图 9.11.1）。

9.11.2 满堂支撑架搭设尺寸限值

满堂支撑架立杆步距不宜超过 1.8m，立杆间距不宜超过 1.2m，立杆伸出顶层水平

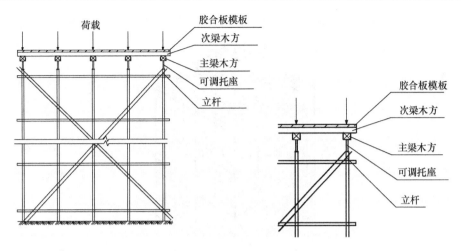

图 9.11.1 满堂支撑架示意图

杆中心线至支撑点的长度 a 不应超过 0.5m。满堂支撑架搭设高度不宜超过 30m。超过 30m，应经专门设计。

9.11.3 满堂支撑架立杆、水平杆的构造要求

满堂支撑架立杆、水平杆的构造要求应符合本章 9.10.2 条的有关要求。

9.11.4 满堂支撑架应根据架体的类型设置剪刀撑

1. 普通型

1）在架体外侧周边及内部纵、横向每 5～8m，应由底至顶设置连续竖向剪刀撑，剪刀撑宽度应为 5～8m（图 9.11.4-1）。

2）在竖向剪刀撑顶部交点平面应设置连续水平剪刀撑。对支撑高度超过 8m，或施工总荷载大于 15kN/m² ，或集中线荷载大于 20kN/m 的支撑架，扫地杆的设置层应设置水平剪刀撑。水平剪刀撑至架体底平面距离与水平剪刀撑间距不宜超过 8m（图 9.11.4-1）。

2. 加强型

1）当立杆纵、横间距为 0.9m×0.9m～1.2m×1.2m 时，在架体外侧周边及内部纵、横向每 4 跨（且不大于 5m），应由底至顶设置连续竖向剪刀撑，剪刀撑宽度应为 4 跨。

2）当立杆纵、横间距为 0.6m×0.6m～0.9m×0.9m（含 0.6m×0.6m，0.9m×0.9m）时，在架体外侧周边及内部纵、横向每 5 跨（且不小于 3m），应由底至顶设置连续竖向剪刀撑，剪刀撑宽度应为 5 跨。

3）当立杆纵、横间距为 0.4m×0.4m～0.6 m×0.6m（含 0.4m×0.4m）时，在架体外侧周边及内部纵、横向每 3～3.2m 应由底至顶设置连续竖向剪刀撑，剪刀撑宽度应为 3～3.2m。

4）在竖向剪刀撑顶部交点平面应设置连续水平剪刀撑。对支撑高度超过 8m，或施工总荷载大于 15kN/m² ，或集中线荷载大于 20kN/m 的支撑架，扫地杆的设置层应设置水平剪刀撑。水平剪刀撑至架体底平面距离与水平剪刀撑间距不宜超过 6m，剪刀撑宽度应为 3～5m（图 9.11.4-2）。

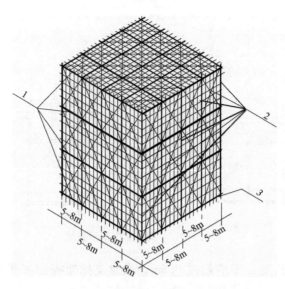

图 9.11.4-1 普通型水平、竖向剪刀撑布置图
1—水平剪刀撑；2—竖向剪刀撑；3—扫地杆设置层

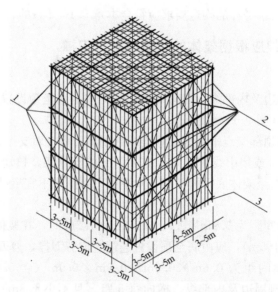

图 9.11.4-2 加强型水平、竖向剪刀撑构造布置图
1—水平剪刀撑；2—竖向剪刀撑；3—扫地杆设置层

9.11.5 剪刀撑斜杆的接长要求

竖向剪刀撑斜杆与地面的倾角应为 45°～60°，水平剪刀撑与支架纵（或横）向夹角应为 45°～60°，剪刀撑斜杆的接长要求如下：

1）当立杆采用对接接长时，立杆的对接扣件应交错布置，两个相隔接头错开的距离不宜小于 500mm；

2）当立杆采用搭接接长时，搭接长度不应小于 1m，应采用不少于 2 个旋转扣件固定。端部扣件盖板的边缘至杆端距离不应小于 100mm。

9.11.6 剪刀撑固定

剪刀撑应用旋转扣件固定在与之相交的水平杆或立杆上，旋转扣件中心线至主节点的距离不宜大于 150mm。

9.11.7 可调底座、可调托撑螺杆伸出长度要求

满堂支撑架的可调底座、可调托撑螺杆伸出长度不宜超过 300mm，插入立杆内的长度不得小于 150mm。

9.11.8 满堂支撑架高宽比增大，增加横向约束的规定

当满堂支撑架高宽比大于 2 或 2.5 时，满堂支撑架应在支架的四周和中部与结构柱进行刚性连接，连墙件水平间距应为 6～9m，竖向间距应为 2～3m。在无结构柱部位应采取预埋钢管等措施与建筑结构进行刚性连接，在有空间部位，满堂支撑架宜超出顶部加载区投影范围向外延伸布置 2～3 跨。支撑架高宽比不应大于 3。

9.11.9 荷载较大，立杆需加密要求

当承受荷载较大，立杆需加密时，加密区的水平杆应向非加密区延伸至少两跨（图 9.11.9）。

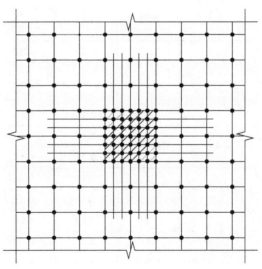

图 9.11.9 支撑结构加密区立杆布置平面图

9.11.10 支撑结构非加密区立杆、水平杆间距要求

支撑结构非加密区立杆、水平杆间距应与加密区间距互为倍数（图 9.11.10）。

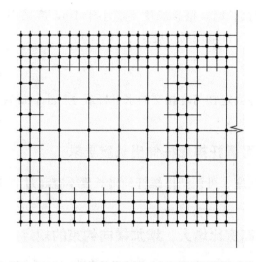

图 9.11.10 支撑结构不同立杆间距布置平面图

9.11.11 φ48.3×3.6 常用敞开式模板支架的设计尺寸

φ48.3×3.6 常用敞开式模板支架的设计尺寸见表 9.11.11-1、表 9.11.11-2。

常用敞开式模板支架的设计尺寸（剪刀撑设置普通型）　　　表 9.11.11-1

序号	步距 (m)	立杆间距 (m)	高宽比不大于	最少跨数	下列模板支架高度时，混凝土板允许厚度			
					8 (m)	20 (m)	24 (m)	30 (m)
1	1.8	1.0×1.0	2	4	0.22	0.12	0.08	—
2		0.9×0.9	2	5	0.34	0.2	0.15	
3	1.5	1.2×1.2	2	4	0.1	—	—	—
4		1.0×1.0	2	4	0.26	0.14	0.08	—
5		0.9×0.9	2	5	0.39	0.24	0.15	0.12
6	1.2	1.2×1.2	2	4	0.14	0.05	—	—
7		1.0×1.0	2	4	0.29	0.15	0.08	—
8		0.9×0.9	2	5	0.46	0.29	0.19	0.12
9		0.75×0.75	2	5	0.79	0.56	0.41	0.34
10	0.9	1.0×1.0	2	4	0.31	0.16	0.07	—
11		0.9×0.9	2	5	0.48	0.29	0.19	0.12
12		0.75×0.75	2	5	0.82	0.57	0.41	0.34
13		0.6×0.6	2.5	5	1.06	0.68	0.45	0.31
14	0.6	0.9×0.9	2	5	0.49	0.29	0.19	0.12
15		0.75×0.75	2	5	0.86	0.57	0.41	0.34
16		0.6×0.6	2.5	5	1.1	0.69	0.45	0.31
17		0.4×0.4	2.5	8	2.5	1.8	1.3	1.0

常用敞开式模板支架的设计尺寸（剪刀撑设置加强型）　　表 9.11.11-2

序号	步距 (m)	立杆间距 (m)	高宽比 不大于	最少 跨数	下列模板支架高度时，混凝土板允许厚度			
					8 (m)	20 (m)	24 (m)	30 (m)
1	1.8	1.2×1.2	2	4	0.13	0.05	—	—
2		1.0×1.0	2	4	0.3	0.18	0.1	0.08
3		0.9×0.9	2	5	0.44	0.3	0.2	0.16
4	1.5	1.2×1.2	2	4	0.16	0.07	—	—
5		1.0×1.0	2	4	0.35	0.22	0.14	0.1
6		0.9×0.9	2	5	0.51	0.36	0.26	0.22
7	1.2	1.2×1.2	2	4	0.2	0.09	—	—
8		1.0×1.0	2	4	0.39	0.25	0.16	0.12
9		0.9×0.9	2	5	0.55	0.38	0.27	0.22
10		0.75×0.75	2	5	0.93	0.7	0.55	0.48
11	0.9	1.0×1.0	2	4	0.42	0.26	0.17	0.12
12		0.9×0.9	2	5	0.6	0.4	0.32	0.22
13		0.75×0.75	2	5	1.05	0.78	0.61	0.53
14		0.6×0.6	2.5	5	1.70	1.34	1.04	0.9
15	0.6	0.9×0.9	2	5	0.63	0.4	0.32	0.22
16		0.75×0.75	2	5	1.1	0.78	0.61	0.53
17		0.6×0.6	2.5	5	1.80	1.34	1.04	0.9
18		0.4×0.4	2.5	8	4.1	3.2	2.7	2.45

计算条件：

1. 楼板模板自重标准值取 0.5kN/m²，钢筋自重标准值取每立方混凝土 1.1kN，混凝土自重标准值取 24kN/m³。

2. 施工人员及施工设备荷载标准值取 1.5kN/m²。振捣混凝土时产生的荷载标准值 2.0N/m²。

3. 地面粗糙度为 B 类，基本风压 $w_0 = 0.4$ kN/m²。

4. 荷载取值有变化，表中数据应调整。

5. 立杆地基承载力应根据实际荷载进行设计计算。

9.12　型钢悬挑脚手架

9.12.1　一次悬挑脚手架高度要求

一次悬挑脚手架高度不宜超过 20m。

9.12.2　型钢悬挑脚手架构造图

型钢悬挑梁宜采用双轴对称截面的型钢。悬挑钢梁型号及锚固件应按设计确定，钢梁截面高度不应小于 160mm。悬挑梁尾端应在两处及以上固定于钢筋混凝土梁板结构上。锚固型钢悬挑梁的 U 型钢筋拉环或锚固螺栓直径不宜小于 16mm（图 9.12.2）。

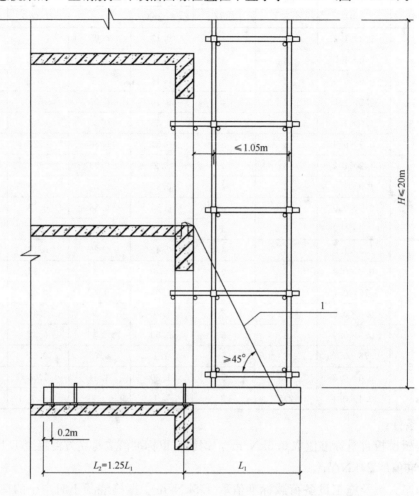

图 9.12.2　型钢悬挑脚手架构造
1—钢丝绳或钢拉杆

9.12.3　锚固的 U 型钢筋拉环或螺栓要求

用于锚固的 U 型钢筋拉环或螺栓应采用冷弯成型。U 型钢筋拉环、锚固螺栓与型钢间隙应用钢楔或硬木楔楔紧。

9.12.4　型钢悬挑梁外端钢丝绳或钢拉杆要求，吊环要求

每个型钢悬挑梁外端宜设置钢丝绳或钢拉杆与上一层建筑结构斜拉结。钢丝绳、钢拉杆不参与悬挑梁受力计算；钢丝绳与建筑结构拉结的吊环应使用 HPB235 级钢筋，其直径不宜小于 20mm，吊环预埋锚固长度应符合现行国家标准《混凝土结构设计规范》GB 50010 中钢筋锚固的规定（图 9.12.2）。

9.12.5　悬挑钢梁与结构固定构造

悬挑钢梁悬挑长度应按设计确定，固定段长度不应小于悬挑段长度的1.25倍。型钢悬挑梁固定端应采用2个（对）及以上U型钢筋拉环或锚固螺栓与建筑结构梁板固定，U型钢筋拉环或锚固螺栓应预埋至混凝土梁、板底层钢筋位置，并应与混凝土梁、板底层钢筋焊接或绑扎牢固，其锚固长度应符合现行国家标准《混凝土结构设计规范》GB 50010中钢筋锚固的规定（图9.12.5-1、图9.12.5-2、图9.12.5-3）。

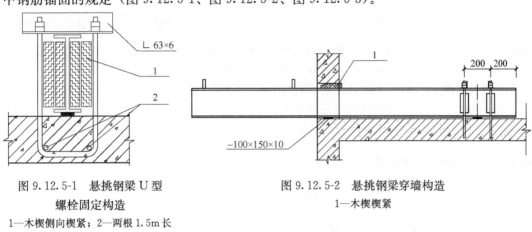

图9.12.5-1　悬挑钢梁U型
螺栓固定构造
1—木楔侧向楔紧；2—两根1.5m长
直径18mmHRB335钢筋

图9.12.5-2　悬挑钢梁穿墙构造
1—木楔楔紧

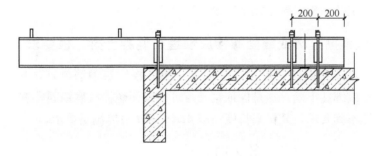

图9.12.5-3　悬挑钢梁楼面构造

9.12.6　固定钢压板、角钢构造

当型钢悬挑梁与建筑结构采用螺栓钢压板连接固定时，钢压板尺寸不应小于100mm×10mm（宽×厚）；当采用螺栓角钢压板连接时，角钢的规格不应小于63mm×63mm×6mm。

9.12.7　脚手架立杆在钢梁上固定

型钢悬挑梁悬挑端应设置能使脚手架立杆与钢梁可靠固定的定位点，定位点离悬挑梁端部不应小于100mm。

9.12.8　锚固楼板厚度要求

锚固位置设置在楼板上时，楼板的厚度不宜小于120mm。如果楼板的厚度小于

120mm 应采取加固措施。

9.12.9 悬挑梁上设置立杆

悬挑梁间距应按悬挑架架体立杆纵距设置,每一纵距设置一根。

9.12.10 剪刀撑的设置要求

悬挑架的外立面剪刀撑应自下而上连续设置。剪刀撑的设置要求:

(1) 每道剪刀撑跨越立杆的根数宜在 5～7 根之间。每道剪刀撑宽度不应小于 4 跨,且不应小于 6m,斜杆与地面的倾角宜在 45°～60°之间;

(2) 剪刀撑斜杆的接长宜采用搭接,搭接长度不应小于 1m,应采用不少于 2 个旋转扣件固定。端部扣件盖板的边缘至杆端距离不应小于 100mm;

(3) 剪刀撑斜杆应用旋转扣件固定在与之相交的横向水平杆的伸出端或立杆上,旋转扣件中心线至主节点的距离不宜大于 150mm。

9.12.11 连墙件设置

连墙件设置应符合本章 9.6 节连墙件构造的要求。

9.12.12 锚固型钢的主体结构混凝土强度等级要求

锚固型钢的主体结构混凝土强度等级不得低于 C20。

9.12.13 U 型钢筋拉环或锚固螺栓应预埋至混凝土梁、板要求

U 型钢筋拉环或锚固螺栓应预埋至混凝土梁、板底层钢筋位置,并应与混凝土梁、板底层钢筋焊接或绑扎牢固,这是保证钢筋拉环或锚固螺栓可靠锚固要求。否则,锚固钢筋抗拔力可能达不到要求。其锚固长度一般 $45d$～$50d$ 可以满足要求。

9.12.14 悬挑钢梁悬挑长度较大时要求

悬挑钢梁悬挑长度一般情况下不超过 2m 能满足施工需要,但在工程结构局部有可能满足不了使用要求,局部悬挑长度不宜超过 3m。大悬挑另行专门设计及论证。

在建筑结构角部,钢梁宜扇形布置;如果结构角部钢筋较多不能留洞,可采用设置预埋件焊接型钢三角架等措施。

悬挑钢梁支承点应设置在结构梁上,不得设置在外伸阳台上或悬挑板上,否则应采取加固措施。

9.12.15 《建筑施工门式钢管脚手架安全技术规范》有关挑梁设置结构角部规定

《建筑施工门式钢管脚手架安全技术规范》(JGJ 128—2010)6.9.10 条规定:

在建筑平面转角处(图 9.12.15),型钢悬挑梁应经单独计算设置;架体应按步设置水平连接杆,并应与门架立杆或水平加固杆扣紧。

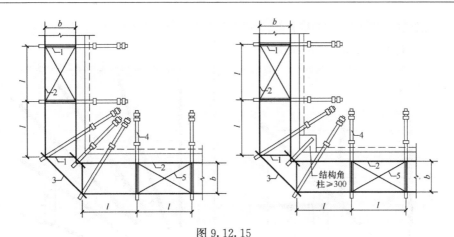

图 9.12.15
型钢悬挑梁在阳角处设置
1—门架；2—水平加固杆；3—连接杆；4—型钢悬挑梁；5—水平剪刀撑

9.12.16 北京地标《钢管脚手架、模板支架安全选用技术规程》有关挑梁设置结构角部规定

北京地标《钢管脚手架、模板支架安全选用技术规程》（DB11/T 583—2008）5.3.14 条规定：悬挑式脚手架架体结构在平面转角处应采取加强措施。

1. 悬挑架角部做法之一，悬挑架角部加强做法（见图 9.12.16-1）

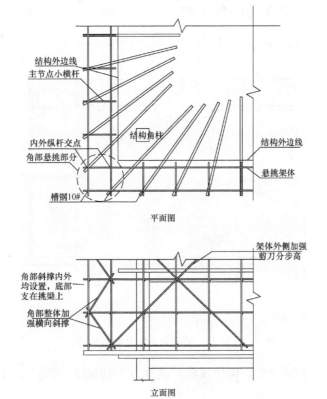

图 9.12.16-1 悬挑架角部做法之一

2. 悬挑架角部做法之二（图 9.12.16-2）

3. 悬挑架角部做法之三（图 9.12.16-3）

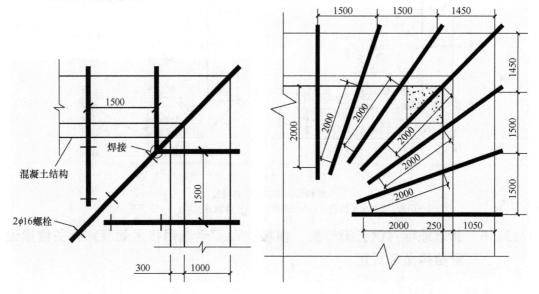

图 9.12.16-2　悬挑架角部做法之二　　　　图 9.12.16-3　悬挑架角部做法之三

9.12.17　型钢悬挑脚手架阳台做法

1. 做法一（图 9.12.17-1）

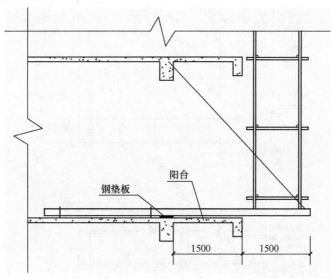

图 9.12.17-1　型钢悬挑脚手架阳台做法一

与阳台板根部向结构（梁、墙体或柱）延伸 10～15cm 加钢垫，使阳台板不受力。

2. 做法二（图 9.12.17-2）

设置下撑杆件，同时使用并且应在悬挑板下设置加固用模板支撑。

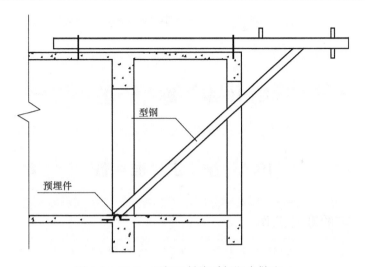

图 9.12.17-2 型钢悬挑脚手架阳台做法二

本 章 参 考 文 献

［1］ 《建筑施工扣件式钢管脚手架安全技术规范》JGJ 130—2011. 北京：中国建筑工业出版社．2011

［2］ 《建筑施工手册》(第五版)编委会．2012. 北京：中国建筑工业出版社．2012

［3］ 《建筑施工临时支撑结构技术规范》JGJ 300—2013. 北京：中国建筑工业出版．2013

［4］ 《建筑施工门式钢管脚手架安全技术规范》JGJ 128—2010. 北京：中国建筑工业出版社．2010

第10章 施 工

10.1 施 工 准 备

10.1.1 在搭设前的准备工作

1. 应按专项施工方案向施工人员进行交底，逐级进行。负责人交底时，应注意方案中设计计算使用条件与工程实际工况条件是否相符的问题，是否有防火措施，有防火措施是否在脚手架施工中能落实。检查交底记录时，对以上问题的检查应是重点检查之一。

《施工企业安全生产管理规范》GB 50656—2011 第 10.0.6 条（强制性条文）规定：施工企业应根据施工组织设计、专项安全施工方案（措施）编制和审批权限的设置，分级进行安全技术交底，编制人员应参与安全技术交底、验收和检查。

2. 应按有关规范的规定和脚手架专项施工方案要求对钢管、扣件、脚手板、可调托撑等进行检查验收，不合格产品不得使用。对钢管、扣件、可调托撑可通过检测手段来保证产品合格，即：在进入施工现场后第一次使用前，对钢管、扣件、可调托撑进行复试。

3. 经检验合格的构配件应按品种、规格分类，堆放整齐、平稳，堆放场地不得有积水。

4. 应清除搭设场地杂物，平整搭设场地，并应使排水畅通。

5. 根据国内操作脚手架与支撑架（含模板支架）事故统计调查，结合工程实际与规范要求，技术交底或脚手架方案应考虑以下要点：

1) 脚手架搭设尺寸符合方案要求，支撑架要求 a 不大于 0.5m。

2) 连墙件设置应符合方案要求，每根连墙件覆盖面积：

高度≤50m，40m²；高度＞50m，27m²。

结构施工即将完成，进入装修阶段或装修施工，不能随意拆除。外墙外保温，焊接固定连墙杆的钢板，如果由膨胀螺栓固定，膨胀螺栓伸入结构深度，由拉拔试验确定。

3) 脚手架防护棚严禁上人堆料。施工荷载不宜超过 1kN/m²。

防护脚手架施工荷载不超过 1.0kN/m²

轻型钢结构及空间网格结构脚手架、装修脚手架施工荷载不超过 2.0kN/m²

普通钢结构脚手架、其他结构脚手架施工荷载不超过 3.0kN/m²

双排脚手架，有 2 个及以上操作层作业，施工荷载不超过 5.0kN/m²。

4) 满堂支撑架顶部的实际荷载不得超过设计规定。

按规范设计确定立杆间距。一般情况见表 10.1.1-1：

荷载与立杆间距关系   表 10.1.1-1

混凝土厚	荷载标准值	步距 m	立杆间距 m	剪刀撑设置
3～4m	2T/单立杆	0.6m	(0.2－0.4)×(0.2－0.4)	加强型
1.5～2m		0.6～1.2	(0.4－0.6)×(0.4－0.6)	加强型
0.8～1m		0.6～1.2	0.6×0.9	加强型
0.35～0.55		1.2～1.5	0.6×0.9～0.9×0.9	加强型
0.1～0.15		1.5～1.8	1.2×1.2	普通型或高度不大于 5m，不设置

使用表 10.1.1 注意以下几点：

① 按规范设置剪刀撑，一般情况，高大重载支撑（含高大模板支撑），剪刀撑加强型设置：纵、横向竖向剪刀撑间距不大于 5m，水平剪刀撑间距 6m，非高大重载支撑，剪刀撑普通型设置：纵、横向竖向剪刀撑间距不大于 8m，水平剪刀撑间距 8m。

② 支架立杆上部的自由长度 $a=0.2\sim0.5$m，荷载较大时取小值。

③ 高宽比不大于 2，大于 2 不大于 3，设置连墙件。连墙件水平间距应为 6～9m，竖向间距应为 2～3m。或在有空间部位，满堂支撑架宜超出顶部加载区投影范围向外延伸布置 2～3 跨。

④ 高度超过 20m（不大于 30m），立杆间距、步距向下限调整。

⑤ 同一档次对应值，荷载较大取下限值。

5）脚手架（含支撑架）施工层有集中荷载（大型设备等）时、底部脚手架必须加固（立杆加密等）。

6）场馆、厂房、共享空间内的混凝土大梁（支撑架高 15m 以上，大梁高 1.4m～2m），立杆间距不宜超过 0.5×0.5m，步距不宜超过 0.9m（或 0.6m），高宽比不大于 3，连墙件水平间距应为 6～9m，竖向间距应为 2～3m。支架立杆上吊的自由长度 $a=0.2\sim0.5$m。剪力撑加强型设置。

30m 以上超高支撑要比高度低的支撑，搭设的构造要求更要严格。

400～500mm 混凝土板，步距 1.2m，立杆间距 600mm×900mm，设置剪刀撑。高宽比不大于 3。支架立杆上吊的自由长度 $a=0.2\sim0.5$m。剪刀撑加强型设置。

7）主节点处必须设置纵、横向水平杆（纵、横向扫地杆）；严禁拆除。

8）满堂支撑架在使用过程中，应设有专人监护施工，当出现异常情况时，应立即停止施工，并应迅速撤离作业面上人员。应在采取确保安全的措施后，查明原因、做出判断和处理。模板支撑下部不应进行交叉施工，不应有人。

9）单、双排脚手架拆除作业必须由上而下逐层进行，严禁上下同时作业；连墙件必须随脚手架逐层拆除，严禁先将连墙件整层或数层拆除后再拆脚手架；分段拆除高差大于两步时，应增设连墙件加固。拆除外墙脚手架，架高 10～20m，重点检查连墙件。

10）当脚手架基础下有设备基础、管沟时，在脚手架使用过程中开挖，必须采取加固措施。

11）严禁在混凝土柱尚未达到凝固期（混凝土强度小于 C15），竖向、水平受较大荷载作用（或柱与大截面梁、板同时浇筑混凝土）。

12）在脚手架上进行电、气焊等明火作业时，应有防火措施和专人看守，脚手架防护措施必须符合《建设工程施工现场消防安全技术规范》的规定。

13）物料平台作业层材料应均布放置，施工荷载不应大于 2kN/m²，荷载总重不应超 15kN。物料平台应挂牌明示材料允许堆放数量及总重量。运放货物不应对物料平台架产生冲击荷载。

14）钢管悬挑脚手架高度不应超过 7m。外立杆离墙间距不应大于 1m（悬挑长度不大于 1m）。

15）施工钢箱梁，支撑、固定、拉接必须牢固，不产生偏载。不要违反施工程序。

16）钢管脚手架的周边与架空线路的边线之间的最小安全操作距离应符合《施工现场临时用电安全技术规范》（JGJ 46）4.1.2 条的有关规定。（见表 10.1.1-2）

在建工程（含脚手架）的周边与架空线路的边线之间的最小安全操作距离　　表 10.1.1-2

外电线路电压等级（kV）	<1	1～10	35～110	220	330～500
最小安全操作距离（m）	4.0	6.0	8.0	10	15

注：上、下脚手架的斜道不宜设在有外电线路的一侧。

脚手架与周边架空线路的边线之间的最小安全操作距离不满足表 10.1.1-2 要求时，必须采取绝缘隔离措施，并应悬挂醒目警告标志。防护设施应坚固、稳定，且对外电线路的隔离防护应达到 IP30 级。并符合表 10.1.1-3 要求。

防护设施与外电线路之间的最小安全距离　　表 10.1.1-3

外电线路电压等级（kV）	<10	35	110	230	330	500
最小安全操作距离（m）	1.7	2.0	2.5	4.0	5.0	6.0

17）井架或井架物料提升机应符合《龙门架及井架物料提升机安全技术规范》（JGJ 88—2010）的有关规定

井架顶部缆风绳（4 根）应对称设置，严禁拆除。

当物料提升机安装高度大于或等于 30m 时，不得用缆风绳。

18）爬架在使用工况下，应将竖向主框架固定于附墙支座上，设置承力立杆或爬架附着固定件。防坠落装置必须起作用。

在升降工况下，挂电动葫芦，防坠落装置必须起作用。

严禁为施工方便，人为使防坠落装置不起作用（重点检查）。

19）满堂脚手架的高宽比不宜大于 3，当高宽比大于 2 时，应在架体的外侧四周和内部水平间隔 6～9m，竖向间隔 4～6m 设置连墙件与建筑结构拉结，当无法设置连墙件时，应采取设置钢丝绳张拉固定等措施。

架体上不宜建筑材料集中堆积。结构施工荷载 3kN/m²，装修施工荷载 2kN/m²。施工层为一层。

10.2　脚手架地基处理与底座安装

10.2.1　脚手架地基处理

1. 脚手架地基与基础的施工，应根据脚手架所受荷载、搭设高度、搭设场地土质情况进行设计，根据设计结果进行搭设场地的平整、夯实等地基处理，确保立杆有稳固可靠的地基。

2. 施工现场脚手架地基分为回填土地基与天然地基。常见类型如下：

1）回填土地基

（1）立杆基础（底座、垫板）置于地表面，地基大部分为回填土。

（2）基槽基础外围脚手架地基，一般情况为天然地基土（原状土），但是由于基础施工时有可能扰动或回填部分土。

（3）地表面土（回填土）浇筑 10cm 厚混凝土垫层。

（4）基础施工完成，建筑结构周围基槽回填 3：7 灰土、2：8 灰土及黏土等。

（5）灰土地基、砂和砂石地基、土工合成材料地基、粉煤灰地基、强夯地基、注浆地基、预压地基等。

2）天然地基

（1）天然地基土（原状土）浇筑 10cm 厚混凝土垫层，或天然地基土上永久性建筑结构混凝土基础。

（2）天然地基为岩石（山坡等）。

（3）各类天然地基土。

3. 脚手架填土地基施工要点

1）压实填土地基

压实填土包括分层压实和分层夯实的填土。当利用压实填土作为脚手架的地基持力层时，在平整场地前，应根据脚手架（含支撑架）结构类型、填料性能和现场条件等，对拟压实的填土提出质量要求。

压实填土的填料，应符合下列规定：

（1）级配良好的砂土或碎石土；

（2）性能稳定的工业废料；

（3）以砾石、卵石或块石作填料时，分层夯实时其最大粒径不宜大于 400mm；分层压实时其最大粒径不宜大于 200mm；

（4）以粉质黏土、粉土作填料时，其含水量宜为最优含水量；

（5）挖高填低或开山填沟的土料和石料，应符合设计要求；

（6）不得使用淤泥、耕土、冻土、膨胀性土以及有机质含量大于 5％的土；

（7）含水率要求：

①在夯实（碾压）前应预试验，以得到符合密实度要求条件下的最优含水量和最少夯实（或碾压）遍数。填土土料含水量的大小，直接影响到夯实（碾压）质量。含水量过小，夯实（碾压）不实；含水量过大，则易成橡皮土。

②当填料为黏性土或排水不良的砂土时，其最优含水量与相应的最大干密度，应用击实试验测定。

③土料含水量一般以手握成团，落地开花为适宜。当含水量过大，应采取翻松、晾干、风干、换土回填、掺入干土或其他吸水性材料等措施；如土料过干，则应预先洒水润湿，每 1 立方米铺好的土层需要补充水量按式（10.2.1）计算：

$$V = \rho_W(1 + W) \div (W_{OP} - W) \tag{10.2.1}$$

式中：V——单位体积内需要补充的水量（L）；

　　W——土的天然含水量（%）（以小数计）；

　　W_{OP}——土的最优含水量（%）（以小数计）；

　　ρ_w——填土碾压前的密度（kg/m³）。

④在气候干燥时，须采取加速挖土、运土、平土和碾压过程，以减少土的水分散失。

⑤当填料为碎石类土（充填物为砂土）时，碾压前应充分洒水湿透，以提高压实效果。

2）人工土方（素土）回填施工要点

素填土是指天然结构被破坏后又重新堆填在一起的土，其成分主要为黏性土，砂或碎石，夹有少量的碎砖、瓦片等杂物，有机质含量不超过 10%，按土的类别又可分为：碎石素填土、黏性素填土、砂性素填土，按堆积年限又分为新素填土和老素填土两类，老素填土由于堆积时间较长，土质紧密，孔隙比较小，特别是颗粒较粗的老填土仍可作为较好的地基土。

（1）回填土时从场地最低部分开始，由一端向另一端自下而上分层铺填；每层虚铺厚度，用人工木夯夯实时，不大于 20cm；用打夯机械夯实时不大于 25cm。用蛙式打夯机等小型机具夯实时，打夯之前对填土应初步平整，打夯机依次夯打，均匀分布，不留间隙。

人工夯实前应将填土初步整平，打夯要按一定方向进行，一夯压半夯，夯夯相接，行行相连，两遍纵横交叉，分层夯打。夯实基槽及地坪时，行夯路线应由四边开始，然后再夯向中间。

（2）基坑（槽）回填应在相对两侧或四周同时进行网填与夯实。深浅坑（槽）相连时，应先填深坑（槽），相平后与浅坑全面分层填夯。如果采取分段填筑，交接处应填成阶梯形。回填管沟时，应用人工先在管子周围填土夯实，并应从管道两边同时进行，直至管顶 0.5m 以上。在不损坏管道情况下，方可采用机械填土回填和压实。

（3）人工夯填土，用 60～80kg 的木夯或铁、石夯＋由 4～8 人拉绳，二人扶夯，举高不小于 0.5m，一夯压半夯，按次序进行。

（4）较大面积人工回填用打夯机夯实。两机平行时其间距不得小于 3m，在同一夯打路线上，前后间距不得小于 10m。

（5）铺填料前，应清除或处理场地内填土层底面以下的耕土和软弱土层。

3）机械填土

（1）推土机填土

①填土应由下而上分层铺填，每层虚铺厚度不宜大于 30cm。大坡度堆填土，不得居高临下，不分层次，一次堆填；

②推土机运土回填，可采取分堆集中，一次运送方法，分段距离约为 10～15m，以减少运土漏失量；

③上方推至填方部位时，应提起一次铲刀，成堆卸土，并向前行驶 0.5～1.0m，利用推土机后退时将土刮平；

④用推土机来回行驶进行碾压，履带应重叠一半；

⑤填土程序宜采用纵向铺填顺序，从挖土区段至填土区段，以 40～60cm 距离为宜。

（2）铲运机填土

①铲运机铺土，铺填土区段，长度不宜小于 20m，宽度不宜小于 8m。

②铺土应分层进行，每次铺土厚度不大于 30～50cm（视所用压实机械的要求而定）。每层铺土后，利用空车返回时将地表而刮平。

③填土顺序一般尽量采取横向或纵向分层卸土，以利行驶时初步压实。

（3）自卸汽车填土

①自卸汽车为成堆卸土，须配以推土机推送、摊平。

②每层的铺土厚度不大于 30～50cm（随选用的压实机具而定）。

③填土可利用汽车行驶作部分压实工作，行车路线须均匀分布于填土层上。

④汽车不能在虚土上行驶，卸土推平和压实工作须采取分段交叉进行。

4）机械压实

①填土在碾压机械碾压之前，宜先用轻型填土机、拖拉机推平，低速行驶预压 4～5 遍，使其表面平实，采用振动平碾压实爆破石碴或碎石类土，应先用静压而后振压。

②碾压机械压实填方时应控制行驶速度：一般平碾、振动碾不超过 2km/h；羊足碾压不超过 3km/h，并要控制压实遍数。

③用压路机进行填方碾压，应采用"薄填、慢驶、多次"的方法，填土厚度不应超过 250～300mm；碾压方向应从两边逐渐压向中间，碾轮每次重叠宽度约 150～250mm，边角、坡度压实不到之处，应辅以人力夯或小型夯实机具夯实。压实密实度除另有规定外，应压至轮子下沉量不超过 10～20mm 为度，每碾压一层完后，应用人工或机械（推土机）将表面拉毛，以利接合。

④用羊足碾碾压时，填土宽度不宜大于 500mm，碾压方向应从填土区的两侧逐渐压向中心。每次碾压应有 150～200mm 重叠，同时随时清除粘着于羊足之间的土料。为提高上部土层密实度，羊足碾压过后，宜再辅以拖式平碾或压路机压平。

⑤用铲运机及运土工具进行压实，铲运机及运土工具的移动须均匀分布于填筑层的表面，逐次卸土碾压。

5）土方工程冬雨期施工注意事项

（1）由于土容易受水的影响，雨期土方施工时，土方工程的质量和施工安全将受到严重影响。如土方在冬期施工，低温会使含水的土体冻结，从而破坏土体结构和使土体膨胀，挖方和填方均不能正常地进行，尤其对基坑地基土的冻结，由于冻胀作用使土体遭到破坏，如果基础做在冻土上，会加大地基土沉降量，危及基础结构的安全，所以，要根据土方工程的这种特性，组织土方工程施工，制定相应的保证质量、安全措施。

（2）土方工程不宜在冬期施工，以免增加工程造价。如必须在冬期施工，其施工方法应经过技术经济比较后确定，施工前应周密计划、充分准备，做到连续施工。

（3）凡冬期施工期间新开工程，可根据地下水位、地质情况，优先采用预制混凝土桩或钻孔灌注桩，并及早落实施工条件，进行变更设计洽商，以减少大量的土方开挖工程。

（4）冬期施工期间，原则上尽量不开挖冻土，如必须在冬期开挖基础土方，应预先采取防冻措施，即沿槽两侧各加宽 30～40cm 的范围内，于冻结前，用保温材料覆盖或将表面不小于 30cm 厚的土层翻松。此外，也可以采用机械开冻土法或白灰（石灰）开冻法。

（5）开挖基坑（槽）或管沟时，必须防止基土遭受冻结。如基坑（槽）开挖完毕至垫层和基础施工之间有间歇时间，应在基底的标高之上留适当厚度的松土或保温材料覆盖。

冬期开挖土方时，如可能引起邻近建筑物（或构筑物）的地基或地下设施产生冻结破坏时，应预先采取防冻措施。

（6）冬期施工基础应及时回填，并用土覆盖表面免遭冻结。用于房心回填的土应采取保温防冻措施，不允许在冻土层上做地面垫层，防止地面的下沉或裂缝。

为保证回填土的密实度，规范规定：室外的基坑（槽）或管沟，允许用含有冻土块的土回填，但冻土块的体积不得超过填土总体积的 15%；管沟底至管顶 50cm 范围内，不得用含有冻土块的土回填；室内的基坑（槽）或管沟不得用含有冻块的土回填，以防常温后发生沉陷。

（7）灰土应尽量错开严冬季节施工，灰土不准许受冻，如必须在严冬期打灰土时，要做到随拌、随打、随盖，一般当气温低于-10℃时，灰土不宜施工。

6）土方工程雨期施工

土方工程施工应尽可能避开雨期，或安排在雨期之前，也可安排在雨期之后进行。对于无法避开雨期的土方工程，应做好如下主要的措施。

①大型基坑或施工周期长的地下工程，应先在基础边坡四周做好截水沟、挡水堤，防止场内雨水灌槽。

②一般挖槽要根据土的种类、性质、湿度和挖槽深度，按照安全规程放坡，挖土过程中加强对边坡和支撑的检查。必要时放缓边坡或设支撑，以保证边坡的稳定。

雨期施工，土方开挖面不宜过大，应逐段、逐片分期完成。

③挖出的土方应集中运至场外，以避免场内积水或造成塌方。留作回填土的应集中堆置于槽边 3m 以外。机械在槽外侧行驶应距槽边 5m 以外，手推车运输应距槽 1m 以外。

④回填土时，应先排除槽内积水，然后方可填土夯实。雨期进行灰土基础垫层施工时，应做到"四随"（即随筛、随拌、随运、随打），如未经夯实雨淋时，应挖出重做。在雨季施工期间，当天所下的灰土必须当日打完，槽内不准留有虚土，应尽快完成基础垫层。

4. 灰土地基

1）灰土土料、石灰或水泥（当水泥替代灰土中的石灰时）等材料及配合比应符合设计要求，灰土应搅拌均匀。

2）施工过程中应检查分层铺设的厚度、分段施工时上下两层的搭接长度、夯实时加水量、夯压遍数、压实系数。

3）施工结束后，应检验灰土地基的承载力。

4）灰土地基的质量验收标准应符合表 10.2.1-1 的规定。

灰土地基质量检验标准 表 10.2.1-1

项目	序号	检查项目	允许偏差或允许值		检查方法
			单位	数值	
主控项目	1	地基承载力	设计要求		按规定方法
	2	配合比	设计要求		按拌合时的体积比
	3	压实系数	设计要求		现场实测

续表

项目	序号	检 查 项 目	允许偏差或允许值		检查方法
			单位	数值	
一般项目	1	石灰粒径	mm	≤5	筛分法
	2	土料有机质含量	%	≤5	实验室焙烧法
	3	土颗粒粒径	mm	≤15	筛分法
	4	含水量（与要求的最优含水量比较）	%	±2	焙干法
	5	分层厚度偏差（与设计要求比较）	mm	±50	水准仪

5）脚手架灰土地基注意要点

（1）材料要求

①土料。采用就地挖出的黏性土及塑性指数大于4的粉土，土内不得含有松软杂质或使用耕植土；土料须过筛，其颗粒不应大于15mm。

②石灰。应用Ⅲ级以上新鲜的块灰，含氧化钙、氧化镁愈高愈好，使用前1～2d消解并过筛，其颗粒不应大于5mm，且不应夹有未熟化的生石灰块粒及其他杂质，也不得含有过多的水分。

（2）施工要点

①铺设前应先检查基槽，待合格后方可施工。

②灰土的体积比配合应满足一般规定，一般说来，体积比为3：7或2：8。

③灰土施工时，应适当控制其含水量，以手握成团，两指轻捏能碎为宜，如土料水分过多或不足时，可以晾干或洒水湿润。灰土应拌合均匀，颜色一致，拌好应及时铺设夯实。铺土厚度按表10.2.1-2规定。厚度用样桩控制，每层灰土夯打遍数，应根据设计的干土质量密度在现场试验确定。

灰土最大虚铺厚度　　　　　　　　　　表 10.2.1-2

序号	夯实机具种类	质量（t）	虚铺厚度（mm）	备　　注
1	石夯	0.04～0.08	200～250	人力送夯，落距400～500mm，一夯压半夯，夯实后约80～100mm厚
2	轻型夯实机械	0.12～0.4	200～250	蛙式夯机、柴油打夯机，夯实后约100～150mm厚
3	压路机	6～10	200～250	双轮

④在地下水位以下的基槽、基坑内施工时，应先采取排水措施，在无水情况下施工。应注意在夯实后的灰土二天内不得受水浸泡。

⑤灰土分段施工时，不得在墙角、柱墩及承重窗间墙下接缝，上下相邻两层灰土的接缝间距不得小于500mm，接缝处的灰土应充分夯实。

⑥灰土打完后，应及时进行基础施工，并随时准备回填土，否则，须做临时遮盖，防止日晒雨淋，如刚打完毕或还未打完夯实的灰土，突然受雨淋浸泡，则须将积水及松软土除去并补填夯实，稍微受到浸湿的灰土，可以在晾干后再补夯。

⑦冬期施工时，应采取有效的防冻措施，不得采用含有冻土的土块作灰土地基的

材料。

⑧质量检查可用环刀取样测量土质量密度，按设计要求或不小于表 10.2.1-3 规定。

⑨确定贯入度时，应先进行现场试验。

灰土质量标准
表 10.2.1-3

项 次	土料种类	灰土最小干土质量密度（g/cm³）
1	粉土	1.55～1.60
2	粉质黏土	1.50～1.55
3	黏土	1.45～1.50

⑩施工结束后，应检验灰土地基的承载力。

（3）施工注意事项（问题）

①原材料杂质过多，配合比不符合要求及灰土搅拌不均匀。

②垫层铺设厚度不能达到设计要求，分段施工时没有控制好上下两层的搭接长度，夯实的加水量，夯压遍数。

③灰土地基的压实系数 λ_c 不能达到设计要求。

④灰土地基宽度不足以承载上部荷载。

（4）检验数量

对灰土地基、砂和砂石地基、土工合成材料地基、粉煤灰地基、强夯地基、注浆地基、预压地基，其竣工后的结果（地基强度或承载力）必须达到设计要求的标准。检验数量，每单位工程不应少于 3 点，1000m² 以上工程，每 100m² 至少应有 1 点，3000m² 以上工程，每 300m² 至少应有 1 点。每一独立基础下至少应有 1 点，基槽每 20 延米应有 1 点。

10.2.2 脚手架底座安装

1. 脚手架底座，一般情况要求底座底面积不小于 0.15m²，垫板采用长度不少于 2 跨、厚度不小于 50mm、宽度不小 200mm 的木垫板。

2. 按脚手架的纵距、横距要求进行放线、定位。

3. 铺设垫板（块）和安放底座，并应注意以下事项：

1）垫板、底座应准确地放在定位线上；

2）垫板必须铺放平稳，不得悬空；

3）立杆垫板或底座底面标高宜高于自然地坪 50～100mm；

4）双管立柱应采用双管底座或点焊于一根槽钢上。

4. 当脚手架搭设在结构楼面、挑台上时，立杆底座下应铺设垫板或垫块，并对楼面或挑台等结构进行强度验算。

10.3 扣件式钢管脚手架的搭设和安全技术要点

10.3.1 脚手架搭设顺序

放置纵向扫地杆→立杆→横向扫地杆→第一步纵向水平杆→第一步横向水平杆→连墙

件（或加抛撑）→第二步纵向水平杆→第二步横向水平杆……

10.3.2　脚手架校正

每搭完一步脚手架后，应按《规范》表 8.2.4 的规定校正步距、纵距、横距及立杆的垂直度。

10.3.3　搭设立杆的注意事项

1）外径 48mm 与 51mm 的钢管严禁混合用。

2）立杆上的对接扣件应交错布置，两个相邻立杆接头不应设在同步同跨内，两相邻立杆接头在高度方向错开的距离不应小于 500mm；各接头中心距主节点的距离不应大于步距的 1/3。

3）底立杆应按立杆接长要求选择不同长度的钢管交错设置，至少应有两种适合的不同长度的钢管作立杆。

4）开始搭设立杆时，应每隔 6 跨设置一根抛撑，直至连墙件安装稳定后，方可根据情况拆除。

5）要采取先搭设起始段而后向前延伸的方式，当两组作业时，可分别从相对角开始搭设。

6）当搭至有连墙件的构造层时，搭设完该处的立杆、纵向水平杆、横向水平杆后，应立即设置连墙件。

7）单排、双排与满堂脚手架顶层立杆（操作层栏杆立杆）搭接长度不应小于 lm，并应采用不少于 2 个旋转扣件固定。

8）单排、双排与满堂脚手架顶层立杆顶端栏杆宜高出女儿墙上端 1m，宜高出檐口上端 1.5m。

10.3.4　搭设纵、横向水平杆的注意事项

1）脚手架纵向水平杆应随立杆按步搭设，并应采用直角扣件与立杆固定。

2）对接接头应交错布置，不应设在同步、同跨内，相邻接头水平距离不应小于 500mm，各接头中心至最近主节点的距离不应大于纵距的 1/3；搭接接头长度不应小于 lm，并应等距设置 3 个旋转扣件固定，端部扣件盖板边缘至杆端的距离不应小于 l00mm；纵向水平杆的长度一般不宜小于 3 跨，并不小于 6m。

3）封闭型单、双排脚手架的同一步纵向水平杆必须四周交圈，用直角扣件与内、外角杆固定。

4）双排脚手架的横向水平杆靠墙一端至墙装饰面的距离不应大于 l00mm。单排脚手架横向水平杆伸入墙内的长度不小于 180mm。

5）单排脚手架的横向水平杆不应设置在下列部位：

（1）设计上不允许留脚手眼的部位；

（2）砖过梁上与过梁两端成 60°角的三角形范围内及过梁净跨度 1/2 的高度范围内；

（3）宽度小于 1m 的窗间墙；

（4）梁或梁垫下及其两侧各 500mm 的范围内；

（5）砖砌体的门窗洞口两侧 200mm 和转角处 450mm 的范围内，其他砌体的门窗洞口两侧 300mm 和转角处 600mm 的范围内；

（6）墙体厚度小于或等于 180mm 处；

（7）独立或附墙砖柱，空斗砖墙、加气块墙等轻质墙体；

（8）砌筑砂浆强度等级小于或等于 M2.5 的砖墙。

10.3.5　搭设连墙件、剪刀撑、横向支撑等注意事项

1）连墙件应均匀布置，形式宜优先采用花排，也可以并排，连墙件宜靠近主节点设置，偏离主节点的距离不应大于 300mm。

2）连墙件的安装应随脚手架搭设同步进行，不得滞后安装。

3）连墙件必须从底步第一根纵向水平杆处开始设置，当脚手架操作层高出连墙件二步时，应采取临时稳定措施，直到连墙件搭设完后方可拆除。

4）剪刀撑、横向支撑应随立杆、纵横向水平杆等同步搭设。

单、双排脚手架每道剪刀撑跨越立柱的根数宜在 5～7 根之间。每道剪刀撑宽度不应小于 4 跨，且不小于 6m，斜杆与地面的倾角宜在 45°～60°之间；高度在 24m 及以上的双排脚手架应在外侧全立面连续设置剪刀撑；高度在 24m 以下的单、双排脚手架，均必须在外侧两端、转角及中间间隔不超过 15m 的立面上，各设置一道剪刀撑，并应由底至顶连续设置。

5）开口型双排脚手架的两端均必须设置横向支撑，中间宜每隔 6 跨设置一道。横向支撑的斜杆应由底至顶层呈之字形连续布置；高度在 24m 以下的封闭型双排脚手架可不设横向斜撑，高度在 24m 以上的封闭型脚手架，除拐角应设置横向斜撑外，中间应每隔 6 跨距设置一道。

10.3.6　扣件安装的注意事项

1）扣件规格必须与钢管外径相同。

2）扣件螺栓拧紧扭力矩不应小于 40N·m，并不大于 65N·m。

3）在主节点处固定横向水平杆、纵向水平杆、剪刀撑、横向斜撑等用的直角扣件、旋转扣件的中心点的相互距离不应大于 150mm。

4）对接扣件的开口应朝上或朝内。

5）各杆件端头伸出扣件盖板边缘的长度不应小于 100mm。

10.3.7　铺设脚手板的注意事项

1）脚手板应铺满、铺稳，离墙面的距离不应大于 150mm。

2）采用对接或搭接时均应符合第九章，9.5.1 条的规定；脚手板探头应用直径 3.2mm 的镀锌钢丝固定在支承杆件上。

3）在拐角、斜道平台口处的脚手板，应用镀锌钢丝固定在横向水平杆上，防止滑动。

10.3.8　搭设栏杆、挡脚板的注意事项

作业层、斜道的栏杆和挡脚板的要求：

1）栏杆和挡脚板均应搭设在外立杆的内侧；

2）上栏杆上皮高度应为 1.2m；

3）挡脚板高度不应小于 180mm；

4）中栏杆应居中设置。

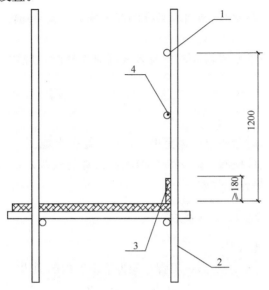

图 10.3.8 栏杆与挡脚板构造

1—上栏杆；2—外立杆；3—挡脚板；4—中栏杆

10.4 拆 除

10.4.1 脚手架拆除前准备工作

脚手架拆除应按专项方案施工，拆除前应做好下列准备工作：

1）应全面检查脚手架的扣件连接、连墙件、支撑体系等是否符合构造要求；

2）应根据检查结果补充完善脚手架专项方案中的拆除顺序和措施，经审批后方可实施；

3）拆除前应对施工人员进行交底；

4）应清除脚手架上杂物及地面障碍物。

10.4.2 拆除要求

1）单、双排脚手架拆除作业必须由上而下逐层进行，严禁上下同时作业。

2）连墙件必须随脚手架逐层拆除（待其上部杆件拆除完毕后才能松开拆去），严禁先将连墙件整层或数层拆除后再拆脚手架；分段拆除高差大于两步时，应增设连墙件加固。

3）松开扣件的杆件应随即撤下，不得松挂在架上；拆除长杆件时应两人协同作业，以避免单人作业时的闪失事故。

4）当脚手架拆至下部最后一根长立杆的高度（约 6.5m）时，应先在适当位置搭设临时抛撑加固后，再拆除连墙件。

5）当单、双排脚手架采取分段、分立面拆除时，不拆除的脚手架为开口型脚手架，开口型脚手架的两端必须设置连墙件和横向斜撑加固，连墙件的垂直间距不应大于建筑物的层高，并且不应大于 4m，横向斜撑应在同一节间，由底至顶层呈之字形连续布置，宜采用旋转扣件固定在与之相交的横向水平杆的伸出端上，旋转扣件中心线至主节点的距离不宜大于 150mm。

6）架体拆除作业应设专人指挥，当有多人同时操作时，应明确分工、统一行动，且应具有足够的操作面。

10.4.3　卸料要求

1）各构配件必须及时分段集中运至地面，严禁抛掷至地面。

2）运至地面的构配件应按 12.1 节（构配件检查与验收）的规定及时检查、整修与保养，并应按品种、规格分别存放。

10.4.4　脚手架拆除施工方案要点

1. 脚手架拆除前准备工作

即将拆除脚手架时，必须全部封闭脚手架拆除范围内的通道，地面应设置围栏和警戒标志，尤其要在拆除范围附近的主要道路入口处设置警示标志，提醒行人和司机注意安全，并派专人看守；监护人员应配备良好的通信装置，必须履行职责。严禁非作业人员进入。

2. 脚手架拆除施工前检查

1）全面检查脚手架的扣件连接、连墙件、支撑体系、卸荷装置、脚手架变形等是否符合构造要求。特别是建筑物与脚手架之间的拉顶夹是否牢固或被拆除。

2）因拆除脚手架后会影响其他部位的稳定与安全，必须事先进行加固。

3）检查作业环境，拆除脚手架内及拆除影响范围内的电线、水管或其他影响安全的物体，清除拆除施工范围内的地面的设施等各类障碍物，确保施工安全。如发现情况必须马上找专业人员处理，确认无误后方可作业。

4）全面清除脚手架上杂物，并运输到地面分类堆放。

3. 脚手架拆除顺序

1）严格遵守拆除顺序，坚持由上而下，先加固后拆的原则，不能上下同时作业，脚手架从最上一层开始逐层向下拆除。

2）拆除脚手架应先拆除安全网——脚手板——防护栏杆——剪刀撑——连墙件——小横杆——大横杆——立杆，当拆至脚手架下部最后一节立杆时要先设临时支撑加固，再拆拉结点。大片架子拆除后所预留的斜道、上料平台、通道等，要在大片架子拆除前先进行加固，以便拆除后能确保其完整，安全和稳定。

3）在拆除期间，瓦工及焊工要在安全的情况下，及时进行修复建筑物装饰面的配合作业，配合好拆除施工进度。

4）每天拆除施工前及完成后，必须对脚手架未拆除部分的稳定性及其他不安全因素进行检查，如发现情况必须马上修复或找专业人员处理。

4. 脚手架拆除施工

1) 脚手架经单位工程负责人检查验证并确认不再需要时，方可拆除。脚手架拆卸前施工现场应组织拆卸人员进行安全、技术交底，并对整个脚手架的安全进行检查，必要时进行加固处理。

2) 拆卸时安全监控除专业队伍派专人进行安全监控外，施工现场必须指派安全管理人员进行指挥监控全过程。

3) 拆除前必须对拆除范围划定作业安全警戒区，封闭通道，设警示标志，派专责人员守卫，严禁非作业人员进入封闭区内。

4) 拆除附在脚手架上电线、设备、水管及清理所有杂物，清除地面障碍物。

5) 由项目部组织对外墙装饰质量全面检查，确认验收，办理工序间的交接手续。对需要配合拆除期间的饰面修补工作的，派出专业工人跟随配合。要进行瓦工作业或其他修补作业人员必须服从安全管理人员拆卸人员的指挥，并必须佩戴好安全帽、安全带等安全防护用品。

6) 拆除作业必须由上而下逐层进行，严禁上下同时作业。

7) 连墙件必须随脚手架逐层拆除，严禁先将连墙件整层或数层拆除后再拆除脚手架；分段拆除高差不应大于两步，如高差大于两步，应增设连墙件加固。

8) 当脚手架拆至下部最后一根长立杆的高度（约 6.5m）时，应先在适当位置搭设临时抛撑加固后，再拆除连墙件。

9) 当单、双排脚手架采取分段、分立面拆除时，开口型脚手架的两端必须设置连墙件，连墙件的垂直间距不应大于建筑物的层高，并且不应大于 4m。开口型双排脚手架的两端均必须设置横向斜撑。

10) 脚手架拆除的顺序与搭设相反，先搭后拆，后搭先拆，按规定拆除顺序拆除（一般为：安全网—脚手板—防护栏杆—剪刀撑—连墙件—小横杆—大横杆—立杆）。

11) 脚手架的拆除应由上而下，从一端向另一端，逐层进行，一步一清，严禁上下同时作业。同一层的构配件和加固杆件应按先上后下，先外后里的顺序进行。除安全网、栏杆应站在本层拆除外，其余各部分必须站在下层拆上层。拆除纵向水平杆、剪刀撑时，应先拆中间扣，再拆两头扣，由中间操作人往下顺杆子，最后拆除连墙件。

12) 拆除过程中，严禁使用榔头等硬物打、撬、挖。拆下的脚手杆、脚手板、钢管、扣件、钢丝绳等材料，应向下传递或用垂直运输机械吊运至地面，严禁抛掷。

13) 拆卸的材料必须随时清理，脚手架荷载不宜超过 $1kN/m^2$，并在班前全部清理至地面。脚手架拆下的各类构配件应分类堆放，并分批退场。

5. 拆除时的产品保护

1) 外墙装修已经完成，拆除脚手架时需注意产品保护，避免返工造成损失。

2) 在拆除过程中，要注意钢管的摆动方向，尽量避免与外墙的碰撞，防止污染和碰坏外墙。短钢管、扣件等小型构配件要用人手传递入室内，不能随意乱扔。传递时要注意铝合金窗框和地面的保护，小心轻放。

3) 各构配件严禁抛掷至地面；运至地面的构配件应按规定及时检查、整修与保养，并应按品种、规格分别存放。钢管要用人手逐层往下传递，严禁从高空往下抛掷。拆下的扣件要集中回收，对螺栓转动部位加润滑油。

6. 安全管理

1) 脚手架搭拆前必须完善施工组织设计，并经公司负责部门批准后，报送现场监理批准后才能进行脚手架施工。

2) 脚手架搭拆工程必须由有专业资质的施工单位承接，并由项目负责人与其签订安全责任指标分解协议。

3) 脚手架拆除前，现场项目负责人负责组织施工管理人员、架设队伍具体人员进行详细安全、技术交底。

4) 任何人员对违章指挥有权拒绝执行，对违章作业有权进行制止。

5) 扣件式钢管脚手架搭拆人员必须是经考核合格的专业架子工。架子工应持证上岗。

6) 作业层上的施工荷载应符合设计要求，不得超载。

7) 在脚手架未拆除仍然使用的期间，严禁拆除的杆件有：主节点处的纵、横向水平杆，纵、横向扫地杆，连墙件。

8) 现场施工管理人员必须按方案、措施要求进行过程跟踪监控。脚手架拆除应有技术人员在场指挥和管理，拆除时还指派专职安全员监控。

9) 脚手架拆除施工前，有下列情况的须进行检查，满足安全要求合格后才能开始作业：

(1) 连续使用达到 6 个月；

(2) 施工中曾停止使用 15 天以上，需恢复使用前；

(3) 在大风雨或台风、地震后；

(4) 在使用中发现有显著的下沉、变形或其他的安全隐患。

7. 安全技术措施

1) 工作人员进入现场必须正确戴好安全帽，高空作业者应佩戴安全带，安全带要高挂低用，挂点必须牢固可靠。

2) 脚手架施工人员必须是 18 岁以上 40 岁以下的青壮年男性，持证上岗，并定期体检，且检查合格。

3) 施工操作人员在拆除脚手架时，须随身携带工具袋，细件物件要随手放入工具袋内，细小的工具如扳手等应有防甩脱措施。待装或拆除的构件要放好放稳，严禁乱扔，防止坠物伤人；用人力传递构件时，必须站在安全可靠的地方，上下传递要特别小心，双方的交接稳定可靠。

4) 各构配件严禁抛掷至地面。

5) 严格遵守高处作业的各项规定，做好防滑措施，严禁穿拖鞋、硬底鞋或赤脚进行作业。

6) 严禁酒后作业。

7) 严禁上下交叉作业。

8) 遇六级以上风、雨天、雷电、浓雾等恶劣天气和夜间禁止进行搭拆脚手架作业。

9) 必须进行焊割工作的，按现场动火作业要求办理动火证，应有防火措施和专人看守。

10) 严禁在现场随意或流动吸烟，吸烟必须在指定的吸烟区内。

11) 临时消防车道、临时疏散通道、安全出口应保持畅通，不得因脚手架拆除及材料运输对通道造成堵塞。

12）脚手架拆除施工应执行有关国家标准规范、行业标准规范、地方标准与主管部门的规定。

10.4.5　脚手架拆除施工方案目录

1. 工程概况

2. 脚手架拆除

1）施工前准备工作

2）施工前要检查并完善工作

3）施工方法（拆除顺序）

4）脚手架拆除施工

5）拆除时的产品保护

3. 安全管理

4. 安全技术措施

本 章 参 考 文 献

[1]　《建筑施工扣件式钢管脚手架安全技术规范》JGJ 130—2011. 北京：中国建筑工业出版社 . 2011

[2]　《建筑施工手册》(第五版)编委会 . 2012. 北京：中国建筑工业出版社 . 2012

[3]　《建筑地基基础工程施工质量验收规范》GB 50202—2002. 北京：中国建筑工业出版社 . 2013

[4]　《建筑地基基础设计规范》GB 50007—2011. 北京：中国建筑工业出版社 . 2012

[5]　《施工企业安全生产管理规范》GB 50656—2011. 北京：中国建筑工业出版社 . 2011

[6]　《砌体结构工程施工质量验收规范》GB 50203—2011. 北京：中国建筑工业出版社 . 2011

第11章 脚手架施工安全技术监测与预警

11.1 脚手架施工安全技术监测与预警主要内容

11.1.1 脚手架施工安全技术监测与预警要求

脚手架施工安全技术监测与预警应根据危险等级分级进行，并满足下列要求：

1. Ⅰ级：采用监测预警技术进行全过程监测控制；

2. Ⅱ级：采用监测预警技术进行局部或分段过程监测控制。

根据住房和城乡建设部颁发的《危险性较大的分部分项工程安全管理办法》（建质〔2009〕87号）的要求，根据发生脚手架安全事故可能产生的后果，即：危及人的生命、造成经济损失、产生不良社会影响的后果，采用分部分项工程的概念。超过一定规模的、危险性较大的分部分项工程对应于Ⅰ级危险等级的要求，危险性较大分部分项工程可对应于Ⅱ级危险等级的要求。且符合如下规定。

1）脚手架Ⅰ级危险等级，超过一定规模的、危险性较大的分部分项工程

（1）模板工程及支撑体系

① 工具式模板工程：包括滑模、爬模、飞模工程。

② 混凝土模板支撑工程：搭设高度8m及以上；搭设跨度18m及以上；施工总荷载15kN/m² 及以上；集中线荷载20kN/m及以上。

③ 承重支撑体系：用于钢结构安装等满堂支撑体系，承受单点集中荷载700kg以上。

（2）操作脚手架工程

①搭设高度50m及以上落地式钢管脚手架工程。

②提升高度150m及以上附着式整体和分片提升脚手架工程。

③架体高度20m及以上悬挑式脚手架工程。

④搭设高度36m及以上落地式扣件式满堂脚手架工程。

2）脚手架Ⅱ级危险等级，危险性较大分部分项工程

（1）模板工程及支撑体系

①各类工具式模板工程：包括大模板、滑模、爬模、飞模等工程。

②混凝土模板支撑工程：搭设高度5m及以上；搭设跨度10m及以上；施工总荷载10kN/m²及以上；集中线荷载15kN/m及以上；高度大于支撑水平投影宽度且相对独立无联系构件的混凝土模板支撑工程。

③承重支撑体系：用于钢结构安装等满堂支撑体系。

（2）操作脚手架工程

① 搭设高度 24m 及以上的落地式钢管脚手架工程。

② 附着式整体和分片提升脚手架工程。

③ 悬挑式脚手架工程。

11.1.2 脚手架施工安全技术监测方案要求

脚手架施工安全技术监测方案应依据工程设计要求、地质条件、周边环境、施工方案等因素编制，并应满足下列要求：

1）为脚手架施工过程控制及时提供监测信息；

2）能检查安全技术措施的正确性和有效性，监测与控制安全技术措施的实施；

3）为保护周围环境提供依据；

4）为改进安全技术措施提供依据。

11.1.3 脚手架监测方案内容

脚手架监测方案应包括工程概况、监测依据和项目、监测人员配备、监测方法、主要仪器设备及精度、测点布置与保护、监测频率及监测报警值、数据处理和信息反馈、异常情况下的处理措施。

11.1.4 脚手架施工安全技术监测方法

脚手架施工安全技术监测可采用仪器监测与巡视检查相结合的方法。

11.1.5 脚手架施工安全技术监测所使用的各类仪器设备要求

脚手架施工安全技术监测所使用的各类仪器设备应满足观测精度和量程的要求，并应符合国家现行有关标准的规定。

1）能反应监测对象的实际状态及其变化趋势，并应满足监测控制要求；

2）避开障碍物、便于观测，且标识稳固、明显、结构合理；

3）在监测对象内力和变形变化大的代表性部位及周边重点监护部位，监测点的数量和观测频度应适当加密；

4）对监测点应采取保护措施。

11.1.6 监测预警应依据事前设置的限制确定

脚手架施工安全技术监测预警应依据事前设置的限制确定；监测报警值宜以监测项目的累积变化量和变化速率值进行控制。

11.1.7 脚手架材料监测

脚手架施工中涉及安全生产的材料应进行适应性和状态变化监测；对现场抽检有疑问的材料和设备，应由法定专业监测机构进行检测。

11.2　支　撑　结　构　监　测

11.2.1　支撑结构监测方案内容

支撑结构监测应编制监测方案，包括测点布置、监测方法、监测人员及主要仪器设备、监测频率和监测报警值。

11.2.2　监测的内容

监测的内容应包括支撑结构的位移监测和内力监测。

11.2.3　位移监测点的布置要求

位移监测点的布置可分为基准点和位移监测点。其布设应符合下列规定：
1）每个支撑结构应设基准点；
2）在支撑结构的顶层、底层及每 5 步设置位移监测点；
3）监测点应设在角部和四边的中部位置。

11.2.4　支撑结构内力监测测点布设要求

当支撑结构需进行内力监测时，其测点布设宜符合下列规定：
1）单元框架或单元桁架中受力大的立杆宜布置测点；
2）单元框架或单元桁架的角部立杆宜布置测点；
3）高度区间内测点数量不应少于 3 个。

11.2.5　监测设备应符合下列规定

1）应满足观测精度和量程的要求；
2）应具有良好的稳定性和可靠性；
3）应经过校准或标定，且校核记录和标定资料齐全，并应在规定的校准有效期内；
4）应减少现场线路布置布线长度，不得影响现场施工正常进行。

11.2.6　监测点

监测点应稳固、明显，应设监测装置和监测点的保护措施。

11.2.7　监测项目的监测频率

监测项目的监测频率应根据支撑结构规模、周边环境、自然条件、施工阶段等因素确定。位移监测频率不应少于每日 1 次，内力监测频率不应少于 2 小时 1 次。监测数据变化量较大或速率加快时，应提高监测频率。

11.2.8　启动安全应急预案条件

当出现下列情况之一时，应立即启动安全应急预案：

1) 监测数据达到报警值时；
2) 支撑结构的荷载突然发生意外变化时；
3) 周边场地出现突然较大沉降或严重开裂的异常变化时。

11.2.9 监测报警值

监测报警值应采用监测项目的累计变化量和变化速率值进行控制，并应满足表11.2.9规定。

监测报警值　　　　　　　　　　　　　　　　　表11.2.9

监测指标	限 值
内力	设计计算值
	近3次读数平均值的1.5倍
位移	水平位移量：$H/300$
	近3次读数平均值的1.5倍

注：H为支撑结构高度。

11.2.10 监测资料

监测资料应包括监测方案、内力及变形记录、监测分析及结论。

11.3 脚手架地基与基础监测

11.3.1 脚手架地基与基础监测报警值要求

脚手架地基与基础监测必须确定监测报警值，监测报警值应满足脚手架工程设计要求。监测报警值应由脚手架设计方确定，并符合《建筑基坑工程监测技术规范》、《建筑施工安全技术统一规范》及相关规范。

11.3.2 脚手架基础下地基（或地层）位移控制要求

1) 不得由于脚手架地基下陷，导致脚手架失稳。
2) 脚手架地基变形不得超过脚手架设计要求。

11.3.3 地基监测报警值控制

脚手架地基监测报警值应由监测项目的累积变化量和变化速率值共同控制。

11.3.4 脚手架地基周围有基坑及支护结构监测报警值

脚手架地基周围有基坑及支护结构监测报警值，参考表11.3.4

脚手架地基周围基坑及支护结构监测报警值　　　　表 11.3.4

序号	监测项目	支护结构类型	一级 累计值 绝对值(mm)	一级 累计值 相对基坑深度(h)控制值	一级 变化速率(mm/d)	二级 累计值 绝对值(mm)	二级 累计值 相对基坑深度(h)控制值	二级 变化速率(mm/d)	三级 累计值 绝对值(mm)	三级 累计值 相对基坑深度(h)控制值	三级 变化速率(mm/d)
1	围护墙(边坡)顶部水平位移	放坡、土钉墙、喷锚支护、水泥土墙	30~35	0.3%~0.4%	5~10	50~60	0.6%~0.8%	10~15	70~80	0.8%~1.0%	15~20
		钢板桩、灌注桩、型钢水泥土墙、地下连续墙	25~30	0.2%~0.3%	2~3	40~50	0.5%~0.7%	4~6	60~70	0.6%~0.8%	8~10
2	围护墙(边坡)顶部竖向位移	放坡、土钉墙、喷锚支护、水泥土墙	20~40	0.3%~0.4%	3~5	50~60	0.6%~0.8%	5~8	70~80	0.8%~1.0%	8~10
		钢板桩、灌注桩、型钢水泥土墙、地下连续墙	10~20	0.1%~0.2%	2~3	25~30	0.3%~0.5%	3~4	35~40	0.5%~0.6%	4~5
3	深层水平位移	水泥土墙	30~35	0.3%~0.4%	5~10	50~60	0.6%~0.8%	10~15	70~80	0.8%~1.0%	15~20
		钢板桩	50~60	0.6%~0.7%	2~3	80~85	0.7%~0.8%	4~6	90~100	0.9%~1.0%	8~10
		型钢水泥土墙	50~55	0.5%~0.6%		75~80	0.7%~0.8%		80~90	0.9%~1.0%	
		灌注桩	45~50	0.4%~0.5%		70~75	0.6%~0.7%		70~80	0.8%~0.9%	
		地下连续墙	40~50	0.4%~0.5%		70~75	0.7%~0.8%		80~90	0.9%~1.0%	
4	立柱竖向位移		25~35	—	2~3	35~45	—	4~6	55~65	—	8~10
5	基坑周边地表竖向位移		25~35	—	2~3	50~60	—	4~6	60~80	—	8~10
6	坑底隆起(回弹)		25~35	—	2~3	50~60	—	4~6	60~80	—	8~10
7	土压力		$(60\%\sim70\%)f_1$	—		$(70\%\sim80\%)f_1$	—		$(70\%\sim80\%)f_1$	—	
8	孔隙水压力										
9	支撑内力		$(60\%\sim70\%)f_2$	—		$(70\%\sim80\%)f_2$	—		$(70\%\sim80\%)f_2$	—	
10	围护墙内力										
11	立柱内力										
12	锚杆内力										

注：1　h 为基坑设计开挖深度，f_1 为荷载设计值，f_2 为构件承载能力设计值；
　　2　累计值取绝对值和相对基坑深度(h)控制值两者的小值；
　　3　当监测项目的变化速率达到表中规定值或连续 3d 超过该值的 70%，应报警；
　　4　嵌岩的灌注桩或地下连续墙位移报警值宜按表中数值的 50%取用。

11.3.5 脚手架周围基坑周边环境监测报警值

脚手架周围基坑周边环境监测报警值可参考表 11.3.5。

脚手架周围基坑周边环境监测报警值 表 11.3.5

监测对象	项目		累计值（mm）	变化速率（mm/d）	备注
1	地下水位变化		1000	500	—
2	管线位移	刚性管道 压力	10～30	1～3	直接观察点数据
		刚性管道 非压力	10～40	3～5	
		柔性管线	10～40	3～5	
3	邻近建筑位移		10～60	1～3	—
4	裂缝宽度	建筑	1.5～3	持续发展	—
		地表	10～15	持续发展	—

注：建筑整体倾斜度累计值达到 2/1000 或倾斜速度连续 3d 大于 $0.0001H/d$（H 为建筑承重结构高度）时应报警。

11.3.6 脚手架周围基坑报警值考虑问题

脚手架周围基坑周边建筑、管线的报警值除考虑基坑开挖造成的变形外，尚应考虑其原有变形的影响。

11.3.7 危险报警要求

当出现下列情况之一时，必须立即进行危险报警，并应对脚手架周围基坑支护结构和周边环境中的保护对象采取应急措施。

1）监测数据达到监测报警值的累计值。

2）脚手架周围基坑支护结构或周边土体的位移值突然明显增大或基坑出现流砂、管涌、隆起、陷落或严重的渗漏等。

3）脚手架周围基坑支护结构的支撑或锚杆体系出现过大变形、压屈、断裂、松弛或拔出的迹象。

4）周边建筑的结构部分、周边地面出现较严重的突发裂缝或危害结构的变形裂缝。

5）周边管线变形突然明显增长或出现裂缝、泄露等。

6）根据当地工程经验判断，出现其他必须进行危险报警的情况。

11.4 脚手架地基与基础监测数据处理与信息反馈

脚手架地基与基础监测数据处理与信息反馈，可参考《建筑基坑工程监测技术规范》GB 50497 第 9 章有关内容。

本 章 参 考 文 献

[1]　《建筑施工临时支撑结构技术规范》JGJ 300—2013. 北京：中国建筑工业出版社. 2013
[2]　《建筑施工安全技术统一规范》GB 50870—2013. 北京：中国建筑工业出版社. 2011
[3]　《建筑基坑工程监测技术规范》GB 50497—2009. 北京：中国建筑工业出版社. 2009

第12章 检查与验收

12.1 构配件检查与验收

12.1.1 构配件的允许偏差表

构配件的偏差应符合表12.1.1的规定。

构配件的允许偏差表　　　　　　　　　　　　　表 12.1.1

序号	项目	允许偏差 Δ（mm）	示意图	检查工具
1	焊接钢管尺寸（mm） 外径 48.3 壁厚 3.6	±0.5 ±0.36		游标卡尺
2	钢管两端面切斜偏差	1.70		塞尺、拐角尺
3	钢管外表面锈蚀深度	≤0.18		游标卡尺
4	钢管弯曲 a. 各种杆件钢管的端部弯曲 l≤1.5m	≤5		钢板尺
	b. 立杆钢管弯曲 3m<l≤4m 4m<l≤6.5m	≤12 ≤20		
	c. 水平杆、斜杆的钢管弯曲 l≤6.5m	≤30		
5	冲压钢脚手板 a. 板面挠曲 l≤4m l>4m	≤12 ≤16		钢板尺
	b. 板面扭曲（任一角翘起）	≤5		

续表

序号	项目	允许偏差 Δ（mm）	示意图	检查工具
6	木脚手板的宽度、厚度	−2		钢板尺
7	可调托撑支托板变形	1.0		钢板尺塞尺

12.1.2　构配件的质量检查表

构配件质量检查表　　　　　表 12.1.2

项目	要　求	抽检数量	检查方法
钢管	应有产品质量合格证、质量检验报告	750 根为一批，每批抽取 1 根	检查资料
	钢管表面应平直光滑，不应有裂缝、结疤、分层、错位、硬弯、毛刺、压痕、深的划道及严重锈蚀等缺陷，严禁打孔；钢管使用前必须涂刷防锈漆	全数	目测
	钢管外表面锈蚀深度不大于 0.18mm，锈蚀检查应每年一次。检查时，应在锈蚀严重的钢管中抽取三根，在每根锈蚀严重的部位横向截断取样检查		游标卡尺测量
钢管外径及壁厚	外径 48.3mm，允许偏差±0.5mm；壁厚 3.6mm，允许偏差±0.36，最小壁厚 3.24mm	3%	游标卡尺测量
扣件	应有生产许可证、质量检测报告、产品质量合格证、复试报告	《钢管脚手架扣件》规定	检查资料
	不允许有裂缝、变形、螺栓滑丝；扣件与钢管接触部位不应有氧化皮；活动部位应能灵活转动，旋转扣件两旋转面间隙应小于 1mm；扣件表面应进行防锈处理	全数	目测
扣件螺栓拧紧扭力矩	扣件螺栓拧紧扭力矩值不应小于 40N·m，且不应大于 65N·m	表 12.1.3	扭力扳手
可调托撑	可调托撑抗压承载力设计值不应小于 40kN。应有产品质量合格证、质量检验报告	3‰	检查资料
	可调托撑螺杆外径不得小于 36mm，可调托撑螺杆与螺母旋合长度不得少于 5 扣，螺母厚度不小于 30mm。插入立杆内的长度不得小于 150mm。支托板厚不小于 5mm，变形不大于 1mm。螺杆与支托板焊接要牢固，焊缝高度不小于 6mm	3%	游标卡尺、钢板尺测量
	支托板、螺母有裂缝的严禁使用	全数	目测

项目	要 求	抽检数量	检查方法
脚手板	新冲压钢脚手板应有产品质量合格证		检查资料
	冲压钢脚手板板面挠曲≤12mm（l≤4m）或≤16mm（l>4m）；板面扭曲≤5mm（任一角翘起）	3%	钢板尺
	不得有裂纹、开焊与硬弯；新、旧脚手板均应涂防锈漆	全数	目测
	木脚手板材质应符合现行国家标准《木结构设计规范》GB 50005中Ⅱ$_a$级材质的规定。扭曲变形、劈裂、腐朽的脚手不得使用	全数	目测
	木脚手板的宽度不宜小于200mm，厚度不应小于50mm；板厚允许偏差 —2mm	3%	钢板尺
	竹脚手板宜采用由毛竹或楠竹制作的竹串片板、竹笆板	全数	目测
	竹串片脚手板宜采用螺栓将并列的竹片串连而成。螺栓直径宜为3～10mm，螺栓间距宜为500～600mm，螺栓离板端宜为200～250mm，板宽250mm，板长2000mm、2500mm、3000mm	3%	钢板尺

12.1.3 扣件拧紧抽样检查数目及质量判定标准

扣件拧紧抽样检查数目及质量判定标准 表 12.1.3

项次	检查项目	安装扣件数量（个）	抽检数量（个）	允许的不合格数（个）
1	连接立杆与纵（横）向水平杆或剪刀撑的扣件；接长立杆、纵向水平杆或剪刀撑的扣件	51～90	5	0
		91～150	8	1
		151～280	13	1
		281～500	20	2
		501～1200	32	3
		1201～3200	50	5
2	连接横向水平杆与纵向水平杆的扣件（非主节点处）	51～90	5	1
		91～150	8	2
		151～280	13	3
		281～500	20	5
		501～1200	32	7
		1201～3200	50	10

12.2 脚手架搭设质量的检查与验收

12.2.1 脚手架搭设质量的检查与验收

1. 脚手架搭设的技术要求、允许偏差与检验方法，应符合表12.2.1-1的要求。

2. 安装后的扣件螺栓拧紧扭力矩应采用扭力扳手检查，抽样方法应按随机分布原则进行。抽样检查数目与质量判定标准，应按表12.1.3的规定确定。不合格的应重新拧紧至合格。

3. 脚手架检查、验收应根据下列技术文件进行：

1) 专项施工方案及变更文件

2) 技术交底文件

3) 构配件质量检查表及构配件的允许偏差表

4) 脚手架检查验收记录

（1）落地式脚手架验收表，表12.2.1-2、表12.2.1-3、表12.2.1-4、表12.2.1-5；

（2）脚手架搭设质量检查表，表12.2.1-7、表12.2.1-6、表12.2.1-8；

（3）脚手架拆除质量检查表，表12.2.1-9；

（4）型钢悬挑脚手架验收表，表 12.2.1-10、表 12.2.1-11、表 12.2.1-12、表 12.2.1-13；

（5）满堂脚手架验收表，表12.2.1-14、表12.2.1-15、表12.2.1-16；

（6）满堂支撑架验收表，表12.2.1-17、表12.2.1-18、表12.2.1-19。

脚手架搭设的技术要求、允许偏差与检验方法　　　　表 12.2.1-1

项次	项目		技术要求	允许偏差 Δ (mm)	示意图	检查方法与工具
1	地基基础	表面	坚实平整	—	—	观察
		排水	不积水			
		垫板	不晃动			
		底座	不滑动			
			不沉降	—10		
2	单、双排与满堂脚手架立杆垂直度	最后验收立杆垂直度 20～50m	—	±100		用经纬仪或吊线和卷尺

下列脚手架允许水平偏差（mm）

搭设中检查偏差的高度（m）	总高度		
	50m	40m	20m
$H=2$	±7	±7	±7
$H=10$	±20	±25	±50
$H=20$	±40	±50	±100
$H=30$	±60	±75	
$H=40$	±80	±100	
$H=50$	±100		

中间档次用插入法

项次	项目		技术要求	允许偏差 △ （mm）	示意图	检查方法 与工具
3	满堂支撑架立杆垂直度	最后验收 垂直度 30m	—	±90		用经纬仪 或吊线 和卷尺
		下列满堂支撑架允许水平偏差（mm）				
		搭设中检查偏差的高度 （m）	总高度			
			30m			
		$H=2$	±7			
		$H=10$	±30			
		$H=20$	±60			
		$H=30$	±90			
		中间档次用插入法				
4	单双排、满堂脚手架间距	步距 纵距 横距	— — —	±20 ±50 ±20	—	钢板尺
5	满堂支撑架间距	步距 立杆间距	— —	±20 ±30	—	钢板尺
6	纵向水平杆高差	一根杆的两端	—	±20		水平仪或 水平尺
		同跨内两根纵向水平杆高差	—	±10		
7	剪刀撑斜杆与地面的倾角		45°~60°		—	角尺

项次	项目		技术要求	允许偏差 Δ（mm）	示意图	检查方法与工具
8	脚手板外伸长度	对接	$a=130\sim150mm$ $l\leq300mm$	—	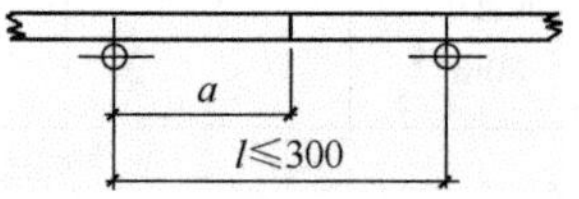	卷尺
		搭接	$a\geq100mm$ $l\geq200mm$	—	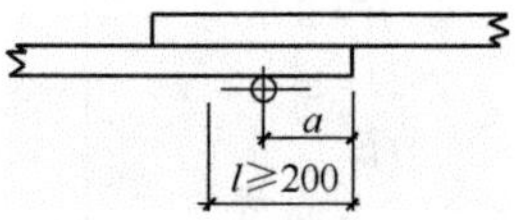	卷尺
9	扣件安装	主节点处各扣件中心点相互距离	$a\leq150mm$	—	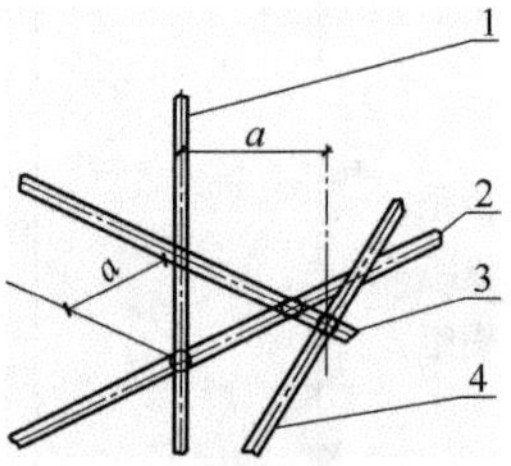	钢板尺
		同步立杆上两个相隔对接扣件的高差	$a\geq500mm$	—	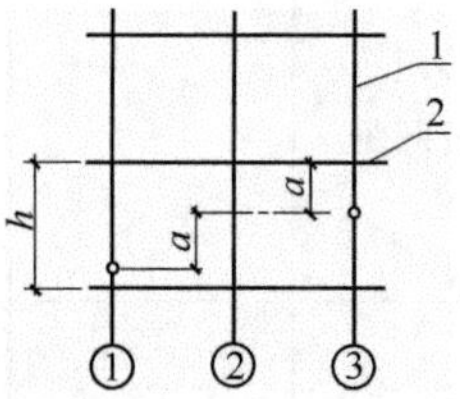	钢卷尺
		立杆上的对接扣件至主节点的距离	$a\leq h/3$	—		
		纵向水平杆上的对接扣件至主节点的距离	$a\leq l_a/3$	—	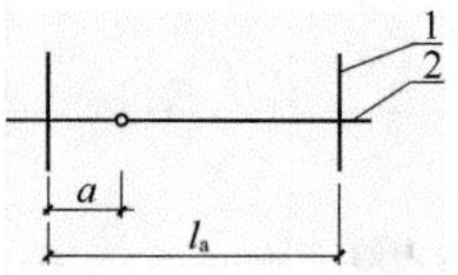	钢卷尺
		扣件螺栓拧紧扭力矩	$40\sim65$ N·m	—	—	扭力扳手

注：图中 1—立杆；2—纵向水平杆；3—横向水平杆；4—剪刀撑

落地式脚手架验收表（1）　　　　　　　　　　　　　　表 12.2.1-2

工程名称			架体名称		
搭设高度					
序号	验收内容		验收要求		评定
1	专项施工方案		1. 设计条件与工程实际相符，有防火措施		
			2. 设计与施工内容符合《规范》		
			3. 经单位主管审批		
2	荷载		脚手架的实际荷载不得超过施工专项方案设计规定，无超载使用		
3	地基与基础	地基 钢底座 垫木板 排水措施	1. 地基土符合专项方案要求		
			2. 填土或灰土地必须分层夯实，表面坚实平整		
			3. 底座或垫板底面积符合专项方案要求，垫板长度不宜小于两跨，板厚 50mm，宽度 200mm		
			4. 底座或垫板高于自然地坪 500mm，排水畅通，无积水		
4	连墙件设置	连墙件数量，与架体连接情况，与建筑物连接情况	1. 连墙件设置的位置、数量（含需要增的防滑扣件）符合专项施工方案		
			2. 每根连墙件覆盖面积，高度小于 50m，不大于 $40m^2$，高度大于 50m，不大于 $27m^2$		
			3. 偏离主节点不得大于 300mm。水平设置或向脚手架一端下斜连接		
			4. 底层第一步纵向水平杆处开始设置		
			5. 对高度 24m 以上的双排脚手架，应采用刚性连墙件与建筑物可靠连接		
			6. 在架体的转角处、开口型脚手架的两端必须设置连墙件，连墙件的垂直间距不应大于建筑物的层高，并且不应大于 4m		
5	纵向水平杆设置、连接 横向水平杆设置、连接		1. 纵向水平杆应设置在立杆内侧，单根杆长度不应小于 3 跨		
			2. 两根相邻纵向水平杆的接头不应设置在同步或同跨内；相邻接头在水平方向错开的距离不应小于 500mm；各接头中心至最近主节点的距离不应大于纵距的 1/3		
			3. 搭接长度不应小于 1m，应等间距设置 3 个旋转扣件固定；端部扣件盖板边缘至搭接纵向水平杆杆端的距离不应小于 100mm		
			4. 作业层上非主节点处的横向水平杆，应根据支承脚手板的需要等间距设置，最大间距不应大于纵距的 1/2		
			5. 当使用冲压钢脚手板、木脚手板、竹串片脚手板时，横向水平杆应用直角扣件固定在纵向水平杆上；纵向水平杆用直角扣件固定在立杆上		
			6. 当使用竹笆脚手板时，横向水平杆应用直角扣件固定在立杆上；纵向水平杆应固定在横向水平杆上，并应等间距设置，间距不应大于 400mm		
			7. 单排脚手架的横向水平杆一端应插入墙内长度不应小于 180mm		
验收结论					
施工单位签字	安全负责人：		项目负责人：		
监理单位意见：					
专业监理工程师：				年　月　日	

落地式脚手架验收表（2）   表 12.2.1-3

工程名称				架体名称		
搭设高度				验收日期		
序号	验收内容		验收要求			评定
6	立杆设置、连接		1. 纵向扫地杆应用直角扣件固定在距钢管底端不大于 200mm 处的立杆上。横向扫地杆固定在紧靠纵向扫地杆下方的立杆上			
			2. 脚手架立杆基础不在同一高度上时，必须将高处的纵向扫地杆向低处延长两跨与立杆固定，高低差不应大于 1m。靠边坡上方的立杆轴线到边坡的距离不应小于 500mm			
			3. 各层各步接头必须采用对接扣件连接。顶层施工层栏杆立杆除外			
			4. 立杆的对接扣件应交错布置，两根相邻立杆的接头不应设置在同步内，同步内隔一根立杆的两个相隔接头在高度方向错开的距离不宜小于 500mm；各接头中心至主节点的距离不宜大于步距的 1/3			
			5. 采用搭接接长时，搭接长度不应小于 1m，并应采用不少于 2 个旋转扣件固定。端部扣件盖板的边缘至杆端距离不应小于 100mm			
			6. 脚手架立杆顶端栏杆宜高出女儿墙上端 1m，宜高出檐口上端 1.5m			
	剪刀撑	剪刀撑宽度、角度，剪刀撑设置	1. 剪刀撑宽度 4～6 跨，且不小于 6m，斜杆与倾角 45°～60°之间			
			2. 剪刀撑斜杆的接长应采用搭接或对接，搭接长度不应小于 1m，并应采用不少于 2 旋转扣件固定。端部扣件盖板的边缘至杆端距离不应小于 100mm			
			3. 应用旋转扣件固定在与之相交的横向水平杆的伸出端或立杆上，旋转扣件中心线至主节点的距离不应大于 150mm			
			4. 高度在 24m 及以上的双排脚手架应在外侧全立面连续设置剪刀撑			
			5. 高度在 24m 以下的单、双排脚手架，均必须在外侧两端、转角及中间间隔不超过 15m 的立面上，各设置一道剪刀撑，并应由底至顶连续设置			
7	横向斜撑	设置	1. 横向斜撑应在同一节间，由底至顶层呈之字型连续布置，斜撑应用旋转扣件固定在与之相交的横向水平杆的伸出端上，旋转扣件中心线至主节点的距离不应大于 150mm			
			2. 高度在 24m 以上的封闭型脚手架，除拐角应设置横向斜撑外，中间应每隔 6 跨距设置一道			
			3. 开口型双排脚手架的两端均必须设置横向斜撑			
验收结论						
施工单位签字	安全负责人：			项目负责人：		
监理单位意见：						
专业监理工程师：					年 月 日	

表 12.2.1-4

落地式脚手架验收表（3）

工程名称			架体名称		
搭设高度			验收日期		
序号	验收内容		验收要求		评定
8	脚手板	脚步手板铺设	1. 作业层脚手板应铺满、铺稳、铺实；离墙面的距离不应大于150mm		
			2. 冲压钢脚手板、木脚手板、竹串片脚手板等，应设置在三根横向水平杆上。当脚手板长度小于2m时，可采用两根横向水平杆支承，但应将脚手板两端与横向水平杆可靠固定，严防倾翻		
			3. 脚手板对接平铺时，接头处应设两根横向水平杆，脚手板外伸长度应取130～150mm，两块脚手板外伸长度的和不应大于300mm		
			4. 脚手板搭接铺设时，接头应支在横向水平杆上，搭接长度不应小于200mm，其伸出横向水平杆的长度不应小于100mm		
			5. 竹笆脚手板应按其主竹筋垂直于纵向水平杆方向铺设，且应对接平铺，四个角应用直径不小于1.2mm的镀锌钢丝固定在纵向水平杆上		
			6. 作业层端部脚手板探头长度应取150mm，其板的两端均应用直径3.2mm的镀锌钢丝固定于支承杆件上		
			7. 在拐角、斜道平台口处的脚手板，应用直径3.2mm的镀锌钢丝固定在横向水平杆上，防止滑动		
9	防护栏杆与安全网封闭		1. 栏杆和挡脚板均应搭设在外立杆的内侧		
			2. 上栏杆上皮高度应为1.2m；中栏杆应居中设置		
			3. 挡脚板高度不应小于180mm		
			4. 脚手架沿架体外围应用密目式安全网全封闭，密目式安全网宜设置在脚手架外立杆的内侧，并应与架体绑扎牢固		
			5. 脚手板应铺设牢靠、严实，并应用安全网双层兜底。施工层以下每隔10米应用安全网封闭		
10	搭设允许偏差		步距、横距	允许偏差：±20mm	
			纵距	允许偏差：±50mm	
			一根纵向水平杆两端	允许偏差：±20mm	
			同跨内两根纵向水平杆高差	允许偏差：±10mm	
			立杆垂直度	允许偏差2/‰～3/‰立杆高度	
11	扣件螺栓拧紧扭力矩		扣件螺栓拧紧扭力矩值不应小于40N·m，且不应大于65N·m		
验收结论					
施工单位签字	安全负责人：		项目负责人：		
监理单位意见： 专业监理工程师：				年 月 日	

落地式脚手架验收表（4）   表 12.2.1-5

工程名称			架体名称	
搭设高度			验收日期	
序号	验收内容	验收要求		评定
12	门洞 门洞型式 斜杆设置 斜杆接长 门洞两侧 双立杆设置 防滑扣件	1. 门洞型式符合专项方案要求		
		2. 单排脚手架门洞处，应在平面桁架的每一节间设置一根斜腹杆		
		3. 双排脚手架门洞处的空间桁架，除下弦平面外，应在其余 5 个平面内的图示节间设置一根斜腹杆		
		4. 斜腹杆应用旋转扣件固定在与之相交的横向水平杆的伸出端上，旋转扣件中心线至主节点的距离不宜大于 150mm。当斜腹杆在 1 跨内跨越 2 个步距时，应在相交的纵向水平杆处，增设一根横向水平杆，将斜腹杆固定在其伸出端上		
		5. 斜腹杆应采用通长杆件；须接长使用时，应采用对接或搭接扣件连接，搭接构造同立杆搭接		
		6. 门洞桁架下的两侧立杆应为双管立杆，副立杆高度应高于门洞口 1～2 步		
		7. 门洞桁架中伸出上下弦杆的杆件端头，均应增设一个防滑扣件，该扣件应紧靠主节点处设置		
13	斜道 宽度、坡度 转角平台 通道防护 剪刀撑 连墙件 防滑条	1. 斜道应附着外脚手架或建筑物设置		
		2. 运料斜道宽度不应小于 1.5m，坡度不应大于 1：6		
		3. 人行斜道宽度不应小于 1m，坡度不应大于 1：3		
		4. 拐弯处应设置平台，其宽度不应小于斜道宽度		
		5. 栏杆高度应为 1.2m，挡脚板高度不应小于 180mm		
		6. 运料斜道两端、平台外围和端部均应按专项方案设置连墙件；每两步应加设水平斜杆；按专项方案设置剪刀撑和横向斜撑		
		7. 斜道脚手板横铺时，应在横向水平杆下增设纵向支托杆，纵向支托杆间距不应大于 500mm		
		8. 斜道脚手板顺铺时，接头应采用搭接，下面的板头应压住上面的板头，板头的凸棱处应采用三角木填顺		
		9. 人行斜道和运料斜道的脚手板上应每隔 250～300mm 设置一根防滑木条，木条厚度应为 20～30mm		
验收结论				
施工单位签字	安全负责人：		项目负责人：	
监理单位意见： 专业监理工程师：			年 月 日	

脚手架搭设质量检查表（1）　　　　　表 12.2.1-6

工程名称				架体名称		
搭设高度				验收日期		
序号	检查内容	验收要求				评定
1	人员	扣件式钢管脚手架搭设人员必须是经考核合格的专业架子工。架子工应持证上岗				
2	专项施工方案	1. 设计条件与工程实际相符，有防火措施				
		2. 设计与施工内容符合《规范》				
		3. 经单位主管审批				
3	技术交底	符合专项施工方案要求				
4	构配件	钢管、扣件、脚手板、可调托撑等构配件符合专项施工方案要求				
5	地基与基础	1. 地基土符合专项方案要求				
		2. 填土或灰土地必须分层夯实，表面坚实平整				
		3. 底座或垫板底面积符合专项方案要求，且底座底面积不小于 0.15m²，垫板长度不宜小于两跨，板厚 50mm，宽度 200mm				
		4. 底座或垫板高于自然地坪 500mm，排水畅通，无积水				
		5. 底座、垫板均应准确地放在定位线上				
6	连墙件	1. 连墙件的安装应随脚手架搭设同步进行，不得滞后安装；当架体搭设至有连墙件的主节点时，在搭设完该处的立杆、纵向水平杆、横向水平杆后，应立即设置连墙件				
		2. 当单、双排脚手架施工操作层高出相邻连墙件以上两步时，应采取确保脚手架稳定的临时拉结措施，直到上一层连墙件安装完毕后再根据情况拆除				
7	纵向水平杆横向水平杆	1. 脚手架纵向水平杆应随立杆按步搭设，并设在立杆内侧，单根杆长度不应小于 3 跨，接长宜采用对接扣件连接，也可采用搭接				
		2. 在封闭型脚手架的同一步中，纵向水平杆应四周交圈设置，并应用直角扣件与内外角部立杆固定				
		3. 两根相邻纵向水平杆的接头不应设置在同步或同跨内；相邻接头在水平方向错开的距离不应小于 500mm；各接头中心至最近主节点的距离不应大于纵距的 1/3				
		4. 搭接长度不应小于 1m，应等间距设置 3 个旋转扣件固定；端部扣件盖板边缘至搭接纵向水平杆杆端的距离不应小于 100mm				
		5. 作业层上非主节点处的横向水平杆，应根据支承脚手板的需要等间距设置，最大间距不应大于纵距的 1/2				
		6. 当使用冲压钢脚手板、木脚手板、竹串片脚手板时，横向水平杆应用直角扣件固定在纵向水平杆上；纵向水平杆用直角扣件固定在立杆上				
	验收结论					
	施工单位签字	安全负责人：		项目负责人：		
	监理单位意见：					
	专业监理工程师：					年 月 日

脚手架搭设质量检查表（2）　　　　　　表 12.2.1-7

工程名称			架体名称		
搭设高度			验收日期		
序号	检查内容	验收要求			评定
7	纵向水平杆 横向水平杆	7. 当使用竹笆脚手板时，横向水平杆应用直角扣件固定在立杆上；纵向水平杆应固定在横向水平杆上，并应等间距设置，间距不应大于 400mm			
		8. 单排脚手架的横向水平杆一端应插入墙内长度不应小于 180mm			
		单排脚手架的横向水平杆不应设置的部位	9. 设计上不允许留脚手眼的部位		
			10. 过梁上与过梁两端成 60°角的三角形范围内及过梁净跨度 1/2 的高度范围内		
			11. 宽度小于 1m 的窗间墙		
			12. 梁或梁垫下及其两侧各 500mm 的范围内不应设置横向水平杆		
			13. 砖砌体的门窗洞口两侧 200mm 和转角处 450mm 的范围内，其他砌体的门窗洞口两侧 300mm 和转角处 600mm 的范围内		
			14. 墙体厚度小于或等于 180mm		
			15. 独立或附墙砖柱，空斗砖墙、加气块墙等轻质墙体		
			16. 砌筑砂浆强度等级小于或等于 M2.5 的砖墙		
		17. 主节点处必须设置一根横向水平杆，用直角扣件扣接且严禁拆除			
8	立杆	1. 纵向扫地杆应用直角扣件固定在距钢管底端不大于 200mm 处的立杆上。横向扫地杆固定在紧靠纵向扫地杆下方的立杆上			
		2. 脚手架立杆基础不在同一高度上时，必须将高处的纵向扫地杆向低处延长两跨与立杆固定，高低差不应大于 1m。靠边坡上方的立杆轴线到边坡的距离不应小于 500mm			
		3. 除顶层顶步（操作层栏杆立杆）外，其余各层各步接头必须采用对接扣件连接			
		4. 立杆的对接扣件应交错布置，两根相邻立杆的接头不应设置在同步内，同步内隔一根立杆的两个相隔接头在高度方向错开的距离不宜小于 500mm；各接头中心至主节点的距离不宜大于步距的 1/3			
		5. 采用搭接接长时，搭接长度不应小于 1m，并应采用不少于 2 个旋转扣件固定。端部扣件盖板的边缘至杆端距离不应小于 100mm			
		6. 脚手架立杆顶端栏杆宜高出女儿墙上端 1m，宜高出檐口上端 1.5m			
		7. 脚手架开始搭设立杆时，应每隔 6 跨设置一根抛撑，直至连墙件安装稳定后，方可根据情况拆除			
验收结论					
施工单位签字		安全负责人：　　　　　　项目负责人：			
监理单位意见：					
专业监理工程师：				年　月　日	

脚手架搭设质量检查表（3） 表 12.2.1-8

工程名称			架体名称	
搭设高度			验收日期	
序号	检查内容	验收要求		评定
9	剪刀撑与横向斜撑	脚手架剪刀撑与单、双排脚手架横向斜撑应随立杆、纵向和横向水平杆等同步搭设，不得滞后安装		
10	扣件安装	1. 扣件规格应与钢管外径相同		
		2. 螺栓拧紧扭力矩不应小于 40N·m，且不应大于 65N·m		
		3. 在主节点处固定横向水平杆、纵向水平杆、剪刀撑、横向斜撑等用的直角扣件、旋转扣件的中心点的相互距离不应大于 150mm		
		4. 对接扣件开口应朝上或朝内		
		5. 各杆件端头伸出扣件盖板边缘的长度不应小于 100mm		
11	防护栏杆	1. 栏杆和挡脚板均应搭设在外立杆的内侧		
		2. 上栏杆上皮高度应为 1.2m；中栏杆应居中设置		
		3. 挡脚板高度不应小于 180mm		
12	脚手板	1. 脚手板应铺满、铺稳，离墙面的距离不应大于 150mm		
		2. 脚手板对接平铺时，接头处应设两根横向水平杆，脚手板外伸长度应取 130～150mm，两块脚手板外伸长度的和不应大于 300mm		
		3. 脚手板搭接铺设时，接头应支在横向水平杆上，搭接长度不应小于 200mm，其伸出横向水平杆的长度不应小于 100mm		
		4. 脚手板探头应用直径 3.2mm 的镀锌钢丝固定在支承杆件上		
		5. 在拐角、斜道平台口处的脚手板，应用直径 3.2mm 的镀锌钢丝固定在横向水平杆上		
13	门洞	1. 门洞型式符合专项方案要求		
		2. 单排脚手架门洞处，应在平面桁架的每一节间设置一根斜腹杆		
		3. 双排脚手架门洞处的空间桁架，除下弦平面外，应在其余 5 个平面内的节间设置一根斜腹杆		
		4. 斜腹杆应用旋转扣件固定在与之相交的横向水平杆的伸出端上，旋转扣件中心线至主节点的距离不宜大于 150mm。当斜腹杆在 1 跨内跨越 2 个步距时，应在相交的纵向水平杆处，增设一根横向水平杆，将斜腹杆固定在其伸出端上		
		5. 斜腹杆应采用通长杆件；须接长使用时，应采用对接或搭接扣件连接，搭接构造同立杆搭接		
		6. 门洞桁架下的两侧立杆应为双管立杆，副立杆高度应高于门洞口 1～2 步		
		7. 门洞桁架中伸出上下弦杆的杆件端头，均应增设一个防滑扣件，该扣件应紧靠主节点处设置		
验收结论				
施工单位签字	安全负责人：		项目负责人：	
监理单位意见：				
专业监理工程师：			年 月 日	

脚手架拆除质量检查表
表 12.2.1-9

工程名称			架体名称		
搭设高度			验收日期		
序号	检查内容	验收要求			评定
1	架子工	扣件式钢管脚手架拆除人员必须是经考核合格的专业架子工。架子工应持证上岗			
2	专项施工方案	1. 应全面检查脚手架的扣件连接、连墙件、支撑体系等是否符合构造要求			
		2. 应根据检查结果补充完善脚手架专项方案中的拆除顺序和措施			
		3. 经单位主管审批			
3	技术交底	拆除技术交底符合专项施工方案			
4	拆除前脚手架与地面	1. 应清除脚手架上杂物及地面障碍物			
		2. 拆除脚手架时，地面应设围栏和警戒标志，并应派专人看守，严禁非操作人员入内			
5	连墙件与横向斜撑	1. 单、双排脚手架拆除作业必须由上而下逐层进行，严禁上下同时作业			
		2. 连墙件必须随脚手架逐层拆除，严禁先将连墙件整层或数层拆除后再拆脚手架			
		3. 分段拆除高差大于两步时，应增设连墙件加固			
		4. 当脚手架拆至下部最后一根长立杆的高度（约 6.5m）时，应先在适当位置搭设临时抛撑加固后，再拆除连墙件			
		单、双排脚手架分段、分立面拆除时，对不拆除的脚手架两端要求	5. 按专项施工方案设置连墙件		
			6. 按专项施工方案设置横向斜撑		
			7. 开口型双排脚手架的两端均必须设置横向斜撑		
6	构配件	1. 卸料时各构配件严禁抛掷至地面			
		2. 运至地面的构配件按专项施工方案要求及时检查、整修与保养，按品种、规格分别存放			
	验收结论				
	施工单位签字	安全负责人：　　　　　　　项目负责人：			

监理单位意见：

专业监理工程师：　　　　　　　　　　　　　　　　　　　　　　　　　　　年　月　日

型钢悬挑脚手架验收表（1）　　　　　　表 12.2.1-10

工程名称			架体名称		
搭设高度			验收日期		
序号	验收内容	验收要求			评定
1	专项施工方案	1. 设计条件与工程实际相符，有防火措施			
		2. 设计与施工内容符合《规范》			
		3. 经单位主管审批			
2	荷载	脚手架的实际荷载不得超过施工专项方案设计规定，无超载使用			
3	连墙件设置	1. 连墙件设置的位置、数量（含需要增的防滑扣件）符合专项施工方案			
		2. 每根连墙件覆盖面积，高度小于 50m，不大于 40m²，高度大于 50m，不大于 27m²			
		3. 偏离主节点不得大于 300mm。水平设置或向脚手架一端下斜连接			
		4. 底层第一步纵向水平杆处开始设置			
		5. 对高度 24m 以上的双排脚手架，应采用刚性连墙件与建筑物可靠连接			
		6. 在架体转角处、开口型脚手架的两端必须设置连墙件，连墙件的垂直间距不应大于建筑物的层高，并且不应大于 4m			
4	纵向水平杆设置、连接	1. 纵向水平杆应设置在立杆内侧，单根杆长度不应小于 3 跨，接长宜采用对接扣件连接，也可采用搭接			
		2. 两根相邻纵向水平杆的接头不应设置在同步或同跨内；相邻接头在水平方向错开的距离不应小于 500mm；各接头中心至最近主节点的距离不应大于纵距的 1/3			
		3. 搭接长度不应小于 1m，应等间距设置 3 个旋转扣件固定；端部扣件盖板边缘至搭接纵向水平杆杆端的距离不应小于 100mm			
	横向水平杆设置、连接	4. 作业层上非主节点处的横向水平杆，应根据支承脚手板的需要等间距设置，最大间距不应大于纵距的 1/2			
		5. 当使用冲压钢脚手板、木脚手板、竹串片脚手板时，横向水平杆应用直角扣件固定在纵向水平杆上；纵向水平杆用直角扣件固定在立杆上			
		6. 当使用竹笆脚手板时，横向水平杆应用直角扣件固定在立杆上；纵向水平杆应固定在横向水平杆上，并应等间距设置，间距不应大于 400mm			
	验收结论				
	施工单位签字	安全负责人：　　　　　　　　项目负责人：			
	监理单位意见：				
	专业监理工程师：		年　月　日		

型钢悬挑脚手架验收表（2）　　　表 12.2.1-11

工程名称			架体名称		
搭设高度			验收日期		
序号	验收内容		验收要求		评定
5	立杆 设置、连接		1. 纵向扫地杆应用直角扣件固定在距钢管底端不大于 200mm 处的立杆上。横向扫地杆固定在紧靠纵向扫地杆下方的立杆上		
			2. 除顶层顶步（操作层栏杆立杆）外，其余各层各步接头必须采用对接扣件连接		
			3. 立杆的对接扣件应交错布置，两根相邻立杆的接头不应设置在同步内，同步内隔一根立杆的两个相隔接头在高度方向错开的距离不宜小于 500mm；各接头中心至主节点的距离不宜大于步距的 1/3		
			4. 采用搭接接长时，搭接长度不应小于 1m，并应采用不少于 2 个旋转扣件固定。端部扣件盖板的边缘至杆端距离不应小于 100mm		
			5. 脚手架立杆顶端栏杆宜高出女儿墙上端 1m，宜高出檐口上端 1.5m		
6	剪刀撑	剪刀撑宽度、角度 剪刀撑设置	1. 剪刀撑宽度 4～6 跨，且不小于 6m，斜杆与倾角 45°～60° 之间		
			2. 剪刀撑斜杆的接长应采用搭接或对接，搭接长度不应小于 1m，并应采用不少于 2 旋转扣件固定。端部扣件盖板的边缘至杆端距离不应小于 100mm		
			3. 应用旋转扣件固定在与之相交的横向水平杆的伸出端或立杆上，旋转扣件中心线至主节点的距离不应大于 150mm		
			4. 外立面剪刀撑应自下而上连续设置		
7	横向斜撑 设置		1. 横向斜撑应在同一节间，由底至顶层呈之字型连续布置，斜撑应用旋转扣件固定在与之相交的横向水平杆的伸出端上，旋转扣件中心线至主节点的距离不应大于 150mm		
			2. 开口型双排脚手架的两端均必须设置横向斜撑		
8	脚手板铺设		1. 作业层脚手板应铺满、铺稳、铺实；离墙面的距离不应大于 150mm		
			2. 冲压钢脚手板、木脚手板、竹串片脚手板等，应设置在三根横向水平杆上。当脚手板长度小于 2m 时，可采用两根横向水平杆支承，但应将脚手板两端与横向水平杆可靠固定，严防倾翻		
			3. 脚手板对接平铺时，接头处应设两根横向水平杆，脚手板外伸长度应取 130～150mm，两块脚手板外伸长度的和不应大于 300mm		
验收结论					
施工单位签字	安全负责人：　　　　　　　项目负责人：				
监理单位意见： 专业监理工程师：　　　　　　　　　　　　　　　　　　　　　　　年 月 日					

型钢悬挑脚手架验收表（3）　　　　　　表 12.2.1-12

工程名称			架体名称		
搭设高度			验收日期		
序号	验收内容	验收要求			评定
8	脚手板铺设	4. 脚手板搭接铺设时，接头应支在横向水平杆上，搭接长度不应小于200mm，其伸出横向水平杆的长度不应小于100mm			
		5. 竹笆脚手板应按其主竹筋垂直于纵向水平杆方向铺设，且应对接平铺，四个角应用直径不小于1.2mm的镀锌钢丝固定在纵向水平杆上			
		6. 作业层端部脚手板探头长度应取150mm，其板的两端均应用直径3.2mm的镀锌钢丝固定于支承杆件上			
		7. 在拐角、斜道平台口处的脚手板，应用直径3.2mm的镀锌钢丝固定在横向水平杆上，防止滑动			
9	防护栏杆与安全网封闭	1. 栏杆和挡脚板均应搭设在外立杆的内侧			
		2. 上栏杆上皮高度应为1.2m；中栏杆应居中设置			
		3. 挡脚板高度不应小于180mm			
		4. 脚手架沿架体外围应用密目式安全网全封闭，密目式安全网宜设置在脚手架外立杆的内侧，并应与架体绑扎牢固			
		5. 脚手板应铺设牢靠、严实，并应用安全网双层兜底。施工层以下每隔10m应用安全网封闭			
10	搭设允许偏差	步距、横距		允许偏差：±20mm	
		纵距		允许偏差：±50mm	
		一根纵向水平杆两端		允许偏差：±20mm	
		同跨内两根纵向水平杆高差		允许偏差：±10mm	
		立杆垂直度		允许偏差2/‰～3/‰立杆高度	
11	扣件螺栓拧紧扭力矩	扣件螺栓拧紧扭力矩值不应小于40N·m，且不应大于65N·m			
验收结论					
施工单位签字	安全负责人：		项目负责人：		
监理单位意见：					
专业监理工程师：				年　月　日	

型钢悬挑脚手架验收表（4）　　　　　　　　　表 12.2.1-13

工程名称				架体名称	
搭设高度				验收日期	
序号	验收内容		验收要求		评定
12	型钢悬挑梁	型钢规格	1. 型钢悬挑梁宜采用双轴对称截面的型钢 2. 悬挑钢梁型号及锚固件应符合专项施工方案设计要求，钢梁截面高度不应小于 160mm 3. 悬挑钢梁悬挑长度符合专项施工方案设计要求，固定段长度不应小于悬挑段长度的 1.25 倍		
		悬挑钢梁固定	1. 悬挑梁尾端应在两处及以上固定于钢筋混凝土梁板结构上。锚固型钢悬挑梁的 U 型钢筋拉环或锚固螺栓直径不宜小于 16mm 2. U 型钢筋拉环、锚固螺栓与型钢间隙应用钢楔或硬木楔楔紧，U 型钢筋拉环、锚固螺栓应采用冷弯成型 3. 型钢悬挑梁固定端应采用 2 个（对）及以上 U 型钢筋拉环或锚固螺栓与建筑结构梁板固定，U 型钢筋拉环或锚固螺栓应预埋至混凝土梁、板底层钢筋位置，并应与混凝土梁、板底层钢筋焊接或绑扎牢固，其锚固长度不应小于 35d 4. 每个型钢悬挑梁外端宜设置钢丝绳或钢拉杆与上一层建筑结构斜拉结。 5. 钢丝绳与建筑结构拉结的吊环应使用 HPB235 级钢筋，其直径不宜小于 20mm，吊环预埋锚固长度不应小于 30d 6. 固定型钢悬挑梁螺栓钢压板尺寸不应小于 100mm×10mm（宽×厚）；当采用螺栓角钢压板连接时，角钢的规格不应小于 63mm×63mm×6mm		
		脚手架在钢梁上设置	1. 脚手架立杆在悬挑梁上的定位点离悬挑梁端部不应小于 100mm 2. 悬挑梁间距应按悬挑架架体立杆纵距设置，每一纵距设置一根		
		固定钢梁结构	1. 锚固位置设置在楼板上时，楼板的厚度不宜小于 120mm。如果楼板的厚度小于 120mm 应采取加固措施 2. 锚固型钢的主体结构混凝土强度等级不得低于 C20		
验收结论					
施工单位签字	安全负责人：　　　　　　　　项目负责人：				
监理单位意见： 专业监理工程师：　　　　　　　　　　　　　　　　　　　　　　　　　年　月　日					

满堂脚手架验收表（1）   表 12.2.1-14

工程名称			架体名称		
搭设高度			验收日期		
序号	验收内容	验收要求			评定
1	专项施工方案	1. 设计条件与工程实际相符，有防火措施			
		2. 设计与施工内容符合《规范》			
		3. 经单位主管审批			
2	荷载	1. 脚手架的实际荷载不得超过施工专项方案设计规定，无超载使用			
		2. 满堂脚手架施工层不得超过 1 层			
		3. 当满堂脚手架局部承受集中荷载时，应按实际荷载计算并应局部加固			
3	地基与基础	1. 地基土符合专项方案要求			
		2. 填土或灰土地基必须分层夯实，表面坚实平整			
		3. 底座或垫板底面积符合专项方案要求，且底座底面积不小于 0.15m²，垫板长度不宜小于两跨，板厚 50mm，宽度 200mm			
		4. 底座或垫板高于自然地坪 500mm，排水畅通，无积水			
4	高宽比	满堂脚手架的高宽比不宜大于 3，当高宽比大于 2 时，应在架体的外侧四周和内部水平间隔 6～9m，竖向间隔 4～6m 设置连墙件与建筑结构拉结，当无法设置连墙件时，应采取设置钢丝绳张拉固定等措施			
5	剪刀撑	1. 满堂脚手架应在架体外侧四周及内部纵、横向每 6～8m 由底至顶设置连续竖向剪刀撑			
		2. 当架体搭设高度在 8m 以下时，应在架顶部设置连续水平剪刀撑；当架体搭设高度在 8m 及以上时，应在架体底部、顶部及竖向间隔不超过 8m 分别设置连续水平剪刀撑。水平剪刀撑宜在竖向剪刀撑斜杆相交平面设置。剪刀撑宽度应为 6～8m			
		3. 剪刀撑应用旋转扣件固定在与之相交的水平杆或立杆上，旋转扣件中心线至主节点的距离不宜大于 150mm			
		4. 竖向剪刀撑斜杆与地面（水平剪刀撑与纵向或横向）倾角 45°～60°之间			
		5. 剪刀撑斜杆的接长应采用搭接或对接，搭接长度不应小于 1m，并应采用不少于 2 个旋转扣件固定。端部扣件盖板的边缘至杆端距离不应小于 100mm			
6	连墙件设置	1. 偏离主节点不得大于 300mm。水平设置或向脚手架一端下斜连接			
		2. 底层第一步纵向水平杆处开始设置			
		3. 最少跨数为 2、3 跨的满堂脚手架，宜按专项施工方案规定设置连墙件			
验收结论					
施工单位签字	安全负责人：		项目负责人：		
监理单位意见：					
专业监理工程师：			年 月 日		

满堂脚手架验收表（2）　　　　　　　表 12.2.1-15

工程名称			架体名称	
搭设高度			验收日期	

序号	验收内容	验收要求	评定
7	水平杆设置、连接	1. 水平杆长度不应小于 3 跨，接长宜采用对接扣件连接，也可采用搭接	
		2. 两根相邻水平杆的接头不应设置在同步或同跨内；相邻接头在水平方向错开的距离不应小于 500mm；各接头中心至最近主节点的距离不应大于纵距的 1/3	
		3. 搭接长度不应小于 1m，应等间距设置 3 个旋转扣件固定；端部扣件盖板边缘至搭接纵向水平杆杆端的距离不应小于 100mm	
	立杆	1. 纵向扫地杆应用直角扣件固定在距钢管底端不大于 200mm 处的立杆上。横向扫地杆固定在紧靠纵向扫地杆下方的立杆上	
		2. 脚手架立杆基础不在同一高度上时，必须将高处的纵向扫地杆向低处延长两跨与立杆固定，高低差不应大于 1m。靠边坡上方的立杆轴线到边坡的距离不应小于 500mm	
		3. 除顶层顶步（操作层栏杆立杆）外，其余各层各步接头必须采用对接扣件连接	
		4. 立杆的对接扣件应交错布置，两根相邻立杆的接头不应设置在同步内，同步内隔一根立杆的两个相隔接头在高度方向错开的距离不宜小于 500mm；各接头中心至主节点的距离不宜大于步距的 1/3	
		5. 采用搭接接长时，搭接长度不应小于 1m，并应采用不少于 2 个旋转扣件固定。端部扣件盖板的边缘至杆端距离不应小于 100mm	
		6. 满堂脚手架应设爬梯，爬梯踏步间距不得大于 300mm	

验收结论	
施工单位签字	安全负责人：　　　　　　项目负责人：

监理单位意见：

专业监理工程师：　　　　　　　　　　　　　　　　　　　　　年　月　日

满堂脚手架验收表 (3) 表 12.2.1-16

工程名称				架体名称		
搭设高度				验收日期		
序号	验收内容	验收要求				评定
8	脚步手板铺设	1. 满堂脚手架操作层支撑脚手板的水平杆间距不应大于1/2跨距				
		2. 作业层脚手板应铺满、铺稳、铺实；离墙面的距离不应大于150mm				
		3. 冲压钢脚手板、木脚手板、竹串片脚手板等，应设置在三根横向水平杆上。当脚手板长度小于2m时，可采用两根横向水平杆支承，但应将脚手板两端与横向水平杆可靠固定，严防倾翻				
		4. 脚手板对接平铺时，接头处应设两根水平杆，脚手板外伸长度应取130～150mm，两块脚手板外伸长度的和不应大于300mm				
		5. 脚手板搭接铺设时，接头应支在水平杆上，搭接长度不应小于200mm，其伸出水平杆的长度不应小于100mm				
		6. 竹笆脚手板应按其主竹筋垂直于支承水平杆方向铺设，且应对接平铺，四个角应用直径不小于1.2mm的镀锌钢丝固定在纵向水平杆上。支承竹笆脚手板的水平杆应等间距设置，间距不应大于400mm				
9	防护栏杆与安全网封闭	1. 栏杆和挡脚板均应搭设在外立杆的内侧				
		2. 上栏杆上皮高度应为1.2m；中栏杆应居中设置。顶层上栏杆上皮高度宜为1.5m				
		3. 挡脚板高度不应小于180mm				
		4. 脚手架沿架体外围用密目式安全网全封闭时，密目式安全网宜设置在脚手架外立杆的内侧，并应与架体绑扎牢固				
		5. 脚手板应铺设牢靠、严实，并应用安全网双层兜底。施工层以下每隔10m应用安全网封闭				
10	搭设允许偏差	步距、横距		允许偏差：±20mm		
		纵距		允许偏差：±50mm		
		一根纵向水平杆两端		允许偏差：±20mm		
		同跨内两根纵向水平杆高差		允许偏差：±10mm		
		立杆垂直度		允许偏差2/‰～3/‰立杆高度		
11	扣件螺栓拧紧扭力矩	扣件螺栓拧紧扭力矩值不应小于40N·m，且不应大于65N·m				
验收结论						
施工单位签字	安全负责人：		项目负责人：			
监理单位意见：						
专业监理工程师：					年 月 日	

满堂支撑架验收表（1） 表12.2.1-17

工程名称			架体名称		
搭设高度			验收日期		
序号	验收内容		验收要求		评定
1	专项施工方案		1. 设计条件与工程实际相符		
			2. 设计与施工内容符合《规范》		
			3. 经单位主管审批		
2	荷载		1. 脚手架的实际荷载不得超过施工专项方案设计规定，无超载使用		
		2. 当满堂支撑架小于4跨时，宜设置连墙件将架体与建筑结构刚性连接。当架体未设置连墙件与建筑结构刚性连接应如下规定：	1）支撑架高度不应超过一个建筑楼层高度，且不应超过5.2m； 2）架体上永久荷载与可变荷载（不含风荷载）总和标准值不应大于7.5kN/m²； 3）架体上永久荷载与可变荷载（不含风荷载）总和的均布线荷载标准值不应大于7kN/m		
			3. 底座、可调托撑抗压承载力设计值不应小于40kN		
3	地基与基础		1. 地基土符合专项方案要求		
			2. 填土或灰土地基必须分层夯实，表面坚实平整		
			3. 底座或垫板底面积符合专项方案要求，垫板长度不宜小于两跨，板厚50mm，宽度200mm		
			4. 底座或垫板高于自然地坪500mm，排水畅通，无积水		
4	剪刀撑设置	普通型	1. 在架体外侧周边及内部纵、横向每5～8m，应由底至顶设置连续竖向剪刀撑，剪刀撑宽度应为5～8m		
			2. 在竖向剪刀撑顶部交点平面应设置连续水平剪刀撑。对支撑高度超过8m，或施工总荷载大于15kN/m²，或集中线荷载大于20kN/m的支撑架，扫地杆的设置层应设置水平剪刀撑。水平剪刀撑至架体底平面距离与水平剪刀撑间距不宜超过8m		
			3. 当架体搭设高度在8m以下时，应在架顶部设置连续水平剪刀撑；当架体搭设高度在8m及以上时，应在架体底部、顶部及竖向间隔不超过8m分别设置连续水平剪刀撑。水平剪刀撑宜在竖向剪刀撑斜杆相交平面设置。剪刀撑宽度应为6～8m		
验收结论					
施工单位签字		安全负责人：		项目负责人：	
监理单位意见：					
专业监理工程师：				年 月 日	

满堂支撑架验收表（2）   表 12.2.1-18

工程名称			架体名称		
搭设高度			验收日期		
序号	验收内容		验收要求		评定
4	剪刀撑设置	加强型	1. 当立杆纵、横间距为 0.9m×0.9m～1.2m×1.2m 时，在架体外侧周边及内部纵、横向每 4 跨（且不大于 5m），应由底至顶设置连续竖向剪刀撑，剪刀撑宽度应为 4 跨		
			2. 当立杆纵、横间距为 0.6m×0.6m～0.9m×0.9m（含 0.6m×0.6m，0.9m×0.9m）时，在架体外侧周边及内部纵、横向每 5 跨（且不小于 3m），应由底至顶设置连续竖向剪刀撑，剪刀撑宽度应为 5 跨		
			3. 当立杆纵、横间距为 0.4m×0.4m～0.6m×0.6m（含 0.4m×0.4m）时，在架体外侧周边及内部纵、横向每 3～3.2m 应由底至顶设置连续竖向剪刀撑，剪刀撑宽度应为 3～3.2m		
			4. 在竖向剪刀撑顶部交点平面应设置水平剪刀撑，对支撑高度超过 8m，或施工总荷载大于 15kN/m² ，或集中线荷载大于 20kN/m 的支撑架，扫地杆的设置层应设置水平剪刀撑。水平剪刀撑至架体底平面距离与水平剪刀撑间距不宜超过 6m，剪刀撑宽度应为 3～5m		
		角度接长固定	1. 竖向剪刀撑斜杆与地面的倾角应为 45°～60°，水平剪刀撑与支架纵（或横）向夹角为 45°～60°		
			2. 剪刀撑斜杆的接长应采用搭接或对接，搭接长度不应小于 1m，并应采用不少于 2 旋转扣件固定。端部扣件盖板的边缘至杆端距离不应小于 100mm		
			3. 剪刀撑应用旋转扣件固定在与之相交的水平杆或立杆上，旋转扣件中心线至主节点的距离不宜大于 150mm		
5	高宽比		1. 当满堂支撑架高宽比不满足《规范》附录 C 表 C-2～表 C-5 规定（高宽比大于 2 或 2.5）时，满堂支撑架应在支架的四周和中部与结构柱进行刚性连接，连墙件水平间距为 6～9m，竖向间距应为 2～3m。在无结构柱部位应采取预埋钢管等措施与建筑结构进行刚性连接，在有空间部位，满堂支撑架宜超出顶部加载区投影范围向外延伸布置 2～3 跨		
			2. 支撑架高宽比不应大于 3		
6	连墙件设置		1. 偏离主节点不得大于 300mm。水平设置或向脚手架一端下斜连接		
			2. 底层第一步纵向水平杆处开始设置		
			3. 最少跨数为 2、3 跨的满堂脚手架，宜按专项施工方案规定设置连墙件		
验收结论					
施工单位签字	安全负责人：		项目负责人：		
监理单位意见：					
专业监理工程师：				年　月　日	

满堂支撑架验收表（3）

表 12.2.1-19

工程名称			架体名称	
搭设高度			验收日期	

序号	验收内容	验收要求		评定
7	水杆设置、连接	1. 水平杆长度不应小于 3 跨，接长宜采用对接扣件连接，也可采用搭接		
		2. 两根相邻水平杆的接头不应设置在同步或同跨内；相邻接头在水平方向错开的距离不应小于 500mm；各接头中心至最近主节点的距离不应大于纵距的 1/3		
		3. 搭接长度不应小于 1m，应等间距设置 3 个旋转扣件固定；端部扣件盖板边缘至搭接纵向水平杆杆端的距离不应小于 100mm		
8	立杆	1. 纵向扫地杆应用直角扣件固定在距钢管底端不大于 200mm 处的立杆上。横向扫地杆固定在紧靠纵向扫地杆下方的立杆上		
		2. 脚手架立杆基础不在同一高度上时，必须将高处的纵向扫地杆向低处延长两跨与立杆固定，高低差不应大于 1m。靠边坡上方的立杆轴线到边坡的距离不应小于 500mm		
		3. 立杆接长接头必须采用对接扣件连接		
		4. 立杆的对接扣件应交错布置，两根相邻立杆的接头不应设置在同步内，同步内隔一根立杆的两个相隔接头在高度方向错开的距离不宜小于 500mm；各接头中心至主节点的距离不宜大于步距的 1/3		
		5. 立杆伸出顶层水平杆中心线至支撑点的长度不应超过 0.5m		
		6. 满堂支撑架的可调底座、可调托撑螺杆伸出长度不宜超过 300mm，插入立杆内的长度不得小于 150mm		
9	安全网封闭	沿架体外围用密目式安全网全封闭时，密目式安全网宜设置在脚手架外立杆的内侧，并应与架体绑扎牢固		
10	搭设允许偏差	步距	允许偏差：±20mm	
		立杆间距	允许偏差：±30mm	
		一根纵向水平杆两端	允许偏差：±20mm	
		同跨内两根纵向水平杆高差	允许偏差：±10mm	
		立杆垂直度	允许偏差 3‰立杆高度	
11	扣件螺栓拧紧扭力矩	扣件螺栓拧紧扭力矩值不应小于 40N·m，且不应大于 65 N·m		

验收结论		
施工单位签字	安全负责人：	项目负责人：
监理单位意见：		
专业监理工程师：		年 月 日

本 章 参 考 文 献

[1] 《建筑施工扣件式钢管脚手架安全技术规范》JGJ 130—2011. 北京：中国建筑工业出版社. 2011
[2] 《钢管脚手架扣件》GB 15831—2006. 北京：中国建筑工业出版社. 2006

第 13 章　脚手架安全技术交底

13.1　主　要　构　配　件

13.1.1　构配件（扣件、钢管）安全技术交底记录

安全技术交底记录

表 13.1.1

编号：_____

工程名称	××工程		
施工单位	××建筑工程集团公司		
交底项目	构配件（扣件、钢管）	工　种	

交底内容：

(1) 扣件应采用可锻铸铁或铸钢制作，其质量和性能应符合现行国家标准《钢管脚手架扣件》GB 15831 的规定。

(2) 扣件进入施工现场应检查产品合格证，并应进行抽样复试，技术性能应符合现行国家标准《钢管脚手架扣件》GB 15831 的规定。

(3) 扣件螺栓拧紧扭力矩值不应小于 40N·m，且不应大于 65 N·m。

(4) 扣件在使用前应逐个挑选。不允许有裂缝、变形、螺栓滑丝；扣件与钢管接触部位不应有氧化皮；活动部位应能灵活转动，旋转扣件两旋转面间隙应小于 1mm；扣件表面应进行防锈处理。

(5) 钢管应有产品质量合格证；应有质量检验报告，其质量为合格产品。钢管表面应平直光滑，不应有裂缝、结疤、分层、错位、硬弯、毛刺、压痕、深的划道及严重锈蚀等缺陷，严禁打孔；钢管使用前必须涂刷防锈漆。

(6) 旧钢管表面锈蚀深度、钢管弯曲变形及钢管端面切斜偏差应符合下列规定：

项目		允许偏差 Δ（mm）	示意图
钢管两端面切斜偏差		1.70	
钢管外表面锈蚀深度		≤0.18	
钢管弯曲	各种杆件钢管的端部弯曲 l≤1.5m	≤5	
	立杆钢管弯曲 3m<l≤4m	≤12	
	立杆钢管弯曲 4m<l≤6.5m	≤20	
	水平杆、斜杆的钢管弯曲 l≤6.5m	≤30	

(7) 脚手架钢管宜采用 φ48.3×3.6 钢管。每根钢管的最大质量不应大于 25.8kg。钢管外径允许偏差±0.5mm，壁厚允许偏差±0.36，最小壁厚 3.24mm。

交底部门		交底人		接底人		交底日期	

注：项目对操作人员进行安全技术交底时填写此表（一式三份：交底人、接底人、安全员各一份）。

13.1.2 构配件（脚手板）安全技术交底记录

安全技术交底记录

表 13.1.2

编号：_____

工程名称	××工程		
施工单位	××建筑工程集团公司		
交底项目	构配件（脚手板）	工 种	

交底内容：

(1) 新冲压钢脚手板应有产品质量合格证；且不得有裂纹、开焊与硬弯新、旧脚手板均应涂防锈漆；应有防滑措施。尺寸偏差：冲压钢脚手板板面挠曲≤12mm（l≤4m）或≤16mm（l>4m）；板面扭曲≤5mm（任一角翘起）。

(2) 不得使用扭曲变形、劈裂、腐朽的木脚手板。木脚手板的宽度不宜小于200mm，厚度不应小于50mm；板厚允许偏差 −2mm，两端宜各设置直径不小于4mm的镀锌钢丝箍两道。脚手板对接、搭接应符合如下规定：

项目		技术要求	示意图
脚手板外伸长度	对接	a＝130～150mm l≤300mm	
	搭接	a≥100mm l≥200mm	

(3) 竹脚手板宜采用由毛竹或楠竹制作的竹串片板、竹笆板；竹串片脚手板宜采用螺栓将并列的竹片串连而成。螺栓直径宜为3～10mm，螺栓间距宜为500～600mm，螺栓离板端宜为200～250mm，板宽250mm，板长2000mm、2500mm、3000mm。

(4) 钢、木、竹脚手板，单块脚手板的质量不宜大于30kg。

交底部门		交底人		接底人		交底日期	

注：项目对操作人员进行安全技术交底时填写此表（一式三份：交底人、接底人、安全员各一份）。

13.1.3 构配件（可调托撑）安全技术交底记录

安全技术交底记录　　　　　　　　　　　　表 13.1.3

编号：_____

工程名称	××工程		
施工单位	××建筑工程集团公司		
交底项目	构配件（可调托撑）	工 种	

交底内容：

(1) 可调托撑螺杆外径不得小于 36mm。

(2) 可调托撑的螺杆与支托板应采用环焊，焊接应牢固，焊缝高度不得小于 6mm；可调托撑螺杆与螺母旋合长度不得少于 5 扣，螺母厚度不得小于 30mm，并宜设置加劲板。

(3) 可调托撑抗压承载力设计值不应小于 40kN，支托板厚不应小于 5mm。

(4) 可调托撑应有产品质量合格证，应有质量检验报告。

(5) 严禁使用有裂缝的支托板、螺母。

(6) 可调托座的表面宜浸漆或冷镀锌，涂层应均匀、牢固。

(7) 支撑结构顶端可调托撑伸出顶层水平杆的悬臂长度（h_2）应符合下列规定：①悬臂长度（h_2）不宜大于 500mm；②可调托撑螺杆伸出长度不应超过 300mm，插入立杆内的长度不应小于 150mm（图 1）；③可调托撑螺杆外径与立杆钢管内径的间隙不宜大于 3mm，安装时上下应同轴；④ 可调托撑上的主龙骨（支撑梁）应居中。

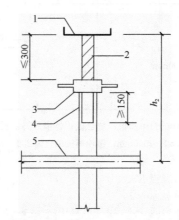

图 1　可调托座伸出立杆顶层水平杆的悬臂长度

1—可调托座；2—螺杆；3—调节螺母；4—立杆；5—顶层水平杆

(8) 可调托撑变形不应大于 1mm（图 2）。

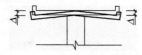

图 2　可调托撑变形示意图

交底部门		交底人		接底人		交底日期	

注：项目对操作人员进行安全技术交底时填写此表（一式三份：交底人、接底人、安全员各一份）。

13.2 扣件式钢管脚手架搭设

13.2.1 立杆搭设安全技术交底记录

安全技术交底记录　　　　　　　　　　　　　　　表 13.2.1

编号：_____

工程名称	××工程		
施工单位	××建筑工程集团公司		
交底项目	立杆搭设安全技术交底	工　种	

交底内容：

（1）脚手架必须设置纵、横向扫地杆。纵向扫地杆应采用直角扣件固定在距钢管底端不大于200mm处的立杆上。横向扫地杆应采用直角扣件固定在紧靠纵向扫地杆下方的立杆上。每根立杆底部宜设置底座或垫板。

（2）脚手架立杆基础不在同一高度上时，必须将高处的纵向扫地杆向低处延长两跨与立杆固定，高低差不应大于1m。靠边坡上方的立杆轴线到边坡的距离不应小于500mm（图1）。

图1　纵、横向扫地杆构造

1—横向扫地杆；2—纵向扫地杆

（3）立杆接长，各层各步接头必须采用对接扣件连接，顶层操作层栏杆立杆除外。

（4）当立杆采用对接接长时，立杆的对接扣件应交错布置，两根相邻立杆的接头不应设置在同步内，同步内隔一根立杆的两个相隔接头在高度方向错开的距离不宜小于500mm；各接头中心至主节点的距离不宜大于步距的1/3。

当立杆采用搭接接长时，搭接长度不应小于1m，并应采用不少于2个旋转扣件固定。端部扣件盖板的边缘至杆端距离不应小于100mm。

（5）脚手架立杆顶端栏杆宜高出女儿墙上端1m，宜高出檐口上端1.5m。

（6）立杆搭设前，应将底座和垫板准确地放在定位线上。垫板宜采用长度不少于2跨、厚度不小于50mm的木垫板。立杆垫板或底座底面标高宜高于自然地坪50～100mm。

（7）立杆应纵成线，横成方，垂直偏差不得大于架高2‰。

（8）开始搭设立杆时，应每隔6跨设置一根抛撑，直至连墙件安装稳定后，方可根据情况拆除。

（9）当搭至有连墙件的构造点时，在搭设完该处的立杆、纵向水平杆、横向水平杆后，应立即设置连墙件。

（10）当脚手架拆至下部最后一根长立杆的高度（约6.5m）时，应先在适当位置搭设临时抛撑加固后，再拆除连墙件。

交底部门		交底人		接底人		交底日期	

注：项目对操作人员进行安全技术交底时填写此表（一式三份：交底人、接底人、安全员各一份）。

13.2.2　纵向水平杆搭设安全技术交底记录

安全技术交底记录　　　　　　　　　　　　　　表 13.2.2

编号：＿＿＿＿＿＿

工程名称	××工程		
施工单位	××建筑工程集团公司		
交底项目	纵向水平杆搭设安全技术交底	工　种	

交底内容：

(1) 纵向水平杆宜设置在立杆内侧，单根杆长度不应小于 3 跨。

(2) 纵向水平杆接长宜采用对接扣件连接，也可采用搭接。对接、搭接应符合下列规定：

①纵向水平杆的对接扣件应交错布置：两根相邻纵向水平杆的接头不宜设置在同步或同跨内；不同步或不同跨两个相邻接头在水平方向错开的距离不应小于 500mm；各接头中心至最近主节点的距离不宜大于纵距的 1/3（图 1）。

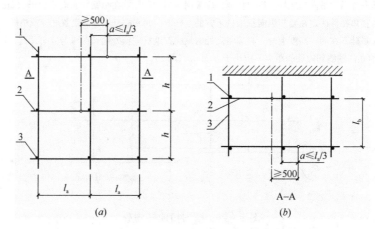

图 1　纵向水平杆对接接头布置

（a）接头不在同步内（立面）；（b）接头不在同跨内（平面）

1—立杆；2—纵向水平杆；3—横向水平杆

②搭接长度不应小于 1m，应等间距设置 3 个旋转扣件固定；端部扣件盖板边缘至搭接纵向水平杆杆端的距离不应小于 100mm。

交底部门		交底人		接底人		交底日期	

注：项目对操作人员进行安全技术交底时填写此表（一式三份：交底人、接底人、安全员各一份）。

工程名称	××工程		
施工单位	××建筑工程集团公司		
交底项目	纵向水平杆搭设安全技术交底	工　种	

交底内容：

　　③当使用冲压钢脚手板、木脚手板、竹串片脚手板时，纵向水平杆应作为横向水平杆的支座，用直角扣件固定在立杆上；当使用竹笆脚手板时，纵向水平杆应采用直角扣件固定在横向水平杆上，并应等间距设置，间距不应大于400mm（图2）。

　　(3) 在封闭性脚手架的同一步中，纵向水平杆应四周交圈，用直角扣件与内外角部立杆固定。

　　(4) 纵向水平杆在同跨内两根纵向水平杆高差允许偏差±10mm，一根杆的两端允许偏差±20。

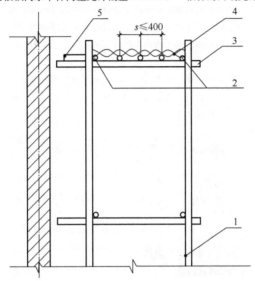

图2　铺竹笆脚手板时纵向水平杆的构造

1—立杆；2—纵向水平杆；3—横向水平杆；
4—竹笆脚手板；5—其他脚手板

　　(5) 在脚手架使用期间，严禁拆除主节点处的纵、横向水平杆，纵、横向扫地杆。

交底部门		交底人		接底人		交底日期	

注：项目对操作人员进行安全技术交底时填写此表（一式三份：交底人、接底人、安全员各一份）。

13.2.3　横向水平杆搭设安全技术交底记录

安全技术交底记录

表 13.2.3

编号：_____

工程名称	××工程		
施工单位	××建筑工程集团公司		
交底项目	横向水平杆搭设安全技术交底	工　种	

交底内容：

(1) 脚手架主节点处必须设置一根横向水平杆，用直角扣件扣接且严禁拆除。

(2) 作业层上非主节点处的横向水平杆，宜根据支承脚手板的需要等间距设置，最大间距不应大于纵距的 1/2。

(3) 当使用冲压钢脚手板、木脚手板、竹串片脚手板时，双排脚手架的横向水平杆两端均应采用直角扣件固定在纵向水平杆上；单排脚手架的横向水平杆的一端应用直角扣件固定在纵向水平杆上，另一端插入墙内，插入长度不应小于 180mm。

(4) 当使用竹笆脚手板时，双排脚手架的横向水平杆的两端，应用直角扣件固定在立杆上；单排脚手架的横向水平杆的一端，应用直角扣件固定在立杆上，另一端插入墙内，插入长度不应小于 180mm。

(5) 单排脚手架的横向水平杆不应设置在下列部位：

①设计上不允许留脚手眼的部位；

②过梁上与过梁两端成 60°角的三角形范围内及过梁净跨度 1/2 的高度范围内；

③宽度小于 1m 的窗间墙；

④梁或梁垫下及其两侧各 500mm 的范围内；

⑤砖砌体的门窗洞口两侧 200mm 和转角处 450mm 的范围内，其他砌体的门窗洞口两侧 300mm 和转角处 600mm 的范围内；

⑥墙体厚度小于或等于 180mm；

⑦独立或附墙砖柱，空斗砖墙、加气块墙等轻质墙体；

⑧砌筑砂浆强度等级小于或等于 M2.5 的砖墙。

(6) 双排脚手架横向水平杆的靠墙一端至墙装饰面的距离不宜大于 100mm。

(7) 主节点处各扣件中心点相互距离见下图。

主节点处各扣件中心点相互距离	$a \leqslant 150\mathrm{mm}$	

注：图中 1—立杆；2—纵向水平杆；3—横向水平杆；4—剪刀撑。

(8) 在脚手架使用期间，严禁拆除主节点处的纵、横向水平杆，纵、横向扫地杆。

交底部门		交底人		接底人		交底日期	

注：项目对操作人员进行安全技术交底时填写此表（一式三份：交底人、接底人、安全员各一份）。

13.2.4 连墙件安全技术交底记录

安全技术交底记录

表 13.2.4

编号：_____

工程名称	××工程		
施工单位	××建筑工程集团公司		
交底项目	连墙件安全技术交底	工 种	

交底内容：

(1) 脚手架连墙件设置的位置、数量应按专项施工方案确定。

(2) 连墙件的布置要求：①宜靠近主节点设置，偏离主节点的距离不应大于 300mm。②应从底部第一步纵向水平杆处设置，当该处设置有困难时，应采用其他可靠措施固定。③宜优先采用菱形布置，也可采用方形、矩形布置。④在架体的转角处、开口型脚手架的两端必须设置连墙件，连墙件的垂直间距不应大于建筑物的层高，并不应大于 4m（两步）。

(3) 连墙件布置最大间距见表 1。

连墙件布置最大间距

表 1

搭设方法	高度（地面至架顶）	竖向间距（步距 h）	水平间距（纵距 l_a）	每根连墙件覆盖面积（m^2）
双排落地	≤50m	$3h$	$3l_a$	≤40
双排悬挑	>50m	$2h$	$3l_a$	≤27
单排	≤24m	$3h$	$3l_a$	≤40

(4) 对高度在 24m 以下的单、双排脚手架，宜采用刚性连墙件与建筑物可靠连接，亦可采用拉筋和顶撑配合使用的附墙连接方式。严禁使用仅有拉筋的柔性连墙件。

(5) 对高度 24m 以上的双排脚手架，必须采用刚性连墙件与建筑物可靠连接。

(6) 连墙件必须采用可承受拉力和压力的构造，连墙件或拉筋宜呈水平设置；当不能水平设置时，与脚手架连接的一端应下斜连接，不应采用上斜连接。

(7) 当搭至有连墙件的构造点时，在搭设完该处的立杆、纵向水平杆、横向水平杆后，应立即设置连墙件。

(8) 当脚手架下部暂不能设连墙件时应采取防倾覆措施。当搭设抛撑时，抛撑应采用通长杆件，并用旋转扣件固定在脚手架上，与地面的倾角应在 45°～60°之间；连接点中心至主节点的距离不应大于 300mm。抛撑应在连墙件搭设后再拆除。

(9) 连墙件的安装应随脚手架搭设同步进行，不得滞后安装；单、双排脚手架一次搭设高度不宜超过相邻连墙件以上两步；当单、双排脚手架施工操作层高出相邻连墙件以上两步时，应采取确保脚手架稳定的临时拉结措施，直到上一层连墙件安装完毕后再根据情况拆除。

(10) 单、双排脚手架拆除作业必须由上而下逐层进行，严禁上下同时作业；连墙件必须随脚手架逐层拆除，严禁先将连墙件整层或数层拆除后再拆脚手架；分段拆除高差大于两步时，应增设连墙件加固。

(11) 当脚手架拆至下部最后一根长立杆的高度（约 6.5m）时，应先在适当位置搭设临时抛撑加固后，再拆除连墙件。当单、双排脚手架采取分段、分立面拆除时，对不拆除的脚手架两端，必须设置连墙件，连墙件的垂直间距不应大于建筑物的层高，并且不应大于 4m。

(11) 在脚手架使用期间，严禁拆除连墙件。

(12) 架高超过 40m 且有风涡流作用时，应采取抗上升翻流作用的连墙措施。

交底部门		交底人		接底人		交底日期	

注：项目对操作人员进行安全技术交底时填写此表（一式三份：交底人、接底人、安全员各一份）。

13.2.5　剪刀撑及横向斜撑搭设安全技术交底记录

安全技术交底记录

表 13.2.5

编号：_____

工程名称	××工程	
施工单位	××建筑工程集团公司	
交底项目	剪刀撑及横向斜撑搭设安全技术交底	工　种

交底内容：

(1) 双排脚手架应设置剪刀撑与横向斜撑，单排脚手架应设置剪刀撑。

(2) 单、双排脚手架剪刀撑的设置应符合下列规定：

①每道剪刀撑跨越立杆的根数应按表 1 的规定确定。每道剪刀撑宽度不应小于 4 跨，且不应小于 6m，斜杆与地面的倾角应在 45°～60°之间。

剪刀撑跨越立杆的最多根数

表 1

剪刀撑斜杆与地面的倾角 α	45°	50°	60°
剪刀撑跨越立杆的最多根数 n	7	6	5

②剪刀撑斜杆的接长应采用搭接或对接，当立杆采用对接接长时，立杆的对接扣件应交错布置，错开的距离不宜小于 500mm。当立杆采用搭接接长时，搭接长度不应小于 1m，并应采用不少于 2 个旋转扣件固定。端部扣件盖板的边缘至杆端距离不应小于 100mm。

③剪刀撑斜杆应用旋转扣件固定在与之相交的横向水平杆的伸出端或立杆上，旋转扣件中心线至主节点的距离不应大于 150mm。

(3) 高度在 24m 及以上的双排脚手架应在外侧全立面连续设置剪刀撑；高度在 24m 以下的单、双排脚手架，均必须在外侧两端、转角及中间间隔不超过 15m 的立面上，各设置一道剪刀撑，并应由底至顶连续设置（图 1）。

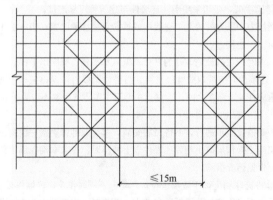

图 1　高度 24m 以下剪刀撑布置

(4) 双排脚手架横向斜撑应在同一节间，由底至顶层呈之字型连续布置，斜撑的固定宜采用旋转扣件固定在与之相交的横向水平杆的伸出端上，旋转扣件中心线至主节点的距离不宜大于 150mm。

高度在 24m 以下的封闭型双排脚手架可不设横向斜撑，高度在 24m 以上的封闭型脚手架，除拐角应设置横向斜撑外，中间应每隔 6 跨距设置一道。

开口型双排脚手架的两端均必须设置横向斜撑。

(5) 脚手架剪刀撑与单、双排脚手架横向斜撑应随立杆、纵向和横向水平杆等同步搭设，不得滞后安装。

交底部门		交底人		接底人		交底日期	

注：项目对操作人员进行安全技术交底时填写此表（一式三份：交底人、接底人、安全员各一份）。

13.2.6 门洞搭设安全技术交底记录

安全技术交底记录　　　　　　　　　　　表 13.2.6-1

编号：_____

工程名称	××工程		
施工单位	××建筑工程集团公司		
交底项目	门洞搭设安全技术交底	工 种	

交底内容：

(1) 单、双排脚手架门洞宜采用上升斜杆、平行弦杆桁架结构型式（图1），斜杆与地面的倾角 α 应在 $45°\sim60°$ 之间。门洞桁架的型式宜按下列要求确定：

①当步距（h）小于纵距（l_a）时，应采用 A 型；

②当步距（h）大于纵距（l_a）时，应采用 B 型，当 $h=1.8\text{m}$ 时，纵距不应大于 1.5m；$h=2.0\text{m}$ 时，纵距不应大于 1.2m。

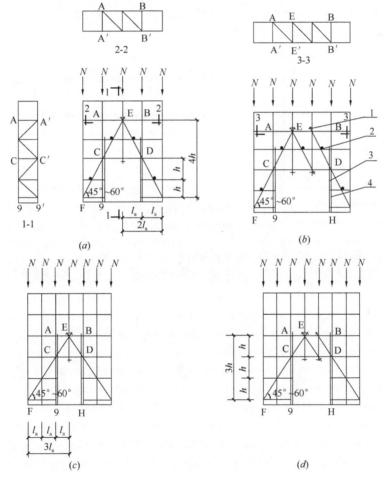

图 1 门洞处上升斜杆、平行弦杆桁架

(a) 挑空一根立杆 A 型；(b) 挑空二根立杆 A 型；(c) 挑空一根立杆 B 型；(d) 挑空二根立杆 B 型

1—防滑扣件；2—增设的横向水平杆；3—副立杆；4—主立杆

交底部门		交底人		接底人		交底日期	

注：项目对操作人员进行安全技术交底时填写此表（一式三份：交底人、接底人、安全员各一份）。

安全技术交底记录　　　　　　　　　表 13.2.6-2

编号：_____

工程名称	××工程	
施工单位	××建筑工程集团公司	
交底项目	门洞搭设安全技术交底	工　种

交底内容：

(2) 单、双排脚手架门洞桁架的构造应符合下列规定：

①单排脚手架门洞处，应在平面桁架（图 1 中 ABCD）的每一节间设置一根斜腹杆；双排脚手架门洞处的空间桁架，除下弦平面外，应在其余 5 个平面内的图示节间设置一根斜腹杆（图 1 中 1-1、2-2、3-3 剖面）。

②斜腹杆宜采用旋转扣件固定在与之相交的横向水平杆的伸出端上，旋转扣件中心线至主节点的距离不宜大于 150mm。当斜腹杆在 1 跨内跨越 2 个步距（图 1 中 A 型）时，宜在相交的纵向水平杆处，增设一根横向水平杆，将斜腹杆固定在其伸出端上。

③斜腹杆宜采用通长杆件，当必须接长使用时，宜采用对接扣件连接，也可采用搭接。

(3) 单排脚手架过窗洞时应增设立杆或增设一根纵向水平杆（图 2）。

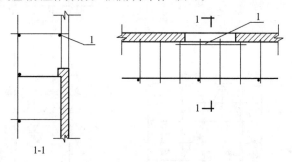

图 2　单排脚手架过窗洞构造
1—增设的纵向水平杆

(4) 门洞桁架下的两侧立杆应为双管立杆，副立杆高度应高于门洞口 1～2 步。

(5) 门洞桁架中伸出上下弦杆的杆件端头，均应增设一个防滑扣件（图 1），该扣件宜紧靠主节点处的扣件。

交底部门		交底人		接底人		交底日期	

注：项目对操作人员进行安全技术交底时填写此表（一式三份：交底人、接底人、安全员各一份）。

13.2.7 斜道搭设安全技术交底记录

安全技术交底记录 　　　　　　　　　　　　　　表 13.2.7

编号：_____

工程名称	××工程		
施工单位	××建筑工程集团公司		
交底项目	斜道搭设安全技术交底	工　种	

交底内容：

(1) 人行并兼作材料运输的斜道的型式宜按下列要求确定：

①高度不大于 6m 的脚手架，宜采用一字型斜道；

②高度大于 6m 的脚手架，宜采用之字型斜道。

(2) 斜道宜附着外脚手架或建筑物设置。

(3) 运料斜道宽度不应小于 1.5m，坡度不应大于 1:6；人行斜道宽度不应小于 1m，坡度不应大于 1:3。

(4) 拐弯处应设置平台，其宽度不应小于斜道宽度。

(5) 斜道两侧及平台外围均应设置栏杆及挡脚板。栏杆高度应为 1.2m，挡脚板高度不应小于 180mm。

(6) 运料斜道两端、平台外围和端部均应设置连墙件；每两步应加设水平斜杆；斜道每个外侧立面设置剪刀撑。拐角处应设置横向斜撑，开口两端设置横向斜撑。

(7) 斜道脚手板构造应符合下列规定：

①脚手板横铺时，应在横向水平杆下增设纵向支托杆，纵向支托杆间距不应大于 500mm；

②脚手板顺铺时，接头应采用搭接，下面的板头应压住上面的板头，板头的凸棱处应采用三角木填顺；

③人行斜道和运料斜道的脚手板上应每隔 250～300mm 设置一根防滑木条，木条厚度应为 20～30mm。

(8) 作业层、斜道的栏杆和挡脚板均应搭设在外立杆的内侧，见图 1. 上栏杆上皮高度应为 1.2m，挡脚板高度不应小于 180mm。

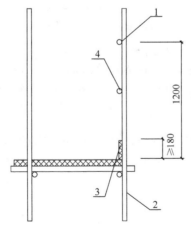

图 1　栏杆与挡脚板构造

1—上栏杆；2—外立杆；3—挡脚板；4—中栏杆

交底部门		交底人		接底人		交底日期	

注：项目对操作人员进行安全技术交底时填写此表（一式三份：交底人、接底人、安全员各一份）。

13.2.8　脚手板铺设安全技术交底记录

安全技术交底记录

表 13.2.8

编号：_____

工程名称	××工程		
施工单位	××建筑工程集团公司		
交底项目	脚手板铺设安全技术交底	工 种	

交底内容：

(1) 脚手板应铺满、铺稳、铺实，离墙面的距离不应大于 150mm。

(2) 作业层端部脚手板探头长度应取 150mm，其板的两端均应用直径 3.2mm 的镀锌钢丝固定于支承杆件上。

(3) 在拐角、斜道平台口处的脚手板，应用镀锌钢丝固定在横向水平杆上，防止滑动。

(4) 冲压钢脚手板、木脚手板、竹串片脚手板等，应设置在三根横向水平杆上。当脚手板长度小于 2m 时，可采用两根横向水平杆支承，但应将脚手板两端与横向水平杆可靠固定，严防倾翻。

(5) 脚手板的铺设应采用对接平铺或搭接铺设。脚手板对接平铺时，接头处应设两根横向水平杆，脚手板外伸长度应取 130~150mm，两块脚手板外伸长度的和不应大于 300mm（图 1a）；脚手板搭接铺设时，接头应支在横向水平杆上，搭接长度不应小于 200mm，其伸出横向水平杆的长度不应小于 100mm（图 1b）。

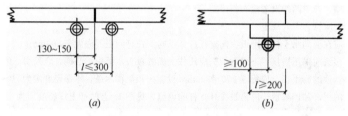

图 1　脚手板对接、搭接构造
(a) 脚手板对接；(b) 脚手板搭接

(6) 不得使用扭曲变形、劈裂、腐朽的木脚手板。木脚手板的宽度不宜小于 200mm，厚度不应小于 50mm；板厚允许偏差 −2mm，两端各设置直径不小于 4mm 的镀锌钢丝箍两道。脚手板对接、搭接符合如下规定：

① 冲压新钢脚手板，必须有产品质量合格证。新、旧脚手板均应涂防锈漆；应有防滑措施，板面应冲有防滑圆孔。

② 竹笆脚手板应按其主竹筋垂直于纵向水平杆方向铺设，且采用对接平铺，四个角应用直径 1.2mm 的镀锌钢丝固定在纵向水平杆上。

③ 翻脚手板应二人操作，配合要协调，要按每档由里逐块向外翻，到最外一块时，站到邻近的脚手板把外边一块翻上去。翻、铺脚手板时必须系好安全带。脚手板翻板后，下层必须留一层脚手板或兜一层水平安全网，作为防护层。

交底部门		交底人		接底人		交底日期	

注：项目对操作人员进行安全技术交底时填写此表（一式三份：交底人、接底人、安全员各一份）。

13.2.9 扣件安装安全技术交底记录

安全技术交底记录 **表 13.2.9**

编号：_____

工程名称	××工程		
施工单位	××建筑工程集团公司		
交底项目	扣件安装安全技术交底	工 种	

交底内容：

（1）扣件进入施工现场应检查产品合格证，并应进行抽样复试，技术性能应符合现行国家标准《钢管脚手架扣件》GB 15831 的规定。

（2）扣件在使用前应逐个挑选。不允许有裂缝、变形、螺栓滑丝；扣件与钢管接触部位不应有氧化皮；活动部位应能灵活转动，旋转扣件两旋转面间隙应小于1mm；扣件表面应进行防锈处理。

（3）扣件规格应与钢管外径相同。

（4）螺栓拧紧扭力矩不应小于40N·m，且不应大于65N·m。

（5）在主节点处固定横向水平杆、纵向水平杆、剪刀撑、横向斜撑等用的直角扣件、旋转扣件的中心点的相互距离不应大于150mm；见下图。

主节点处各扣件中心点相互距离	$a \leqslant 150mm$	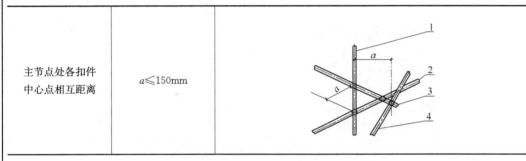

注：图中1—立杆；2—纵向水平杆；3—横向水平杆；4—剪刀撑

（6）对接扣件开口应朝上或朝内。

（7）各杆件端头伸出扣件盖板边缘的长度不应小于100mm。

交底部门		交底人		接底人		交底日期	

注：项目对操作人员进行安全技术交底时填写此表（一式三份：交底人、接底人、安全员各一份）。

13.2.10　单、双排脚手架设计尺寸安全技术交底记录

安全技术交底记录　　　　　　　　　　　　表 13.2.10

编号：_____

工程名称	××工程		
施工单位	××建筑工程集团公司立杆横距		
交底项目	单、双排脚手架设计尺寸安全技术交底	工　种	

交底内容：

(1) 常用密目式安全网全封闭双排脚手架结构的设计尺寸，可按表 1 采用。

常用密目式安全立网全封闭式双排脚手架的设计尺寸（m）　　　　表 1

连墙件设置	立杆横距 l_b	步距 h	下列荷载时的立杆纵距 l_a（m）				脚手架允许搭设高度
			2+0.35 (kN/m²)	2+2+2×0.35 (kN/m²)	3+0.35 (kN/m²)	3+2+2×0.35 (kN/m²)	
二步三跨	1.05	1.5	2.0	1.5	1.5	1.5	50
		1.8	1.8	1.5	1.5	1.5	32
	1.30	1.5	1.8	1.5	1.5	1.5	50
		1.8	1.8	1.2	1.5	1.2	30
	1.55	1.5	1.8	1.5	1.5	1.5	38
		1.8	1.8	1.2	1.5	1.2	22
三步三跨	1.05	1.5	2.0	1.5	1.5	1.5	43
		1.8	1.8	1.2	1.5	1.2	24
	1.30	1.5	1.8	1.5	1.5	1.2	30
		1.8	1.8	1.2	1.5	1.2	17

注：①表中所示 2+2+2×0.35（kN/m²），包括下列荷载：2+2（kN/m²）为二层装修作业层施工荷载标准值；2×0.35（kN/m²）为二层作业层脚手板自重荷载标准值。②作业层横向水平杆间距，应按不大于 l_a/2 设置。③地面粗糙度为 B 类，基本风压 W_o=0.4kN/m²。

(2) 常用密目式安全网全封闭单排脚手架结构的设计尺寸，可按表 2 采用。

常用密目式安全立网全封闭式单排脚手架的设计尺寸（m）　　　　表 2

连墙件设置	立杆横距 l_b	步距 h	下列荷载时的立杆纵距 l_a（m）		脚手架允许搭设高度
			2+0.35 (kN/m²)	3+0.35 (kN/m²)	
二步三跨	1.20	1.5	2.0	1.8	24
		1.8	1.5	1.2	24
	1.40	1.5	1.8	1.5	24
		1.8	1.5	1.2	24
三步三跨	1.20	1.5	2.0	1.8	24
		1.8	1.2	1.2	24
	1.40	1.5	1.8	1.5	24
		1.8	1.2	1.2	24

注：同表 1。

(3) 单排脚手架搭设高度不应超过 24m；双排脚手架搭设高度不宜超过 50m，高度超过 50m 的双排脚手架，应采用分段搭设等措施，或采用双管立杆（或双管高取架高的 2/3）搭设或分段卸荷等有效措施，应根据现场实际工况条件，进行专门设计及论证。

交底部门		交底人		接底人		交底日期	

注：项目对操作人员进行安全技术交底时填写此表（一式三份：交底人、接底人、安全员各一份）。

13.2.11 脚手架地基与基础安全技术交底记录

安全技术交底记录 表 13.2.11

编号：_____

工程名称	××工程		
施工单位	××建筑工程集团公司		
交底项目	脚手架地基与基础安全技术交底	工 种	

交底内容：

(1) 脚手架地基与基础的施工，应根据脚手架所受荷载、搭设高度、搭设场地土质情况与现行国家标准《建筑地基基础工程施工质量验收规范》GB 50202 的有关规定进行。

(2) 压实填土地基，其填料要求：①级配良好的砂土或碎石土；②性能稳定的工业废料；③以砾石、卵石或块石作填料时，分层夯实时其最大粒径不宜大于 400mm；分层压实时其最大粒径不宜大于 200mm；④以粉质黏土、粉土作填料时，其含水量宜为最优含水量；⑤土料含水量一般以手握成团，落地开花为适宜。当含水量过大，应采取翻松、晾干、风干、换土回填、掺入干土或其他吸水性材料等措施；如土料过干，则应预先洒水润湿；⑥在气候干燥时，须采取加速挖土、运土、平土和碾压过程，以减少土的水分散失；⑦当填料为碎石类土（充填物为砂土）时，碾压前应充分洒水湿透，以提高压实效果。

(3) 人工土方（素土）回填地基：

①回填土时从场地最低部分开始，由一端向另一端自下而上分层铺填。每层虚铺厚度，用人工木夯夯实时，不大于 20cm；用打夯机械夯实时不大于 25cm。用蛙式打夯机等小型机具夯实时，打夯之前对填土应初步平整，打夯机依次夯打，均匀发布，不留间隙。

②人工夯实前应将填土初步整平，打夯要按一定方向进行，一夯压半夯，夯夯相接，行行相连，两遍纵横交叉，分层夯打。

③铺填料前，应清除或处理场地内填土层底面以下的耕土和软弱土层。

(4) 脚手架地基回填施工应尽可能避开雨期，或安排在雨期之前，也可安排在雨期之后进行。

(5) 灰土地基：①灰土的体积比配合应满足一般规定，体积比为 3:7 或 2:8，灰土应搅拌均匀。

②灰土施工时，应适当控制其含水量，以手握成团，两指轻捏能碎为宜，如土料水分过多或不足时，可以晾干或洒水湿润。灰土应拌合均匀，颜色一致，拌好应及时铺设夯实。铺土厚度按表1规定。

灰土最大虚铺厚度 表1

夯实机具种类	虚铺厚度（mm）	备 注
石夯	200～250	人力送夯，落距 400～500mm，一夯压半夯，夯实后约 80～100mm 厚
轻型夯实机械	200～250	蛙式夯机、柴油打夯机，夯实后约 100～150mm 厚
压路机	200～250	双轮

(6) 脚手架底座安装：①脚手架底座，一般情况要求底座置于面积不小于 0.15m² 垫木上，垫板采用长度不少于 2 跨、厚度不小于 50mm、宽度不小于 200mm 的木垫板。②垫板、底座应准确地放在定位线上。③垫板必须铺放平稳，不得悬空。④立杆垫板或底座底面标高宜高于自然地坪 50～100mm。⑤双管立柱应采用双管底座或点焊于一根槽钢上。⑥当脚手搭设在结构楼面、挑台上时，立杆底座下宜铺设垫板或垫块，并对楼面或挑台等结构进行强度验算。

交底部门		交底人		接底人		交底日期	

注：项目对操作人员进行安全技术交底时填写此表（一式三份：交底人、接底人、安全员各一份）。

13.2.12　扣件式脚手架拆除安全技术交底记录

安全技术交底记录　　　　　　　　　　　　　　表 13.2.12

编号：_____

工程名称	××工程	
施工单位	××建筑工程集团公司	
交底项目	扣件式满堂脚手架安全技术交底	工　种

交底内容：

(1) 常用满堂脚手架结构的设计尺寸，可按表 1 采用。

常用敞开式满堂脚手架结构的设计尺寸　　　　　　　　　表 1

步距（m）	立杆间距（m）	支架高宽比不大于	下列施工荷载时最大允许高度（m）	
			2（kN/m²）	3（kN/m²）
1.7～1.8	1.2×1.2	2	17	9
	1.0×1.0		30	24
	0.9×0.9		36	36
1.5	1.3×1.3	2	18	9
	1.2×1.2		23	16
	1.0×1.0		36	31
	0.9×0.9		36	36
1.2	1.3×1.3	2	20	13
	1.2×1.2		24	19
	1.0×1.0		36	32
	0.9×0.9		36	36
0.9	1.0×1.0	2	36	33
	0.9×0.9		36	36

注：1①最少跨数 4②脚手板自重标准值取 0.35kN/m²③地面粗糙度为 B 类，基本风压 W_o＝0.35kN/m²④立杆
　　间距不小于 1.2m×1.2m，施工荷载标准值不小于 3kN/m² 时，立杆上应增设防滑扣件，防滑扣件应安装
　　牢固，且顶紧立杆与水平杆连接的扣件。

(2) 满堂脚手架搭设高度不宜超过 36m；满堂脚手架施工层不得超过 1 层。

(3) 满堂脚手架立杆底部宜设置底座或垫板，脚手架必须设置纵、横向扫地杆。纵向扫地杆应采用直角扣件固定
在距钢管底端不大于 200mm 处的立杆上。横向扫地杆应采用直角扣件固定在紧靠纵向扫地杆下方的立杆上。立杆
的对接扣件应交错布置，两根相邻立杆的接头不应设置在同步内，同步内隔一根立杆的两个相隔接头在高度方向错
开的距离不宜小于 500mm；各接头中心至主节点的距离不宜大于步距的 1/3。

(4) 满堂脚手架纵向水平杆接长应采用对接扣件连接或搭接，两根相邻纵向水平杆的接头不应设置在同步或同跨
内；不同步或不同跨两个相邻接头在水平方向错开的距离不应小于 500mm；各接头中心至最近主节点的距离不应大
于纵距的 1/3，当采用搭接时，搭接长度不应小于 1m，应等间距设置 3 个旋转扣件固定；端部扣件盖板边缘至搭接
纵向水平杆杆端的距离不应小于 100mm。

交底部门		交底人		接底人		交底日期	

注：项目对操作人员进行安全技术交底时填写此表（一式三份：交底人、接底人、安全员各一份）。

工程名称	××工程		
施工单位	××建筑工程集团公司		
交底项目	扣件式满堂脚手架安全技术交底	工　种	

交底内容：

（5）满堂脚手架纵向水平杆接长水平杆长度不宜小于3跨。

（6）满堂脚手架应在架体外侧四周及内部纵、横向每6～8m由底至顶设置连续竖向剪刀撑。当架体搭设高度在8m以下时，应在架顶部设置连续水平剪刀撑；当架体搭设高度在8m及以上时，应在架体底部、顶部及竖向间隔不超过8m分别设置连续水平剪刀撑。水平剪刀撑宜在竖向剪刀撑斜杆相交平面设置。剪刀撑宽度应为6～8m。

（7）剪刀撑应用旋转扣件固定在与之相交的水平杆或立杆上，旋转扣件中心线至主节点的距离不宜大于150mm。

（8）满堂脚手架的高宽比不宜大于3，当高宽比大于2时，应在架体的外侧四周和内部水平间隔6～9m，竖向间隔4～6m设置连墙件与建筑结构拉结，当无法设置连墙件时，应采取设置钢丝绳张拉固定等措施。

（9）最少跨数为2、3跨的满堂脚手架，宜设置连墙件。

（10）当满堂脚手架局部承受集中荷载时，应按实际荷载计算并应局部加固。

（11）满堂脚手架应设爬梯，爬梯踏步间距不得大于300mm。

（12）满堂脚手架操作层支撑脚手板的水平杆间距不应大于1/2跨距；作业层脚手板应铺满、铺稳、铺实；冲压钢脚手板、木脚手板、竹串片脚手板等，应设置在三根横向水平杆上。当脚手板长度小于2m时，可采用两根横向水平杆支承，但应将脚手板两端与横向水平杆可靠固定，严防倾翻。脚手板的铺设应采用对接平铺或搭接铺设。脚手板对接平铺时，接头处应设两根横向水平杆，脚手板外伸长度应取130～150mm，两块脚手板外伸长度的和不应大于300mm；脚手板搭接铺设时，接头应支在横向水平杆上，搭接长度不应小于200mm，其伸出横向水平杆的长度不应小于100mm。

（13）竹笆脚手板应按其主竹筋垂直于纵向水平杆方向铺设，且应对接平铺，四个角应用直径不小于1.2mm的镀锌钢丝固定在纵向水平杆上。

交底部门		交底人		接底人		交底日期	

注：项目对操作人员进行安全技术交底时填写此表（一式三份：交底人、接底人、安全员各一份）。

13.2.13　型钢悬挑扣件式钢管脚手架安全技术交底记录

安全技术交底记录　　　　　　　　　　　　　　　表 13.2.13

编号：_____

工程名称	××工程		
施工单位	××建筑工程集团公司		
交底项目	型钢悬挑扣件式钢管脚手架安全技术交底	工　种	

交底内容：

(1) 型钢悬挑扣件式钢管脚手架一次悬挑脚手架高度不宜超过 20m。

(2) 型钢悬挑梁宜采用双轴对称截面的型钢。悬挑钢梁型号及锚固件应按设计确定，钢梁截面高度不应小于 160mm。悬挑梁尾端应在两处及以上固定于钢筋混凝土梁板结构上。锚固型钢悬挑梁的 U 型钢筋拉环或锚固螺栓直径不宜小于 16mm（图 1）。

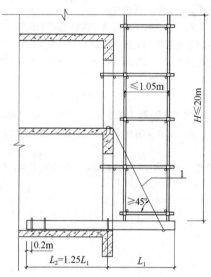

图 1　型钢悬挑脚手架构造
1—钢丝绳或钢拉杆

(3) 用于锚固的 U 型钢筋拉环或螺栓应采用冷弯成型。U 型钢筋拉环、锚固螺栓与型钢间隙应用钢楔或硬木楔楔紧。

(4) 每个型钢悬挑梁外端宜设置钢丝绳或钢拉杆与上一层建筑结构斜拉结。钢丝绳、钢拉杆不参与悬挑钢梁受力计算；钢丝绳与建筑结构拉结的吊环应使用 HPB235 级钢筋，其直径不宜小于 20mm，吊环预埋锚固长度不小于 50d（钢筋直径）（图 1）。

(5) 当型钢悬挑梁与建筑结构采用螺栓钢压板连接固定时，钢压板尺寸不应小于 100mm×10mm（宽×厚）；当采用螺栓角钢压板连接时，角钢的规格不应小于 63mm×63mm×6mm。

(6) 型钢悬挑梁悬挑端应设置能使脚手架立杆与钢梁可靠固定的定位点，定位点离悬挑梁端部不应小于 100mm。

交底部门		交底人		接底人		交底日期	

注：项目对操作人员进行安全技术交底时填写此表（一式三份：交底人、接底人、安全员各一份）。

工程名称	××工程		
施工单位	××建筑工程集团公司		
交底项目	型钢悬挑扣件式钢管脚手架安全技术交底	工　种	

交底内容：

　（7）悬挑钢梁悬挑长度应按设计确定，固定段长度不应小于悬挑段长度的 1.25 倍。型钢悬挑梁固定端应采用 2 个（对）及以上 U 型钢筋拉环或锚固螺栓与建筑结构梁板固定，U 型钢筋拉环或锚固螺栓应预埋至混凝土梁、板底层钢筋位置，并应与混凝土梁、板底层钢筋焊接或绑扎牢固，其锚固长度不小于 50d（钢筋直径）（图 2、图 3、图 4）。

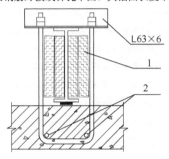

图 2　悬挑钢梁 U 型螺栓固定构造
1—木楔侧向楔紧；2—两根 1.5m 长直径 18mmHRB335 钢筋

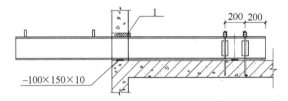

图 3　悬挑钢梁穿墙构造
1—木楔楔紧

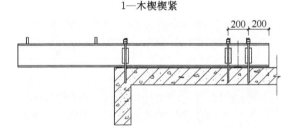

图 4　悬挑钢梁楼面构造

　（8）锚固位置设置在楼板上时，楼板的厚度不宜小于 120mm。如果楼板的厚度小于 120mm 应采取加固措施。

　（9）悬挑梁间距应按悬挑架架体立杆纵距设置，每一纵距设置一根。

　（10）悬挑架的外立面剪刀撑应自下而上连续设置。每道剪刀撑宽度不应小于 4 跨，且不应小于 6m，斜杆与地面的倾角应在 45°～60°之间；剪刀撑跨越立杆的最多根数 5～7 根。

　（11）脚手架连墙件设置的位置、数量应按专项施工方案确定。转角处、开口型脚手架的两端必须设置连墙件，**连墙件的垂直间距不应大于建筑物的层高，并且不应大于 4m**。

　（12）锚固型钢的主体结构混凝土强度等级不得低于 C20。

交底部门		交底人		接底人		交底日期	

　注：项目对操作人员进行安全技术交底时填写此表（一式三份：交底人、接底人、安全员各一份）。

13.2.14　扣件式钢管满堂支撑架安全技术交底记录

安全技术交底记录

表 13.2.14

编号：_____

工程名称	××工程		
施工单位	××建筑工程集团公司		
交底项目	扣件式钢管满堂支撑架安全技术交底	工　种	

交底内容：

(1) 满堂支撑架立杆步距不宜超过 1.8m，立杆间距不宜超过 1.2m×1.2m，立杆伸出顶层水平杆中心线至支撑点的长度 a 不应超过 0.5m。满堂支撑架搭设高度不宜超过 30m。

(2) 满堂脚手架立杆底部宜设置底座或垫板。架体必须设置纵、横向扫地杆。纵、横向扫地杆，其中上部钢管距钢管底端不大于 200mm。架体立杆基础不在同一高度上时，必须将高处的扫地杆向低处延长两跨与立杆固定，高低差不应大于 1m。靠边坡上方的立杆轴线到边坡的距离不应小于 500mm。

立杆接长接头必须采用对接扣件连接。立杆的对接扣件应交错布置，两根相邻立杆的接头不应设置在同步内，同步内隔一根立杆的两个相隔接头在高度方向错开的距离不宜小于 500mm；各接头中心至主节点的距离不宜大于步距的 1/3。水平杆长度不宜小于 3 跨。

水平杆接长应采用对接连接或搭接，两根相邻水平杆的接头不应设置在同步或同跨内；不同步或不同跨两个相邻接头在水平方向错开的距离不应小于 500mm；各接头中心至最近主节点的距离不应大于纵距的 1/3。当采用搭接接头时，搭接长度不应小于 1m，应等间距设置 3 个旋转扣件固定；端部扣件盖板边缘至搭接纵向水平杆杆端的距离不应小于 100mm。

(3) 满堂支撑架的可调底座、可调托撑螺杆伸出长度不宜超过 300mm，插入立杆内的长度不得小于 150mm。

(4) 当满堂支撑架高宽比大于 2（或 2.5）时，满堂支撑架应在支架的四周和中部与结构柱进行刚性连接，连墙件水平间距应为 6～9m，竖向间距为 2～3m。在无结构柱部位应采取预埋钢管等措施与建筑结构进行刚性连接，在有空间部位，满堂支撑架宜超出顶部加载区投影范围向外延伸布置 2～3 跨。支撑架高宽比不应大于 3。

交底部门		交底人		接底人		交底日期	

注：项目对操作人员进行安全技术交底时填写此表（一式三份：交底人、接底人、安全员各一份）。

工程名称	××工程		
施工单位	××建筑工程集团公司		
交底项目	扣件式钢管满堂支撑架安全技术交底	工 种	

交底内容：

（5）满堂支撑架普通型剪刀撑设置：①在架体外侧周边及内部纵、横向每5～8m，应由底至顶设置连续竖向剪刀撑，剪刀撑宽度应为5～8m。②在竖向剪刀撑顶部交点平面应设置连续水平剪刀撑。水平剪刀撑至架体底平面距离与水平剪刀撑间距不宜超过8m。

（6）高大重载支撑（含高大模板支撑），即：当支撑高度超过8m，或施工总荷载大于15kN/m²，或集中线荷载大于20kN/m的支撑架，承受单点集中荷载700kg以上支撑架。扫地杆的设置层应设置水平剪刀撑。架体应按剪刀撑加强型设置。

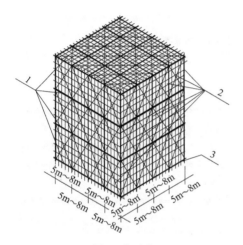

图1 普通型
1—水平剪刀撑；2—竖向剪刀撑；
3—扫地杆设置层

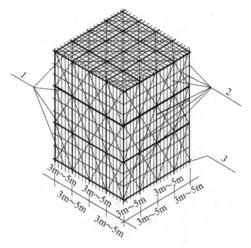

图2 加强型
1—水平剪刀撑；2—竖向剪刀撑；
3—扫地杆设置层

（7）满堂支撑架加强型剪刀撑设置：①当立杆纵、横间距为0.9m×0.9m～1.2m×1.2m时，在架体外侧周边及内部纵、横向每4跨（且不大于5m），应由底至顶设置连续竖向剪刀撑，剪刀撑宽度应为4跨。②当立杆纵、横间距为0.6m×0.6m～0.9m×0.9m（含0.6m×0.6m，0.9m×0.9m）时，在架体外侧周边及内部纵、横向每5跨（且不小于3m），应由底至顶设置连续竖向剪刀撑，剪刀撑宽度应为5跨。③当立杆纵、横间距为0.4m×0.4m～0.6m×0.6m（含0.4m×0.4m）时，在架体外侧周边及内部纵、横向每3～3.2m应由底至顶设置连续竖向剪刀撑，剪刀撑宽度应为3～3.2m。④在竖向剪刀撑顶部交点平面应设置水平剪刀撑，扫地杆设置层设置水平剪刀撑，水平剪刀撑至架体底平面距离与水平剪刀撑间距不宜超过6m，剪刀撑宽度应为3～5m（图2）。

（8）竖向剪刀撑斜杆与地面的倾角应为45°～60°，水平剪刀撑与支架纵（或横）向夹角应为45°～60°，剪刀撑斜杆的接长采用对接接长时，立杆的对接扣件应交错布置，相邻立杆的接头错开的距离不宜小于500mm；当立杆采用搭接接长时，搭接长度不应小于1m，并应采用不少于2个旋转扣件固定。端部扣件盖板的边缘至杆端距离不应小于100mm。

（9）剪刀撑应用旋转扣件固定在与之相交的水平杆或立杆上，旋转扣件中心线至主节点的距离不宜大于150mm。

（10）高大重载支撑（含高大模板支撑），应按剪刀撑加强型设置。

交底部门		交底人		接底人		交底日期	

注：项目对操作人员进行安全技术交底时填写此表（一式三份：交底人、接底人、安全员各一份）。

13.3 扣件式脚手架拆除

13.3.1 扣件式脚手架拆除安全技术交底记录

安全技术交底记录

表 13.3.1

编号：_____

工程名称	××工程		
施工单位	××建筑工程集团公司		
交底项目	扣件式脚手架拆除安全技术交底	工 种	

交底内容：

(1) 脚手架拆除应按专项方案施工。

(2) 脚手架拆除前应全面检查脚手架的扣件连接、连墙件、支撑体系等是否符合构造要求。

(3) 应根据检查结果补充完善脚手架专项方案中的拆除顺序和措施，经审批后方可实施。

(4) 拆除前应对施工人员进行交底。

(5) 应清除脚手架上杂物及地面障碍物。

(6) 单、双排脚手架拆除作业必须由上而下逐层进行，严禁上下同时作业；连墙件必须随脚手架逐层拆除，严禁先将连墙件整层或数层拆除后再拆脚手架；分段拆除高差大于两步时，应增设连墙件加固。

(7) 当脚手架拆至下部最后一根长立杆的高度（约 6.5m）时，应先在适当位置搭设临时抛撑加固后，再拆除连墙件。当单、双排脚手架采取分段、分立面拆除时，对不拆除的脚手架两端，必须设置连墙件，连墙件的垂直间距不应大于建筑物的层高，并且不应大于 4m。并设置横向斜撑。

(8) 架体拆除作业应设专人指挥，当有多人同时操作时，应明确分工、统一行动，且应具有足够的操作面。

(9) 卸料时各构配件严禁抛掷至地面。

(10) 运至地面的构配件应及时检查、整修与保养，并应按品种、规格分别存放。

(11) 拆除脚手架时，地面应设围栏和警戒标志，并应派专人看守，严禁非操作人员入内。

(12) 拆除时如附近有供电线路，要采取隔离措施，严禁架杆接触电线。

(13) 拆除时不应碰坏门窗，玻璃，水落管，地下明沟等物。

(14) 模板支撑结构拆除前，项目技术负责人、项目总监理工程师应核查混凝土同条件试块强度报告，达到拆模强度后方可拆除，并履行拆模审批签字手续。

(15) 支撑结构拆除应按专项施工方案确定的方法和顺序进行。

(16) 当只拆除部分支撑结构时，拆除前应对不拆除支撑结构进行加固，确保稳定。

(17) 对多层支撑结构，当楼层结构不能满足承载要求时，严禁拆除下层支撑。

(18) 对设有缆风绳的支撑结构，缆风绳应对称拆除。

(19) 有六级及以上风或雨、雪时，应停止作业。

(20) 在暂停拆除施工时，应采取临时固定措施，已拆除和松开的构配件应妥善放置。

交底部门		交底人		接底人		交底日期	

注：项目对操作人员进行安全技术交底时填写此表（一式三份：交底人、接底人、安全员各一份）。

13.4 扣件式脚手架安全管理

13.4.1 扣件式脚手架荷载技术交底记录

安全技术交底记录　　　　　　　　　　　　　　表 13.4.1

编号：_____

工程名称	××工程		
施工单位	××建筑工程集团公司		
交底项目	扣件式脚手架荷载安全技术交底	工　种	

交底内容：

(1) 操作脚手架作业层上的施工荷载应符合设计要求，不得超载。见表1：

施工均布荷载标准值　　　　　　　　　　表 1

类别	标准值（kN/m²）
防护脚手架	1.0
装修脚手架	2.0
混凝土、砌筑结构脚手架	3.0
轻型钢结构及空间网格结构脚手架	2.0
普通钢结构脚手架	3.0

(2) 当在双排脚手架上同时有 2 个及以上操作层作业时，在同一个跨距内各操作层的施工均布荷载标准值总和不得超过 5.0kN/m²。

(3) 满堂脚手架施工层不得超过 1 层。

(4) 不得将模板支架、缆风绳、泵送混凝土和砂浆的输送管等固定在操作脚手架上；严禁悬挂起重设备，严禁拆除或移动架体上安全防护设施。

(5) 满堂支撑架顶部的实际荷载不得超过设计规定。见表2：

荷载与立杆间距关系表（一般情况）　　　　　　　表 2

荷载与立杆间距关系				
混凝土厚	荷载标准值	步距 m	立杆间距 m	剪刀撑设置
3～4m	2T/单立杆	0.6m	(0.2—0.4)×(0.2—0.4)	加强型
1.5～2m		0.6～1.2	(0.4—0.6)×(0.4—0.6)	加强型
0.8～1m		0.6～1.2	0.6×0.9	加强型
0.35～0.55		1.2～1.5	0.6×0.9～0.9×0.9	加强型
0.1～0.15		1.5～1.8	1.2×1.2	普通型或高度不大于5m，不设置

① 按规范设置剪刀撑，一般情况，高大重载支撑（含高大模板支撑），剪刀撑加强型设置：纵、横向竖向剪刀撑间距不大于 5m，水平剪刀撑间距 6m，非高大重载支撑，剪刀撑普通型设置：纵、横向竖向剪刀撑间距不大于 8m，水平剪刀撑间距 8m。

② 支架立杆上部的自由长度不大于 $a=0.5$m。

③ 高宽比不大于 2，大于 2 不大于 3，设置连墙件。连墙件水平间距应为 6～9m，竖向间距应为 2～3m。或在有空间部位，满堂支撑架宜超出顶部加载区投影范围以外延伸布置 2～3 跨。

④ 高度超过 20m（不大于 30m），立杆间距、步距向下限调整。

⑤ 同一档次对应值，荷载较大取下限值。

(6) 钢结构满堂支撑架（或非模板支撑架），永久荷载与可变荷载（不含风荷载）标准值总和不大于 4.2kN/m² 时，施工均布荷载标准值 2～3（kN/m²），表 1；永久荷载与可变荷载（不含风荷载）标准值总和大于 4.2kN/m² 时，作业层上的人员及设备荷载标准值取 1.0kN/m²；大型设备、结构构件等可变荷载按实际计算。

交底部门		交底人		接底人		交底日期	

注：项目对操作人员进行安全技术交底时填写此表（一式三份：交底人、接底人、安全员各一份）。

13.4.2 脚手架周边与架空线路的安全距离及脚手架接地、避雷措施安全技术交底记录

安全技术交底记录

表 13.4.2

编号：_____

工程名称	××工程	
施工单位	××建筑工程集团公司	
交底项目	脚手架周边与架空线路的安全距离及 脚手架接地、避雷措施安全技术交底	工 种

交底内容：

(1) 脚手架的周边与架空线路的边线之间的最小安全操作距离应符合表 1。

脚手架的周边与架空线路的边线之间的最小安全操作距离　　　　　　表 1

外电线路电压等级（kV）	<1	1～10	35～110	220	330～500
最小安全操作距离（m）	4.0	6.0	8.0	10	15

注：上、下脚手架的斜道不宜设在有外电线路的一侧。

(2) 当达不到表 1 规定时，必须采取绝缘隔离防护设施，并应悬挂醒目的警告标志。
架设防护设施时，必须经有关部门批准，采用线路暂时停电或其他可靠的安全技术措施，并应有电气工程技术人员和专职安全人员监护。

(3) 防护设施与外电线路之间的安全距离不应小于表 2 所列数值。

防护设施与外电线路之间的最小安全距离　　　　　　表 2

外电线路电压等级（kV）	≤10	35	110	220	330	500
最小安全距离（m）	1.7	2.0	2.5	4.0	5.0	6.0

(4) 防护设施应坚固、稳定，且对外电路的隔离防护应达到 IP30 级。

(5) 施工现场内的钢管脚手架，当在相邻建筑物、构筑物等设施的防雷装置接闪器（避雷针）的保护范围以外时，应按表 3 规定安装防雷装置。表 3 中地区年均雷暴日（d）应按《施工现场临时用电安全技术规范》JGJ 46 附录 A 执行的有关规定执行。

施工现场内机械设备及高钢管脚手架需安装防雷装置的规定　　　　　　表 3

地区年平均雷暴日（d）	机械设备与脚手架高度（m）
≤15	≥50
>15，<40	≥32
≥40，<90	≥20
≥90 及雨害特别严重地区	≥12

(6) 施工现场内所有防雷装置的冲击接地电阻值不得大于 30Ω（或 10Ω）。

交底部门		交底人		接底人		交底日期	

注：项目对操作人员进行安全技术交底时填写此表（一式三份：交底人、接底人、安全员各一份）。

13.4.3 外电线路防护架搭拆作业安全技术交底记录

安全技术交底记录   表 13.4.3

编号：_____

工程名称	××工程	
施工单位	××建筑工程集团公司	
交底项目	外电线路防护架搭拆作业安全技术交底	工　种

交底内容：

1. 参加外电线路防护架搭架设人员必须持证上岗；

2. 作业人员必须经过入场教育，考核合格，并熟悉工作环境；

3. 作业人员必须经过体格检查，凡患有心脏病，高血压，精神病，贫血，年老体衰，视力不好，癫痫病等不适合高处作业的人员禁止安排此项工作；

4. 作业人员的衣着要灵便，作业时穿软底防滑鞋，不得赤脚，穿拖鞋、硬底鞋和带钉易滑的鞋。戴好安全帽，系好下颚带，高处作业时必须系安全带，高挂低用；

5. 操作时，要严格遵守各项安全操作规程和劳动纪律，严禁在作业过程中追逐、打闹。严禁酒后操作；

6. 按防护架搭、拆施工方案执行，保证架体稳定；

7. 作业点必须设警戒区，由专人看守，严禁非作业人员进入施工区域，并设标志牌；

8. 施工过程中发现安全设施有缺陷或隐患，务必及时处理并对危及人身安全的隐患应立即停止作业；

9. 所有安全防护设施和安全标志，严禁任何人擅自移动和拆除。如因施工需要而暂时移位的须报经施工负责人审批后才能拆除，并在工作完毕后立即复原；

10. 在搭、拆过程中要思想集中，要统一指挥，上下呼应，互相关照；

11. 架体施工用的主要材料必须是符合安全要求，合格的绝缘不导电体材料，绑扎用的铁丝长度必须在保证捆绑过程中与线路边线的安全距离，并由专人备好后再送到操作人手中。所有材料、工具严禁抛投，必须用专用工具袋装好，用绳系好后上下传递；

12. 搬运材料时，人员应前后呼应，统一指挥，步调一致，同起同落，严防砸伤。从大堆上抬料时，注意材料从上面滚下砸伤，搬运过程中，转弯时注意过往行人及车辆；

13. 五级以上风、大雾、雨雪天气时，禁止进行搭、拆作业，风雨雪后须先检查架子的稳定性，并保证材料干燥后，再进行施工搭设；

14. 架体施工过程中，如遇休息，下班，必须将已搭设好的架子加固好，保证不倾覆，坍塌，并清理现场及架上杂物，设警戒区，标志牌，派专人看守后再下班休息；

15. 架体施工过程中必须保证杆件不能倾倒，架子上严禁存放任何物件；

16. 搭设防护设施时，必须经电业部门批准，采用线路暂时停电，或其他可靠的安全技术措施。必须有电气工程技术人员和施工队安全员坚守现场实施全方位监控；

17. 架子搭好后，应在架子及压栏明显部位设标志牌；

18. 搭设完毕后应履行验收手续；

19. 拆除外线防护时的拆除顺序与安装顺序相反，应由上至下进行，一步一清、严禁一次放倒，严禁立体交叉作业。拆下的材料要从上往下传递，拆除的部件禁止抛掷，拆除金属材料时应注意与外线路的安全距离，并注意金属材料因应力引起的崩窜，使金属材料接触外电线路而引起的触电事故。

交底部门		交底人		接底人		交底日期	

注：项目对操作人员进行安全技术交底时填写此表（一式三份：交底人、接底人、安全员各一份）。

13.4.4 扣件式脚手架安全管理技术交底记录

安全技术交底记录 　　　　　　　　　　　　**表 13.4.4**

编号：_____

工程名称	××工程	
施工单位	××建筑工程集团公司	
交底项目	扣件式脚手架安全管理安全技术交底	工 种

交底内容：

1. 扣件式钢管脚手架搭拆人员必须是经考核合格的专业架子工。架子工应持证上岗。工人入场前必须进行三级教育，考试合格后方可上岗。

2. 在脚手架上作业人员必须戴安全帽、系好下颚带，锁好带扣；正确佩戴使用安全带、穿防滑鞋。着装灵便。

3. 登高（2m 以上）作业时必须系合格的安全带，系挂牢固，高挂低用。

4. 脚手板必须铺严、实、平稳；作业层端部脚手板探头长度应取 150mm，其板的两端均应用直径 3.2mm 的镀锌钢丝固定于支承杆件上。

5. 严禁在架子上作业时嬉戏、打闹、躺卧，严禁攀爬脚手架。

6. 严禁酒后上岗，严禁高血压、心脏病、癫痫病等不适宜登高作业人员上岗作业。

7. 搭拆脚手架时，要有专人协调指挥，地面应设警戒区，要有旁站人员看守，严禁非操作人员入内。

8. 架子在使用期间，严禁拆除与架子有关的任何杆件，必须拆除时，应经项目部经理与技术负责人批准。

9. 搭、拆架子时必须设置物料提上、吊下设施，严禁抛掷。

10. 脚手架作业面外立面设挡脚板加两道护身栏杆，挂满密目网。

11. 架子搭设完后，要经有关人员验收，填写验收合格单后方可投入使用。

12. 满堂支撑架在使用过程中，应设有专人监护施工，当出现异常情况时，应立即停止施工，并应迅速撤离作业面上人员。应在采取确保安全的措施后，查明原因、做出判断和处理。

13. 当有六级强风及以上风、浓雾、雨或雪天气时应停止脚手架搭设与拆除作业。雨、雪后上架作业应有防滑措施，并应扫除积雪。

14. 夜间不宜进行脚手架搭设与拆除作业。

15. 脚手板应铺设牢靠、严实，并应用安全网双层兜底。施工层以下每隔 10m 应用安全网封闭。

16. 单、双排脚手架、悬挑式脚手架沿架体外围应用密目式安全网全封闭，密目式安全网宜设置在脚手架外立杆的内侧，并应与架体绑扎牢固。

17. 在脚手架使用期间，严禁拆除下列杆件：①主节点处的纵、横向水平杆，纵、横向扫地杆；②连墙件。

18. 当脚手架基础下有设备基础、管沟时，在脚手架使用过程中开挖，必须采取加固措施。

19. 脚手架立杆的基础（地）应平整夯实，具有足够的承载力和稳定性。设于坑边或台上时，立杆距坑、台的上边缘不得小于 1m。

20. 满堂脚手架与满堂支撑架在安装过程中，应采取防倾覆的临时固定措施。

21. 在脚手架上进行电、气焊作业时，应有防火措施和专人看守。作业时要铺铁皮接着火星、移去易燃物，以防火星点着易燃物。按防火措施方案执行。一旦着火时，及时予以扑灭。

22. 搭拆脚手架时，地面应设围栏和警戒标志，并应派专人看守，严禁非操作人员入内。

23. 钢管脚手架的高度超过周围建筑物或在雷暴较多的地区施工时，应安设防雷装置。其接地电阻应不大于 4Ω。

交底部门		交底人		接底人		交底日期	

注：项目对操作人员进行安全技术交底时填写此表（一式三份：交底人、接底人、安全员各一份）。

续表

工程名称	××工程	
施工单位	××建筑工程集团公司	
交底项目	扣件式脚手架安全管理安全技术交底	工 种

交底内容：

24. 脚手架搭设作业时，应按形成基本构架单元的要求逐排、逐跨和逐步地进行搭设，矩形周边脚手架宜从其中的一个角部开始向两个方向延伸搭设。确保已搭部分稳定。

25. 搭设作业，应按以下要求做好自我保护和保护好作业现场人员的安全：

（1）在架上作业人员应穿防滑鞋和佩挂好安全带。保证作业的安全，脚下应铺设必要数量的脚手板，并应铺设平稳，且不得有探头板。当暂时无法铺设落脚板时，用于落脚或抓握、把（夹）持的杆件均应为稳定的构架部分，着力点与构架节点的水平距离应不大于0.8m，垂直距离应不大于1.5m。位于立杆接头之上的自由立杆（尚未与水平杆联接者）不得用作把持杆。

（2）架上作业人员应做好分工和配合，传递杆件应掌握好重心，平稳传递。不要用力过猛，以免引起人身或杆件失衡。对每完成的一道工序，要相互询问并确认后才能进行下一道工序。

（3）作业人员应佩戴工具袋，工具用后装入袋中，不要放在架子上，以免掉落伤人。

（4）架设材料要随上随用，以免放置不当时掉落。

（5）每次收工以前，所有上架材料应全部搭设上，不要存留在架子上，而且一定要形成稳定的构架，不能形成稳定构架的部分应采取临时撑拉措施予以加固。

（6）在搭设作业进行中，地面上的配合人员应避开可能落物的区域。

26. 架上作业时的安全注意事项：

（1）作业前应注意检查作业环境是否可靠，安全防护设施是否齐全有效，确认无误后方可作业。

（2）作业时应注意随时清理落在架上的材料，保持架面上规整清洁，不要乱放材料、工具，以免影响作业的安全和发生掉物伤人。

（3）在进行撬、拉、推等操作时，要注意采取正确的姿势，站稳脚跟，或一手把持在稳固的结构或支持物上，以免用力过猛身体失去平衡或把东西甩出。在脚手架上拆除模板时，应采取必要的支托措施，以防拆下的模板材料掉落架外。

（4）当架面高度不够、需要垫高时，一定要采用稳定可靠的垫高办法，且垫高不要超过50cm，超过50cm时，应按搭设规定升高铺板层。在升高作业面时，应相应加高防护设施。

（5）在架面上运送材料经过正在作业中的人员时，要及时发出"请注意"、"请让一让"的信号。材料要轻搁稳放，不许采用倾倒、猛磕或其他匆忙卸料方式。

（6）严禁在架面上打闹戏耍、退着行走和跨坐在外防护横杆上休息。不要在架面上抢行、跑跳，相互避让时应注意身体不要失衡。

（7）运送杆配件应尽量利用垂直运输设施或悬挂滑轮提升，并绑扎牢固。尽量避免或减少用人工层层传递。

（8）除搭设过程中必要的1～2步架的上下外，作业人员不得攀缘脚手架上下，应走房屋楼梯或另设安全人梯。

（9）在搭设脚手架时，不得使用不合格的架设材料。

（10）作业人员要服从统一指挥，不得自行其是。

交底部门		交底人		接底人		交底日期	

注：项目对操作人员进行安全技术交底时填写此表（一式三份：交底人、接底人、安全员各一份）。

工程名称	××工程	
施工单位	××建筑工程集团公司	
交底项目	扣件式脚手架安全管理安全技术交底	工　种

交底内容：

27. 架上作业应按规范或设计规定的荷载使用，严禁超载。并应遵守如下要求：

(1) 作业面上的荷载，包括脚手板、人员、工具和材料，当施工组织设计无规定时，应按规范的规定值控制，即结构脚手架不超过 3kN/m²；装修脚手架不超过 2kN/m²；维护脚手架不超过 1kN/m²。

(2) 脚手架的铺脚手板层和同时作业层的数量不得超过规定。

(3) 垂直运输设施（如物料提升架等）与脚手架之间的转运平台的铺板层数和荷载控制应按施工方案规定执行，不得任意增加铺板层的数量和在转运平台上超载堆放材料。

(4) 架面荷载宜均匀分布，避免荷载集中于一侧。

(5) 过梁等墙体构件要随运随装，不得存放在脚手架上。

(6) 较重的施工设备（如电焊机等）不得放置在脚手架上。严禁将模板支撑、缆风绳泵送混凝土及砂浆的输送管等固定在脚手架上及任意悬挂起重设备。

28. 架上作业时，不要随意拆除基本结构杆件和连墙件，因作业的需要必须拆除某些杆件自连墙点时，必须取得施工主管和技术人员的同意，并采取可靠的加固措施后方可拆除。

29. 架上作业时，不要随意拆除安全防护设施，未有设置或设置不符合要求时，必须补设或改善后，才能上架进行作业。

30. 脚手架拆除作业前，应制订详细的拆除施工方案和安全技术措施。并对参加作业全体人员进行技术安全交底，在统一指挥下，按照确定的方案进行拆除作业，注意事项如下：

(1) 一定要按照先上后下、先外后里、先架面材料后构架材料、先辅件后结构件和先结构件后附墙件的顺序，一件一件地松开联结，取出后随即吊下（或集中到毗邻的未拆的架面上，扎捆后吊下）。

(2) 拆卸脚手板、杆件、门架及其他较长、较重、有两端联结的部件时，必须要两人或多人一组进行。禁止单人进行拆卸作业，防止把持杆件不稳、失衡而发生事故。拆除水平杆件时，松开联结后，水平托持取下。拆除立杆时，在把稳上端后，再松开下端联结取下。

(3) 多人或多组进行拆卸作业时，应加强指挥，并相互询问和协调作业步骤，严禁不按程序进行的任意拆卸。

(4) 因拆除上部或一侧的附墙拉结而使架子不稳时，应加设临时撑拉措施，以防因架子晃动影响作业安全。

(5) 拆除现场应有可靠的安全围护，并设专人看管，严禁非作业人员进入拆卸作业区内。

(6) 严禁将拆卸下的杆部件和材料向地面抛掷。已吊至地面的架设材料应随时运出拆卸区域，保持现场文明。

交底部门		交底人		接底人		交底日期	

注：项目对操作人员进行安全技术交底时填写此表（一式三份：交底人、接底人、安全员各一份）。

续表

工程名称	××工程	
施工单位	××建筑工程集团公司	
交底项目	扣件式脚手架安全管理安全技术交底	工 种

交底内容：

31. 架上作业时，不要随意拆除安全防护设施，未有设置或设置不符合要求时，必须补设或改善后，才能上架进行作业。

32. 搭设和拆除作业中的安全防护：

(1) 作业现场应设安全围护和警示标志，禁止无关人员进入危险区域。

(2) 对尚未形成或已失支稳结构的脚手架部位加设临时支撑或拉结。

(3) 设置材料提上或吊下的设施，禁止投掷。

33. 作业面的安全防护：

(1) 脚手架的作业面的脚手板必须满铺，不得留有空隙和探头板。脚手板与墙面之间的距离一般不应大于15cm。脚手板应与脚手架可靠拴结。

(2) 作业面的外侧立面的防护：

①挡脚板加二道防护栏杆。

②二道防护横杆满挂安全立网。

34. 临街防护：

(1) 防护棚的顶棚使用竹笆或胶合板搭设时，应采用双层搭设，间距不应小于700mm；当使用木板时，可采用单层搭设，木板厚度不应小于50mm，或可采用与木板等强度的其他材料搭设。防护棚的长度应根据建筑物高度与可能坠落半径确定。

(2) 当建筑物高度大于24m、并采用木板搭设时，应搭设双层防护棚，两层防护棚的间距不应小于700mm。

(3) 临街人员进出的通道口应搭设双层防护棚，篷顶临街一侧应设高于篷顶不小于1m的围护，密目网封闭，以免落物又反弹到街上。

(4) 采用安全立网将脚手架的临街面完全封闭。

35. 施工现场人员进出的通道口应搭设双层防护棚。

36. 脚手架使用中，应定期检查下列要求内容：

①杆件的设置和连接，连墙件、支撑、门洞桁架等的构造应符合本规范和专项施工方案的要求；②地基应无积水，底座应无松动，立杆应无悬空；③扣件螺栓应无松动；④高度在24m以上的双排、满堂脚手架，其立杆的沉降与垂直度的偏差应符合方案规定要求；高度在20m以上的满堂支撑架，其立杆的沉降与垂直度的偏差应符合方案规定要求；⑤安全防护措施应符合方案要求；⑥应无超载使用。

交底部门		交底人		接底人		交底日期	

注：项目对操作人员进行安全技术交底时填写此表（一式三份：交底人、接底人、安全员各一份）。

工程名称	××工程	
施工单位	××建筑工程集团公司	
交底项目	扣件式脚手架安全管理安全技术交底	工 种

交底内容：

37. 脚手架搭设的技术要求、允许偏差与检验方法，应符合表1的规定。

脚手架搭设的技术要求、允许偏差与检验方法 表1

项次	项目		技术要求	允许偏差 Δ (mm)	示意图	检查方法与工具
1	地基基础	表面	坚实平整	—	—	观察
		排水	不积水			
		垫板	不晃动			
		底座	不滑动			
			不沉降	−10		
2	单、双排与满堂脚手架立杆垂直度		最后验收立杆垂直度 20～50m	—	±100		用经纬仪或吊线和卷尺

下列脚手架允许水平偏差（mm）

搭设中检查偏差的高度（m）	总高度		
	50m	40m	20m
$H=2$	±7	±7	±7
$H=10$	±20	±25	±50
$H=20$	±40	±50	±100
$H=30$	±60	±75	
$H=40$	±80	±100	
$H=50$	±100		

中间档次用插入法

项次	项目		技术要求	允许偏差 Δ（mm）	示意图	检查方法与工具
3	满堂支撑架立杆垂直度	最后验收垂直度 30m	—	±90		用经纬仪或吊线和卷尺
		下列满堂支撑架允许水平偏差（mm）				
		搭设中检查偏差的高度（m）	总高度			
			30m			
		$H=2$	±7			
		$H=10$	±30			
		$H=20$	±60			
		$H=30$	±90			
		中间档次用插入法				
4	单双排、满堂脚手架间距	步距	—	±20	—	钢板尺
		纵距	—	±50		
		横距		±20		
5	满堂支撑架间距	步距	—	±20	—	钢板尺
		立杆间距	—	±30		
6	纵向水平杆高差	一根杆的两端	—	±20		水平仪或水平尺
		同跨内两根纵向水平杆高差	—	±10		
7	剪刀撑斜杆与地面的倾角		45°～60°			角尺

311

续表

项次	项目		技术要求	允许偏差 △（mm）	示意图	检查方法与工具
8	脚手板外伸长度	对接	$a=130\sim$ 150mm $l\leqslant300$mm	—	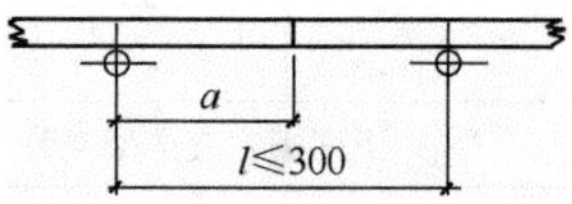	卷尺
		搭接	$a\geqslant100$mm $l\geqslant200$mm	—	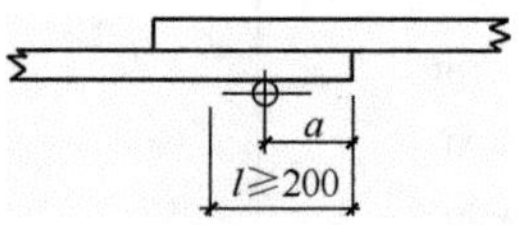	卷尺
9	扣件安装	主节点处各扣件中心点相互距离	$a\leqslant150$mm	—	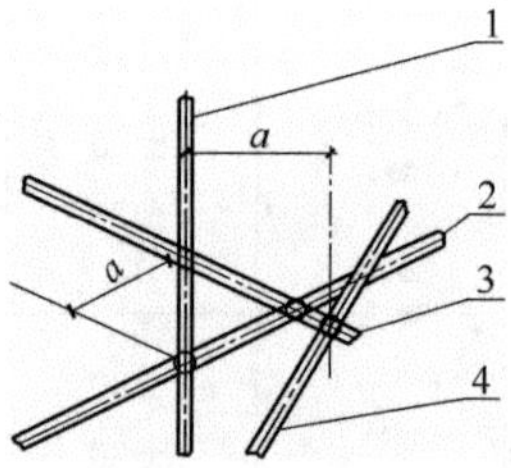	钢板尺
		同步立杆上两个相隔对接扣件的高差	$a\geqslant500$mm	—	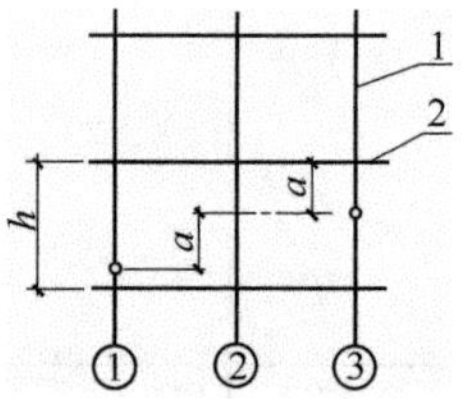	钢卷尺
		立杆上的对接扣件至主节点的距离	$a\leqslant h/3$			
		纵向水平杆上的对接扣件至主节点的距离	$a\leqslant l_{\mathrm a}/3$	—	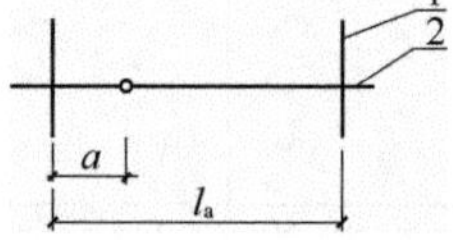	钢卷尺
		扣件螺栓拧紧扭力矩	$40\sim65$N・m	—		扭力扳手

注：图中 1—立杆；2—纵向水平杆；3—横向水平杆；4—剪刀撑

续表

工程名称	××工程	
施工单位	××建筑工程集团公司	
交底项目	扣件式脚手架安全管理安全技术交底	工 种

38. 安装后的扣件螺栓拧紧扭力矩应采用扭力扳手检查，抽样方法应按随机分布原则进行。抽样检查数目与质量判定标准，应按表2的规定确定。不合格的应重新拧紧至合格。

扣件拧紧抽样检查数目及质量判定标准　　　　　　表2

项次	检查项目	安装扣件数量（个）	抽检数量（个）	允许的不合格数
1	连接立杆与纵（横）向水平杆或剪刀撑的扣件；接长立杆、纵向水平杆或剪刀撑的扣件	51～90	5	0
		91～150	8	1
		151～280	13	1
		281～500	20	2
		501～1200	32	3
		1201～3200	50	5
2	连接横向水平杆与纵向水平杆的扣件（非主节点处）	51～90	5	1
		91～150	8	2
		151～280	13	3
		281～500	20	5
		501～1200	32	7
		1201～3200	50	10

交底部门		交底人		接底人		交底日期	

注：项目对操作人员进行安全技术交底时填写此表（一式三份：交底人、接底人、安全员各一份）。

13.4.5　脚手架监测与预警安全技术交底记录

安全技术交底记录

表 13.4.5

编号：_____

工程名称	××工程		
施工单位	××建筑工程集团公司		
交底项目	脚手架监测与预警安全技术交底	工　种	

交底内容：

1. 脚手架Ⅰ级危险等级，采用监测预警技术进行全过程监测控制；Ⅰ级危险等级：①搭设高度 50m 及以上落地式钢管脚手架工程。②提升高度 150m 及以上附着式整体和分片提升脚手架工程。③架体高度 20m 及以上悬挑式脚手架工程。④搭设高度 36m 及以上落地式扣件式满堂脚手架工程。⑤混凝土模板支撑工程：搭设高度 8m 及以上；搭设跨度 18m 及以上；施工总荷载 15kN/m² 及以上；集中线荷载 20kN/m 及以上。⑥承重支撑体系：用于钢结构安装等满堂支撑体系，承受单点集中荷载 700kg 以上。

2. 脚手架Ⅱ级危险等级，采用监测预警技术进行局部或分段过程监测控制。Ⅱ级危险等级：①搭设高度 24m 及以上落地式钢管脚手架工程。②混凝土模板支撑工程：搭设高度 5m 及以上；搭设跨度 10m 及以上；施工总荷载 10kN/m² 及以上；集中线荷载 15kN/m 及以上；高度大于支撑水平投影宽度且相对独立无联系构件的混凝土模板支撑工程。③其他达不到脚手架Ⅰ级危险等级的架体。

3. 脚手架施工安全技术监测可采用仪器监测与巡视检查相结合的方法。

4. 脚手架施工安全技术监测所使用的各类仪器设备应满足观测精度和量程的要求。且符合以下规定：①能反应监测对象的实际状态及其变化趋势，并应满足监测控制要求；②避开障碍物、便于观测，且标识稳固、明显、结构合理；③在监测对象内力和变形变化大的代表性部位及周边重点监护部位，监测点的数量和观测频度应适当加密；④对监测点应采取保护措施。

5. 脚手架施工安全技术监测预警应依据事前设置的限制确定；监测报警值宜以监测项目的累积变化量和变化速率值进行控制。

6. 脚手架施工中涉及安全生产的材料应进行适应性和状态变化监测；对现场抽检有疑问的材料和设备，应由法定专业监测机构进行检测。

7. 支撑结构监测应编制监测方案，包括测点布置、监测方法、监测人员及主要仪器设备、监测频率和监测报警值。

8. 监测的内容应包括支撑结构的位移监测和内力监测。

9. 位移监测点的布置可分为基准点和位移监测点。其布设应符合下列规定：

①每个支撑结构应设基准点；

②在支撑结构的顶层、底层及每 5 步设置位移监测点；

③监测点应设在角部和四边的中部位置。

交底部门		交底人		接底人		交底日期	

注：项目对操作人员进行安全技术交底时填写此表（一式三份：交底人、接底人、安全员各一份）。

续表

工程名称	××工程	
施工单位	××建筑工程集团公司	
交底项目	脚手架监测与预警安全技术交底	工　种

交底内容：

10. 当支撑结构需进行内力监测时，其测点布设宜符合下列规定：①单元框架或单元桁架中受力大的立杆宜布置测点；②单元框架或单元桁架的角部立杆宜布置测点；③高度区间内测点数量不应少于 3 个。

11. 监测点应稳固、明显，应设监测装置和监测点的保护措施。

12. 监测项目的监测频率应根据支撑结构规模、周边环境、自然条件、施工阶段等因素确定。位移监测频率不应少于每日 1 次，内力监测频率不应少于 2 小时 1 次。监测数据变化量较大或速率加快时，应提高监测频率。

13. 当出现下列情况之一时，应立即启动安全应急预案：

①监测数据达到报警值时；

②支撑结构的荷载突然发生意外变化时；

③周边场地出现突然较大沉降或严重开裂的异常变化时。

14. 监测报警值应采用监测项目的累积变化量和变化速率值进行控制，并应满足表 1 规定。

监测报警值　　　　　　　　　　　　　　　　　　　　表 1

监测指标	限　值
内力	设计计算值
	近 3 次读数平均值的 1.5 倍
位移	水平位移量：$H/300$
	近 3 次读数平均值的 1.5 倍

注：H 为支撑结构高度。

15. 监测资料宜包括监测方案、内力及变形记录、监测分析及结论。

16. 脚手架地基与基础监测必须确定监测报警值，监测报警值应满足脚手架工程设计要求。监测报警值应由脚手架设计方确定，并符合《建筑基坑工程监测技术规范》、《建筑施工安全技术统一规范》及相关规范。

17. 脚手架地基变形必须符合脚手架设计要求。不得由于地基下陷，导致脚手架失稳。

18. 脚手架地基监测报警值应由监测项目的累积变化量和变化速率值共同控制。

交底部门		交底人		接底人		交底日期	

注：项目对操作人员进行安全技术交底时填写此表（一式三份：交底人、接底人、安全员各一份）。

续表

工程名称	××工程	
施工单位	××建筑工程集团公司	
交底项目	脚手架监测与预警安全技术交底	工种

交底内容：

19. 脚手架地基周围有基坑及支护结构监测报警值，参考表2。

脚手架地基周围基坑及支护结构监测报警值　　　　表2

监测项目	支护结构类型	基坑类型								
		一级			二级			三级		
		累计值		变化速率(mm/d)	累计值		变化速率(mm/d)	累计值		变化速率(mm/d)
		绝对值(mm)	相对基坑深度(h)控制值		绝对值(mm)	相对基坑深度(h)控制值		绝对值(mm)	相对基坑深度(h)控制值	
围护墙(边坡)顶部水平位移	放坡、土钉墙、喷锚支护、水泥土墙	30~35	0.3%~0.4%	5~10	50~60	0.6%~0.8%	10~15	70~80	0.8%~1.0%	15~20
	钢板桩、灌注桩、型钢水泥土墙、地下连续墙	25~30	0.2%~0.3%	2~3	40~50	0.5%~0.7%	4~6	60~70	0.6%~0.8%	8~10
围护墙(边坡)顶部竖向位移	放坡、土钉墙、喷锚支护、水泥土墙	20~40	0.3%~0.4%	3~5	50~60	0.6%~0.8%	5~8	70~80	0.8%~1.0%	8~10
	钢板桩、灌注桩、型钢水泥土墙、地下连续墙	10~20	0.1%~0.2%	2~3	25~30	0.3%~0.5%	3~4	35~40	0.5%~0.6%	4~5
深层水平位移	水泥土墙	30~35	0.3%~0.4%	5~10	50~60	0.6%~0.8%	10~15	70~80	0.8%~1.0%	15~20
	钢板桩	50~60	0.6%~0.7%	2~3	80~85	0.7%~0.8%	4~6	90~100	0.9%~1.0%	8~10
	型钢水泥土墙	50~55	0.5%~0.6%		75~80	0.7%~0.8%		80~90	0.9%~1.0%	
	灌注桩	45~50	0.4%~0.5%		70~75	0.6%~0.7%		70~80	0.8%~0.9%	
	地下连续墙	40~50	0.4%~0.5%		70~75	0.7%~0.8%		80~90	0.9%~1.0%	
立柱竖向位移		25~35	—	2~3	35~45	—	4~6	55~65	—	8~10
基坑周边地表竖向位移		25~35	—	2~3	50~60	—	4~6	60~80	—	8~10
坑底隆起(回弹)		25~35	—	2~3	50~60	—	4~6	60~80	—	8~10

注：①h 为基坑设计开挖深度；②累计值取绝对值和相对基坑深度（h）控制值两者的小值；③当监测项目的变化速率达到表中规定值或连续 3d 超过该值的 70%，应报警；④嵌岩的灌注桩或地下连续墙位移报警值宜按表中数值的 50%取用。

交底部门		交底人		接底人		交底日期	

注：项目对操作人员进行安全技术交底时填写此表（一式三份：交底人、接底人、安全员各一份）。

工程名称	××工程		
施工单位	××建筑工程集团公司		
交底项目	脚手架监测与预警安全技术交底	工 种	

交底内容：

20. 脚手架周围基坑周边环境监测报警值可参考表3。

脚手架周围基坑周边环境监测报警值　　　　　表3

监测对象 ＼ 项 目		累计值（mm）	变化速率（mm/d）
邻近建筑位移		10～60	1～3
裂缝宽度	建筑	1.5～3	持续发展
	地表	10～15	持续发展

21. 当出现下列情况之一时，必须立即进行危险报警，并应对脚手架周围基坑支护结构和周边环境中的保护对象采取应急措施。①监测数据达到监测报警值的累计值。②脚手架周围基坑支护结构或周边土体的位移值突然明显增大或基坑出现流砂、管涌、隆起、陷落或严重的渗漏等。③脚手架周围基坑支护结构的支撑或锚杆体系出现过大变形、压屈、断裂、松弛或拔出的迹象。④周边建筑的结构部分、周边地面出现较严重的突发裂缝或危害结构的变形裂缝。⑤周边管线变形突然明显增长或出现裂缝、泄露等。⑥根据当地工程经验判断，出现其他必须进行危险报警的情况。

交底部门		交底人		接底人		交底日期	

注：项目对操作人员进行安全技术交底时填写此表（一式三份：交底人、接底人、安全员各一份）。

工程名称	××工程		
施工单位	××建筑工程集团公司		
交底项目	脚手架监测与预警安全技术交底	工 种	

交底内容：

22. 现场的监测资料应符合下列要求：

①使用正式的监测记录表格。

②监测记录应有相应的工况描述。

③监测数据的整理应及时。

④对监测数据的变化及发展情况的分析和评述应及时。

23. 外业观测值和记事项目应在现场直接记录于观测记录表中。任何原始记录不得涂改、伪造和转抄。

24. 观测数据出现异常时，应分析原因，必要时应进行重测。

25. 监测项目数据分析应结合其他相关项目的监测数据和自然环境条件、施工工况等情况及以往数据进行，并对其发展趋势作出预测。

26. 技术成果应包括当日报表、阶段性报告和总结报告。技术成果提供的内容应真实、准确、完整，并宜用文字阐述与绘制变化曲线或图形相结合的形式表达。技术成果按时报送。

27. 监测数据的处理与信息反馈宜采用专业软件，专业软件的功能和参数应符合本规范的有关规定，并宜具备数据采集、处理、分析、查询和管理一体化以及监测成果可视化的功能。

28. 当日报表应包括下列内容：

①当日的天气情况和施工现场的工况。

②仪器监测项目各监测点的本次测试值、单次变化值、变化速率以及累计值等，必要时绘制有关曲线图。

③巡视检查的记录。

④对监测项目应有正常或异常、危险的判断性结论。

⑤对达到或超过监测报警值的监测点应有报警标识，并有分析和建议。

⑥对巡视检查发现的异常情况应有详细描述，危险情况应有报警标识，并有分析和建议。

⑦其他相关说明。

29. 阶段性报告应包括下列内容：

①该监测阶段相应的工程、气象及周边环境概况。

②该监测阶段的监测项目及测点的布置图。

③各项监测数据的整理、统计及监测成果的过程曲线。

④各监测项目监测值的变化分析、评价及发展预测。

⑤相关的设计和施工建议。

30. 总结报告应包括下列内容：①工程概况。②监测依据。③监测项目。④监测点布置。⑤监测设备和监测方法。⑥监测频率。⑦监测报警值。⑧各监测项目全过程的发展变化分析及整体评述。⑨监测工作结论与建议。

交底部门		交底人		接底人		交底日期	

注：项目对操作人员进行安全技术交底时填写此表（一式三份：交底人、接底人、安全员各一份）。

本 章 参 考 文 献

［1］《建筑施工扣件式钢管脚手架安全技术规范》JGJ 130—2011.北京：中国建筑工业出版社.2011

［2］《钢管脚手架扣件》GB 15831—2006.北京：中国建筑工业出版社.2006

［3］《建筑施工脚手架安全技术统一标准》报批稿

［4］《建筑施工临时支撑结构技术规范》JGJ 300—2013.北京：中国建筑工业出版社.2013

［5］《建筑施工安全技术统一规范》GB 50870—2013.北京：中国建筑工业出版社.2011

［6］《建筑基坑工程监测技术规范》GB 50497—2009.北京：中国建筑工业出版社.2009

［7］《木结构工程施工质量验收规范》GB 50206—2005.北京：中国建筑工业出版社.2005

［8］《钢结构工程施工质量验收规范》GB 50205—2001.北京：中国建筑工业出版社.2001

［9］《施工现场临时用电安全技术规范》JGJ 46—2005.北京：中国建筑工业出版社.2011

第 14 章　脚手架专项方案实例

14.1　脚手架专项方案一：某城际快速轨道及沿路车站工程模板支架安全专项施工方案

14.1.1　方案内容特点

1. 某城际快速轨道及沿路车站工程，模板支架安全专项施工方案全部内容，通过方案实例说明模板支架编制的主要内容。

2. 地下工程模板支撑体系主要考虑的问题。

3. 800mm 厚顶板、1.9m 高梁支架采用满堂扣件式钢管脚手架的支撑形式，架体顶部荷载通过水平杆、扣件节点传递给立杆，顶部立杆呈偏心受压状态。根据满堂扣件式钢管脚手架整体稳定试验结论（《满堂扣件式钢管脚手架构造、计算的试验与理论研究》课题内容），计算满堂扣件式钢管模板支撑体系整体稳定。主要内容如下：

1) 满堂扣件式模板支撑架立杆稳定性计算。

2) 主梁与立杆扣件节点设置 3 个扣件，三扣件抗滑承载力计算。

4. 模板、次梁、主梁承载力与刚度计算。

5. 地下工程钢筋混凝土箱型结构，内衬墙模板、内楞、外楞扣件节点（3 扣件）与水平支撑计算。

14.1.2

1. 封皮

某城际快速轨道及沿路车工程

模板支架安全专项施工方案

编　制：＿＿＿＿＿＿

校　对：＿＿＿＿＿＿

审　核：＿＿＿＿＿＿

某工程有限公司

某城际快速轨道及沿路车工程

项目经理部

年　　月　　日

2. 项经部管理人员名单

某城际快速轨道及沿路车工程

项经部管理人员名单

项目经理：　　　　　×××
项目副经理：　　　　×××
项目副经理：　　　　×××
项目总工程师：　　　×××
材料管理：　　　　　×××
设备管理：　　　　　×××
质量管理：　　　　　×××
试验检测：　　　　　×××
合同管理：　　　　　×××
测量管理：　　　　　×××
技术管理：　　　　　×××
安全主管：　　　　　×××
用电管理：　　　　　×××
资料管理：　　　　　×××
信息化管理：　　　　×××
施工管理：　　　　　×××
区间现场施工管理：　×××

3. 目录

1　编制依据；2　工程概况；2.1　工程概述；2.2　围护工程；2.3　结构工程；3. 施工总体部署；3.1　施工单元划分；3.2　结构施工顺序；4　施工筹划；4.1　进度计划；4.2　劳动力计划；4.3　工具设备配置；4.4　材料计划；5. 混凝土结构模板支架工程；5.1　模板支架设计；5.2　模板支架验算；5.2.1　800mm 厚顶板结构模板支架验算；5.2.2　400mm 厚中板结构模板支架验算；5.2.3　1100mm 厚中板梁结构模板支架验算；5.2.4　1900mm 厚顶板梁结构模板支架验算；5.2.5　内衬墙模板及支撑验算；5.3　模板支架的安装；5.4　模板支架的拆除；5.5　模板支架的施工要求；5.6　模板体系施工技术质量措施；5.6.1　模板施工的一般规定和要求；5.6.2　模板体系施工技术措施；5.6.3　模板体系施工质量措施；5.7　模板体系施工安全措施；5.7.1　施工现场操作规范；5.7.2　高处作业安全措施；5.7.3　模板安拆安全要求及措施；5.7.4　脚手架搭拆安全措施；5.7.5　施工现场临时用电安全措施；5.7.6　施工现场防火安全措施；6. 质量管理及检查验收；7. 安全管理；8. 应急预案；8.1　组织机构；8.2　坍塌事故应急救援预案；8.3　高处坠落应急救援预案；8.4　防洪、防台风应急救援预案。

4　标准依据

1）中华人民共和国住房和城乡建设部关于印发《危险性较大的分部分项工程安全管理办法》的通知【建质（2009）87 号】文件；

2）中华人民共和国住房和城乡建设部关于印发《建设工程高大模板支撑系统施工安全监督管理导则》的通知【建质（2009）254 号】文件；

3）某城际快速轨道及沿路车工程设计图纸及其他相关资料；

4）《建筑施工扣件式钢管脚手架安全技术规范》JGJ 130—2011；

5）《简明施工计算手册（第三版）》，江正荣、朱国梁编著，中国建筑工业出版社；

6）《钢管扣件式模板垂直支撑系统安全技术规程》（DG/TJ 08—16—2011）；

7）《建筑施工模板安全技术规范》（JGJ 162—2008）；

8）《钢管脚手架扣件》（GB 15831—2006）；

9）《混凝土结构工程施工质量验收规范》[GB 50204—2002（2010 年版）]；

10）《混凝土结构工程施工规范》（GB 50666—2011）；

11）《组合钢模板技术规范》（GB/T 50214—2013）；

12）《钢结构设计规范》（GB 50017—2003）；

13）《木结构设计规范》（GB 50005—2003）；

14）《竹胶合板模板》（JG/T 156—2004）；

15）《混凝土模板用胶合板》（GB/T 17656—2008）；

16）《建筑施工手册（第五版）》，中国建筑工业出版社；

17）本有限公司扣件式脚手架设计操作规程（QJ/STEC 002—2010）。

14.1.3　工程概况

1　工程概述

某城际快速轨道，全长约 35.8km，其中高架段长约 16.9km，过渡段长约 0.7km，地下段长约 18.2km。

本站为换乘车站，本站先期实施 13m 岛式双柱三跨地下两层车站（车站南端带一单折返线），预留岛侧换乘接口，后期实施五号线地下一层侧式车站。

车站线路坡度为 0.2%，起始里程处的轨面高程为 6.950m，有效站台中心里程处轨面标高为 7.350m，线路变坡点位置中心里程处轨面标高为 7.510m，终点里程处的轨面高程为 7.503m，标准段基坑宽度为 21.7m，地面高程约 23.198～24.8m，覆土介于 3～4.2m，底板厚度 0.9m，垫层厚度 0.15m。

车站采用钻孔桩围护结构，明挖顺做法施工主体结构。盾构井工程筹划：车站两端均为盾构到达吊出井，南北端两侧区间隧道均采用盾构法施工。

车站近期施工 3 通道出入口（1、2、3 号）和两风亭（Ⅰ、Ⅱ号），3 号出入口与Ⅱ号风亭合建；预留远期 4 号出入口衔接条件。

2. 围护工程

本站工程围护主要采用 Φ1000@1200 钻孔灌注桩，桩间采用 Φ800 双管旋喷止水帷幕。围护桩长 23.41、21.46、22.45m，根据桩深长不同，将钻孔桩分为 A 型、B 型、C 型、A1、B1 共 5 类桩，A 型桩深 23.41m，共 57 根；B 型桩深 21.46m，共 450 根，C 型桩深 22.45m，共 56 根。A1、C1 与 A、C 型桩长度、配筋等完全相同，只是因盾构切割的原因，局部用玻璃纤维筋代替，各 16 根。Φ1000 临时支柱桩 45 根。基坑开挖底面位于中风化破碎状安山质凝灰岩土之上。

3. 结构工程

车站主体外包尺寸 295m（长）×21.7m（标准段宽）/30.8m（换乘加宽段），地下二层车站，地下一层为站厅层，地下二层为站台层，内部结构为双柱三跨、三柱四跨钢筋混凝土箱型结构。本工程主要结构尺寸如下（表 14.1.3）：

各断面结构尺寸表　　　　　　　　　　　　　　　　　　表 14.1.3

断面类型	底板 mm	下二层侧墙 mm	中板 mm	中板梁 mm	层高 mm	下一层侧墙 mm	顶板 mm	顶板梁 mm	层高 mm
3-3（端头井）	900	800	400	1100	9460	600	800	1600	4950
4-4	900	700	400	1100	7660	600	800	1800	4950
5-5	900	700	400	1100	7660	600	800	1800	4950
6-6	900	700	400	1100	7660	600	800	1800	4950
7-7	900	700	400	1100	7660	600	800	1900	4950
8-8	900	700	600	/	5920	600	800	/	6490
9-9	900	700	400	1100	7660	600	800	1900	4950
10-10	900	700	400	1100	7660	600	800	1600	4950
11-11（端头井）	900	800	400	1100	9150	600	800	1600	4950

14.1.4　施工总体部署

1. 施工单元划分

根据设计图纸及规范要求，南北端头井、标准段与换乘段结构共设 11 条施工缝，共分为 12 个结构段。

将结构分为南、北端头井段、标一段～标十段 12 个施工段。依次施做南端头井→标一段→标二段（北端头井）→标三段（标十段）→标四段（标九段）→标五段（标八段）→标六段（标七段），每个结构段均采用明挖顺筑施工工艺。

2. 结构施工顺序

根据结构特点和支撑设置情况，主体结构由下至上设 3 道纵向（水平）施工缝，分四次浇筑完成。

1）盾构接收井段施工流程：

（1）开挖至坑底，施作接地、垫层，施作底板及侧墙防水层，铺设细石混凝土防水保护层；施作结构底板、下翻梁。

（2）施作侧墙 4.5m，待底板强度达到设计强度 80％时后，拆除第三道钢支撑，铺设侧墙防水层，施作中板及剩余下二层侧墙。

（3）待中板强度达到设计强度 80％时后，拆除第二道钢支撑，铺设剩余的侧墙防水层，施作顶板及下一层侧墙。

（4）待顶板混凝土强度达到设计强度 100％后，施作顶板防水层，压顶梁等，拆除第一道混凝土支撑，回填结构顶部土体。

2）标准段及换乘段施工流程：

（1）开挖至坑底，施作接地、垫层，施作底板及侧墙防水层，铺设细石混凝土防水保护层；施作结构底板、下翻梁。

（2）待底板强度达到设计强度 80％时后，拆除第三道钢支撑，铺设侧墙防水层，施作中板及下二层侧墙。

（3）待中板强度达到设计强度 80％时后，拆除第二道钢支撑，铺设剩余的侧墙防水层，施作顶板及下一层侧墙。

（4）待顶板混凝土强度达到设计强度 100％后，施作顶板防水层，压顶梁等，拆除第一道混凝土支撑，回填结构顶部土体。

3. 施工筹划

1）进度计划

主体基坑开挖：南端头井为×××年××月××日；

北端头井为：×××年××月××日；

南北端头井移交：×××年××月××日，主体封顶：×××年××月××日。

2）劳动力计划

现场施工人员配置计划如表 14.1.4-1 所示。在施工中每个人都应各司其职，认真负责，相互协作，互相监督。

劳动力配置汇总表　　　　　表 14.1.4-1

序号	人员	名称	单位数量	备注
1	技术人员	名	2	
2	安全员	名	2	
3	领工员	名	2	
4	木工	名	40	其中 2 人兼任副班长
5	架子工	名	40	其中 2 人兼任副班长
6	钢筋工	名	20	其中 2 人兼任副班长
7	电焊工	名	8	
8	氧焊工	名	4	
9	电工	名	2	
10	汽车吊司机	名	4	
11	吊车指挥	名	4	

3）工具设备配置（表 14.1.4-2）

工具设备配置汇总表　　　　　表 14.1.4-2

序号	机械名称	单位	数量	备注
1	汽车吊	台	2	25T 吊车
2	空压机	台	2	吹渣
3	电焊机	台	4	/
4	氧气焊	套	2	/
5	电锯	台	2	/
6	电动手锯	把	4	木工 5 人 1 把
7	钉锤	把	40	木工、架子工人手 1 把
8	扳手	把	40	架子工人手 1 把
9	卷尺	把	40	木工、架子工人手 1 把

4）材料计划（表 14.1.4-3）

材料配置汇总表　　　　　表 14.1.4-3

序号	材料名称	单位	数量	备注
1	2440mm×1220mm×18mm 木模板	张	2000	
2	50mm×100mm、100mm×100mm 方木	根	8000	
3	2000mm 长扣件式脚手架钢管	根	6000	
4	3000mm 长扣件式脚手架钢管	根	6000	
5	6000mm 长扣件式脚手架钢管	根	6000	
6	十字扣件	个	60000	
7	连接扣件	个	3000	
8	旋转扣件	个	3000	
9	300mm×1500mm 平面钢模板	张	3000	
10	可调托座	只	6000	

14.1.5　混凝土结构模板支架设计思路

本构造截面为矩形地下二层车站，内部结构为双柱三跨、三柱四跨钢筋混凝土箱型结构。最大底板、顶板厚度分别为 900mm 和 800mm，立柱最大尺寸 $Z_a \times Z_b \times H = 1300mm \times 700mm \times 7310mm$，内衬墙最小厚度为 600mm，标准段最大分段长度 34m。模板支架采用 $\phi48 \times 3.0$ 的钢管满堂搭设，上铺次楞和底模，支架均落座在已浇混凝土的底板上。内衬墙模板背面设内楞、外楞和水平支撑点竖楞，墙模固定利用顶板支架的横向（基坑宽度方向，下同）水平杆和附加横向水平支撑采取两侧对撑形式。

800mm 厚顶板支架采用满堂脚手架的支撑形式，立杆对接，纵向@650mm，横向@750mm（根据实际情况横向取为@700mm）；水平杆纵向@650mm，横向@750mm（1900mm 梁下 300mm），步距（层高）@600mm（同墙体侧模水平支撑竖向间距，实际取为@500mm）；横向垂直剪刀撑每隔 4 排支架立杆设置 1 道，纵向垂直剪刀撑横向共设 8 道。主楞采用 $\phi48 \times 3.0$ 钢管；次楞采用 50×100 木方侧放@300 横向布置（梁下采用 100×100 木方@250 纵向布置）；底模采用 $1830 \times 915 \times 15$ 胶合板（混凝土模板用胶合板）。

400mm 或 600mm 厚中板，因顶板下支架坐落在中板上，中板无法单独承受顶板结构荷载，需通过中板下支架传递至底板，故中板下支架按顶板支架间距布置，同时要求中板结构的混凝土强度达到设计标准的 75% 时方可浇捣顶板混凝土。

内衬墙模板采用 55 系列组合钢模板，背面设 $\phi48 \times 3.0$ 钢管内楞（竖向）@450/600，$2\phi48 \times 3.0$ 钢管外楞（横向）@600，$2\phi48 \times 3.0$ 钢管水平支撑点竖楞@650；$\phi48 \times 3.0$ 钢管水平支撑横向对撑，水平@650，竖向@600（根据实际情况竖向取为@500mm）；可调托撑布设同水平支撑。墙体参数：总平面积 $= C_{a1} \times C_{b1} + C_{a2} \times C_{b2} = 30 \times 0.7 + 30 \times 0.7 = 42m^2$，墙体高度 7.46m。浇筑墙体混凝土时用一辆软管泵车两侧同步浇筑，并采用内部振捣器振捣。混凝土浇筑方量控制在每小时 $42m^3$ 左右。混凝土入模温度 25℃，坍落度 160mm。

本支架节点连接均采用铸铁扣件固定连接。

不同厚度结构楼板模板支架施工参数汇总表　　　　表 14.1.5-1

结构板厚 （m）	支架类型	次楞材料	次楞间距 （mm）	主楞材料	最大立杆纵横距 （mm）	最大立杆步距 （m）
0.4	满堂脚手架	50×100 木方	300	$\phi48 \times 3.0$ 钢管	800×850	0.6
0.6	满堂脚手架	50×100 木方	300	$\phi48 \times 3.0$ 钢管	700×800	0.6
0.8	满堂脚手架	50×100 木方	300	$\phi48 \times 3.0$ 钢管	650×750	0.6

不同高度结构梁底模板支架施工参数汇总表　　　　表 14.1.5-2

结构梁高 （m）	支架类型	次楞材料	次楞间距 （mm）	主楞材料	最大立杆纵横距 （mm）	最大立杆步距 （m）
1.6	满堂脚手架	100×100 木方	250	$\phi48 \times 3.0$ 钢管	650×450	0.6
1.8	满堂脚手架	100×100 木方	250	$\phi48 \times 3.0$ 钢管	650×400	0.6
1.9	满堂脚手架	100×100 木方	250	$\phi48 \times 3.0$ 钢管	650×400	0.6

满堂脚手架模板支架方案图见图 14.1.5

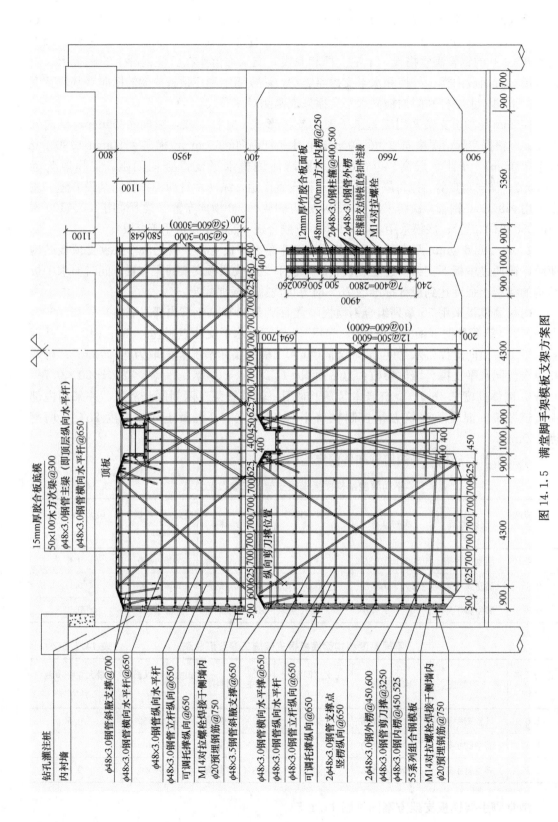

图 14.1.5　满堂脚手架模板支架方案图

14.1.6　模板支架验算

一、800mm厚顶板结构模板支架验算

1. 计算参数：

模板支撑架高度 $H_1 = 4.95m$，高宽比不大于 1，混凝土板厚 $H_B = 0.8m$，立杆间距 $L_a \times L_b = 0.65 \times 0.7m$，步距 $h_2 = 0.6m$，主梁采用 $\phi 48 \times 3.0$ 钢管，主梁上的次梁（或支撑模板的小梁）采用 $50mm \times 100mm$ 木方，间距 $200mm$。混凝土模板用胶合板厚 $15mm$。施工地区为基本风压 $0.25kN/m^2$ 的市区。支架均支撑在采取加强措施中板结构上。

架体选用满堂扣件式钢管脚手架（荷载通过水平杆传递给立杆）做模板支架。架体位于地下。满堂脚手架两侧与围护结构（混凝土灌注桩）通过可调托撑顶紧。在架体纵、横向不大于 8m 设置剪刀撑。图 14.1.6-1、图 14.1.6-2。

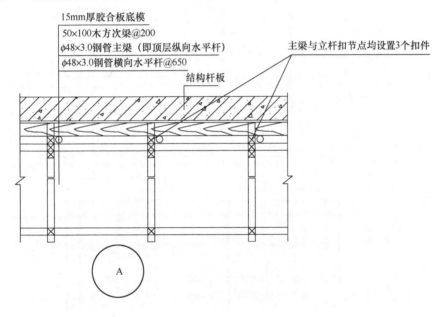

图 14.1.6-1　满堂脚手架模板支架细部构造详图

2. 模板及支撑架应考虑的荷载

恒荷载：

（1）模板自重，取 $0.3kN/m^2$

（2）模板支架自重

（3）钢筋混凝土（楼板）自重，$25.1kN/m^3$

活荷载：

（1）施工人员及设备荷载

计算模板和直接支撑模板的小梁时，均布荷载 $2.5kN/m^2$，集中荷载 $2.5kN$

计算直接支撑小梁的主梁时，均布荷载 $1.5kN/m^2$

计算支撑架立杆时，均布荷载 $1.0kN/m^2$

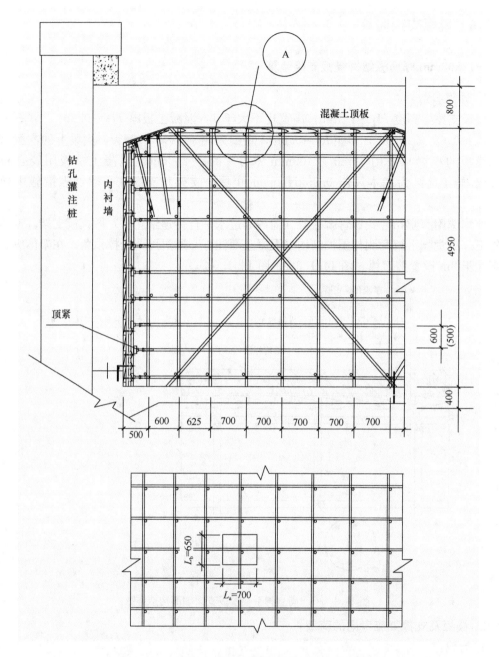

图 14.1.6-2　混凝土顶板满堂脚手架模板支架方案图

（2）振捣混凝土时产生的荷载标准值：$2kN/m^2$

（3）风荷载，架体位于地下。满堂脚手架两侧与围护结构（混凝土灌注桩）通过可调托撑顶紧。可忽略风荷载

3. 模板面板计算

使用模板类型为：混凝土模板用胶合板。

面板为受弯结构，需要验算其抗弯强度和刚度。模板面板按照三跨连续梁计算。计算单元取：板宽方向取 0.7m，长按三跨计算。

强度验算考虑荷载：钢筋混凝土板自重，模板自重，施工人员及设备荷载；挠度验算考虑荷载：钢筋混凝土梁自重，模板自重。

（1）荷载分项系数的选用：

恒荷载标准值 $q_{1k}=25.1\times0.8\times0.7+0.3\times0.7=14.27$kN/m

活荷载标准值 $q_{2k}=2.5\times0.7=1.75$kN/m

按可变荷载效应控制的组合方式：

$$S=1.2q_{1k}+1.4q_{2k}=1.2\times14.27+1.4\times1.75=19.57\text{kN/m}$$

说明：结构重要系数取1

按永久荷载效应控制的组合方式：

$$S=1.35q_{1k}+1.4\psi_{C}q_{2k}=1.35\times14.27+1.4\times1.75=21.71\text{kN/m}$$

说明：一个可变荷载，可变荷载组合值系数 ψ_C 取1。

根据以上两者比较应取 $S=21.71$kN/m 作为设计依据，即：取按永久荷载效应控制的组合方式。

（2）恒荷载设计值：

钢筋混凝土自重、模板的自重设计值（kN/m）：

$$q_1=1.35q_{1k}=1.35\times14.27=19.26\text{kN/m}$$

（3）活荷载设计值：

施工人员及设备荷载按均布线荷载作用模板时，荷载设计值（kN/m）：

$$q_2=1.4q_{2k}=1.4\times2.5\times0.7=2.45\text{kN/m}$$

施工人员及设备荷载按集中荷载作用模板时，荷载设计值（kN/m）：

$$P=1.4\times2.5=3.5\text{kN}$$

（4）面板的截面惯性矩 I 和截面抵抗矩 W 分别为：

$$W=bh^2/6=70\times1.5\times1.5/6=26.25\text{cm}^3；$$
$$I=bh^3/12=70\times1.5\times1.5\times1.5/12=19.69\text{cm}^4；$$

说明：模板厚 $h=15$mm，板宽取 $b=700$mm 计算。

混凝土模板用胶合板强度容许值 $[f]=27$N/mm²。混凝土模板用胶合板弹性模量为3150N/mm²

（5）抗弯强度、挠度计算

①施工人员及设备荷载按均布荷载布置见图 14.1.6-3

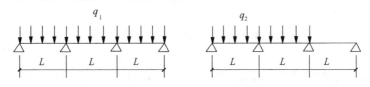

q_1　　　　　　　　q_2

图 14.1.6-3　计算荷载组合简图（支座最大弯矩，$L=200$）

最大弯矩

$$M=0.1q_1l^2+0.117q_2l^2=0.1\times19.26\times0.2^2+0.117\times2.45\times0.2^2=0.1\text{kN}\cdot\text{m}$$

抗弯强度 $\sigma=M/W=0.1\times10^6/26250=3.81$N/mm²$<[f]=27$N/mm²

面板的抗弯强度验算 $f<[f]$，满足要求！

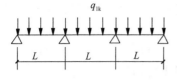

图 14.1.6-4 挠度计算简图
（$L=300$）

挠度计算

$$v = 0.677 q_{1k} l^4 / 100EI < [v] = l/250$$

面板最大挠度计算值 $v = 0.677 \times 14.27 \times 200^4 / (100 \times 3150 \times 196900)$

$$= 0.25\text{mm} < [v] = l/250$$
$$= 200/250 = 0.8\text{mm}$$

模板容许变形取 $l/250$，面板的最大挠度小于 $l/250$，满足要求！

②施工人员及设备荷载按集中荷载布置见图 14.1.6-5

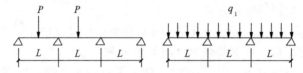

图 14.1.6-5 计算荷载组合简图（支座最大弯矩，$L=200$）

最大弯矩

$$M = 0.1q_1 l^2 + 0.175Pl = 0.1 \times 19.26 \times 0.2^2 + 0.175 \times 3.5 \times 0.2 = 0.2\text{kN} \cdot \text{m}$$

抗弯强度 $\sigma = M / W = 0.2 \times 10^6 / 26250 = 7.62\text{N/mm}^2 < [f] = 27\text{N/mm}^2$

面板的抗弯强度验算 $f < [f]$，满足要求！

4. 次梁木方计算

按由永久荷载效应控制的组合考虑，永久荷载分项系数取 1.35。木方按三跨连续梁计算。

（1）荷载的计算

①恒荷载为钢筋混凝土板自重与模板的自重，恒荷载标准值：

$$q_{3k} = 25.1 \times 0.8 \times 0.2 + 0.3 \times 0.2 = 4.08\text{kN/m}$$

说明：次梁木方间距 0.2m

②活荷载标准值：

$$q_{4k} = 2.5 \times 0.2 = 0.5\text{kN/m}$$

说明：施工人员及设备荷载取 2.5 kN/m²

③恒荷载设计值：

$$q_3 = 1.35 \times 4.08 = 5.51\text{kN/m}$$

④活荷载设计值：

施工人员及设备荷载按均布线荷载作用小梁时，荷载设计值（kN/m）：

$$q_4 = 1.4 \times 0.5 = 0.7\text{kN/m}$$

施工人员及设备荷载按集中荷载作用小梁时，荷载设计值（kN/m）：

$$P = 1.4 \times 2.5 = 3.5\text{kN}$$

（2）木方截面惯性矩 I 和截面抵抗矩 W 分别为：

$$W = 5 \times 10 \times 10/6 = 83.33\text{cm}^3$$
$$I = 5 \times 10 \times 10 \times 10/12 = 416.67\text{cm}^4$$

根据《木结构设计规范》，并考虑使用条件，设计使用年限，木材抗弯强度设计值 $f_m = 13\text{N/mm}^2$，抗剪强度设计值 $f_v = 1.5\text{N/mm}^2$，弹性模量 $E = 9350\text{N/mm}^2$。

木方抗弯强度计算

①施工人员及设备荷载按均布荷载布置见图 14.1.6-6

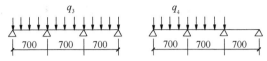 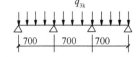

图 14.1.6-6　计算荷载组合简图（支座最大弯矩、　　　图 14.1.6-7　挠度计算简图
最大剪力）

a. 木方抗弯强度计算

最大弯矩

$$M = 0.1q_3 l^2 + 0.117q_4 l^2 = 0.1 \times 5.51 \times 0.7^2 + 0.117 \times 0.7 \times 0.7^2 = 0.31 \text{kN} \cdot \text{m}$$

$$\sigma = M/W = 0.31 \times 10^6 / 83330 = 3.72 \text{N/mm}^2 < [f_m] = 13 \text{N/mm}^2$$

木方的抗弯计算强度小于 13.0N/mm²，满足要求！

b. 木方抗剪计算

最大剪力

$$Q = (0.6q_3 + 0.617q_4)l = (0.6 \times 5.51 + 0.617 \times 0.7) \times 0.7 = 2.62 \text{kN}$$

截面抗剪强度

$$T = 3Q/(2bh) = 3 \times 2620/(2 \times 50 \times 100)$$
$$= 0.79 \text{N/mm}^2 < [f_v] = 1.5 \text{N/mm}^2$$

木方的抗剪强度计算满足要求！

c. 木方挠度计算（图 14.1.6-7）

最大变形　　$v = 0.677q_{3k} l^4 / 100EI$

$$= 0.677 \times 4.08 \times 700^4 / (100 \times 9350 \times 4166700)$$
$$= 0.17 \text{mm} < [v] = 700/250 = l/250 = 2.8 \text{mm}$$

木方的最大挠度小于 700/250，满足要求！

②施工人员及设备荷载按集中荷载布置见图 14.1.6-8

图 14.1.6-8　计算荷载组合简图（支座最大弯矩、最大剪力）

a. 木方抗弯强度计算

最大弯矩

$$M = 0.1q_3 l^2 + 0.175Pl = 0.1 \times 5.51 \times 0.7^2 + 0.175 \times 3.5 \times 0.7 = 0.7 \text{kN} \cdot \text{m}$$

抗弯强度　　$\sigma = M/W = 0.7 \times 10^6 / 83330 = 8.4 \text{N/mm}^2 < [f_m] = 13 \text{N/mm}^2$

面板的抗弯强度验算 $f < [f_m]$，满足要求！

b. 木方抗剪计算

最大剪力

$$Q = 0.6q_3 l + 0.675P = 0.6 \times 5.51 \times 0.7 + 0.675 \times 3.5 = 4.68 \text{kN}$$

截面抗剪强度

$$T = 3Q/2bh = 3 \times 4680/(2 \times 50 \times 100)$$
$$= 1.4 \text{N/mm}^2 < f_v = 1.5 \text{N/mm}^2$$

木方的抗剪强度计算满足要求！

5. 主梁钢管计算

主梁按照均布荷载三跨连续梁计算（实际次梁布置较密），计算简图见图 14.1.6-9

主梁钢管的自重忽略

$\phi48\times3.0$ 钢管主梁截面特性：

截面积 $A=4.24$（cm²）；惯性矩 $I=10.78$（cm⁴）；

截面模量 $w=4.49$（cm³）；回转半径 $i=1.595$（cm）；

钢材强度设计值 $f=205\text{N/mm}^2$；弹性模量 $E=2.06\times10^5\text{N/mm}^2$

（1）荷载计算

①恒荷载标准值 $q_{5k}=25.1\times0.8\times0.7+0.3\times0.7=14.27\text{kN/m}$

恒荷载设计值：

钢筋混凝土自重、模板的自重设计值（kN/m）：

$$q_5=1.35q_{5k}=1.35\times14.27=19.26\text{kN/m}$$

②活荷载设计值：

施工人员及设备荷载、振捣混凝土时产生的荷载、按均布线荷载作用直接支撑小梁的主梁时，荷载设计值（kN/m）：

$$q_6=0.7\times1.4q_{6k}=0.7\times1.4\times(2+1.5)\times0.7=2.4\text{kN/m}$$

（施工人员及设备荷载标准值，计算直接支撑小梁的主梁时，均布荷载 1.5kN/m²；振捣混凝土时产生的荷载标准值 2kN/m²，荷载组合系数 0.7）

（2）抗弯强度、挠度计算

①活荷载按均布荷载布置见图 14.1.6-9

②最大弯矩

$M=0.1q_5l^2+0.117q_6l^2=0.1\times19.26\times0.65^2+0.117\times2.4\times0.65^2=0.93\text{kN}\cdot\text{m}$

抗弯强度 $\sigma=M/W=0.93\times10^6/4.49\times10^3=207\text{N/mm}^2\approx[f]=205\text{N/mm}^2$

抗弯强度验算 $f\approx[f]$，满足要求！

说明：根据《建筑施工模板安全技术规范》第 4.3.1 条规定，结构重要性系数取值 0.9。

抗弯强度 $\sigma=0.9M/W=0.9\times0.93\times10^6/4.49\times10^3=186\text{N/mm}^2<[f]=205\text{N/mm}^2$ 满足要求！

③挠度计算（图 14.1.6-10）

$$v=0.677q_{5k}l^4/100EI<[v]=l/150$$

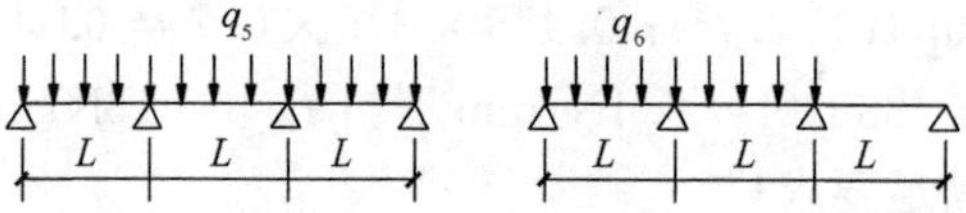

图 14.1.6-9　计算荷载组合简图（支座最大弯矩，L=650）

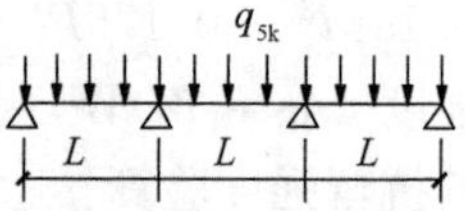

图 14.1.6-10　挠度计算简图（L=650）

最大挠度计算值 $v=0.677\times14.27\times650^4/(100\times2.06\times10^5\times107800)$

$=0.8\text{mm}<[v]=l/150=650/150=4.3\text{mm}$

最大挠度小于 $l/150$，满足要求！

④主楞与立杆主节点扣件抗滑承载力计算

最大支座反力 $F = (1.1q_5 + 1.2 q_6)l = (1.1 \times 19.26 + 1.2 \times 2.4) \times 0.65$
$$= 15.64\text{kN}$$

根据扣件节点承载力试验，直接受力节点三扣件抗滑承载力（设计值）$R = 21\text{kN}$
（图 14.1.6-11）

最大支座反力或节点受最大竖向力 $F = 15.64\text{kN} < R$

扣件抗滑承载力满足要求。

6. 验算模板支撑架立杆稳定

1) 模板支架荷载：

作用于模板支架的荷载包括恒荷载、活荷载和风荷载。

恒荷载标准计算：

（1）模板支架自重标准值：

底部：$N_{Gk1} = 4.95 \times 0.2344 = 1.16\text{kN}$

说明：①立杆计算部位取架体底部

②查《规范》附录 A，表 A.0.3，满堂支撑架立杆承受的每米结构自重标准值 $g_k = 0.2344$ kN/m。

③表 A.0.3 满堂支撑架立杆承受的每米结构自重标准值 g_k（kN/m）比表 A.0.2 满堂脚手架立杆承受的每米结构自重标准值 g_k（kN/m）数值大。

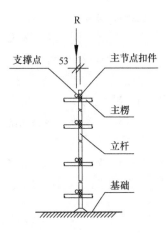

图 14.1.6-11　荷载通过主节点扣件传递给立杆的传力图

④按步距 $h = 0.6\text{m}$，立杆间距 0.75m×0.75m（横距 $l_b = 0.75\text{m}$，纵距 $l_a = 0.75\text{m}$），查表得 $g_k = 0.2344\text{kN/m}$。比立杆间距 0.7m×0.65m g_k 大，计算结果偏安全。

（2）模板的自重标准值：$N_{Gk2} = 0.7 \times 0.65 \times 0.3 = 0.14\text{kN}$

（3）钢筋混凝土楼板自重标准值：$N_{Gk3} = 25.1 \times 0.7 \times 0.65 \times 0.8 = 9.14\text{kN}$

恒荷载对立杆产生的轴向力标准值总和：

$$\Sigma N_{Gk} = N_{Gk1} + N_{Gk2} + N_{Gk3} = 1.16 + 0.14 + 9.14 = 10.44\text{kN}$$

活荷载标准值计算：

（1）施工人员及设备荷载产生的轴力标准值

$$N_{Qk1} = 1 \times 0.7 \times 0.65 = 0.46\text{kN}$$

（2）振捣混凝土时产生的荷载标准值：

$$N_{Qk2} = 2 \times 0.7 \times 0.65 = 0.91\text{kN}$$

（3）风荷载，架体位于地下。满堂脚手架两侧与围护结构（混凝土灌注桩）通过可调托撑顶紧。可忽略风荷载。

2) 计算立杆段的轴向力设计值 N

$$N = 1.35 \Sigma N_{Gk} + 0.7 \times 1.4 \Sigma N_{Qk} = 1.35 \Sigma N_{Gk} + 0.7 \times 1.4(N_{Qk1} + N_{Qk2})$$
$$= 1.35 \times 10.44 + 0.7 \times 1.4 \times (0.46 + 0.91)$$
$$= 15.44\text{kN}$$

3) 立杆的稳定性计算

架体选用满堂扣件式钢管脚手架（荷载通过水平杆传递给立杆）做模板支架。

不组合风荷载时，按下式验算立杆稳定

$$\frac{N}{\varphi A} \leqslant f$$

$\phi 48 \times 3.0$ 钢管截面特性：

截面积 $A = 4.24$（cm^2）；惯性矩 $I = 10.78$（cm^4）

截面模量 $w = 4.49$（cm^3）；回转半径 $i = 1.595$（cm）

钢材强度设计值 $f = 205N/mm^2$；弹性模量 $E = 2.06 \times 10^5 N/mm^2$

长细比验算

查《规范》附录 C，表 C-1 满堂脚手架立杆计算长度系数，步距 $h = 0.9m$，立杆间距 $0.9m \times 0.9m$，高宽比不大于 2，$\mu = 3.482$。

根据满堂扣件式脚手架整体稳定试验结论，步距 $h = 0.9m$，减小步距 $h = 0.6m$，高宽比由 2 减小到 0.5，其他条件不变，承载力提高 15%～40%。根据表 C-1（满堂脚手架立杆计算长度系数）及满堂脚手架整体稳定试验结论得出结论：步距 $h = 0.6m$，立杆间距不大于 $0.9m \times 0.9m$，高宽比不大于 0.5，$\mu = 4.37$。

查《规范》表 5.3.4 满堂脚手架立杆计算长度附加系数，架高度 4.95m　$k = 1.155$

当 $k = 1$ 时　立杆长细比 $\lambda = l_0 / i = \mu k h / i$

$$= 4.37 \times 60 \div 1.595 = 164 < 210$$

当 $k = 1.155$ 时　立杆长细比 $\lambda = l_0 / i = k\mu h / i$

$$= 1.155 \times 4.637 \times 60 \div 1.595 = 190$$

查《规范》附录 A，表 A.0.6，轴心受压构件的稳定系数 $\varphi = 0.199$

钢管立杆抗压强度计算值：

$$\sigma = \frac{N}{\varphi A} = 15.44 \times 10^3 \div (0.199 \times 424)$$

$$= 183N/mm^2 < 205N/mm^2$$

立杆的稳定性计算 $\sigma < [f] = 205N/mm^2$，满足要求！

7. 地基承载力计算

因顶板支架均支撑在采取加强措施中板结构上，故模板支架地基承载力不作计算。

二、1900mm 高顶板梁结构模板支架验算

1. 计算参数

模板支撑架高度 $H_1 = 3.85m$，高宽比不大于 1，混凝土梁高 $H_B = 1.9m$，梁宽 1.0m，立杆间距 $l_a \times l_b = 0.65 \times 0.4m$（梁底），步距 $h_2 = 0.6m$，主梁采用 $\phi 48 \times 3.0$ 钢管，主梁上的次梁（或支撑模板的小梁）采用 $50mm \times 100mm$ 木方，间距 250mm。混凝土模板用竹胶合板厚 15mm。施工地区为基本风压 $0.25kN/m^2$ 的市区。支架均支撑在采取加强措施中板结构上。

架体选用满堂脚手架（荷载通过水平杆传递给立杆）做模板支架。架体位于地下。满堂脚手架两侧与围护结构（混凝土灌注桩）通过可调托撑顶紧。在架体纵、横向不大于 8m 设置剪刀撑。图 14.1.5、图 14.1.6-12。

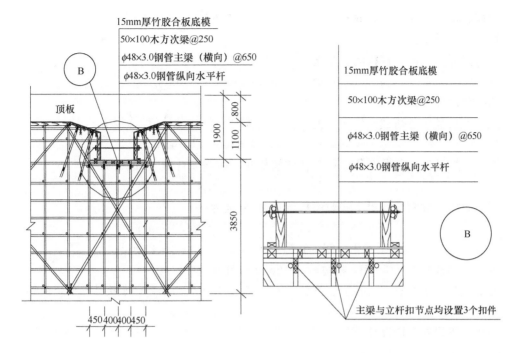

图 14.1.6-12 混凝土梁模板支架详图

2. 梁底模板支撑架应考虑的荷载

恒荷载：

（1）模板自重，0.3kN/m²

（2）模板支架自重

（3）钢筋混凝土自重，25.5kN/m³

活荷载：

（1）施工人员及设备荷载

计算模板和直接支撑模板的小梁时，均布荷载 2.5kN/m²，集中荷载 2.5kN。

计算直接支撑小梁的主梁时，均布荷载 1.5kN/m²。

计算支架立杆时，均布荷载 1.0kN/m²。

（2）振捣混凝土时产生的荷载标准值：2kN/m²

（3）风荷载，架体位于地下。满堂脚手架两侧与围护结构（混凝土灌注桩）通过可调托撑顶紧。可忽略风荷载。

3. 模板面板计算

使用模板类型为：混凝土模板用胶合板。

面板为受弯结构，需要验算其抗弯强度和刚度。模板面板按照三跨连续梁计算。计算单元取：板宽方向取 0.65m，长按三跨计算。

强度验算考虑荷载：钢筋混凝土板自重，模板自重，施工人员及设备荷载；挠度验算考虑荷载：钢筋混凝土梁自重，模板自重。

结构重要系数取 1（或 0.9），按永久荷载效应控制的组合方式。

（1）荷载计算

恒荷载标准值 $q_{1k}=25.5 \times 1.9 \times 0.65 + 0.3 \times 0.65 = 31.69 \mathrm{kN/m}$

恒荷载设计值：

钢筋混凝土自重、模板的自重设计值（kN/m）：

$$q_1 = 1.35 q_{1k} = 1.35 \times 31.69 = 42.78 \mathrm{kN/m}$$

活荷载设计值：

施工人员及设备荷载按均布线荷载作用模板时，荷载设计值（kN/m）：

$$q_2 = 1.4 q_{2k} = 1.4 \times 2.5 \times 0.65 = 2.28 \mathrm{kN/m}$$

施工人员及设备荷载按集中荷载作用模板时，荷载设计值（kN/m）：

$$P = 1.4 \times 2.5 = 3.5 \mathrm{kN}$$

（2）面板的截面惯性矩 I 和截面抵抗矩 W 分别为：

$$W = bh^2/6 = 65 \times 1.5 \times 1.5/6 = 24.38 \mathrm{cm}^3；$$

$$I = bh^3/12 = 65 \times 1.5 \times 1.5 \times 1.5/12 = 18.28 \mathrm{cm}^4；$$

说明：模板厚 $h=15\mathrm{mm}$，板宽取 $b=650\mathrm{mm}$ 计算。

混凝土模板用竹胶合板强度容许值 $[f]=30\mathrm{N/mm}^2$。混凝土模板用竹胶合板弹性模量为 $4400\mathrm{N/mm}^2$

（3）抗弯强度、挠度计算

①施工人员及设备荷载按均布荷载布置见图 14.1.6-13

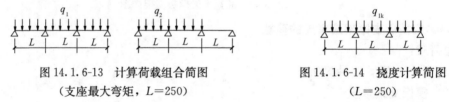

图 14.1.6-13　计算荷载组合简图　　　　图 14.1.6-14　挠度计算简图

（支座最大弯矩，$L=250$）　　　　　　（$L=250$）

最大弯矩

$M = 0.1 q_1 l^2 + 0.117 q_2 l^2 = 0.1 \times 42.78 \times 0.25^2 + 0.117 \times 2.28 \times 0.25^2 = 0.28 \mathrm{kN \cdot m}$

抗弯强度　　$\sigma = M/W = 0.28 \times 10^6/24380 = 11.48 \mathrm{N/mm}^2 < [f] = 30 \mathrm{N/mm}^2$

面板的抗弯强度验算 $f < [f]$，满足要求！

挠度计算

$$v = 0.677 q_{1k} l^4/100EI < [v] = l/250$$

面板最大挠度计算值　$v = 0.677 \times 31.69 \times 250^4/(100 \times 4400 \times 182800)$

$$= 1.0 \mathrm{mm} = [v] = l/250 = 250/250 = 1.0 \mathrm{mm}$$

模板容许变形取 $l/250$，面板的最大挠度小于 $l/250$，满足要求！

②施工人员及设备荷载按集中荷载布置见图 14.1.6-15

最大弯矩

$M = 0.1 q_1 l^2 + 0.175 Pl$

$= 0.1 \times 42.78 \times 0.25^2 + 0.175 \times 3.5 \times 0.25$

$= 0.42 \mathrm{kN \cdot m}$

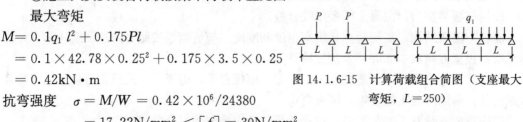

图 14.1.6-15　计算荷载组合简图（支座最大弯矩，$L=250$）

抗弯强度　　$\sigma = M/W = 0.42 \times 10^6/24380$

$$= 17.22 \mathrm{N/mm}^2 < [f] = 30 \mathrm{N/mm}^2$$

面板的抗弯强度验算 $f < [f]$，满足要求！

4. 次梁木方计算

按由永久荷载效应控制的组合考虑，永久荷载分项系数取 1.35。木方按三跨连续梁计算。

1）荷载的计算

（1）恒荷载为钢筋混凝土板自重与模板的自重，恒荷载标准值：

$$q_{3k} = 25.5 \times 1.9 \times 0.25 + 0.3 \times 0.25 = 12.19 \text{kN/m}$$

说明：次梁木方间距 0.25m

（2）活荷载标准值：

$$q_{4k} = 2.5 \times 0.25 = 0.63 \text{kN/m}$$

说明：施工人员及设备荷载取 2.5 kN/m²

（3）恒荷载设计值：

$$q_3 = 1.35 \times 12.19 = 16.46 \text{kN/m}$$

（4）活荷载设计值：

施工人员及设备荷载按均布线荷载作用小梁时，荷载设计值（kN/m）：

$$q_4 = 1.4 \times 0.63 = 0.88 \text{kN/m}$$

施工人员及设备荷载按集中荷载作用小梁时，荷载设计值（kN/m）：

$$P = 1.4 \times 2.5 = 3.5 \text{kN}$$

2）木方截面惯性矩 I 和截面抵抗矩 W 分别为：

$$W = 10 \times 10 \times 10 / 6 = 166.67 \text{cm}^3$$
$$I = 10 \times 10 \times 10 \times 10 / 12 = 833.33 \text{cm}^4$$

根据《木结构设计规范》，并考虑使用条件，设计使用年限，木材抗弯强度设计值 f_m = 13N/mm² 抗剪强度设计值 f_v = 1.5N/mm²，弹性模量 E = 9350N/mm²

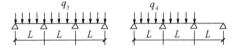

图 14.1.6-16　计算荷载组合简图（支座最大弯矩、最大剪力，L=650）

木方抗弯强度计算

（1）施工人员及设备荷载按均布荷载布置见图 14.1.6-16

① 木方抗弯强度计算

最大弯矩

$$M = 0.1 q_3 l^2 + 0.117 q_4 l^2 = 0.1 \times 16.46 \times 0.65^2 + 0.117 \times 0.88 \times 0.65^2 = 0.74 \text{kN} \cdot \text{m}$$
$$\sigma = M/W = 0.74 \times 1000 \times 1000 / 166670 = 4.44 \text{N/mm}^2 < [f_m] = 13 \text{N/mm}^2$$

木方的抗弯计算强度小于 13.0N/mm²，满足要求！

② 木方抗剪计算

最大剪力

$$Q = (0.6 q_3 + 0.617 q_4) l = (0.6 \times 16.46 + 0.617 \times 0.88) \times 0.65$$
$$= 6.77 \text{kN}$$

截面抗剪强度

$$T = 3Q/2bh = 3 \times 6770 / (2 \times 100 \times 100) = 1.02 \text{N/mm}^2 < [f_v] = 1.5 \text{N/mm}^2$$

木方的抗剪强度计算满足要求！

③ 木方挠度计算（图 14.1.6-17）

最大变形　　　　　　　　$$v = 0.677 q_{3k} l^4 / 100 EI$$

$$= 0.677 \times 12.19 \times 650^4 / (100 \times 9350 \times 8333300)$$
$$= 0.2\text{mm} < [v] = l / 250 = 2.6\text{mm}$$

木方的最大挠度小于 650/250，满足要求！

（2）施工人员及设备荷载按集中荷载布置见图 14.1.6-18

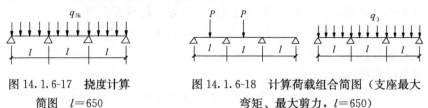

图 14.1.6-17　挠度计算　　　　图 14.1.6-18　计算荷载组合简图（支座最大
　　　简图　$l=650$　　　　　　　　　弯矩、最大剪力，$l=650$）

①木方抗弯强度计算

最大弯矩

$$M = 0.1q_3 l^2 + 0.175Pl = 0.1 \times 16.46 \times 0.65^2 + 0.175 \times 3.5 \times 0.65 = 1.09\text{kN} \cdot \text{m}$$

抗弯强度 $\sigma = M/W = 1.09 \times 1000 \times 1000 / 166670 = 6.54\text{N/mm}^2 < [f_m] = 13\text{N/mm}^2$

抗弯强度验算 $f < [f_m]$，满足要求！

②木方抗剪计算

最大剪力

$$Q = 0.6q_3 l + 0.675P = 0.6 \times 16.46 \times 0.65 + 0.617 \times 3.5 = 8.58\text{kN}$$

截面抗剪强度

$$T = 3Q/2bh = 3 \times 8580 / (2 \times 100 \times 100)$$
$$= 1.29\text{N/mm}^2 < [f_v] = 1.5\text{N/mm}^2$$

木方的抗剪强度计算满足要求！

5．主梁钢管计算

主梁按照均布荷载二跨连续梁计算，计算简图见图 14.1.6-19。

主梁钢管的自重忽略

$\phi 48 \times 3.0$ 钢管截面特性：

截面积 $A=4.24$（cm²）；惯性矩 $I=10.78$（cm⁴）；

截面模量 $w=4.49$（cm³）；回转半径 $i=1.595$（cm）；

钢材强度设计值 $f=205\text{N/mm}^2$；弹性模量 $E=2.06 \times 10^5 \text{N/mm}^2$

1）荷载计算

（1）恒荷载标准值 $q_{5k} = 25.5 \times 1.9 \times 0.65 + 0.3 \times 0.65 = 31.69\text{kN/m}$

恒荷载设计值：

钢筋混凝土自重、模板的自重设计值（kN/m）：

$$q_5 = 1.35q_{5k} = 1.35 \times 31.69 = 42.78\text{kN/m}$$

（2）活荷载设计值：

施工人员及设备荷载、振捣混凝土时产生的荷载、按均布线荷载作用直接支撑小梁的主梁时，荷载设计值（kN/m）：

$$q_6 = 0.7 \times 1.4q_{6k} = 0.7 \times 1.4 \times (2+1.5) \times 0.65 = 2.23\text{kN/m}$$

（施工人员及设备荷载标准值，计算直接支撑小梁的主梁时，均布荷载 1.5kN/m²；

振捣混凝土时产生的荷载标准值 $2kN/m^2$，荷载组合系数 0.7。）

2）抗弯强度、挠度计算

（1）活荷载按均布荷载布置见图 14.1.6-19

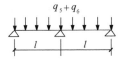

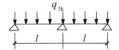

图 14.1.6-19　计算荷载组合简图　　　　图 14.1.6-20　挠度计算简图

（支座最大弯矩，$l=400$）　　　　　　　　（$l=400$）

（2）最大弯矩

$$M = 0.125(q_5+q_6)l^2 = 0.125(42.78+2.23) \times 0.4^2 = 0.9kN \cdot m$$

抗弯强度　$\sigma = M/W = 0.9 \times 10^6/4.49 \times 10^3 = 200N/mm^2 < [f] = 205N/mm^2$

抗弯强度验算 $f < [f]$，满足要求！

说明：根据《建筑施工模板安全技术规范》4.3.1 条规定，结构重要性系数取值 0.9。

抗弯强度　$\sigma = 0.9M/W = 0.9 \times 0.9 \times 10^6/4.49 \times 10^3 = 180N/mm^2 < [f] = 205N/mm^2$　满足要求！

（3）挠度计算

$$v = 0.521q_{5k}l^4/100EI < [v] = l/250$$

最大挠度计算值 $v = 0.521 \times 31.69 \times 400^4/(100 \times 2.06 \times 10^5 \times 107800)$

$$= 0.2mm < [v] = l/150 = 400/150 = 2.7mm$$

最大挠度小于 $l/150$，满足要求！

（4）主楞与立杆主节点扣件抗滑承载力计算

最大支座反力　$F = 1.25(q_5+q_6)l = 1.25(42.78+2.23) \times 0.4 = 22.5kN$

结构重要性系数取值 0.9

节点受最大竖向力

$$Q = 0.9F = 0.9 \times 22.5 = 20.2kN$$

根据扣件节点承载力试验，直接受力节点三扣件抗滑承载力（设计值）$R=21kN$

图 14.1.6-21

节点受最大竖向力 $Q=20.2kN < R$

扣件抗滑承载力满足要求

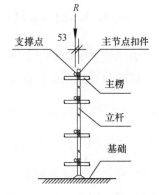

图 14.1.6-21　荷载通过主节点扣件传递给立杆的传力图

6. 验算模板支撑架立杆稳定

1）模板支架荷载：

作用于模板支架的荷载包括恒荷载、活荷载和风荷载。

恒荷载标准计算：

（1）模板支架自重标准值：

底部：$N_{Gk1} = 3.85 \times 0.1820 = 0.701kN$

说明：①立杆计算部位取架体底部。

②查《规范》附录 A，表 A.0.2，满堂脚手架立杆承受的每米结构自重标准值 $g_k = 0.1820kN/m$。

（2）模板的自重标准值：$N_{Gk2} = 0.4 \times 0.65 \times 0.3 = 0.08kN$

（3）钢筋混凝土楼板自重标准值：$N_{Gk3} = 25.5 \times 0.4 \times 0.65 \times 1.9 = 12.6kN$

恒荷载对立杆产生的轴向力标准值总和：

$$\Sigma N_{Gk} = N_{Gk1} + N_{Gk2} + N_{Gk3} = 0.701 + 0.08 + 12.6 = 13.38kN$$

活荷载标准值计算：

（1）施工人员及设备荷载产生的轴力标准值：

$$N_{Qk1} = 1 \times 0.4 \times 0.65 = 0.26kN$$

（2）振捣混凝土时产生的荷载标准值：

$$N_{Qk2} = 2 \times 0.4 \times 0.65 = 0.52kN$$

（3）风荷载，架体位于地下。满堂脚手架两侧与围护结构（混凝土灌注桩）通过可调托撑顶紧。可忽略风荷载。

2）计算立杆段的轴向力设计值 N

$$N = 1.35 \Sigma N_{Gk} + 0.7 \times 1.4 \Sigma N_{Qk} = 1.35 \Sigma N_{Gk} + 0.7 \times 1.4 (\Sigma N_{Qk1} + N_{Qk2})$$

$$= 1.35 \times 13.38 + 0.7 \times 1.4 \times (0.26 + 0.52)$$

$$= 18.83kN$$

3）立杆的稳定性计算

不组合风荷载时，按下式验算立杆稳定

$$\frac{N}{\varphi A} \leqslant f$$

$\phi 48 \times 3.0$ 钢管截面特性：

截面积 $A = 4.24$（cm^2）；回转半径 $i = 1.595$（cm）；钢材强度设计值 $f = 205N/mm^2$

长细比验算

根据《规范》表 C-1（满堂脚手架立杆计算长度系数）及满堂脚手架整体稳定试验结论得出结论：步距 $h = 0.6m$，立杆间距不大于 $0.9m \times 0.9m$，高宽比不大于 0.5，$\mu = 4.37$。

查《规范》表 5.3.4 满堂脚手架立杆计算长度附加系数，架高度 3.85m　$k = 1.155$

当 $k = 1$ 时　立杆长细比 $\lambda = l_0/i = \mu kh/i$

$$= 4.37 \times 60 \div 1.595 = 164 < 210$$

当 $k = 1.155$ 时　立杆长细比 $\lambda = l_0/i = k\mu h/i$

$$= 1.155 \times 4.37 \times 60 \div 1.595 = 190$$

查《规范》附录 A，表 A.0.6，轴心受压构件的稳定系数 $\varphi = 0.199$

结构重要性系数取值 0.9，钢管立杆抗压强度计算值：

$$\sigma = 0.9 \frac{N}{\varphi A}$$

$$= 0.9 \times 18.83 \times 10^3 \div (0.199 \times 424)$$

$$= 200N/mm^2 < 205N/mm^2$$

立杆的稳定性计算 $\sigma < [f] = 205N/mm^2$，满足要求！

7. 地基承载力计算

因顶板支架均支撑在采取加强措施中板结构上，故模板支架地基承载力不作计算。

三、内衬墙结构模板支架验算

1）模板侧压力计算

强度验算考虑新浇混凝土侧压力和倾倒混凝土时产生的荷载设计值；挠度验算考虑新浇混凝土侧压力产生荷载标准值。内衬墙模板图见图 14.1.6-22，支撑详图见图 14.1.6-23。

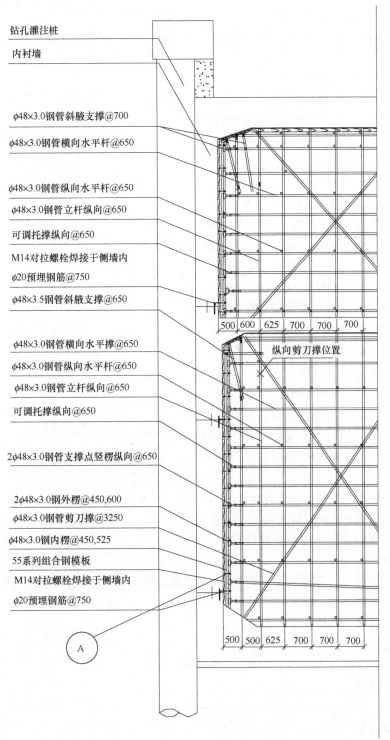

图 14.1.6-22　内衬墙模板支撑

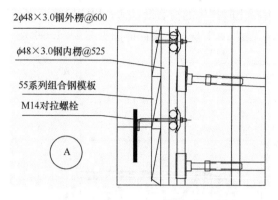

2φ48×3.0钢外楞@600

φ48×3.0钢内楞@525

55系列组合钢模板

M14对拉螺栓

图 14.1.6-23 内衬墙模板支撑详图

依据《混凝土结构工程施工规范》GB 50666—2011，A.0.4，新浇混凝土侧压力计算公式为式 14.1.6-1 与式 14.1.6-2 中的较小值：

$$F = 0.28\gamma_c\, t_0 \beta V^{1/2} \quad (14.1.6\text{-}1)$$

$$F = \gamma_c H \quad (14.1.6\text{-}2)$$

式中　　γ_c——混凝土的重力密度，取 24kN/m³；

t_0——新浇混凝土的初凝时间，取 5h；

说明：$t_0 = 200/(T+15) = 200/(25+15) = 5h$，$T$ 混凝土温度，取 25℃；

V——混凝土的浇筑速度，取 1.0m/h；

说明：V＝每小时浇筑混凝土总方量/侧墙总平面积＝42/42＝1m/h

每小时浇筑混凝土总方量＝42m³/h

侧墙总平面积＝$C_{a1} \times C_{b1} + C_{a2} \times C_{b2}$＝30×0.7＋30×0.7＝42m²

H——混凝土侧压力计算位置处至新浇混凝土顶面总高度，取 7.46m；说明：墙体浇筑高度 H＝7.46m；

β——混凝土坍落度影响修正系数，取 1.0。

说明：坍落度＝160mm

新浇混凝土侧压力标准值

$$F = 0.28\gamma_c\, t_0 \beta V^{1/2}$$

$$= 0.28 \times 24 \times 5 \times 1.0 \times 1^{1/2} = 33.6\text{kN/m}^2$$

$$F = \gamma_c H = 24 \times 7.46 = 179.04\text{kN/m}^2,$$

$$取 \quad F = 33.6\text{kN/m}^2$$

说明：当采用插入式振捣器且浇捣速度不大于 10m/h、混凝土坍落度不大于 180mm 时，新浇筑混凝土作用于模板的最大侧压力标准值，可按以上二式计算，并取其中的较小值。

倾倒混凝土时产生的荷载标准值 Q_k＝4kN/m²。

（1）侧模面板计算

模板采用钢模板，钢模板为受弯结构，需要验算其抗弯强度和刚度。按照二跨连续梁计算。计算简图见图 14.1.6-24。

钢模板的计算宽度取 0.3m。

恒荷载标准值

$$q_{1k} = 33.6 \times 0.3 = 10.08\text{kN/m}$$

恒荷载设计值

$$q_1 = 1.35 \times 10.08 = 13.61\text{kN/m}$$

活荷载设计值

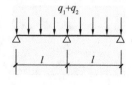

图 14.1.6-24 计算简图
l＝525mm

$$q_2 = 4 \times 0.3 = 1.2\text{kN/m}$$

面板的截面惯性矩 I 和截面抵抗矩 W 分别为：

$$I = 26.97 \times 10^4 \text{mm}^4 \quad W = 5.94 \times 10^3 \text{mm}^3 \quad E = 2.06 \times 10^5 \text{N/mm}^2$$

净截面面积 $\qquad\qquad\qquad A = 1040 \text{mm}^2$

钢材强度设计值 $f = 205 \text{N/mm}^2$　抗剪强度设计值 $[f_v] = 120 \text{N/mm}^2$

容许挠度 $[v] \leqslant 1.5 \text{mm}$

①抗弯强度计算

最大弯矩

$$M = 0.125(q_1 + q_2) l^2 = 0.125 \times (13.61 + 1.2) \times 0.525^2 = 0.51 \text{kN} \cdot \text{m}$$

抗弯强度计算值

$$f = M/W = 0.51 \times 10^6 / 5.94 \times 10^3 = 85.86 \text{N/mm}^2 < [f] = 205 \text{N/mm}^2$$

抗弯强度验算 $f < [f]$，满足要求！

②抗剪计算

最大剪力

$$Q = 0.625(q_1 + q_2)l = 0.625 \times (13.61 + 1.2) \times 0.525 = 4.86 \text{kN}$$

截面抗剪强度

$$\begin{aligned} T &= 3Q/2A = 3 \times 4860/(2 \times 1040) \\ &= 7.01 \text{N/mm}^2 < 120 \text{N/mm}^2 \end{aligned}$$

抗剪强度计算满足要求！

③挠度计算

用恒荷载标准值（$q_{1k} = 10.08 \text{kN/m}$）进行挠度计算。

最大挠度计算值

$$v = 0.521 q_{3k} l^4 /(100 EI) = 0.521 \times 10.08 \times 525^4 /(100 \times 2.06 \times 10^5 \times 26.97 \times 10^4)$$
$$= 0.1 \text{mm} < [v] = 1.5 \text{mm}$$

最大挠度小于容许挠度，满足要求！

（2）内楞受力计算

内楞为受弯结构，需要验算其抗弯强度、抗剪强度和刚度。按照三跨连续梁计算。内楞间距 450，525mm。计算取 525mm。计算简图见图 14.1.6-25、图 14.1.6-26。

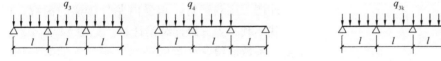

图 14.1.6-25　计算荷载组合简图（支座最大弯矩，
　　　　　　　　 $l = 600$）

图 14.1.6-26　挠度计算简图
　　　　　　　 $l = 600 \text{mm}$

恒荷载标准值

$$q_{3k} = 33.6 \times 0.525 = 17.64 \text{kN/m}$$

恒荷载设计值

$$q_3 = 1.35 \times 20.16 = 23.81 \text{kN/m}$$

活荷载设计值

$$q_4 = 4 \times 0.525 = 2.1 \text{kN/m}$$

内楞采用 $\phi 48 \times 3.0$ 钢管，钢管截面特性：

截面积 $A=4.24$（cm²）；惯性矩 $I=10.78$（cm⁴）；

截面模量 $w=4.49$（cm³）；

钢材强度设计值 $f=205\text{N/mm}^2$；弹性模量 $E=2.06\times10^5\text{N/mm}^2$

截面抗剪强度设计值 $f_v=120\text{N/mm}^2$

①抗弯强度计算

最大弯矩

$$M=0.1q_3l^2+0.117q_4l^2=0.1\times23.81\times0.6^2+0.117\times2.1\times0.6^2=0.946\text{kN}\cdot\text{m}$$

面板抗弯强度计算值　$f=M/W=0.946\times10^6/4490=210.69\text{N/mm}^2\approx f=205\text{N/mm}^2$；

抗弯强度验算满足要求！

说明：结构重要性系数取值 $\gamma_0=0.9$。

抗弯强度 $\sigma=0.9M/W=0.9\times0.946\times10^6/4490=189.62\text{N/mm}^2<f=205\text{N/mm}^2$；

满足要求！

②钢管抗剪计算

最大剪力

$$Q=(0.6q_3+0.617q_4)l=(0.6\times23.81+0.617\times2.1)\times0.6=9.35\text{kN}$$

截面抗剪强度

$$T=2Q/A=2\times9350/(424)$$
$$=44\text{N/mm}^2<[f_v]=120\text{N/mm}^2$$

钢管的抗剪强度计算满足要求！

③挠度计算

最大挠度计算值

$$v=0.667q_{3k}l^4/(100EI)=0.667\times17.64\times600^4/(100\times2.06\times10^5\times107800)$$
$$=0.7\text{mm}<l/150=600/150=4\text{mm}$$

最大挠度小于 $l/150$，满足要求！

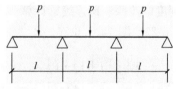

图 14.1.6-27　计算简图 $l=600\text{mm}$

（3）外楞受力计算

①外楞受荷载

外楞采用双钢管，承受内龙骨传递的荷载，按照集中荷载不利布置三跨连续梁计算。见图 14.1.6-27。结构重要性系数取值 $\gamma_0=0.9$。

恒荷载标准值

$$P_k=0.9\times33.6\times0.6\times0.65=11.79$$

恒荷载与活荷载设计值

$$P=0.9\times(1.35\times33.6\times0.6\times0.65+1.4\times4\times0.6\times0.65)=17.89\text{kN}$$

②计算参数：外楞用 $\phi48\times3.0$ 双钢管，钢管截面特性：

截面积 $A=4.24$（cm²）；惯性矩 $I=10.78$（cm⁴）；

截面模量 $w=4.49$（cm³）；

钢材强度设计值 $f=205\text{N/mm}^2$；弹性模量 $E=2.06\times10^5\text{N/mm}^2$

截面抗剪强度设计值 $f_v=120\text{N/mm}^2$

容许挠度　　　　　　$[v]=l/150=600/150=4\text{mm}$

③抗弯强度计算

最大弯矩　　　$M = 0.175pl = 0.175 \times 17.89 \times 0.6 = 1.88 \text{kN} \cdot \text{m}$

抗弯计算强度　$f = M/W = 1.88 \times 10^6 /(2 \times 4490) = 209 \text{N/mm}^2 \approx f = 205 \text{N/mm}^2$

抗弯计算强度，满足要求！

说明：根据外楞双钢管受力特点，截面模量 $w = 2 \times 4.49$（cm^3）；

④抗剪计算

截面抗剪强度必须满足：

$$T = 2Q/A < f_\text{v}$$

最大剪力　　　$Q = 0.65p = 0.65 \times 17.89 = 11.63 \text{kN}$

截面抗剪强度计算值　$T = 2 \times 11630 /(2 \times 424) = 27.43 \text{N/mm}^2 < f_\text{v} = 120 \text{N/mm}^2$

抗剪强度计算满足要求！

说明：根据外楞双钢管受力特点，截面积 $A = 2 \times 4.24$（cm^2）；

⑤挠度计算

最大变形　　$v = 1.146 p_\text{k} l^3 /(100EI) = 1.146 \times 11.79 \times 10^3 \times 600^3 /(100 \times 2.06 \times 10^5 \times 2 \times 10.78 \times 10^4) = 0.7 \text{mm} < 600/150 = 4 \text{mm}$

说明：根据外楞双钢管受力特点，惯性矩 $I = 2 \times 10.78$（cm^4）；

最大挠度小于 $l/150$，满足要求！

（4）水平支撑受压稳定性计算

水平支撑受压稳定性计算轴心受压，计算简见图 14.1.6-28

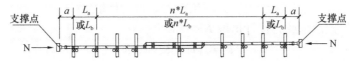

图 14.1.6-28　水平支撑受力简图

①计算参数：

水平支撑间距 0.6m×0.65m　可调托撑钢板至临近立杆中心线距离 $a = 0.3$m

可调托撑钢板至临近立杆间距 $l_\text{a} = 0.6$m，高宽比不大于 1

②长细比验算

查《规范》附录 C，表 C-3 满堂支撑架（剪刀撑设置加强型）立杆计算长度系数

$$\mu_1 = 1.477$$

$$k = 1 \text{ 时，　长细比 } \lambda = l_0/i = k\mu_1(l_\text{a} + 2a)$$

$$= 1 \times 1.477 \times (60 + 2 \times 50)/1.595 = 148 < [\lambda] = 210$$

说明：a 按 0.5m 查表，按 0.5m 计算。

长细比要求：

$k = 1.155$ 时，

$$\text{长细比 } \lambda = l_0/i = k\mu_1(l_\text{a} + 2a)$$

$$= 1.155 \times 1.477 \times (60 + 2 \times 50)/1.595 = 171$$

查规范附录 A，表 A.0.6 轴心受压构件的稳定系数 φ

$$\varphi = 0.243$$

③水平支撑的轴向力设计值计算：

$$N = 0.9 \times (1.35 \times 33.6 \times 0.6 \times 0.65 + 1.4 \times 4 \times 0.6 \times 0.65) = 17.89\text{kN}$$

说明：结构重要性系数取值 $\gamma_0 = 0.9$。

④稳定性计算：

水平支撑的稳定性应按下列公式计算

$$\frac{N}{\varphi A} \leqslant f$$

$$N/(\varphi A) = 17.79 \times 10^3/(0.243 \times 424) = 172.66\text{N/mm}^2 < f = 205\text{N/mm}^2$$

水平支撑受压满足稳要求！

2）水平支撑搭接点扣件抗滑承载力计算

水平支撑搭接处采用 3 个旋转扣件固定，计算简图见图 14.1.6-29

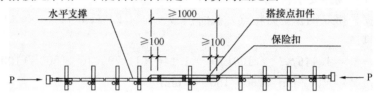

图 14.1.6-29   水平支撑受力简图

水平支撑的轴向力设计值

$$P = N = 17.89\text{kN}$$

查《规范》表 5.1.7   一个旋转扣件抗滑承载力设计值 8kN

3 个旋转扣件抗滑承载力设计值取 $R = 20\text{kN}$

$$P = 17.89\text{kN} < R$$

扣件抗滑承载力满足要求！

14.1.7   模板支架的安装

1）脚手架搭设要点

（1）认真处理好脚手架地基基础，确保脚手架的搭设质量。

（2）严格按照规定的构造尺寸进行搭设，注意杆件的搭设顺序，控制好立杆的垂直偏差、水平杆的水平偏差，并确保节点联接达到要求。

（3）搭设过程中要及时设置斜杆、剪刀撑与结构拉结或采用临时支撑，避免脚手架在搭设过程中发生偏斜和倾倒，确保脚手架搭设过程的安全。

（4）变形的不合格的构配件（有裂纹、尺寸不合适、扣接拧不紧等）不能使用。

（5）未完成的脚手架，在每日收工时，一定要确保架子稳定，以免发生意外。

（6）加强脚手架搭设过程中的检查，发现问题应及时解决。

（7）脚手架搭设完毕后应由技术负责人、安全主管、质量主管组成的检查组进行检查验收，检查合格才能使用。

2）扣件安装要点

（1）扣件规格必须与钢管外径相同。

（2）对接扣件开口应朝上或朝内。

（3）装螺栓时应注意将根部放正和保持适当的拧紧程度，要求扭力矩控制在 40～50N·m 为宜，最大不得超过 65N·m。

（4）各杆件端头伸出扣件盖板边缘的长度不应小于 100mm。

（5）在主节点处固定水平杆、剪刀撑、斜撑等用的直角扣件、旋转扣件的中心点的相互距离不应大于 150mm。

3）模板安装要点

（1）安装模板前，必须由放样员定出模板安装线，保证各结构部位位置正确。

（2）模板及支架在安装过程中，必须设置防倾覆的临时固定设施。

（3）模板支撑系统应为独立的系统，禁止与施工脚手架、物料周转料平台、起重设备钢架体等不稳定的结构相连接。

（4）除内拉杆外，模板的固定装置或支撑物不应设在即将浇捣的混凝土中。

（5）混凝土外露表面的模板接缝，应做成一种有规则的形式，水平和垂直线条应一直连贯每个结构物，所有的施工缝应同这些水平和垂直线条相重合。

（6）模板安装必须按模板的施工设计进行，严禁任意变动。

（7）侧墙、中隔墙模板安装需要的预埋铁件，在浇筑基础底板时，全部安装到位，底板混凝土浇筑完成可以上人后，进行定位放线→安装限位→模板下口安装橡胶密封条→模板拼装、吊装→模板校正→固定、加固→全部安装完毕→模板验收。

（8）顶板模板安装，侧墙、中隔墙模板拆除后，在基础底板上进行定位放线→搭设排架→安装木楞→模板拼装、排放→模板校正→固定、加固→全部安装完毕→模板验收。顶板上口侧边需要增加压顶模板，超过 2m 以上采用对拉螺杆，开 300×300 的泻压孔，振捣以后，抹平覆盖，小于 2m 及有防撞护栏的部位，采用上压加固。

14.1.8 模板支架的拆除

1）拆除时应严格遵守"拆模作业"要点的规定。

2）高处、复杂结构模板的拆除，应有专人指挥和切实的安全措施，并在下面标出工作区，严禁非操作人员进入作业区。

3）工作前应事先检查所使用的工具是否牢固，扳手等工具必须用绳链系在身上，工作时思想要集中，防止钉子扎脚和从空中滑落。

4）有雨、雪、霜时应先清扫施工现场，不滑时再进行工作。

5）拆除模板一般应采用长撬杠，严禁操作人员站在正拆除的模板上、下。

6）已拆除的模板、拉杆、支撑等应及时运走或妥善堆放，严防操作人员因扶空、踏空而坠落。

7）在混凝土墙体、平板上有预留洞时，应在模板拆除后，随时在墙洞上做好安全防护栏或将板的洞盖严。

8）拆模间隙时，应将已活动的横板、拉杆、支撑等固定牢固，严防突然掉落，倒塌伤人。

9）拆除 4m 以上模板时，应搭设脚手架或操作平台，并设防护栏杆。

10）严禁在同一垂直面上操作。

11）拆除平台、楼层板的底模时，应设临时支撑，防止大片模板坠落，尤其是拆支柱、梁时，操作人员应站在洞口外拉拆，更应严防模板突然全部掉落伤人。

12）每人应有足够工作面，数人同时操作时应科学分工，统一信号和行动。

14.1.9　模板支架的施工要求

1）支模应按工序进行，模板没有固定前，不得进行下道工序施工。

2）支设 4m 以上的立柱模板和梁模板时，应搭设工作台，不足 4m 的仍采用搭设工作台。

3）墙模板在未固定前，板面要向后倾斜一定角度并撑牢，以防倒塌。安装过程中要随时拆换支撑或增加支撑，以保持墙模处于稳定状态。模板未支撑稳固前不得松动吊钩。

4）安装墙模板时，应从单边开始，向同一方向拼装，并及时校正、固定。

5）用钢管和扣件搭设排架支承模时，扣件应撑紧，且应抽查扣件螺栓的扭力矩是否符合规定，横杆步距按设计规定，严禁随意增大。

6）平板模板安装就位时，要在支架搭设稳固板下横楞与支架连接牢固后进行，并及时将板与横楞固定。

7）五级以上大风，应停止模板的吊运作业。

14.1.10　模板体系施工技术质量措施

1. 模板施工的一般规定和要求

1）模板及支架应具有足够的承载能力、刚度和稳定性，能可靠的承受浇筑混凝土的重量、侧压力及施工荷载。

2）模板体系应构造简单，装拆方便，并便于钢筋的绑扎和安装，符合混凝土的浇筑及养护等工艺要求。

3）模板工程的施工质量应符合《混凝土结构工程施工质量验收规范》的要求，保证结构尺寸和位置的正确性，模板安装、预埋件、预留孔允许偏差见表 14.1.10。

模板安装、预埋件、预留孔允许偏差表　　　　　　　　表 14.1.10

项　目		允许偏差（mm）	检验方法
轴线位置		5	钢尺检查
底模上表面标高		±5	水准仪或拉线、钢尺检查
截面内部尺寸	基础	±10	钢尺检查
	柱、墙、梁	+4，−5	钢尺检查
层高垂直度	不大于 5m	6	经纬仪或吊线、钢尺检查
	大于 5m	8	经纬仪或吊线、钢尺检查
相邻两板表面高低差		2	钢尺检查
表面平整度		3	2m 靠尺和塞尺检查
预埋钢板中心线位置		3	钢尺检查
预埋管、预留孔中心线位置		3	钢尺检查
插筋	中心线位置	5	钢尺检查
	外露长度	+10，0	拉线或钢尺检查

项　目		允许偏差（mm）	检验方法
预埋螺栓	中心线位置	2	钢尺检查
	外露长度	+10，0	拉线或钢尺检查
预留洞	中心线位置	10	钢尺检查
	尺寸	+10，0	钢尺检查

4）模板在支立前应涂刷脱模剂（不得涂刷废机油）。

5）模板的拼接缝应严密，不得漏浆。

6）模板安装完成后应仔细检查各构件位置是否准确，加固是否牢靠，接缝是否有空隙，预埋件和预留洞是否有遗漏，对于侧模还应检验垂直度。在混凝土浇筑过程中，应有专人检查模板工作状态，当发现有变形、松动现象时应及时进行调整、加固。

2. 模板体系施工技术措施

1）底板、底梁模板施工

（1）基坑开挖到底后应及时施工垫层，之后依次铺设底板和侧墙自粘防水卷材，浇筑底板防水细石混凝土保护层，绑扎钢筋，浇筑混凝土。底板施工时只需处理好两端施工缝，不必另行支模。

（2）底梁侧模采用木模板，模板外侧依次为水平方木、竖向钢管，通过上中下三层对拉螺杆将两侧模板相连。

（3）底板、底梁施工缝处应设快易收口网，便于流水作业。收口网要固定牢靠，避免因重物挤压而损坏。

2）立柱模板施工

（1）在绑扎立柱钢筋之前，应放出外皮尺寸线及控制线，然后再绑扎钢筋，支立模板。

（2）柱模应涂刷脱模剂，接缝处贴双面胶。

（3）立柱模板安装完毕后，需校核轴线、几何尺寸、垂直度，经检验无误后方可浇混凝土。

3）侧墙模板施工

（1）侧墙模板安装前，应测放出结构边线及控制线。

（2）侧墙钢筋绑扎完成后，清理干净施工缝，然后支立侧墙模板。

（3）底板、中板施工时，需在侧墙根部位置预埋 28 斜向锚固钢筋（埋深 30cm），作为侧墙模板支撑体系底部锚筋。

（4）为了保证侧墙的几何尺寸符合设计要求，需在侧墙内设置限位支撑钢筋，支撑钢筋一端焊接钢板以防刺穿防水层，在模板顶部可采用硬木支撑。

（5）模板支立完成以后应进行校模，将结构边线和垂直度的偏差调整至规范允许范围之内，并将模板加固牢靠，确保模板体系的稳定性。

（6）侧墙施工缝处应设置快易收口网，便于流水作业。收口网要固定牢靠，避免因重物挤压而损坏。

4）顶板、顶梁模板施工

（1）顶板、顶梁采用木模板，底部支架为扣件式满堂脚手架。

（2）施工顺序：搭设脚手架→铺设木方→铺设模板→绑扎钢筋→浇筑混凝土→养护混凝土→拆模。

（3）搭设脚手架前必须先检查钢管、扣件状况，对损坏严重的材料坚决不使用。

（4）为防止漏浆，模板的接缝要贴胶带。

（5）顶板、顶梁底部模板应按设计与规范的要求起拱。

（6）顶板、顶梁施工缝处应设置快易收口网，便于流水作业。收口网要固定牢靠，避免因重物挤压而损坏。

5）预留孔洞处模板施工

（1）对于预留孔洞，模板支撑体系宜采用对口支撑的形式。

（2）浇混凝土时应注意避免振捣棒直接碰撞模板与支架。

（3）预留孔洞处模板的施工方法与墙、板类同。

6）模板拆除

（1）模板拆模时间应按规范要求执行，以同条件养护的混凝土试块强度试验报告作为依据。

（2）拆模遵循后支先拆、先支后拆，先拆除非承重部分、后拆除承重部分的原则。

（3）对于拆下的模板应及时清理干净表面粘着物，并涂刷脱模剂，然后分类堆放整齐。

3. 模板体系施工质量措施

1）模板必须支撑牢固，不得有松动、跑模、超量变形下沉等现象。

2）模板拼缝应平整严密，拼缝内贴双面胶带，防止漏浆，模板应涂刷脱模剂。

3）模板安装前，应做好测量放样工作，经检查无误后才能安装模板。

4）顶板、顶梁底部模板应适当起拱。

5）浇筑侧墙混凝土时应及时移动泵管，尽量减小混凝土对侧模的冲击。

6）在搭设脚手架前所有钢管、扣件必须进行检查，对于存在严重裂纹、截面削弱或局部变形等缺陷的构件应拒绝使用。

7）在立模过程中应控制好结构尺寸、结构标高、模板垂直度、模板加固等施工要点，并在浇混凝土前复查。

8）预埋件与预留孔洞必须位置准确，安装牢固。

14.1.11　模板体系施工安全措施

1. 施工现场操作规范

现场施工应遵循"安全第一、预防为主"的原则，严格按照设计和相关安全技术规范的要求进行作业，每个工序中的安全防护措施都应到位。施工中应注意以下问题：

1）所有人员都必须经过安全培训后才能上岗。

2）所有进入施工现场的人员必须戴好安全帽，并按规定佩戴其他相关劳保用品。

3）施工现场应配备专职安全员，负责现场日常巡检工作，维持现场秩序。

4）严禁酒后作业，严禁身体条件不适合的人员参与施工。

5）在施工中要及时采用围栏、防护网对基坑周边、预留洞位置进行安全防护，防止高处坠落事故发生。

6）进入基坑的人员必须走安全通道，不得翻越基坑周边防护栏杆，并务必做好"三保"、"四口"等防护措施。

7）在施工中搭设的扶梯、工作台、支架、脚手架、防护栏、安全网等必须牢固可靠，经验收合格后方可使用。搭设脚手架应符合《建筑施工高处作业安全技术规范》和《建筑安装工人安全技术操作规程》的规定。

8）各施工班组长应在每天上班前对本班组人员进行安全教育，工人必须认真听讲，并严格按照安全操作规程和安全技术交底施工，严禁违章指挥和违章操作，以免造成安全事故。

2. 高处作业安全措施

1）从事高处作业的人员要定期进行体检，身体不适的禁止作业。

2）高处作业时要系好安全带，并合理安排交接班，杜绝疲劳作业。

3）高处作业时材料要堆放平稳，工具随手放入工具袋内，上下传递物件不得抛掷。

4）遇有雾、雨、大风等恶劣天气时，必须采取相应防护措施，否则不得高处作业。

5）没有安全防护设施，禁止在高处支架上行走，高处作业时地面上必须有专人负责联系。

3. 模板安拆安全要求及措施

1）墙体、柱子及梁侧模板拆除模板及定型钢支架拆除时，必须在 3 天（即 3×24h）后方可拆除。墙体、柱子定型模板及支架拆除时，拆除顺序与模板安装顺序相反，先拆支架，后拆模板。墙体模板拆除，首先拆下模板与支架连结螺栓，再松开地脚螺栓，使模板及支架向后倾斜与墙体脱开。如果模板与混凝土墙面吸附或粘结不能离开时，可用撬棍撬动模板下口，不得在墙上口撬模板，或用大锤砸模板。拆除时混凝土强度达到能够保证混凝土表面及棱角不因拆模而损坏即可，现场根据经验及实际情况确定拆模时间，拆除时一定保证混凝土表面不受损。

2）顶板及梁模板拆除

（1）顶板及梁模拆除时符合施工规范规定，根据现场同条件试块试压强度报告，混凝土强度达到要求，拆模申请批准后，方可拆除顶板模板。

（2）拆模强度控制：现浇顶板模拆除，以现场同条件试块试压强度为依据，各部位拆模时混凝土强度要求见表 14.1.11。

模板拆除时的混凝土强度要求　　　　　　　　　　表 14.1.11

构件类型	构件跨度（m）	达到设计的混凝土立方体抗压强度标准值的百分率（%）
板	≤2	≥50
	>2、≤8	≥75
	>8	≥100
梁、拱、壳	≤8	≥75
	>8	≥100

（3）顶板模板及支架拆除时，留 1~2 根立杆支柱暂不拆。操作人员站在已拆除的空隙间，拆去近旁余下的支柱。

（4）拆除模板时拆下的扣件、螺栓，及时收集整理。

3）模板拆除时注意事项

（1）在现场安拆模板时，应将工具装入工具盒内，以避免高处作业时工具坠落伤人。

（2）工人在搬运această模板时应互相配合，协同工作，不得乱扔模板。

（3）在浇筑混凝土过程中，要有专人巡查模板，当发现模板有变形、松动时，应及时进行加固、调整。

（4）模板拆除应按规定逐次进行，不得采用大面积撬落方法，不得留有悬空模板。

（5）拆模时作业人员应站在平稳、牢固、可靠的地方，保持自身平衡，不得猛撬，以防失稳坠落。

（6）拆模必须一次拆清，不得留下无撑模板。模板和脚手架拆除完毕后应分类堆放，堆放地点要平坦，下设支垫且排水良好。扣件、螺栓等小型构件应使用柴油清洗干净，之后装箱、装袋分类存放。

（7）作业中注意事项：

对于危险作业不宜单人操作，应两人以上同时操作，必要时派人监护。工具和材料要放置妥当，不得随便抛掷。

拆除模板时作业人员应站在安全地点进行操作，尽量避免在同一垂直面上下同时操作。

拆除的模板应及时清理，以免钉子扎脚，阻碍通行。

4. 脚手架搭拆安全措施

1）必须严格按照施工方案搭设脚手架，作业平台上的施工荷载应符合设计要求，不得超载。

2）搭拆脚手架时，地面应设围栏和警戒标志，并派专人看守，尽量避免非操作人员入内。

3）脚手架搭设应分段验收，合格后方可在上面铺设方木、模板。

4）脚手架使用期间，应定期检查下列项目：

（1）杆件的设置和连接是否符合要求；

（2）地基是否有积水，底座和扣件螺栓是否出现松动，立杆是否悬空；

（3）安全防护措施是否到位；

（4）是否超载。

5）拆除脚手架前应先检查上部是否有电线、水管、杂物，必须先清除干净后才可拆除。

6）拆除脚手架应遵循后支先拆，先支后拆，先拆非承重体系，后拆承重体系的原则。

5. 施工现场临时用电安全措施

1）施工现场临时用电应严格遵守《施工现场临时用电安全技术规范》JGJ 46—2005的有关规定，施工过程中必须采取必要的用电防护措施。

2）夜间施工必须保证充足的照明。

3）在施工中应加强对电器设备的检查与维修，电器设备必须设置漏电保护器，以确保用电安全。线路架设高度必须符合标准，严防机械损坏输电线路。

4）施工现场用电严禁乱拉乱接，应做到一机一闸一漏一箱，并安排专业电工定期检查电线、开关，防止出现漏电事故。搬运电动机具时，不准用缆线拖拉电动机具，以免拉断或磨损线皮。用完的电动机具应放在干燥处，防止受潮漏电伤人。

6. 施工现场防火安全措施

1）施工现场禁止吸烟，除指定人员外其余人员一律不准携带火种进入现场。

2）现场动火作业，作业班组向项经部安全管理人员申请动火证，取得动火证后，须落实监护、防火措施后方可在指定位置进行动火作业。

3）明火操作地点要有专人看火，看火人员的主要职责如下：清除用火部位附近的可燃物，不能清除的可用水浇湿；脚手架上用火或焊接，要有围护防火；用火部位要准备好消防器材。经常检查消防灭火器材，防止冻结影响灭火；看火人员不得撤离岗位，操作完毕后对用火地点详细检查，特别是火花溅落部位，确认无燃火可能方可离开岗位。

4）定期检查各类消防器材，保持消防器材的灵敏有效。

14.1.12　质量管理及检查验收

1）项目部对进入现场的支架钢管、脚手板、扣件等构配件进行验收；钢管应符合《碳素结构钢》GB/T 700 中 Q235A 钢材的有关规定，扣件应符合《钢管脚手架扣件》GB 15831 中的有关规定，并有质量合格证、质检报告等证明材料，扣件还须提供生产许可证。对进场的承重杆件、连接件等材料的产品合格证、生产许可证、检测报告进行复核备案。

2）钢管表面应平直光滑，壁厚均匀，钢管壁厚不得小于公称壁厚的 90%；不应有裂缝、结疤、分层、错位、硬弯、毛刺、压痕和深的划道，其表面应有防锈处理。

3）旧钢管应每年检查一次；检查时应在锈蚀严重的钢管中抽取三根，在每根锈蚀严重的部位横向截断取样检查，当锈蚀深度超过规定值时不得使用。

4）扣件不得有裂纹、变形和螺栓出现滑丝等缺陷，并应有防锈处理。

5）旧扣件使用前应进行质量检查，有裂缝、变形的严禁使用，出现滑丝的螺栓必须更换，并应有防锈处理。

6）木脚手板的宽度不宜小于 200mm，厚度不应小于 50mm；其质量应符合现行国家标准《木结构设计规范》GB 50005 中Ⅱ级材质的规定；腐朽的脚手板不得使用。

7）竹脚手板宜采用由毛竹或楠竹制作的竹串片板、竹笆板。

8）经验收合格的钢管、脚手板、扣件应按规格、种类，分类整齐堆放、堆稳，堆放地不得有积水。

9）模板支架及其地基基础应在下列阶段进行检查与验收：

（1）基础完工后及支架搭设前。

（2）作业层上施加荷载前。

（3）每搭设完 10～13m 高度后。

（4）达到设计高度后。

（5）遇有六级大风与大雨后；寒冷地区开冻后。

（6）停用超过一个月。

10）进行模板支架检查验收时应根据下列技术文件：

（1）规范及文件的规定。

（2）施工组织设计及变更文件。

（3）技术交底文件。

11）模板支架使用中应定期检查下列项目：

（1）杆件的设置和连接，立杆、水平杆、扫地杆、剪刀撑和扣件等的构造是否符合要求。

（2）地基是否积水，底座是否松动，立杆是否悬空。

（3）扣件螺栓是否松动。

（4）安全防护措施是否符合要求。

（5）是否超载。

12）高大模板支撑系统的梁底扣件应进行100％检查。

13）经检查与验收合格的构配件或模板支架应挂牌明示。

14）模板的质量要求：

（1）模板质量好坏直接影响结构混凝土质量，须指定专人负责，严格控制模板质量。

（2）钢模板必须有足够的强度和刚度以保持不变形，夹具销钉或其他联拉部件必须能使模板联接牢固，表面不平整的金属模板不得使用。

（3）混凝土外露面的木模板，必须以厚度均匀的刨光板制作，制成的模板拼缝严密，必须不漏浆。

（4）模板拆除后应有专人负责养护，对损坏的模板进行整形，及时清除模板上的残余混凝土，并涂刷隔离养护。

15）模板支架搭设前后和过程中必须按《模板支架质量检验表》和相关要求进行严格检查，由专业施工单位自检，项目部全过程复检，各检查项目由项目负责人分别安排项目技术负责人、材料员、安全员、质量员、技术员等进行检查并签字，检查合格后方可浇混凝土。

模板支架质量检验表　　　　　　　　　　　　表 14.1.12

项目名称：＿＿＿＿＿＿＿＿＿＿＿　　　　检查部位：＿＿＿＿＿＿＿＿＿＿＿

序号	项目		技术要求		检验方法	检查结果	检查人
1	钢管、扣件的质量材料证明		须有检测报告和产品质量合格证等质量证明材料，扣件须提供生产许可证		检查		
2	钢管壁厚（钢管进场后立即检查）		按30％比例抽检	≤10％	游标卡尺、钢尺		
3	地基基础（主要针对桥梁工程，对支撑基础须有隐蔽工程验收记录）	承载能力	符合设计要求		是否有设计计算书		
		排水能力	排水性能良好		观察		
		底座或垫块	无晃动、滑动		观察		
4	立杆垂直度		按10％比例抽检	≤3‰	垂直线和钢尺		

续表

序号	项目		技术要求		检验方法	检查结果	检查人
5	杆件间距	层高	按 10% 比例抽检	±20mm	钢尺		
		纵距	按 10% 比例抽检	±30mm	钢尺		
		横距	按 10% 比例抽检	±30mm	钢尺		
6	剪刀撑		符合方案规定的间距 和设置要求		观察、钢尺		
7	扣件拧紧力矩		按 5% 比例抽检	不合格数≤10% 抽检数量	力矩扳手		

施工单位负责人：＿＿＿＿＿＿＿＿＿＿＿＿＿＿ 时间：＿＿＿＿＿＿＿＿＿＿＿＿＿＿

14.1.13 安全管理

1）模板支架工程应编制施工方案和安全技术措施，并应严格按施工方案和安全技术措施的规定进行施工；工程技术人员应以书面形式向作业班组进行施工操作的安全技术交底，作业班组应对照书面交底进行上、下班的自检和互检。

2）从事模板作业的操作人员应经安全技术培训；从事高空作业及模板支架搭设的操作人员必须是经过按现行国家标准《特种作业人员安全技术考核管理规定》考核合格的专业技工，并应定期体检，合格者方可持证上岗。

3）操作人员进入施工现场必须戴好安全帽，高空作业及模板支架搭设的操作人员必须佩戴安全带、穿防滑鞋；安全帽和安全带应定期检查，不合格者严禁使用。

4）模板及支架施工前的安全准备：

（1）模板支架的构配件应按规定进行检查与验收，合格后方准使用。

（2）搭拆模板支架时，地面应设围栏和警戒标志，并派专人看守，严禁非操作人员入内。

（3）在高处安装和拆除模板时，周围应设安全网或模板支架，并应加设防护栏杆；在临街面及交通要道地区，外侧应有防止坠物伤人的防护措施，尚应设警示牌，并派专人看管。

（4）工作前应先检查使用的工具是否牢固，扳手等工具必须用绳链系挂在身上，钉子必须放在工具袋内，以免掉落伤人。

5）模板及支架的安装与搭设过程中应注意以下安全规定：

（1）作业层上的施工荷载应符合设计要求不得超载，不得将模板支架、缆风绳、泵送混凝土和砂浆的输送管等固定在模板支架上，严禁悬挂起重设备。

（2）作业时思想集中，防止钉子扎脚和空中滑落；模板和配件不得随意堆放，模板应放平放稳；模板支架或操作平台上临时堆放的模板不宜超过 3 层，连接件应放在箱盒或工具袋中，不得散放在脚手板上。

357

（3）装、拆模板时，作业人员要站立在安全地点进行操作，防止上下在同一垂直面工作；操作人员要主动避让吊物，增强自我保护的安全意识。

（4）装、拆模板时禁止使用二四木板、钢模板作立人板。

（5）高空作业要搭设模板支架或操作台，人员上、下要使用梯子，不许站立在墙上工作，不准站在大梁底模上行走，操作人员严禁穿硬底鞋及有跟鞋作业。

（6）没有支撑或自稳角不足的大模板，要存放在专用的堆放架上，或者平堆放，不得靠在其他模板或物件上，严防下脚滑移倾倒。

（7）多人共同操作或扛抬组合模板时，必须密切配合、协调一致、互相呼应；传递模板、工具应用运输工具或绳子系牢后升降，不得乱抛；组合钢模板装拆时，上下应有人接应，钢模板及配件应随装拆随运送，严禁从高处掷下。

（8）支模过程中，如遇中途停歇，应将已就位模板与支架连接稳固，不得浮搁或悬空；拆模中途停歇时，应将已松扣或已拆松的模板、支架等拆下运走或妥善堆放，防止构件坠落或作业人员扶空坠落伤人。

6）吊运模板时必须符合下列规定：

（1）起吊模板、构配件和器材前，应将吊车的位置调整适当，不碰撞或扯动模板支架；做到稳起稳落，就位准确。

（2）模板起吊前，应检查吊袋用绳索、卡具及每块模板上的吊环是否完整有效，吊运大块或整体模板时，竖向吊运不应少于 2 个吊点，水平吊运不应少于 4 吊点，吊运必须使用卡环连接，并经检查无误后方可起吊。

（3）吊钩应垂直模板，不得斜吊，以防碰撞相邻模板和墙体，摘钩时手不离钩，待吊钩吊起超过头部方可松手，超过障碍物以上的允许高度，才能行车或转臂。

（4）吊运散装模板时，必须码放整齐，待捆绑牢固后方可起吊。

（5）大模板组装或拆除时，必须设置缆风绳，以利模板吊装过程中的稳定性。

（6）大模板组装或拆除时，指挥、拆除和挂钩人员，必须站在安全可靠的地方方可操作，严禁人员随大模板起吊。

（7）大模板拆模起吊前，应复查穿墙销杆是否拆净，在确定无遗漏且模板与墙体完全脱离后方可起吊。

（8）严禁起重机在架空输电线路下面工作。

（9）遇 5 级及以上大风时，应停止高空吊运作业。

7）在模板支架上进行电、气焊作业时，必须有防火措施和专人看守。

8）工地临时用电线路的架设及模板支架接地、避雷措施应符合以下规定：

（1）模板及支架应有效接地，并同避雷网接通。

（2）当钢模板高度超过 15m 时，应安置避雷设施，避雷设施的接地电阻不得大于 4Ω。

（3）在组合钢模板上架设的电线和使用电动工具，应用 36V 低压电源或采取其他有效的安全措施。

9）模板支架使用期间的安全规定：

（1）在模板支架使用期间，不任意拆除模板支架的任何部件。

（2）不得在模板支架基础及其邻近处进行挖掘作业，否则应采取安全措施，并报主管部门批准。

（3）加强使用过程中的检查，如发现立杆沉陷或悬空、连接松动、架子歪斜、杆件变形等问题，应暂停使用模板支架，立即进行纠正与加固，待解决问题后方可继续使用。

10）拆模时应注意以下安全规定：

（1）拆模时，临时模板支架必须牢固，不得用拆下的模板作脚手板。脚手板搁置必须牢固平整，不得有空头板，以防踏空坠落。

（2）拆除模板一般用长撬棒，人不许站在正在拆除的模板上；在拆除楼板模板时，要注意整块模板掉下，尤其是用定型模板做平台模板时更要注意，拆模人员要站在门窗洞口外或远离模板拉支撑，防止模板突然全部掉落伤人。

（3）拆除的钢模作平台底模时，不得一次将顶撑全部拆除，应分批拆下顶撑，然后按顺序拆下小梁、底模，以免发生钢模在自重荷载下一次性大面积脱落。

（4）拆模必须一次性拆清，不得留下无撑模板；拆下的模板要及时清理，堆放整齐。

（5）在大模板拆装区域周围，应设置围栏，并挂明显的标志牌，禁止非作业人员入内。组装侧模时，应及时用卡具或螺栓将相邻模板连接好，防止倾倒。

（6）混凝土板上的预留洞，应在模板拆除后即将洞口盖好（可设置钢筋网架等），以免人员从孔中坠落。

11）当遇大雨、大雾、沙尘、大雪或6级以上大风等恶劣天气时，应停止露天高处作业；5级及以上风力时，应停止高空吊运作业；雨、雪停止后应及时清除模板和地面上的积水及冰雪，并采取防滑措施。

12）模板支架施工中应设专人负责安全检查，发现问题应及时报告有关人员处理；当遇险情时，应立即停工和采取应急措施；待修复或排除险情后，方可继续施工。

14.1.14　应急预案

1. 组织机构

总指挥：×××，电话。

副指挥：×××、×××、×××，每人电话。

组员：×××、×××、×××、×××、×××、×××、×××、×××、×××、×××。共10人，每人电话。

2. 应急组织职责

1）领导各单位应急小组的培训和演习工作，提高其应变能力。

2）当施工现场发生突发事件时，负责救险的人员、器材、车辆、通信联络和组织指挥协调。

3）负责配备好各种应急物资和消防器材、救生设备和其他应急设备。

4）发生事故要及时赶到现场指挥，控制事故的扩大和连续发生，并迅速向上级机构报告。

5）负责组织抢险、疏散、救助及通信联络。

6）组织应急检查，保证现场道路畅通，对危险性大的施工项目应与当地医院取得联系，做好救护准备。

3. 坍塌事故应急救援预案

1）启动预案

在施工过程中，如果发生坍塌事故，应立即停止施工，同时当班班长立即向现场负责人报告。现场负责人接到报告后立即赶往出事地点调查情况，并向经理部汇报。项目经理（或生产副经理）在接到报告后立即启动救援预案，组织人员采取应急措施，救助伤员，排查险情，并防止事态进一步扩大。发生重大事故：包括人员死亡、重伤及财产损失等，应立即向上级领导汇报，并在 24 小时内向上级领导主管部门提出书面报告。

2）伤亡人员抢救

（1）确定有无人员受伤，若有则将伤员撤离至安全区域。

（2）清除伤员口、鼻内泥块、凝血块、呕吐物等，将昏迷伤员舌头拉出，以防窒息。

（3）进行简易包扎、止血或简易骨折固定。

（4）对呼吸、心跳停止的伤员予以心脏复苏。

（5）尽快与 120 急救中心取得联系，详细说明事故地点、严重程度，并派人到路口接应。

（6）组织人员尽快解除重物压迫，减少伤员挤压综合症的发生，并将其转移至安全地方。

（7）若有骨折则应及时用夹板做简易固定并立即将伤员送往医院。

3）恢复生产

在没有人员受伤的情况下，现场负责人应根据实际情况研究补救措施，在确保施工安全的前提下，组织恢复正常施工秩序。

4）注意事项

应急救援行动的优先原则：

（1）员工和应急救援人员的安全优先；

（2）防止事故扩散优先；

（3）保护环境。

5）如果事故仍在进一步扩大，相关人员的生命受到威胁，而且对救援人员的进入也存在很大的生命威胁，则决不应盲目采取救援行动，以避免伤亡事故进一步扩大，要采取万无一失的措施或方案实施救援行动。

4. 高处坠落应急救援预案

1）高处坠落事故发生后，第一发现人应立即大声呼救，报告现场管理人员。

2）应急救援领导小组接到事故报告并经过确认后，应：

（1）以最快的速度赶到事故现场；

（2）组织人员立即进行施救；

（3）立即向项目工程师、监理工程师报告；

（4）立即拨打 120 救援电话；

（5）严格保护事故现场。

3）医疗救护

（1）把人员撤离到安全地带。

（2）初步检查伤员，采取有效的止血、止痛、防感染、防休克措施，尽快包扎伤口。

（3）呼叫救护车，同时现场继续施救，坚持到救护人员到达现场为止。

4）当事人被送入医院抢救以后，项目部应做好善后处理工作。

（1）做好与当事人家属的接洽善后处理工作。

（2）按职能归口做好与当地有关部门的沟通、汇报工作。

5）进行事故调查分析和编写事故调查报告。

（1）事故调查分析

由相应的熟悉设备、工艺、技术和职业保护等方面的技术人员和专业管理人员，从设备设施、生产工艺、职业防护、安全生产管理、安全操作等角度对事故进行鉴定分析，并起草事故调查报告。

（2）编写事故调查报告

应说明事故发生时间、地点、单位名称、事故类别、人员伤亡情况、直接经济损失、事故调查人员组成情况，说明事故发生经过及抢救情况。

事故原因分析：说明事故的直接原因、间接原因、主要原因及事故性质。

责任认定及处理建议：事故责任者的基本情况（姓名、职务、主管工作等）及处理意见。

防范措施：主要从技术和管理方面对相关管理人员和施工队提出整改意见，教育广大群众进行防范。

5. 防洪、防台风应急措施

1）雨期施工保证措施

雨期施工主要以预防为主，现场设置排水沟、集水坑，加强截、排水手段，确保雨期正常的施工生产不受季节性气候的影响。

2）成立雨期施工组织体系

在雨期施工的工程要做到技术可行，工艺先进，安全有保障，工期不延误。要明确雨期施工的技术、质量监控点，对于施工中可能发生的问题或灾害要有充分的对策，避免对工程造成较大的损失。项目部成立抗洪领导小组，同时成立抗洪突击队。抗洪领导小组的组长由项目经理担任，副组长由副经理担任，组员由各部门、施工队伍的主要管理人员组成。抗洪突击队的队员要挑选年轻力壮、责任心强、勇于吃苦的同志参加，要做到"来之能战，战之则胜"。

3）雨期施工保障措施

（1）项目部准备发电机，预防下雨天停电影响基坑内抽水。

（2）对于一般不列入雨期施工的工程，力争雨期到来之前完成到一定部位，同时考虑防雨措施。

（3）对于防水、防潮要求高的材料要加强管理，设专人进行看管。

（4）增加材料的储备数量，防止因下雨而停工待料的情况发生。

（5）商品混凝土站应加大对露天的砂石料含水量的检测频率，随时调节施工配合比。

（6）经常对电力线路及用电设备进行检查，加强电力开关防水能力，防止触电事故发生。

4）雨期施工的主要管理措施

在雨期施工期间，要加大基坑监测频率，对重要部位要做到24小时监测，及时反映雨期对施工的影响，确保雨期施工安全。

5）防汛措施

（1）常备防汛物资和设备，并经常检查维修。

（2）为确保施工场地供电，全天安排专职电工值班，预防台风引起停电；经常检修发电机，在停电情况下及时发电确保防汛用电。

（3）清理、疏通排水系统，确保排水畅通，对容易积水的地方安置水泵，必要时水泵排水；预备沙袋随时准备抢险，并设专人巡视检查。

6. 应急培训和演练

1）应急反应组织和预案确定后，施工单位应急组长组织所有应急人员进行应急培训。组长按照有关预案进行分项演练，对演练效果进行评价，根据评价结果进行完善。

2）在确认险情和事故处置妥当后，应急反应小组应进行现场拍照、绘图、收集证据，保留物证，经业主、监理单位同意后，清理现场，恢复生产。

将应急情况向现场项目部报告，组织事故的调查处理。

在事故处理后，将所有调查资料分别报送业主、监理单位和有关安全管理部门。

7. 应急通信联络

遇到紧急情况要首先向项目部汇报。项目部利用电话或传真向上级部门汇报，并采取相应救援措施。各施工班组应制订详细的应急反应计划，列明各工地及相关人员通信联系方式，并在施工现场的显要位置张贴，以便紧急情况下使用。

应急电话：现场值班电话……，公司电话：……，救援部门电话：……

14.2 脚手架专项方案二：某通道越江段新建工程 模板支架安全专项施工方案

14.2.1 方案内容特点

1 地下工程模板支撑体系设计主要考虑的问题。

2 1300mm 厚顶板结构模板支架验算，2700mm 高顶板梁结构模板支架验算。混凝土板底模板、混凝土大梁侧模板、支撑架次梁（次楞）、主梁（主楞）承载力与刚度计算。

3 地下工程钢筋混凝土内衬墙结构模板支架验算，内衬墙模板、内楞、外楞及对拉螺栓的计算。

14.2.2 工程概述

某通道越江段新建工程，全长约 5260m。

根据工程地理位置和施工工艺的不同，将工程划分为四个区段。本方案针对其中某段编制以指导模板支架工程施工。

某段主体结构，全长约 1210m，除穿越铁路段 100m 采用箱涵顶进施工外，其余1110m 结构均为明挖顺筑施工。

14.2.3　结构形式（表 14.2.3）

（1）工作井作为盾构的始发井兼接收井，内部结构由现浇钢筋混凝土框架（竖向框架和水平框架）和现浇钢筋混凝土内衬墙、顶板、下一层、下二层、下三层、下四层（车道板）、下五层板、底板组成。

MH1～MH2 段内部结构均为地下 3 层的现浇钢筋混凝土箱形结构，由底板、车道顶板、顶板、下一层板、内衬墙、中隔墙、立柱等组成。方案中选择了具有代表性的结构剖面。

MH4～MH5、MH7～MH8 和 MH34 段内部结构均为地下 2 层的现浇钢筋混凝土箱形结构，由底板、车道顶板、顶板、内衬墙和中隔墙等组成。

MH6、MH9～MH33、MH35～MH39 内部结构为地下 1 层的现浇钢筋混凝土箱形结构，由底部、顶板、内衬墙和中隔墙组成。

MH40～MH46、MHE01～MHE02、MHW01～MH W 02 段为敞开段，内部结构为地下 1 层的现浇 U 形结构，由底部、内衬墙和中隔墙组成。

隧道主体结构纵向以 3‰～4‰ 的坡度，北接地面，向南下倾至工作井接圆隧道。

结构统计表

表 14.2.3

位置	节段号	结构型式	厚度（m）							
			底板	下五层板	车道板	下三层板	下二层板	下一层板	顶板	内衬墙
工作井		箱形结构	2.3	0.3	0.6	0.6	0.15	0.5	1.0	1.0
暗埋段	MH1	箱形结构	1.9	/	0.6	/	0.5	0.6	1.0	1.0
	MH2	箱形结构	1.7	/	/	/	0.5	0.6	1.0	0.8
	MH3	箱形结构	1.6	/	/	/	/	0.6	1.0	0.8
	MH4	箱形结构	1.6	/	/	/	/	0.5	1.1	0.8
	MH5	箱形结构	1.6	/	/	/	/	0.5	1.1	0.6
	MH6	箱形结构	1.6	/	/	/	/	/	1.3	0.6
	MH7	箱形结构	1.5	/	/	/	/	0.5	1.0	0.6
	MH8	箱形结构	1.4	/	/	/	/	0.5	1.0	0.6
	MH9	箱形结构	1.3	/	/	/	/	/	1.0	0.6
	MH10	箱形结构	1.5	/	/	/	/	/	1.2	0.6
	MH11	箱涵	1.5	/	/	/	/	/	1.2	0.85
	MH12	箱形结构	1.4	/	/	/	/	/	1.2	0.7
	MH13	箱形结构	1.5	/	/	/	/	/	1.2	0.7
	MH14	箱形结构	1.1	/	/	/	/	/	0.8	0.7
	MH15	箱形结构	1.1	/	/	/	/	/	0.8	0.7
	MH16	箱形结构	1.1	/	/	/	/	/	0.8	0.7
	MH17	箱形结构	1.1	/	/	/	/	/	0.8	0.7
	MH18	箱形结构	1.1	/	/	/	/	/	0.8	0.7
	MH19	箱形结构	1.1	/	/	/	/	/	0.8	0.7
	MH20	箱形结构	1.1	/	/	/	/	/	0.8	0.7
	MH21	箱形结构	1.1	/	/	/	/	/	0.8	0.7

续表

位置	节段号	结构型式	厚度（m）							
			底板	下五层板	车道板	下三层板	下二层板	下一层板	顶板	内衬墙
暗埋段	MH22	箱形结构	1.1	/	/	/	/	/	0.8	0.7
	MH23	箱形结构	1.1	/	/	/	/	/	0.8	0.7
	MH24	箱形结构	1.1	/	/	/	/	/	0.8	0.7
	MH25	箱形结构	1.1	/	/	/	/	/	0.8	0.7
	MH26	箱形结构	1.1	/	/	/	/	/	0.9	0.7
	MH27	箱形结构	1.1	/	/	/	/	/	0.9	0.7
	MH28	箱形结构	1.1	/	/	/	/	/	0.8	0.7
	MH29	箱形结构	1.1	/	/	/	/	/	0.8	0.7
	MH30	箱形结构	1.1	/	/	/	/	/	0.8	0.7
	MH31	箱形结构	1.1	/	/	/	/	/	0.8	0.7
	MH32	箱形结构	1.1	/	/	/	/	/	0.8	0.7
	MH33	箱形结构	1.1	/	/	/	/	/	0.8	0.7
	MH34	箱形结构	1.2	/	/	/	/	0.6	0.9	0.7
	MH35	箱形结构	1.1	/	/	/	/	/	0.8	0.7
	MH36	箱形结构	1.1	/	/	/	/	/	0.8	0.7
	MH37	箱形结构	1.1	/	/	/	/	/	0.8	0.7
	MH38	箱形结构	1.0	/	/	/	/	/	0.7	0.7
	MH39	箱形结构	1.0	/	/	/	/	/	0.7	0.7
敞开段	MH40	U形结构	1.2	/	/	/	/	/	/	0.9
	MH41	U形结构	1.0	/	/	/	/	/	/	0.7
	MH42	U形结构	0.9	/	/	/	/	/	/	0.6
	MH43	U形结构	0.8	/	/	/	/	/	/	0.5
	MH44	U形结构	0.8	/	/	/	/	/	/	0.4
	MH45	U形结构	0.8	/	/	/	/	/	/	0.3
	MH46	U形结构	0.7	/	/	/	/	/	/	0.3
	MHE01	U形结构	1.0	/	/	/	/	/	/	1.2
	MHE02	U形结构	1.0	/	/	/	/	/	/	1.2
	MHW01	U形结构	1.0	/	/	/	/	/	/	1.2
	MHW02	U形结构	1.0	/	/	/	/	/	/	1.2

（2）支架基础：

本工程模板支架搭设施工均在隧道基坑底板施工完成后进行，待底板达到设计强度后模板支架方可承受设计荷载。支架立杆坐落于钢筋混凝土底板，满足模板支架相关安全技术要求。每根立杆底部设置垫板。

14.2.4 技术要求、特点与难点

本工程考虑到施工工期、质量、安全和合同要求，故在选择方案时，应充分考虑以下几点：

1) 架体的结构设计，力求做到结构要安全可靠，造价经济合理。

2) 在规定的条件下和规定的使用期限内，能够充分满足预期的安全性和耐久性。

3) 选用材料时，力求做到常见通用、可周转利用，便于保养维修。

4) 结构选型时，力求做到受力明确，构造措施到位，搭拆方便，便于检查验收。

根据模板支架搭设的施工难度及施工风险，确定以下重难点：

（1）隧道顶板最大厚度为 1.3m（MH6 顶板），为一次浇筑完成，采用满堂模板支架体系。模板支架搭设高度约为 10m，为高大模板支撑体系。板厚度、浇筑面积、搭设高度均比较大，对模板支架的承载力、刚度和稳定性提出了较高要求。

（2）工作井竖向框架梁（2m×2.7m×21.5m）和 MH3 顶板梁 DHL5（横断面尺寸 0.8m×1.95m），对模板支架体系的集中荷载较大，该模板支架体系搭设高度分别为 4.15m 和 12m，施工风险较大，须保证模板支架体系稳定和安全。

14.2.5 模板支架设计思路

本工程的模板支架主要用于隧道主体结构中的结构板、梁、内衬墙、中隔墙和立柱模板的支撑和固定。

主体结构的总体施工顺序为底板制作完成后由下至上分层施工中隔墙、内衬墙至结构顶板。西线主体结构受盾构出洞影响，车道顶板等部分结构板待盾构出洞后二次搭设满堂支架、立模施工。

从施工的安全、质量、经济、方便等各方面因素考虑，决定采用满堂扣件式钢管支架作为主体结构模板支架。

1. 底板模板

底板混凝土浇筑至腋角以上 0.3m 的位置。

底板模板主要指底板斜腋角模板，斜腋角模板采用组合式钢模板，转角处采用木模板根据实际尺寸现场加工制作安装。斜腋角模板定位采用竖向双拼 $\phi 48$ 钢管内楞、水平向双拼 $\phi 48$ 钢管外楞和 $\phi 14$ 的拉条螺杆组合结构。拉条螺杆一端与 $\phi 48$ 双拼钢管外楞螺栓拧紧，另一端直接与底板主筋焊接。钢模板下侧固定采用 $\phi 32$ 的定位筋与底板主筋焊接。

2. 内衬墙模板支架

内衬墙模板采用 55 系列组合钢模板，背面设 $\phi 48 \times 3.0$ 钢管内楞（竖向）@450，$2\phi 48 \times 3.0$ 钢管外楞（横向）@700。墙体参数：总平面积 $= C_{a1} \times C_{b1} + C_{a2} \times C_{b2} = 20 \times 1 + 20 \times 1 = 40 m^2$，墙体高度 6m。浇筑墙体混凝土时用一辆软管泵车两侧同步浇筑，并采用内部振捣器振捣。混凝土浇筑方量控制在每小时 40m³ 左右。混凝土入模温度 25℃，坍落度 160mm。详见内衬墙模板支架结构图。

3. 中隔墙模板支架

中隔墙采用钢模板或胶合板，背面设内楞、外楞。墙模固定采用对拉螺栓和撑筋，并利用结构板支架的横向水平杆采取辅助水平支撑。

中隔墙模板采用组合式钢模板支设，对不整钢模板的位置用木模根据实际尺寸现场加工制作。竖向双拼 $\phi48$ 钢管内楞紧贴钢模板架设，水平向双拼 $\phi48$ 钢管外楞固定木方内楞。钢管外楞通过对拉螺栓固定。

4. 结构板模板支架

顶板模板支架采用 $\phi48$ 的钢管满堂搭设，上铺底模、次楞、主楞，支架均坐落在钢筋混凝土底板或结构板上。支架设纵向垂直剪刀撑、横向垂直剪刀撑和水平剪刀撑加强整体刚度和稳定性。

底模采用胶合板，次楞采用 50×100 木方沿隧道横向布置，主楞采用 $\phi48$ 钢管沿隧道纵向布置。支架应根据不同的结构板厚，选择采用满堂脚手架或满堂支撑架的形式用 $\phi48\times3.0$ 的钢管搭设。

各层结构板由下向上的顺序连续施工，不同厚度的结构板的模板支架均须参照顶板支架形式布置，把先浇筑完成的结构板承载力算入顶板模板支架的储备安全系数。强度、刚度和稳定性验算详见计算书。

施工原则：严格控制支架高宽比小于 2，在架体外侧周边及内部纵、横向不大于 5m，应由底至顶设置连续竖向剪刀撑，剪刀撑宽度应为 5m。

在竖向剪刀撑顶部交点平面应设置连续水平剪刀撑，扫地杆的设置层应设置水平剪刀撑，水平剪刀撑间距小于 6m。

5. 梁模板支架

梁底模下设木次楞、木外楞，并用调节螺杆向上支撑固定。梁侧模采用木方次楞、竖向钢管外楞，侧模固定采用对拉螺杆和撑筋。

底模采用胶合板，次楞采用 50×100 木方，沿隧道横向布置，主楞采用 $\phi48$ 钢管沿隧道纵向布置。支架应根据不同的结构梁高，选择采用满堂脚手架或满堂支撑架的形式用 $\phi48\times3.0$ 的钢管搭设。

梁侧模采用组合式钢模板支设，对不整钢模板的位置用木模根据实际尺寸现场加工制作。侧模支撑体系同内衬墙结构，强度、刚度和稳定性验算详见计算书。

14.2.6 模板支架计算书

一、1300mm 厚顶板结构模板支架验算

1. 计算参数：

模板支撑架高度 $H_1=14.65m$，高宽比不大于 1，混凝土板厚 $H_B=1.3m$，立杆间距 $l_a\times l_b=0.6\times0.53m$，步距 $h=1.5m$，主梁采用 $\phi48\times3.0$ 双钢管，主梁上的次梁（或支撑模板的小梁）采用 $50mm\times100mm$ 木方，间距 200mm。混凝土模板用胶合板厚 15mm。施工地区为基本风压 $0.4kN/m^2$ 的市区。支架均支撑在结构底板上。

架体选用满堂扣件式钢管支架作为主体结构模板支架。在架体纵、横向不大于 5m 设置剪刀撑。图 14.2.6-1、14.2.6-2。计算单元平面图见图 14.2.6-3。

2. 模板及支撑架应考虑的荷载

恒荷载：

（1）模板自重，取 $0.3kN/m^2$

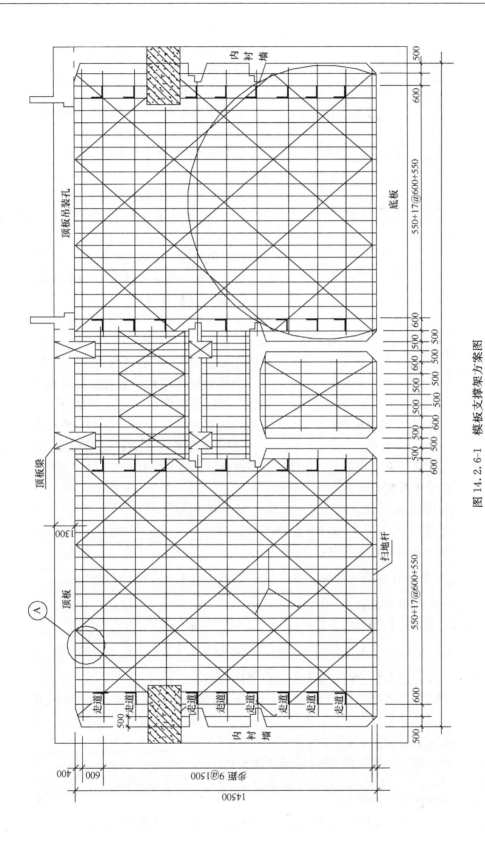

图 14.2.6-1 模板支撑架方案图

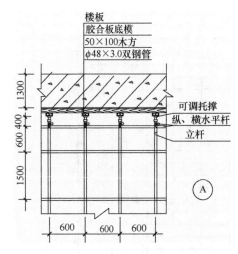

图 14.2.6-2　楼板支撑架节点详图

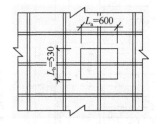

图 14.2.6-3　计算单元平面图

（2）模板支架自重

（3）钢筋混凝土（楼板）自重，25.1kN/m³

活荷载：

（1）施工人员及设备荷载

计算模板和直接支撑模板的小梁时，均布荷载 2.5kN/m²，集中荷载 2.5kN；

计算直接支撑小梁的主梁时，均布荷载 1.5kN/m²；

计算支撑架立杆时，均布荷载 1.0kN/m²；

（2）振捣混凝土时产生的荷载标准值：2kN/m²

（3）风荷载，架体位于地下。满堂脚手架两侧为围护结构（地下连续墙）。可忽略风荷载。

3. 模板面板计算

使用模板类型为：混凝土模板用胶合板。混凝土模板用胶合板强度容许值 $[f]=27N/mm^2$。混凝土模板用胶合板弹性模量为 3150N/mm²

面板为受弯结构，需要验算其抗弯强度和刚度。模板面板按照三跨连续梁计算。计算单元取：板宽方向取 1.0m，长按三跨计算。

强度验算考虑荷载：钢筋混凝土板自重，模板自重，施工人员及设备荷载；挠度验算考虑荷载：钢筋混凝土梁自重，模板自重。

（1）荷载分项系数的选用：

恒荷载标准值 $q_{1k}=25.1\times1.3\times1+0.3\times1=32.93kN/m$

活荷载标准值 $q_{2k}=2.5\times1.0=2.5kN/m$

按可变荷载效应控制的组合方式：

$$S=1.2q_{1k}+1.4q_{2k}=1.2\times32.93+1.4\times2.5=43kN/m$$

说明：结构重要系数取 $\gamma_0=1$

按永久荷载效应控制的组合方式：

$$S=1.35q_{1k}+1.4\psi_C q_{2k}=1.35\times32.93+1.4\times2.5=47.96kN/m$$

说明：一个可变荷载，可变荷载组合值系数 ψ_C 取 1。

根据以上两者比较应取 $S=47.96kN/m$ 作为设计依据，即：取按永久荷载效应控制的组合方式。

（2）恒荷载设计值：

钢筋混凝土自重、模板的自重设计值（kN/m）：

$$q_1=1.35q_{1k}=1.35\times32.93=44.46kN/m$$

（3）活荷载设计值：

施工人员及设备荷载按均布线荷载作用模板时，荷载设计值（kN/m）：

$$q_2 = 1.4\ q_{2k} = 1.4 \times 2.5 \times 1 = 3.5\text{kN/m}$$

施工人员及设备荷载按集中荷载作用模板时，荷载设计值（kN/m）：

$$P = 1.4 \times 2.5 = 3.5\text{kN}$$

（4）面板的截面惯性矩 I 和截面抵抗矩 W 分别为：

$$W = bh^2/6 = 100 \times 1.5 \times 1.5/6 = 37.5\text{cm}^3;$$

$$I = bh^3/12 = 100 \times 1.5 \times 1.5 \times 1.5/12 = 28.125\text{cm}^4;$$

说明：模板厚 h＝15mm，板宽取 b＝1000mm 计算。
混凝土模板用胶合板静曲强度设计值 $[f]$＝27N/mm²。弹性模量为 3150N/mm²
（5）抗弯强度、挠度计算
① 施工人员及设备荷载按均布荷载布置见图 14.2.6-4

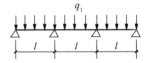 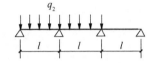 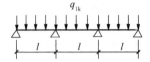

图 14.2.6-4 计算荷载组合简图（支座最大弯矩，l＝200） 图 14.2.6-5 挠度计算简图 (l＝200)

最大弯矩

$$M = 0.1q_1 l^2 + 0.117q_2 l^2$$

$$= 0.1 \times 44.46 \times 0.2^2 + 0.117 \times 3.5 \times 0.2^2 = 0.19\text{kN·m}$$

抗弯强度 $\sigma = M/W = 0.19 \times 10^6/37500 = 5.07\text{N/mm}^2 < [f] = 27\text{N/mm}^2$
面板的抗弯强度验算 $f < [f]$，满足要求！
挠度计算

$$v = 0.677q_{1k} l^4/100EI < [v] = l/250$$

面板最大挠度计算值

$$v = 0.677 \times 32.93 \times 200^4/(100 \times 3150 \times 281250)$$

$$= 0.4\text{mm} < [v] = l/250 = 200/250 = 0.8\text{mm}$$

模板容许变形取 $l/250$，面板的最大挠度小于 $l/250$，满足要求！
② 施工人员及设备荷载按集中荷载布置见图 14.2.6-6
最大弯矩

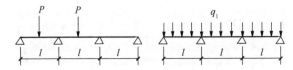

图 14.2.6-6 计算荷载组合简图（支座最大弯矩，l＝200）

$$M = 0.1q_1l^2 + 0.175Pl$$

$$= 0.1 \times 44.46 \times 0.2^2 + 0.175 \times 3.5 \times 0.2 = 0.3 \text{kN} \cdot \text{m}$$

抗弯强度 $\sigma = M/W = 0.3 \times 10^6/37500 = 8.0 \text{N/mm}^2 < [f] = 30 \text{N/mm}^2$

面板的抗弯强度验算 $f < [f]$，满足要求！

4. 次梁木方计算

按由永久荷载效应控制的组合考虑，永久荷载分项系数取 1.35。木方按三跨连续梁计算。

（1）荷载的计算

① 恒荷载为钢筋混凝土板自重与模板的自重，恒荷载标准值：

$$q_{3k} = 25.1 \times 1.3 \times 0.2 + 0.3 \times 0.2 = 6.59 \text{kN/m}$$

说明：次梁木方间距 0.2m

② 活荷载标准值：

$$q_{4k} = 2.5 \times 0.2 = 0.5 \text{kN/m}$$

说明：施工人员及设备荷载取 2.5kN/m²

③ 恒荷载设计值：

$$q_3 = 1.35 \times 6.59 = 8.9 \text{kN/m}$$

④ 活荷载设计值：

施工人员及设备荷载按均布线荷载作用小梁时，荷载设计值（kN/m）：

$$q_4 = 1.49q_{4k} = 1.4 \times 0.5 = 0.7 \text{kN/m}$$

施工人员及设备荷载按集中荷载作用小梁时，荷载设计值（kN/m）：

$$P = 1.4 \times 2.5 = 3.5 \text{kN}$$

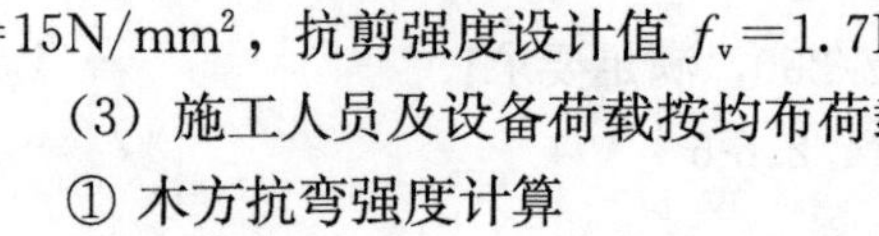

图 14.2.6-7　计算荷载组合简图
（支座最大弯矩、最大剪力，$l = 600$）

（2）木方截面惯性矩 I 和截面抵抗矩 W 分别为：

$$W = 5 \times 10 \times 10/6 = 83.33 \text{cm}^3;$$

$$I = 5 \times 10 \times 10 \times 10/12 = 416.67 \text{cm}^4;$$

根据《木结构设计规范》，并考虑使用条件，设计使用年限，木材抗弯强度设计值 $f_m = 15 \text{N/mm}^2$，抗剪强度设计值 $f_v = 1.7 \text{N/mm}^2$，弹性模量 $E = 9350 \text{N/mm}^2$

（3）施工人员及设备荷载按均布荷载布置见图 14.2.6-7：

① 木方抗弯强度计算

最大弯矩

$$M = 0.1q_3 l^2 + 0.117q_4 l^2$$

$$= 0.1 \times 8.9 \times 0.6^2 + 0.117 \times 0.7 \times 0.6^2 = 0.35 \text{kN} \cdot \text{m}$$

$$\sigma = M/W = 0.35 \times 10^6/83330 = 4.2 \text{N/mm}^2 < [f_m] = 15 \text{N/mm}^2$$

木方的抗弯计算强度小于 15N/mm²，满足要求！

② 木方抗剪计算

最大剪力

$$Q = (0.6q_3 + 0.617q_4)l$$

$$= (0.6 \times 8.9 + 0.617 \times 0.7) \times 0.6 = 3.46\text{kN}$$

截面抗剪强度

$$T = 3Q/2bh = 3 \times 3460/(2 \times 50 \times 100)$$

$$= 1.04\text{N/mm}^2 < [f_v] = 1.7\text{N/mm}^2$$

木方的抗剪强度计算满足要求！

③ 木方挠度计算（图 14.2.6-8）

最大变形 $v = 0.677q_{3k}l^4/100EI$

$$= 0.677 \times 6.59 \times 600^4/(100 \times 9350 \times 4166700)$$

$$= 0.15\text{mm} < [v] = l/250 = 600/250 = 2.6\text{mm}$$

木方的最大挠度小于 $l/250$，满足要求！

（4）施工人员及设备荷载按集中荷载布置见图 14.2.6-9

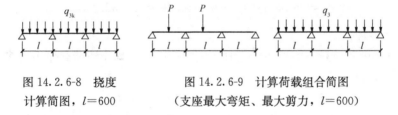

图 14.2.6-8 挠度
计算简图，$l=600$

图 14.2.6-9 计算荷载组合简图
（支座最大弯矩、最大剪力，$l=600$）

① 木方抗弯强度计算

最大弯矩

$$M = 0.1q_3 l^2 + 0.175Pl$$

$$= 0.1 \times 8.9 \times 0.6^2 + 0.175 \times 3.5 \times 0.6 = 0.7\text{kN} \cdot \text{m}$$

抗弯强度 $\sigma = M/W = 0.7 \times 10^6/83330 = 8.4\text{N/mm}^2 < [f_m] = 15\text{N/mm}^2$

面板的抗弯强度验算 $f < [f_m]$，满足要求！

② 木方抗剪计算

最大剪力

$$Q = 0.6q_3 l + 0.675P = 0.6 \times 8.9 \times 0.6 + 0.675 \times 3.5 = 5.57\text{kN}$$

截面抗剪强度

$$T = 3Q/2bh = 3 \times 5570/(2 \times 50 \times 100)$$

$$= 1.67\text{N/mm}^2 < [f_v] = 1.7\text{N/mm}^2$$

木方的抗剪强度计算满足要求！

说明：根据《建筑施工模板安全技术规范》4.3.1 条规定，结构重要性系数取值 0.9。

截面抗剪强度

$$T = 0.9 \times 3Q/2bh = 0.9 \times 3 \times 5570/(2 \times 50 \times 100)$$

$$= 1.50\text{N/mm}^2 < [T] = 1.7\text{N/mm}^2$$

木方的抗剪强度计算满足要求！

5. 主梁钢管计算

主梁按照均布荷载三跨连续梁计算，计算简图见图 14.2.6-10

主梁钢管的自重忽略

$\phi48 \times 3.0$ 钢管主梁截面特性：

截面积 $A = 4.24$（cm^2）；惯性矩 $I = 10.78$（cm^4）；

截面模量 $w = 4.49$（cm^3）；回转半径 $i = 1.595$（cm）

钢材强度设计值 $f = 205\text{N/mm}^2$；弹性模量 $E = 2.06 \times 10^5 \text{N/mm}^2$

（1）荷载计算

① 恒荷载标准值 $q_{5k} = 25.1 \times 1.3 \times 0.6 + 0.3 \times 0.6 = 19.76\text{kN/m}$

恒荷载设计值：

钢筋混凝土自重、模板的自重设计值（kN/m）：

$$q_5 = 1.35 q_{5k} = 1.35 \times 19.76 = 26.68\text{kN/m}$$

② 活荷载设计值：

施工人员及设备荷载、振捣混凝土时产生的荷载、按均布线荷载作用直接支撑小梁的主梁时，荷载设计值（kN/m）：

$$q_6 = 0.7 \times 1.4\, q_{6k} = 0.7 \times 1.4 \times (2 + 1.5) \times 0.6 = 2.06\text{kN/m}$$

（施工人员及设备荷载标准值，计算直接支撑小梁的主梁时，均布荷载 1.5kN/m^2；振捣混凝土时产生的荷载标准值 2kN/m^2，荷载组合系数 0.7）

（2）抗弯强度、挠度计算

① 活荷载按均布荷载布置见图 14.2.6-10

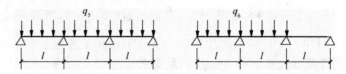

图 14.2.6-10　计算荷载组合简图（支座最大弯矩，$l=530$）

② 最大弯矩

$$M = 0.1 q_5\, l^2 + 0.117 q_6 l^2$$

$$= 0.1 \times 26.68 \times 0.53^2 + 0.117 \times 2.06 \times 0.53^2 = 0.82\text{kN} \cdot \text{m}$$

抗弯强度 $\sigma = M/W = 0.82 \times 10^6 / 2 \times 4.49 \times 10^3 = 91.31\text{N/mm}^2 < [f] = 205\text{N/mm}^2$

抗弯强度验算 $f < [f]$，满足要求！

说明：根据双钢管受力特点，截面模量 $w = 2 \times 4.49$（cm^3）

③ 挠度计算（图 14.2.6-11）

$$v = 0.677 q_{5k} l^4 / 100EI < [v] = l/250$$

最大挠度计算值 $v = 0.677 \times 19.76 \times 530^4 / (100 \times 2.06$
$\times 10^5 \times 2 \times 107800)$
$= 0.2\text{mm} < [v] = l/150 = 530/150$
$= 3.5\text{mm}$

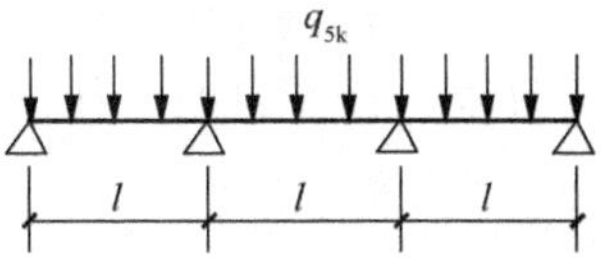

图 14.2.6-11 挠度计算简图
($l=530$)

最大挠度小于 $l/150$，满足要求！

说明：根据双钢管受力特点，惯性矩 $I=2 \times 10.78$（cm^4）；

④ 钢管抗剪计算

最大剪力

$$Q = (0.6q_5 + 0.617q_6)l = (0.6 \times 26.68 + 0.617 \times 2.06) \times 0.53$$
$$= 9.16\text{kN}$$

截面抗剪强度

$$T = 2Q/A = 2 \times 9160/(2 \times 424)$$
$$= 21.60\text{N/mm}^2 < [f_v] = 120\text{N/mm}^2$$

钢管的抗剪强度计算满足要求！

说明：双钢管截面积 $A=2 \times 4.24$（cm^2）

6. 验算模板支撑架立杆稳定

（1）模板支架荷载：

作用于模板支架的荷载包括恒荷载、活荷载和风荷载。

恒荷载标准计算：

① 模板支架自重标准值：

底部：$N_{Gk1} = 14.5 \times 0.1249 = 1.81\text{kN}$

说明：查《规范》附录 A，表 A.0.3，满堂支撑架立杆承受的每米结构自重标准值 $g_k = 0.1249\text{kN/m}$。

② 模板的自重标准值：$N_{Gk2} = 0.6 \times 0.53 \times 0.3 = 0.1\text{kN}$

③ 钢筋混凝土楼板自重标准值：$N_{Gk3} = 25.1 \times 0.6 \times 0.53 \times 1.3 = 10.38\text{kN}$

恒荷载对立杆产生的轴向力标准值总和：

$$\Sigma N_{Gk} = N_{Gk1} + N_{Gk2} + N_{Gk3} = 1.81 + 0.1 + 10.38 = 12.29\text{kN}$$

活荷载标准值计算：

① 施工人员及设备荷载产生的轴力标准值

$$N_{Qk1} = 1 \times 0.6 \times 0.53 = 0.32\text{kN}$$

② 振捣混凝土时产生的荷载标准值：

$$N_{Qk2} = 2 \times 0.6 \times 0.53 = 0.64\text{kN}$$

③ 风荷载，架体位于地下。满堂脚手架两侧有围护结构（地下连续墙）。可忽略风荷载。

（2）计算立杆段的轴向力设计值 N

$$N = 1.35\Sigma N_{Gk} + 0.7 \times 1.4\Sigma N_{Qk} = 1.35\Sigma N_{Gk} + 0.7 \times 1.4(N_{Qk1} + N_{Qk2})$$
$$= 1.35 \times 12.29 + 0.7 \times 1.4 \times (0.32 + 0.64) = 17.53\text{kN}$$

（3）立杆的稳定性计算

不组合风荷载时，按下式验算立杆稳定

$$\frac{N}{\varphi A} \leqslant f$$

立杆选用 $\phi 48 \times 3.5$ 钢管截面特性：

截面积 $A = 4.89$（cm²）；回转半径 $i = 1.58$（cm）

钢材强度设计值 $f = 205$ N/mm²；弹性模量 $E = 2.06 \times 10^5$ N/mm²

长细比验算

顶部立杆段：

步距 $h = 0.6$m，立杆间距 0.6×0.53，高宽比不大于 2，伸出顶层水平杆长度 $a = 0.4$m，查《规范》附录 C，表 C-3（剪刀撑设置加强型）立杆计算长度系数 $\mu_1 = 1.497$，查《规范》表 5.4.6 满堂支撑架立杆计算长度附加系数，支撑架高度 14.5m　$k = 1.217$

当 $k = 1$ 时　立杆长细比 $\lambda = l_0/i = \mu_1 k(h+2a)/i$

$$= 1.497 \times (60 + 100) \div 1.58 = 152 < 210$$

说明：a 取 0.5m 计算。

当 $k = 1.217$ 时　立杆长细比 $\lambda = l_0/i = k\mu_1(h+2a)/i$

$$= 1.497 \times 1.217 \times (60 + 100) \div 1.58 = 184$$

查《规范》附录 A，表 A.0.6，轴心受压构件的稳定系数 $\varphi = 0.211$

钢管立杆抗压强度计算值：

$$\frac{N}{\varphi A} = 17.53 \times 10^3 \div (0.211 \times 489)$$

$$= 170 \text{N/mm}^2 < 205 \text{N/mm}^2$$

底部立杆段：

长细比验算

步距 $h = 1.5$m，立杆间距 0.6×0.53，高宽比不大于 2，查《规范》附录 C，表 C-5（剪刀撑设置加强型）立杆计算长度系数 $\mu_2 = 1.755$，查《规范》表 5.4.6 满堂支撑架立杆计算长度附加系数，支撑架高度 14.5m　$k = 1.217$

当 $k = 1$ 时，立杆长细比 $\lambda = l_0/i = k\mu_2 h/i = 1.755 \times 150 \div 1.58 = 167 < 210$

当 $k = 1.217$ 时，立杆长细比

$$\lambda = l_0/i = k\mu_2 h = 1.755 \times 1.217 \times 150 \div 1.58 = 203$$

轴心受压构件的稳定系数 $\varphi = 0.175$

钢管立杆抗压强度计算值：

$$\frac{N}{\varphi A} = 17.53 \times 10^3 \div (0.175 \times 489)$$

$$= 204.85 \text{N/mm}^2 < 205 \text{N/mm}^2$$

满足要求！

说明：根据《建筑施工模板安全技术规范》4.3.1 条规定，结构重要系数取 $\gamma_0 = 0.9$。

钢管立杆抗压强度计算值：

$$\gamma_0 \frac{N}{\varphi A} = 0.9 \times 17.53 \times 10^3 \div (0.175 \times 489)$$

$$= 184 \text{N/mm}^2 < 205 \text{N/mm}^2$$

满足要求

7. 脚手架地基承载力计算

模板支架均支撑在结构底板上，故模板支架地基承载力不作计算。

二、2700mm 高顶板梁结构模板支架验算

1. 计算参数：

模板支撑架高度 $H_1 = 4.15$ m，高宽比不大于 1，混凝土梁高 $H_B = 2.7$ m，梁宽 2.0m，立杆间距 $l_a \times l_b = 0.25 \times 0.6$ m，步距 $h_2 = 1.5$m，模板支架上部，立杆伸出水平杆长度 $a = 0.4$m。主梁采用 $\phi 48 \times 3.0$ 双钢管，主梁上的次梁（或支撑模板的小梁）采用 50×100mm 木方，间距 200mm。混凝土模板用胶合板厚 15mm。施工地区为基本风压 0.4kN/m² 的市区。支架均支撑在采取加强措施中板结构上。

架体选用满堂支撑架脚手架做模板支架。架体位于地下。满堂脚手架两侧为围护结构（地下连续墙）。忽略风荷载。在架体纵、横向不大于 5m 设置剪刀撑。图 14.2.6-12。

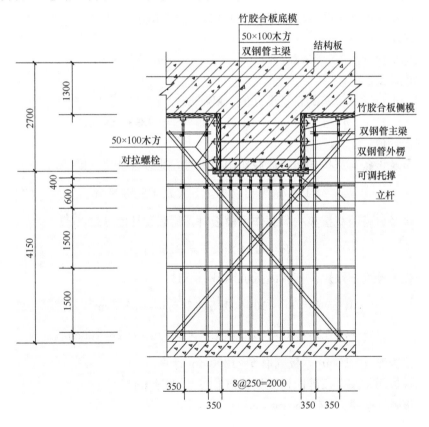

图 14.2.6-12　大梁模板支撑架图

2. 梁底模板支撑架应考虑的荷载

恒荷载：

(1) 模板自重，0.3kN/m²

(2) 钢筋混凝土自重，25.5kN/m³

活荷载：

（1）施工人员及设备荷载

计算模板和直接支撑模板的小梁时，均布荷载 $2.5\mathrm{kN/m^2}$，集中荷载 $2.5\mathrm{kN}$。

计算直接支撑小梁的主梁时，均布荷载 $1.5\mathrm{kN/m^2}$。

计算支架立杆时，均布荷载 $1.0\mathrm{kN/m^2}$。

（2）振捣混凝土时产生的荷载标准值：$2\mathrm{kN/m^2}$

（3）风荷载，架体位于地下。满堂模板支架两侧为围护结构（地下连续墙）。可忽略风荷载。

3. 模板面板计算

使用模板类型为：混凝土模板用竹胶合板。

面板为受弯结构，需要验算其抗弯强度和刚度。模板面板按照三跨连续梁计算。计算单元取：板宽方向取 1.0m，长按三跨计算。

强度验算考虑荷载：钢筋混凝土板自重，模板自重，施工人员及设备荷载；挠度验算考虑荷载：钢筋混凝土梁自重，模板自重。

结构重要系数取 1（或 0.9），按永久荷载效应控制的组合方式。

（1）荷载计算：

恒荷载标准值 $q_{1k}=25.5\times2.7\times1.0+0.3\times1.0=69.15\mathrm{kN/m}$

恒荷载设计值：

钢筋混凝土自重、模板的自重设计值（kN/m）：

$$q_1=1.35q_{1k}=1.35\times69.15=93.35\mathrm{kN/m}$$

活荷载设计值：

施工人员及设备荷载按均布线荷载作用模板时，荷载设计值（kN/m）：

$$q_2=1.4\,q_{2k}=1.4\times2.5\times1=3.5\mathrm{kN/m}$$

施工人员及设备荷载按集中荷载作用模板时，荷载设计值（kN/m）：

$$P=1.4\times2.5=3.5\mathrm{kN}$$

（2）面板的截面惯性矩 I 和截面抵抗矩 W 分别为：

$$W=bh^2/6=100\times1.5\times1.5/6=37.5\mathrm{cm^3};$$

$$I=bh^3/12=100\times1.5\times1.5\times1.5/12=28.125\mathrm{cm^4};$$

说明：模板厚 $h=15\mathrm{mm}$，板宽取 $b=1000\mathrm{mm}$ 计算。

混凝土模板用竹胶合板静曲强度设计值 $[f]=30\mathrm{N/mm^2}$。

竹胶合板弹性模量为 $4400\mathrm{N/mm^2}$

（3）抗弯强度、挠度计算：

① 施工人员及设备荷载按均布荷载布置见图 14.2.6-13

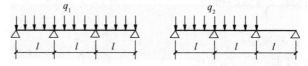

图 14.2.6-13　计算荷载组合简图（支座最大弯矩，$l=200$）

最大弯矩

$$M = 0.1 q_1 l^2 + 0.117 q_2 l^2$$

$$= 0.1 \times 93.35 \times 0.2^2 + 0.117 \times 3.5 \times 0.2^2 = 0.39 \text{kN} \cdot \text{m}$$

抗弯强度 $\sigma = M/W = 0.39 \times 10^6 / 37500 = 10.4 \text{N/mm}^2 < [f] = 30 \text{N/mm}^2$

面板的抗弯强度验算 $f < [f]$，满足要求！

挠度计算（图 14.2.6-14）

$$v = 0.677 q_{1k} l^4 / 100EI < [v] = l/250$$

面板最大挠度计算值 $v = 0.677 \times 69.15 \times 200^4 / (100 \times 4400 \times 281250)$

$$= 0.61 \text{mm} = [v] = l/250 = 200/250 = 0.8 \text{mm}$$

模板容许变形取 $l/250$，面板的最大挠度小于 $l/250$，满足要求！

② 施工人员及设备荷载按集中荷载布置见图 14.2.6-15

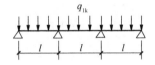
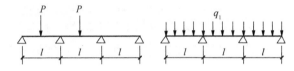

图 14.2.6-14 挠度计算简图 　　　　图 14.2.6-15 计算荷载组合简图

（$l=200$）　　　　　　　　　（支座最大弯矩，$l=200$）

最大弯矩

$$M = 0.1 q_1 l^2 + 0.175 Pl$$

$$= 0.1 \times 93.35 \times 0.2^2 + 0.175 \times 3.5 \times 0.2 = 0.5 \text{kN} \cdot \text{m}$$

抗弯强度 $\sigma = M/W = 0.5 \times 10^6 / 37500 = 13.33 \text{N/mm}^2 < [f] = 30 \text{N/mm}^2$

面板的抗弯强度验算 $f < [f]$，满足要求！

4. 次梁木方计算

按由永久荷载效应控制的组合考虑，永久荷载分项系数取 1.35。木方按三跨连续梁计算。

（1）荷载的计算

① 恒荷载为钢筋混凝土板自重与模板的自重，恒荷载标准值：

$$q_{3k} = 25.5 \times 2.7 \times 0.2 + 0.3 \times 0.2 = 13.83 \text{kN/m}$$

说明：次梁木方间距 0.2m

② 活荷载标准值：

$$q_{4k} = 2.5 \times 0.2 = 0.5 \text{kN/m}$$

说明：施工人员及设备荷载取 2.5kN/m^2

③ 恒荷载设计值：

$$q_3 = 1.35 \times 13.83 = 18.67 \text{kN/m}$$

④ 活荷载设计值：

施工人员及设备荷载按均布线荷载作用小梁时，荷载设计值（kN/m）：

$$q_4 = 1.4 \times 0.5 = 0.7 \text{kN/m}$$

施工人员及设备荷载按集中荷载作用小梁时，荷载设计值（kN/m）：

$$P = 1.4 \times 2.5 = 3.5\text{kN}$$

（2）木方截面惯性矩 I 和截面抵抗矩 W 分别为：

$$W = 5 \times 10 \times 10/6 = 83.33\text{cm}^3;$$

$$I = 5 \times 10 \times 10 \times 10/12 = 416.67\text{cm}^4;$$

木方抗弯强度 $[f] = 15\text{N/mm}^2$；抗剪强度 $[\tau] = 1.7\text{N/mm}^2$；容许变形值 $[v] = L/250$

弹性模量 $E = 9350\text{N/mm}^2$（考虑使用条件，设计使用年限）

（3）施工人员及设备荷载按均布荷载布置见图 14.2.6-16

① 木方抗弯强度计算

最大弯矩

$$M = 0.1q_3 l^2 + 0.117q_4 l^2$$

$$= 0.1 \times 18.67 \times 0.25^2 + 0.117 \times 0.7 \times 0.25^2 = 0.12\text{kN} \cdot \text{m}$$

$$\sigma = M/W = 0.12 \times 10^6/83330 = 1.44\text{N/mm}^2 < [f] = 15\text{N/mm}^2$$

木方的抗弯计算强度小于 15.0N/mm^2，满足要求！

② 木方抗剪计算

最大剪力

$$Q = (0.6q_3 + 0.617q_4)l$$

$$= (0.6 \times 18.67 + 0.617 \times 0.7) \times 0.25 = 2.91\text{kN}$$

截面抗剪强度

$$T = 3Q/2bh = 3 \times 2910/(2 \times 50 \times 100)$$

$$= 0.87\text{N/mm}^2 < [T] = 1.7\text{N/mm}^2$$

木方的抗剪强度计算满足要求！

③ 木方挠度计算（图 14.2.6-17）

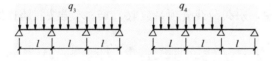 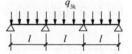

图 14.2.6-16 计算荷载组合简图
（支座最大弯矩、最大剪力，$l=250$）

图 14.2.6-17 挠度计算简图
$l=250$

最大变形 $v = 0.677q_{3k} l^4/100EI$

$$= 0.677 \times 13.83 \times 250^4/(100 \times 9350 \times 4166700)$$

$$= 0.1\text{mm} < [v] = l/250 = 250/250 = 1\text{mm}$$

木方的最大挠度小于 $l/250$，满足要求！

（4）施工人员及设备荷载按集中荷载布置见图 14.2.6-18

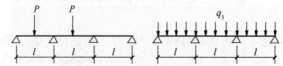

图 14.2.6-18 计算荷载组合简图（支座最大弯矩、最大剪力，$l=250$）

① 木方抗弯强度计算

最大弯矩

$$M = 0.1q_3 l^2 + 0.175Pl$$
$$= 0.1 \times 18.67 \times 0.25^2 + 0.175 \times 3.5 \times 0.25 = 0.27\text{kN} \cdot \text{m}$$

抗弯强度 $\sigma = M/W = 0.27 \times 10^6/83330 = 3.24\text{N/mm}^2 < [f] = 15\text{ N/mm}^2$

面板的抗弯强度验算 $f < [f]$，满足要求！

② 木方抗剪计算

最大剪力

$$Q = 0.6q_3 l + 0.675P = 0.6 \times 18.67 \times 0.25 + 0.675 \times 3.5 = 5.16\text{kN}$$

截面抗剪强度

$$T = 3Q/2bh = 3 \times 5160/(2 \times 50 \times 100)$$
$$= 1.55\text{N/mm}^2 < [T] = 1.7\text{N/mm}^2$$

木方的抗剪强度计算满足要求！

5. 主梁钢管计算

主梁采用双钢管，按照均布荷载三跨连续梁计算，计算简图见图 14.2.6-19

主梁钢管的自重忽略

$\phi 48 \times 3.0$ 钢管主梁截面特性：

截面积 $A = 4.24(\text{cm}^2)$；惯性矩 $I = 10.78(\text{cm}^4)$；

截面模量 $w = 4.49(\text{cm}^3)$；回转半径 $i = 1.595(\text{cm})$

钢材强度设计值 $f = 205\text{N/mm}^2$；弹性模量 $E = 2.06 \times 10^5\text{ N/mm}^2$

（1）荷载计算

① 恒荷载标准值 $q_{5k} = 25.5 \times 2.7 \times 0.25 + 0.3 \times 0.25 = 17.28\text{kN/m}$

恒荷载设计值：

钢筋混凝土自重、模板的自重设计值（kN/m）：

$$q_5 = 1.35q_{5k} = 1.35 \times 17.28 = 23.33\text{kN/m}$$

② 活荷载设计值：

施工人员及设备荷载、振捣混凝土时产生的荷载、按均布线荷载作用直接支撑小梁的主梁时，荷载设计值（kN/m）：

$$q_6 = 0.7 \times 1.4 q_{6k} = 0.7 \times 1.4 \times (2 + 1.5) \times 0.25 = 0.86\text{kN/m}$$

（施工人员及设备荷载标准值，计算直接支撑小梁的主梁时，均布荷载 1.5kN/m^2；振捣混凝土时产生的荷载标准值 2kN/m^2，荷载组合系数 0.7）。

（2）抗弯强度、挠度计算

① 活荷载按均布荷载布置见图 14.2.6-19

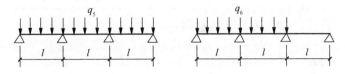

图 14.2.6-19　计算荷载组合简图（支座最大弯矩，$l = 600$）

② 最大弯矩

$$M = 0.1q_5 l^2 + 0.117q_6 l^2$$

$$= 0.1 \times 23.33 \times 0.6^2 + 0.117 \times 0.86 \times 0.6^2 = 0.88\text{kN} \cdot \text{m}$$

抗弯强度 $\sigma = M/W = 0.88 \times 10^6 / 2 \times 4.49 \times 10^3 = 98\text{N/mm}^2 < [f] = 205 \text{ N/mm}^2$

抗弯强度验算 $f < [f]$，满足要求！

说明：根据双钢管受力特点，截面模量 $w = 2 \times 4.49$（cm³）

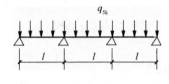

图 14.2.6-20　挠度计算简图
（$l = 600$）

③ 挠度计算（图 14.2.6-20）

$$v = 0.677q_{5k}l^4 / 100EI < [v] = l/250$$

最大挠度计算值

$$v = 0.677 \times 17.28 \times 600^4 / (100 \times 2.06$$
$$\times 10^5 \times 2 \times 107800)$$
$$= 0.34\text{mm} < [v] = l/150 = 600/150 = 4\text{mm}$$

最大挠度小于 $l/150$，满足要求！

说明：根据双钢管受力特点，惯性矩 $I = 2 \times 10.78$（cm⁴）；

④ 钢管抗剪计算

最大剪力

$$Q = (0.6q_5 + 0.617q_6)l = (0.6 \times 23.33 + 0.617 \times 0.86) \times 0.6 = 8.72\text{kN}$$

截面抗剪强度

$$T = 2Q/A = 2 \times 8720/(2 \times 424)$$

$$= 20.57\text{N/mm}^2 < [f_v] = 120\text{N/mm}^2$$

钢管的抗剪强度计算满足要求！

说明：双钢管截面积 $A = 2 \times 4.24$（cm²）

6. 验算模板支撑架立杆稳定

（1）模板支架荷载：

作用于模板支架的荷载包括恒荷载、活荷载和风荷载。

恒荷载标准计算：

① 模板支架自重标准值：

底部 $N_{Gk1} = 4.15 \times 0.1155 = 0.48\text{kN}$

说明：查《规范》附录 A，表 A.0.3，满堂支撑架立杆承受的每米结构自重标准值 $g_k = 0.1155\text{kN/m}$。

② 模板的自重标准值：$N_{Gk2} = 0.6 \times 0.25 \times 0.3 = 0.045\text{kN}$

③ 钢筋混凝土楼板自重标准值：$N_{Gk3} = 25.5 \times 0.6 \times 0.25 \times 2.7 = 10.33\text{kN}$

恒荷载对立杆产生的轴向力标准值总和：

$$\Sigma N_{Gk} = N_{Gk1} + N_{Gk2} + N_{Gk3} = 0.48 + 0.045 + 10.33 = 10.86\text{kN}$$

活荷载标准值计算：

① 施工人员及设备荷载产生的轴力标准值：

$$N_{Qk1} = 1 \times 0.6 \times 0.25 = 0.15 \text{kN}$$

② 振捣混凝土时产生的荷载标准值：

$$N_{Qk2} = 2 \times 0.6 \times 0.25 = 0.3 \text{kN}$$

③ 风荷载，架体位于地下。满堂脚手架两侧有围护结构（地下连续墙）。可忽略风荷载。

（2）计算立杆段的轴向力设计值 N

$$N = 1.35 \sum N_{Gk} + 0.7 \times 1.4 \sum N_{Qk}$$
$$= 1.35 \sum N_{Gk} + 0.7 \times 1.4 (N_{Qk1} + N_{Qk2})$$
$$= 1.35 \times 10.86 + 0.7 \times 1.4 \times (0.15 + 0.3) = 15.1 \text{kN}$$

（3）立杆的稳定性计算

不组合风荷载时，按下式验算立杆稳定

$$\frac{N}{\varphi A} \leqslant f$$

$\phi 48 \times 3.0$ 钢管主梁截面特性：

截面积 $A = 4.24$（cm²）；惯性矩 $I = 10.78$（cm⁴）；

截面模量 $w = 4.49$（cm³）；回转半径 $i = 1.595$（cm）

钢材强度设计值 $f = 205 \text{N/mm}^2$；弹性模量 $E = 2.06 \times 10^5 \text{N/mm}^2$

长细比验算

顶部立杆段：

步距 $h = 0.6$m，立杆间距 0.6×0.25，高宽比不大于 2，立杆伸出顶层水平杆长度 $a = 0.4$m，查《规范》附录 C，表 C-3（剪刀撑设置加强型）立杆计算长度系数 $\mu_1 = 1.497$，查《规范》表 5.4.6 满堂支撑架立杆计算长度附加系数，支撑架高度 4.15m　$k = 1.155$

当 $k = 1$ 时　立杆长细比 $\lambda = l_0/i = \mu_1 k(h + 2a)/i$

$$= 1.497 \times (60 + 100) \div 1.595 = 150 < 210$$

说明：a 按 0.5m 计算

当 $k = 1.155$ 时　立杆长细比 $\lambda = l_0/i = k\mu_1(h + 2a)/i$

$$= 1.497 \times 1.155 \times (60 + 100) \div 1.595 = 173$$

查《规范》附录 A，表 A.0.6，轴心受压构件的稳定系数 $\varphi = 0.237$

钢管立杆抗压强度计算值：

$$\frac{N}{\varphi A} = 15.1 \times 10^3 \div (0.23 \times 424)$$
$$= 154.84 \text{N/mm}^2 < 205 \text{N/mm}^2$$

底部立杆段：

长细比验算

步距 $h = 1.5$m，立杆间距 0.6×0.25，高宽比不大于 2，查《规范》附录 C，表 C-5（剪刀撑设置加强型）立杆计算长度系数 $\mu_2 = 1.755$，查《规范》表 5.4.6 满堂支撑架立杆计算长度附加系数，支撑架高度 14.5m　$k = 1.155$

当 $k = 1$ 时，立杆长细比 $\lambda = l_0/i = k\mu_2 h/i = 1.755 \times 150 \div 1.595 = 165 < 210$

当 $k = 1.155$ 时立杆长细比

$$\lambda = l_0/i = k\,\mu_2 h = 1.755 \times 1.155 \times 150 \div 1.58 = 191$$

轴心受压构件的稳定系数 $\varphi = 0.197$

钢管立杆抗压强度计算值：

$$\frac{N}{\varphi A} = 15.1 \times 10^3 \div (0.197 \times 424)$$
$$= 180.78\text{N/mm}^2 < 205\text{N/mm}^2$$

满足要求！

7. 地基承载力计算

模板支架均支撑在结构混凝土板上，结构混凝土板下部设置支撑架卸荷，故模板支架地基承载力不作计算。

8. 侧模计算

梁侧模板基本参数

钢筋混凝土梁截面：宽度 2000mm，高度 2700mm，两侧楼板高度 1300mm。

模板面板采用混凝土模板用胶合板。

内龙骨间距 250mm，采用 50×100 木方。

外龙骨间距 450mm，外龙骨采用双钢管 $\phi 48 \times 3.0$。梁跨度方向间距 500mm。

对拉螺栓在断面内布置 3 道，间距 450mm，梁跨度方向间距 500mm，直径 14mm。见图 14.2.6-21。

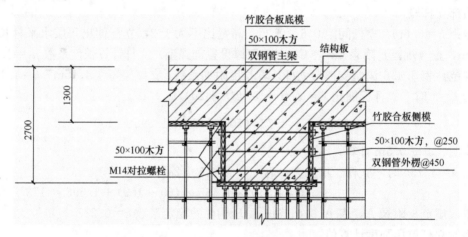

图 14.2.6-21 模板侧面示意图

9. 梁侧模板荷载标准值计算

强度验算考虑新浇混凝土侧压力和倾倒混凝土时产生的荷载设计值；挠度验算考虑新浇混凝土侧压力产生的荷载标准值。

依据《混凝土结构工程施工规范》GB 50666—2011，A.0.4，新浇混凝土侧压力计算公式为下式中的较小值：

$$F = 0.28\gamma_c t_0 \beta V^{1/2}$$
$$F = \gamma_c H$$

式中 γ_c——混凝土的重力密度，取 24kN/m³；

t_0——新浇混凝土的初凝时间，取 5h；

说明：$t_0 = 200/(T+15) = 200/(25+15) = 5h$，$T$ 混凝土温度取 25℃；

V——混凝土的浇筑速度，取 1.0m/h；

H——混凝土侧压力计算位置处至新浇混凝土顶面总高度，取 2.7m；

β——混凝土坍落度影响修正系数，取 1.0。

说明：坍落度＝160mm

新浇混凝土侧压力标准值

$$F = 0.28\gamma_c t_0 \beta V^{1/2}$$

$$= 0.28 \times 24 \times 5 \times 1.0 \times 1^{1/2} = 33.6 \text{kN/m}^2$$

$$F = \gamma_c H = 24 \times 2.7 = 64.8 \text{kN/m}^2，$$

取 $$F = 33.6 \text{kN/m}^2$$

说明：当采用插入式振捣器且浇捣速度不大于 10m/h、混凝土坍落度不大于 180mm 时，新浇筑混凝土作用于模板的最大侧压力标准值，可按以上二式计算，并取其中的较小值：

倾倒混凝土时产生的荷载标准值 $F_2 = 4\text{kN/m}^2$。

10. 梁侧模板面板的计算

（1）侧模面板

面板为受弯结构，需要验算其抗弯强度和刚度。模板面板按照三跨连续梁计算。计算简图见图 14.2.6-22、图 14.2.6-23。

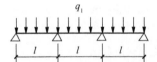 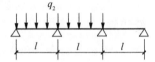 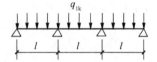

图 14.2.6-22　计算荷载组合简图（支座最大弯矩，$l=250$）　　图 14.2.6-23　挠度计算简图 $l=250$mm

面板的计算宽度取 1.0m。

恒荷载标准值

$$q_{1k} = 33.6 \times 1 = 33.6 \text{kN/m}$$

恒荷载设计值

$$q_1 = 1.35 \times 33.6 = 45.36 \text{kN/m}$$

活荷载设计值

$$q_2 = 4 \times 1.0 = 4 \text{kN/m}$$

面板的截面惯性矩 I 和截面抵抗矩 W 分别为：

$$W = 100 \times 1.50 \times 1.50/6 = 37.5 \text{cm}^3；$$

$$I = 100 \times 1.50 \times 1.50 \times 1.5/12 = 28.125 \text{cm}^4；$$

混凝土模板用竹胶合板强度容许值 $[f] = 30\text{N/mm}^2$。竹胶合板弹性模量为

$4400N/mm^2$

① 抗弯强度计算

最大弯矩

$$M = 0.1q_1 l^2 + 0.117q_2 l^2$$

$$= 0.1 \times 45.36 \times 0.25^2 + 0.117 \times 4 \times 0.25^2 = 0.31kN \cdot m$$

面板抗弯强度计算值 $f = M/W = 0.31 \times 10^6 / 37500 = 8.27N/mm^2$

面板的抗弯强度设计值 $[f]$，取 $30N/mm^2$；

面板的抗弯强度验算 $f < [f]$，满足要求！

② 挠度计算

面板最大挠度计算值

$$v = 0.667q_{1k}l^4 /(100EI) = 0.667 \times 33.6 \times 250^4 /(100 \times 4400 \times 281250) = 0.7mm$$

面板的最大挠度小于 $250/250 = 1.0mm$，满足要求！

③ 最大支座反力

$$N = (1.1q_1 + 1.2 q_2)l = (1.1 \times 45.36 + 1.2 \times 4) \times 0.25 = 13.67kN$$

（2）梁侧模板内龙骨的计算

内龙骨直接承受模板传递的荷载，按照活荷载最不利布置，二跨连续梁计算，见图 14.2.6-24。

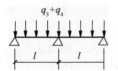

图 14.2.6-24　计算简图

$l = 450mm$

恒荷载标准值

$$q_{3k} = 33.6 \times 0.25 = 8.4kN/m$$

恒荷载设计值

$$q_3 = 1.35 \times 8.4 = 11.34kN/m$$

活荷载设计值

$$q_4 = 4 \times 0.25 = 1.0kN/m$$

截面抵抗矩 W 和截面惯性矩 I 分别为：

$$W = 5.00 \times 10.00 \times 10.00/6 = 83.33cm^3;$$

$$I = 5.00 \times 10.00 \times 10.00 \times 10.00/12 = 416.67cm^4;$$

木方抗弯强度 $[f] = 15N/mm^2$；抗剪强度 $[\tau] = 1.7N/mm^2$；容许变形值 $[v] = L/250$

弹性模量 $E = 9350N/mm^2$。说明：根据《木结构设计规范》，并考虑使用条件，设计使用年限。

① 抗弯强度计算

最大弯矩

$$M = 0.125(q_3 + q_4) l^2 = 0.125 \times (11.34 + 1) \times 0.45^2 = 0.31kN \cdot m$$

面板抗弯强度计算值 $f = M/W = 0.31 \times 10^6/83.33 \times 10^3 = 3.72N/mm^2 < [f] = 15N/mm^2$

抗弯强度验算 $f < [f]$，满足要求！

② 抗剪计算

最大剪力

$$Q = 0.625(q_3 + q_4)l = 0.625 \times (11.34 + 1) \times 0.45 = 3.47kN$$

截面抗剪强度

$$T = 3Q/2bh = 3 \times 3470/(2 \times 50 \times 100)$$

$$= 1.04 \text{N/mm}^2 < [\tau] = 1.7 \text{N/mm}^2$$

木方的抗剪强度计算满足要求！

最大支座反力 $P = 1.25(q_3 + q_4)l = 1.25(11.34 + 1) \times 0.45 = 6.94 \text{kN}$

③ 挠度计算

用恒荷载标准值（$q_{3k} = 8.4 \text{kN/m}$）进行挠度计算

最大挠度计算值

$$v = 0.521 q_{3k} l^4 /(100EI)$$

$$= 0.521 \times 8.4 \times 450^4/(100 \times 9350 \times 416.7 \times 10^4)$$

$$= 0.1 \text{mm} < l/250 = 450/250 = 1.8 \text{mm}$$

最大挠度小于 $l/250$，满足要求！

（3）梁侧模板外龙骨的计算

外龙骨（双钢管）承受内龙骨传递的荷载，按照集中荷载下连续梁计算。图 14.2.6-25 外龙骨采用 $\phi 48 \times 3.0$ 双钢管，钢管主梁截面特性：

截面积 $A = 4.24$（cm²）；惯性矩 $I = 10.78$（cm⁴）；

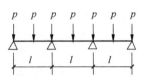

分解如下计算简图

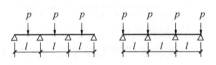

图 14.2.6-25 模板外龙骨计算简图
$l = 500 \text{mm}$

截面模量 $w = 4.49$（cm³）；回转半径 $i = 1.595$（cm）

钢材强度设计值 $f = 205 \text{N/mm}^2$；弹性模量 $E = 2.06 \times 10^5 \text{ N/mm}^2$

截面抗剪强度设计值 $f_v = 120 \text{N/mm}^2$

集中荷载 $P(P = 6.94 \text{kN})$ 取内龙骨传递荷载。

按照三跨连续梁计算

最大弯矩 $M = 0.175pl = 0.175 \times 6.94 \times 0.5 = 0.61 \text{kN} \cdot \text{m}$

最大剪力 $Q = 0.65p = 0.65 \times 6.94 = 4.51 \text{kN}$

最大支座力 $N = 1.15P + P = 2.15P = 2.15 \times 6.94 = 14.92 \text{kN}$

① 抗弯强度计算

抗弯计算强度 $f = M/W = 0.61 \times 10^6/(2 \times 4490) = 67.93 \text{N/mm}^2$

抗弯计算强度小于 205N/mm^2，满足要求！

② 抗剪计算

截面抗剪强度必须满足：

$$T = 2Q/A < f_v$$

截面抗剪强度计算值 $T = 2 \times 4510/(2 \times 424) = 10.64 \text{N/mm}^2 < f_v = 120 \text{N/mm}^2$

抗剪强度计算满足要求！

③ 挠度计算

最大变形 $v = 1.146\,Pl^3/(100EI)$

$= 1.146 \times 6.94 \times 10^3 \times 500^3/(100 \times 2.06 \times 10^5 \times 2 \times 10.78 \times 10^4)$

$= 0.2\mathrm{mm} < 500/150 = 3\mathrm{mm}$

最大挠度小于 500/150，满足要求！

（4）对拉螺栓的计算

计算公式：

$$N < [N] = \pi d_{\mathrm{e}}^2 f/4$$

式中　N——对拉螺栓所受的拉力（最大支座力 $N=14.92\mathrm{kN}$）；

对拉螺栓的直径：14（mm）

对拉螺栓有效直径：$d_{\mathrm{e}}=11.84$（mm）

f——对拉螺栓的抗拉强度设计值，取 $170\mathrm{N/mm^2}$。

螺栓承载力设计值

$$[N] = \pi d_{\mathrm{e}}^2 f/4 = 3.14 \times 11.84^2 \times 170/4 = 18708\mathrm{N} = 18.71\mathrm{kN}$$

$$N < [N]$$

对拉螺栓强度验算满足要求！

11. 内衬墙结构模板支架验算

1）模板侧压力计算

强度验算考虑新浇混凝土侧压力和倾倒混凝土时产生的荷载设计值；挠度验算考虑新浇混凝土侧压力产生荷载标准值。内衬墙模板图见图 14.2.6-26、详图见图 14.2.6-27。

依据《混凝土结构工程施工规范》GB 50666—2011，A.0.4，新浇混凝土侧压力计算公式为下式中的较小值：

$$F = 0.28\gamma_{\mathrm{c}}\,t_0\beta V^{1/2}$$

$$F = \gamma_{\mathrm{c}}H$$

式中　γ_{c}——混凝土的重力密度，取 $24\mathrm{kN/m^3}$；

t_0——新浇混凝土的初凝时间，取 5h；

说明：$t_0 = 200/(T+15) = 200/(25+15) = 5h$，$T$ 混凝土温度，取 25℃；

V——混凝土的浇筑速度，取 1.0m/h；

说明：$V=$ 每小时浇筑混凝土总方量/侧墙总平面积 $=40/40=1\mathrm{m/h}$

每小时浇筑混凝土总方量 $=40\ \mathrm{m^3/h}$

侧墙总平面积 $=C_{\mathrm{a1}} \times C_{\mathrm{b1}} + C_{\mathrm{a2}} \times C_{\mathrm{b2}} = 20 \times 1 + 20 \times 1 = 40\mathrm{m^2}$

H——混凝土侧压力计算位置处至新浇混凝土顶面总高度，取 6m；

说明：墙体浇筑高度 $H=6\mathrm{m}$

β——混凝土坍落度影响修正系数，取 1.0。

说明：坍落度 $=160\mathrm{mm}$

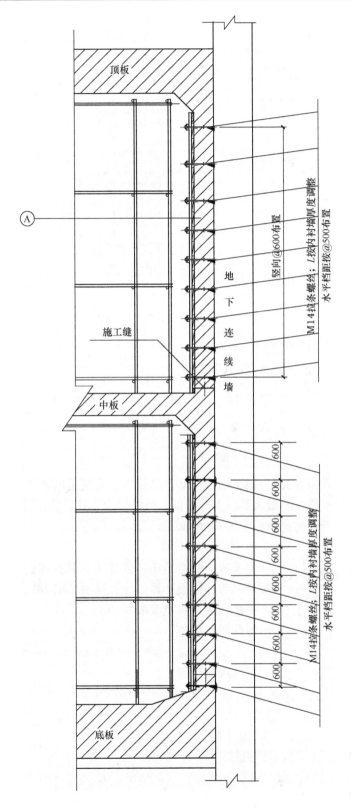

图 14.2.6-26 内衬墙模板图

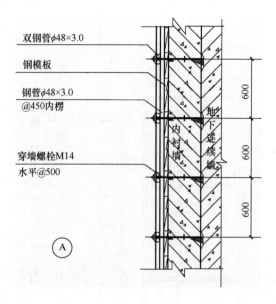

图 14.2.6-27 内衬墙模板详图

新浇混凝土侧压力标准值

$$F = 0.28\gamma_c t_0 \beta V^{1/2}$$

$$= 0.28 \times 24 \times 5 \times 1.0 \times 1^{1/2} = 33.6\text{kN/m}^2$$

$$F = \gamma_c H = 24 \times 6 = 144\text{kN/m}^2,$$

取

$$F = 33.6\text{kN/m}^2$$

说明：当采用插入式振捣器且浇捣速度不大于 10m/h、混凝土坍落度不大于 180mm 时，新浇筑混凝土作用于模板的最大侧压力标准值，可按以上二式计算，并取其中的较小值

倾倒混凝土时产生的荷载标准值 $Q_k = 4\text{kN/m}^2$。

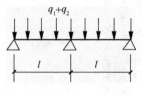

图 14.2.6-28 计算简图
$l = 450 \sim 500\text{mm}$

2）侧模面板计算

钢模板为受弯结构，需要验算其抗弯强度和刚度。模板面板按照二跨连续梁计算。计算简图见图 14.2.6-28

钢模板的计算宽度取 0.3m。

恒荷载标准值

$$q_{1k} = 33.6 \times 0.3 = 10.08\text{kN/m}$$

恒荷载设计值

$$q_1 = 1.35 \times 10.08 = 13.61\text{kN/m}$$

活荷载设计值

$$q_2 = 4 \times 0.3 = 1.2\text{kN/m}$$

面板的截面惯性矩 I 和截面抵抗矩 W 分别为：

$$I = 26.97 \times 10^4 \text{mm}^4 \quad W = 5.94 \times 10^3 \text{mm}^3 \quad E = 2.06 \times 10^5 \text{N/mm}^2$$

净截面面积 $A = 1040\text{mm}^2$

钢材强度设计值 $f = 205\text{N/mm}^2$ 抗剪强度设计值 $[\tau] = 120\text{N/mm}^2$

容许挠度 $[v] \leqslant 1.5\text{mm}$

（1）抗弯强度计算

最大弯矩

$$M = 0.125(q_1 + q_2)l^2 = 0.125 \times (13.61 + 1.2) \times 0.5^2 = 0.46\text{kN} \cdot \text{m}$$

抗弯强度计算值

$$f = M/W = 0.46 \times 10^6 / 5.94 \times 10^3 = 77.44\text{N}/\text{mm}^2 < [f] = 205\text{N}/\text{mm}^2$$

抗弯强度验算 $f < [f]$，满足要求！

（2）抗剪计算

最大剪力

$$Q = 0.625(q_1 + q_2)l = 0.625 \times (13.61 + 1.2) \times 0.5 = 4.63\text{kN}$$

截面抗剪强度

$$T = 3Q/2A = 3 \times 4630/(2 \times 1040)$$
$$= 66.67\text{N}/\text{mm}^2 < [T] = 120\text{N}/\text{mm}^2$$

抗剪强度计算满足要求！

（3）挠度计算

用恒荷载标准值（$q_{1k} = 10.08\text{kN/m}$）进行挠度计算

最大挠度计算值

$$v = 0.521q_{3k}l^4/(100EI)$$
$$= 0.521 \times 10.08 \times 500^4/(100 \times 2.06 \times 10^5 \times 26.97 \times 10^4)$$
$$= 0.1\text{mm} < [v] = 1.5\text{mm}$$

最大挠度小于容许挠度，满足要求！

3）内楞受力计算

内楞为受弯结构，需要验算其抗弯强度、抗剪强度和刚度。按照三跨连续梁计算。内楞间距 450～500mm，计算取 500mm。计算简图见图 14.2.6-29、图 14.2.6-30。

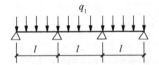 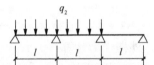 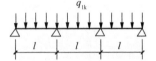

图 14.2.6-29 计算荷载组合简图（支座最大弯矩，$l=600$）　　图 14.2.6-30 挠度计算简图 $l=600\text{mm}$

恒荷载标准值

$$q_{1k} = 33.6 \times 0.5 = 16.8\text{kN/m}$$

恒荷载设计值

$$q_1 = 1.35 \times 16.8 = 22.68\text{kN/m}$$

活荷载设计值

$$q_2 = 4 \times 0.5 = 2\text{kN/m}$$

内楞采用 $\phi48 \times 3.0$ 双钢管，钢管截面特性：

截面积 $A = 4.24(\text{cm}^2)$；惯性矩 $I = 10.78(\text{cm}^4)$；

截面模量 $w=4.49(\text{cm}^3)$;

钢材强度设计值 $f=205\text{N/mm}^2$; 弹性模量 $E=2.06\times10^5\text{N/mm}^2$

截面抗剪强度设计值 $f_v=120\text{N/mm}^2$

（1）抗弯强度计算

最大弯矩

$$M=0.1q_1l^2+0.117q_2l^2=0.1\times22.68\times0.6^2+0.117\times2\times0.6^2=0.9\text{kN}\cdot\text{m}$$

面板抗弯强度计算值 $f=M/W=0.9\times10^6/4490=200.45\text{N/mm}^2<f=205\text{N/mm}^2$;

抗弯强度验算满足要求！

（2）钢管抗剪计算

最大剪力

$$Q=(0.6q_1+0.617q_2)l$$
$$=(0.6\times22.68+0.617\times2)\times0.6=8.91\text{kN}$$

截面抗剪强度

$$T=2Q/A=2\times8910/(424)$$
$$=42\text{N/mm}^2<[f_v]=120\text{N/mm}^2$$

钢管的抗剪强度计算满足要求！

（3）挠度计算

最大挠度计算值

$$v=0.667q_{1k}l^4/(100EI)$$
$$=0.667\times16.8\times600^4/(100\times2.06\times10^5\times107800)$$
$$=0.6\text{mm}<l/150=600/150=4\text{mm}$$

最大挠度小于 $l/150$ ，满足要求！

（4）最大支座反力

$$P=(1.1q_1+1.2q_2)l$$
$$=(1.1\times22.68+1.2\times2)\times0.6=16.41\text{kN}$$

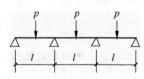

图 14.2.6-31　计算简图

$l=500\text{mm}$

4）外楞受力计算

外楞采用双钢管，承受内龙骨传递的荷载，按照集中荷载不利布置三跨连续梁计算。图 14.2.6-31

外楞采用 $\phi48\times3.0$ 双钢管，钢管主梁截面特性：

截面积 $A=4.24$ （cm²）；惯性矩 $I=10.78$ （cm⁴）；

截面模量 $w=4.49$ （cm³）；

钢材强度设计值 $f=205$ N/mm² ; 弹性模量 $E=2.06\times10^5$ N/mm²

截面抗剪强度设计值 $f_v=120\text{N/mm}^2$

集中荷载 P （ $P=16.41\text{kN}$ ）取内龙骨传递荷载。

按照三跨连续梁计算

最大弯矩 $M=0.175pl=0.175\times16.41\times0.5=1.44\text{kN}\cdot\text{m}$

最大剪力 $Q=0.65p=0.65\times16.41=10.67\text{kN}$

最大支座力 $N=1.15P=1.15\times16.41=18.87\text{kN}$

（1）抗弯强度计算

抗弯计算强度 $f = M/W = 1.44 \times 10^6/(2 \times 4490) = 160.35 \text{N/mm}^2$

抗弯计算强度小于 205N/mm^2，满足要求！

说明：根据外楞双钢管受力特点，截面模量 $w = 2 \times 4.49$（cm^3）；

（2）抗剪计算

截面抗剪强度必须满足：

$$T = 2Q/A < f_v$$

截面抗剪强度计算值 $T = 2 \times 10670/(2 \times 424) = 25.17 \text{N/mm}^2$

说明：根据外楞双钢管受力特点，截面积 $A = 2 \times 4.24(\text{cm}^2)$；

截面抗剪强度设计值 $f_v = 120 \text{N/mm}^2$

抗剪强度计算满足要求！

（3）挠度计算

最大变形 $v = 1.146\,Pl^3/(100EI) = 1.146 \times 16.41 \times 10^3 \times 500^3/(100 \times 2.06 \times 10^5$

$$\times 2 \times 10.78 \times 10^4)$$

$$= 0.5\text{mm} < 500/150 = 3\text{mm}$$

说明：根据外楞双钢管受力特点，惯性矩 $I = 2 \times 10.78(\text{cm}^4)$；

最大挠度小于 $500/150$，满足要求！

5）对拉螺栓的计算

（1）计算形式：受拉。采用 $100 \times 60 \times 6$ 三角铁板与 M14 螺栓两侧焊接连成一体，再与地下墙主筋双面电焊连接。因三角铁板其截面大于 M14 螺栓，故忽略对三角铁板的验算。

（2）计算简图见图 14.2.6-32：

（3）计算公式：

$$N < [N] = \pi d_e^2 f/4$$

图 14.2.6-32

式中　N——对拉螺栓所受的拉力（最大支座力 $N = 18.87\text{kN}$）；

对拉螺栓的直径：14（mm）

对拉螺栓有效直径：$d_e = 11.84$（mm）

f——对拉螺栓的抗拉强度设计值，取 170N/mm^2。

螺栓承载力设计值

$$[N] = \pi d_e^2 f/4 = 3.14 \times 11.84^2 \times 170/4 = 18708\text{N} = 18.71\text{kN}$$

$$N \approx [N]$$

对拉螺栓强度验算满足要求！

说明：根据《建筑施工模板安全技术规范》4.3.1 条规定，结构重要系数取 $\gamma_0 = 0.9$

对拉螺栓所受的拉力 $N = 0.9 \times 18.87 = 16.98\text{kN}$

$$N < [N] = 18.71\text{kN}$$

满足要求。

说明：对主螺柱可选用 M16。

14.3　脚手架专项方案三：A1 区大型设备基础模板支架施工方案

14.3.1　方案内容特点

1. 3.35m 厚顶板结构模板支架验算，3.35m 厚顶板支架采用满堂扣件式钢管脚手架的支撑形式，架体顶部荷载通过水平杆、扣件节点传递给立杆，顶部立杆呈偏心受压状态。根据满堂扣件式钢管脚手架整体稳定试验结论（《满堂扣件式钢管脚手架构造、计算的试验与理论研究》课题内容），计算满堂扣件式钢管模板支撑体系整体稳定。主要内容如下：

1）满堂扣件式脚手架模板支撑架立杆稳定性计算。

2）主梁与立杆扣件节点设置 3 个扣件，三扣件抗滑承载力计算。

措施：节点采用三个扣件抗滑，扣件螺帽拧紧，下部扣件顶紧上部扣件。扣件底部用环形钢筋焊死，防止扣件下滑。

2. 支撑架上模板、次梁（次楞）、主梁（主楞）承载力与刚度计算。

14.3.2　结构形式

1. 某石化有限公司项目：A1 区大型设备基础由两台空压机、一台发电机基础组成，基础底板、顶板及柱均为钢筋混凝土结构。抗震设计等级为三级，抗震设防烈度为 7 度。本工程 ±0.000m 相当于绝对标高 2.900m，基础垫层底标高为−3.000 。

空压机顶板平面轴线尺寸为 34.815m×9.500m，顶板厚度为 3.350m，净高 7.4m。顶板下柱子尺寸：1900mm×1200mm；1350mm×1200mm。

发电机顶板平面轴 16.50mm×9.125m，顶板厚度 2m，净高 10.2m。顶板柱子尺寸：1100mm×750mm ；1100mm×1300mm ；1100mm×1200mm。

2. 混凝土强度等级：垫层 C10，底板、柱、顶板 C30。钢筋保护层厚度：底板底部100mm，其余 50mm。

3. 工程难点及重点

1）顶板截面尺寸厚大，扣件式钢管模板支撑系统能否满足施工要求是控制中的重点。

2）扣件式模板支架扣件抗滑力的保证，是模板支撑系统稳定的关键。

14.3.3　支撑架控制要点

1. 模板支架采用满堂扣件式钢管脚手架，支架上部荷载通过水平杆、扣件传给立杆。节点采用三个扣件抗滑，扣件螺帽拧紧，下部扣件顶紧上部扣件。扣件底部用环形钢筋焊死，防止扣件下滑。

2. 现场所有的柱混凝土提前浇筑完成，对脚手架整体稳定性有帮助。所有柱与柱之间部位的水平杆两口必须与柱抱箍顶紧，不够长的部分可以用木楔子卡死或连接短杆进行顶紧，短杆必须与三道立杆连接。

3. 竖向剪刀撑必须随满堂架整体搭设，首尾相连。竖向剪刀撑斜杆与地面的倾斜角应为 45°～60°。

4. 满堂架和板底支撑架的扣件螺帽要拧紧，扣件拧紧度要进行检查验收合格。

5. 满堂架与柱相连部位，每跨步距与柱必须锁牢（图 14.3.3），加强脚手架整体的稳定性。

14.3.4　施工控制要点

1. 浇筑前要联合检查满堂脚手架的搭设要求，符合要求方能浇筑混凝土。

2. 空压机从西向东分为两个标高、三个厚度。底标高分别为＋6.500、＋7.500；厚度为 1.475m、2.200m、3.350m。

3. 浇筑混凝土前进行详细交底。先浇筑标高＋6.5m 处 1.475m 板厚区域的混凝土，分 4 层均匀对称浇筑完成，每层不大于 50cm 厚。待＋6.5m 处浇筑完成 1 小时后，

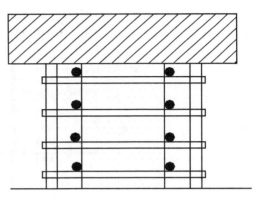

图 14.3.3　每跨步距与柱必须锁牢

再浇筑标高＋7.5m 区域的混凝土，分为 2.200m 厚和 3.35m 厚两个区域；该标高范围内混凝土先浇筑 2.2m 厚混凝土，从中间向东西两侧均匀对称浇筑，每层混凝土厚度不大于 50cm，分 5 层循环浇筑；最后浇筑厚 2.2～3.350m 处顶部区域，此部分荷载较大，待 2.2m 层浇筑 1h 后再进行浇筑，从中间向两侧对称分层均匀循环浇筑，每层不大于 40cm。

4. 关键工序见表 14.3.4：

关键工序　　　　　　　　　　　　　　　　　　　　表 14.3.4

序　号	关键工序名称	工序特点、难点
1	模板支撑系统	顶板支撑系统脚手架搭设
2	柱模板工程	垂直度及轴线位置控制
3	大体积混凝土浇筑	保温层覆盖和温度控制
4	预埋件及预埋孔洞定位	埋件位置及外露平整度、预埋套管位置控制

5. 空压机基础模板支撑架高度 $H_1 = 7.4$ m，高宽比不大于 1，混凝土板厚 $H_B = 3.35$m，立杆间距 $l_a \times l_b = 0.4$m×0.4m，步距 $h = 0.6$m，立杆 $\phi 48 \times 3.25$ 的钢管搭设，主梁采用 $\phi 48 \times 3.0$ 钢管，主梁上的次梁（或支撑模板的小梁）采用 50mm×100mm 木方，间距 100mm。混凝土模板用胶合板厚 18mm。施工地区为基本风压 0.3 kN/m² 的市区。

6. 扣件进入施工现场应检查产品合格证，并进行抽样复试，技术性能应符合现行国家标准《钢管脚手架扣件》GB 15831 的规定。扣件在使用前应逐个挑选，有裂缝、变形、螺栓出现滑丝的严禁使用。

7. 先施工柱子，柱模板拆除后，靠近柱子的满堂架每隔一步和柱子用钢管做硬联接，以增加架体的整体钢性。

8. 基础顶板侧模板安装采用双层 18mm 厚胶合板下料制作安装，采用 50mm×100mm 木方背楞，间距 150mm，$\phi 48 \times 3.0$ 钢管作为主楞，间距 200mm，加固系统采用

$\phi14$ 对拉螺栓与基础内钢筋焊接进行对拉加固，两侧相同位置的对拉螺栓选择钢筋时应尽量选用同一根钢筋，对拉螺栓纵、横向间距均为 400mm。

9. 侧模板加固示意

加固系统采用 $\phi14$ 对拉螺栓进行对拉加固，按 400mm 间距一道设置，支撑连成一体，防止因胀模造成偏移。见图 14.3.4 空压机基础侧模板加固示意图。

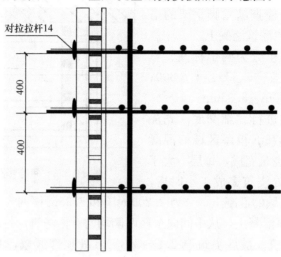

图 14.3.4 空压机基础侧模板加固示意图

14.3.5 3.35m 厚顶板结构模板支架验算

1. 计算参数

模板支撑架高度 $H_1=7.4$m，高宽比不大于 1，混凝土板厚 $H_B=3.35$m，立杆间距 $l_a\times l_b=0.4$m$\times0.4$m，步距 $h=0.6$m，主梁采用 $\phi48\times3.0$ 钢管，主梁上的次梁（或支撑模板的小梁）采用 50mm$\times$100mm 木方，间距 100mm。混凝土模板用胶合板厚 18mm。施工地区为基本风压 0.3kN/m² 的市区。

架体选用满堂脚手架（荷载通过水平杆传递给立杆）做模板支架。架体基础为混凝土结构。在架体纵、横向不大于 5m 设置剪刀撑，高度不大于 6m 设置一道水平剪刀撑。图 14.3.5-1、图 14.3.5-2、图 14.3.5-3。

2. 模板及支撑架应考虑的荷载

恒荷载：

（1）模板自重，取 0.3kN/m²

（2）模板支架自重

（3）钢筋混凝土（楼板）自重，25.1kN/m³

活荷载：

（1）施工人员及设备荷载

计算模板和直接支撑模板的小梁时，均布荷载 2.5kN/m²，集中荷载 2.5kN；

计算直接支撑小梁的主梁时，均布荷载 1.5kN/m²；

计算支撑架立杆时，均布荷载 1.0kN/m²。

（2）振捣混凝土时产生的荷载标准值：2kN/m²

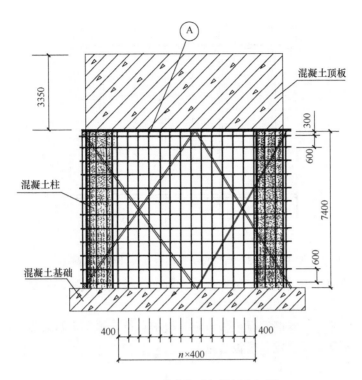

图 14.3.5-1 满堂脚手架模板支架图

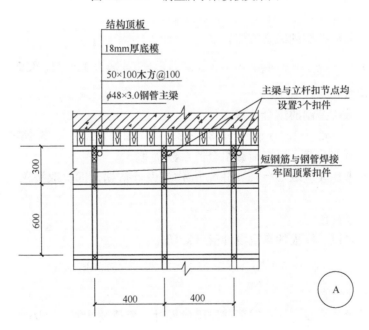

图 14.3.5-2 满堂脚手架模板支架细部构造详图

（3）风荷载，施工地区为基本风压 $0.3kN/m^2$ 的市区。

3. 模板面板计算

使用模板类型为：混凝土模板用胶合板。

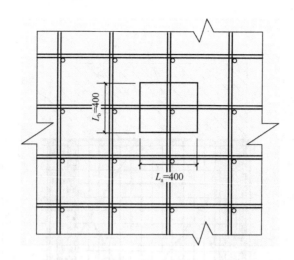

图 14.3.5-3　满堂脚手架模板支架计算单元简图

面板为受弯结构，需要验算其抗弯强度和刚度。模板面板按照三跨连续梁计算。计算单元取：板宽方向取 0.4m，长按三跨计算。

强度验算考虑荷载：钢筋混凝土板自重，模板自重，施工人员及设备荷载；挠度验算考虑荷载：钢筋混凝土梁自重，模板自重。

（1）荷载分项系数的选用：

恒荷载标准值 $q_{1k}=25.1×3.35×0.4+0.3×0.4=33.75kN/m$

活荷载标准值 $q_{2k}=2.5×0.4=1.0kN/m$

按可变荷载效应控制的组合方式：

$$S = 1.2q_{1k} + 1.4q_{2k} = 1.2×33.75 + 1.4×1.0 = 41.9kN/m$$

说明：结构重要系数取 1

按永久荷载效应控制的组合方式：

$$S = 1.35q_{1k} + 1.4\psi_C q_{2k} = 1.35×33.75 + 1.4×1.0 = 46.96kN/m$$

说明：一个可变荷载，可变荷载组合值系数 ψ_C 取 1。

根据以上两者比较应取 $S=46.96kN/m$ 作为设计依据，即：取按永久荷载效应控制的组合方式。

（2）恒荷载设计值：

钢筋混凝土自重、模板的自重设计值（kN/m）：

$$q_1 = 1.35q_{1k} = 1.35×33.75 = 45.56kN/m$$

（3）活荷载设计值：

施工人员及设备荷载按均布线荷载作用模板时，荷载设计值（kN/m）：

$$q_2 = 1.4 q_{2k} = 1.4×2.5×0.4 = 1.4kN/m$$

施工人员及设备荷载按集中荷载作用模板时，荷载设计值（kN/m）：

$$P = 1.4×2.5 = 3.5kN$$

（4）面板的截面惯性矩 I 和截面抵抗矩 W 分别为：

$$W = bh^2/6 = 40 \times 1.8 \times 1.8/6 = 21.6 \text{cm}^3;$$
$$I = bh^3/12 = 40 \times 1.8 \times 1.8 \times 1.8/12 = 19.44 \text{cm}^4;$$

说明：模板厚 $h = 18\text{mm}$，板宽取 $b = 400\text{mm}$ 计算。

混凝土模板用胶合板强度容许值 $[f] = 24\text{N/mm}^2$。混凝土模板用胶合板弹性模量为 2800N/mm^2。

（5）抗弯强度、挠度计算

① 施工人员及设备荷载按均布荷载布置见图 14.3.5-4

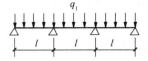 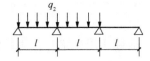 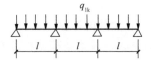

图 14.3.5-4 计算荷载组合简图（支座最大弯矩，$l=100$）　图 14.3.5-5 挠度计算简图
（$l=100$）

最大弯矩

$$M = 0.1q_1 l^2 + 0.117q_2 l^2$$
$$= 0.1 \times 45.56 \times 0.1^2 + 0.117 \times 1.4 \times 0.1^2 = 0.05\text{kN} \cdot \text{m}$$

抗弯强度 $\sigma = M/W = 0.05 \times 10^6/21600 = 2.31\text{N/mm}^2 < [f] = 24\text{N/mm}^2$

面板的抗弯强度验算 $f < [f]$，满足要求！

挠度计算

$$v = 0.677q_{1k}l^4/100EI < [v] = l/250$$

面板最大挠度计算值 $v = 0.677 \times 33.75 \times 100^4/(100 \times 2800 \times 194400)$
$$= 0.04\text{mm} < [v] = l/250 = 100/250 = 0.4\text{mm}$$

模板容许变形取 $l/250$，面板的最大挠度小于 $l/250$，满足要求！

② 施工人员及设备荷载按集中荷载布置见图 14.3.5-6

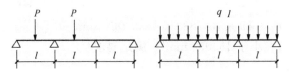

图 14.3.5-6 计算荷载组合简图（支座最大弯矩，$l=100$）

最大弯矩

$$M = 0.1q_1 l^2 + 0.175Pl = 0.1 \times 45.56 \times 0.1^2 + 0.175 \times 3.5 \times 0.1 = 0.11\text{kN} \cdot \text{m}$$

抗弯强度 $\sigma = M/W = 0.11 \times 10^6/21600 = 5.09\text{N/mm}^2 / = [f] = 24\text{N/mm}^2$

面板的抗弯强度验算 $f < [f]$，满足要求！

4. 次梁木方计算

按由永久荷载效应控制的组合考虑，永久荷载分项系数取 1.35。木方按三跨连续梁计算。

（1）荷载的计算

① 恒荷载为钢筋混凝土板自重与模板的自重，恒荷载标准值：

$$q_{3k} = 25.1 \times 3.35 \times 0.1 + 0.3 \times 0.1 = 8.44 \text{kN/m}$$

说明：次梁木方间距 0.1m

② 活荷载标准值：

$$q_{4k} = 2.5 \times 0.1 = 0.25 \text{kN/m}$$

说明：施工人员及设备荷载取 2.5kN/m²

③ 恒荷载设计值：

$$q_3 = 1.35 \times 8.44 = 11.39 \text{kN/m}$$

④ 活荷载设计值：

施工人员及设备荷载按均布线荷载作用小梁时，荷载设计值（kN/m）：

$$q_4 = 1.4 \times 0.25 = 0.35 \text{kN/m}$$

施工人员及设备荷载按集中荷载作用小梁时，荷载设计值（kN/m）：

$$P = 1.4 \times 2.5 = 3.5 \text{kN}$$

（2）木方截面惯性矩 I 和截面抵抗矩 W 分别为：

$$W = 5 \times 10 \times 10/6 = 83.33 \text{cm}^3；$$

$$I = 5 \times 10 \times 10 \times 10/12 = 416.67 \text{cm}^4；$$

（3）施工人员及设备荷载按均布荷载布置见图 14.3.5-7

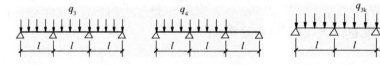

图 14.3.5-7　计算荷载组合简图（支座最大弯矩、　图 14.3.5-8　挠度计算
　　　　最大剪力，$l=400$）　　　　　　　　　简图，$l=400$

① 木方抗弯强度计算

最大弯矩

$$M = 0.1q_3 l^2 + 0.117q_4 l^2 = 0.1 \times 11.39 \times 0.4^2 + 0.117 \times 0.35 \times 0.4^2 = 0.19 \text{kN} \cdot \text{m}$$

$$\sigma = M/W = 0.19 \times 10^6/83330 = 2.28 \text{N/mm}^2 < [f] = 15 \text{N/mm}^2$$

木方的抗弯计算强度小于 15.0N/mm²，满足要求！

② 木方抗剪计算

最大剪力

$$Q = (0.6q_3 + 0.617q_4)l = (0.6 \times 11.39 + 0.617 \times 0.35) \times 0.4 = 2.82 \text{kN}$$

截面抗剪强度

$$T = 3Q/2bh = 3 \times 2820/(2 \times 50 \times 100)$$
$$= 0.85 \text{N/mm}^2 < [T] = 1.6 \text{N/mm}^2$$

木方的抗剪强度计算满足要求！

③ 木方挠度计算（图 14.3.5-8）

最大变形 $v = 0.677q_{3k}l^4/100EI$

$$= 0.677 \times 8.44 \times 400^4/(100 \times 9350 \times 4166700)$$
$$= 0.04 \text{mm} < [v] = l/250 = 1.6 \text{mm}$$

说明：根据《木结构设计规范》，并考虑使用条件、设计使用年限，弹性模量 $E = 9350\text{N/mm}^2$

木方的最大挠度小于 $400/250$，满足要求！

（4）施工人员及设备荷载按集中荷载布置见图 14.3.5-9

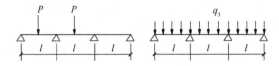

图 14.3.5-9 计算荷载组合简图（支座最大弯矩、最大剪力，$l = 400$）

① 木方抗弯强度计算

最大弯矩

$$M = 0.1q_3 l^2 + 0.175Pl = 0.1 \times 11.39 \times 0.4^2 + 0.175 \times 3.5 \times 0.4 = 0.43\text{kN} \cdot \text{m}$$

抗弯强度 $\sigma = M/W = 0.43 \times 10^6/83330 = 5.16\text{N/mm}^2 < [f] = 15\text{N/mm}^2$

面板的抗弯强度验算 $f < [f]$，满足要求！

② 木方抗剪计算

最大剪力

$$Q = 0.6q_3 l + 0.675P = 0.6 \times 11.39 \times 0.4 + 0.675 \times 3.5 = 5.096\text{kN}$$

截面抗剪强度

$$T = 3Q/2bh = 3 \times 5096/(2 \times 50 \times 100)$$
$$= 1.53\text{N/mm}^2 < [T] = 1.6\text{N/mm}^2$$

木方的抗剪强度计算满足要求！

5. 主梁钢管计算

主梁按照均布荷载三跨连续梁计算，计算简图见图 14.3.5-10

主梁钢管的自重忽略

$\phi 48 \times 3.0$ 钢管主梁截面特性：

截面积 $A = 4.24$（cm^2）；惯性矩 $I = 10.78$（cm^4）；

截面模量 $w = 4.49$（cm^3）；回转半径 $i = 1.595$（cm）

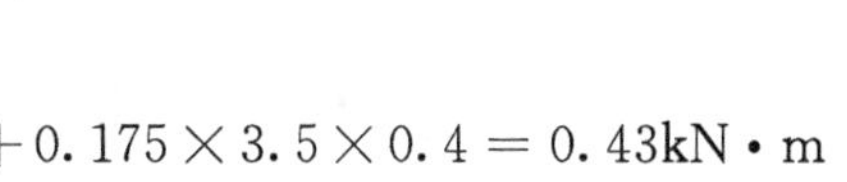

图 14.3.5-10 计算荷载组合简图（支座最大弯矩，$l = 400$）

钢材强度设计值 $f = 205\text{N/mm}^2$；弹性模量 $E = 2.06 \times 10^5\text{N/mm}^2$

（1）荷载计算

① 恒荷载标准值 $q_{5k} = 25.1 \times 3.35 \times 0.4 + 0.3 \times 0.4 = 33.75\text{kN/m}$

恒荷载设计值：

钢筋混凝土自重、模板的自重设计值（kN/m）：

$$q_5 = 1.35q_{5k} = 1.35 \times 33.75 = 45.56\text{kN/m}$$

② 活荷载设计值：

施工人员及设备荷载、振捣混凝土时产生的荷载、按均布线荷载作用直接支撑小梁的主梁时，荷载设计值（kN/m）：

$$q_6 = 0.7 \times 1.4q_{6k} = 0.7 \times 1.4 \times (2 + 1.5) \times 0.4 = 1.37\text{kN/m}$$

（施工人员及设备荷载标准值，计算直接支撑小梁的主梁时，均布荷载 1.5kN/m²；振捣混凝土时产生的荷载标准值 2kN/m²，荷载组合系数 0.7。）

（2）抗弯强度、挠度计算

① 活荷载按均布荷载布置见图 14.3.5-10

② 最大弯矩

$$M = 0.1q_5 l^2 + 0.117q_6 l^2 = 0.1 \times 45.56 \times 0.4^2 + 0.117 \times 1.37 \times 0.4^2 = 0.75 \text{kN} \cdot \text{m}$$

抗弯强度 $\sigma = M/W = 0.75 \times 10^6 / 4.49 \times 10^3 = 167.04 \text{N/mm}^2 < [f] = 205 \text{N/mm}^2$

抗弯强度验算 $f < [f] = 205 \text{ N/mm}^2$

满足要求！

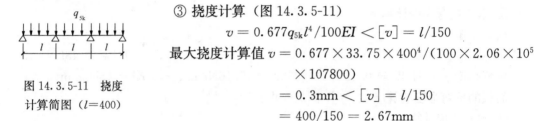

图 14.3.5-11　挠度计算简图（$l=400$）

③ 挠度计算（图 14.3.5-11）

$$v = 0.677q_{5k}l^4/100EI < [v] = l/150$$

最大挠度计算值 $v = 0.677 \times 33.75 \times 400^4 / (100 \times 2.06 \times 10^5 \times 107800)$

$= 0.3\text{mm} < [v] = l/150 = 400/150 = 2.67\text{mm}$

最大挠度小于 $l/150$，满足要求！

（3）主楞与立杆主节点扣件抗滑承载力计算

最大支座反力 $F = (1.1q_3 + 1.2q_6)l = (1.1 \times 45.56 + 1.2 \times 1.37) \times 0.4 = 20.7\text{kN}$

根据扣件节点承载力试验，直接受力节点三扣件抗滑承载力（设计值）$R = 21\text{kN}$

图 14.3.5-2

最大支座反力或节点受最大竖向力 $F = 20.7\text{kN} < R$

节点三个抗滑扣件中，最下部的扣件下部用短钢筋顶紧，且短钢筋与立杆焊接牢固。扣件抗滑承载力满足要求！

6. 验算模板支撑架立杆稳定

1）模板支架荷载：

作用于模板支架的荷载包括恒荷载、活荷载和风荷载。

恒荷载标准计算：

（1）模板支架自重标准值：

底部：$N_{Gk1} = 7.4 \times 0.1691 = 1.251\text{kN}$

说明：①立杆计算部位取架体底部；

② 查《规范》附录 A，表 A.0.3，满堂支撑架立杆承受的每米结构自重标准值 $g_k = 0.1691\text{kN/m}$；满堂脚手架立杆承受的每米结构自重标准值 g_k（kN/m）近似取 0.1691kN/m。计算结果偏安全。

（2）模板的自重标准值：$N_{Gk2} = 0.4 \times 0.4 \times 0.3 = 0.048\text{kN}$

（3）钢筋混凝土顶板自重标准值：$N_{Gk3} = 25.1 \times 0.4 \times 0.4 \times 3.35 = 13.45\text{kN}$

恒荷载对立杆产生的轴向力标准值总和：

$$\sum N_{Gk} = N_{Gk1} + N_{Gk2} + N_{Gk3} = 1.251 + 0.048 + 13.45 = 14.75\text{kN}$$

活荷载标准值计算：

（1）施工人员及设备荷载标准值

$$N_{Qk1} = 1 \times 0.4 \times 0.4 = 0.16kN$$

（2）振捣混凝土时产生的荷载标准值：

$$N_{Qk2} = 2 \times 0.4 \times 0.4 = 0.32kN$$

（3）风荷载计算

风荷载，施工地区为基本风压 $0.3kN/m^2$ 的市区。

城市市区，地面粗糙度为 C 类，支撑架高度 7.4m，风压高度变化系数 $\mu_z = 0.65$。基本风压 $W_o = 0.3kN/m^2$

查《规范》附录 A，表 A.0.5，敞开式满堂支撑架的挡风系数 $\varphi = 0.26$

根据《建筑结构荷载规范》风荷载体型系数 $\mu_s = \mu_{St}(1 - \eta^n)/(1 - \eta) = 1.2\varphi\,(1 + \eta + \eta^2 + \eta^3 + \cdots\cdots + \eta^{n-1})$

风荷载分别作用于每排立杆上，立杆计算按每一个纵距、横距为计算单元，根据满堂支撑架整体稳定试验，以 4 至 5 跨为一个受力稳定结构（本例最少跨为 5 跨），所以，考虑前后排立杆的影响，可取排数 $n = 2 \sim 6$。偏安全考虑，本例取排数 $n = 5$ 计算风荷载。

根据《建筑结构荷载规范》η 系数按表 14.3.5 采用。

系数 η 表　　　　　　　　　　　　　　　　　　　　表 14.3.5

φ	$l_b/H \leqslant 1$
$\leqslant 0.1$	1.00
0.2	0.85
0.3	0.66

注：l_b—支架立杆横距；H—脚手架高度。

$$\eta = 0.736$$

$$\mu_s = 1.2 \times 0.26 \times (1 - 0.736^5)/(1 - 0.736) = 0.927$$

作用于脚手架上的水平风荷载标准值：

$$w_k = \mu_z \cdot \mu_s \cdot w_o = 0.927 \times 0.65 \times 0.3 = 0.181kN/m^2（顶部或底部）$$

由风荷载产生的立杆段弯矩设计值 M_w：

$$M_w = 0.7 \times 1.4 M_{wk} = \frac{0.7 \times 1.4 w_k l_a h^2}{10}$$

$$= 0.7 \times 1.4 \times 0.181 \times 0.4 \times 0.6^2 \div 10 = 0.003kN \cdot m$$

2）计算立杆段的轴向力设计值 N

$$N = 1.35 \sum N_{Gk} + 0.7 \times 1.4 \sum N_{Qk}$$

$$= 1.35 \sum N_{Gk} + 0.7 \times 1.4(N_{Qk1} + N_{Qk2})$$

$$= 1.35 \times 14.75 + 0.7 \times 1.4 \times (0.16 + 0.32) = 20.38kN$$

3）立杆的稳定性计算

立杆为 $\phi 48 \times 3.2$ 钢管主梁截面特性：

截面积 $A = 4.50$（cm^2）；

截面模量 $w = 4.73$（cm^3）；回转半径 $i = 1.588$（cm）

钢材强度设计值 $f = 205N/mm^2$；

按下式验算立杆稳定

$$\frac{N}{\varphi A} + \frac{M_W}{W} \leqslant f$$

底部立杆段：

长细比验算

根据满堂脚手架整体稳定试验结论：步距 $h=0.6$m，立杆间距不大于 0.4m×0.4m，高宽比不大于 1，$\mu = 3.731$。

查《规范》表 5.4.6 满堂支撑架立杆计算长度附加系数，支撑架高度 7.4m　$k = 1.155$

当 $k=1$ 时　立杆长细比 $\lambda = l_0/i = k\mu h/i = 1.0 \times 3.731 \times 60 \div 1.588 = 141 < 210$

当 $k=1.155$ 时　立杆长细比 $\lambda = l_0/i = k\mu h = 1.155 \times 3.731 \times 60 \div 1.588 = 163$

轴心受压构件的稳定系数 $\varphi = 0.265$

钢管立杆抗压强度计算值：

$$\sigma = \frac{N}{\varphi A} + \frac{M_W}{W} = 20.38 \times 10^3 \div (0.263 \times 450) + 0.003 \times 10^6 \div (4.73 \times 10^3)$$

$$= 172.84 \text{N/mm}^2 < 205 \text{ N/mm}^2$$

立杆的稳定性计算 $\sigma < [f] = 205$N/mm²，满足要求！

7. 脚手架地基承载力计算

脚手架基础为结构底板。荷载通过底板传入地基。脚手架地基不用计算。

14.4　脚手架专项方案四：某隧道工程门洞梁 1100×4187 模板支架验算

14.4.1　方案内容特点

地下工程门洞梁 1100×4187（高）模板支撑体系设计主要考虑的问题。

工程实际 4.187m 梁高对规范给出的承载力的验证。

14.4.2　结构形式

门洞梁 1100×4187（高）结构形式及模板支架方案图见图 14.4.2-1。

14.4.3　支架基础

本工程模板支架搭设施工均在隧道基坑底板施工完成后进行，待底板达到设计强度后模板支架方可承受设计荷载。支架立杆坐落于钢筋混凝土底板，满足模板支架相关安全技术要求。

14.4.4　模板支撑架设计

1. 梁模板及支架施工设计

梁底模下设方木次楞、方木主楞，主楞用顶托向上支撑固定。梁侧模采用钢管次楞、

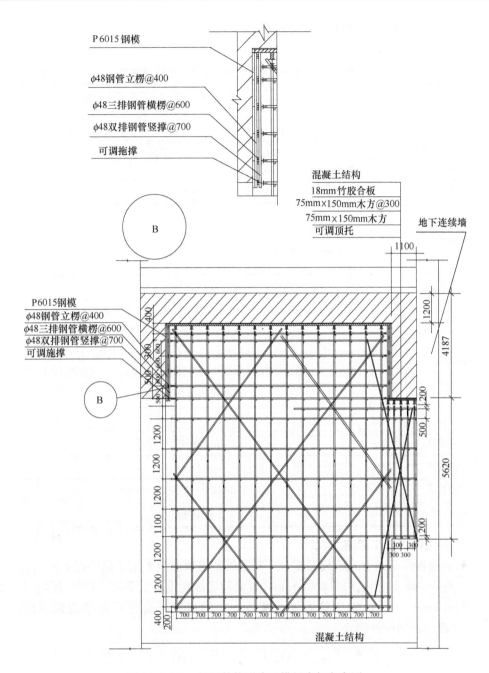

图 14.4.2-1 门洞结构形式及模板支架方案图

竖向钢管外楞，顶托支撑。

底模采用 18mm 厚竹胶合板，次楞采用 75mm×150mm 木方，木方间距 150~175mm，沿梁横向布置，主楞采用 75mm×150mm 方木沿梁纵向，间距 300mm 布置，下设调节螺杆将垂直荷载转移至模板支撑体系。

梁侧模采用组合式钢模板支设，对不整钢模板的位置用木模根据实际尺寸现场加工制作。竖向 $\phi48$ 钢管内楞间隔 400mm，紧贴钢模板架设，水平向三拼 $\phi48$ 钢管外楞间隔

600mm 布置，双拼 ϕ48 钢管外撑间隔 700mm 布置。外撑用水平钢管和顶托对撑表 14.4.4。

1100mm×4187mm（高）洞门梁模板搭设参数表　　　表 14.4.4

搭设参数	构　件
	洞门梁：1100mm×4187mm
支架形式	扣件式钢管模板支架
最大跨度	9.2m
搭设高度	5.62m
纵向水平杆间距	350mm
横向水平杆间距	300mm
步距	500～1200mm
梁底支撑次楞间距	150～175mm
剪刀撑	水平方向从顶层开始向下每隔 2 步设置一道，竖向剪刀撑每隔四排立杆设置一道纵、横向剪刀撑，由底至顶连续设置
扫地杆	纵向扫地杆采用直角扣件固定在距底座上皮不大于 200mm 处的立杆上，横向扫地杆亦应采用直角扣件固定在紧靠纵向扫地杆下方的立杆上，纵横向连续设置
水平拉结间距	与工作井内纵向间距相同
立杆基础	C35、1400mm 厚底板
梁底立杆数量	5 根/排
梁底立杆间距	300mm
钢管类型	ϕ48×3.5mm（壁厚不小于 3.0mm）
顶撑形式	可调顶托

2. 内衬墙模板及支架施工设计

内衬墙模板采用组合式钢模板支设，对不整钢模板的位置用木模根据实际尺寸现场加工制作。竖向 ϕ48 钢管内楞间隔 400mm，紧贴钢模板架设，水平向双拼（三拼）ϕ48 钢管外楞间隔 600mm 布置固定钢管内楞，模板支架的水平杆通过可伸缩的调节螺杆间隔 700mm 支撑固定钢管外楞。

14.4.5　隧道门洞梁 1100mm×4187mm（高）模板支架验算

1. 计算参数：

模板支撑架高度 H_1＝5.62 m，高宽比不大于 1，隧道门洞梁高 4.187m，梁宽 1.1m，梁底立杆间距 l_a×l_b＝0.3 × 0.35m，步距 h＝0.5～1.2m，模板支架上部，立杆伸出水平杆长度 a＝0.2m。主梁采用 75mm×150mm 木方，主梁上的次梁（或支撑模板的小梁）采用 75mm×150mm 木方，间距 150～175mm。模板用竹胶合板厚 18mm。模板支架的纵向长度 9.2m，支架均支撑在混凝土底板结构上。

架体选用满堂支撑架脚手架做模板支架。架体位于地下。满堂脚手架两侧为围护结构

（地下连续墙）。忽略风荷载。在架体纵、横向不大于5m设置剪刀撑。图14.4.2-1、图14.4.5-1。

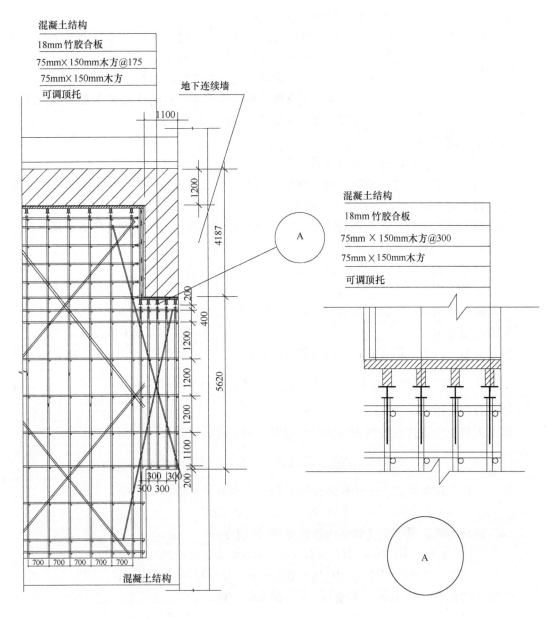

图14.4.5-1 门洞梁模板支架详图

2. 梁底模板支撑架应考虑的荷载

恒荷载：

（1）模板自重，$0.3kN/m^2$。

（2）钢筋混凝土自重，$25.5kN/m^3$。

（3）支撑架自重。

活荷载：

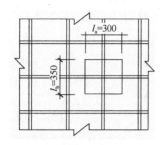

图 14.4.5-2　计算单元平面图

（1）施工人员及设备荷载

计算模板和直接支撑模板的小梁时，均布荷载 2.5kN/ m^2，集中荷载 2.5kN。

计算直接支撑小梁的主梁时，均布荷载 1.5kN/ m^2。

计算支架立杆时，均布荷载 1.0kN/ m^2。

（2）振捣混凝土时产生的荷载标准值：2kN/ m^2

（3）风荷载，架体位于地下。满堂模板支架两侧为围护结构（地下连续墙）。可忽略风荷载。

3. 模板面板计算

使用模板类型为：混凝土模板用竹胶合板。

面板为受弯结构，需要验算其抗弯强度和刚度。模板面板按照三跨连续梁计算。计算单元取：板宽方向取 1.0m，长按三跨计算。

强度验算考虑荷载：钢筋混凝土板自重，模板自重，施工人员及设备荷载；挠度验算考虑荷载：钢筋混凝土梁自重，模板自重。

结构重要系数取 1（或 0.9），按永久荷载效应控制的组合方式。

（1）荷载计算

恒荷载标准值 $q_{1k} = 25.5 \times 4.187 \times 1.0 + 0.3 \times 1.0 = 107.07 \text{kN/m}$

恒荷载设计值：

钢筋混凝土自重、模板的自重设计值（kN/m）：

$$q_1 = 1.35 q_{1k} = 1.35 \times 107.07 = 144.54 \text{kN/m}$$

活荷载设计值：

施工人员及设备荷载按均布线荷载作用模板时，荷载设计值（kN/m）：

$$q_2 = 1.4 q_{2k} = 1.4 \times 2.5 \times 1 = 3.5 \text{kN/m}$$

施工人员及设备荷载按集中荷载作用模板时，荷载设计值（kN/m）：

$$P = 1.4 \times 2.5 = 3.5 \text{kN}$$

（2）面板的截面惯性矩 I 和截面抵抗矩 W 分别为：

$$W = bh^2/6 = 100 \times 1.8 \times 1.8/6 = 54 \text{cm}^3;$$
$$I = bh^3/12 = 100 \times 1.8 \times 1.8 \times 1.8/12 = 48.6 \text{cm}^4;$$

说明：模板厚 $h = 18\text{mm}$，板宽取 $b = 1000\text{mm}$ 计算。

根据《钢框胶合板模板技术规程》JGJ 96—2011 附录 A 胶合板和竹胶合板的主要技术性能规定：

竹胶合板强度设计值 $[f] = 30 \text{ N/mm}^2$。竹胶合板弹性模量为 4400N/mm^2

（3）抗弯强度、挠度计算

① 施工人员及设备荷载按均布荷载布置见图 14.4.5-3

最大弯矩

$$M = 0.1 q_1 l^2 + 0.117 q_2 l^2$$
$$= 0.1 \times 144.54 \times 0.175^2 + 0.117 \times 3.5 \times 0.175^2 = 0.46 \text{kN} \cdot \text{m}$$

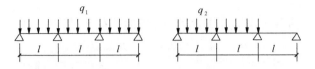

图 14.4.5-3 计算荷载组合简图（支座最大弯矩，$l=175$）

抗弯强度 $\sigma = M/W = 0.46 \times 10^6/54000 = 8.52 \text{N/mm}^2 < [f] = 30 \text{ N/mm}^2$

面板的抗弯强度验算 $f < [f]$，满足要求！

挠度计算（图 14.4.5-4）

$$v = 0.677 q_{1k} l^4/100EI < [v] = l/250$$

面板最大挠度计算值 $v = 0.677 \times 107.07 \times 175^4/(100 \times 4400 \times 486000)$

$$= 0.32 \text{mm} < [v] = l/250 = 175/250 = 0.7 \text{mm}$$

模板容许变形取 $l/250$，面板的最大挠度小于 $l/250$，满足要求！

② 施工人员及设备荷载按集中荷载布置见图 14.4.5-5

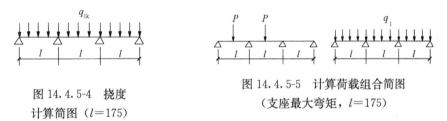

图 14.4.5-4 挠度
计算简图（$l=175$）

图 14.4.5-5 计算荷载组合简图
（支座最大弯矩，$l=175$）

最大弯矩

$$M = 0.1 q_1 l^2 + 0.175 Pl$$

$$= 0.1 \times 144.54 \times 0.175^2 + 0.175 \times 3.5 \times 0.175 = 0.55 \text{kN} \cdot \text{m}$$

抗弯强度 $\sigma = M/W = 0.55 \times 10^6/54000 = 10.19 \text{N/mm}^2 < [f] = 30 \text{ N/mm}^2$

面板的抗弯强度验算 $f < [f]$，满足要求！

4. 次梁木方计算

按由永久荷载效应控制的组合考虑，永久荷载分项系数取 1.35。木方按三跨连续梁计算。

（1）荷载的计算

① 恒荷载为钢筋混凝土梁自重与模板的自重，恒荷载标准值：

$$q_{3k} = 25.5 \times 4.187 \times 0.175 + 0.3 \times 0.175 = 18.74 \text{kN/m}$$

说明：次梁木方间距 0.175m

② 活荷载标准值：

$$q_{4k} = 2.5 \times 0.175 = 0.44 \text{kN/m}$$

说明：施工人员及设备荷载取 2.5kN/m^2

③ 恒荷载设计值：

$$q_3 = 1.35 \times 18.74 = 25.3 \text{kN/m}$$

407

④ 活荷载设计值：

施工人员及设备荷载按均布线荷载作用小梁时，荷载设计值（kN/m）：

$$q_4 = 1.4 \times 0.44 = 0.62 \text{kN/m}$$

施工人员及设备荷载按集中荷载作用小梁时，荷载设计值（kN/m）：

$$P = 1.4 \times 2.5 = 3.5 \text{kN}$$

（2）木方截面惯性矩 I 和截面抵抗矩 W 分别为：

$$W = bh^2/6 = 7.5 \times 15 \times 15/6 = 281.25 \text{cm}^3;$$

$$I = bh^3/12 = 7.5 \times 15 \times 15 \times 15/12 = 2109.375 \text{cm}^4;$$

木方抗弯强度 $[f] = 15 \text{N/mm}^2$；抗剪强度 $[\tau] = 1.6 \text{N/mm}^2$；容许变形值 $[v] = L/250$
弹性模量 $E = 9350 \text{N/mm}^2$ 说明：考虑使用条件，设计使用年限。

（3）施工人员及设备荷载按均布荷载布置见图 14.4.5-6

① 木方抗弯强度计算

最大弯矩

$$M = 0.1q_3l^2 + 0.117q_4l^2 = 0.1 \times 25.3 \times 0.3^2 + 0.117 \times 0.62 \times 0.3^2 = 0.23 \text{kN} \cdot \text{m}$$

$$\sigma = M/W = 0.23 \times 10^6/281250 = 0.82 \text{N/mm}^2 < [f] = 15 \text{N/mm}^2$$

木方的抗弯计算强度小于 15.0N/mm^2，满足要求！

② 木方抗剪计算

最大剪力

$$Q = (0.6q_3 + 0.617q_4)l$$
$$= (0.6 \times 25.3 + 0.617 \times 0.62) \times 0.3 = 4.67 \text{kN}$$

截面抗剪强度

$$T = 3Q/2bh = 3 \times 4670/(2 \times 75 \times 150)$$
$$= 0.62 \text{N/mm}^2 < [T] = 1.6 \text{N/mm}^2$$

木方的抗剪强度计算满足要求！

③ 木方挠度计算（图 14.4.5-7）

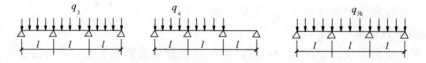

图 14.4.5-6　计算荷载组合简图（支座最大弯矩、　　图 14.4.5-7　挠度计算
　　　　　最大剪力，$l=300$）　　　　　　　　　　　　简图 $l=300$

最大变形 $v = 0.677q_{3k}l^4/100EI$
$$= 0.677 \times 18.74 \times 300^4/(100 \times 9350 \times 21093750)$$
$$= 0.01 \text{mm} < [v] = l/250 = 300/250 = 1.2 \text{mm}$$

木方的最大挠度小于 $l/250$，满足要求！

④ 计算直接支撑小梁的主梁时，均布荷载 1.5kN/m^2

活荷载设计值：$q_5 = 1.4 \times 1.5 \times 0.3 = 0.63 \text{kN/m}$

最大支座反力 $F = (1.1q_3 + 1.2q_5)l = (1.1 \times 25.3 + 1.2 \times 0.63) \times 0.3 = 8.58 \text{kN}$

（4）施工人员及设备荷载按集中荷载布置见图 14.4.5-8

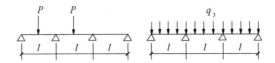

图 14.4.5-8　计算荷载组合简图（支座最大弯矩、最大剪力，$l=300$）

① 木方抗弯强度计算

最大弯矩

$M = 0.1q_3l^2 + 0.175Pl = 0.1 \times 25.3 \times 0.3^2 + 0.175 \times 3.5 \times 0.3 = 0.41\text{kN} \cdot \text{m}$

抗弯强度 $\sigma = M/W = 0.41 \times 10^6 / 281250 = 1.46\text{N/mm}^2 < [f] = 15 \text{ N/mm}^2$

面板的抗弯强度验算 $f < [f]$，满足要求！

② 木方抗剪计算

最大剪力

$$Q = 0.6q_3l + 0.675P = 0.6 \times 25.3 \times 0.3 + 0.675 \times 3.5 = 6.92\text{kN}$$

截面抗剪强度

$$T = 3Q/2bh = 3 \times 6920/(2 \times 75 \times 150)$$
$$= 0.92\text{N/mm}^2 < [T] = 1.6\text{N/mm}^2$$

木方的抗剪强度计算满足要求！

5. 主梁的计算

1）主梁（托梁）按照集中荷载三跨连续梁计算，如计算简图 14.4.5-9

次梁木方传给主梁（托梁）荷载 $N = F = 8.58\text{kN}$

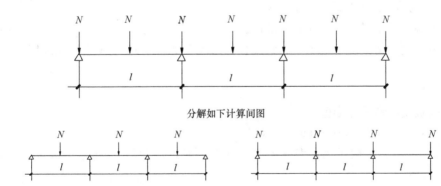

分解如下计算间图

图 14.4.5-9　托梁计算简图 $l=350$

2）托梁计算

托梁截面 75×150，截面抵抗矩 W 和截面惯性矩 I 分别为：

$$W = bh^2/6 = 7.5 \times 15 \times 15/6 = 281.25\text{cm}^3;$$
$$I = bh^3/12 = 7.5 \times 15 \times 15 \times 15/12 = 2109.375\text{cm}^4;$$

最大弯矩 $M = 0.175Nl = 0.175 \times 8.58 \times 0.35 = 0.53\text{kN} \cdot \text{m}$

最大剪力 $Q = 0.65N = 0.65 \times 8.58 = 5.58\text{kN}$

最大支座力 $R = 1.15N + N = 2.15N = 2.15 \times 8.58 = 18.45\text{kN}$

(1) 托梁方木抗弯强度计算

抗弯计算强度 $f = M/W = 0.53 \times 10^6/281.251 \times 10^3 = 1.88\text{N/mm}^2 < [f] = 15\text{N/mm}^2$

方木的抗弯计算强度小于 15N/mm^2，满足要求！

(2) 托梁方木抗剪计算

截面抗剪强度必须满足：

$$T = 3Q/2bh < [T]$$

截面抗剪强度计算值 $T = 3 \times 5.58 \times 10^3/(2 \times 75 \times 150) = 0.74\text{N/mm}^2$

截面抗剪强度设计值 $[T] = 1.6\text{N/mm}^2$

方木的抗剪计算强度小于 1.6N/mm^2，满足要求！

(3) 托梁方木挠度计算

最大变形 $v = 1.146Nl^3/100EI = 1.146 \times 8.58 \times 10^3 \times 350^3/(100 \times 9350 \times 2109.375 \times 10^4) = 0.02\text{mm} < 350/250 = 1.4\text{mm}$

方木的最大挠度小于 $350/250$，满足要求！

6. 验算模板支撑架立杆稳定

1) 模板支架荷载：

作用于模板支架的荷载恒荷载：

(1) 模板自重，0.3kN/m^2。

(2) 钢筋混凝土自重，25.5kN/m^3。

(3) 支撑架自重。

活荷载：

(1) 施工人员及设备荷载：1.0kN/m^2。

(2) 振捣混凝土时产生的荷载标准值：2kN/m^2。

(3) 风荷载，架体位于地下。满堂模板支架两侧为围护结构（地下连续墙）。可忽略风荷载。

恒荷载标准计算：

(1) 模板支架自重标准值：

底部：$N_{Gk1} = 5.62 \times 0.1166 = 0.66\text{kN}$

说明：查《规范》附录 A，表 A.0.3，满堂支撑架立杆承受的每米结构自重标准值 $g_k = 0.1166\text{kN/m}$。

(2) 模板的自重标准值：$N_{Gk2} = 0.3 \times 0.35 \times 0.3 = 0.0315\text{kN}$

(3) 钢筋混凝土梁自重标准值：$N_{Gk3} = 25.5 \times 0.3 \times 0.35 \times 4.187 = 11.21\text{kN}$

恒荷载对立杆产生的轴向力标准值总和：

模板支架上部：$\Sigma N_{Gk} = N_{Gk2} + N_{Gk3} = 0.0315 + 11.21 = 11.24\text{kN}$

说明：模板支架上部自重忽略。

模板支架底部：$\Sigma N_{Gk} = N_{Gk1} + N_{Gk2} + N_{Gk3} = 0.66 + 0.0315 + 11.21 = 11.9\text{kN}$

活荷载标准值计算：

(1) 施工人员及设备荷载产生的轴力标准值

$$N_{Qk1} = 1 \times 0.3 \times 0.35 = 0.105\text{kN}$$

（2）振捣混凝土时产生的荷载标准值：

$$N_{Qk2} = 2 \times 0.3 \times 0.35 = 0.21kN$$

（3）风荷载，架体位于地下。满堂模板支撑架两侧有围护结构（地下连续墙）。可忽略风荷载。

2）计算立杆段的轴向力设计值 N

上部：$N = 1.35 \sum N_{Gk} + 0.7 \times 1.4 \sum N_{Qk}$

$\qquad = 1.35 \sum N_{Gk} + 0.7 \times 1.4(N_{Qk1} + N_{Qk2})$

$\qquad = 1.35 \times 11.24 + 0.7 \times 1.4 \times (0.105 + 0.21) = 15.48kN$

下部：$N = 1.35 \sum N_{Gk} + 0.7 \times 1.4 \sum N_{Qk}$

$\qquad = 1.35 \sum N_{Gk} + 0.7 \times 1.4(N_{Qk1} + N_{Qk2})$

$\qquad = 1.35 \times 11.9 + 0.7 \times 1.4 \times (0.105 + 0.21) = 16.37kN$

3）立杆的稳定性计算

不组合风荷载时，按下式验算立杆稳定

$$\frac{N}{\varphi A} \leqslant f$$

$\phi 48 \times 3.5$ 钢管主梁截面特性：

截面积 $A = 4.89$（cm^2）；惯性矩 $I = 12.19$（cm^4）；

截面模量 $w = 5.08$（cm^3）；回转半径 $i = 1.58$（cm）

钢材强度设计值 $f = 205N/mm^2$；弹性模量 $E = 2.06 \times 10^5 N/mm^2$

长细比验算

顶部立杆段：

步距 $h = 0.4m$，立杆间距 0.3×0.35，高宽比不大于 1，立杆伸出顶层水平杆长度 $a = 0.2m$，按步距 $h = 0.6m$，查《规范》附录 C，表 C-3（剪刀撑设置加强型）立杆计算长度系数 $\mu_1 = 2.3$，按步距 $0.6m$ 计算偏安全。

查《规范》表 5.4.6 满堂支撑架立杆计算长度附加系数，支架高度 5.62m $k = 1.155$

当 $k = 1$ 时，立杆长细比 $\lambda = l_0/i = \mu_1 k(h + 2a)/i$

$\qquad = 2.3 \times (60 + 40) \div 1.58 = 146 < 210$

当 $k = 1.155$ 时，立杆长细比 $\lambda = l_0/i = k\mu_1(h + 2a)/i$

$\qquad = 2.3 \times 1.155 \times (60 + 40) \div 1.58 = 168$

查《规范》附录 A，表 A.0.6，轴心受压构件的稳定系数 $\varphi = 0.251$

钢管立杆抗压强度计算值：

$$\frac{N}{\varphi A} = 15.48 \times 10^3 \div (0.251 \times 489)$$

$$= 126.12N/mm^2 < 205N/mm^2$$

底部立杆段：

长细比验算

取最大步距 $h = 1.2m$ 计算，立杆间距 0.3×0.35，高宽比不大于 1，查《规范》附录 C，表 C-5（剪刀撑设置加强型）立杆计算长度系数 $\mu_2 = 2.062$，查《规范》表 5.4.6 满堂支撑架立杆计算长度附加系数，支撑架高度 5.62m $k = 1.155$

当 $k=1$ 时，立杆长细比 $\lambda = l_0/i = k\,\mu_2 h\,/i = 2.062 \times 120 \div 1.58 = 157 < 210$

当 $k=1.155$ 时，立杆长细比

$$\lambda = l_0/i = k\,\mu_2 h = 2.062 \times 1.155 \times 120 \div 1.58 = 181$$

查《规范》附录 A，表 A.0.6，轴心受压构件的稳定系数 $\varphi = 0.218$

钢管立杆抗压强度计算值：

$$\frac{N}{\varphi A} = 16.37 \times 10^3 \div (0.218 \times 489)$$

$$= 153.56 \text{N/mm}^2 < 205 \text{ N/mm}^2$$

满足要求！

14.4.6　地基承载力计算

模板支架均支撑在混凝土底部板上，故忽略对模板支架地基基础承载力的计算

14.4.7　内衬墙模板（含梁侧模）及支架施工设计

内衬墙模板采用组合式钢模板支设，对不整钢模板的位置用木模根据实际尺寸现场加工制作。竖向 $\phi48$ 钢管内楞间隔 400mm，紧贴钢模板架设，水平向双拼（三拼）$\phi48$ 钢管外楞间隔 600mm 布置固定钢管内楞，模板支架的水平杆外楞（$\phi48$ 双管）通过可调托撑（可伸缩的调节螺杆）间隔 700mm 支撑固定。

内衬墙模板（含梁侧模）及支架计算略。

14.4.8　混凝土浇捣施工部署

1. 准备工作

（1）隐蔽工程、模板工程、支架工程经验收合格后，方可通知商品混凝土到场，正式施工前再次确认混凝土站材料储备，供应能力等相关信息。确保混凝土浇筑正常进行。所有与混凝土浇筑有关的人、材、机均落实到位，掌握天气变化情况。

（2）浇筑前检查混凝土配合比报告，实测坍落度，符合要求，方可进行浇筑，浇筑过程中按相关要求进行抽查坍落度。

（3）混凝土浇筑前汽车泵的停靠位置和输送半径应经过计算，泵车停靠处，应场地平整、坚实，具有重车行走条件。在混凝土泵车的作业范围内，注意障碍物、高压电线的避让。

2. 浇筑方法

工作井共分四次浇筑。第一次浇筑底板，第二次浇筑侧壁到洞门底部，第三次浇筑侧壁到洞门顶部，第四次浇筑洞门以上侧壁与顶板。

每次浇筑混凝土需连续浇筑，浇筑侧壁时，泵车停在工作井东侧对周围一圈同时对称浇筑。浇筑混凝土应缓慢进行。浇筑混凝土侧壁时，每小时方量不大于 30m³。混凝土应分层浇筑，分层振捣，避免漏振和过振。振动棒不得振动模板。

3. 浇筑注意事项

（1）在浇筑前，必须经监理工程师及项目部检验合格后才能浇筑。浇筑前要对所有参与浇筑的施工人员进行安全技术交底，并有交底签字记录。

（2）浇筑时，无关人员不得在模板下，要有专职安全员看护，配置有专业工种进行监护并及时处理，发现事故隐患及时采取措施。

（3）浇筑过程中，应均匀浇捣，浇筑顶板应及时摊铺混凝土，不得堆高。

（4）浇筑过程中派人检查支架和支撑情况，发现下沉、松动、变形情况及时解决。

（5）浇筑过程中应派专人观测模板支撑系统的工作状态，观测人员发现异常时应及时报告施工负责人，施工负责人应立即通知浇筑人员暂停作业，情况紧急时应采取迅速撤离人员的应急措施。

（6）严格控制实际施工荷载不超过设计荷载，对可能出现的超过最大荷载的要有相应的控制措施，钢筋等材料不能在支架上方集中堆放。

（7）为防止支撑架因超载而影响安全施工，要求施工荷载应符合设计要求，不得超载。

（8）工地临时用电线路的架设，应按现行行业标准《施工现场临时用电安全技术规范》（JGJ 46—2005）的有关规定执行。排架搭设后在预留孔洞处设灯照明模板下部。工作井内从东西线预留孔洞（5m×7m）内深入顶板底下用400W射灯进行照明。普通隧道段从该节段终点处深入内部中间采用2台400W射灯照明。

本 章 参 考 文 献

[1] 《建筑施工扣件式钢管脚手架安全技术规范》JGJ 130—2011. 北京：中国建筑工业出版社. 2011
[2] 《钢管脚手架扣件》GB 15831—2006. 北京：中国建筑工业出版社. 2006
[3] 《木结构工程施工质量验收规范》GB 50206—2005. 北京：中国建筑工业出版社. 2005
[4] 《建筑施工脚手架安全技术统一标准》报批稿
[5] 《安全网》GB 5725—2009. 北京：中国建筑工业出版社. 2009
[6] 《建筑施工临时支撑结构技术规范》JGJ 300—2013. 北京：中国建筑工业出版社. 2013
[7] 《建筑施工安全技术统一规范》GB 50870—2013. 北京：中国建筑工业出版社. 2011
[8] 《施工企业安全生产管理规范》GB 50656—2011. 北京：中国建筑工业出版社. 2009
[9] 《建筑基坑工程监测技术规范》GB 50497—2009. 北京：中国建筑工业出版社. 2009
[10] 《钢结构设计规范》GB 50017—2003. 北京：中国建筑工业出版社. 2003
[11] 《混凝土结构设计规范》GB 50010—2011
[12] 《建筑施工模板安全技术规范》JGJ 162—2008. 北京：中国建筑工业出版社. 2008
[13] 《混凝土结构工程施工质量验收规范》GB 50204—2015. 北京：中国建筑工业出版社. 2015
[14] 《混凝土结构工程施工规范》GB/T 50666—2011. 北京：中国建筑工业出版社. 2011
[15] 《组合钢模板技术规范》GB/T 50214—2001. 北京：中国建筑工业出版社. 2001
[16] 《木结构设计规范》GB 50005—2003. 北京：中国建筑工业出版社. 2003
[17] 《竹胶合板模板》JG/T 156—2004. 北京：中国建筑工业出版社. 2004
[18] 《混凝土模板用胶合板》GB/T 17656—2008. 北京：中国建筑工业出版社. 2004；
[19] 《建筑施工手册》（第五版）编委会. 2012. 北京：中国建筑工业出版社. 2012

附录 A   简支梁的内力及挠度

序号	计算简图及弯矩、剪力图	项目	计算公式
1		反力	$R_A = R_B = \dfrac{1}{2}ql$
		剪力	$V_A = R_A; \quad V_B = -R_B$
2		弯矩	$M_{max} = ql^2/8$
3		挠度	$f_{max} = \dfrac{5ql^4}{384EI}$
4		反力	$R_A = R_B = \dfrac{1}{2}p$
		剪力	$V_A = R_A; \quad V_B = -R_B$
5		弯矩	$M = pl/4$
6		挠度	$f_{max} = \dfrac{Pl^3}{48EI};$
7		反力	$R_A = R_B = p$
		剪力	$V_A = R_A; \quad V_B = -R_B$
8		弯矩	$M_{max} = pa$
9		挠度	$f_{max} = \dfrac{Pa}{24EI}(3l^2 - 4a^2);$

附件 B　等截面连续梁的计算系数

荷载图	跨内最大弯矩		支座弯矩	剪力			跨度中点挠度	
	M_1	M_2	M_B	V_A	$V_{B左}$ / $V_{B右}$	V_C	f_1	f_2
(均布荷载 q，A-B-C，l-l)	0.070	0.070	−0.125	0.375	−0.625 / 0.625	−0.375	0.521	0.521
(均布荷载 q，M_1，M_2)	0.096	—	−0.063	0.437	−0.563 / 0.063	0.063	0.912	−0.391
(集中荷载 P，P)	0.156	0.156	−0.188	0.312	−0.688 / 0.688	−0.312	0.911	0.911
(集中荷载 P)	0.203	—	−0.094	0.406	−0.594 / 0.094	0.094	1.497	−0.586
(集中荷载 P，P)	0.222	0.222	−0.333	0.667	−1.333 / 1.333	−0.667	1.466	1.466
(集中荷载 P)	0.278	—	−0.167	0.833	−1.167 / 0.167	0.167	2.508	−1.042

等跨梁在常用荷载作用下的内力及挠度系数

1. 在均布荷载作用下：

$M =$ 表中系数 $\times ql^2$；

$V =$ 表中系数 $\times ql$；

$f =$ 表中系数 $\times \dfrac{ql^4}{100EI}$；

2. 在集中荷载作用下：

$M =$ 表中系数 $\times Pl$；

$V =$ 表中系数 $\times P$；

$f =$ 表中系数 $\times \dfrac{Pl^3}{100EI}$；

三跨梁-1　　　　　　　　　　　　　　　　　　　　　　　　　　　　　　　　　　表 B.0.2

荷载图	跨内最大弯矩		支座弯矩		剪力				跨度中点挠度		
	M_1	M_2	M_B	M_C	V_A	$V_{B左}$ $V_{B右}$	$V_{C左}$ $V_{C右}$	V_D	f_1	f_2	f_3
	0.080	0.025	−0.100	−0.100	0.400	−0.600 0.500	−0.500 0.600	−0.400	0.677	0.052	0.677
	0.101	—	−0.050	−0.050	0.450	−0.550 0	0 0.550	−0.450	0.990	−0.625	0.990
	—	0.075	−0.050	−0.050	−0.050	−0.050 0.500	−0.500 0.050	0.050	−0.313	0.677	−0.313
	0.073	0.054	−0.117	−0.033	0.383	−0.617 0.583	−0.417 0.033	0.033	0.573	0.365	−0.208
	0.094	—	−0.067	0.017	0.433	−0.567 0.083	0.083 −0.017	−0.017	0.885	−0.313	0.104

三跨梁-2　　　　　　　　　　　　　　　　　　　　　　　　　　　　　　　　　表 B.0.3

荷载图	跨内最大弯矩		支座弯矩		剪力				跨度中点挠度		
	M_1	M_2	M_B	M_C	V_A	$V_{B左}$ $V_{B右}$	$V_{C左}$ $V_{C右}$	V_D	f_1	f_2	f_3
	0.175	0.100	−0.150	−0.150	0.350	−0.650 0.500	−0.500 0.650	−0.350	1.146	0.208	1.146
	0.213	—	−0.075	−0.075	0.425	−0.575 0	0 0.575	−0.425	1.615	−0.937	1.615
	—	0.175	−0.075	−0.075	−0.075	−0.075 0.500	−0.500 0.075	0.075	−0.469	1.146	−0.469
	0.162	0.137	−0.175	−0.050	0.325	−0.675 0.625	−0.375 0.050	0.050	0.990	0.677	−0.312
	0.200	—	−0.100	0.025	0.400	−0.600 0.125	0.125 −0.025	−0.025	1.458	−0.469	0.156

续表

荷载图	跨内最大弯矩		支座弯矩		剪力				跨度中点挠度		
	M_1	M_2	M_B	M_C	V_A	$V_{B左}$ $V_{B右}$	$V_{C左}$ $V_{C右}$	V_D	f_1	f_2	f_3
(荷载图)	0.244	0.067	−0.267	−0.267	0.733	−1.267 1.000	−1.000 1.267	−0.733	1.883	0.216	1.883
(荷载图)	0.289	—	−0.133	−0.133	0.866	−1.134 0	0 1.134	−0.866	2.716	−1.667	2.716
(荷载图)	—	0.200	−0.133	−0.133	−0.133	−0.133 1.000	−1.000 0.133	0.133	−0.833	1.883	−0.833
(荷载图)	0.229	0.170	−0.311	−0.089	0.689	−1.311 1.222	−0.778 0.089	0.089	1.605	1.049	−0.556
(荷载图)	0.274	—	−0.178	0.044	0.822	−1.178 0.222	0.222 −0.044	−0.044	2.438	−0.833	0.278

附录C 《建筑施工扣件式钢管脚手架安全技术规范》 JGJ 130—2011

中华人民共和国行业标准

建筑施工扣件式钢管脚手架
安全技术规范

Technical code for safety of steel tubular scaffold
with couplers in construction

JGJ 130—2011

批准部门：中华人民共和国住房和城乡建设部
施行日期：2011年12月1日

中华人民共和国住房和城乡建设部
公　　告

第 902 号

关于发布行业标准《建筑施工
扣件式钢管脚手架安全技术规范》的公告

现批准《建筑施工扣件式钢管脚手架安全技术规范》为行业标准，编号为 JGJ 130—2011，自 2011 年 12 月 1 日起实施。其中，第 3.4.3、6.2.3、6.3.3、6.3.5、6.4.4、6.6.3、6.6.5、7.4.2、7.4.5、8.1.4、9.0.1、9.0.4、9.0.5、9.0.7、9.0.13、9.0.14 条为强制性条文，必须严格执行。原行业标准《建筑施工扣件式钢管脚手架安全技术规范》JGJ 130—2001 同时废止。

本规范由我部标准定额研究所组织中国建筑工业出版社出版发行。

中华人民共和国住房和城乡建设部
2011 年 1 月 28 日

前　言

根据原建设部《关于印发〈二〇〇四年度工程建设城建、建工行业标准制订、修订计划〉的通知》（建标［2004］66 号）的要求，规范编制组经广泛调查研究，认真总结了我国扣件式钢管脚手架应用的经验，参考有关国际标准和国外先进标准，并在广泛征求意见的基础上，修订了本规范。

本规范的主要技术内容是：1. 总则；2. 术语和符号；3. 构配件；4. 荷载；5. 设计计算；6. 构造要求；7. 施工；8. 检查与验收；9. 安全管理。

本规范修订的主要技术内容是：荷载分类及计算；满堂脚手架、满堂支撑架、型钢悬挑脚手架、地基承载力的设计；构造要求；施工；检查与验收；安全管理。

本规范中以黑体字标志的条文为强制性条文，必须严格执行。

本规范由住房和城乡建设部负责管理和对强制性条文的解释，由中国建筑科学研究院负责具体技术内容的解释，在执行过程中如有意见或建议，请寄送中国建筑科学研究院（地址：北京市北三环东路 30 号；邮政编码：100013）。

本 规 范 主 编 单 位：中国建筑科学研究院
　　　　　　　　　　　江苏南通二建集团有限公司
本 规 范 参 编 单 位：天津大学
　　　　　　　　　　　哈尔滨工业大学
　　　　　　　　　　　浙江省建工集团有限责任公司
　　　　　　　　　　　九江信华建设集团有限公司
　　　　　　　　　　　中国建筑一局（集团）有限公司
　　　　　　　　　　　山西六建集团有限公司
　　　　　　　　　　　浙江大学
　　　　　　　　　　　杭州二建建设有限公司
　　　　　　　　　　　中太建设集团股份有限公司
　　　　　　　　　　　河北省建筑科学研究院
　　　　　　　　　　　河北建工集团有限责任公司
　　　　　　　　　　　河北省第四建筑工程公司
　　　　　　　　　　　北京城建五建设工程有限公司
　　　　　　　　　　　北京建科研软件技术有限公司
本规范主要起草人员：刘　群　杨晓东　徐崇宝　陈志华　陈建国　张有闻　刘　杰
　　　　　　　　　　　孙仲均　刘子金　金　睿　程　坚　陈　红　梁福中　罗尧治
　　　　　　　　　　　张国庆　谢良波　张振拴　安占法　线登洲　毛　杰　沈　兵
　　　　　　　　　　　石永周　马锦泰　薛　刚　张心忠　高任清　张明礼　李云霄
　　　　　　　　　　　陈增顺　燕振义　王玉恒
本规范主要审查人员：郭正兴　秦春芳　应惠清　阎　琪　赵玉章　葛兴杰　孙宗辅
　　　　　　　　　　　耿洁明　房　标　刘新玉　胡　军　陶为农

目　次

Contents

1 总 则

1.0.1 为在扣件式钢管脚手架设计与施工中贯彻执行国家安全生产的方针政策，确保施工人员安全，做到技术先进、经济合理、安全适用，制定本规范。

1.0.2 本规范适用于房屋建筑工程和市政工程等施工用落地式单、双排扣件式钢管脚手架、满堂扣件式钢管脚手架、型钢悬挑扣件式钢管脚手架、满堂扣件式钢管支撑架的设计、施工及验收。

1.0.3 扣件式钢管脚手架施工前，应按本规范的规定对其结构构件与立杆地基承载力进行设计计算，并应编制专项施工方案。

1.0.4 扣件式钢管脚手架的设计、施工及验收，除应符合本规范的规定外，尚应符合国家现行有关标准的规定。

2 术语和符号

2.1 术 语

2.1.1 扣件式钢管脚手架 steel tubular scaffold with couplers
为建筑施工而搭设的、承受荷载的由扣件和钢管等构成的脚手架与支撑架，包含本规范各类脚手架与支撑架，统称脚手架。

2.1.2 支撑架 formwork support
为钢结构安装或浇筑混凝土构件等搭设的承力支架。

2.1.3 单排扣件式钢管脚手架 single pole steel tubular scaffold with couplers
只有一排立杆，横向水平杆的一端搁置固定在墙体上的脚手架，简称单排架。

2.1.4 双排扣件式钢管脚手架 double pole steel tubular scaffold with couplers
由内外两排立杆和水平杆等构成的脚手架，简称双排架。

2.1.5 满堂扣件式钢管脚手架 fastener steel tube full hall scaffold
在纵、横方向，由不少于三排立杆并与水平杆、水平剪刀撑、竖向剪刀撑、扣件等构成的脚手架。该架体顶部作业层施工荷载通过水平杆传递给立杆，顶部立杆呈偏心受压状态，简称满堂脚手架。

2.1.6 满堂扣件式钢管支撑架 fastener steel tube full hall formwork support
在纵、横方向，由不少于三排立杆并与水平杆、水平剪刀撑、竖向剪刀撑、扣件等构成的承力支架。该架体顶部的钢结构安装等（同类工程）施工荷载通过可调托撑轴心传力给立杆，顶部立杆呈轴心受压状态，简称满堂支撑架。

2.1.7 开口型脚手架 open scaffold
沿建筑周边非交圈设置的脚手架为开口型脚手架；其中呈直线型的脚手架为一字形脚

手架。

2.1.8 封圈型脚手架 loop scaffold

沿建筑周边交圈设置的脚手架。

2.1.9 扣件 coupler

采用螺栓紧固的扣接连接件为扣件；包括直角扣件、旋转扣件、对接扣件。

2.1.10 防滑扣件 skid resistant coupler

根据抗滑要求增设的非连接用途扣件。

2.1.11 底座 base plate

设于立杆底部的垫座；包括固定底座、可调底座。

2.1.12 可调托撑 adjustable forkhead

插入立杆钢管顶部，可调节高度的顶撑。

2.1.13 水平杆 horizontal tube

脚手架中的水平杆件。沿脚手架纵向设置的水平杆为纵向水平杆；沿脚手架横向设置的水平杆为横向水平杆。

2.1.14 扫地杆 bottom reinforcing tube

贴近楼（地）面设置，连接立杆根部的纵、横向水平杆件；包括纵向扫地杆、横向扫地杆。

2.1.15 连墙件 tie member

将脚手架架体与建筑主体结构连接，能够传递拉力和压力的构件。

2.1.16 连墙件间距 spacing of tie member

脚手架相邻连墙件之间的距离，包括连墙件竖距、连墙件横距。

2.1.17 横向斜撑 diagonal brace

与双排脚手架内、外立杆或水平杆斜交呈之字形的斜杆。

2.1.18 剪刀撑 diagonal bracing

在脚手架竖或水平向成对设置的交叉斜杆。

2.1.19 抛撑 cross bracing

用于脚手架侧面支撑，与脚手架外侧面斜交的杆件。

2.1.20 脚手架高度 scaffold height

自立杆底座下皮至架顶栏杆上皮之间的垂直距离。

2.1.21 脚手架长度 scaffold length

脚手架纵向两端立杆外皮间的水平距离。

2.1.22 脚手架宽度 scaffold width

脚手架横向两端立杆外皮之间的水平距离，单排脚手架为外立杆外皮至墙面的距离。

2.1.23 步距 lift height

上下水平杆轴线间的距离。

2.1.24 立杆纵（跨）距 longitudinal spacing of upright tube

脚手架纵向相邻立杆之间的轴线距离。

2.1.25 立杆横距 transverse spacing of upright tube

脚手架横向相邻立杆之间的轴线距离，单排脚手架为外立杆轴线至墙面的距离。

2.1.26 主节点 main node

立杆、纵向水平杆、横向水平杆三杆紧靠的扣接点。

2.2 符 号

2.2.1 荷载和荷载效应

g_k——立杆承受的每米结构自重标准值；

M_{Gk}——脚手板自重产生的弯矩标准值；

M_{Qk}——施工荷载产生的弯矩标准值；

M_{wk}——风荷载产生的弯矩标准值；

N_{G1k}——脚手架立杆承受的结构自重产生的轴向力标准值；

N_{G2k}——脚手架构配件自重产生的轴向力标准值；

ΣN_{Gk}——永久荷载对立杆产生的轴向力标准值总和；

ΣN_{Qk}——可变荷载对立杆产生的轴向力标准值总和；

N_k——上部结构传至基础顶面的立杆轴向力标准值；

P_k——立杆基础底面处的平均压力标准值；

w_k——风荷载标准值；

w_0——基本风压值；

M——弯矩设计值；

M_w——风荷载产生的弯矩设计值；

N——轴向力设计值；

N_l——连墙件轴向力设计值；

N_{lw}——风荷载产生的连墙件轴向力设计值；

R——纵向或横向水平杆传给立杆的竖向作用力设计值；

v——挠度；

σ——弯曲正应力。

2.2.2 材料性能和抗力

E——钢材的弹性模量；

f——钢材的抗拉、抗压、抗弯强度设计值；

f_g——地基承载力特征值；

R_c——扣件抗滑承载力设计值；

$[v]$——容许挠度；

$[\lambda]$——容许长细比。

2.2.3 几何参数

A——钢管或构件的截面面积，基础底面面积；

A_n——挡风面积；

A_w——迎风面积；

$[H]$——脚手架允许搭设高度；

h——步距；

i——截面回转半径；

l——长度，跨度，搭接长度；

l_a——立杆纵距；

l_b——立杆横距；

l_0——立杆计算长度，纵、横向水平杆计算跨度；

s——杆件间距；

t——杆件壁厚；

W——截面模量；

λ——长细比；

ϕ——杆件直径。

2.2.4 计算系数

k——立杆计算长度附加系数；

μ——考虑脚手架整体稳定因素的单杆计算长度系数；

μ_s——脚手架风荷载体型系数；

μ_{stw}——按桁架确定的脚手架结构的风荷载体型系数；

μ_z——风压高度变化系数；

φ——轴心受压构件的稳定系数；挡风系数。

3 构 配 件

3.1 钢 管

3.1.1 脚手架钢管应采用现行国家标准《直缝电焊钢管》GB/T 13793或《低压流体输送用焊接钢管》GB/T 3091 中规定的 Q235 普通钢管，钢管的钢材质量应符合现行国家标准《碳素结构钢》GB/T 700 中 Q235 级钢的规定。

3.1.2 脚手架钢管宜采用 $\phi 48.3 \times 3.6$ 钢管。每根钢管的最大质量不应大于 25.8kg。

3.2 扣 件

3.2.1 扣件应采用可锻铸铁或铸钢制作，其质量和性能应符合现行国家标准《钢管脚手架扣件》GB 15831 的规定，采用其他材料制作的扣件，应经试验证明其质量符合该标准的规定后方可使用。

3.2.2 扣件在螺栓拧紧扭力矩达到 65N·m 时，不得发生破坏。

3.3 脚 手 板

3.3.1 脚手板可采用钢、木、竹材料制作，单块脚手板的质量不宜大于 30kg。

3.3.2 冲压钢脚手板的材质应符合现行国家标准《碳素结构钢》GB/T 700 中 Q235 级钢的规定。

3.3.3 木脚手板材质应符合现行国家标准《木结构设计规范》GB 50005 中 II_a 级材质的规定。脚手板厚度不应小于 50mm，两端宜各设置直径不小于 4mm 的镀锌钢丝箍两道。

3.3.4 竹脚手板宜采用由毛竹或楠竹制作的竹串片板、竹笆板；竹串片脚手板应符合现行行业标准《建筑施工木脚手架安全技术规范》JGJ 164 的相关规定。

3.4 可 调 托 撑

3.4.1 可调托撑螺杆外径不得小于 36mm，直径与螺距应符合现行国家标准《梯形螺纹 第 2 部分：直径与螺距系列》GB/T 5796.2 和《梯形螺纹 第 3 部分：基本尺寸》GB/T 5796.3 的规定。

3.4.2 可调托撑的螺杆与支托板焊接应牢固，焊缝高度不得小于 6mm；可调托撑螺杆与螺母旋合长度不得少于 5 扣，螺母厚度不得小于 30mm。

3.4.3 可调托撑受压承载力设计值不应小于 40kN，支托板厚不应小于 5mm。

3.5 悬挑脚手架用型钢

3.5.1 悬挑脚手架用型钢的材质应符合现行国家标准《碳素结构钢》GB/T 700 或《低合金高强度结构钢》GB/T 1591 的规定。

3.5.2 用于固定型钢悬挑梁的 U 形钢筋拉环或锚固螺栓材质应符合现行国家标准《钢筋混凝土用钢 第 1 部分：热轧光圆钢筋》GB 1499.1 中 HPB235 级钢筋的规定。

4 荷 载

4.1 荷 载 分 类

4.1.1 作用于脚手架的荷载可分为永久荷载（恒荷载）与可变荷载（活荷载）。

4.1.2 脚手架永久荷载应包含下列内容：

  1 单排架、双排架与满堂脚手架：

    1）架体结构自重：包括立杆、纵向水平杆、横向水平杆、剪刀撑、扣件等的自重；

    2）构、配件自重：包括脚手板、栏杆、挡脚板、安全网等防护设施的自重。

  2 满堂支撑架：

    1）架体结构自重：包括立杆、纵向水平杆、横向水平杆、剪刀撑、可调托撑、扣件等的自重；

    2）构、配件及可调托撑上主梁、次梁、支撑板等的自重。

4.1.3 脚手架可变荷载应包含下列内容：

  1 单排架、双排架与满堂脚手架：

    1）施工荷载：包括作业层上的人员、器具和材料等的自重；

    2）风荷载。

  2 满堂支撑架：

    1）作业层上的人员、设备等的自重；

    2）结构构件、施工材料等的自重；

    3）风荷载。

4.1.4 用于混凝土结构施工的支撑架上的永久荷载与可变荷载，应符合现行行业标准《建筑施工模板安全技术规范》JGJ 162 的规定。

4.2 荷 载 标 准 值

4.2.1 永久荷载标准值的取值应符合下列规定：

1 单、双排脚手架立杆承受的每米结构自重标准值，可按本规范附录A 表 A.0.1 采用；满堂脚手架立杆承受的每米结构自重标准值，宜按本规范附录A 表 A.0.2 采用；满堂支撑架立杆承受的每米结构自重标准值，宜按本规范附录A 表 A.0.3 采用。

2 冲压钢脚手板、木脚手板、竹串片脚手板与竹笆脚手板自重标准值，宜按表 4.2.1-1 取用。

3 栏杆与挡脚板自重标准值，宜按表 4.2.1-2 采用。

表 4.2.1-1 脚手板自重标准值

类 别	标准值(kN/m²)
冲压钢脚手板	0.30
竹串片脚手板	0.35
木脚手板	0.35
竹笆脚手板	0.10

表 4.2.1-2 栏杆、挡脚板自重标准值

类 别	标准值(kN/m)
栏杆、冲压钢脚手板挡板	0.16
栏杆、竹串片脚手板挡板	0.17
栏杆、木脚手板挡板	0.17

4 脚手架上吊挂的安全设施（安全网）的自重标准值应按实际情况采用，密目式安全立网自重标准值不应低于 0.01kN/m²。

5 支撑架上可调托撑上主梁、次梁、支撑板等自重应按实际计算。对于下列情况可按表 4.2.1-3 采用：

1） 普通木质主梁（含 $\phi48.3\times3.6$ 双钢管）、次梁，木支撑板；

2） 型钢次梁自重不超过 10 号工字钢自重，型钢主梁自重不超过 H100mm×100mm×6mm×8mm 型钢自重，支撑板自重不超过木脚手板自重。

表 4.2.1-3 主梁、次梁及支撑板自重标准值 （kN/m²）

类 别	立杆间距（m）	
	>0.75×0.75	≤0.75×0.75
木质主梁（含 $\phi48.3\times3.6$ 双钢管）、次梁，木支撑板	0.6	0.85
型钢主梁、次梁，木支撑板	1.0	1.2

4.2.2 单、双排与满堂脚手架作业层上的施工荷载标准值应根据实际情况确定，且不应低于表 4.2.2 的规定。

表 4.2.2 施工均布荷载标准值

类 别	标准值(kN/m²)	类 别	标准值(kN/m²)
装修脚手架	2.0	轻型钢结构及空间网格结构脚手架	2.0
混凝土、砌筑结构脚手架	3.0	普通钢结构脚手架	3.0

注：斜道上的施工均布荷载标准值不应低于 2.0kN/m²。

4.2.3 当在双排脚手架上同时有 2 个及以上操作层作业时，在同一个跨距内各操作层的

施工均布荷载标准值总和不得超过 5.0kN/m²。

4.2.4 满堂支撑架上荷载标准值取值应符合下列规定：

1 永久荷载与可变荷载（不含风荷载）标准值总和不大于 4.2kN/m² 时，施工均布荷载标准值应按本规范表 4.2.2 采用；

2 永久荷载与可变荷载（不含风荷载）标准值总和大于 4.2kN/m² 时，应符合下列要求：

　　1）作业层上的人员及设备荷载标准值取 1.0kN/m²；大型设备、结构构件等可变荷载按实际计算；

　　2）用于混凝土结构施工时，作业层上荷载标准值的取值应符合现行行业标准《建筑施工模板安全技术规范》JGJ 162 的规定。

4.2.5 作用于脚手架上的水平风荷载标准值，应按下式计算：

$$w_k = \mu_z \cdot \mu_s \cdot w_0 \tag{4.2.5}$$

式中：w_k——风荷载标准值（kN/m²）；

　　　μ_z——风压高度变化系数，应按现行国家标准《建筑结构荷载规范》GB 50009 规定采用；

　　　μ_s——脚手架风荷载体型系数，应按本规范表 4.2.6 的规定采用；

　　　w_0——基本风压值（kN/m²），应按现行国家标准《建筑结构荷载规范》GB 50009 的规定采用，取重现期 $n = 10$ 对应的风压值。

4.2.6 脚手架的风荷载体型系数，应按表 4.2.6 的规定采用。

表 4.2.6 脚手架的风荷载体型系数 μ_s

背靠建筑物的状况		全封闭墙	敞开、框架和开洞墙
脚手架状况	全封闭、半封闭	1.0φ	1.3φ
	敞　开	μ_{stw}	

注：1　μ_{stw} 值可将脚手架视为桁架，按国家标准《建筑结构荷载规范》GB 50009—2001 表 7.3.1 第 32 项和第 36 项的规定计算；

　　2　φ 为挡风系数，$\varphi = 1.2A_n/A_w$，其中：A_n 为挡风面积；A_w 为迎风面积。敞开式脚手架的 φ 值可按本规范附录 A 表 A.0.5 采用。

4.2.7 密目式安全立网全封闭脚手架挡风系数 φ 不宜小于 0.8。

4.3　荷 载 效 应 组 合

4.3.1 设计脚手架的承重构件时，应根据使用过程中可能出现的荷载取其最不利组合进行计算，荷载效应组合宜按表 4.3.1 采用。

表 4.3.1 荷载效应组合

计算项目	荷载效应组合
纵向、横向水平杆承载力与变形	永久荷载＋施工荷载
脚手架立杆地基承载力	①永久荷载＋施工荷载
型钢悬挑梁的承载力、稳定与变形	②永久荷载＋0.9(施工荷载＋风荷载)

续表 4.3.1

计算项目	荷载效应组合
立杆稳定	①永久荷载＋可变荷载(不含风荷载)
	②永久荷载＋0.9(可变荷载＋风荷载)
连墙件承载力与稳定	单排架，风荷载＋2.0kN 双排架，风荷载＋3.0kN

4.3.2　满堂支撑架用于混凝土结构施工时，荷载组合与荷载设计值应符合现行行业标准《建筑施工模板安全技术规范》JGJ 162的规定。

5　设 计 计 算

5.1　基本设计规定

5.1.1　脚手架的承载能力应按概率极限状态设计法的要求，采用分项系数设计表达式进行设计。可只进行下列设计计算：

　　1　纵向、横向水平杆等受弯构件的强度和连接扣件的抗滑承载力计算；

　　2　立杆的稳定性计算；

　　3　连墙件的强度、稳定性和连接强度的计算；

　　4　立杆地基承载力计算。

5.1.2　计算构件的强度、稳定性与连接强度时，应采用荷载效应基本组合的设计值。永久荷载分项系数应取 1.2，可变荷载分项系数应取 1.4。

5.1.3　脚手架中的受弯构件，尚应根据正常使用极限状态的要求验算变形。验算构件变形时，应采用荷载效应的标准组合的设计值，各类荷载分项系数均应取 1.0。

5.1.4　当纵向或横向水平杆的轴线对立杆轴线的偏心距不大于 55mm 时，立杆稳定性计算中可不考虑此偏心距的影响。

5.1.5　当采用本规范第 6.1.1 条规定的构造尺寸，其相应杆件可不再进行设计计算。但连墙件、立杆地基承载力等仍应根据实际荷载进行设计计算。

5.1.6　钢材的强度设计值与弹性模量应按表 5.1.6 采用。

表 5.1.6　钢材的强度设计值与弹性模量(N/mm^2)

Q235 钢抗拉、抗压和抗弯强度设计值 f	205
弹性模量 E	2.06×10^5

5.1.7　扣件、底座、可调托撑的承载力设计值应按表 5.1.7 采用。

表 5.1.7　扣件、底座、可调托撑的承载力设计值(kN)

项　　目	承载力设计值
对接扣件(抗滑)	3.20

续表 5.1.7

项　目	承载力设计值
直角扣件、旋转扣件(抗滑)	8.00
底座(受压)、可调托撑(受压)	40.00

5.1.8 受弯构件的挠度不应超过表 5.1.8 中规定的容许值。

表 5.1.8　受弯构件的容许挠度

构件类别	容许挠度$[v]$
脚手板，脚手架纵向、横向水平杆	$l/150$ 与 10mm
脚手架悬挑受弯杆件	$l/400$
型钢悬挑脚手架悬挑钢梁	$l/250$

注：l 为受弯构件的跨度，对悬挑杆件为其悬伸长度的 2 倍。

5.1.9 受压、受拉构件的长细比不应超过表 5.1.9 中规定的容许值。

表 5.1.9　受压、受拉构件的容许长细比

构件类别		容许长细比$[\lambda]$
立杆	双排架 满堂支撑架	210
	单排架	230
	满堂脚手架	250
横向斜撑、剪刀撑中的压杆		250
拉杆		350

5.2　单、双排脚手架计算

5.2.1　纵向、横向水平杆的抗弯强度应按下式计算：

$$\sigma = \frac{M}{W} \leqslant f \qquad (5.2.1)$$

式中：σ——弯曲正应力；

　　　M——弯矩设计值（N·mm），应按本规范第 5.2.2 条的规定计算；

　　　W——截面模量（mm³），应按本规范附录 B 表 B.0.1 采用；

　　　f——钢材的抗弯强度设计值（N/mm²），应按本规范表 5.1.6 采用。

5.2.2　纵向、横向水平杆弯矩设计值，应按下式计算：

$$M = 1.2M_{Gk} + 1.4\Sigma M_{Qk} \qquad (5.2.2)$$

式中：M_{Gk}——脚手板自重产生的弯矩标准值(kN·m)；

　　　M_{Qk}——施工荷载产生的弯矩标准值(kN·m)。

5.2.3　纵向、横向水平杆的挠度应符合下式规定：

$$v \leqslant [v] \qquad (5.2.3)$$

式中：v——挠度（mm）；

　　　$[v]$——容许挠度，应按本规范表 5.1.8 采用。

5.2.4 计算纵向、横向水平杆的内力与挠度时，纵向水平杆宜按三跨连续梁计算，计算跨度取立杆纵距 l_a；横向水平杆宜按简支梁计算，计算跨度 l_0 可按图 5.2.4 采用。

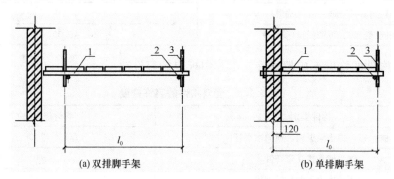

(a) 双排脚手架　　　　　　(b) 单排脚手架

图 5.2.4　横向水平杆计算跨度
1—横向水平杆；2—纵向水平杆；3—立杆

5.2.5 纵向或横向水平杆与立杆连接时，其扣件的抗滑承载力应符合下式规定：

$$R \leqslant R_c \qquad (5.2.5)$$

式中：R——纵向或横向水平杆传给立杆的竖向作用力设计值；

　　　R_c——扣件抗滑承载力设计值，应按本规范表 5.1.7 采用。

5.2.6 立杆的稳定性应符合下列公式要求：

不组合风荷载时：
$$\frac{N}{\varphi A} \leqslant f \qquad (5.2.6\text{-}1)$$

组合风荷载时：
$$\frac{N}{\varphi A} + \frac{M_w}{W} \leqslant f \qquad (5.2.6\text{-}2)$$

式中：N——计算立杆段的轴向力设计值（N），应按本规范式（5.2.7-1）、式（5.2.7-2）计算；

　　　φ——轴心受压构件的稳定系数，应根据长细比 λ 由本规范附录 A 表 A.0.6 取值；

　　　λ——长细比，$\lambda = \dfrac{l_0}{i}$；

　　　l_0——计算长度（mm），应按本规范第 5.2.8 条的规定计算；

　　　i——截面回转半径（mm），可按本规范附录 B 表 B.0.1 采用；

　　　A——立杆的截面面积（mm^2），可按本规范附录 B 表 B.0.1 采用；

　　　M_w——计算立杆段由风荷载设计值产生的弯矩（N·mm），可按本规范式（5.2.9）计算；

　　　f——钢材的抗压强度设计值（N/mm^2），应按本规范表 5.1.6 采用。

5.2.7 计算立杆段的轴向力设计值 N，应按下列公式计算：

不组合风荷载时：
$$N = 1.2(N_{G1k} + N_{G2k}) + 1.4\Sigma N_{Qk} \qquad (5.2.7\text{-}1)$$

组合风荷载时：
$$N = 1.2(N_{G1k} + N_{G2k}) + 0.9 \times 1.4\Sigma N_{Qk} \qquad (5.2.7\text{-}2)$$

式中：N_{G1k}——脚手架结构自重产生的轴向力标准值；

　　　N_{G2k}——构配件自重产生的轴向力标准值；

ΣN_{Qk}——施工荷载产生的轴向力标准值总和，内、外立杆各按一纵距内施工荷载总和的 1/2 取值。

5.2.8 立杆计算长度 l_0 应按下式计算：

$$l_0 = k\mu h \tag{5.2.8}$$

式中：k——立杆计算长度附加系数，其值取 1.155，当验算立杆允许长细比时，取 $k=1$；

μ——考虑单、双排脚手架整体稳定因素的单杆计算长度系数，应按表 5.2.8 采用；

h——步距。

表 5.2.8 单、双排脚手架立杆的计算长度系数 μ

类 别	立杆横距 (m)	连墙件布置	
		二步三跨	三步三跨
双排架	1.05	1.50	1.70
	1.30	1.55	1.75
	1.55	1.60	1.80
单排架	≤1.50	1.80	2.00

5.2.9 由风荷载产生的立杆段弯矩设计值 M_w，可按下式计算：

$$M_w = 0.9 \times 1.4 M_{wk} = \frac{0.9 \times 1.4 w_k l_a h^2}{10} \tag{5.2.9}$$

式中：M_{wk}——风荷载产生的弯矩标准值（kN·m）；

w_k——风荷载标准值（kN/m²），应按本规范式（4.2.5）计算；

l_a——立杆纵距（m）。

5.2.10 单、双排脚手架立杆稳定性计算部位的确定应符合下列规定：

1 当脚手架采用相同的步距、立杆纵距、立杆横距和连墙件间距时，应计算底层立杆段；

2 当脚手架的步距、立杆纵距、立杆横距和连墙件间距有变化时，除计算底层立杆段外，还必须对出现最大步距或最大立杆纵距、立杆横距、连墙件间距等部位的立杆段进行验算。

5.2.11 单、双排脚手架允许搭设高度 $[H]$ 应按下列公式计算，并应取较小值：

1 不组合风荷载时：

$$[H] = \frac{\varphi A f - (1.2 N_{G2k} + 1.4 \Sigma N_{Qk})}{1.2 g_k} \tag{5.2.11-1}$$

2 组合风荷载时：

$$[H] = \frac{\varphi A f - \left[1.2 N_{G2k} + 0.9 \times 1.4 (\Sigma N_{Qk} + \frac{M_{wk}}{W}\varphi A)\right]}{1.2 g_k} \tag{5.2.11-2}$$

式中：$[H]$——脚手架允许搭设高度（m）；

g_k——立杆承受的每米结构自重标准值（kN/m），可按本规范附录 A 表 A.0.1 采用。

5.2.12 连墙件杆件的强度及稳定应满足下列公式的要求：

强度：

$$\sigma = \frac{N_l}{A_c} \leqslant 0.85f \qquad (5.2.12\text{-}1)$$

稳定：

$$\frac{N_l}{\varphi A} \leqslant 0.85f \qquad (5.2.12\text{-}2)$$

$$N_l = N_{lw} + N_0 \qquad (5.2.12\text{-}3)$$

式中：σ——连墙件应力值（N/mm²）；

A_c——连墙件的净截面面积（mm²）；

A——连墙件的毛截面面积（mm²）；

N_l——连墙件轴向力设计值（N）；

N_{lw}——风荷载产生的连墙件轴向力设计值，应按本规范第 5.2.13 条的规定计算；

N_0——连墙件约束脚手架平面外变形所产生的轴向力。单排架取 2kN，双排架取 3kN；

φ——连墙件的稳定系数，应根据连墙件长细比按本规范附录 A 表 A.0.6 取值；

f——连墙件钢材的强度设计值（N/mm²），应按本规范表 5.1.6 采用。

5.2.13 由风荷载产生的连墙件的轴向力设计值，应按下式计算：

$$N_{lw} = 1.4 \cdot w_k \cdot A_w \qquad (5.2.13)$$

式中：A_w——单个连墙件所覆盖的脚手架外侧面的迎风面积。

5.2.14 连墙件与脚手架、连墙件与建筑结构连接的承载力应按下式计算：

$$N_l \leqslant N_V \qquad (5.2.14)$$

式中：N_V——连墙件与脚手架、连墙件与建筑结构连接的受拉（压）承载力设计值，应根据相应规范规定计算。

5.2.15 当采用钢管扣件做连墙件时，扣件抗滑承载力的验算，应满足下式要求：

$$N_l \leqslant R_c \qquad (5.2.15)$$

式中：R_c——扣件抗滑承载力设计值，一个直角扣件应取 8.0kN。

5.3 满堂脚手架计算

5.3.1 立杆的稳定性应按本规范式（5.2.6-1）、式（5.2.6-2）计算。由风荷载产生的立杆段弯矩设计值 M_w，可按本规范式（5.2.9）计算。

5.3.2 计算立杆段的轴向力设计值 N，应按本规范式（5.2.7-1）、式（5.2.7-2）计算。施工荷载产生的轴向力标准值总和 ΣN_{Qk}，可按所选取计算部位立杆负荷面积计算。

5.3.3 立杆稳定性计算部位的确定应符合下列规定：

1 当满堂脚手架采用相同的步距、立杆纵距、立杆横距时，应计算底层立杆段；

2 当架体的步距、立杆纵距、立杆横距有变化时，除计算底层立杆段外，还必须对出现最大步距、最大立杆纵距、立杆横距等部位的立杆段进行验算；

3 当架体上有集中荷载作用时，尚应计算集中荷载作用范围内受力最大的立杆段。

5.3.4 满堂脚手架立杆的计算长度应按下式计算：

$$l_0 = k\mu h \qquad 、 \qquad (5.3.4)$$

式中：k——满堂脚手架立杆计算长度附加系数，应按表 5.3.4 采用；

h——步距；

μ——考虑满堂脚手整体稳定因素的单杆计算长度系数，应按本规范附录 C 表 C-1 采用。

表 5.3.4 满堂脚手架立杆计算长度附加系数

高度 H(m)	$H\leqslant20$	$20<H\leqslant30$	$30<H\leqslant36$
k	1.155	1.191	1.204

注：当验算立杆允许长细比时，取 $k=1$。

5.3.5 满堂脚手架纵、横水平杆计算应符合本规范第 5.2.1 条～第 5.2.5 条的规定。

5.3.6 当满堂脚手架立杆间距不大于 1.5m×1.5m，架体四周及中间与建筑物结构进行刚性连接，并且刚性连接点的水平间距不大于 4.5m，竖向间距不大于 3.6m 时，可按本规范第 5.2.6 条～第 5.2.10 条双排脚手架的规定进行计算。

5.4 满堂支撑架计算

5.4.1 满堂支撑架顶部施工层荷载应通过可调托撑传递给立杆。

5.4.2 满堂支撑架根据剪刀撑的设置不同分为普通型构造与加强型构造，其构造设置应符合本规范第 6.9.3 条的规定，两种类型满堂支撑架立杆的计算长度应符合本规范第 5.4.6 条的规定。

5.4.3 立杆的稳定性应按本规范式（5.2.6-1）、式（5.2.6-2）计算。由风荷载设计值产生的立杆段弯矩 M_w，可按本规范式（5.2.9）计算。

5.4.4 计算立杆段的轴向力设计值 N，应按下列公式计算：

不组合风荷载时：

$$N = 1.2\Sigma N_{Gk} + 1.4\Sigma N_{Qk} \tag{5.4.4-1}$$

组合风荷载时：

$$N = 1.2\Sigma N_{Gk} + 0.9 \times 1.4\Sigma N_{Qk} \tag{5.4.4-2}$$

式中：ΣN_{Gk}——永久荷载对立杆产生的轴向力标准值总和（kN）；

ΣN_{Qk}——可变荷载对立杆产生的轴向力标准值总和（kN）。

5.4.5 立杆稳定性计算部位的确定应符合下列规定：

1 当满堂支撑架采用相同的步距、立杆纵距、立杆横距时，应计算底层与顶层立杆段；

2 应符合本规范第 5.3.3 条第 2 款、第 3 款的规定。

5.4.6 满堂支撑架立杆的计算长度应按下式计算，取整体稳定计算结果最不利值：

顶部立杆段： $\qquad l_0 = k\mu_1(h + 2a) \tag{5.4.6-1}$

非顶部立杆段： $\qquad l_0 = k\mu_2 h \tag{5.4.6-2}$

式中：k——满堂支撑架立杆计算长度附加系数，应按表 5.4.6 采用；

h——步距；

a——立杆伸出顶层水平杆中心线至支撑点的长度；应不大于 0.5m，当 $0.2m<a<0.5m$ 时，承载力可按线性插入值；

μ_1、μ_2——考虑满堂支撑架整体稳定因素的单杆计算长度系数，普通型构造应按本规范附录C表C-2、表C-4采用；加强型构造应按本规范附录C表C-3、表C-5采用。

表 5.4.6 满堂支撑架立杆计算长度附加系数

高度 H(m)	$H \leqslant 8$	$8 < H \leqslant 10$	$10 < H \leqslant 20$	$20 < H \leqslant 30$
k	1.155	1.185	1.217	1.291

注：当验算立杆允许长细比时，取 $k=1$。

5.4.7 当满堂支撑架小于4跨时，宜设置连墙件将架体与建筑结构刚性连接。当架体未设置连墙件与建筑结构刚性连接，立杆计算长度系数 μ 按本规范附录C表C-2～表C-5采用时，应符合下列规定：

    1 支撑架高度不应超过一个建筑楼层高度，且不应超过5.2m；

    2 架体上永久荷载与可变荷载（不含风荷载）总和标准值不应大于 7.5kN/m^2；

    3 架体上永久荷载与可变荷载（不含风荷载）总和的均布线荷载标准值不应大于 7kN/m。

5.5 脚手架地基承载力计算

5.5.1 立杆基础底面的平均压力应满足下式的要求：

$$p_k = \frac{N_k}{A} \leqslant f_g \qquad (5.5.1)$$

式中：p_k——立杆基础底面处的平均压力标准值（kPa）；

    N_k——上部结构传至立杆基础顶面的轴向力标准值（kN）；

    A——基础底面面积（m^2）；

    f_g——地基承载力特征值（kPa），应按本规范第5.5.2条的规定采用。

5.5.2 地基承载力特征值的取值应符合下列规定：

    1 当为天然地基时，应按地质勘察报告选用；当为回填土地基时，应对地质勘察报告提供的回填土地基承载力特征值乘以折减系数0.4；

    2 由载荷试验或工程经验确定。

5.5.3 对搭设在楼面等建筑结构上的脚手架，应对支撑架体的建筑结构进行承载力验算，当不能满足承载力要求时应采取可靠的加固措施。

5.6 型钢悬挑脚手架计算

5.6.1 当采用型钢悬挑梁作为脚手架的支承结构时，应进行下列设计计算：

    1 型钢悬挑梁的抗弯强度、整体稳定性和挠度；

    2 型钢悬挑梁锚固件及其锚固连接的强度；

    3 型钢悬挑梁下建筑结构的承载能力验算。

5.6.2 悬挑脚手架作用于型钢悬挑梁上立杆的轴向力设计值，应根据悬挑脚手架分段搭设高度按本规范式（5.2.7-1）、式（5.2.7-2）分别计算，并应取其较大者。

5.6.3 型钢悬挑梁的抗弯强度应按下式计算：

$$\sigma = \frac{M_{max}}{W_n} \leqslant f \tag{5.6.3}$$

式中：σ——型钢悬挑梁应力值；

　　M_{max}——型钢悬挑梁计算截面最大弯矩设计值；

　　W_n——型钢悬挑梁净截面模量；

　　f——钢材的抗弯强度设计值。

5.6.4 型钢悬挑梁的整体稳定性应按下式验算：

$$\frac{M_{max}}{\varphi_b W} \leqslant f \tag{5.6.4}$$

式中：φ_b——型钢悬挑梁的整体稳定性系数，应按现行国家标准《钢结构设计规范》GB 50017 的规定采用；

　　W——型钢悬挑梁毛截面模量。

5.6.5 型钢悬挑梁的挠度（图 5.6.5）应符合下式规定：

$$v \leqslant [v] \tag{5.6.5}$$

式中：$[v]$——型钢悬挑梁挠度允许值，应按本规范表 5.1.8 取值；

　　v——型钢悬挑梁最大挠度。

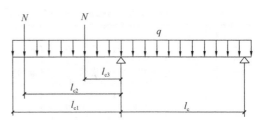

图 5.6.5　悬挑脚手架型钢悬挑梁计算示意图

N—悬挑脚手架立杆的轴向力设计值；l_c—型钢悬挑梁锚固点中心至建筑楼层板边支承点的距离；l_{c1}—型钢悬挑梁悬挑端面至建筑结构楼层板边支承点的距离；l_{c2}—脚手架外立杆至建筑结构楼层板边支承点的距离；l_{c3}—脚手架内杆至建筑结构楼层板边支承点的距离；q—型钢梁自重线荷载标准值

5.6.6 将型钢悬挑梁锚固在主体结构上的 U 形钢筋拉环或螺栓的强度应按下式计算：

$$\sigma = \frac{N_m}{A_l} \leqslant f_l \tag{5.6.6}$$

式中：σ——U 形钢筋拉环或螺栓应力值；

　　N_m——型钢悬挑梁锚固段压点 U 形钢筋拉环或螺栓拉力设计值（N）；

　　A_l——U 形钢筋拉环净截面面积或螺栓的有效截面面积（mm^2），一个钢筋拉环或一对螺栓按两个截面计算；

　　f_l——U 形钢筋拉环或螺栓抗拉强度设计值，应按现行国家标准《混凝土结构设计规范》GB 50010 的规定取 $f_l = 50N/mm^2$。

5.6.7 当型钢悬挑梁锚固段压点处采用 2 个（对）及以上 U 形钢筋拉环或螺栓锚固连接时，其钢筋拉环或螺栓的承载能力应乘以 0.85 的折减系数。

5.6.8 当型钢悬挑梁与建筑结构锚固的压点处楼板未设置上层受力钢筋时，应经计算在楼板内配置用于承受型钢梁锚固作用引起负弯矩的受力钢筋。

5.6.9 对型钢悬挑梁下建筑结构的混凝土梁（板）应按现行国家标准《混凝土结构设计规范》GB 50010 的规定进行混凝土局部受压承载力、结构承载力验算，当不满足要求时，应采取可靠的加固措施。

5.6.10 悬挑脚手架的纵向水平杆、横向水平杆、立杆、连墙件计算应符合本规范第 5.2 节的规定。

6 构 造 要 求

6.1 常用单、双排脚手架设计尺寸

6.1.1 常用密目式安全立网全封闭单、双排脚手架结构的设计尺寸，可按表 6.1.1-1、表 6.1.1-2 采用。

表 6.1.1-1 常用密目式安全立网全封闭式双排脚手架的设计尺寸（m）

连墙件设置	立杆横距 l_b	步距 h	下列荷载时的立杆纵距 l_a				脚手架允许搭设高度 $[H]$
			2+0.35 (kN/m²)	2+2+2×0.35 (kN/m²)	3+0.35 (kN/m²)	3+2+2×0.35 (kN/m²)	
二步三跨	1.05	1.50	2.0	1.5	1.5	1.5	50
		1.80	1.8	1.5	1.5	1.5	32
	1.30	1.50	1.8	1.5	1.5	1.5	50
		1.80	1.8	1.2	1.5	1.2	30
	1.55	1.50	1.8	1.5	1.5	1.5	38
		1.80	1.8	1.2	1.5	1.2	22
三步三跨	1.05	1.50	2.0	1.5	1.5	1.5	43
		1.80	1.8	1.2	1.5	1.2	24
	1.30	1.50	1.8	1.5	1.5	1.2	30
		1.80	1.8	1.2	1.5	1.2	17

注：1 表中所示 2+2+2×0.35(kN/m²)，包括下列荷载：2+2(kN/m²)为二层装修作业层施工荷载标准值；2×0.35(kN/m²)为二层作业层脚手板自重荷载标准值。

2 作业层横向水平杆间距，应按不大于 $l_a/2$ 设置。

3 地面粗糙度为 B 类，基本风压 $w_0=0.4\text{kN/m}^2$。

表 6.1.1-2 常用密目式安全立网全封闭式单排脚手架的设计尺寸（m）

连墙件设置	立杆横距 l_b	步距 h	下列荷载时的立杆纵距 l_a		脚手架允许搭设高度 $[H]$
			2+0.35 (kN/m²)	3+0.35 (kN/m²)	
二步三跨	1.20	1.50	2.0	1.8	24
		1.80	1.5	1.2	24
	1.40	1.50	1.8	1.5	24
		1.80	1.5	1.2	24
三步三跨	1.20	1.50	2.0	1.8	24
		1.80	1.2	1.2	24
	1.40	1.50	1.8	1.5	24
		1.80	1.2	1.2	24

注：同表 6.1.1-1。

6.1.2 单排脚手架搭设高度不应超过 24m；双排脚手架搭设高度不宜超过 50m，高度超过 50m 的双排脚手架，应采用分段搭设等措施。

6.2 纵向水平杆、横向水平杆、脚手板

6.2.1 纵向水平杆的构造应符合下列规定：

1 纵向水平杆应设置在立杆内侧，单根杆长度不应小于3跨；

2 纵向水平杆接长应采用对接扣件连接或搭接，并应符合下列规定：

1）两根相邻纵向水平杆的接头不应设置在同步或同跨内；不同步或不同跨两个相邻接头在水平方向错开的距离不应小于500mm；各接头中心至最近主节点的距离不应大于纵距的1/3（图6.2.1-1）。

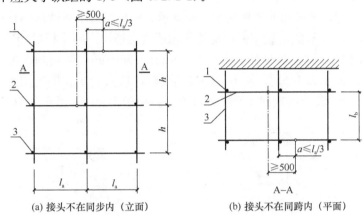

(a) 接头不在同步内（立面）　　(b) 接头不在同跨内（平面）

图 6.2.1-1　纵向水平杆对接接头布置
1—立杆；2—纵向水平杆；3—横向水平杆

2）搭接长度不应小于1m，应等间距设置3个旋转扣件固定；端部扣件盖板边缘至搭接纵向水平杆杆端的距离不应小于100mm。

3 当使用冲压钢脚手板、木脚手板、竹串片脚手板时，纵向水平杆应作为横向水平杆的支座，用直角扣件固定在立杆上；当使用竹笆脚手板时，纵向水平杆应采用直角扣件固定在横向水平杆上，并应等间距设置，间距不应大于400mm（图6.2.1-2）。

6.2.2 横向水平杆的构造应符合下列规定：

1 作业层上非主节点处的横向水平杆，宜根据支承脚手板的需要等间距设置，最大间距不应大于纵距的1/2。

2 当使用冲压钢脚手板、木脚手板、竹串片脚手板时，双排脚手架的横向水平杆两端均应采用直角扣件固定在纵向水平杆上；单排脚手架的横向水平杆的一端应用直角扣件固定在纵向水平杆上，另一端应插入

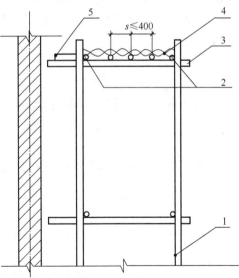

图 6.2.1-2　铺竹笆脚手板时
纵向水平杆的构造
1—立杆；2—纵向水平杆；3—横向水平杆；
4—竹笆脚手板；5—其他脚手板

441

墙内，插入长度不应小于180mm。

3 当使用竹笆脚手板时，双排脚手架的横向水平杆的两端，应用直角扣件固定在立杆上；单排脚手架的横向水平杆的一端，应用直角扣件固定在立杆上，另一端插入墙内，插入长度不应小于180mm。

6.2.3 主节点处必须设置一根横向水平杆，用直角扣件扣接且严禁拆除。

6.2.4 脚手板的设置应符合下列规定：

1 作业层脚手板应铺满、铺稳、铺实。

2 冲压钢脚手板、木脚手板、竹串片脚手板等，应设置在三根横向水平杆上。当脚手板长度小于2m时，可采用两根横向水平杆支承，但应将脚手板两端与横向水平杆可靠固定，严防倾翻。脚手板的铺设应采用对接平铺或搭接铺设。脚手板对接平铺时，接头处应设两根横向水平杆，脚手板外伸长度应取130mm～150mm，两块脚手板外伸长度的和不应大于300mm[图6.2.4(a)]；脚手板搭接铺设时，接头应支在横向水平杆上，搭接长度不应小于200mm，其伸出横向水平杆的长度不应小于100mm[图6.2.4(b)]。

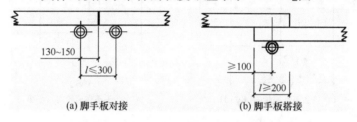

(a) 脚手板对接   (b) 脚手板搭接

图6.2.4 脚手板对接、搭接构造

3 竹笆脚手板应按其主竹筋垂直于纵向水平杆方向铺设，且应对接平铺，四个角应用直径不小于1.2mm的镀锌钢丝固定在纵向水平杆上。

4 作业层端部脚手板探头长度应取150mm，其板的两端均应固定于支承杆件上。

6.3 立 杆

6.3.1 每根立杆底部宜设置底座或垫板。

6.3.2 脚手架必须设置纵、横向扫地杆。纵向扫地杆应采用直角扣件固定在距钢管底端不大于200mm处的立杆上。横向扫地杆应采用直角扣件固定在紧靠纵向扫地杆下方的立杆上。

6.3.3 脚手架立杆基础不在同一高度上时，必须将高处的纵向扫地杆向低处延长两跨与立杆固定，高低差不应大于1m。靠边坡上方的立杆轴线到边坡的距离不应小于500mm（图6.3.3）。

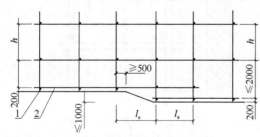

图6.3.3 纵、横向扫地杆构造
1—横向扫地杆；2—纵向扫地杆

6.3.4 单、双排脚手架底层步距均不应大于2m。

6.3.5 单排、双排与满堂脚手架立杆接长除顶层顶步外，其余各层各步接头必须采用对接扣件连接。

6.3.6 脚手架立杆的对接、搭接应符合下列规定：

1 当立杆采用对接接长时，立杆的对接扣件应交错布置，两根相邻立杆的接头不应设置在同步内，同步内隔一根立杆的两个相隔接头在高度方向错开的距离不宜小于500mm；各接头中心至主节点的距离不宜大于步距的 1/3。

2 当立杆采用搭接接长时，搭接长度不应小于 1m，并应采用不少于 2 个旋转扣件固定。端部扣件盖板的边缘至杆端距离不应小于 100mm。

6.3.7 脚手架立杆顶端栏杆宜高出女儿墙上端 1m，宜高出檐口上端 1.5m。

6.4 连 墙 件

6.4.1 脚手架连墙件设置的位置、数量应按专项施工方案确定。

6.4.2 脚手架连墙件数量的设置除应满足本规范的计算要求外，还应符合表 6.4.2 的规定。

表 6.4.2 连墙件布置最大间距

搭设方法	高 度	竖向间距（h）	水平间距（l_a）	每根连墙件覆盖面积（m^2）
双排落地	≤50m	3h	$3l_a$	≤40
双排悬挑	>50m	2h	$3l_a$	≤27
单排	≤24m	3h	$3l_a$	≤40

注：h—步距；l_a—纵距。

6.4.3 连墙件的布置应符合下列规定：

1 应靠近主节点设置，偏离主节点的距离不应大于 300mm；

2 应从底层第一步纵向水平杆处开始设置，当该处设置有困难时，应采用其他可靠措施固定；

3 应优先采用菱形布置，或采用方形、矩形布置。

6.4.4 开口型脚手架的两端必须设置连墙件，连墙件的垂直间距不应大于建筑物的层高，并且不应大于 4m。

6.4.5 连墙件中的连墙杆应呈水平设置，当不能水平设置时，应向脚手架一端下斜连接。

6.4.6 连墙件必须采用可承受拉力和压力的构造。对高度 24m 以上的双排脚手架，应采用刚性连墙件与建筑物连接。

6.4.7 当脚手架下部暂不能设连墙件时应采取防倾覆措施。当搭设抛撑时，抛撑应采用通长杆件，并用旋转扣件固定在脚手架上，与地面的倾角应在 45°～60°之间；连接点中心至主节点的距离不应大于 300mm。抛撑应在连墙件搭设后方可拆除。

6.4.8 架高超过 40m 且有风涡流作用时，应采取抗上升翻流作用的连墙措施。

6.5 门 洞

6.5.1 单、双排脚手架门洞宜采用上升斜杆、平行弦杆桁架结构形式（图 6.5.1），斜杆与地面的倾角 a 应在 45°～60°之间。门洞桁架的形式宜按下列要求确定：

1 当步距（h）小于纵距（l_a）时，应采用 A 型；

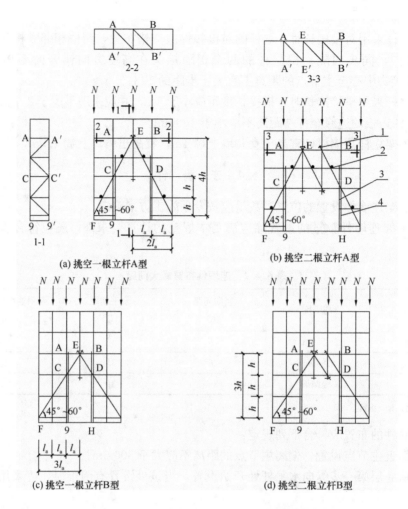

图 6.5.1　门洞处上升斜杆、平行弦杆桁架
1—防滑扣件；2—增设的横向水平杆；3—副立杆；4—主立杆

2 当步距（h）大于纵距（l_a）时，应采用 B 型，并应符合下列规定：

　　1） $h=1.8m$ 时，纵距不应大于 1.5m；

　　2） $h=2.0m$ 时，纵距不应大于 1.2m。

6.5.2　单、双排脚手架门洞桁架的构造应符合下列规定：

　　1　单排脚手架门洞处，应在平面桁架（图 6.5.1 中 ABCD）的每一节间设置一根斜腹杆；双排脚手架门洞处的空间桁架，除下弦平面外，应在其余 5 个平面内的图示节间设置一根斜腹杆（图 6.5.1 中 1-1、2-2、3-3 剖面）。

　　2　斜腹杆宜采用旋转扣件固定在与之相交的横向水平杆的伸出端上，旋转扣件中心线至主节点的距离不宜大于 150mm。当斜腹杆在 1 跨内跨越 2 个步距（图 6.5.1A 型）时，宜在相交的纵向水平杆处，增设一根横向水平杆，将斜腹杆固定在其伸出端上。

　　3　斜腹杆宜采用通长杆件，当必须接长使用时，宜采用对接扣件连接，也可采用搭接，搭接构造应符合本规范第 6.3.6 条第 2 款的规定。

6.5.3　单排脚手架过窗洞时应增设立杆或增设一根纵向水平杆（图 6.5.3）。

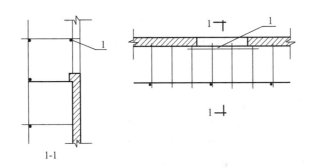

图 6.5.3 单排脚手架过窗洞构造
1—增设的纵向水平杆

6.5.4 门洞桁架下的两侧立杆应为双管立杆，副立杆高度应高于门洞口 1～2 步。

6.5.5 门洞桁架中伸出上下弦杆的杆件端头，均应增设一个防滑扣件（图 6.5.1），该扣件宜紧靠主节点处的扣件。

6.6 剪刀撑与横向斜撑

6.6.1 双排脚手架应设置剪刀撑与横向斜撑，单排脚手架应设置剪刀撑。

6.6.2 单、双排脚手架剪刀撑的设置应符合下列规定：

1 每道剪刀撑跨越立杆的根数应按表 6.6.2 的规定确定。每道剪刀撑宽度不应小于 4 跨，且不应小于 6m，斜杆与地面的倾角应在 45°～60°之间；

表 6.6.2 剪刀撑跨越立杆的最多根数

剪刀撑斜杆与地面的倾角 α	45°	50°	60°
剪刀撑跨越立杆的最多根数 n	7	6	5

2 剪刀撑斜杆的接长应采用搭接或对接，搭接应符合本规范第 6.3.6 条第 2 款的规定；

3 剪刀撑斜杆应用旋转扣件固定在与之相交的横向水平杆的伸出端或立杆上，旋转扣件中心线至主节点的距离不应大于 150mm。

6.6.3 高度在 24m 及以上的双排脚手架应在外侧全立面连续设置剪刀撑；高度在 24m 以下的单、双排脚手架，均必须在外侧两端、转角及中间间隔不超过 15m 的立面上，各设置一道剪刀撑，并应由底至顶连续设置（图 6.6.3）。

6.6.4 双排脚手架横向斜撑的设置应符合下列规定：

1 横向斜撑应在同一节间，由底至顶层呈之字形连续布置，斜撑的固定应符合本规范第 6.5.2 条第 2 款的规定；

2 高度在 24m 以下的封闭型双排脚手架可不设横向斜撑，高度在 24m 以上

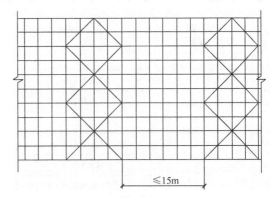

图 6.6.3 高度 24m 以下剪刀撑布置

的封闭型脚手架，除拐角应设置横向斜撑外，中间应每隔 6 跨距设置一道。

6.6.5 开口型双排脚手架的两端均必须设置横向斜撑。

6.7 斜 道

6.7.1 人行并兼作材料运输的斜道的形式宜按下列要求确定：

  1 高度不大于 6m 的脚手架，宜采用一字形斜道；

  2 高度大于 6m 的脚手架，宜采用之字形斜道。

6.7.2 斜道的构造应符合下列规定：

  1 斜道应附着外脚手架或建筑物设置；

  2 运料斜道宽度不应小于 1.5m，坡度不应大于 1：6；人行斜道宽度不应小于 1m，坡度不应大于 1：3；

  3 拐弯处应设置平台，其宽度不应小于斜道宽度；

  4 斜道两侧及平台外围均应设置栏杆及挡脚板；栏杆高度应为 1.2m，挡脚板高度不应小于 180mm；

  5 运料斜道两端、平台外围和端部均应按本规范第 6.4.1 条～第 6.4.6 条的规定设置连墙件；每两步应加设水平斜杆；应按本规范第 6.6.2 条～第 6.6.5 条的规定设置剪刀撑和横向斜撑。

6.7.3 斜道脚手板构造应符合下列规定：

  1 脚手板横铺时，应在横向水平杆下增设纵向支托杆，纵向支托杆间距不应大于 500mm；

  2 脚手板顺铺时，接头应采用搭接，下面的板头应压住上面的板头，板头的凸棱处应采用三角木填顺；

  3 人行斜道和运料斜道的脚手板上应每隔 250mm～300mm 设置一根防滑木条，木条厚度应为 20mm～30mm。

6.8 满 堂 脚 手 架

6.8.1 常用敞开式满堂脚手架结构的设计尺寸，可按表 6.8.1 采用。

表 6.8.1 常用敞开式满堂脚手架结构的设计尺寸

序号	步距 (m)	立杆间距 (m)	支架高 宽比不 大于	下列施工荷载时最大 允许高度(m)	
				2(kN/m²)	3(kN/m²)
1		1.2×1.2	2	17	9
2	1.7～1.8	1.0×1.0	2	30	24
3		0.9×0.9	2	36	36
4		1.3×1.3	2	18	9
5		1.2×1.2	2	23	16
6	1.5	1.0×1.0	2	36	31
7		0.9×0.9	2	36	36

续表 6.8.1

序号	步 距 (m)	立杆间距 (m)	支架高 宽比不 大于	下列施工荷载时最大 允许高度(m)	
				2(kN/m²)	3(kN/m²)
8		1.3×1.3	2	20	13
9		1.2×1.2	2	24	19
10	1.2	1.0×1.0	2	36	32
11		0.9×0.9	2	36	36
12	0.9	1.0×1.0	2	36	33
13		0.9×0.9	2	36	36

注：1 最少跨数应符合本规范附录 C 表 C-1 的规定；
　　2 脚手板自重标准值取 $0.35kN/m^2$；
　　3 地面粗糙度为 B 类，基本风压 $w_0=0.35kN/m^2$；
　　4 立杆间距不小于 1.2m×1.2m，施工荷载标准值不小于 $3kN/m^2$ 时，立杆上应增设防滑扣件，防滑扣件应安装牢固，且顶紧立杆与水平杆连接的扣件。

6.8.2 满堂脚手架搭设高度不宜超过 36m；满堂脚手架施工层不得超过 1 层。

6.8.3 满堂脚手架立杆的构造应符合本规范第 6.3.1 条～第 6.3.3 条的规定；立杆接长接头必须采用对接扣件连接。立杆对接扣件布置应符合本规范第 6.3.6 条第 1 款的规定。水平杆的连接应符合本规范第 6.2.1 条第 2 款的有关规定，水平杆长度不宜小于 3 跨。

6.8.4 满堂脚手架应在架体外侧四周及内部纵、横向每 6m 至 8m 由底至顶设置连续竖向剪刀撑。当架体搭设高度在 8m 以下时，应在架顶部设置连续水平剪刀撑；当架体搭设高度在 8m 及以上时，应在架体底部、顶部及竖向间隔不超过 8m 分别设置连续水平剪刀撑。水平剪刀撑宜在竖向剪刀撑斜杆相交平面设置。剪刀撑宽度应为 6m～8m。

6.8.5 剪刀撑应用旋转扣件固定在与之相交的水平杆或立杆上，旋转扣件中心线至主节点的距离不宜大于 150mm。

6.8.6 满堂脚手架的高宽比不宜大于 3，当高宽比大于 2 时，应在架体的外侧四周和内部水平间隔 6m～9m、竖向间隔 4m～6m 设置连墙件与建筑结构拉结，当无法设置连墙件时，应采取设置钢丝绳张拉固定等措施。

6.8.7 最少跨数为 2、3 跨的满堂脚手架，宜按本规范第 6.4 节的规定设置连墙件。

6.8.8 当满堂脚手架局部承受集中荷载时，应按实际荷载计算并应局部加固。

6.8.9 满堂脚手架应设爬梯，爬梯踏步间距不得大于 300mm。

6.8.10 满堂脚手架操作层支撑脚手板的水平杆间距不应大于 1/2 跨距；脚手板的铺设应符合本规范第 6.2.4 条的规定。

6.9 满堂支撑架

6.9.1 满堂支撑架步距与立杆间距不宜超过本规范附录 C 表 C-2～表 C-5 规定的上限值，立杆伸出顶层水平杆中心线至支撑点的长度 a 不应超过 0.5m。满堂支撑架搭设高度不宜超过 30m。

6.9.2 满堂支撑架立杆、水平杆的构造要求应符合本规范第 6.8.3 条的规定。

6.9.3 满堂支撑架应根据架体的类型设置剪刀撑，并应符合下列规定：

1 普通型：

　　1） 在架体外侧周边及内部纵、横向每 5m～8m，应由底至顶设置连续竖向剪刀撑，剪刀撑宽度应为 5m～8m（图 6.9.3-1）。

　　2） 在竖向剪刀撑顶部交点平面应设置连续水平剪刀撑。当支撑高度超过 8m，或施工总荷载大于 15kN/m² ，或集中线荷载大于 20kN/m 的支撑架，扫地杆的设置层应设置水平剪刀撑。水平剪刀撑至架体底平面距离与水平剪刀撑间距不宜超过 8m（图 6.9.3-1）。

2 加强型：

　　1） 当立杆纵、横间距为 0.9m×0.9m～1.2m×1.2m 时，在架体外侧周边及内部纵、横向每 4 跨（且不大于 5m），应由底至顶设置连续竖向剪刀撑，剪刀撑宽度应为 4 跨。

　　2） 当立杆纵、横间距为 0.6m×0.6m～0.9m×0.9m（含 0.6m×0.6m，0.9m×0.9m）时，在架体外侧周边及内部纵、横向每 5 跨（且不小于 3m），应由底至顶设置连续竖向剪刀撑，剪刀撑宽度应为 5 跨。

　　3） 当立杆纵、横间距为 0.4m×0.4m～0.6m×0.6m（含 0.4m×0.4m）时，在架体外侧周边及内部纵、横向每 3m～3.2m 应由底至顶设置连续竖向剪刀撑，剪刀撑宽度应为 3m～3.2m。

　　4） 在竖向剪刀撑顶部交点平面应设置水平剪刀撑，扫地杆的设置层水平剪刀撑的设置应符合 6.9.3 条第 1 款第 2 项的规定，水平剪刀撑至架体底平面距离与水平剪刀撑间距不宜超过 6m，剪刀撑宽度应为 3m～5m（图 6.9.3-2）。

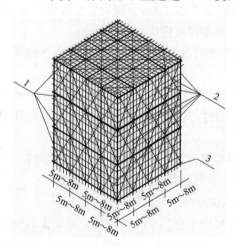

图 6.9.3-1　普通型水平、竖向剪刀撑布置图　　　图 6.9.3-2　加强型水平、竖向剪刀撑构造布置图
1—水平剪刀撑；2—竖向剪刀撑；　　　　　　　　　1—水平剪刀撑；2—竖向剪刀撑；3—扫地杆设置层
3—扫地杆设置层

6.9.4 竖向剪刀撑斜杆与地面的倾角应为 45°～60°，水平剪刀撑与支架纵（或横）向夹角应为 45°～60°，剪刀撑斜杆的接长应符合本规范第 6.3.6 条的规定。

6.9.5 剪刀撑的固定应符合本规范第 6.8.5 条的规定。

6.9.6 满堂支撑架的可调底座、可调托撑螺杆伸出长度不宜超过 300mm，插入立杆内的长度不得小于 150mm。

6.9.7 当满堂支撑架高宽比不满足本规范附录 C 表 C-2～表 C-5 的规定（高宽比大于 2 或 2.5）时，满堂支撑架应在支架的四周和中部与结构柱进行刚性连接，连墙件水平间距应为 6m～9m，竖向间距应为 2m～3m。在无结构柱部位应采取预埋钢管等措施与建筑结构进行刚性连接，在有空间部位，满堂支撑架宜超出顶部加载区投影范围向外延伸布置（2～3）跨。支撑架高宽比不应大于 3。

6.10 型钢悬挑脚手架

6.10.1 一次悬挑脚手架高度不宜超过 20m。

6.10.2 型钢悬挑梁宜采用双轴对称截面的型钢。悬挑钢梁型号及锚固件应按设计确定，钢梁截面高度不应小于 160mm。悬挑梁尾端应在两处及以上固定于钢筋混凝土梁板结构上。锚固型钢悬挑梁的 U 形钢筋拉环或锚固螺栓直径不宜小于 16mm（图 6.10.2）。

6.10.3 用于锚固的 U 形钢筋拉环或螺栓应采用冷弯成型。U 形钢筋拉环、锚固螺栓与型钢间隙应用钢楔或硬木楔楔紧。

6.10.4 每个型钢悬挑梁外端宜设置钢丝绳或钢拉杆与上一层建筑结构斜拉结。钢丝绳、钢拉杆不参与悬挑钢梁受力计算；钢丝绳与建筑结构拉结的吊环应使用 HPB235 级钢筋，其直径不宜小于 20mm，吊环预埋锚固长度应符合现行国家标准《混凝土结构设计规范》GB 50010 中钢筋锚固的规定（图 6.10.2）。

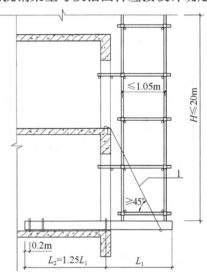

图 6.10.2 型钢悬挑脚手架构造
1—钢丝绳或钢拉杆

6.10.5 悬挑钢梁悬挑长度应按设计确定，固定段长度不应小于悬挑段长度的 1.25 倍。型钢悬挑梁固定端应采用 2 个（对）及以上 U 形钢筋拉环或锚固螺栓与建筑结构梁板固定，U 形钢筋拉环或锚固螺栓应预埋至混凝土梁、板底层钢筋位置，并应与混凝土梁、板底层钢筋焊接或绑扎牢固，其锚固长度应符合现行国家标准《混凝土结构设计规范》GB 50010 中钢筋锚固的规定（图 6.10.5-1、图 6.10.5-2、图 6.10.5-3）。

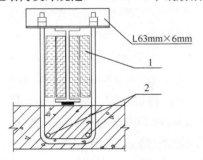

图 6.10.5-1 悬挑钢梁 U 形螺栓固定构造
1—木楔侧向楔紧；2—两根 1.5m 长直径
18mm 的 HRB335 钢筋

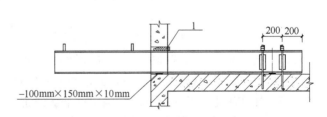

图 6.10.5-2 悬挑钢梁穿墙构造
1—木楔楔紧

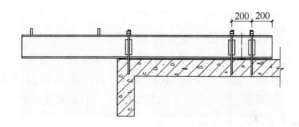

图 6.10.5-3 悬挑钢梁楼面构造

6.10.6 当型钢悬挑梁与建筑结构采用螺栓钢压板连接固定时，钢压板尺寸不应小于 100mm×10mm（宽×厚）；当采用螺栓角钢压板连接时，角钢的规格不应小于 63mm× 63mm×6mm。

6.10.7 型钢悬挑梁悬挑端应设置能使脚手架立杆与钢梁可靠固定的定位点，定位点离悬挑梁端部不应小于 100mm。

6.10.8 锚固位置设置在楼板上时，楼板的厚度不宜小于 120mm。如果楼板的厚度小于 120mm 应采取加固措施。

6.10.9 悬挑梁间距应按悬挑架架体立杆纵距设置，每一纵距设置一根。

6.10.10 悬挑架的外立面剪刀撑应自下而上连续设置。剪刀撑设置应符合本规范第 6.6.2 条的规定，横向斜撑设置应符合规范第 6.6.5 条的规定。

6.10.11 连墙件设置应符合本规范第 6.4 节的规定。

6.10.12 锚固型钢的主体结构混凝土强度等级不得低于 C20。

7 施 工

7.1 施 工 准 备

7.1.1 脚手架搭设前，应按专项施工方案向施工人员进行交底。

7.1.2 应按本规范的规定和脚手架专项施工方案要求对钢管、扣件、脚手板、可调托撑等进行检查验收，不合格产品不得使用。

7.1.3 经检验合格的构配件应按品种、规格分类，堆放整齐、平稳，堆放场地不得有积水。

7.1.4 应清除搭设场地杂物，平整搭设场地，并应使排水畅通。

7.2 地 基 与 基 础

7.2.1 脚手架地基与基础的施工，应根据脚手架所受荷载、搭设高度、搭设场地土质情况与现行国家标准《建筑地基基础工程施工质量验收规范》GB 50202 的有关规定进行。

7.2.2 压实填土地基应符合现行国家标准《建筑地基基础设计规范》GB 50007 的相关规定；灰土地基应符合现行国家标准《建筑地基基础工程施工质量验收规范》GB 50202 的相关规定。

7.2.3 立杆垫板或底座底面标高宜高于自然地坪 50mm～100mm。

7.2.4 脚手架基础经验收合格后，应按施工组织设计或专项方案的要求放线定位。

7.3 搭 设

7.3.1 单、双排脚手架必须配合施工进度搭设，一次搭设高度不应超过相邻连墙件以上两步；如果超过相邻连墙件以上两步，无法设置连墙件时，应采取撑拉固定等措施与建筑结构拉结。

7.3.2 每搭完一步脚手架后，应按本规范表 8.2.4 的规定校正步距、纵距、横距及立杆的垂直度。

7.3.3 底座安放应符合下列规定：

　　1 底座、垫板均应准确地放在定位线上；

　　2 垫板应采用长度不少于 2 跨、厚度不小于 50mm、宽度不小 200mm 的木垫板。

7.3.4 立杆搭设应符合下列规定：

　　1 相邻立杆的对接连接应符合本规范第 6.3.6 条的规定；

　　2 脚手架开始搭设立杆时，应每隔 6 跨设置一根抛撑，直至连墙件安装稳定后，方可根据情况拆除；

　　3 当架体搭设至有连墙件的主节点时，在搭设完该处的立杆、纵向水平杆、横向水平杆后，应立即设置连墙件。

7.3.5 脚手架纵向水平杆的搭设应符合下列规定：

　　1 脚手架纵向水平杆应随立杆按步搭设，并应采用直角扣件与立杆固定；

　　2 纵向水平杆的搭设应符合本规范第 6.2.1 条的规定；

　　3 在封闭型脚手架的同一步中，纵向水平杆应四周交圈设置，并应用直角扣件与内外角部立杆固定。

7.3.6 脚手架横向水平杆搭设应符合下列规定：

　　1 搭设横向水平杆应符合本规范第 6.2.2 条的规定；

　　2 双排脚手架横向水平杆的靠墙一端至墙装饰面的距离不应大于 100mm；

　　3 单排脚手架的横向水平杆不应设置在下列部位：

　　　　1） 设计上不允许留脚手眼的部位；

　　　　2） 过梁上与过梁两端成 60°角的三角形范围内及过梁净跨度 1/2 的高度范围内；

　　　　3） 宽度小于 1m 的窗间墙；

　　　　4） 梁或梁垫下及其两侧各 500mm 的范围内；

　　　　5） 砖砌体的门窗洞口两侧 200mm 和转角处 450mm 的范围内，其他砌体的门窗洞口两侧 300mm 和转角处 600mm 的范围内；

　　　　6） 墙体厚度小于或等于 180mm；

　　　　7） 独立或附墙砖柱，空斗砖墙、加气块墙等轻质墙体；

　　　　8） 砌筑砂浆强度等级小于或等于 M2.5 的砖墙。

7.3.7 脚手架纵向、横向扫地杆搭设应符合本规范第 6.3.2 条、第 6.3.3 条的规定。

7.3.8 脚手架连墙件安装应符合下列规定：

　　1 连墙件的安装应随脚手架搭设同步进行，不得滞后安装；

　　2 当单、双排脚手架施工操作层高出相邻连墙件以上两步时，应采取确保脚手架稳定的临时拉结措施，直到上一层连墙件安装完毕后再根据情况拆除。

7.3.9 脚手架剪刀撑与双排脚手架横向斜撑应随立杆、纵向和横向水平杆等同步搭设，不得滞后安装。

7.3.10 脚手架门洞搭设应符合本规范第 6.5 节的规定。

7.3.11 扣件安装应符合下列规定：

    1 扣件规格应与钢管外径相同；

    2 螺栓拧紧扭力矩不应小于 40N·m，且不应大于 65N·m；

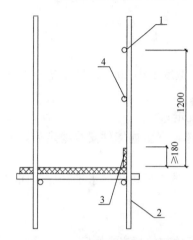

图 7.3.12 栏杆与挡脚板构造
1—上栏杆；2—外立杆；
3—挡脚板；4—中栏杆

    3 在主节点处固定横向水平杆、纵向水平杆、剪刀撑、横向斜撑等用的直角扣件、旋转扣件的中心点的相互距离不应大于 150mm；

    4 对接扣件开口应朝上或朝内；

    5 各杆件端头伸出扣件盖板边缘的长度不应小于 100mm。

7.3.12 作业层、斜道的栏杆和挡脚板的搭设应符合下列规定（图 7.3.12）：

    1 栏杆和挡脚板均应搭设在外立杆的内侧；

    2 上栏杆上皮高度应为 1.2m；

    3 挡脚板高度不应小于 180mm；

    4 中栏杆应居中设置。

7.3.13 脚手板的铺设应符合下列规定：

    1 脚手板应铺满、铺稳，离墙面的距离不应大于 150mm；

    2 采用对接或搭接时均应符合本规范第 6.2.4 条的规定；脚手板探头应用直径 3.2mm 的镀锌钢丝固定在支承杆件上；

    3 在拐角、斜道平台口处的脚手板，应用镀锌钢丝固定在横向水平杆上，防止滑动。

7.4 拆 除

7.4.1 脚手架拆除应按专项方案施工，拆除前应做好下列准备工作：

    1 应全面检查脚手架的扣件连接、连墙件、支撑体系等是否符合构造要求；

    2 应根据检查结果补充完善脚手架专项方案中的拆除顺序和措施，经审批后方可实施；

    3 拆除前应对施工人员进行交底；

    4 应清除脚手架上杂物及地面障碍物。

7.4.2 单、双排脚手架拆除作业必须由上而下逐层进行，严禁上下同时作业；连墙件必须随脚手架逐层拆除，严禁先将连墙件整层或数层拆除后再拆脚手架；分段拆除高差大于两步时，应增设连墙件加固。

7.4.3 当脚手架拆至下部最后一根长立杆的高度（约 6.5m）时，应先在适当位置搭设临时抛撑加固后，再拆除连墙件。当单、双排脚手架采取分段、分立面拆除时，对不拆除的脚手架两端，应先按本规范第 6.4.4 条、第 6.6.4 条、第 6.6.5 条的有关规定设置连墙件和横向斜撑加固。

7.4.4 架体拆除作业应设专人指挥，当有多人同时操作时，应明确分工、统一行动，且应具有足够的操作面。

7.4.5 卸料时各构配件严禁抛掷至地面。

7.4.6 运至地面的构配件应按本规范的规定及时检查、整修与保养，并应按品种、规格分别存放。

8 检查与验收

8.1 构配件检查与验收

8.1.1 新钢管的检查应符合下列规定：

1 应有产品质量合格证；

2 应有质量检验报告，钢管材质检验方法应符合现行国家标准《金属材料 室温拉伸试验方法》GB/T 228 的有关规定，其质量应符合本规范第 3.1.1 条的规定；

3 钢管表面应平直光滑，不应有裂缝、结疤、分层、错位、硬弯、毛刺、压痕和深的划道；

4 钢管外径、壁厚、端面等的偏差，应分别符合本规范表 8.1.8 的规定；

5 钢管应涂有防锈漆。

8.1.2 旧钢管的检查应符合下列规定：

1 表面锈蚀深度应符合本规范表 8.1.8 序号 3 的规定。锈蚀检查应每年一次。检查时，应在锈蚀严重的钢管中抽取三根，在每根锈蚀严重的部位横向截断取样检查，当锈蚀深度超过规定值时不得使用。

2 钢管弯曲变形应符合本规范表 8.1.8 序号 4 的规定。

8.1.3 扣件验收应符合下列规定：

1 扣件应有生产许可证、法定检测单位的测试报告和产品质量合格证。当对扣件质量有怀疑时，应按现行国家标准《钢管脚手架扣件》GB 15831 的规定抽样检测。

2 新、旧扣件均应进行防锈处理。

3 扣件的技术要求应符合现行国家标准《钢管脚手架扣件》GB 15831 的相关规定。

8.1.4 扣件进入施工现场应检查产品合格证，并应进行抽样复试，技术性能应符合现行国家标准《钢管脚手架扣件》GB 15831 的规定。扣件在使用前应逐个挑选，有裂缝、变形、螺栓出现滑丝的严禁使用。

8.1.5 脚手板的检查应符合下列规定：

1 冲压钢脚手板的检查应符合下列规定：

1）新脚手板应有产品质量合格证；

2）尺寸偏差应符合本规范表 8.1.8 序号 5 的规定，且不得有裂纹、开焊与硬弯；

3）新、旧脚手板均应涂防锈漆；

4）应有防滑措施。

    2 木脚手板、竹脚手板的检查应符合下列规定：

        1) 木脚手板质量应符合本规范第 3.3.3 条的规定，宽度、厚度允许偏差应符合现行国家标准《木结构工程施工质量验收规范》GB 50206 的规定；不得使用扭曲变形、劈裂、腐朽的脚手板；

        2) 竹笆脚手板、竹串片脚手板的材料应符合本规范第 3.3.4 条的规定。

8.1.6 悬挑脚手架用型钢的质量应符合本规范第 3.5.1 条的规定，并应符合现行国家标准《钢结构工程施工质量验收规范》GB 50205 的有关规定。

8.1.7 可调托撑的检查应符合下列规定：

    1 应有产品质量合格证，其质量应符合本规范第 3.4 节的规定；

    2 应有质量检验报告，可调托撑抗压承载力应符合本规范第 5.1.7 条的规定；

    3 可调托撑支托板厚不应小于 5mm，变形不应大于 1mm；

    4 严禁使用有裂缝的支托板、螺母。

8.1.8 构配件允许偏差应符合表 8.1.8 的规定。

表 8.1.8 构配件允许偏差

序号	项目	允许偏差 Δ (mm)	示意图	检查工具
1	焊接钢管尺寸（mm） 外径 48.3 壁厚 3.6	±0.5 ±0.36		游标卡尺
2	钢管两端面切斜偏差	1.70		塞尺、拐角尺
3	钢管外表面锈蚀深度	≤0.18		游标卡尺
4	钢管弯曲 ①各种杆件钢管的端部弯曲 l≤1.5m	≤5		钢板尺
	②立杆钢管弯曲 3m<l≤4m 4m<l≤6.5m	≤12 ≤20		
	③水平杆、斜杆的钢管弯曲 l≤6.5m	≤30		

续表 8.1.8

序号	项目	允许偏差 Δ (mm)	示意图	检查工具
5	冲压钢脚手板 ①板面挠曲 $l\leqslant4m$ $l>4m$	$\leqslant12$ $\leqslant16$		钢板尺
	②板面扭曲 (任一角翘起)	$\leqslant5$		
6	可调托撑支托板变形	1.0		钢板尺、塞尺

8.2 脚手架检查与验收

8.2.1 脚手架及其地基基础应在下列阶段进行检查与验收：

1 基础完工后及脚手架搭设前；

2 作业层上施加荷载前；

3 每搭设完 6m～8m 高度后；

4 达到设计高度后；

5 遇有六级强风及以上风或大雨后，冻结地区解冻后；

6 停用超过一个月。

8.2.2 应根据下列技术文件进行脚手架检查、验收：

1 本规范第 8.2.3 条～第 8.2.5 条的规定；

2 专项施工方案及变更文件；

3 技术交底文件；

4 构配件质量检查表（本规范附录 D 表 D）。

8.2.3 脚手架使用中，应定期检查下列要求内容：

1 杆件的设置和连接，连墙件、支撑、门洞桁架等的构造应符合本规范和专项施工方案的要求；

2 地基应无积水，底座应无松动，立杆应无悬空；

3 扣件螺栓应无松动；

4 高度在 24m 以上的双排、满堂脚手架，其立杆的沉降与垂直度的偏差应符合本规范表 8.2.4 项次 1、2 的规定；高度在 20m 以上的满堂支撑架，其立杆的沉降与垂直度的偏差应符合本规范表 8.2.4 项次 1、3 的规定；

5 安全防护措施应符合本规范要求；

6 应无超载使用。

8.2.4 脚手架搭设的技术要求、允许偏差与检验方法，应符合表 8.2.4 的规定。

455

表 8.2.4　脚手架搭设的技术要求、允许偏差与检验方法

项次	项　目		技术要求	允许偏差 Δ（mm）	示意图	检查方法与工具
1	地基基础	表面	坚实平整	—	—	观察
		排水	不积水			
		垫板	不晃动			
		底座	不滑动			
			不沉降	−10		

项次 2　单、双排与满堂脚手架立杆垂直度

项目	技术要求	允许偏差 Δ（mm）	示意图	检查方法与工具
最后验收立杆垂直度（20～50）m	—	±100		用经纬仪或吊线和卷尺

下列脚手架允许水平偏差（mm）

搭设中检查偏差的高度（m）	总高度		
	50m	40m	20m
H＝2	±7	±7	±7
H＝10	±20	±25	±50
H＝20	±40	±50	±100
H＝30	±60	±75	
H＝40	±80	±100	
H＝50	±100		

中间档次用插入法

项次 3　满堂支撑架立杆垂直度

项目	技术要求	允许偏差 Δ（mm）	检查方法与工具
最后验收垂直度 30m	—	±90	用经纬仪或吊线和卷尺

下列满堂支撑架允许水平偏差（mm）

搭设中检查偏差的高度（m）	总高度
	30m
H＝2	±7
H＝10	±30
H＝20	±60
H＝30	±90

中间档次用插入法

续表 8.2.4

项次	项	目	技术要求	允许偏差 Δ（mm）	示意图	检查方法与工具
4	单双排、满堂脚手架间距	步距 纵距 横距	— — —	±20 ±50 ±20	—	钢板尺
5	满堂支撑架间距	步距 立杆间距			±20 ±30	—	钢板尺
6	纵向水平杆高差	一根杆的两端	—	±20	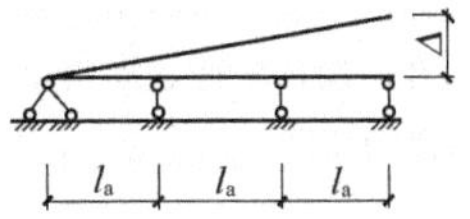	水平仪或水平尺
		同跨内两根纵向水平杆高差	—	±10	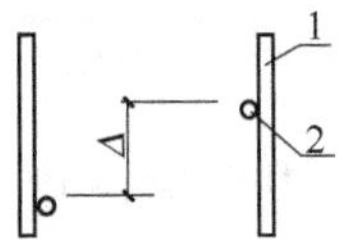	
7	剪刀撑斜杆与地面的倾角		45°～60°	—	—	角尺
8	脚手板外伸长度	对接	a＝(130～150)mm l≤300mm	—	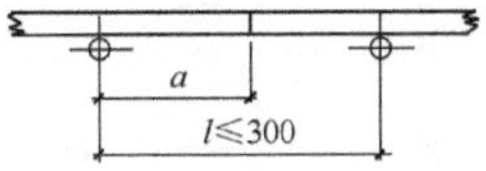	卷尺
		搭接	a≥100mm l≥200mm	—	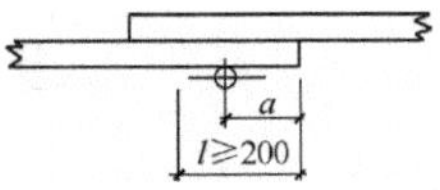	卷尺
9	扣件安装	主节点处各扣件中心点相互距离	a≤150mm	—	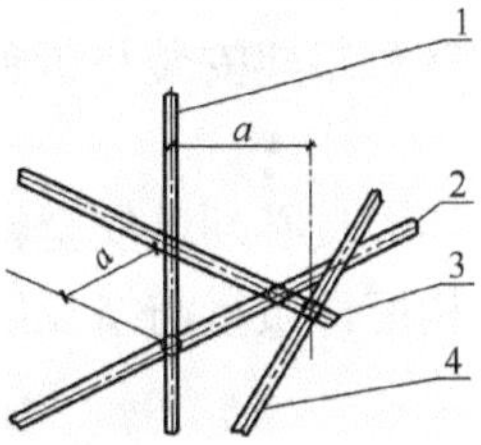	钢板尺
		同步立杆上两个相隔对接扣件的高差	a≥500mm	—	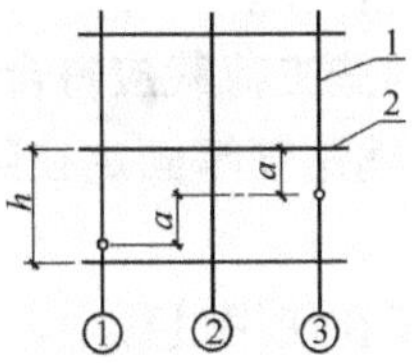	钢卷尺
		立杆上的对接扣件至主节点的距离	a≤h/3	—		
		纵向水平杆上的对接扣件至主节点的距离	a≤l_a/3	—	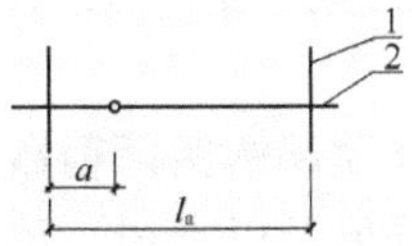	钢卷尺
		扣件螺栓拧紧扭力矩	(40～65)N·m	—	—	扭力扳手

注：图中 1—立杆；2—纵向水平杆；3—横向水平杆；4—剪刀撑。

457

8.2.5 安装后的扣件螺栓拧紧扭力矩应采用扭力扳手检查，抽样方法应按随机分布原则进行。抽样检查数目与质量判定标准，应按表8.2.5的规定确定。不合格的应重新拧紧至合格。

表8.2.5 扣件拧紧抽样检查数目及质量判定标准

项次	检查项目	安装扣件数量（个）	抽检数量（个）	允许的不合格数量（个）
1	连接立杆与纵（横）向水平杆或剪刀撑的扣件；接长立杆、纵向水平杆或剪刀撑的扣件	51～90	5	0
		91～150	8	1
		151～280	13	1
		281～500	20	2
		501～1200	32	3
		1201～3200	50	5
2	连接横向水平杆与纵向水平杆的扣件（非主节点处）	51～90	5	1
		91～150	8	2
		151～280	13	3
		281～500	20	5
		501～1200	32	7
		1201～3200	50	10

9 安全管理

9.0.1 扣件式钢管脚手架安装与拆除人员必须是经考核合格的专业架子工。架子工应持证上岗。

9.0.2 搭拆脚手架人员必须戴安全帽、系安全带、穿防滑鞋。

9.0.3 脚手架的构配件质量与搭设质量，应按本规范第8章的规定进行检查验收，并应确认合格后使用。

9.0.4 钢管上严禁打孔。

9.0.5 作业层上的施工荷载应符合设计要求，不得超载。不得将模板支架、缆风绳、泵送混凝土和砂浆的输送管等固定在架体上；严禁悬挂起重设备，严禁拆除或移动架体上安全防护设施。

9.0.6 满堂支撑架在使用过程中，应设有专人监护施工，当出现异常情况时，应立即停止施工，并应迅速撤离作业面上人员。应在采取确保安全的措施后，查明原因、做出判断和处理。

9.0.7 满堂支撑架顶部的实际荷载不得超过设计规定。

9.0.8 当有六级强风及以上风、浓雾、雨或雪天气时应停止脚手架搭设与拆除作业。雨、雪后上架作业应有防滑措施，并应扫除积雪。

9.0.9 夜间不宜进行脚手架搭设与拆除作业。

9.0.10 脚手架的安全检查与维护，应按本规范第8.2节的规定进行。

9.0.11 脚手板应铺设牢靠、严实，并应用安全网双层兜底。施工层以下每隔 10m 应用安全网封闭。

9.0.12 单、双排脚手架、悬挑式脚手架沿架体外围应用密目式安全网全封闭，密目式安全网宜设置在脚手架外立杆的内侧，并应与架体绑扎牢固。

9.0.13 在脚手架使用期间，严禁拆除下列杆件：

  1 主节点处的纵、横向水平杆，纵、横向扫地杆；

  2 连墙件。

9.0.14 当在脚手架使用过程中开挖脚手架基础下的设备基础或管沟时，必须对脚手架采取加固措施。

9.0.15 满堂脚手架与满堂支撑架在安装过程中，应采取防倾覆的临时固定措施。

9.0.16 临街搭设脚手架时，外侧应有防止坠物伤人的防护措施。

9.0.17 在脚手架上进行电、气焊作业时，应有防火措施和专人看守。

9.0.18 工地临时用电线路的架设及脚手架接地、避雷措施等，应按现行行业标准《施工现场临时用电安全技术规范》JGJ 46 的有关规定执行。

9.0.19 搭拆脚手架时，地面应设围栏和警戒标志，并应派专人看守，严禁非操作人员入内。

附录 A 计 算 用 表

A.0.1 单、双排脚手架立杆承受的每米结构自重标准值，可按表 A.0.1 的规定取用。

表 A.0.1 单、双排脚手架立杆承受的每米结构自重标准值 g_k（kN/m）

步距 （m）	脚手架 类型	纵距（m）				
		1.2	1.5	1.8	2.0	2.1
1.20	单排	0.1642	0.1793	0.1945	0.2046	0.2097
	双排	0.1538	0.1667	0.1796	0.1882	0.1925
1.35	单排	0.1530	0.1670	0.1809	0.1903	0.1949
	双排	0.1426	0.1543	0.1660	0.1739	0.1778
1.50	单排	0.1440	0.1570	0.1701	0.1788	0.1831
	双排	0.1336	0.1444	0.1552	0.1624	0.1660
1.80	单排	0.1305	0.1422	0.1538	0.1615	0.1654
	双排	0.1202	0.1295	0.1389	0.1451	0.1482
2.00	单排	0.1238	0.1347	0.1456	0.1529	0.1565
	双排	0.1134	0.1221	0.1307	0.1365	0.1394

注：$\phi48.3\times3.6$ 钢管，扣件自重按本规范附录 A 表 A.0.4 采用。表内中间值可按线性插入计算。

A.0.2 满堂脚手架立杆承受的每米结构自重标准值，宜按表 A.0.2 取用。

表 A.0.2 满堂脚手架立杆承受的每米结构自重标准值 g_k（kN/m）

步距 h (m)	横距 l_b (m)	纵距 l_a (m)						
		0.60	0.9	1.0	1.2	1.3	1.35	1.5
0.60	0.4	0.1820	0.2086	0.2176	0.2353	0.2443	0.2487	0.2620
	0.6	0.2002	0.2273	0.2362	0.2543	0.2633	0.2678	0.2813
0.90	0.6	0.1563	0.1759	0.1825	0.1955	0.2020	0.2053	0.2151
	0.9	0.1762	0.1961	0.2027	0.2160	0.2226	0.2260	0.2359
	1.0	0.1828	0.2028	0.2095	0.2226	0.2295	0.2328	0.2429
	1.2	0.1960	0.2162	0.2230	0.2365	0.2432	0.2466	0.2567
1.05	0.9	0.1615	0.1792	0.1851	0.1970	0.2029	0.2059	0.2148
1.20	0.6	0.1344	0.1503	0.1556	0.1662	0.1715	0.1742	0.1821
	0.9	0.1505	0.1666	0.1719	0.1827	0.1882	0.1908	0.1988
	1.0	0.1558	0.1720	0.1775	0.1883	0.1937	0.1964	0.2045
	1.2	0.1665	0.1829	0.1883	0.1993	0.2048	0.2075	0.2156
	1.3	0.1719	0.1883	0.1939	0.2049	0.2103	0.2130	0.2213
1.35	0.9	0.1419	0.1568	0.1617	0.1717	0.1766	0.1791	0.1865
1.50	0.9	0.1350	0.1489	0.1535	0.1628	0.1674	0.1697	0.1766
	1.0	0.1396	0.1536	0.1583	0.1675	0.1721	0.1745	0.1815
	1.2	0.1488	0.1629	0.1676	0.1770	0.1817	0.1840	0.1911
	1.3	0.1535	0.1676	0.1723	0.1817	0.1864	0.1887	0.1958
1.60	0.9	0.1312	0.1445	0.1489	0.1578	0.1622	0.1645	0.1711
	1.0	0.1356	0.1489	0.1534	0.1623	0.1668	0.1690	0.1757
	1.2	0.1445	0.1580	0.1624	0.1714	0.1759	0.1782	0.1849
1.80	0.9	0.1248	0.1371	0.1413	0.1495	0.1536	0.1556	0.1618
	1.0	0.1288	0.1413	0.1454	0.1537	0.1579	0.1599	0.1661
	1.2	0.1371	0.1496	0.1538	0.1621	0.1663	0.1683	0.1747

注：同表 A.0.1 注。

A.0.3 满堂支撑架立杆承受的每米结构自重标准值，宜按表 A.0.3 取用。

表 A.0.3 满堂支撑架立杆承受的每米结构自重标准值 g_k（kN/m）

步距 h (m)	横距 l_b (m)	纵距 l_a (m)						
		0.4	0.6	0.75	0.9	1.0	1.2	1.35	1.5
0.60	0.4	0.1691	0.1875	0.2012	0.2149	0.2241	0.2424	0.2562	0.2699
	0.6	0.1877	0.2062	0.2201	0.2341	0.2433	0.2619	0.2758	0.2897
	0.75	0.2016	0.2203	0.2344	0.2484	0.2577	0.2765	0.2905	0.3045
	0.9	0.2155	0.2344	0.2486	0.2627	0.2722	0.2910	0.3052	0.3194
	1.0	0.2248	0.2438	0.2580	0.2723	0.2818	0.3008	0.3150	0.3292
	1.2	0.2434	0.2626	0.2770	0.2914	0.3010	0.3202	0.3346	0.3490

续表 A.0.3

步距 h (m)	横距 l_b (m)	纵距 l_a (m)							
		0.4	0.6	0.75	0.9	1.0	1.2	1.35	1.5
0.75	0.6	0.1636	0.1791	0.1907	0.2024	0.2101	0.2256	0.2372	0.2488
0.90	0.4	0.1341	0.1474	0.1574	0.1674	0.1740	0.1874	0.1973	0.2073
	0.6	0.1476	0.1610	0.1711	0.1812	0.1880	0.2014	0.2115	0.2216
	0.75	0.1577	0.1712	0.1814	0.1916	0.1984	0.2120	0.2221	0.2323
	0.9	0.1678	0.1815	0.1917	0.2020	0.2088	0.2225	0.2328	0.2430
	1.0	0.1745	0.1883	0.1986	0.2089	0.2158	0.2295	0.2398	0.2502
	1.2	0.1880	0.2019	0.2123	0.2227	0.2297	0.2436	0.2540	0.2644
1.05	0.9	0.1541	0.1663	0.1755	0.1846	0.1907	0.2029	0.2121	0.2212
1.20	0.4	0.1166	0.1274	0.1355	0.1436	0.1490	0.1598	0.1679	0.1760
	0.6	0.1275	0.1384	0.1466	0.1548	0.1603	0.1712	0.1794	0.1876
	0.75	0.1357	0.1467	0.1550	0.1632	0.1687	0.1797	0.1880	0.1962
	0.9	0.1439	0.1550	0.1633	0.1716	0.1771	0.1882	0.1965	0.2048
	1.0	0.1494	0.1605	0.1689	0.1772	0.1828	0.1939	0.2023	0.2106
	1.2	0.1603	0.1715	0.1800	0.1884	0.1940	0.2053	0.2137	0.2221
1.35	0.9	0.1359	0.1462	0.1538	0.1615	0.1666	0.1768	0.1845	0.1921
1.50	0.4	0.1061	0.1154	0.1224	0.1293	0.1340	0.1433	0.1503	0.1572
	0.6	0.1155	0.1249	0.1319	0.1390	0.1436	0.1530	0.1601	0.1671
	0.75	0.1225	0.1320	0.1391	0.1462	0.1509	0.1604	0.1674	0.1745
	0.9	0.1296	0.1391	0.1462	0.1534	0.1581	0.1677	0.1748	0.1819
	1.0	0.1343	0.1438	0.1510	0.1582	0.1630	0.1725	0.1797	0.1869
	1.2	0.1437	0.1533	0.1606	0.1678	0.1726	0.1823	0.1895	0.1968
	1.35	0.1507	0.1604	0.1677	0.1750	0.1799	0.1896	0.1969	0.2042
1.80	0.4	0.0991	0.1074	0.1136	0.1198	0.1240	0.1323	0.1385	0.1447
	0.6	0.1075	0.1158	0.1221	0.1284	0.1326	0.1409	0.1472	0.1535
	0.75	0.1137	0.1222	0.1285	0.1348	0.1390	0.1475	0.1538	0.1601
	0.9	0.1200	0.1285	0.1349	0.1412	0.1455	0.1540	0.1603	0.1667
	1.0	0.1242	0.1327	0.1391	0.1455	0.1498	0.1583	0.1647	0.1711
	1.2	0.1326	0.1412	0.1476	0.1541	0.1584	0.1670	0.1734	0.1799
	1.35	0.1389	0.1475	0.1540	0.1605	0.1648	0.1735	0.1800	0.1864
	1.5	0.1452	0.1539	0.1604	0.1669	0.1713	0.1800	0.1865	0.1930

注：同表 A.0.1 注。

A.0.4 常用构配件与材料、人员的自重，可按表 A.0.4 取用。

表 A.0.4 常用构配件与材料、人员的自重

名　称	单位	自重	备注
扣件：直角扣件 　　　旋转扣件 　　　对接扣件	N/个	13.2 14.6 18.4	—
人	N	800～850	—
灰浆车、砖车	kN/辆	2.04～2.50	—
普通砖 240mm×115mm×53mm	kN/m³	18～19	684 块/m³，湿
灰砂砖	kN/m³	18	砂：石灰＝92：8
瓷面砖 150mm×150mm×8mm	kN/m³	17.8	5556 块/m³
陶瓷马赛克 δ＝5mm	kN/m³	0.12	—
石灰砂浆、混合砂浆	kN/m³	17	—
水泥砂浆	kN/m³	20	—
素混凝土	kN/m³	22～24	—
加气混凝土	kN/块	5.5～7.5	—
泡沫混凝土	kN/m³	4～6	—

A.0.5 敞开式单排、双排、满堂脚手架与满堂支撑架的挡风系数 φ 值，可按表 A.0.5 取用。

表 A.0.5 敞开式单排、双排、满堂脚手架与满堂支撑架的挡风系数 φ 值

步距 (m)	纵距（m）										
	0.4	0.6	0.75	0.9	1.0	1.2	1.3	1.35	1.5	1.8	2.0
0.60	0.260	0.212	0.193	0.180	0.173	0.164	0.160	0.158	0.154	0.148	0.144
0.75	0.241	0.192	0.173	0.161	0.154	0.144	0.141	0.139	0.135	0.128	0.125
0.90	0.228	0.180	0.161	0.148	0.141	0.132	0.128	0.126	0.122	0.115	0.112
1.05	0.219	0.171	0.151	0.138	0.132	0.122	0.119	0.117	0.113	0.106	0.103
1.20	0.212	0.164	0.144	0.132	0.125	0.115	0.112	0.110	0.106	0.099	0.096
1.35	0.207	0.158	0.139	0.126	0.120	0.110	0.106	0.105	0.100	0.094	0.091
1.50	0.202	0.154	0.135	0.122	0.115	0.106	0.102	0.100	0.096	0.090	0.086
1.60	0.200	0.152	0.132	0.119	0.113	0.103	0.100	0.098	0.094	0.087	0.084
1.80	0.1959	0.148	0.128	0.115	0.109	0.099	0.096	0.094	0.090	0.083	0.080
2.00	0.1927	0.144	0.125	0.112	0.106	0.096	0.092	0.091	0.086	0.080	0.077

注：ϕ48.3×3.6 钢管。

A.0.6 轴心受压构件的稳定系数 φ（Q235 钢）应符合表 A.0.6 的规定。

表 A.0.6 轴心受压构件的稳定系数 φ（Q235 钢）

λ	0	1	2	3	4	5	6	7	8	9
0	1.000	0.997	0.995	0.992	0.989	0.987	0.984	0.981	0.979	0.976
10	0.974	0.971	0.968	0.966	0.963	0.960	0.958	0.955	0.952	0.949
20	0.947	0.944	0.941	0.938	0.936	0.933	0.930	0.927	0.924	0.921
30	0.918	0.915	0.912	0.909	0.906	0.903	0.899	0.896	0.893	0.889
40	0.886	0.882	0.879	0.875	0.872	0.868	0.864	0.861	0.858	0.855
50	0.852	0.849	0.846	0.843	0.839	0.836	0.832	0.829	0.825	0.822
60	0.818	0.814	0.810	0.806	0.802	0.797	0.793	0.789	0.784	0.779
70	0.775	0.770	0.765	0.760	0.755	0.750	0.744	0.739	0.733	0.728
80	0.722	0.716	0.710	0.704	0.698	0.692	0.686	0.680	0.673	0.667
90	0.661	0.654	0.648	0.641	0.634	0.626	0.618	0.611	0.603	0.595
100	0.588	0.580	0.573	0.566	0.558	0.551	0.544	0.537	0.530	0.523
110	0.516	0.509	0.502	0.496	0.489	0.483	0.476	0.470	0.464	0.458
120	0.452	0.446	0.440	0.434	0.428	0.423	0.417	0.412	0.406	0.401
130	0.396	0.391	0.386	0.381	0.376	0.371	0.367	0.362	0.357	0.353
140	0.349	0.344	0.340	0.336	0.332	0.328	0.324	0.320	0.316	0.312
150	0.308	0.305	0.301	0.298	0.294	0.291	0.287	0.284	0.281	0.277
160	0.274	0.271	0.268	0.265	0.262	0.259	0.256	0.253	0.251	0.248
170	0.245	0.243	0.240	0.237	0.235	0.232	0.230	0.227	0.225	0.223
180	0.220	0.218	0.216	0.214	0.211	0.209	0.207	0.205	0.203	0.201
190	0.199	0.197	0.195	0.193	0.191	0.189	0.188	0.186	0.184	0.182
200	0.180	0.179	0.177	0.175	0.174	0.172	0.171	0.169	0.167	0.166
210	0.164	0.163	0.161	0.160	0.159	0.157	0.156	0.154	0.153	0.152
220	0.150	0.149	0.148	0.146	0.145	0.144	0.143	0.141	0.140	0.139
230	0.138	0.137	0.136	0.135	0.133	0.132	0.131	0.130	0.129	0.128
240	0.127	0.126	0.125	0.124	0.123	0.122	0.121	0.120	0.119	0.118
250	0.117	—	—	—	—	—	—	—	—	—

注：当 λ>250 时，$\varphi = \dfrac{7320}{\lambda^2}$。

附录B 钢管截面几何特性

B.0.1 脚手架钢管截面几何特性应符合表 B.0.1 的规定。

表 B.0.1 钢管截面几何特性

外径 ϕ, d	壁厚 t	截面积 A	惯性矩 I	截面模量 W	回转半径 i	每米长质量 (kg/m)
(mm)	(mm)	(cm²)	(cm⁴)	(cm³)	(cm)	
48.3	3.6	5.06	12.71	5.26	1.59	3.97

附录 C 满堂脚手架与满堂支撑架
立杆计算长度系数 μ

表 C-1 满堂脚手架立杆计算长度系数

步距 (m)	立杆间距（m）			
	1.3×1.3	1.2×1.2	1.0×1.0	0.9×0.9
	高宽比不大于 2	高宽比不大于 2	高宽比不大于 2	高宽比不大于 2
	最少跨数 4	最少跨数 4	最少跨数 4	最少跨数 5
1.8	—	2.176	2.079	2.017
1.5	2.569	2.505	2.377	2.335
1.2	3.011	2.971	2.825	2.758
0.9			3.571	3.482

注：1 步距两级之间计算长度系数按线性插入值。

2 立杆间距两级之间，纵向间距与横向间距不同时，计算长度系数按较大间距对应的计算长度系数取值。立杆间距两级之间值，计算长度系数取两级对应的较大的 μ 值。要求高宽比相同。

3 高宽比超过表中规定时，应按本规范 6.8.6 条执行。

表 C-2 满堂支撑架（剪刀撑设置普通型）立杆计算长度系数 μ₁

步距 (m)	立杆间距（m）											
	1.2×1.2		1.0×1.0		0.9×0.9		0.75×0.75		0.6×0.6		0.4×0.4	
	高宽比 不大于 2		高宽比 不大于 2		高宽比 不大于 2		高宽比 不大于 2		高宽比 不大于 2.5		高宽比 不大于 2.5	
	最少跨数 4		最少跨数 4		最少跨数 5		最少跨数 5		最少跨数 5		最少跨数 8	
	$a=0.5$ (m)	$a=0.2$ (m)	$a=0.5$ (m)	$a=0.2$ (m)	$a=0.5$ (m)	$a=0.2$ (m)	$a=0.5$ (m)	$a=0.2$ (m)	$a=0.5$ (m)	$a=0.2$ (m)	$a=0.5$ (m)	$a=0.2$ (m)
1.8	—	—	1.165	1.432	1.131	1.388	—	—	—	—	—	—
1.5	1.298	1.649	1.241	1.574	1.215	1.540	—	—	—	—	—	—
1.2	1.403	1.869	1.352	1.799	1.301	1.719	1.257	1.669	—	—	—	—
0.9	—	—	1.532	2.153	1.473	2.066	1.422	2.005	1.599	2.251	—	—
0.6	—	—	—	—	1.699	2.622	1.629	2.526	1.839	2.846	1.839	2.846

注：1 同表 C-1 注 1、注 2。

2 立杆间距 0.9m×0.6m 计算长度系数，同立杆间距 0.75m×0.75m 计算长度系数，高宽比不变，最小宽度 4.2m。

3 高宽比超过表中规定时，应按本规范 6.9.7 条执行。

表 C-3 满堂支撑架（剪刀撑设置加强型）立杆计算长度系数 μ_1

步距 (m)	立杆间距 (m)											
	1.2×1.2		1.0×1.0		0.9×0.9		0.75×0.75		0.6×0.6		0.4×0.4	
	高宽比不大于 2		高宽比不大于 2		高宽比不大于 2		高宽比不大于 2		高宽比不大于 2.5		高宽比不大于 2.5	
	最少跨数 4		最少跨数 4		最少跨数 5		最少跨数 5		最少跨数 5		最少跨数 8	
	a=0.5 (m)	a=0.2 (m)	a=0.5 (m)	a=0.2 (m)	a=0.5 (m)	a=0.2 (m)	a=0.5 (m)	a=0.2 (m)	a=0.5 (m)	a=0.2 (m)	a=0.5 (m)	a=0.2 (m)
1.8	1.099	1.355	1.059	1.305	1.031	1.269	—	—	—	—	—	—
1.5	1.174	1.494	1.123	1.427	1.091	1.386	—	—	—	—	—	—
1.2	1.269	1.685	1.233	1.636	1.204	1.596	1.168	1.546	—	—	—	—
0.9	—	—	1.377	1.940	1.352	1.903	1.285	1.806	1.294	1.818	—	—
0.6	—	—	—	—	1.556	2.395	1.477	2.284	1.497	2.300	1.497	2.300

注：同表 C-2 注。

表 C-4 满堂支撑架（剪刀撑设置普通型）立杆计算长度系数 μ_2

步距 (m)	立杆间距 (m)					
	1.2×1.2	1.0×1.0	0.9×0.9	0.75×0.75	0.6×0.6	0.4×0.4
	高宽比不大于 2	高宽比不大于 2	高宽比不大于 2	高宽比不大于 2	高宽比不大于 2.5	高宽比不大于 2.5
	最少跨数 4	最少跨数 4	最少跨数 5	最少跨数 5	最少跨数 5	最少跨数 8
1.8	—	1.750	1.697	—	—	—
1.5	2.089	1.993	1.951	—	—	—
1.2	2.492	2.399	2.292	2.225	—	—
0.9	—	3.109	2.985	2.896	3.251	—
0.6	—	—	4.371	4.211	4.744	4.744

注：同表 C-2 注。

表 C-5 满堂支撑架（剪刀撑设置加强型）立杆计算长度系数 μ_2

步距 (m)	立杆间距 (m)					
	1.2×1.2	1.0×1.0	0.9×0.9	0.75×0.75	0.6×0.6	0.4×0.4
	高宽比不大于 2	高宽比不大于 2	高宽比不大于 2	高宽比不大于 2	高宽比不大于 2.5	高宽比不大于 2.5
	最少跨数 4	最少跨数 4	最少跨数 5	最少跨数 5	最少跨数 5	最少跨数 8
1.8	1.656	1.595	1.551	—	—	—
1.5	1.893	1.808	1.755	—	—	—
1.2	2.247	2.181	2.128	2.062	—	—
0.9	—	2.802	2.749	2.608	2.626	—
0.6	—	—	3.991	3.806	3.833	3.833

注：同表 C-2 注。

附录 D 构配件质量检查表

表 D 构配件质量检查表

项 目	要 求	抽检数量	检查方法
钢管	应有产品质量合格证、质量检验报告	750 根为一批，每批抽取 1 根	检查资料
	钢管表面应平直光滑，不应有裂缝、结疤、分层、错位、硬弯、毛刺、压痕、深的划道及严重锈蚀等缺陷，严禁打孔；钢管使用前必须涂刷防锈漆	全数	目测
钢管外径及壁厚	外径48.3mm，允许偏差±0.5mm；壁厚3.6mm，允许偏差±0.36，最小壁厚3.24mm	3%	游标卡尺测量
扣件	应有生产许可证、质量检测报告、产品质量合格证、复试报告	《钢管脚手架扣件》GB 15831 的规定	检查资料
	不允许有裂缝、变形、螺栓滑丝；扣件与钢管接触部位不应有氧化皮；活动部位应能灵活转动，旋转扣件两旋转面间隙应小于1mm；扣件表面应进行防锈处理	全数	目测
扣件螺栓拧紧扭力矩	扣件螺栓拧紧扭力矩值不应小于40N·m，且不应大于65N·m	按8.2.5条	扭力扳手
可调托撑	可调托撑受压承载力设计值不应小于40kN。应有产品质量合格证、质量检验报告	3‰	检查资料
	可调托撑螺杆外径不得小于36mm，可调托撑螺杆与螺母旋合长度不得少于5扣，螺母厚度不小于30mm。插入立杆内的长度不得小于150mm。支托板厚不小于5mm，变形不大于1mm。螺杆与支托板焊接要牢固，焊缝高度不小于6mm	3%	游标卡尺、钢板尺测量
	支托板、螺母有裂缝的严禁使用	全数	目测
脚手板	新冲压钢脚手板应有产品质量合格证	—	检查资料
	冲压钢脚手板面挠曲≤12mm（l≤4m）或≤16mm（l>4m）；板面扭曲≤5mm（任一角翘起）	3%	钢板尺
	不得有裂纹、开焊与硬弯；新、旧脚手板均应涂防锈漆	全数	目测
	木脚手板材质应符合现行国家标准《木结构设计规范》GB 50005 中 II$_a$ 级材质的规定。扭曲变形、劈裂、腐朽的脚手板不得使用	全数	目测

续表 D

项 目	要 求	抽检数量	检查方法
脚手板	木脚手板的宽度不宜小于 200mm，厚度不应小于 50mm；板厚允许偏差-2mm	3%	钢板尺
	竹脚手板宜采用由毛竹或楠竹制作的竹串片板、竹笆板	全数	目测
	竹串片脚手板宜采用螺栓将并列的竹片串连而成。螺栓直径宜为 3mm～10mm，螺栓间距宜为 500mm～600mm，螺栓离板端宜为 200mm～250mm，板宽 250mm，板长 2000mm、2500mm、3000mm	3%	钢板尺

本规范用词说明

1 为了便于在执行本规范条文时区别对待，对要求严格程度不同的用词说明如下：

1） 表示很严格，非这样做不可的：

正面词采用"必须"，反面词采用"严禁"；

2） 表示严格，在正常情况下均应这样做的：

正面词采用"应"，反面词采用"不应"或"不得"；

3） 表示允许稍有选择，在条件许可时首先应这样做的：

正面词采用"宜"，反面词采用"不宜"；

4） 表示有选择，在一定条件下可以这样做的，采用"可"。

2 条文中指明应按其他有关标准执行的写法为："应符合……的规定"或"应按……执行"。

引用标准名录

1《木结构设计规范》GB 50005

2《建筑地基基础设计规范》GB 50007

3《建筑结构荷载规范》GB 50009

4《混凝土结构设计规范》GB 50010

5《钢结构设计规范》GB 50017

6《建筑地基基础工程施工质量验收规范》GB 50202

7《钢结构工程施工质量验收规范》GB 50205

8《木结构工程施工质量验收规范》GB 50206

9《金属材料　室温拉伸试验方法》GB/T 228

10《碳素结构钢》GB/T 700

11《钢筋混凝土用钢　第1部分：热轧光圆钢筋》GB 1499.1

12《低合金高强度结构钢》GB/T 1591

13《低压流体输送用焊接钢管》GB/T 3091

14《梯形螺纹　第2部分：直径与螺距系列》GB/T 5796.2

15《梯形螺纹　第3部分：基本尺寸》GB/T 5796.3

16《直缝电焊钢管》GB/T 13793

17《钢管脚手架扣件》GB 15831

18《施工现场临时用电安全技术规范》JGJ 46

19《建筑施工模板安全技术规范》JGJ 162

20《建筑施工木脚手架安全技术规范》JGJ 164

修 订 说 明

　　《建筑施工扣件式钢管脚手架安全技术规范》JGJ 130—2011，经住房和城乡建设部2011 年 1 月 28 日第 902 号公告批准、发布。

　　本规范是在《建筑施工扣件式钢管脚手架安全技术规范》JGJ 130—2001 的基础上修订而成，上一版的主编单位是中国建筑科学研究院、哈尔滨工业大学，参编单位是北京市建筑工程总公司第一建筑工程公司、天津大学、河北省建筑科学研究院、青岛建筑工程学院、黑龙江省第一建筑工程公司，主要起草人员是袁必勤、徐崇宝等。本次修订的主要技术内容是：1. 总则；2. 术语和符号；3. 构配件；4. 荷载；5. 设计计算；6. 构造要求；7. 施工；8. 检查与验收；9. 安全管理。

　　本规范修订过程中，编制组进行了广泛的调查研究，总结了我国扣件式钢管脚手架设计和施工实践经验，同时参考了英国等经济发达国家的同类标准，通过多项真型满堂脚手架与满堂支撑架整体稳定试验与支撑架主要传力构件的破坏试验，多组扣件节点半刚性试验，取得了满堂脚手架及满堂支撑架在不同工况下的临界荷载等技术参数。

　　为便于广大设计、施工、科研、学校等单位有关人员在使用本规范时能够正确理解和执行条文规定，《建筑施工扣件式钢管脚手架安全技术规范》编制组按章、节、条顺序编制了本规范的条文说明，对条文规定的目的、依据以及执行中需注意的有关事项进行了说明，还着重对强制性条文的强制理由作了解释。但是，本条文说明不具备与标准正文同等的法律效力，仅供使用者作为理解和把握标准规定的参考。

目 次

1　总　　则

1.0.1　本条是扣件式钢管脚手架设计、施工时必须遵循的原则。

1.0.2　本条明确指出本规范适用范围，与原规范相比，增加了满堂脚手架与满堂支撑架、型钢悬挑脚手架等内容。通过大量真型满堂脚手架与满堂支撑架支架整体稳定试验，对满堂脚手架与满堂支撑架部分增加较多内容。

1.0.3　这是针对目前施工现场脚手架设计与施工中存在的问题而作的规定，旨在确保脚手架工程做到经济合理、安全可靠，最大限度地防止伤亡事故的发生。应当注意，施工、监理审核方案时，对专项方案的设计计算内容必须认真审核。设计计算条件与脚手架实际工况条件应相符。

1.0.4　关于引用标准的说明：

我国扣件式钢管脚手架使用的钢管绝大部分是焊接钢管，属冷弯薄壁型钢材，其材料设计强度 f 值与轴心受压构件的稳定系数 φ 值，应引用现行国家标准《冷弯薄壁型钢结构技术规范》GB 50018；在其他情况采用热轧无缝钢管时，则应引用现行国家标准《钢结构设计规范》GB 50017。

2　术语和符号

2.1　术　　语

本节术语所述脚手架各杆件的位置，示于图 1。

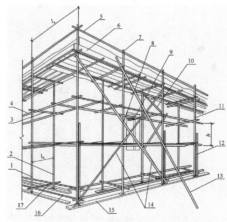

图 1　双排扣件式钢管脚手架各杆件位置

1—外立杆；2—内立杆；3—横向水平杆；4—纵向水平杆；5—栏杆；6—挡脚板；7—直角扣件；8—旋转扣件；9—连墙杆；10—横向斜撑；11—主立杆；12—副立杆；13—抛撑；14—剪刀撑；15—垫板；16—纵向扫地杆；17—横向扫地杆

2.2 符 号

本规范的符号采用现行国家标准《工程结构设计基本术语和通用符号》GBJ 132 的规定。

3 构 配 件

3.1 钢 管

3.1.1 本条规定的说明:

1 试验表明,脚手架的承载能力由稳定条件控制,失稳时的临界应力一般低于 $100N/mm^2$,采用高强度钢材不能充分发挥其强度,采用现行国家标准《碳素结构钢》GB/T 700 中 Q235A 级钢比较经济合理;

2 经几十年工程实践证明,采用电焊钢管能满足使用要求,成本比无缝钢管低。为此,在德国、英国的同类标准中也均采用。

3.1.2 本条规定的说明:

1 根据现行国家标准《低压流体输送用焊接钢管》GB/T 3091—2008 第 4.1.1 条、第 4.1.2 条,《直缝电焊钢管》GB/T 13793—2008 第 5.1.1 条、第 5.1.2 条和《焊接钢管尺寸及单位长度重量》GB/T 21835—2008 第 4 节的规定,钢管宜采用 $\phi48.3×3.6$ 的规格。欧洲标准 EN 12811—1:2003 也规定,脚手架用管,公称外径为 48.3mm。

2 限制钢管的长度与重量是为确保施工安全,运输方便,一般情况下,单、双排脚手架横向水平杆最大长度不超过 2.2m,其他杆最大长度不超过 6.5m。

3.2 扣 件

3.2.1 根据现行国家标准《钢管脚手架扣件》GB 15831 的规定,扣件铸件的材料采用可锻铸铁或铸钢。扣件按结构形式分直角扣件、旋转扣件、对接扣件,直角扣件是用于垂直交叉杆件间连接的扣件;旋转扣件是用于平行或斜交杆件间连接的扣件;对接扣件是用于杆件对接连接的扣件。

根据现行国家标准《钢管脚手架扣件》GB 15831 的规定,该标准适用于建筑工程中钢管公称外径为 48.3mm 的脚手架、井架、模板支撑等使用的由可锻铸铁或铸钢制造的扣件,也适用于市政、水利、化工、冶金、煤炭和船舶等工程使用的扣件。

3.2.2 本条的规定旨在确保质量,因为我国目前各生产厂的扣件螺栓所采用的材质差异较大。检查表明,当螺栓扭力矩达 70 N·m 时,大部分螺栓已滑丝不能使用。螺栓、垫圈为扣件的紧固件,在螺栓拧紧扭力矩达 65N·m 时,扣件本体、螺栓、垫圈均不得发生破坏。

3.3 脚 手 板

3.3.1 本条规定旨在便于现场搬运和使用安全。

3.4 可调托撑

3.4.1、3.4.2 对可调托撑的规定是由可调托撑破坏试验确定的。

可调托撑是满堂支撑架直接传递荷载的主要构件，大量可调托撑试验证明：可调托撑支托板截面尺寸、支托板弯曲变形程度、螺杆与支托板焊接质量、螺杆外径等影响可调托撑的临界荷载，最终影响满堂支撑架临界荷载。

可调托撑抗压性能试验（图 2）：以匀速加荷，当 F 为 50kN 时，可调托撑不得破坏。可调托撑构造图见图 3。

3.4.3 可调托撑抗压性能试验结论，支托板厚度 t 为 5.0mm，破坏荷载不小于 50kN，50kN 除以系数 1.25 为 40kN。定为可调托撑受压承载力设计值，保证可调托撑不发生破坏。

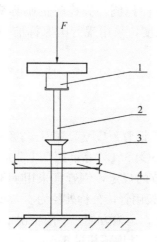

图 2 可调托撑试验简图

1—主梁；2—可调托撑；

3—钢管制底座；4—钢管

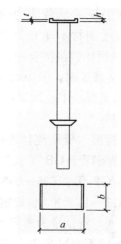

图 3 可调托撑构造图

t—支托板厚度；h—支托板侧翼高；

a—支托板侧翼外皮距离；

b—支托板长

4 荷 载

4.1 荷 载 分 类

4.1.1 本条采用的永久荷载（恒荷载）和可变荷载（活荷载）分类是根据现行国家标准《建筑结构荷载规范》GB 50009 确定的。

在进行脚手架设计时，应根据施工要求，在脚手架专项方案中明确规定构配件的设置数量，且在施工过程中不能随意增加。脚手板粘积的建筑砂浆等引起的增重是不利于安全的因素，已在脚手架的设计安全度中统一考虑。

4.1.2 满堂支撑架可调托撑上主梁、次梁有木质的，也有型钢的，支撑板有木质的或钢材的。在钢结构安装过程中，如果存在大型钢构件，就要通过承载力较大的分配梁将荷载传递到满堂支撑架上，所以这类构、配件自重应按实际计算。

4.1.3 用于钢结构安装的满堂支撑架顶部施工层可能有大型钢构件，产生的施工荷载较大，应根据实际情况确定；在施工中，由于施工行为产生的偶然增大的荷载效应，也应根据实际情况考虑确定。

4.2 荷 载 标 准 值

4.2.1 对脚手架恒荷载的取值，说明如下：

1 对本规范附录A表A.0.1的说明：

立杆承受的每米结构自重标准值的计算条件如下：

1）构配件取值：

每个扣件自重是按抽样408个的平均值加两倍标准差求得：

直角扣件：按每个主节点处二个，每个自重：13.2N/个；

旋转扣件：按剪刀撑每个扣接点一个，每个自重：14.6N/个；

对接扣件：按每6.5m长的钢管一个，每个自重：18.4N/个；

横向水平杆每个主节点一根，取2.2m长；

钢管尺寸：ϕ48.3×3.6，每米自重：39.7N/m。

2）计算图见图4。

由于单排脚手架立杆的构造与双排的外立杆相同，故立杆承受的每米结构自重标准值可按双排的外立杆等值采用。

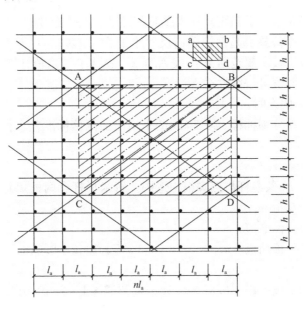

图4 立杆承受的每米结构自重标准值计算图

为简化计算，双排脚手架立杆承受的每米结构自重标准值是采用内、外立杆的平均值。

由钢管外径或壁厚偏差引起钢管截面尺寸小于ϕ48.3×3.6，脚手架立杆承受的每米结构自重标准值，也可按本规范附录A表A.0.1取值计算，计算结果偏安全，步距、纵距中间值可按线性插入计算。

2 对本规范附录 A 表 A.0.2、表 A.0.3 的说明（计算图见图 5）：

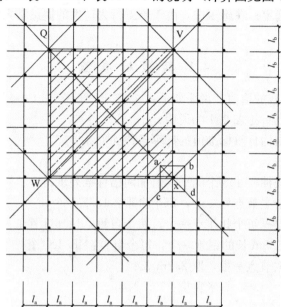

图 5 立杆承受的每米结构自重标准值计算图（平面图）

按本规范第六章满堂脚手架与满堂支撑架纵向剪刀撑、水平剪刀撑设置要求计算，一个计算单元（一个纵距、一个横距）计入纵向剪刀撑、水平剪刀撑。

由钢管外径或壁厚偏差引起钢管截面尺寸小于 $\phi48.3\times3.6$，脚手架立杆承受的每米结构自重标准值，也可按本规范附录 A 表 A.0.2、表 A.0.3 取值计算，计算结果偏安全，步距、纵距、横距中间值可按线性插入计算。

3 对表 4.2.1-1 的说明：

脚手板的自重，按分别抽样 12～50 块的平均值加两倍标准差求得。增加竹笆脚手板自重标准值。

对表 4.2.1-2 的说明：

根据本规范 7.3.12 条栏杆与挡脚板构造图，每米栏杆含两根短管，直角扣件按 2 个计，挡脚板挡板高按 0.18m 计。

栏杆、挡脚板自重标准值：

栏杆、冲压钢脚手板挡板 $0.3\times0.18+0.0397\times1\times2+0.0132\times2=0.1598kN/m=0.16kN/m$

栏杆、竹串片脚手板挡板 $0.35\times0.18+0.0397\times1\times2+0.0132\times2=0.1688kN/m=0.17kN/m$

栏杆、木脚手板挡板 $0.35\times0.18+0.0397\times1\times2+0.0132\times2=0.1688kN/m=0.17kN/m$

如果每米栏杆与挡脚板与以上计算条件不同，按实际计算。

对表 4.2.1-3 的说明：

根据工程实际，考虑最不利荷载情况下的主梁、次梁及支撑板的实际布置进行计算；木质主梁根据立杆间距不同按截面 100mm×100mm～160mm×160mm 考虑，木质次梁按截面 50mm×100mm～100mm×100mm 考虑，间距按 200mm 计。支撑板按木脚手板荷载计。分别按不同立杆间距计算取较大值。型钢主梁按 H100mm×100mm×6mm×8mm 考虑、型钢次梁按 10 号工字钢考虑。木脚手板自重标准值取 0.35kN/m²。型钢主梁、次梁及支撑板自重，超过以上值时，按实际计算。如大型钢构件的分配梁。

4.2.2 本条规定的施工均布活荷载标准值，符合我国长期使用的实际情况，也与国外同类标准吻合。如欧洲标准 EN 12811—1：2003 规定的荷载系列为 0.75、1.5、2.0、3.0kN/m²。增加轻型钢结构及空间网格结构脚手架、普通钢结构脚手架施工均布活荷载标准值。

4.2.3 当有多层交叉作业时，同一跨距内各操作层施工均布荷载标准值总和不得超过 5.0kN/m²，与国外同类标准相当。

4.2.4 永久荷载与不含风荷载的可变荷载标准值总和 4.2kN/m²，为本规范表 4.2.1-3 中（主梁、次梁及支撑板自重标准值）最大值 1.2kN/m² 与表 4.2.2 中（施工均布活荷载标准值）最大值 3 kN/m² 之和。

钢结构施工一般情况下，施工均布活荷载标准值不超过 3kN/m²，支撑架上施工层恒载与施工活荷载标准值之和不大于 4.2kN/m²。对于有大型钢构件（或大型混凝土构件）、大型设备的荷载，或产生较大集中荷载的情况，施工均布活荷载标准值超过 3kN/m²，支撑架上施工层恒载与施工活荷载标准值之和大于 4.2kN/m² 的情况，满堂支撑架上荷载必须按实际计算。本条是对满堂支撑架给出的荷载，即：活荷载＝作业层上的人员及设备荷载＋结构构件（含大型钢构件、混凝土构件等）、大型设备的荷载及施工材料自重。

4.2.5 对风荷载的规定说明如下：

1 现行国家标准《建筑结构荷载规范》GB 50009 规定的风荷载标准值中，还应乘以风振系数 β_z，以考虑风压脉动对高层结构的影响。考虑到脚手架附着在主体结构上，故取 $\beta_z = 1.0$。

2 脚手架使用期较短，一般为（2～5）年，遇到强劲风的概率相对要小得多；所以基本风压 w_0 值，按《建筑结构荷载规范》GB 50009 的规定采用，取重现期 $n = 10$ 年对应的风压值。取消基本风压 w_0 值乘以 0.7 修正系数。

4.2.6 脚手架的风荷载体型系数 μ_s 主要按照现行国家标准《建筑结构荷载规范》GB 50009 的规定。

对本规范附录 A 表 A.0.5 的说明：

敞开式单排、双排、满堂扣件式钢管脚手架与支撑架的挡风系数是由下式计算确定：

$$\varphi = \frac{1.2A_n}{l_a \cdot h}$$

式中：1.2——节点面积增大系数；

A_n——一步一纵距（跨）内钢管的总挡风面积 $A_n = (l_a + h + 0.325l_a h) d$；

l_a——立杆纵距（m）；

h——步距（m）；

0.325——脚手架立面每平方米内剪刀撑的平均长度；

d——钢管外径（m）。

4.2.7 密目式安全立网全封闭脚手架挡风系数 φ 可取不小于 0.8，是根据密目式安全立网网目密度不小于 2000 目/100cm² 计算而得。现行行业标准《建筑施工碗扣式钢管脚手架安全技术规范》JGJ 166—2008 第 4.3.2 条第 1 款规定，密目式安全立网挡风系数可取 0.8。

4.3 荷载效应组合

4.3.1 表 4.3.1 中可变荷载组合系数原规范为 0.85，现根据《建筑结构荷载规范》GB 50009—2001（2006 年版）第 3.2.4 条第 1 款的规定改为 0.9。主要原因如下：

脚手架立杆稳定性计算部位一般取底层，立杆自重产生的轴压应力虽脚手架增高而增大，较高的单、双脚手架立杆的稳定性由永久荷载（主要是脚手架自重）效应控制，根据《建筑结构荷载规范》GB 50009—2001（2006 年版）第 3.2.4 条第 2 款的规定，由永久荷载效应控制的组合：

$$S = \gamma_G S_{Gk} + \sum_{i=1}^{n} \gamma_{Qi} \psi_{ci} S_{Qik}$$

永久荷载的分项系数应取 1.35。为简化计算，基本组合采用由可变荷载效应控制的组合：

$$S = \gamma_G S_{Gk} + 0.9 \sum_{i=1}^{n} \gamma_{Qi} S_{Qik}$$

永久荷载的分项系数应取 1.2，但原规范的考虑脚手架工作条件的结构抗力调整系数值不变（1.333），可变荷载组合系数由 0.85 改为 0.9 后与原规范比偏安全。

本条明确规定了脚手架的荷载效应组合，但未考虑偶然荷载，这是由于在本规范第 9 章中，已规定不容许撞击力等作用于架体，故本条不考虑爆炸力、撞击力等偶然荷载。

4.3.2 支撑架用于混凝土结构施工时，荷载组合与荷载设计值应符合现行行业标准《建筑施工模板安全技术规范》JGJ 162 的规定。对于高大、重载荷及大跨度支撑架稳定计算时，施工人员及施工设备荷载、混凝土施工时产生的荷载（水平支撑板为 2kN/m²）按最不利考虑（考虑同时参与组合）。

5 设 计 计 算

5.1 基本设计规定

5.1.1～5.1.3 这几条所规定的设计方法，均与现行国家标准《冷弯薄壁型钢结构技术规范》GB 50018、《钢结构设计规范》GB 50017 一致。荷载分项系数根据现行国家标准《建筑结构荷载规范》GB 50009 规定采用。脚手架与一般结构相比，其工作条件具有以下特点：

1 所受荷载变异性较大；

2 扣件连接节点属于半刚性，且节点刚性大小与扣件质量、安装质量有关，节点性能存在较大变异；

3　脚手架结构、构件存在初始缺陷，如杆件的初弯曲、锈蚀，搭设尺寸误差、受荷偏心等均较大；

4　与墙的连接点，对脚手架的约束性变异较大。

到目前为止，对以上问题的研究缺乏系统积累和统计资料，不具备独立进行概率分析的条件，故对结构抗力乘以小于1的调整系数 $\frac{1}{r_R}$，其值系通过与以往采用的安全系数进行校准确定。因此，本规范采用的设计方法在实质上是属于半概率、半经验的。

脚手架满足本规范规定的构造要求是设计计算的基本条件。

5.1.4　用扣件连接的钢管脚手架，其纵向或横向水平杆的轴线与立杆轴线在主节点上并不汇交在一点。当纵向或横向水平杆传荷载至立杆时，存在偏心距53mm（图6）。在一般情况下，此偏心产生的附加弯曲应力不大，为了简化计算，予以忽略。国外同类标准（如英、日、法等国）对此项偏心的影响也作了相同处理。由于忽略偏心而带来的不安全因素，本规范已在有关的调整系数中加以考虑（见第5.2.6条至第5.2.9条的条文说明）。

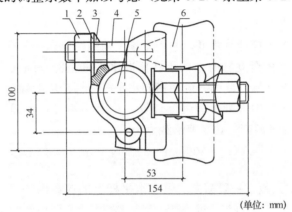

（单位：mm）

图 6　直角扣件

1—螺母；2—垫圈；3—盖板；4—螺栓；5—纵向水平杆；6—立杆

5.1.6　关于钢材设计强度取值的说明

本规范根据现行国家标准《冷弯薄壁型钢结构技术规范》GB 50018 的规定，对 Q235A 级钢的抗拉、抗压、抗弯强度设计值 f 值确定为：$205N/mm^2$。这是对一般结构进行可靠分析确定的。

5.1.7　表 5.1.7 给出的扣件抗滑承载力设计值，是根据现行国家标准《钢管脚手架扣件》GB 15831 规定的标准值除以抗力分项系数 1.25 得到的。

5.1.8　表 5.1.8 的容许挠度是根据现行国家标准《冷弯薄壁型钢结构技术规范》GB 50018 及《钢结构设计规范》GB 50017 的规定确定的。

5.1.9　立杆长细比参考国外标准，根据国内长期脚手架搭设经验与脚手架试验确定。

根据国内工程实践经验与满堂脚手架整体稳定试验结果，满堂脚手架压杆容许长细比 $[\lambda] = 250$。满堂支撑架压杆容许长细比，按脚手架双排受压杆容许长细比取值（210），这也符合整体稳定试验结果。

5.2 单、双排脚手架计算

5.2.1~5.2.4 对受弯构件计算规定的说明：

1 关于计算跨度取值，纵向水平杆取立杆纵距，横向水平杆取立杆横距，便于计算也偏于安全；

2 内力计算不考虑扣件的弹性嵌固作用，将扣件在节点处抗转动约束的有利作用作为安全储备。这是因为，影响扣件抗转动约束的因素比较复杂，如扣件螺栓拧紧扭力矩大小、杆件的线刚度等。根据目前所做的一些实验结果，提出作为计算定量的数据尚有困难；

3 纵向、横向水平杆自重与脚手板自重相比甚小，可忽略不计；

4 为保证安全可靠，纵、横向水平杆的内力（弯矩、支座反力）应按不利荷载组合计算；

5 一般情况下，横向水平杆外伸长度不超过 300mm，符合我国施工工地的实际情况；一些工程要求外伸长度延长，需另进行设计计算，并应采取加固措施后使用；在脚手架专项方案中也应考虑此内容。

图 5.2.4 的横向水平杆计算跨度，适用于施工荷载由纵向水平杆传至立杆的情况，当施工荷载由横向水平杆传至立杆时，作用在横向水平杆上的是纵向水平杆传下的集中荷载，应注意按实际情况计算。此图只说明横向水平杆计算跨度的确定方法。

在本规范第 5.2.1 条中未列抗剪强度计算，是因为钢管抗剪强度不起控制作用。如 $\phi 48.3 \times 3.6$ 的 Q235A 级钢管，其受剪承载力为：

$$[V] = \frac{A f_v}{K_1} = \frac{506 \text{mm}^2 \times 120 \text{N/mm}^2}{2.0} = 30.36 \text{kN}$$

上式中 K_1 为截面形状系数。一般横向、纵向水平杆上的荷载由一只扣件传递，一只扣件的抗滑承载力设计值只有 8.0kN，远小于 $[V]$，故只要满足扣件的抗滑力计算条件，杆件抗剪力也肯定满足。

5.2.5 脚手板荷载和施工荷载是由横向水平杆（南方作法）或纵向水平杆（北方作法）通过扣件传给立杆。当所传递的荷载超过扣件的抗滑承载能力时，扣件将沿立杆下滑，为此必须计算扣件的抗滑承载力。立杆扣件所承受的最大荷载，应按其荷载传递方式经计算确定。

5.2.6~5.2.9 考虑到扣件式钢管脚手架是受人为操作因素影响很大的一种临时结构，设计计算一般由施工现场工程技术人员进行，故所给脚手架整体稳定性的计算方法力求简单、正确、可靠。应该指出，第 5.2.6 条规定的立杆稳定性计算公式，虽然在表达形式上是对单根立杆的稳定计算，但实质上是对脚手架结构的整体稳定计算。因为式（5.2.8）中的 μ 值是根据脚手架的整体稳定试验结果确定的。

现就有关问题说明如下：

1 脚手架的整体稳定

脚手架有两种可能的失稳形式：整体失稳和局部失稳。

整体失稳破坏时，脚手架呈现出内、外立杆与横向水平杆组成的横向框架，沿垂直主体结构方向大波鼓曲现象，波长均大于步距，并与连墙件的竖向间距有关。整体失稳破坏始于无连墙件的、横向刚度较差或初弯曲较大的横向框架（图 7）。一般情况下，整体失稳是脚手架的主要破坏形式。

局部失稳破坏时，立杆在步距之间发生小波鼓曲，波长与步距相近，内、外立杆变形方向可能一致，也可能不一致。

当脚手架以相等步距、纵距搭设，连墙件设置均匀时，在均布施工荷载作用下，立杆局部稳定的临界荷载高于整体稳定的临界荷载，脚手架破坏形式为整体失稳。当脚手架以不等步距、纵距搭设，或连墙件设置不均匀，或立杆负荷不均匀时，两种形式的失稳破坏均有可能。

由于整体失稳是脚手架的主要破坏形式，故本条只规定了对整体稳定按式（5.2.6-1）、式（5.2.6-2）计算。为了防止局部立杆段失稳，本规范除在第 6.3.4 条中将底层步距限制在 2m 以内外，尚在本规范第 5.2.10 条中规定对可能出现的薄弱的立杆段进行稳定性计算。

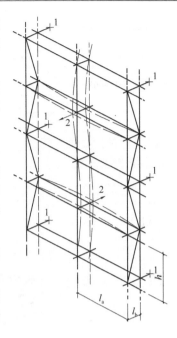

图 7　双排脚手架的整体失稳
1—连墙件；2—失稳方向

2　关于脚手架立杆稳定性按轴心受压计算〔式（5.2.6-1）、式（5.2.6-2）〕的说明

1） 稳定性计算公式中的计算长度系数 μ 值，是反映脚手架各杆件对立杆的约束作用。本规范规定的 μ 值，采用了中国建筑科学研究院建筑机械化研究分院 1964～1965 年和 1986～1988 年、哈尔滨工业大学土木工程学院于 1988～1989 年分别进行的原型脚手架整体稳定性试验所取得的科研成果，其 μ 值在 1.5～2.0 之间。它综合了影响脚手架整体失稳的各种因素，当然也包含了立杆偏心受荷（初偏心 $e=53\text{mm}$，图 6）的实际工况。这表明按轴心受压计算是可靠的、简便的。

2） 关于施工荷载的偏心作用。施工荷载一般是偏心地作用于脚手架上，作业层下面邻近的内、外排立杆所分担的施工荷载并不相同，而远离作业层的内、外排立杆则因连墙件的支撑作用，使分担的施工荷载趋于均匀。由于在一般情况下，脚手架结构自重产生的最大轴向力与由不均匀分配施工荷载产生的最大轴向力不会同时相遇，因此式（5.2.6-1）、式（5.2.6-2）的轴向力 N 值计算可以忽略施工荷载的偏心作用，内、外立杆可按施工荷载平均分配计算。

试验与理论计算表明，将 3.0kN/m^2 的施工荷载分别按偏心与不偏心布置在脚手架上，得到的两种情况的临界荷载相差在 5.6% 以下，说明上述简化是可行的。

3　脚手架立杆计算长度附加系数 k 的确定

本规范采用现行国家标准《建筑结构可靠度设计统一标准》GB 50068 规定的"概率极限状态设计法"，而结构安全度按以往容许应力法中采用的经验安全系数 K 校准。K 值为：强度 $K_1 \geqslant 1.5$，稳定 $K_2 \geqslant 2.0$。考虑脚手架工作条件的结构抗力调整系数值，可按承载能力极限状态设计表达式推导求得：

1） 对受弯构件

不组合风荷载

$$1.2S_{Gk} + 1.4S_{Qk} \leqslant \frac{f_k W}{0.9\gamma_m\gamma'_R} = \frac{fW}{0.9\gamma'_R}$$

组合风荷载

$$1.2S_{Gk} + 1.4 \times 0.9(S_{Qk} + S_{wk}) \leqslant \frac{f_k W}{0.9\gamma_m\gamma'_{Rw}} = \frac{fW}{0.9\gamma'_{Rw}}$$

2）对轴心受压构件

不组合风荷载

$$1.2S_{Gk} + 1.4S_{Qk} \leqslant \frac{\varphi f_k A}{0.9\gamma_m\gamma'_R} = \frac{\varphi f A}{0.9\gamma'_R}$$

组合风荷载

$$1.2S_{Gk} + 1.4 \times 0.9(S_{Qk} + S_{wk}) \leqslant \frac{\varphi f_k A}{0.9\gamma_m\gamma'_{Rw}} = \frac{\varphi f A}{0.9\gamma'_{Rw}}$$

式中： S_{Gk}、S_{Qk}——永久荷载与可变荷载的标准值分别产生的内力和；对受弯构件内力为弯矩、剪力，对轴心受压构件为轴力；

$\quad\quad S_{wk}$——风荷载标准值产生的内力；

$\quad\quad f$——钢材强度设计值；

$\quad\quad f_k$——钢材强度标准值；

$\quad\quad W$——杆件的截面模量；

$\quad\quad \varphi$——轴心受压杆的稳定系数；

$\quad\quad A$——杆件的截面面积；

0.9、1.2、1.4、0.9——分别为结构重要性系数、恒荷载分项系数、活荷载分项系数、荷载效应组合系数；

$\quad\quad \gamma_m$——材料强度分项系数，钢材为 1.165；

$\quad\quad \gamma'_R$、γ'_{Rw}——分别为不组合和组合风荷载时的结构抗力调整系数。

根据使新老规范安全度水平相同的原则，并假设新老规范（按单一安全系数法计算安全度进行校核的）采用的荷载和材料强度标准值相同，结构抗力调整系数可按下列公式计算：

1）对受弯构件

不组合风荷载

$$\gamma'_R = \frac{1.5}{0.9 \times 1.2 \times 1.165} \times \frac{S_{Gk} + S_{Qk}}{S_{Gk} + \frac{1.4}{1.2}S_{Qk}} = 1.19\frac{1+\eta}{1+1.17\eta}$$

组合风荷载

$$\gamma'_{Rw} = \frac{1.5}{0.9 \times 1.2 \times 1.165} \times \frac{S_{Gk} + 0.9(S_{Qk} + S_{wk})}{S_{Gk} + (S_{Qk} + S_{wk})\frac{0.9 \times 1.4}{1.2}}$$

$$= 1.19\frac{1+0.9(\eta+\xi)}{1+1.05(\eta+\xi)}$$

2）对轴心受压杆件

不组合风荷载

$$\gamma'_R = \frac{2.0}{0.9 \times 1.2 \times 1.165} \times \frac{S_{Gk} + S_{Qk}}{S_{Gk} + \frac{1.4}{1.2} S_{Qk}} = 1.59 \frac{1+\eta}{1+1.17\eta}$$

组合风荷载

$$\gamma'_{Rw} = \frac{2.0}{0.9 \times 1.2 \times 1.165} \times \frac{S_{Gk} + 0.9(S_{Qk} + S_{wk})}{S_{Gk} + (S_{Qk} + S_{wk})\frac{0.9 \times 1.4}{1.2}}$$

$$= 1.59 \frac{1+0.9(\eta+\xi)}{1+1.05(\eta+\xi)}$$

上列式中:

$$\eta = \frac{S_{Qk}}{S_{Gk}}$$

$$\xi = \frac{S_{wk}}{S_{Gk}}$$

对于受弯构件,$0.9\gamma'_R$ 及 $0.9\gamma'_{Rw}$可近似取 1.00;对受压杆件,$0.9\gamma'_R$ 及 $0.9\gamma'_{Rw}$可近似取 1.333,然后将此系数的作用转化为立杆计算长度附加系数 $k=1.155$ 予以考虑。

长细比计算时 k 取 1.0,k 是提高脚手架安全度的一个换算系数,与长细比验算无关。本规范式 (5.2.8)、式 (5.3.4)、式 (5.4.6-1)、式 (5.4.6-2) 中的 k 都是如此。

应当注意,使用式 (5.2.6-1)、式 (5.2.6-2) 时,钢管外径、壁厚变化时,钢管截面特性有关数据按实际调整。

施工现场出现 2 步 2 跨连墙布置,计算长度系数 μ 可参考 2 步 3 跨取值,计算结果偏安全。

5.2.11　对本条规定说明如下:

式 (5.2.11-1)、式 (5.2.11-2) 是根据式 (5.2.6-1)、式 (5.2.6-2) 推导求得。

5.2.12～5.2.15　国内外发生的单、双排脚手架倒塌事故,几乎都是由于连墙件设置不足或连墙件被拆掉而未及时补救引起的。为此,本规范把连墙件计算作为脚手架计算的重要部分。

式 (5.2.12-1)、式 (5.2.12-2) 是将连墙件简化为轴心受力构件进行计算的表达式,由于实际上连墙件可能偏心受力,故在公式右端对强度设计值乘以 0.85 的折减系数,以考虑这一不利因素。

关于式 (5.2.12-3) 中 N_0 的取值,说明如下:

为起到对脚手架发生横向整体失稳的约束作用,连墙件应能承受脚手架平面外变形所产生的连墙件轴向力。此外,连墙件还要承受施工荷载偏心作用产生的水平力。

根据现行国家标准《钢结构设计规范》GB 50017—2003 第 5.1.7 条,考虑我国长期工程上使用经验,连墙件约束脚手架平面外变形所产生的轴向力 N_0 (kN),由原规范规定的单排架 3kN 改为 2kN,双排架取 5kN 改为 3kN。

采用扣件连接时,一个直角扣件连接承载力计算不满足要求,可采用双扣件连接的连墙件。当采用焊接或螺栓连接的连墙件时,应按现行国家标准《冷弯薄壁型钢结构技术规范》GB 50018 规定计算;还应注意,连墙件与混凝土中的预埋件连接时,预埋件尚应按现行国家标准《混凝土结构设计规范》GB 50010 的规定计算。

每个连墙件的覆盖面积内脚手架外侧面的迎风面积 (A_w) 为连墙件水平间距×连墙

件竖向间距。

5.3 满堂脚手架计算

5.3.1～5.3.4 考虑工地现场实际工况条件，规范所给满堂脚手架整体稳定性的计算方法力求简单、正确、可靠。同单、双排脚手架立杆稳定计算一样，满堂脚手架的立杆稳定性计算公式，虽然在表达形式上是对单根立杆的稳定计算，但实质上是对脚手架结构的整体稳定计算。因为式（5.3.4）中的 μ 值（附录C表C-1）是根据满堂脚手架的整体稳定试验结果确定的。脚手架有单排、双排、满堂脚手架（3排以上），按立杆偏心受力与轴心受力划分为，满堂脚手架与满堂支撑架。本节所提的满堂脚手架是指荷载通过水平杆传入立杆，立杆偏心受力情况。满堂支撑架是指顶部荷载是通过轴心传力构件（可调托撑）传递给立杆的，立杆轴心受力情况。

现就有关问题说明如下：

1 满堂脚手架的整体稳定

满堂脚手架有两种可能的失稳形式：整体失稳和局部失稳。

整体失稳破坏时，满堂脚手架呈现出纵横立杆与纵横水平杆组成的空间框架，沿刚度较弱方向大波鼓曲现象。

一般情况下，整体失稳是满堂脚手架的主要破坏形式。

由于整体失稳是满堂脚手架主要破坏形式，故本条规定了对整体稳定按式（5.2.6-1)、式（5.2.6-2）计算。为了防止局部立杆段失稳，本规范除对步距限制外，尚在本规范第5.3.3条中规定对可能出现的薄弱的立杆段进行稳定性计算。

2 关于满堂脚手架整体稳定性计算公式中的计算长度系数 μ 的说明

影响满堂脚手架整体稳定因素主要有竖向剪刀撑、水平剪刀撑、水平约束（连墙件）、支架高度、高宽比、立杆间距、步距、扣件紧固扭矩等。

满堂脚手架整体稳定试验结论，以上各因素对临界荷载的影响都不同，所以，必须给出不同工况条件下的满堂脚手架临界荷载（或不同工况条件下的计算长度系数 μ 值），才能保证施工现场安全搭设满堂脚手架，才能满足施工现场的需要。

通过对满堂脚手架整体稳定实验与理论分析，同时与满堂支撑架整体稳定实验对比分析，采用实验确定的节点刚性（半刚性），建立了满堂脚手架及满堂支撑架有限元计算模型；进行大量有限元分析计算，找出了满堂脚手架与满堂支撑架的临界荷载差异，得出满堂脚手架各类不同工况情况下临界荷载，结合工程实际，给出工程常用搭设满堂脚手架结构的临界荷载，进而根据临界荷载确定：考虑满堂脚手架整体稳定因素的单杆计算长度系数 μ（附录C）。试验支架搭设是按施工现场条件搭设，并考虑可能出现的最不利情况，规范给出的 μ 值，能综合反应了影响满堂脚手架整体失稳的各种因素。

3 满堂脚手架立杆计算长度附加系数 k 的确定

见条文说明第5.2.6条～第5.2.9条第3款关于"脚手架立杆计算长度附加系数 k 的确定"的解释。

根据满堂脚手架与满堂支撑架整体稳定试验分析，随着满堂脚手架与满堂支撑架高度增加，支架临界荷载下降。

满堂脚手架高度大于20m时，考虑高度影响满堂脚手架，给出立杆计算长度附加系数见表 5.3.4。可保证安全系数不小于 2.0。

4 满堂脚手架扣件节点半刚性论证见本规范条文说明第 5.4 节。

5 满堂脚手架高宽比＝计算架高÷计算架宽，计算架高：立杆垫板下皮至顶部脚手板下水平杆上皮垂直距离。计算架宽：脚手架横向两侧立杆轴线水平距离。

5.3.5 满堂脚手架纵、横水平杆与双排脚手架纵向水平杆受力基本相同。

5.3.6 满堂脚手架连墙件布置能基本满足双排脚手架连墙件的布置要求，可按双排脚手架要求设计计算。建筑物形状为"凹"形，在"凹"形内搭设外墙施工脚手架会出现 2 跨或 3 跨的满堂脚手架。这类脚手架可以按双排架布置连墙件。

5.4　满堂支撑架计算

5.4.1～5.4.6 考虑工地现场实际工况条件，规范所给满堂支撑架整体稳定性的计算方法力求简单、正确、可靠。同单、双排脚手架立杆稳定计算一样，满堂支撑架的立杆稳定性计算公式，虽然在表达形式上是对单根立杆的稳定计算，但实质上是对满堂支撑架结构的整体稳定计算。因为式（5.4.6-1）、式（5.4.6-2）中的 μ_1、μ_2 值（附录 C 表 C-2～表 C-5）是根据脚手架的整体稳定试验结果确定的。本节所提满堂支撑架是指顶部荷载是通过轴心传力构件（可调托撑）传递给立杆的，立杆轴心受力情况；可用于钢结构工程施工安装、混凝土结构施工及其他同类工程施工的承重支架。

现就有关问题说明如下：

1 满堂支撑架的整体稳定

满堂支撑架有两种可能的失稳形式：整体失稳和局部失稳。

整体失稳破坏时，满堂支撑架呈现出纵横立杆与纵横水平杆组成的空间框架，沿刚度较弱方向大波鼓曲现象，无剪刀撑的支架，支架达到临界荷载时，整架大波鼓曲。有剪刀撑的支架，支架达到临界荷载时，以上下竖向剪刀撑交点（或剪刀撑与水平杆有较多交点）水平面为分界面，上部大波鼓曲（图 8），下部变形小于上部变形。所以波长均与剪刀撑设置、水平约束间距有关。

一般情况下，整体失稳是满堂支撑架的主要破坏形式。

局部失稳破坏时，立杆在步距之间发生小波鼓曲，波长与步距相近，变形方向与支架整体变形可能一致，也可能不一致。

当满堂支撑架以相等步距、立杆间距搭设，在均布荷载作用下，立杆局部稳定的临界荷载高于整体稳定的临界荷载，满堂支撑架破坏形式为整体失稳。当满堂支撑架以不

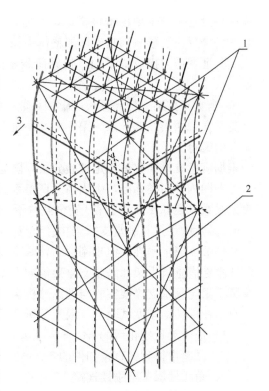

图 8　满堂支撑架整体失稳
1—水平剪刀撑；2—竖向剪刀撑；3—失稳方向

等步距、立杆横距搭设，或立杆负荷不均匀时，两种形式的失稳破坏均有可能。

由于整体失稳是满堂支撑架的主要破坏形式，故本条规定了对整体稳定按式（5.2.6-1）、式（5.2.6-2）计算。为了防止局部立杆段失稳，本规范除对步距限制外，尚在本规范第5.4.5条中规定对可能出现的薄弱的立杆段进行稳定性计算。

2 关于满堂支撑架整体稳定性计算公式中的计算长度系数 μ 的说明

影响满堂支撑架整体稳定因素主要有竖向剪刀撑、水平剪刀撑、水平约束（连墙件）、支架高度、高宽比、立杆间距、步距、扣件紧固扭矩、立杆上传力构件、立杆伸出顶层水平杆中心线长度（a）等。

满堂支撑架整体稳定试验结论，以上各因素对临界荷载的影响都不同，所以，必须给出不同工况条件下的支架临界荷载（或不同工况条件下的计算长度系数 μ 值），才能保证施工现场安全搭设满堂支撑架。才能满足施工现场的需要。

2008年由中国建筑科学研究院主持负责，江苏南通二建集团有限公司参加及大力支援，天津大学参加，并在天津大学土木工程检测中心完成了15项真型满堂扣件式钢管脚手架与满堂支撑架（高支撑）试验。13项满堂支撑架主要传力构件"可调托撑"破坏试验，多组扣件节点半刚性试验，得出了满堂支撑架在不同工况下的临界荷载。

通过对满堂支撑架整体稳定实验与理论分析，采用实验确定的节点刚性（半刚性），建立了满堂扣件式钢管支撑架的有限元计算模型；进行大量有限元分析计算，得出各类不同工况情况下临界荷载，结合工程实际，给出工程常用搭设满堂支撑架结构的临界荷载，进而根据临界荷载确定：考虑满堂支撑架整体稳定因素的单杆计算长度系数 μ_1、μ_2。试验支架搭设是按施工现场条件搭设，并考虑可能出现的最不利情况，规范给出的 μ_1、μ_2 值，能综合反应了影响满堂支撑架整体失稳的各种因素。

实验证明剪刀撑设置不同，临界荷载不同，所以给出普通型与加强型构造的满堂支撑架。

3 满堂支撑架立杆计算长度附加系数 k 的确定

见条文说明第5.2.6条～第5.2.9条第3款关于"脚手架立杆计算长度附加系数 k 的确定"的解释。

根据满堂支撑架整体稳定试验分析，随着满堂支撑架高度增加，支撑体系临界荷载下降，参考国内外同类标准，引入高度调整系数调降强度设计值，给出满堂支撑架立杆计算长度附系数见表5.4.6。可保证安全系数不小于2.0。

4 满堂脚手架与满堂支撑架扣件节点半刚性论证

扣件节点属半刚性，但半刚性到什么程度，半刚性节点满堂脚手架和满堂支撑架承载力与纯刚性满堂脚手架和满堂支撑架承载力差多少？要准确回答这个问题，必须通过真型满堂脚手架与满堂支撑架实验与理论分析。

直角扣件转动刚度试验与有限元分析，得出如下结论：

1）通过无量纲化后的 $M^* - \theta^*$ 关系曲线分区判断梁柱连接节点刚度性质的方法。试验中得到的直角扣件的弯矩-转角曲线，处于半刚性节点的区域之中，说明直角扣件属于半刚性连接。

2）扣件的拧紧程度对扣件转动刚度有很大影响。拧紧程度高，承载能力加强，而且在相同力矩作用下，转角位移相对较小，即刚性越大。

3）扣件的拧紧力矩为 40N•m、50N•m 时，直角扣件节点与刚性节点刚度比值为 21.86%、33.21%。

真型试验中直角扣件刚度试验：

在 7 组整体满堂脚手架与满堂支撑架的真型试验中，对直角扣件的半刚性进行了测量，取多次测量结果的平均值，得到直角扣件的刚度为刚性节点刚度的 20.43%。

半刚性节点整体模型与刚性节点整体模型的比较分析：

按照所作的 15 个真形试验的搭设参数，在有限元软件中，分别建立了半刚性节点整体模型及刚性节点整体模型，得出两种模型的承载力。由于直角扣件的半刚性，其承载能力比刚性节点的整体模型承载力降低很多，在不同工况条件下，满堂脚手架与满堂支撑架刚性节点整体模型的承载力为相应半刚性节点整体模型承载力的 1.35 倍以上。15 个整架实验方案的理论计算结果与实验值相比最大误差为 8.05%。

所以，扣件式满堂脚手架与满堂支撑架不能盲目使用刚性节点整体模型（刚性节点支架）临界荷载推论所得参数。

5 满堂支撑架高宽比＝计算架高÷计算架宽，计算架高：立杆垫板下皮至顶部可调托撑支托板下皮垂直距离。计算架宽：满堂支撑架横向两侧立杆轴线水平距离。

6 式（5.4.4-1）、式（5.4.4-2）ΣN_{Gk} 包括满堂支撑架结构自重、构配件及可调托撑上主梁、次梁、支撑板自重等；ΣN_{Qk} 包括作业层上的人员及设备荷载、结构构件、施工材料自重等。可按每一个纵距、横距为计算单元。

7 式（5.4.6-1）用于顶部、支撑架自重较小时的计算，整体稳定计算结果可能最不利；式（5.4.6-2）用于底部或最大步距部位的计算，支撑架自重荷载较大时，计算结果可能最不利。

5.4.7 满堂支撑架整体稳定试验证明，在一定条件下，宽度方向跨数减小，影响支架临界荷载。所以要求对于小于 4 跨的满堂支撑架要求设置了连墙件（设置连墙件可提高承载力），如果不设置连墙件就应该对支撑架进行荷载、高度限制，保证支撑架整体稳定。

施工现场，少于 4 跨的支撑架多用于受荷较小部位。高度控制可有效减小支架高宽比，荷载限制可保证支架稳定。

永久荷载与可变荷载（不含风荷载）总和标准值 $7.5kN/m^2$，相当于 150mm 厚的混凝土楼板。计算如下：

楼板模板自重标准值为 $0.3kN/m^2$；钢筋自重标准值，每立方混凝土 1.1kN；混凝土自重标准值 $24 kN/m^3$；施工人员及施工设备荷载标准值为 $1.5kN/m^2$。振捣混凝土时产生的荷载标准值 $2.0 kN/m^2$，忽略支架自重。

永久荷载与可变荷载（不含风荷载）总和标准值：$0.3＋1.5＋2＋25.1×0.15＝7.6 kN/m^2$

均布线荷载大于 7kN/m 相当于 400mm×500mm（高）的混凝土梁。计算如下：

钢筋自重标准值，每立方混凝土 1.5kN，混凝土自重标准值 $24kN/m^3$。

均布线荷载标准值为：$0.3(2×0.5＋0.4)＋0.4(2＋1.5)＋25.5×0.4×0.5＝6.92kN/m$

5.5 脚手架地基承载力计算

5.5.1 式（5.5.1）是根据现行国家标准《建筑地基基础设计规范》GB 50007 给出的。

计算 p_k、N_k 时使用荷载标准值。

脚手架系临时结构，故本条只规定对立杆进行地基承载力计算，不必进行地基变形验算。考虑到地基不均匀沉降将危及脚手架安全，因此，在本规范第 8.2.3 条中规定了对脚手架沉降进行经常检测。

5.5.2 由于立杆基础（底座、垫板）通常置于地表面，地基承载力容易受外界因素的影响而下降，故立杆的地基计算应与永久建筑的地基计算有所不同。为此，对立杆地基计算作了一些特殊的规定，即采用调整系数对地基承载力予以折减，以保证脚手架安全。

有条件可由载荷试验确定地基承载力，也可根据勘察报告及工程实践经验确定。

5.6 型钢悬挑脚手架计算

5.6.1 悬挑脚手架的悬挑支撑结构有多种形式，本规范只规定了施工现场常用的以型钢梁作为悬挑支撑结构的型钢悬挑梁及其锚固的设计计算。

5.6.2 型钢悬挑梁上脚手架轴向力设计值计算方法与一般落地式脚手架计算方法相同。

5.6.3～5.6.5 考虑到型钢悬挑梁在楼层边梁（板）上搁置的实际情况，根据工程实践经验总结，本规范确定出悬挑钢梁的计算方法。

说明：悬挑钢梁挠度允许值可按 2 l/250 确定，l 为悬挑长度。是根据现行国家标准《钢结构设计规范》GB 50017—2003 第 3.5.1 条及附录 A 结构变形规定，考虑以下条件确定的。

1 型钢悬挑架为临时结构；

2 每纵距悬挑梁前端采用钢丝绳吊拉卸荷；钢丝绳不参与计算；

3 受弯构件的跨度对悬臂梁为悬伸长度的两倍；

4 经过大量计算，计算结果符合实际。

5.6.6、5.6.7 型钢悬挑梁固定段与楼板连接的压点处是指对楼板产生上拔力的锚固点处。采用 U 形钢筋拉环或螺栓连接固定时，考虑到多个钢筋拉环（或多对螺栓）受力不均的影响，对其承载力乘以 0.85 的系数进行折减。

5.6.8 用于型钢悬挑梁锚固的 U 形钢筋或螺栓，对建筑结构混凝土楼板有一个上拔力，在上拔力作用下，楼板产生负弯矩，此负弯矩可能会使未配置负弯矩筋的楼板上部开裂。因此，本规范提出经计算并在楼板上表面配置受力钢筋。

5.6.9 在施工时，应按现行国家标准《混凝土结构设计规范》GB 50010 的规定对型钢梁下混凝土结构进行局部受压承载力、受弯承载力验算。由于混凝土养护龄期不足等原因，在计算时，要注意取结构混凝土的实际强度值进行验算。

6 构 造 要 求

6.1 常用单、双排脚手架设计尺寸

6.1.1 对表 6.1.1-1、表 6.1.1-2 的说明：

1 横距、步距是参考我国长期使用的经验值；

2 横距（横向水平杆跨度）、纵距（纵向水平杆跨度）是根据一层作业层上的施工荷载按本规范第 5.2.1 条～第 5.2.5 条的公式计算，取计算结果中能满足强度、挠度、抗滑三项要求的最小跨度值，偏于安全；

3 脚手架设计高度是根据式（5.2.11-2）计算，密目式安全立网全封闭式双排脚手架挡风系数取 $\varphi = 0.8 \sim 0.9$，采用计算结果中的最小高度值，偏于安全；

4 地面粗糙度为 B 类，指田野、乡村、丛林、丘陵以及房屋比较稀疏的乡镇和城市郊区；地面粗糙度 C 类（指有密集建筑群的城市市区），D 类（指有密集建筑群且房屋较高的城市市区）地区，可参考 B 类地区的计算值使用。取重现期为 10 年（$n = 10$）对应的风压 $w_0 = 0.4 \text{kN/m}^2$。全国大部分城市已包括。地面粗糙度为 A 类，基本风压大于 0.4kN/m^2 的地区，脚手架允许搭设高度必须另计算。

6.1.2 规定脚手架高度不宜超过 50m 的依据：

1 根据国内几十年的实践经验及对国内脚手架的调查，立杆采用单管的落地脚手架一般在 50m 以下。当需要的搭设高度大于 50m 时，一般都比较慎重地采用了加强措施，如采用双管立杆、分段卸荷、分段搭设等方法。国内在脚手架的分段搭设、分段卸荷方面已经积累了许多可靠、行之有效的方法和经验。

2 从经济方面考虑。搭设高度超过 50m 时，钢管、扣件的周转使用率降低，脚手架的地基基础处理费用也会增加。

3 参考国外的经验。美国、德国、日本等也限制落地脚手架的搭设高度：如美国为 50m，德国为 60m，日本为 45m 等。

高度超过 50m 的脚手架，采用双管立杆（或双管高取架高的 2/3）搭设或分段卸荷等有效措施，应根据现场实际工况条件，进行专门设计及论证。

双管立杆变截面处主立杆上部单根立杆的稳定性，可按本规范式（5.2.6-1）或式（5.2.6-2）进行计算。双管底部也应进行稳定性计算。

6.2 纵向水平杆、横向水平杆、脚手板

6.2.1 对搭接长度的规定与立杆相同，但中间比立杆多一个旋转扣件，以防止上面搭接杆在竖向荷载作用下产生过大的变形；对于铺设竹笆脚手板的纵向水平杆设置规定，是根据现场使用情况提出的。

纵向水平杆设在立杆内侧，可以减小横向水平杆跨度，接长立杆和安装剪刀撑时比较方便，对高处作业更为安全。

6.2.3 本条规定在主节点处严禁拆除横向水平杆，这是因为，它是构成脚手架空间框架必不可少的杆件。现场调查表明，该杆挪动他用的现象十分普遍，致使立杆的计算长度成倍增大，承载能力下降。这正是造成脚手架安全事故的重要原因之一。

6.2.4 本条规定脚手板的对接和搭接尺寸，旨在限制探头板长度，以防脚手板倾翻或滑脱。

6.3 立 杆

6.3.1 当脚手架搭设在永久性建筑结构混凝土基面时，立杆下底座或垫板可根据情况不设置。

6.3.2　本条规定设置扫地杆，是吸收了我国和英、日、德等国的经验。

6.3.3　脚手架地基存在高差时，纵向扫地杆、立杆应按要求搭设，保证脚手架基础稳固。

6.3.5　单排、双排与满堂脚手架立杆采用对接接长，传力明确，没有偏心，可提高承载能力。试验表明：一个对接扣件的承载能力比搭接的承载能力大 2.14 倍，顶层顶步立杆指顶层栏杆立杆。

6.4　连　墙　件

6.4.1　设置连墙件，不仅是为防止脚手架在风荷和其他水平力作用下产生倾覆，更重要的是它对立杆起中间支座的作用。试验证明：增大其竖向间距（或跨度）使立杆的承载能力大幅度下降。这表明连墙件的设置对保证脚手架的稳定性至关重要。为此，在英、日、德等国的同类标准中也有严格的规定。

6.4.2　对表 6.4.2 的说明：

表中规定的尺寸与连墙件按 2 步 3 跨、3 步 3 跨设置，均是适应于本规范表 5.2.8 立杆计算长度系数的应用条件，可在计算立杆稳定性时取用。

6.4.3　对连墙件设置位置规定的说明：

1　限制连墙件偏离主节点的最大距离 300mm，是参考英国标准的规定。只有连墙件在主节点附近方能有效地阻止脚手架发生横向弯曲失稳或倾覆，若远离主节点设置连墙件，因立杆的抗弯刚度较差，将会由于立杆产生局部弯曲，减弱甚至起不到约束脚手架横向变形的作用。调研中发现，许多连墙件设置在立杆步距的 1/2 附近，这对脚手架稳定是极为不利的。必须予以纠正。

2　由于第一步立柱所承受的轴向力最大，是保证脚手架稳定性的控制杆件。在该处设连墙件，也就是增设了一个支座，这是从构造上保证脚手架立杆局部稳定性的重要措施之一。

6.4.4　若开口型脚手架两端不与主体结构相连，就相当于自由边界已成为薄弱环节。将其两端与主体结构加强连接，再加上横向斜撑的作用，可对这类脚手架提供较强的整体刚度。

6.4.5～6.4.8　这几条规定是总结了国内一些成熟的经验，并吸收了国外标准中的规定。连墙件在使用过程中，既受拉力也受压力，所以，必须采用可承受拉力和压力的构造。并要求连墙杆节点之间距离不能任意长，容许长细比按 150 控制。

6.5　门　洞

6.5.1　对门洞形式与选形条件的说明：

我国脚手架过门洞处的结构形式，以采用落地式斜杆支撑(1～2) 根架空立杆为主，英、法等国则用门式桥架（图 9）。

考虑到我国搭设门洞的习惯，并能增大门洞空间的使用面积和有一个较为简便、统一的验算方法，特列出图 6.5.1 以供选择。门洞采用图 6.5.1 所示落地式支撑，能减少两侧边立杆的荷载，并可将图中

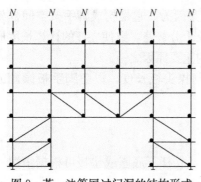

图 9　英、法等国过门洞的结构形式

的矩形平面 ABCD 作为上升式斜杆的平行弦杆桁架计算。

6.5.5 本条规定是为防止杆件从扣件中滑脱，以保证门洞桁架安全可靠。

6.6 剪刀撑与横向斜撑

6.6.1、6.6.2 这两条规定是在总结我国经验的基础上，参考了英、美、德等国脚手架标准的规定提出的。这些规定，对提高我国现有扣件式钢管脚手架支撑体系的构造标准，对加强脚手架整体稳定、防止安全事故的发生将起重要的作用。具体说明如下：

对纵向剪刀撑作用大小的分析表明：若连接立杆太少，则纵向支撑刚度较差，故对剪刀撑跨越立杆的根数作了规定。

由于纵向剪刀撑斜杆较长，如不固定在与之相交的立杆或横向水平杆伸出端上，将会由于刚度不足先失去稳定。为此在设计时，应注意计算纵向剪刀撑斜杆的长细比，使其不超过本规范表 5.1.9 的规定。

6.6.3 根据实验和理论分析，脚手架的纵向刚度远比横向刚度强得多，一般不会发生纵向整体失稳破坏。设置了纵向剪刀撑后，可以加强脚手架结构整体刚度和空间工作，以保证脚手架的稳定。这也是国内工程实践经验的总结。

6.6.4 设置横向斜撑可以提高脚手架的横向刚度，并能显著提高脚手架的稳定承载力。

6.6.5 开口型脚手架两端是薄弱环节。将其两端设置横向斜撑，并与主体结构加强连接，可对这类脚手架提供较强的整体刚度。静力模拟试验表明：对于一字形脚手架，两端有横向斜撑（之字形），外侧有剪刀撑时，脚手架的承载能力可比不设的提高约 20%。

6.7 斜 道

6.7.1~6.7.3 这三条对斜道构造的规定，主要是总结国内工程的实践经验制定的。注意人行斜道严禁搭设在临近高压线一侧。

6.8 满堂脚手架

6.8.1 本条所提的满堂脚手架是指荷载通过水平杆传入立杆，立杆偏心受力情况。

对表 6.8.1 的说明：

1 横距、步距是参考我国长期使用的经验值。

2 横距（横向水平杆跨度）、纵距（纵向水平杆跨度）是根据一层作业层上的施工荷载按本规范第 5.2.1 条~第 5.2.5 条的公式计算，取计算结果中能满足强度、挠度、抗滑三项要求的最小跨度值，偏于安全；立杆间距 1.2m×1.2m~1.3m×1.3m，施工荷载标准值不小于 3kN/m² 时，水平杆通过扣件传至立杆的竖向力为 8 kN~11 kN 之间，所以立杆上应增设防滑扣件。

3 满堂脚手架设计高度是根据本规范 5.3 节计算得出的，并根据工程实际适当调整，脚手架地基承载力另行计算。

4 计算条件不同另行计算。

5 满堂脚手架结构的设计尺寸按设计计算，但不应超过表 6.8.1 中的规定值。

6.8.2 根据我国工程使用经验及支架整体稳定试验确定。

6.8.4 根据脚手架试验，增加竖向、水平剪刀撑，可增加架体刚度，提高脚手架承载力。

在竖向剪刀撑顶部交点平面设置一道水平连续剪刀撑，可使架体结构稳固。

当剪刀撑连续布置时，剪刀撑宽度，为剪刀撑相邻斜杆的水平距离。

6.8.6 试验证明，满堂脚手架增加连墙件可提高承载力，所以在有条件与结构连接时，应使脚手架与建筑结构进行刚性连接。本规范附录 C 表 C-1 的高宽比是试验所得高宽比，也是计算长度系数使用条件，不满足本规范附录 C 表 C-1 规定的高宽比时，应设置连墙件。在无结构柱部位采取预埋钢管等措施与建筑结构进行刚性连接；在有空间部位，也可超出顶部加载区投影范围向外延伸布置（2～3）跨。采取以上措施后，高宽比提高，但高宽比不宜大于 3。

6.8.8 局部承受集中荷载，根据实际荷载可按本规范附录 C 表 C-1 计算，局部调整满堂脚手架构造尺寸，进行局部加固。

6.8.9、6.8.10 根据我国工程使用经验确定。

6.9 满 堂 支 撑 架

6.9.1 本条规定明确满堂支撑架步距不宜超过 1.8m，立杆间距不宜超过 1.2m×1.2m。

6.9.3～6.9.5 满堂支撑架整体稳定试验证明，增加竖向、水平剪刀撑，可增加架体刚度，提高脚手架承载力。在竖向剪刀撑顶部交点平面设置一道水平连续剪刀撑，可使架体结构稳固。设置剪刀撑比不设置临界荷载提高 26%～64%（不同工况），剪刀撑不同设置，临界荷载发生变化，所以根据剪刀撑的不同设置给出不同的承载力，给出满堂支撑架不同的立杆计算长度系数（附录 C）。

施工现场满堂支撑架，经常不设剪刀撑或只是支架外围设置竖向剪刀撑，这种结构不合理，所以要求满堂支撑架在纵、横向间隔一定距离设置竖向剪刀撑，在竖向剪刀撑顶部交点平面、扫地杆的设置层设置水平剪刀撑，保证支架结构稳定。

普通型剪刀撑设置，剪刀撑的纵、横向间距较大，施工搭设相对简单，剪刀撑主要为支架的构造保证措施。

加强型剪刀撑设置，与满堂支撑架整体稳定试验剪刀撑设置基本相同，按本规范附录 C 表 C-3、表 C-5 计算支架稳定。竖向剪刀撑间距（4～5）跨，为（3～5）m，立杆间距在 0.4m×0.4m～0.6m×0.6m 之间（含 0.4m×0.4m），竖向剪刀撑间（3～3.2）m，0.4×8 跨＝3.2m，0.5×6 跨＝3m，均满足要求。

6.9.7 满堂支撑架，可用于大型场馆屋顶有集中荷载的钢结构安装支撑体系与其他同类工程支撑体系，大型场馆中部无法设置连墙件，为保证支架稳定或边部支架稳定，要求边部支架设置连墙件，在有空间部位，满堂支撑架宜超出顶部加载区投影范围向外延伸布置（2～3）跨。

试验表明，在支架 5 跨×5 跨内，设置两处水平约束，支架临界荷载提高 10%以上。所以，有条件设置连墙件时，一定要设置连墙件。在支架受力较大的情况下更要设置连墙件。

大梁高度超过 1.2m（或相同荷载）或混凝土板厚度超过 0.5m（或相同荷载）或满堂支撑架横向高宽比不符合本规范附录 C 表 C-2～表 C-5 的规定，连墙件设置要严格控制。这样可提高支撑架承载力，保证支撑架稳定。如果无现成结构柱，设置连墙件，可采取预埋钢管等措施。

　　本规范附录 C 的高宽比是试验所得高宽比，也是计算长度系数使用条件，不满要求应设置连墙件。采取连墙等措施后，高宽比可适当增大，但高宽比不宜大于 3。

　　现行行业标准《建筑施工模板安全技术规范》JGJ 162—2008 第 6.2.4 条第 6 款规定的内容为，当支架立柱高度超过 5m 时，应在立柱周围外侧和中间有结构柱的部位，按水平间距(6～9)m、竖向间距(2～3)m 与建筑结构设置一个固结点。

6.10　型钢悬挑脚手架

6.10.2～6.10.5 双轴对称截面型钢宜使用工字钢，工字钢结构性能可靠，双轴对称截面，受力稳定性好，较其他型钢选购、设计、施工方便。

　　悬挑钢梁前端应采用吊拉卸荷，吊拉卸荷的吊拉构件有刚性的，也有柔性的，如果使用钢丝绳，其直径不应小于 14mm，使用预埋吊环其直径不宜小于 20mm（或计算确定），预埋吊环应使用 HPB235 级钢筋制作。钢丝绳卡不得少于 3 个。

　　悬挑钢梁悬挑长度一般情况下不超过 2m 能满足施工需要，但在工程结构局部有可能满足不了使用要求，局部悬挑长度不宜超过 3m。大悬挑另行专门设计及论证。

　　在建筑结构角部，钢梁宜扇形布置；如果结构角部钢筋较多不能留洞，可采用设置预埋件焊接型钢三脚架等措施。

　　悬挑钢梁支承点应设置在结构梁上，不得设置在外伸阳台上或悬挑板上，否则应采取加固措施。

6.10.7 定位点可采用竖直焊接长 0.2m、直径 25mm～30mm 的钢筋或短管等方式。

6.10.10、6.10.11 悬挑架设置连墙件与外立面设置剪刀撑，是保证悬挑架整体稳定的条件。

7　施　　工

7.1　施工准备

7.1.1 本条规定是为了明确岗位责任制，促进脚手架的设计及其专项方案在具体施工实施过程中得到认真严肃的贯彻。单位工程负责人交底时，应注意方案中设计计算使用条件与工程实际工况条件是否相符的问题。监理工程师检查交底记录时，对以上问题应作重点检查。

7.1.2 本条规定是为了加强现场管理，杜绝不合格产品进入现场，否则在脚手架工程中会造成隐患和事故。对钢管、扣件、可调托撑可通过检测手段来保证产品合格，即：在进入施工现场后第一次使用前，由施工总承包单位负责，对钢管、扣件、可调托撑进行复试。

7.2　地　基　与　基　础

7.2.1～7.2.4 本节明确规定了脚手架地基标高及其基础施工的依据和标准，是保证脚手架工程质量的重要环节。

　　压实填土地基、灰土地基是脚手架常用的地基，应按《建筑地基基础工程施工质量验收规范》GB 50202 的要求施工，应符合工程的地质勘察报告中要求。

7.3　搭　　设

7.3.1　为保证脚手架搭设中的稳定性，本条规定了一次搭设高度的限值。

7.3.2　本条规定明确脚手架搭设中允许偏差检查的时间，有利于防止累计误差超过允许偏差而导致难以纠正。

7.3.3　本条规定的技术要求有利于脚手架立杆受力和沉降均匀。对于其他材料用于脚手架基础，应是不低于木垫板承载力，不低于木垫板长度、宽度。

7.3.4～7.3.11　这 8 条规定是根据本规范第 6 章有关构造要求提出的具体操作规定，说明如下：

　　1　在第 7.3.6 条 3 款中规定搭设单排脚手架横向水平杆的位置，是根据现行国家标准《砌体工程施工质量验收规范》GB 50203 的规定确定的。

　　根据现行行业标准《砌筑砂浆配合比设计规程》JGJ 98 的规定，砌筑砂浆的最低强度等级为 M2.5。

　　2　在 7.3.11 条 2 款中规定扣件螺栓的拧紧扭力矩采用（40～65）N·m，是根据现行国家标准《钢管脚手架扣件》GB 15831 的规定确定的。

7.3.13　原规范 7.3.12 条规定，脚手板的铺设自顶层作业层的脚手板往下计，宜每隔 12m 满铺一层脚手板。考虑到原规定既增加防护设施投入，又增加脚手架荷载。故此次修订将此条取消，并在本规范第 9.0.11 条中规定，脚手板下应用安全网双层兜底。施工层以下每隔 10m 应用安全网封闭。

7.4　拆　　除

7.4.1　本条规定了拆除脚手架前必须完成的准备工作和具备的技术文件。

7.4.2　本条明确规定了脚手架的拆除顺序及其技术要求，有利于拆除中保证脚手架的整体稳定性。

7.4.5　本条规定的目的是为了防止伤人，避免发生安全事故，同时还可以增加构配件使用寿命。

8　检查与验收

8.1　构配件检查与验收

8.1.1　对新钢管允许偏差值的说明：

　　对本规范表 8.1.8 序号 1 说明，现行国家标准《低压流体输送用焊接钢管》GB/T 3091、《直缝电焊钢管》GB/T 13793 规定：ϕ48.3×3.6 的钢管，管体外径允许偏差±0.5mm，壁厚允许偏差±10%（壁厚），即：±3.6×10%＝±0.36mm；所以，外径允许范围为（47.8～48.8）mm；壁厚允许范围为（3.24～3.96）mm；目前市场上 ϕ48×3.5

（或 3.24～3.5）在允许偏差范围内。

8.1.2 对旧钢管的检查项目与允许偏差值的说明：

 1 使用旧钢管（已使用过的或长期放置已锈蚀的钢管）时主要应检查有无严重鳞皮锈。检查锈蚀深度时，应先除去锈皮再量深度。

 2 本规范表 8.1.8 中序号 3 的规定，锈蚀深度不得大于壁厚负偏差的一半。

现行国家标准《钢结构工程施工质量验收规范》GB 50205—2001 第 4.2.5 条第 1 款规定："当钢材的表面有锈蚀、麻点或划痕等缺陷时，其深度不得大于该钢材厚度负允许偏差值的 1/2"。

 3 本规范表 8.1.8 序号 4 中规定的根据：

  1） 各种钢管的端部弯曲在 1.5m 长范围内限制允许偏差 $\Delta \leqslant 5mm$，以限制初始弯曲对立杆受力影响及纵向水平杆的水平程度；

  2） 立杆钢管弯曲（初始弯曲）的允许偏差值 Δ 是考虑我国建筑施工企业施工现场的管理水平，按 3/1000 确定的，以限制初始弯曲过大，影响立杆承载能力；

  3） 水平杆、斜杆为非受压杆件，故放宽允许偏差值 Δ，按 4.5/1000 考虑，以 6.5m 计，$\Delta \leqslant 30mm$。

8.1.4 由于目前建筑市场扣件合格率较低，要求每个工程在使用扣件前，进行复试，以保证使用合格产品。扣件有裂缝、变形的，螺栓滑丝的严重影响扣件承载力，最终导致影响脚手架的整体稳定。

8.1.7 可调托撑的规定是根据我国长期使用经验，满堂支撑架整体稳定试验、可调托撑破坏试验确定的。试验表明：支托板、螺母有裂缝临界荷载下降，支托板厚如果小于 5mm，可调托撑承载力不满足要求。

钢管采用 $\phi 48.3 \times 3.6$，壁厚 3.6mm，允许偏差 ± 0.36，最小壁厚 3.24mm。钢管内径 $48.3 - 2 \times 3.24 = 41.82mm$，可调托撑螺杆外径与立杆钢管内壁之间的间隙（平均值）为 $(41.82 - 36) \div 2 = 2.91mm$，满足要求。

目前，在施工现场，存在着支托板变形较大仍然使用的现象，造成主梁向支托板传力不均匀，影响可调托撑承载力。

8.2 脚手架检查与验收

8.2.1 本条明确脚手架与满堂支撑架及其地基基础应进行检查与验收的阶段。

8.2.2 为提高施工企业管理水平，防患于未然，明确责任，提出了脚手架工程检查验收时应具备的文件。

8.2.3 本条明确脚手架使用中应定期检查的项目；也可随时抽查其规定项目。

8.2.4 对表 8.2.4 的说明：

 1 关于立杆垂直度的允许偏差

立杆安装垂直度允许偏差值的规定，关系到脚手架的安全与承载能力的发挥。从国内实测数据分析可知，所规定的允许偏差值是代表国内大多城市中许多建筑企业搭设质量的平均先进水平的。满堂支撑架立杆垂直度的允许偏差为立杆高度的千分之三。

 2 关于间距的允许偏差

根据现场实测调查，一般均可做到。

3　关于纵向水平杆高差的允许偏差

纵向水平杆水平度的允许偏差值关系到结构的承载力（立杆的计算长度）、施工安全等。

8.2.5　本条明确地规定了扣件螺栓扭力矩抽样检查数目与质量判定标准，有利于保证脚手架安全。

9　安全管理

9.0.1　本条的规定旨在保证专业架子工搭设脚手架，是避免脚手架安全事故发生的措施之一。

9.0.4　本条的规定旨在保证钢管截面不被削弱。

9.0.5　本条的规定旨在防止脚手架因超载而影响安全施工。条文中规定的内容是通过调研，对工地实际存在的问题提出的。

9.0.6　本条规范是保证施工安全的重要措施。

9.0.7　支撑架实际荷载超过设计规定，就存在安全隐患，甚至导致安全事故发生。

9.0.8　大于六级风停止高处作业的规定是按照现行行业标准《建筑施工高处作业安全技术规范》JGJ 80 的规定确定的。

9.0.12　扣件式钢管脚手架应使用阻燃的密目式安全网，避免在脚手架上电焊施工引起火灾。

9.0.13　施工期间，拆除脚手架主节点处的纵向水平杆、横向水平杆、纵向扫地杆、横向扫地杆中任何一根杆件，都会造成脚手架承载力下降。严重时会导致事故。拆除连墙件也是如此。

9.0.14　如果在脚手架基础下开挖管沟，会影响脚手架整体稳定。室外管沟过脚手架基础必须在脚手架专项方案体现，必须有安全措施。

9.0.15　满堂脚手架与满堂支撑架在安装过程中，必须设置防倾覆的临时固定设施，如斜撑、揽风绳、连墙件等。抗倾覆稳定计算应保证，支架抗倾覆力矩≥支架倾覆力矩。